科学出版社"十四五"普通高等教育本科规划教材

人工智能基础

刘 伟　李 明　编著
陈少飞　谢海斌

曾令李　审校

科学出版社
北 京

内 容 简 介

本书按照人工智能历史上的热点迁移顺序,将主体内容分为推理、知识和学习三个部分进行章节组织,系统介绍人工智能的基本原理和方法。在各章内部,按照基本概念、算法模型和应用设计逐步深化提升。具有启发性强、系统性好、注重实用、贴近前沿等特点。配套提供讲解视频、习题答案、实践代码和思维导图等教学资源。

本书主要作为普通高等学校计算机、自动化、电气工程、电子信息等专业本科生和低年级研究生学习人工智能课程的教材,也可为从事人工智能相关研究与应用的技术人员提供参考。

图书在版编目(CIP)数据

人工智能基础 / 刘伟等编著. -- 北京:科学出版社, 2025.2. -- (科学出版社"十四五"普通高等教育本科规划教材). -- ISBN 978-7-03-080493-8

Ⅰ. TP18

中国国家版本馆 CIP 数据核字第 2024D0L575 号

责任编辑:张艳芬　徐京瑶 / 责任校对:崔向琳
责任印制:师艳茹 / 封面设计:无极书装

科学出版社 出版
北京东黄城根北街 16 号
邮政编码:100717
http://www.sciencep.com

保定市中画美凯印刷有限公司印刷
科学出版社发行　各地新华书店经销
*

2025 年 2 月第　一　版　　开本:787×1092 1/16
2025 年 8 月第三次印刷　　印张:31 1/4
字数:741 000

定价:160.00 元
(如有印装质量问题,我社负责调换)

序

如今人工智能的发展，特别是深度学习大模型的最新发展，已经让越来越多的普通人对人工智能前沿创新成果有了更多的获得感，人们已经能够通过亲身体验各种人工智能服务来理解甚至憧憬人工智能的巨大力量。同时，人工智能的未来发展又充满不确定性，什么是通用人工智能？什么是超级人工智能？其实现途径是什么，何时能够实现，对人类社会的影响会怎样？人们对此仍然莫衷一是，这种不确定性是人工智能发展的动力，但也可能对人工智能发展带来纷扰，甚至成为阻力。在这样的背景下，为高等院校相关学科专业的学生提供一本兼顾基础性和前沿性的人工智能基础教材既非常必要，又充满挑战。

本书是在国防科技大学"人工智能基础"课程教学中进行了 11 轮试讲的讲义基础上编撰形成的，从 2019 年 6 月到 2024 年 12 月，撰写周期历时 5 年半。这正是深度学习大模型爆发式发展的时期，学术界和产业界蔓延着一种感觉，深度学习大模型正在颠覆传统人工智能的研究方法，经典人工智能理论与方法似乎过时了。对此，教材编写组与授课教师密切配合，在每轮试讲后广泛收集反馈意见和建议，及时分析和总结存在的问题，先后组织 3 轮专家评审，邀请 15 位领域专家对教材体系设计、内容组织和主要创新点进行评议。根据专家意见和学生反馈，教材编写组对教材进行了 10 次大修和 100 余次小修，终于形成了此版本的形态。本书按照"三横三纵"的布局组织教材内容。"三横"是指按照人工智能历史上的热点迁移顺序，将核心知识点和主体内容按照推理、知识和学习三个部分组织。"三纵"是指在各章内部，按照基本概念、算法模型和典型应用展开。"三横三纵"的内容组织架构为学生深入理解人工智能技术的发展提供了比较全面的视角，帮助学生从不同学派的历史贡献和局限中认识人工智能的最新成就和发展趋势。为了实现"讲、学、练"的紧密结合，本书以无人平台为背景统一设计实践案例，并采用新形态教材形式，以二维码为入口，配套提供讲解视频、习题集及习题答案、实践代码和思维导图，可与在线学习平台对应的课程同步进行课前预习和课后复习。

从教学的一般规律看，教材的特点是按照易于学生理解知识的逻辑直接上"干货"，以期在十分有限的课堂授课中让学生获得更多的知识点。然而，这种只提供"精粮"的教材内容叙事往往丢失了对每一个知识点背后初始问题和解决问题创新历程的叙述，需要教师帮助学生"脑补"创造新知的生动故事，这就是用同一部教材开展不同教学实践的魅力所在。优秀教材是优秀课程的必要条件，但还不是充分条件。优秀教材由优秀教师驾驭并服务于学生才能够造就优秀课程。

我希望本书能够成为把握人工智能时代脉搏的优秀教材，既服务于在校学生系统学习人工智能，也服务于大学教师建设人工智能精品课，还服务于在岗专业人士探索人工智能新领域。

王怀民
国防科技大学教授
中国科学院院士

前　言

　　人工智能是基于人们对智能机制的理解，使机器模拟、延伸，替代人类智能或其他生物智能的理论、方法、技术及应用的一门系统学科。自 1956 年成为正式的学科以来，人工智能正在发展成一个热门的、发展迅速的、极富挑战性的前沿交叉学科。

　　人工智能源于一种朴素的想法，既然工业革命使机器代替了人类的大部分体力劳动，那么能否赋予机器智能，让它们代替人类的部分脑力劳动呢？为了实现这一想法，科学家试图从思维方式、大脑结构和智能行为等方面对人类或其他生物的智能进行模拟或延伸，取得了一系列举世瞩目的研究成果。现在，人工智能不仅能够代替人类大多数简单的脑力劳动，而且正在代替或者超越人类去完成一些越来越复杂的脑力劳动。人工智能已经成为引领新一轮科技革命和产业变革的重要驱动力，正深刻改变着人们的生产、生活和学习方式，推动人类社会迎来人机协同、跨界融合、共创分享的智能化时代。拥抱智能化时代，投身人工智能研究与创新应用，既是时代赋予青年学子的历史机遇，也是我们扛起民族复兴旗帜的神圣使命。

　　本书按照"三横三纵"的布局来组织教材内容。"三横"是指按照人工智能历史上的热点迁移顺序，将除概述和展望之外的主体内容分为推理、知识和学习三个部分。"三纵"是指在各章内部，按照基本概念、算法模型和应用设计逐步深化提升。全书共 11 章。第 1 章是人工智能概述。第 2~5 章是推理部分，包括状态空间搜索、人工智能博弈、智能优化算法和经典逻辑推理。第 6、7 章是知识部分，介绍常见的确定性和不确定性知识表示与推理。第 8~10 章是学习部分，包括机器学习、人工神经网络和 Agent，分别介绍从数据、网络结构和环境交互中学习的方法。第 11 章是人工智能发展展望，分析人工智能面临的风险与挑战。

　　本书具有以下几方面的特色：

　　(1) 系统性。在内容安排上反映人工智能研究从推理到知识、再到学习的历史热点迁移过程，体现人工智能的内在发展逻辑。

　　(2) 启发性。追溯概念与算法的渊源，由浅入深讲解人工智能算法的基本思想与实现方法，符合一般的认知与学习规律。

　　(3) 实用性。以无人系统为应用背景，提供丰富的案例和习题，主教材侧重讲解理论和算法思想，练习题演示编程实践方法。

　　(4) 前沿性。契合人工智能快速发展的特点，建立经典方法与前沿内容之间的有机联系，体现人工智能的最新发展趋势。

　　第 1、6~9、11 章由刘伟老师编写，第 2、5 章由李明老师编写，第 4、10 章由陈少飞老师编写，第 3 章由谢海斌老师编写，曾令李老师审校。感谢王怀民院士倾情作序，感谢各位评审专家和课程组老师在本书编写过程中给予的帮助，感谢我校智能科学学院胡德文教授和徐昕老师对本书编写给予的指导和支持，感谢各位同学在本书试用中提出的宝贵意见。本书提供配套授课课件、讲解视频、练习题答案、实践代码和思维导图，欢迎各高校教师选择本书用于课程教学。

限于作者水平，书中难免存在不妥之处，敬请读者批评指正。来函请发至邮箱：liuwei314@nudt.edu.cn。

数据集和例程　　习题集

目 录

序
前言
第1章 人工智能概述 ··· 1
　1.1 人工智能的基本概念 ·· 1
　　1.1.1 人工智能的定义 ·· 1
　　1.1.2 人工智能的研究目标 ·· 2
　1.2 人工智能的发展历程 ·· 3
　　1.2.1 孕育期 ·· 3
　　1.2.2 推理期 ·· 4
　　1.2.3 知识期 ·· 5
　　1.2.4 学习期 ·· 6
　1.3 人工智能的主要学派 ·· 7
　　1.3.1 符号主义 ··· 7
　　1.3.2 连接主义 ··· 8
　　1.3.3 行为主义 ··· 9
　　1.3.4 不同学派的交叉与融合 ·· 10
　1.4 人工智能的应用领域 ·· 10
　　1.4.1 机器视觉 ··· 11
　　1.4.2 自然语言处理 ·· 11
　　1.4.3 智能规划与决策 ·· 12
　　1.4.4 机器人 ·· 13
　　1.4.5 计算机博弈 ·· 14
　　1.4.6 专家系统 ··· 15
　　1.4.7 其他 ··· 15
　1.5 人工智能的研究现状 ·· 16
　　1.5.1 人工智能擅长处理的问题 ·· 16
　　1.5.2 现阶段人工智能的局限性 ·· 17
　1.6 本章小结 ··· 18
　思考题 ··· 19

第2章 状态空间搜索 ··· 21
　2.1 状态空间搜索概述 ··· 21
　　2.1.1 状态空间的基本概念 ·· 21
　　2.1.2 通用图搜索框架 ·· 24
　　2.1.3 状态空间的形式化表示 ··· 29
　2.2 盲目搜索 ··· 32

    2.2.1 宽度优先搜索 ··· 33
    2.2.2 深度优先搜索 ··· 34
    2.2.3 代价优先搜索 ··· 35
  2.3 启发式搜索 ··· 38
    2.3.1 A 算法 ··· 38
    2.3.2 A* 算法 ·· 42
  2.4 本章小结 ··· 51
  思考题 ··· 52
  练习题 ··· 53

第 3 章 人工智能博弈 ·· 58
  3.1 博弈问题概述 ··· 58
    3.1.1 博弈问题的描述 ··· 58
    3.1.2 博弈问题的分类 ··· 59
    3.1.3 博弈问题求解的特点 ·· 60
  3.2 完美信息博弈 ··· 61
    3.2.1 双人零和完美信息博弈问题描述 ··· 61
    3.2.2 极小极大搜索 ··· 63
    3.2.3 $\alpha\text{-}\beta$ 剪枝 ·· 69
    3.2.4 蒙特卡罗树搜索 ··· 73
  3.3 不完美信息博弈 ··· 78
    3.3.1 纳什均衡 ··· 78
    3.3.2 遗憾最小化 ·· 79
  3.4 随机博弈 ··· 83
    3.4.1 随机博弈问题描述 ·· 83
    3.4.2 期望极小极大搜索 ·· 84
  3.5 本章小结 ··· 85
  思考题 ··· 86
  练习题 ··· 86

第 4 章 智能优化算法 ·· 89
  4.1 遗传算法 ··· 89
    4.1.1 遗传算法的基本原理 ·· 90
    4.1.2 基于遗传算法的旅行商问题求解 ··· 96
    4.1.3 遗传算法的特点和应用 ··· 98
  4.2 蚁群优化算法 ··· 98
    4.2.1 蚁群优化算法的基本原理 ··· 99
    4.2.2 基于蚁群优化算法的旅行商问题求解 ····································· 101
    4.2.3 蚁群优化算法的特点和应用 ··· 103
  4.3 粒子群优化算法 ··· 103
    4.3.1 粒子群优化算法的基本原理 ··· 104
    4.3.2 基于粒子群优化算法的旅行商问题求解 ·································· 106

4.3.3　粒子群优化算法的特点和应用 ·· 107
　4.4　模拟退火算法 ·· 107
　　4.4.1　模拟退火算法的基本原理 ·· 108
　　4.4.2　基于模拟退火算法的旅行商问题求解 ·· 110
　　4.4.3　模拟退火算法的特点和应用 ·· 111
　4.5　本章小结 ··· 112
　思考题 ·· 112
　练习题 ·· 113

第5章　经典逻辑推理
　5.1　经典逻辑推理概述 ·· 115
　　5.1.1　经典逻辑推理的基本概念 ·· 115
　　5.1.2　典型逻辑推理问题 ··· 116
　5.2　命题逻辑推理 ·· 116
　　5.2.1　命题逻辑的基本概念 ··· 116
　　5.2.2　命题演算的推理方法 ··· 119
　　5.2.3　基于命题归结的自动定理证明 ··· 123
　5.3　谓词逻辑推理 ·· 125
　　5.3.1　谓词逻辑的基本概念 ··· 125
　　5.3.2　基于谓词归结的自动定理证明 ··· 126
　　5.3.3　基于谓词归结的问题求解 ·· 133
　5.4　本章小结 ··· 135
　思考题 ·· 136
　练习题 ·· 136

第6章　确定性知识表示与推理
　6.1　确定性知识表示与推理概述 ·· 139
　　6.1.1　知识和知识表示的基本概念 ·· 139
　　6.1.2　典型的知识表示方法 ··· 141
　　6.1.3　推理的基本概念和方法 ·· 143
　6.2　产生式 ·· 147
　　6.2.1　产生式的基本概念 ··· 147
　　6.2.2　产生式系统的组成 ··· 148
　　6.2.3　产生式系统的推理 ··· 149
　　6.2.4　产生式系统的特点 ··· 151
　6.3　语义网络 ··· 152
　　6.3.1　语义网络的基本概念 ··· 152
　　6.3.2　语义网络的表示 ·· 154
　　6.3.3　语义网络的推理 ·· 155
　　6.3.4　语义网络的特点 ·· 158
　6.4　框架 ··· 158
　　6.4.1　框架的基本概念 ·· 158

6.4.2 框架的表示 ··································· 159
6.4.3 框架的推理 ··································· 160
6.4.4 框架的特点 ··································· 161
6.5 知识图谱 ·· 161
6.5.1 知识图谱的基本概念 ··················· 162
6.5.2 知识图谱的分类 ·························· 163
6.5.3 知识图谱的构建 ·························· 164
6.5.4 知识图谱的特点 ·························· 168
6.5.5 知识图谱的应用 ·························· 171
6.6 本章小结 ·· 172
思考题 ·· 172
练习题 ·· 173

第7章 不确定性知识表示与推理 174
7.1 不确定性知识表示与推理概述 ············· 174
7.1.1 知识的不确定性及其表示方法 ····· 174
7.1.2 不确定性推理的基本问题 ············ 175
7.1.3 不确定性推理方法的分类 ············ 177
7.2 概率推理及其扩展方法 ························ 178
7.2.1 贝叶斯网络推理方法 ··················· 179
7.2.2 主观贝叶斯方法 ·························· 185
7.2.3 可信度方法 ································· 190
7.2.4 证据理论 ····································· 195
7.3 模糊推理 ·· 201
7.3.1 模糊集合理论 ······························ 201
7.3.2 模糊推理方法 ······························ 207
7.4 本章小结 ·· 214
思考题 ·· 215
练习题 ·· 215

第8章 机器学习 218
8.1 机器学习概述 ····································· 218
8.1.1 机器学习的基本概念 ··················· 218
8.1.2 机器学习的常见术语 ··················· 219
8.1.3 机器学习的分类 ·························· 222
8.1.4 机器学习的三要素 ······················ 224
8.1.5 机器学习的相关理论 ··················· 229
8.1.6 机器学习的主要特点 ··················· 231
8.2 有监督学习 ··· 232
8.2.1 回归问题和分类问题 ··················· 232
8.2.2 回归问题求解方法 ······················ 238
8.2.3 回归性能评估 ······························ 244
8.2.4 分类问题求解方法 ······················ 247

- 8.2.5 分类性能评估 ··· 273
- 8.3 无监督学习 ··· 276
  - 8.3.1 聚类的基本思想 ··· 276
  - 8.3.2 相似性的度量 ··· 277
  - 8.3.3 聚类的主要方法 ··· 280
  - 8.3.4 聚类性能的评估 ··· 293
- 8.4 半监督学习 ··· 296
  - 8.4.1 半监督学习的基本思想 ··· 296
  - 8.4.2 半监督学习的主要方法 ··· 297
  - 8.4.3 半监督学习的应用 ··· 302
- 8.5 强化学习 ··· 303
  - 8.5.1 强化学习的基本思想 ··· 303
  - 8.5.2 强化学习的主要方法 ··· 307
  - 8.5.3 强化学习的应用 ··· 318
- 8.6 本章小结 ··· 320
- 思考题 ··· 321
- 练习题 ··· 322

第9章 人工神经网络与深度学习 ··· 325
- 9.1 人工神经网络概述 ··· 325
  - 9.1.1 生物神经元和生物神经网络 ··· 325
  - 9.1.2 人工神经网络的基本要素 ··· 327
  - 9.1.3 人工神经元模型 ··· 328
  - 9.1.4 人工神经网络的拓扑结构 ··· 333
  - 9.1.5 人工神经网络的学习规则 ··· 335
- 9.2 浅层神经网络 ··· 340
  - 9.2.1 感知器 ··· 340
  - 9.2.2 BP网络 ··· 347
  - 9.2.3 Hopfield网络 ··· 356
  - 9.2.4 自组织特征映射网络 ··· 363
- 9.3 深度神经网络 ··· 368
  - 9.3.1 深度神经网络概述 ··· 368
  - 9.3.2 卷积神经网络 ··· 377
  - 9.3.3 循环神经网络 ··· 395
  - 9.3.4 生成对抗网络 ··· 405
- 9.4 深度学习大模型 ··· 409
  - 9.4.1 大模型的基本原理 ··· 409
  - 9.4.2 预训练大模型的典型架构 ··· 415
  - 9.4.3 大模型的核心技术 ··· 426
  - 9.4.4 大模型的应用与挑战 ··· 432
- 9.5 本章小结 ··· 435
- 思考题 ··· 435

练习题……………………………………………………………………………………437

第 10 章　Agent……………………………………………………………………………439
　10.1　Agent 基本概念………………………………………………………………………439
　　10.1.1　Agent 定义………………………………………………………………………439
　　10.1.2　Agent 函数和 Agent 程序………………………………………………………440
　　10.1.3　理性 Agent………………………………………………………………………441
　　10.1.4　研究 Agent 的意义………………………………………………………………442
　10.2　Agent 任务环境………………………………………………………………………443
　　10.2.1　任务环境描述方法………………………………………………………………443
　　10.2.2　任务环境属性……………………………………………………………………444
　10.3　Agent 程序类型………………………………………………………………………446
　　10.3.1　简单反射 Agent…………………………………………………………………446
　　10.3.2　基于模型的反射 Agent…………………………………………………………447
　　10.3.3　基于目标的 Agent………………………………………………………………449
　　10.3.4　基于效用的 Agent………………………………………………………………449
　　10.3.5　学习 Agent………………………………………………………………………450
　10.4　多 Agent 系统…………………………………………………………………………451
　　10.4.1　多 Agent 系统的概念……………………………………………………………451
　　10.4.2　多 Agent 系统的组织结构………………………………………………………452
　　10.4.3　多 Agent 系统的通信……………………………………………………………456
　　10.4.4　多 Agent 系统的协作……………………………………………………………457
　　10.4.5　多 Agent 系统的特点……………………………………………………………461
　10.5　本章小结………………………………………………………………………………462
　　思考题………………………………………………………………………………………463
　　练习题………………………………………………………………………………………463

第 11 章　人工智能发展展望……………………………………………………………465
　11.1　人工智能发展的趋势…………………………………………………………………465
　　11.1.1　人工智能发展特点………………………………………………………………465
　　11.1.2　人工智能发展预期………………………………………………………………466
　　11.1.3　人工智能发展方向………………………………………………………………467
　11.2　人工智能发展的风险与挑战…………………………………………………………471
　　11.2.1　人工智能发展的潜在风险………………………………………………………471
　　11.2.2　超人工智能出现的潜在威胁……………………………………………………473
　　11.2.3　应对风险挑战的防范举措………………………………………………………475
　11.3　本章小结………………………………………………………………………………477
　　思考题………………………………………………………………………………………477

参考文献……………………………………………………………………………………479

第1章 人工智能概述

现代人类社会正在经历一场深刻改变人们生产与生活方式的科技浪潮，其重要的推动性技术就是人工智能。现代社会人们的生活节奏越来越快，人们要完成的工作越来越复杂，很多工作需要人类智能的深度参与，如感知信息处理、规划决策、团队协作等。随着计算机技术和信息网络的快速发展，人们已不再满足于操作机器去完成具体工作，萌发了让机器帮助或代替人来完成工作的构想。为了使机器能够胜任一些通常需要人类智能才能完成的复杂工作，就需要为机器赋予智能。人工智能就是在机器上实现的智能，或者使机器具有类似于人的智能。为机器赋予智能的方式是多种多样的，包括符号推理、连接计算、从数据或环境交互中学习等，从而产生了多种研究途径和不同学派。本章介绍人工智能概述，包括基本概念、发展历程、主要学派、应用领域和研究现状。

1.1 人工智能的基本概念

1.1.1 人工智能的定义

顾名思义，人工智能（artificial intelligence，AI）的定义分为两个部分，即人工和智能。人工泛指人造的、人为的，这里可理解为对自然事物的一种模拟，如人工湖、人工呼吸、人工皮革等。智能是人类和某些高等生物的神经系统特有的一种能力，这种能力使得生物个体在进化选择和生存竞争中能够感知环境，进行判断、预测和行为决策，并具有开展群体合作等能力，从而在生存竞争中占据优势。人类智能主要包括四个方面：一是感知和理解环境的能力，即通过视觉、听觉、触觉等感觉器官，接收并理解文字、图像、语音等外界信息；二是思维、推理和决策的能力，即通过生理或心理活动进行信息处理，将感性认识抽象为理性知识，并对事物运行的规律进行分析、判断和推理；三是学习的能力，即通过教育、训练和学习过程，增加自身的知识和技能；四是适应环境以及行动的能力，即对外界环境条件的变化，如干扰、刺激等作用，灵活地做出反应。综合这两个部分，可以初步认为人工智能是使用机器模拟人或其他生物的部分智能。

关于人工智能，目前学术界还没有统一的定义。最早在1956年的达特茅斯会议上提出的人工智能的定义是：人工智能是要让机器的行为看起来就像是人所表现出来的智能行为一样。简单地说，如果机器是要完成人类四肢的工作，那么人工智能则是要完成人脑的工作。另一个人工智能的定义是：人工智能是一门科学，是使机器做那些人类需要通过智能才能做的事情。这些定义反映了人工智能学科建立的初衷，即研究人类智能活动的规律，构造具有一定智能的人工系统，让机器去完成以往需要人类的智能才能胜任的工作。随着人工智能研究的深入，人工智能模拟的对象不再局限于人，还包括其他低等生物和生物群体。人工智能实现智能行为的方式也更加多样,既可以是模拟人类智能,也可以采用与人类智能完全不同的方式。考虑到近年来人工智能概念内涵和外延的发展,本书给出的人工智能定义如下:人工智能是基于人们对智能机制的理解,使机器模拟、延伸或替代人类智能或其他生物智能的理论、方法、技术及应用的一门系统学科。这里的机器是指计算机,或者由计算机控制的软件、硬件和集成系统等。

1.1.2 人工智能的研究目标

人工智能的研究目标分为近期目标和长期目标。近期目标是建造具有特定功能的智能工具,实现人类智能的延伸与拓展。该智能工具能够模拟人的部分智能行为,如搜索、推理、博弈、学习等,实现特定任务领域的智能功能,如无人驾驶、机器翻译、人脸识别等。以此为目标,就是要找到人工智能系统行为与人类行为的相似性,而不是追求其内部的一致性。在对智能行为的观察或实验数据的基础上,通过人工智能为人类智能行为建立计算模型。

长期目标是揭示智能机理、制造完全自主的智能"伙伴",使机器具有与人类类似或相当的智能。自主性是机器在没有直接外部干预的情况下独立行动以及在最少的人类监督下做出决定的能力,通常表征机器的智能水平。而智能"伙伴"应该能够理性思考和自主行动,具有通用的问题处理能力,不仅具有感知能力、思考能力和交流能力,还能够自主学习与发明创造,甚至具有情感意识,如机器战士、机器管家、机器保姆、机器宠物等。长期目标为近期目标指明了方向,而近期目标为长期目标奠定了理论基础和技术基础。

根据人工智能发展的程度,可将其分为弱人工智能(artificial narrow intelligence, ANI)、强人工智能(artificial general intelligence, AGI)和超人工智能(artificial super intelligence, ASI)。弱人工智能也称为专用人工智能,是在专用领域实现特定功能的人工智能,仅擅长单方面的工作。强人工智能一般称为通用人工智能,属于人类级别的人工智能,在各方面都与人类智能相当。可想而知,创造强人工智能要比创造弱人工智能困难得多,在进行思考、计划、解决问题、抽象思维和从经验中学习等操作时,强人工智能应该像人类一样得心应手。超人工智能则是跨越人工智能奇点,全面超越人类智能的人工智能。尼克·波斯特洛姆(2015)认为超人工智能在几乎所有领域都比最聪明的人脑要聪明很多,包括科学创新、通识和社交技能。

从人工智能的现有发展水平来看,目前所有的人工智能系统都属于弱人工智能。例如,垃圾邮件分类系统是一个可以帮助筛选垃圾邮件的弱人工智能,百度翻译是一个可以实现多种语言互译的弱人工智能,AlphaGo是一个可以战胜世界围棋冠军的弱人工智能。原本人们对强人工智能是否会实现还疑虑重重,但近年来随着生成式人工智能技术的飞速发展,大语言模型的快速迭代与多领域、跨领域的成功应用,强人工智能已初露萌芽。部分学者对于人工智能的发展非常乐观,他们认为:每一个弱人工智能的创新都是在给通往强人工智能和超人工智能的旅途添砖加瓦。

对于超人工智能的表现形式,科学家也进行了充分畅想,典型形式包括高速超级智能、集体超级智能和高素质超级智能。高速超级智能能够完成人类智能做的所有事情,并且速度快得多。如果高速超级智能的处理速度比人脑快 100 万倍,那么该系统可以在一个工作日内完成人类 1000 年的智力工作。集体超级智能由非常多的小型智能机器组成,并且在很多通用领域,这种智能机器的整体性能将大大超过现有的智能系统。集体超级智能擅长解决能够被拆分为多个子问题的复杂问题,同时找到并单独验证各个子问题的解决方案。集体超级智能的整合方式可以是松散的,也可以是紧密的,形成统一的集体智能。高素质超级智能的聪明程度与人类相比有质的超越,其可能获得全新的认知模块,并通过海量数据存储和高效信息处理来获得智能优势。尽管这些探讨和思考极具争议性,未必与人工智能的未来发展相符,但因其大胆的假设和部分的合理性,对于人们思考人工智能的发展前景具有一定的借鉴意义。

1.2 人工智能的发展历程

人工智能在 1956 年成为正式的学科。一般认为,1956 年以前是人工智能的孕育期,而如何描述人工智能的发展历程,学术界可谓"仁者见仁、智者见智"。按照研究热点的变换(周志华,2016),人工智能从 20 世纪 50 年代至今主要经历了三个时期(图 1.1):20 世纪 50 年代到 60 年代中后期的推理期,主流技术是基于符号表示的搜索和演绎推理;20 世纪 60 年代后期到 80 年代中期的知识期,主流技术是知识工程和专家系统;20 世纪 80 年代后期至今的学习期,两大主流技术是统计学习和基于人工神经网络的连接主义学习。人工智能发展历程的特点可以归纳为:源远流长、分进合击(各学派独立探索)、跌宕起伏(三起两落)、殊途同归。

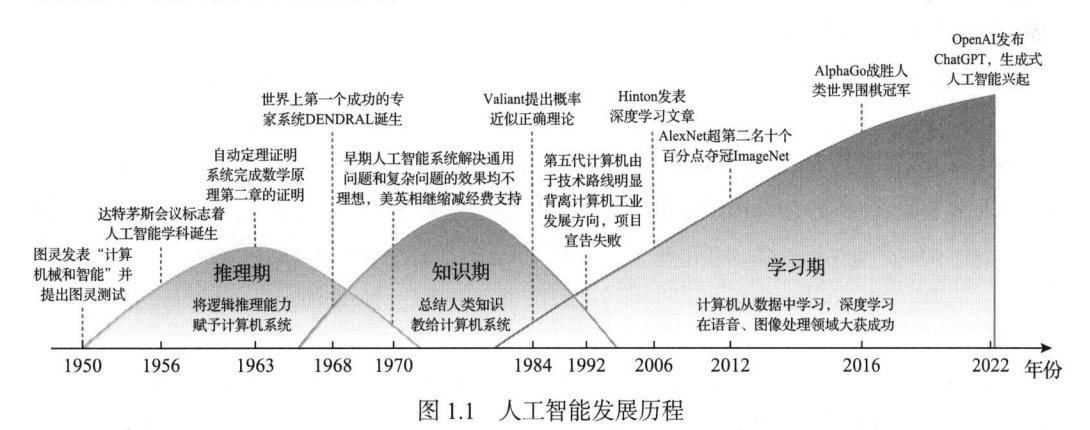

图 1.1 人工智能发展历程

1.2.1 孕育期

自古以来,人们一直试图用各种机器来代替人的部分脑力劳动,以提高征服自然的能力。人工智能孕育期的主要成就是数理逻辑、自动机理论、控制论、信息论、系统论、神经计算理论的创立和电子计算机的发明,为人工智能的诞生准备了思想基础、理论基础和物质基础。

很多研究成果对于人工智能的产生和发展具有重大影响。早在公元前 350 年,古希腊哲学家亚里士多德(Aristotle)就在其著作《工具论》中提出了形式逻辑的主要定律(称为三段论)，三段论至今仍是演绎推理的基本依据。16 世纪，归纳法的提出，对研究人类的思维过程产生了重要影响。17 世纪，万能符号和推理计算思想的提出，为数理逻辑的产生和发展奠定了基础。19 世纪，布尔代数的创立，首次用符号语言描述了思维活动的基本推理法则。1936 年，图灵(Turing)提出了一种理想计算机的数学模型，即图灵机，为后来电子数字计算机的问世奠定了理论基础。McCulloch 等(1943)发表了首个神经元数学模型——麦卡洛克-皮茨(McCulloch-Pitts，MP)模型，为人工神经网络的研究奠定了基础。1937~1941 年，美国爱荷华州立大学的 Atanasoff 教授和他的研究生 Berry 开发了世界上第一台电子计算机——阿塔纳索夫-贝瑞计算机(Atanasoff-Berry computer，ABC)，为人工智能的研究奠定了物质基础。1948 年，香农(Shannon)发表了《通信的数学理论》，用信息的形式来研究人类的心理活动，并提出了描述人类心理活动的数学模型。1948 年，控制论的创立，奠定了根据动物心理和行为科学进行计算机模拟研究和分析的基础。Turing(1950)预言了创造出具有真正智能的机器的可能性，并提出了图灵测试。图灵测试提供了一个检验机器是否具有智能的可操作标准，是人工智能哲学方面的第一个提案。

1.2.2 推理期

20 世纪 50 年代到 60 年代中后期，人工智能研究处于推理期，当时人们以为只要赋予机器逻辑推理能力，机器就能具有智能。这一时期的代表性工作主要有：卡内基梅隆大学 Simon 和 Newell 研制的逻辑理论家(logic theorist)自动定理证明程序及此后的通用问题求解器(general problem solver，GPS)等。这些工作在当时取得了令人振奋的结果，机器的推理能力得到大幅提升。

1956 年被称为人工智能元年。这一年的夏天，美国达特茅斯学院数学助教 McCarthy 联合哈佛大学数学和神经学教授 Minsky、IBM 公司信息研究中心负责人 Rochester、贝尔实验室信息部数学研究员 Shannon 共同发起，邀请普林斯顿大学 Moore 和 IBM 公司 Samuel、麻省理工学院的 Selfridge 和 Solomonoff 以及兰德公司和卡内基梅隆大学的 Newell 等学者在达特茅斯学院召开了为期两个月的学术研讨会，讨论机器智能问题。这次会议提出了"artificial intelligence"一词和物理符号系统假设，标志着人工智能作为一门独立学科的诞生。

人工智能取得了一批令人瞩目的研究成果，掀起了人工智能发展的第一个高潮。在神经网络方面，美国神经学家 Rosenblatt(1957)提出了最简单的前馈人工神经网络——感知器，开启了有监督学习的先河；在自动定理证明方面，1958 年，美籍华人数理逻辑学家王浩在计算机 IBM704 上用 3~5min 证明了《数学原理》中有关命题演算的全部 220 条定理和谓词演算中 150 条定理的 85%，Robinson(1965)提出了归结推理；在问题求解方面，Newell 等(1963)开发了通用问题求解器，能够求解 11 种不同类型的问题；在人工智能语言方面，McCarthy(1958)基于表结构发明了最早的人工智能语言——表处理(list processor，LISP)语言。随着大量成功的人工智能程序和新的研究方向不断涌现，部分学者认为通用人工智能将在二十年内出现。

人工智能发展初期的突破性进展大大提升了人们对人工智能的期望，研究人员开始尝试更具挑战性的任务，并提出了一些不切实际的研发目标。然而，接二连三的失败和预期目标的落空使人工智能的发展很快走入了低谷。首先，机器翻译及语义理解系统错误频出，难以获得实际应用；其次，复杂问题求解中存在组合爆炸，推理时间过长；最后，感知器模型无法解决异或等线性不可分问题(Minsky et al., 1969)，有较大的局限性。这些问题出现的主要原因在于：试图解决的问题太过复杂，如机器翻译；在仅包含少量或没有相关问题知识的前提下，致力于开发能解决通用问题的一般方法；理论匮乏，这是制约人工智能发展的关键因素。当时，人工智能除了一些游戏之外几乎没有实际应用。当研究人员的承诺无法兑现时，公众开始激烈批评人工智能的研究，很多项目中断或得不到资助，甚至有人认为不必保留独立的人工智能学科。

1.2.3 知识期

随着研究的深入，人们逐渐认识到，仅有推理能力是不够的。以斯坦福大学教授Feigenbaum为代表的部分学者认为：要使机器具有智能，就必须设法使机器拥有知识。在此倡导下，从20世纪60年代后期开始，人工智能研究进入知识期。1968年，世界上第一个用于推断化学分子结构的专家系统DENDRAL研制成功，标志着人工智能的一个重要应用领域——专家系统孕育而生。知识工程概念的提出，对以知识为基础的智能系统的研究起到了重要的推动作用。研究人员发现，与其依赖基本的推理步骤和少量知识来解决通用问题，不如致力于更好地解决狭窄专业领域的典型问题。

专家系统实现了人工智能从理论研究转向实际应用、从一般推理策略探讨转向专门知识运用的重大突破，产生了巨大的经济效益和社会效益。专家系统的成功，使人们认识到知识是智能的基础，对人工智能的研究必须以知识为中心来进行。知识的表示、获取及利用等研究取得了较大进展，特别是不确定性知识的表示与推理取得了突破，建立了主观贝叶斯方法、可信度方法、证据理论等。专家系统的成功应用推动了人工智能步入应用发展的新高潮。1981年，日本启动了为期10年的第五代计算机项目，其目标是制造能够与人对话、翻译语言、解释图像、像人一样推理的机器。其他国家也纷纷做出响应，并对人工智能和信息技术的大型项目提供了巨额资助。

在此期间，人工神经网络研究实现了复兴，出现了多种类型的神经网络模型。物理学家Hopfield(1982)提出了一种反馈神经网络(称为Hopfield neural network)，可以解决一大类模式识别问题，并给出了一类组合优化问题的近似解。Rumelhart等(1986)提出了多层前馈神经网络的误差反向传播(back propagation，BP)算法。竞争神经网络、径向基函数网络、级联神经网络、递归神经网络、神经认知机等多种网络模型在该时期得到了发展。

但是人们逐渐发现，人类知识量巨大，把知识总结出来再教给计算机相当困难，因此专家系统面临知识获取瓶颈。专家系统存在应用领域狭窄、缺乏常识性知识、知识获取困难、推理方法单一、缺乏分布式功能、难以与现有数据库兼容、开发周期长、更新和维护成本高等诸多问题。人们期望的第五代计算机所表现出来的推理速度还不如通用计算机，因此最终以失败告终。

1.2.4 学习期

无论是推理期还是知识期,机器都是按照人类设定的规则和总结的知识运行,无法超越其创造者,并且人力成本非常高。对于人类的很多智能行为,如自然语言理解、图像识别等,机器很难了解其中的原理,也无法描述其背后的知识。因此,难以通过知识表示和推理的方式来实现对这些智能行为的模拟。随着数据的快速积累和计算机算力的大幅提升,人们希望机器能够通过数据分析来自动学习知识并提升智能水平,因此对自动数据分析技术的需求日益迫切。20世纪80年代中后期,人工智能研究进入学习期。在这一时期,机器收集、存储、传输、处理数据的能力得到了飞速提升,能够有效分析和利用数据的机器学习算法得到了发展,统计学习算法和深度学习算法被相继提出,并在诸多领域得到了实际应用。

在云计算、大数据、机器学习、自然语言处理技术的推动下,人工智能迎来了第三次高潮。Valiant(1984)提出了概率近似正确(probably approximately correct,PAC)理论,为统计学习算法奠定了理论基础。20世纪90年代中期,统计学习算法迅速占据主流舞台,其代表性技术是支持向量机以及更一般的核方法。统计学习算法和智能优化算法关注现实应用中的不精确性,弥补了人工智能在数学理论和计算方法上的不足,更新和丰富了人工智能的理论框架。2006年,基于深度神经网络的深度学习概念被提出。深度学习以其大数据处理能力和强大的函数拟合能力,在图像分类、语音识别、智能问答、计算机博弈、自动驾驶等领域实现了技术突破。2012年,多伦多大学的Hinton教授及其两名研究生首次参加了 ImageNet 图像分类和目标检测比赛(ImageNet large scale visual recognition challenge, ILSVRC),他们设计的卷积神经网络模型AlexNet在分类项目中一举夺冠(Krizhevsky et al., 2012),top5 分类准确率比第二名采用支持向量机方法的准确率高出 11.2%,如图 1.2 所示。此后,深度神经网络的建模和训练方法持续创新,解决计算机视觉领域问题的能力大大提高,图像分类能力开始超越人眼。2022年11月30日,美国人工智能公司 OpenAI 推出 ChatGPT,这是一款基于大语言模型的智能对话软件,引发了人们对生成式人工智能(artificial intelligence generated content,AIGC)的广泛关注。

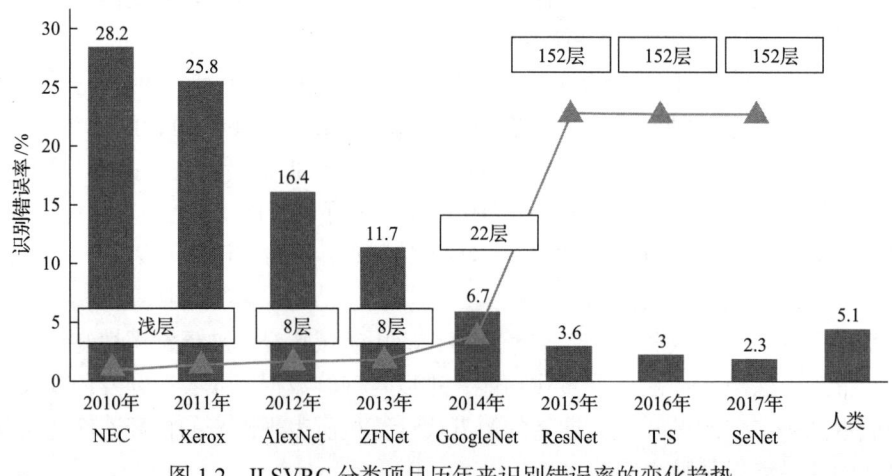

图 1.2 ILSVRC 分类项目历年来识别错误率的变化趋势

生成式人工智能可根据用户需求，自动生成与之匹配的文本、图像、语音、视频和代码等内容，提高了人们的工作效率和创作质量。

人工智能技术逐步走向实用化。数字化、网络化和智能化被公认为是未来社会发展的大趋势，人工智能、物联网、云计算等成为科技发达国家制定本国发展战略的重点。人工智能开始向各行各业渗透，产生了智能制造、智能交通、智能安防、智能医疗、智能教育等多个"智能+"产业，驱动了新一轮技术革命。

1.3 人工智能的主要学派

长期以来，由于研究人员的专业背景和研究领域不同，以及他们对智能本质的理解有异，在人工智能历史上形成了采用不同研究方法的多个学派，其中最著名的是符号主义(symbolicism)、连接主义(connectionism)和行为主义(actionism)三大学派。

1.3.1 符号主义

符号主义，又称为逻辑主义、心理学派，由心理学途径产生。符号主义认为人工智能起源于数理逻辑，人类智能的基本元素是符号，而智能行为是符号运算的结果。符号主义从宏观上模拟人的思维和认知过程，强调功能模拟和符号推演。符号主义是人工智能中提出最早且应用最广泛的研究学派，从启发式算法到专家系统，再到知识工程，符号主义曾长期一枝独秀。

物理符号系统假设是符号主义研究的基本假设，其认为人类智能的各个方面都可以用符号的形式进行精确描述(Newell et al., 1976)。在该假设中，一个完善的符号系统应具有下列 6 种基本功能：输入符号、输出符号、存储符号、复制符号、建立符号结构和实现条件性迁移。任何一个系统，如果它能表现出智能，那么它必定能够执行上述 6 种基本功能。反之，如果任何一个系统具有这 6 种基本功能，那么它就能够表现出智能。由物理符号系统假设可以得到如下 3 个推论。

推论 1 既然人具有智能，那么人一定是一个物理符号系统。

推论 2 既然计算机是一个物理符号系统，那么计算机一定能表现出智能。

推论 3 既然人和计算机都是物理符号系统，那么用计算机一定能模拟人的智能活动。

物理符号系统假设在计算机与人之间建立了一种联系，为计算机能够实现人工智能提供了哲学依据，从而成为符号主义的理论基石。然而，很多知识，如感性知识和某些常识性知识，很难用符号的形式进行精确描述，因此该假设有很大的局限性，是不完全成立的。

符号主义用符号系统模拟人的思维过程，符号系统由符号表示和相应的推理演算方法组成。符号主义解决问题的基本思路如图 1.3 所示，首先将现实世界中与具体问题相关的事实和知识抽象出来，表示为符号系统中的符号要素；然后利用符号系统中定义的推理演算方法进行符号运算，尝试推导出问题的解；最后根据问题的解在现实世界中执行相应的操作，以检验问题求解效果。将具体问题形式化为符号是整个过程的基础，一般需要人工完成；符号的推理演算由计算机算法实现，是机器智能的主要体现。不同的

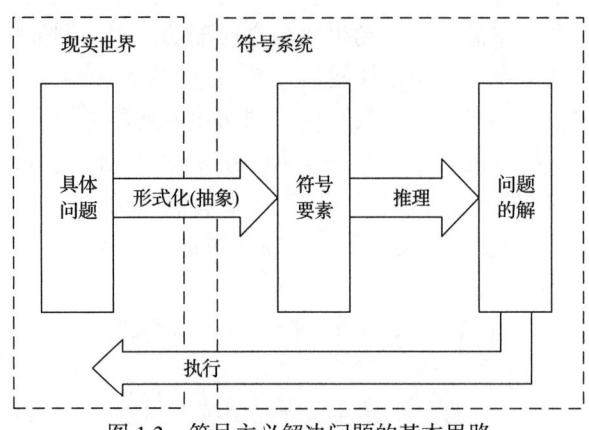

图 1.3 符号主义解决问题的基本思路

符号表示方法通常对应不同的推理演算方法，由此衍生出不同的人工智能技术。

符号主义在定理证明、自动推理、专家系统、自动程序设计和计算机博弈等领域取得了很多重要的研究成果。符号主义有坚实的认知心理学基础，把符号系统作为人类心智活动的模型。每个符号对应一定的语义，符号具有可组合性，可从简单的原子符号组合成复杂的符号串，客观上反映了语义对象的可组合性，因此符号主义与人类理性思维一样具有可解释性且易于理解。但是，符号主义的局限性十分明显。首先，为了对问题相关的知识进行符号化，需要人工对知识进行整理加工，在符号表示、处理和转换过程中存在信息丢失现象。其次，符号系统可扩展性差，不同领域、不同任务的知识差别很大，通过一个任务积累的知识很难在其他任务中复用。最后，符号系统很难通过学习进行自我完善，当知识增多时，知识之间发生矛盾的可能性显著增加。符号主义通常不适用于数据含噪声或模型定义不明确的场景，如图像识别、自然语言处理等。

符号主义的最新发展为知识图谱，采用图的形式来加工处理知识，研究内容包括知识的自动获取、多源知识的自动融合、面向知识的表示学习、知识的推理与应用等。符号系统的学习也是当前符号主义研究的重点之一。通过对传统符号表示方法进行拓展和改进，引入概率模型、神经网络模型等计算工具，符号系统的容错性和可学习性正在不断得到提高。

1.3.2 连接主义

连接主义，又称为仿生学派、生理学派，由生理学途径产生。连接主义认为人工智能的基本元素是神经元，智能产生于大量神经元的并行分布式连接之中，而智能行为是神经计算的结果。连接主义提出根据人脑的生理结构和工作机理来模拟人类智能，强调结构模拟和神经计算，试图探索人类认知过程的微观结构。

连接主义的代表性研究是人工神经网络，通过建立人工神经元之间的连接以及在各神经元内进行并行信息处理，实现对生物神经网络的模拟。当训练数据充足时，人工神经网络能够从训练数据中发现隐含的规律，具有良好的抗噪能力，能够获得性能良好的预测模型。近年来，连接主义得到了人们的广泛关注，主要原因是由人工神经网络发展而来的深度学习算法大大提高了图像识别和语音识别的效果,并在自动驾驶、博弈游戏、自然语言处理等任务中表现出卓越的性能。深度学习通过构建深度神经网络模型来实现自动地特征学习和模式识别,对大规模、形式多样的数据具有很强的表达能力和学习能力,为解决感知信息处理等复杂问题提供了有效工具。

但是,由于人脑的生理结构和工作机理尚未明确,而且受网络规模的制约,目前人工神经网络只能对人脑进行局部模拟或者近似,尚不能实现人脑的完全模拟。而且,深度学习算法需要大量的训练数据作为基础,存在解释性差、在开放动态环境下应用效果不理想、算法收敛性不好等问题。连接主义在输入与输出之间建立了一个无法解释的黑箱,无法显式地描述知识,不适合解决逻辑推理问题。

1.3.3 行为主义

行为主义,又称为进化主义、控制论学派,模拟人、生物个体或群体的智能行为,认为智能取决于感知和行动。该学派将能够与环境进行感知与行动交互的个体抽象为Agent,并通过个体是否具有合理行动来衡量其是否具有智能。行为主义思想源于一个明显而又长期被忽略的事实:在自然界中认知能力弱的生命体,在没有抽象的世界模型,没有语法语义规则指导行动的情况下,也能够很好地生存于高度复杂的、非结构化的、动态的真实世界中。这在很大程度上归功于它们拥有反射能力,而不是知识推理能力。受此启发,有可能构建不基于符号和推理的智能系统。

行为主义中用于模拟智能行为的感知-行动模型是一种实现自动控制过程(如自适应、自寻优、自学习、自组织等)的有效方法。行为主义强调行为和环境的交互性,适合处理复杂环境下的动态系统与时变系统,重要应用领域是机器人与无人系统等与环境进行交互的智能系统。代表性的研究是Brooks研发的六足行走机器昆虫。Brooks认为要求机器像人一样去思维太难了,在做出一个像样的机器人之前,不如先做出一个像样的机器昆虫,由机器昆虫慢慢进化,也许可以做出机器人。他在美国麻省理工学院的人工智能实验室中研制出一个基于感知-行动模型的模拟昆虫行为的控制系统,该系统由150个传感器和23个执行器组成,能够像蝗虫一样进行六足行走。虽然该机器昆虫不具有像人一样的推理能力、规划能力,但其应对复杂环境的能力却大大超过了其同时代的机器人,在自然的非结构化环境下,具有防碰撞能力和灵活的漫游行为。

行为主义学派的诞生晚于符号主义和连接主义,但在现在得到了广泛认同。其原因在于,符号主义和连接主义更多关注智能的内在机制,而行为主义更关注智能的外在表现,同时降低了对智能的要求,从而将很多原来被排斥在智能之外的东西也纳入到人工智能研究的范畴之内,为人工智能的发展注入了新的活力。近年来,行为主义研究取得了很多令人瞩目的成果,它所采用的动作分解方法、分布并行处理方法以及自底向上的求解方法已成为人工智能领域中新的研究热点。行为主义的最新发展是强化学习,Agent能在与环境的交互中根据获得的奖励或惩罚不断地学习行动策略,以更好地适应环境。

1.3.4 不同学派的交叉与融合

不同学派的研究方法既有各自擅长处理的问题，又有各自的局限性。在人工智能的早期发展中，符号主义曾长期处于人工智能研究的核心位置。近年来，随着数据的大量积累和计算能力的大幅提升，深度学习算法在感知信息处理、计算机博弈、机器翻译等领域获得成功，连接主义成为新的研究热点。而行为主义为人工智能的发展注入了全新的血液，基于 Agent 的研究方法与符号主义和连接主义有良好的兼容性。随着人工智能的发展，越来越多的研究者开始关注如何融合符号主义和连接主义，将神经网络的"黑箱学习"与先验知识、符号推理和统计学习相结合，实现可解释、可推理、可操控的"白箱学习"。将连接主义与行为主义相结合，如建立深度强化学习算法，利用环境反馈获得学习信号并更新模型参数。

自 21 世纪初开始，三大学派开始由分立逐步走向融合。在激烈争论时期企图完全否定对方而以一个学派的方法主宰人工智能世界的氛围，已经被互相学习、优势互补、集成模拟、合作共赢的新氛围代替。在人工智能的一些最新应用技术和学科分支中，已经很难区分其所属学派，如机器学习就使用了三大学派的思想方法，见图 1.4。在具体应用场景中，可以综合运用各个学派的方法，以获得更好的性能表现。例如，在知识问答系统中，不仅使用了符号主义的知识存储、匹配和查询方法，通常还应用连接主义进行语音识别和自然语言理解。又如，自动驾驶技术通常涉及模式识别、图像理解和运动控制，需要综合应用三大学派的方法。

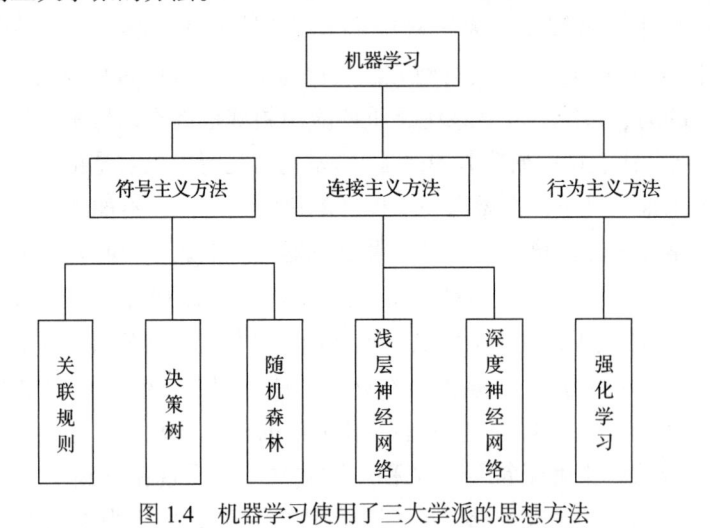

图 1.4 机器学习使用了三大学派的思想方法

1.4 人工智能的应用领域

随着人工智能理论研究的深入和技术的发展，人工智能的应用领域不断扩展。按照要解决问题的不同，人工智能的应用主要包括两大类：一类是智能信息处理，以大数据、云计算、深度学习等技术为支撑，利用人工智能技术解决海量信息的筛选、分类、特征提取、目标发现、信息融合、数据挖掘、智能检索等问题；另一类是实现智能行为，通过人工智能技术实现 Agent 的智能感知、智能判断、智能决策以及智能控制，强调 Agent 自主执行任务的能力、多 Agent 协作的能力、Agent 与人交互的能力等。

下面给出人工智能的一些典型应用领域。

1.4.1 机器视觉

机器视觉也称为计算机视觉，是使用计算机及相关设备实现视觉信息采集、处理、计算与理解的人工智能应用技术。其目标是表达和理解环境，对输入的图像信息进行组织，对物体和场景进行识别，进而对图像内容进行解释。最终使机器能够像人一样通过视觉观察和理解世界，具有自主适应环境的能力。

机器视觉的发展经历了四个阶段：第一阶段是计算视觉，Marr(1982)的著作 *Vision* 出版，介绍了处理视觉数据的算法框架，对机器视觉发展起到了重要作用。第二阶段是主动视觉与目的视觉，其研究重点是加强机器视觉系统的主动性、目的性和应用性。第三阶段是多视几何和分层三维重建，其研究重点是如何快速、鲁棒地重建大场景。第四阶段是基于学习的视觉，其主要研究方法是以流形学习为代表的子空间法和以深度学习为代表的视觉感知方法。

以机器视觉中的图像处理为例，处理过程一般包括图像预处理、图像定位与分割、特征提取、模式分类、语义理解等。图像预处理主要借助相机标定、去噪、增强、配准与拼接、融合等操作，来提高图像质量，降低后续处理难度。图像定位与分割主要利用目标边界、几何形状等先验特征或知识，确定待检测目标的位置或从图像中分割出目标，获得目标的位置、大小、方向等信息。特征提取用于提取图像中的形状、面积、灰度、纹理等特征。模式分类本质上是通过构造一个多分类器，将从数据集中提取的图像特征映射到某一个给定的类别中，从而实现目标分类与识别。语义理解是在图像感知的基础上，从行为认知以及语义等多个角度挖掘视觉数据中内含的特征与模式，并对图像中的目标或群体行为、目标关系等进行理解与表达，是机器理解视觉世界的终极目标。

随着深度学习算法的发展和计算能力的提高，机器视觉领域的相关技术正在加速进步，很多视觉难题得以突破，机器对图像认知的水平显著提升。目前，机器视觉技术已经广泛应用于安防、医疗、制造等领域，成为落地最广的人工智能技术之一。

1.4.2 自然语言处理

基于自然语言的人机交互是人工智能领域的重要研究课题。自然语言处理研究人类与计算机系统之间用自然语言进行有效通信的各种理论和方法，使用计算机来完成以自然语言为载体的信息处理任务，如文本的理解、分类、摘要、信息抽取、知识问答、自然语言生成等。自然语言处理的典型应用包括机器翻译、语音识别、文本挖掘等。

自然语言处理技术的发展主要分为三个阶段。

第一个阶段是 1957~1970 年的基于规则阶段。20 世纪 50 年代到 70 年代，自然语言处理主要采用基于规则的方法模仿人类学习和理解语言的过程，进行自然语言处理。但是，规则不能覆盖所有语句，缺乏对上下文的理解，无法从根本上将自然语言理解实用化。

第二个阶段是 1971～1993 年的统计学习阶段。20 世纪 70 年代以后，随着丰富语料库的出现以及硬件性能的提升，基于数学模型和统计方法的自然语言处理取得了实质性的突破，开始从实验室走向实际应用。

第三个阶段是 2008 年至今的深度学习阶段。深度学习在自然语言处理中的应用不断深入，在机器翻译、自动问答、阅读理解等方面不断取得突破，成为自然语言处理的主流方法。2017 年，谷歌的研究人员提出了含有自注意力(self-attention)结构的 Transformer 模型(Vaswani et al., 2017)，它很快取代循环神经网络成为自然语言处理的常用模型。自 2018 年以来，大规模预训练语言模型的应用开启了基于"预训练+微调"的新一代自然语言处理范式(车万翔等，2021)。以来自 Transformer 的双向编码器表示模型(bidirectional encoder representations from Transformer, BERT)(Devlin et al., 2018)、生成式预训练 Transformer 模型 3(generative pre-trained Transformer 3, GPT-3)(Brown et al., 2020)为代表的超大规模预训练语言模型缓解了自然语言处理中标注数据不足的问题，在多种自然语言处理任务的性能得到大幅提升。2022 年 12 月，基于 GPT-3.5 的聊天系统 ChatGPT 迅速火遍全网，成为自然语言处理领域中的标志性成果。2023 年 3 月，OpenAI 发布 GPT-4，相比之前的版本，其模型参数量进一步增加，回答准确性大幅提高，且具有多模态信息处理能力。

1.4.3 智能规划与决策

规划与决策历来是人类智慧的重要体现。规划是对任务环境进行认识与分析，根据预定实现的目标，对若干可供选择的动作及所提供的资源限制和相关约束进行推理，综合制定出实现目标的动作序列的过程。决策是确立目标、选择方案以及处理不确定条件下偶发事件的过程。随着现代科技与社会的发展，人们面对的一些问题越来越复杂，要素越来越多，时间要求越来越紧迫，单靠人力往往无法完成。因此，需要研究如何运用人工智能技术辅助人力解决复杂的规划和决策问题，这就是智能规划与决策。智能规划与决策是机器人、无人机、无人车、智能弹药等自主系统，以及模拟仿真、作业调度和物资运输调度、任务规划等软件系统的核心技术。

智能规划与决策包括经典规划、非经典规划、运动规划、行动方案自动规划、行动方案决策分析、决策理论规划以及不确定性规划与决策。经典规划是在完全可观测的、确定的、静态的、离散的环境下进行搜索和决策的过程，目的是寻找一个以最小代价到达目标的计划，主要包括状态空间规划和计划空间规划。非经典规划相对于经典规划而言，是指在部分可观测的或随机的、考虑时间和资源限制的环境下进行的规划。运动规划是在状态空间中将期望的运动任务分解为满足运动约束的离散运动的过程，包括路径规划和轨迹规划，主要方法有基于路线图的方法、人工势场法、基于搜索的方法、动态规划以及智能优化算法。决策理论规划是将决策理论与人工智能规划相结合的产物，可用于求解不确定性、非完全可观测环境下的规划问题。现实中的规划与决策问题，通常具有不确定性、部分可观性和动态性，这就涉及不确定性规划与决策，主要方法有马尔可夫决策过程和贝叶斯网络。

随着决策任务环境日趋复杂，决策问题由结构化向半结构化和非结构化问题领域拓展，决策方式从最开始的单人决策逐步过渡到群体决策，决策目标从单目标决策转向多目标决策，决策过程从静态决策发展到动态决策，决策环境由确定性向不确定性转变，使得决策系统呈现出多元化发展态势。基于数据仓库、辅助决策数据分析、数据挖掘和知识库系统的智能决策支持系统已发展成目前主流的决策系统(吴飞等，2018)。

1.4.4 机器人

机器人学是机械结构学、传感技术和人工智能相结合的产物。机器人为人工智能算法的实现与验证提供了良好的载体，机器人的智能感知、导航与规划、智能控制与操作以及人机交互等方面均涉及人工智能技术。随着人工智能技术的发展，近年来各类机器人的智能程度得到了显著提升。

机器人按发展进程一般可分为三代：第一代为程序控制机器人，采用"示教-再现"方式工作，不具有感知能力和对任务或环境变化的适应能力；第二代为自适应机器人，配备有少量的视觉、力觉等传感器，允许操作对象的微小变化，对环境具有一定的适应能力；第三代为智能机器人，配备有视觉、听觉、触觉等多种类型的传感器，能对环境信息进行精确感知和实时分析，具有一定的自主学习、分析决策和判断能力，能够与人或其他机器人进行交互。第三代机器人的智能水平已经得到大大提高，但还没有达到完全自主的程度。

自动驾驶汽车作为一种智能轮式移动机器人，近年来受到了广泛关注。根据国际汽车工程师协会(Society of Automotive Engineers，SAE)制定的标准，汽车自动驾驶的等级分为6级，如表1.1所示。目前，市面上应用的自动驾驶汽车大部分在第2级，即部分自动化阶段，尽管很多公司声称其自动驾驶汽车已达到第3级或第4级，但是尚未有自

表1.1 汽车自动驾驶的等级

等级	名称	定义	驾驶操作	周边监控	支援	系统作用域
0	无自动化	由人类驾驶者全权操作汽车，在行驶过程中可以得到警告和保护系统的辅助	人类驾驶者	人类驾驶者	人类驾驶者	无
1	驾驶支援	由驾驶系统对方向盘的操控和加减速中的一项操作提供支援，其他的驾驶动作都由人类驾驶者完成	人类驾驶者驾驶系统	人类驾驶者	人类驾驶者	部分
2	部分自动化	由驾驶系统对方向盘的操控和加减速中的多项操作提供支援，其他的驾驶动作都由人类驾驶者完成	人类驾驶者驾驶系统	人类驾驶者	人类驾驶者	部分
3	有条件自动化	由驾驶系统完成所有的驾驶操作；对于驾驶系统请求，人类驾驶者需要做出适当的应答	驾驶系统	驾驶系统	人类驾驶者	部分
4	高度自动化	由驾驶系统完成所有的驾驶操作；对于驾驶系统请求，人类驾驶者不一定需要做出适当的应答；限定道路和环境条件	驾驶系统	驾驶系统	驾驶系统	部分
5	完全自动化	由驾驶系统完成所有的驾驶操作；人类驾驶员在可能的情况下接管；不限定道路和环境条件	驾驶系统	驾驶系统	驾驶系统	全域

动驾驶汽车达到第 5 级。随着大数据、深度学习、强化学习和车联网等技术的发展，自动驾驶汽车的实用性和安全性得到提升。基于特殊场景下的低速自动驾驶在无人配送、园区物流、道路清扫等场景实现了量产落地，而真正的高等级自动驾驶在短期内还难以量产上路。

1.4.5　计算机博弈

计算机博弈也称为机器博弈，用于研究棋类、牌类、战争游戏等具有竞争性的智能活动，被认为是人工智能领域最具挑战性的研究方向之一。计算机博弈可以为搜索策略、机器学习等研究提供良好的实验背景，也是兵棋推演、智能决策等的重要基础。

人工智能从诞生之始就以对抗人类智能为衡量准则，而人机博弈就是验证机器智能的一块"试金石"。1959 年，由 Samuel 开发的西洋跳棋程序战胜了 Samuel 本人。1997 年 5 月，IBM 公司的计算机程序"深蓝"战胜了国际象棋世界冠军 Kasparov，标志着人工智能在国际象棋领域超越了人类。"深蓝"获胜的原因在于，其具有强大的计算能力，能利用未来局势的树状架构推导出胜负的可能性，采用极小极大搜索算法以及 α-β 剪枝来缩小可能的计算范围，找到最优策略。但是由于围棋的分支数远多于西洋跳棋和国际象棋，而且其局面的判断更加复杂，这种方法对于围棋无效。为了应对围棋的复杂性，AlphaGo 结合了深度学习和强化学习的优势，利用数百万人类围棋专家的棋谱以及强化学习进行自我训练，使自身棋力有了实质性飞跃。从 2016 年 3 月到 2017 年 5 月，AlphaGo 分别战胜了职业九段棋手李世石(图 1.5)、中日韩数十位围棋高手和当时等级分世界排名第一的棋手柯洁。2017 年 10 月，DeepMind 团队公布了 AlphaGo 最新升级版 AlphaGo Zero(Silver et al., 2017)。AlphaGo Zero 仅通过自我博弈进行学习，能够发现新知识并发展新策略。此后，AlphaGo 被认为在围棋领域已远远超过人类棋手的棋力，达到了人类难以企及的新高度。

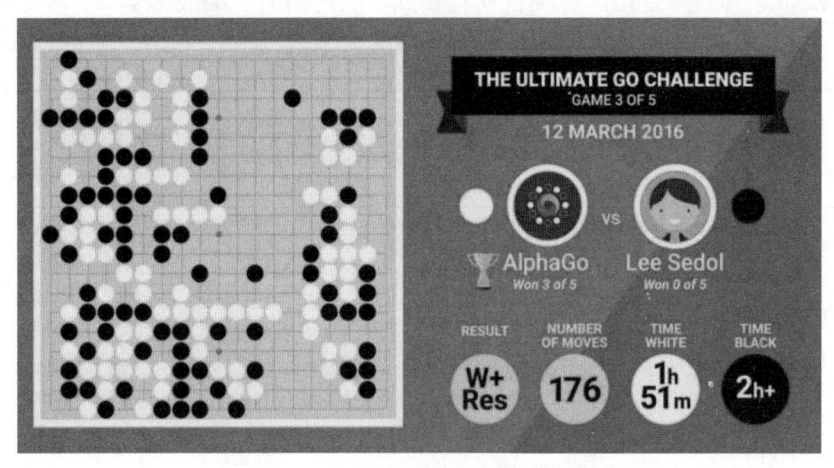

图 1.5　AlphaGo 在围棋人机博弈中获胜

即时策略游戏是另一种评估机器智能的常用平台，此类游戏是即时进行的而不采用回合制，相关技术包括基于多 Agent 强化学习实现被控单元间微操的控制、基于深度神经网络进行宏观战斗决策的制定，以及基于状态机模型实现博弈过程的演化等。在即时策略游戏中，人工智能程序也取得了长足的进步。2019 年，《星际争霸》人工智能程序

AlphaStar 以 10:1 击败了人类专业选手；2019 年，OpenAI Five 在《刀塔 2》游戏中击败了人类世界冠军；2022 年 2 月，索尼 AI 公司开发的人工智能程序在一款人气赛车游戏中击败了人类世界冠军。在多款游戏中，基于深度强化学习技术的人工智能系统都有不错的表现，但是仍存在模型性能和稳定性有待提高、模型可解释性不强等问题。

1.4.6 专家系统

专家系统是一类拥有大量专门知识与经验的程序系统，根据某个领域中一个或多个人类专家提供的知识和经验进行推理和判断，模拟人类专家的决策过程，以解决没有算法解的复杂问题。按照体系结构，专家系统可分为集中式专家系统、分布式专家系统、协同式专家系统、神经网络专家系统等；按照知识表示方法，专家系统可分为基于规则的专家系统、基于语义网络的专家系统、基于框架的专家系统等。

专家系统的发展经历了三个阶段。第一代专家系统(如 DENDRAL、MACSYMA 等)存在高度专业化、求解专门问题能力强的优点，但在体系结构的完整性、可移植性、系统的透明性和灵活性等方面存在缺陷，求解通用问题的能力较弱。第二代专家系统(如 MYCIN、CASNET、PROSPECTOR、HEARSAY 等)属于单学科专业型、应用型系统，相比第一代专家系统，其体系结构较为完整，可移植性有所改善，而且系统的人机接口、解释机制、知识获取、不确定推理技术有所发展，系统的知识表示和推理方法的启发性、通用性等有所增强。第三代专家系统属于多学科综合型系统，采用多种知识表示方法和推理机制及控制策略，是运用各种知识工程语言、骨架系统及专家系统开发工具和环境来研制的大型综合专家系统。

尽管在地质勘查、医疗诊断、化学工程、图像处理、语言识别、信号处理、军事、农业、交通等领域出现了大量的实用专家系统，但是第一代专家系统和第二代专家系统有很多明显的局限性，主要表现在知识获取困难、自适应能力差、自主学习能力差等。目前，专家系统的开发出现了将各种模型综合运用的趋势，如采用多知识库融合、多 Agent 协同、并行分布处理、多方式推理等技术，使其具有自主学习与自我完善的能力，以满足实时和大数据处理的需求。

1.4.7 其他

人工智能是具有显著产业溢出效应的基础性技术，能够推动多个领域的变革和跨越式发展，对传统行业产生了颠覆性影响。2017 年 7 月，国务院印发了《新一代人工智能发展规划》，提出抢抓人工智能发展的重大战略机遇，构筑我国人工智能发展的先发优势，加快建设创新型国家和世界科技强国的发展目标。在智能制造、智能农业、智能物流、智能金融、智能家具、智能家居、智能医疗、智能法庭、智能交通等领域，新一代人工智能与经济社会发展紧密结合，开始凸显出价值，使得发展智能经济、建设智能社会成为可能(王喜文，2019)。

在不同领域，人工智能有着不同程度的应用，有些场景中人工智能作为人的替代出现，而有些场景中人工智能作为辅助工具出现。人工智能与制造业的融合将创造巨大的收益，帮助企业实现生产线自动化，减少误差和浪费，提高生产效率。人工智能与物流行业结合，将提高物流系统的分析决策和执行能力，促进信息流和物质流的快速高效运转，降低社会成本，整合社会资源。人工智能为教育领域带来了很多积极的影响，将帮助人们更好地学习知识和增强技能，使得传统教育方式发生巨大的改变。人工智能在医学影像、辅助诊断、药物研发、健康管理和疾病预测等方面也得到了实际应用，在疫情防控中发挥着重要作用。通过将人工智能与交通系统相结合，可以保障交通安全、发挥交通基础设施效能、提升交通系统运行效率和管理水平。

1.5 人工智能的研究现状

1.5.1 人工智能擅长处理的问题

人工智能可以为传统方法无法求解的复杂问题提供可行的解决方案。传统方法基于经典数学/统计工具，通过等式分析、数值求解或者概率估计来解决数据分析与决策问题。这些定量和精确的方法称为硬计算方法。对于大部分较简单的问题，可以在有限时间内以合理的成本和精度，通过解析法或者直接法得到问题的解。但是，对于一些较复杂的问题，如语音识别、图像识别、经济形势预测、天气预报等，由于其影响因素多、数据含有噪声以及知识不完全等，通常无法在经典数学/统计工具的框架内得到精确的解决方案，而且对于实际问题，很多情况下追求最优解并不一定有意义，一个较优解可能就足够了。

对于这些问题，人工智能可以通过模拟人类的学习、记忆、适应和泛化等能力，利用常识或领域知识、搜索策略以及学习技巧等，提供近似、不精确和低成本的解决方案。这些解决方案一般是指通过优化算法或者启发式算法来求解，在算法实现时，主要表现为计算机方便执行的迭代法，其获得的解可能不是问题的最优解，而是次优解或可行解，算法的时间复杂度和空间复杂度相对较低。基于计算机的新型数学/统计工具，包括线性代数、分析几何、向量微积分、无约束优化、约束优化、概率论和信息论等，人工智能建立了一系列的软计算方法。人工智能方法与传统方法比较如图 1.6 所示，近似、不精确的高效软计算方法正在以"大概率会足够好"的低成本解决方案补充或取代"最好的"硬计算解决方案。

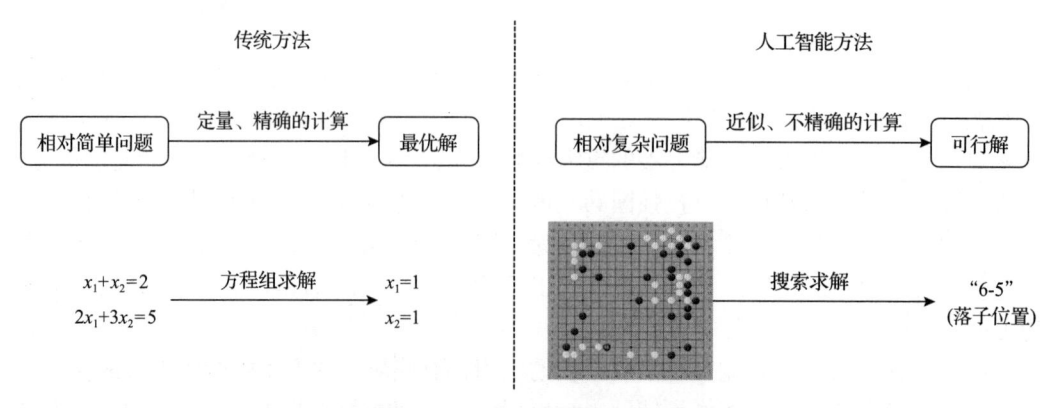

图 1.6 人工智能方法与传统方法比较

从计算复杂度的角度进行分析，人工智能擅长处理 NP(non-deterministic polynomial)完全问题或者 NP 难问题。计算复杂度理论致力于将可计算问题根据它们本身的复杂性进行分类，使用数学方法对计算中各种资源的耗费进行定量分析。P 问题(polynomial problem)是指在多项式时间内可计算的问题。例如，对于排序问题，通过冒泡排序算法或快速排序算法，在有限时间内通过一系列的计算可以求得问题的最优解。但是在某些实际问题中，最优算法的计算时间过长，或者因问题的难度较大，其计算时间随问题规模的增大呈指数级增加。NP 问题是指无法确定在多项式时间内是否可计算，只能在多项式时间内验证一个解的问题。NP 完全问题是最难的一类 NP 问题，目前没有多项式时间内的有效算法。NP 完全问题包括旅行商问题(traveling salesman problem，TSP)等组合优化问题，其暴力搜索算法具有指数级甚至阶乘级的时间复杂度。NP 难问题包括但不限于 NP 完全问题，其求解算法可能比 NP 完全问题的时间复杂度更高。典型的 NP 难问题是各种加密算法的破解问题。

对于 NP 完全问题和 NP 难问题的复杂问题，人工智能中具有代表性的一类求解技术是启发式算法，如启发式搜索算法、智能优化算法等。启发式搜索算法基于直观或经验构造，其优点是简单直观，易于修改，能够以可接受的时间成本和空间成本给出一个较优解，缺点是不能保证找到全局最优解，可行解与最优解的偏离程度不能事先预计，算法不稳定，性能取决于具体问题和设计者的经验。

1.5.2 现阶段人工智能的局限性

人工智能与人类智能具有不同的特点。莫拉维克悖论(Moravec's paradox)表明：对计算机而言，人类所独有的逻辑能力和思考能力只需要非常少的计算量，但是无意识的技能和感知能力却需要极大的计算量。正如 Moravec 所说：要让计算机如成人般下棋是相对容易的，但是要让计算机有如一岁小孩般的感知能力和行动能力却是相当困难的，甚至是不可能的。人类智能的能力范围较广，一个正常智力的儿童经过一定时间的训练，就能掌握非常多的技能。而人工智能的能力范围比较狭窄，通常每个系统只能完成特定的任务。人类能够处理不确定的、偏主观的问题，在工作过程中根据需要改变目标。而人工智能需要明确的目标，其任务环境通常是已知的或可观测的，行动规则较为明确。人工智能从已有知识和规则出发进行推理，或者从实际数据中寻找规律并建立预测模型，它无法预测与之前完全不同的、预想不到的事态，也很难想象、继而创造出过去从未存在过的事物。因此，人工智能系统很难完成需要创造性思维、多方协调能力与快速响应能力的工作。同时，在鲁棒性、迁移性、能效比、自适应和可解释性方面，人工智能与人类智能相比还存在较大差距。

人工智能在实际应用中还存在一些局限性。首先，人工智能应用效果良好的典型任务需要满足一定的限定条件。如图 1.7 所示，人工智能技术应用典型任务需要符合以下五个条件：一是有丰富的知识可以指导推理，或者有丰富的数据可以帮助挖掘潜在的推理规则；二是环境是可观测的，能够获得与问题求解相关的信息；三是环境是确定的，可以准确地预测机器采取特定操作所产生的后果；四是环境是静态的，或者环境动态变化的规律或规则是已知的；五是任务目标明确，可以根据既定目标进行系统设计。在符合这五个条件的情况下，该任务可以由人工智能采用知识驱动或数据驱动的方式完成，如国际象棋、围棋、图像识别、语音识别等。如果有一个或者多个条件不符合，那么该任务对于人工智能而言是比较困难的。例如，自动驾驶任务需要兼顾安全、快速、舒适等多个目标，难以设计定量的优化目标，需要面对雨、雪等恶劣天气及道路上可能出现的各种突发状况，环境是不确定的、动态的，且环境变化规律未知，因此由人工智能来实现完全自主驾驶还非常困难。其次，以深度学习为核心技术构建的系统具有不安全性。深度学习存在鲁棒性差、可解释性差、可重复性差、比较脆弱、要求大样本等问题，限制了其在某些关键领域的应用。

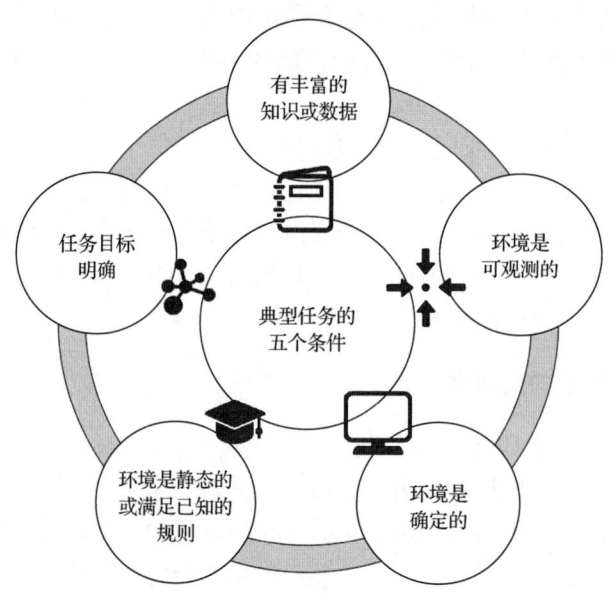

图 1.7 人工智能技术应用典型任务的五个条件

1.6 本章小结

本章在定义解析的基础上讨论了人工智能的研究途径、研究目标、发展历程和研究学派等。关于人工智能，学术界目前还没有统一的定义。为了方便讨论，本书给出了一个较宽泛的定义，以涵盖人工智能的诸多研究领域和最新发展。由于人们对于何为智能以及如何实现智能有各自不同的理解，历史上形成了多种研究途径和研究学派。人工智能的进步正是不同研究学派发展、碰撞与融合的结果。最初，研究人员试图通过符号推理来求解通用问题；之后，为了解决富知识的领域问题，建立了多种专家系统并提出了知识工程；进入大数据时代以后，为了满足知识自动提取的需求，着力发展各种机器学习算法，包括统计学习算法和深度学习算法等。由此，在人工智能发展历程中形成了推理期、知识期和学习期。

　　人工智能为很多无法在传统数学框架内精确求解的复杂问题提供了解决方案，如语音识别、图像识别、自然语言理解等。从计算复杂度理论来分析，人工智能研究的问题大多是 NP 完全问题或 NP 难问题，难以在多项式时间内得到问题的最优解。针对这些复杂问题，人工智能建立了多种能够在有限时间内得到可行解的有效方法，其典型代表就是各种启发式算法。在单一领域的深度上，人工智能的水平正在不断提升，已经在某些任务上胜过了人类，如益智问答、棋类游戏等。但是，现阶段人工智能的能力范围还比较有限，只能完成典型应用场景下的特定任务。以深度学习为代表的部分机器学习算法还存在鲁棒性差、可解释性差等问题。目前，人工智能还是一种实现特定功能的智能工具，在短期内不可能全面超越人类智能。

思 考 题

1.1 什么是人类智能，它有什么特点？

1.2 随着研究的深入，人工智能的内涵不断发展，当用机器模拟生物智能时，请分析机器具体包括哪些？生物智能包括哪些？

1.3 作为一门交叉学科，人工智能与哪些学科之间存在着密切的关联？

1.4 人工智能研究的主要内容有哪些？

1.5 谈谈你对人工智能的理解以及接触到的人工智能的典型应用。

1.6 人工智能三大学派的联系和区别是什么？

1.7 简述图灵测试的基本内容及其对人工智能发展的影响。

1.8 对于图灵测试，有学者认为：机器可以谈论任何事情，但这并不意味着它理解自己在说什么。因为语言并不会穷尽知识，相反，语言只是一种高度具体且非常有限的知识表征。除了语言之外，还有其他的知识表示方式，如图像、视频、神经网络等。对此，你有何看法？你认为图灵测试是否可以作为衡量机器是否智能的评判标准？

1.9 维诺格拉德模式挑战赛是图灵测试的改进版，是一项关于语言理解和常识推理的测试。要想正确解答问题，需要被测试机器具备足够的常识，理解在现实世界中的事物和文化规范是如何相互影响的。该测试针对自然语言中的句子歧义等问题进行提问，要求机器从预选答案中选择。例如：

(1)市议会议员拒绝向示威者发放许可证，因为他们主张暴力。谁主张暴力？

  A. 市议会议员　B. 示威者

(2)奖杯不适合放在棕色手提箱里，因为它太大了。什么东西太大？

  A. 奖杯　B. 手提箱

你认为这种测试方法相比标准图灵测试是否更客观？为什么？

1.10 人工智能所采用的数学方法与传统数学方法有哪些区别？

1.11 计算复杂度理论对于人工智能研究有什么重要作用？

1.12 对于人工智能研究的目标，学术界是存在争议的，一种是希望模拟人类的智能行为，研制出更好的工具，以减轻人类的智力劳动；另一种是希望研制出达到甚至超越人类智能的人造物，具有心智和意识、能根据自己的意图开展行动。你认为人工智能应该选择哪一种研究目标呢？

  1.13 "缸中之脑"是 Putnam(1981)提出的一个假想实验。"一个人（可以假设是你自己）被邪恶科学家施行了手术，他的脑被从身体上切了下来，放进一个盛有维持脑存活营养液的缸中。脑的神经末梢连接在计算机上，这台计算机按照程序向脑传送信息，以使他保持一切完全正常的幻觉。对于他来说，似乎人、物体、天空还都存在，自身的运动、身体感觉都可以输入。这个脑还可以被输入或截取记忆（截取掉大脑手术的记忆，然后输入他可能经历的各种环境、日常生活）。他甚至可以被输入代码，'感觉'到他自己正在阅读一段有趣而荒唐的文字"。有关这个假想的最基本的问题是：你如何担保自己不是在这种困境之中？由此假想引发的另一个讨论话题是：机器是否能够具备自我意识？

第 2 章 状态空间搜索

人工智能研究的对象大多是无法用经典数学方法求解的复杂问题，一般很难获得其全部信息，更没有现成的算法可供求解使用，因此只能依靠经验，利用已有知识逐步摸索求解。根据问题的实际情况，不断寻找可利用知识，从而构造一条代价最小(或较小)的推理路线，使问题得以解决的过程称为搜索。还有一些理论上有算法可依的问题，但是算法的复杂性较高，由于受计算机在时间和空间上的限制，也无法付诸实用。这类问题也需要采用搜索算法来求解。本章介绍的状态空间搜索是一类系统性探索问题空间的方法，使用状态空间法进行问题表示，使用图搜索算法进行推理求解。图搜索算法需要在内存中保存一条或多条路径，并且记录已被搜索过的节点，问题的解是从初始状态到达目标状态的一条最优(或较优)路径。寻找解路径的图搜索算法主要包括盲目搜索算法和启发式搜索算法。

2.1 状态空间搜索概述

2.1.1 状态空间的基本概念

状态空间法把现实世界的问题分解表示为若干可以互相转换的状态，所有的状态和它们之间的转换关系构成状态空间。状态空间(state space)是利用状态和操作算子来表示问题的有关知识的符号系统。状态(state)用来描述问题求解过程中不同时刻的状况。通常，状态中会剔除一些与问题无关的细节描述，仅保留对求解有用的信息。操作算子(operator)也称为状态转换规则，是使问题从一个状态变化为另一个状态的手段。本章假设在任一状态下可选择的操作算子是离散的、有限的。通过不同状态间转换所得到的一组状态的序列称为路径。

状态空间可以表示为一个五元组(S,O,S_0,S_G,c)，其中，S为状态集合；O为操作算子的集合；S_0为问题的初始状态；S_G为问题的目标状态；c为路径的代价。代价取决于实际问题，一般是非负的，如果没有明确给出，那么一步操作的代价为 1。在具体实现时，通常把状态空间表示为图的形式，其中，节点对应问题的状态，边对应状态之间的操作算子，边上的权对应转换所需的代价。状态空间搜索的目的是寻找从初始状态到目标状态代价最小(或较小)的路径。求解算法即在图中寻找特定路径的搜索算法。表 2.1 给出了待求解问题各要素与状态空间图各要素的对应关系。

表 2.1 待求解问题各要素与状态空间图各要素的对应关系

待求解问题	状态空间图
某步骤或某时刻的局面	节点

续表

待求解问题	状态空间图
初始局面	初始节点
目标局面	目标节点
操作算子(状态转换规则)	边
转换所需的代价	边上的权
完成操作序列所需的代价	路径的代价
问题的解	从初始节点到目标节点的一条路径
求解过程	寻找路径过程

例 2.1 硬币翻转问题。现有 3 枚硬币，初始全部正面朝上，目标是翻转硬币使其全部反面朝上，要求每次翻转其中的 2 枚。请用状态空间法表示该问题，并进行试探性求解。

解 使用状态空间法的思想分析该问题。3 枚硬币的正反面排列组合，共有 $2^3=8$ 个状态，但这 8 个状态之间并不能任意转换。根据问题要求，每次操作必须翻转 2 枚硬币，因此只有存在 2 枚硬币正反不同的状态之间才可以互相转换。这 8 个状态以及它们之间的转换关系构成了硬币翻转问题的状态空间。

将该状态空间表示成图的形式，如图 2.1 所示。每个状态抽象为图的一个节点，可以互通的节点对之间用边连接。每次操作所需的代价为 1，这里没有特别标注。问题要求通过一系列操作(每次操作翻转 2 枚硬币)，将全部正面朝上的硬币(初始状态)变为全部反面朝上(目标状态)，但是从图 2.1 可以发现，初始状态与目标状态在图中不能连通，因此问题的要求无法实现。

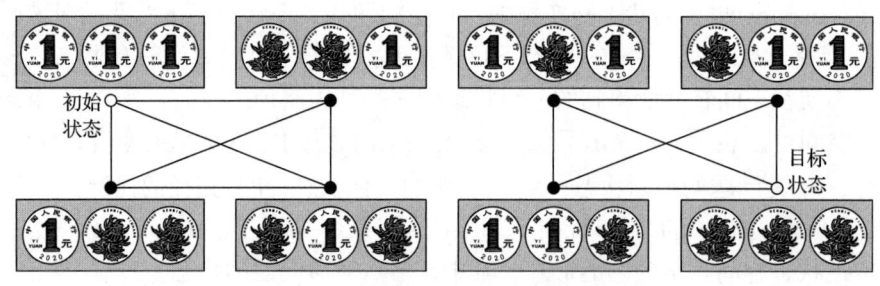

图 2.1 3 枚硬币翻转问题的状态空间图

在此基础上，如果把例 2.1 的问题修改为：硬币总数为 4 枚，操作算子为每次翻转其中的 3 枚，那么能否使硬币全部翻面？4 枚硬币翻转问题的部分状态空间图如图 2.2 所示。从图 2.2 可知，初始状态(节点 0)与目标状态(节点 4)可以互通，因此问题有解。在具体实现时，可以通过节点 0→节点 1→节点 2→节点 3→节点 4 的操作顺序来实现问题要求，正好对应图 2.2 中的解路径。

很多智力问题(如魔方问题、汉诺塔问题、旅行商问题、八数码问题等)和实际问题

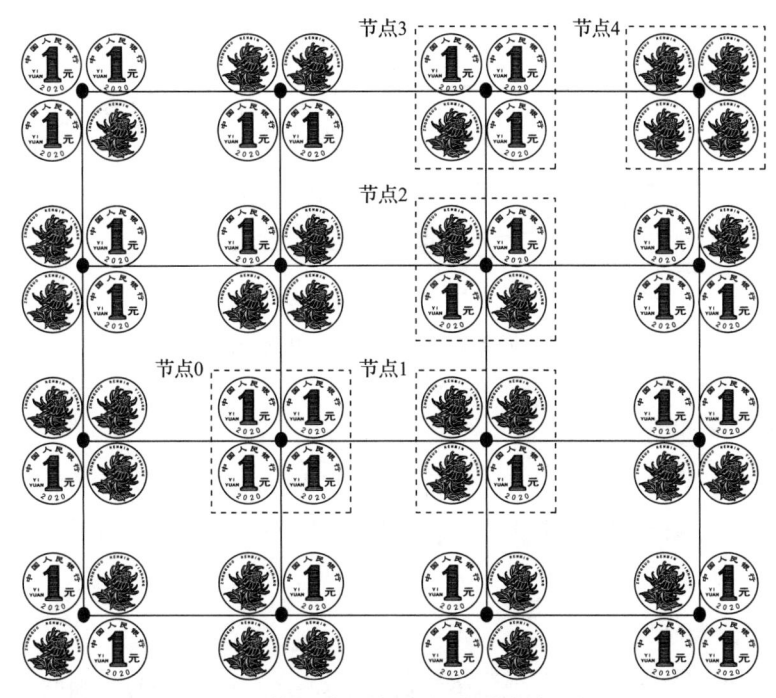

图 2.2 4枚硬币翻转问题的部分状态空间图

(如路径规划、大规模集成电路布局、最小化电路延迟、定理证明、机器人行动规划等)都可以描述为状态空间搜索问题。在不同问题描述成状态空间图后,求解就转化为图中寻找路径的问题。在状态空间搜索中,把问题抽象为状态空间图对应的是知识表示过程,而在图中寻找解路径是推理过程,推理的前提是要把具体问题正确地抽象为状态空间图,也就是确定该问题的状态以及状态之间的转换规则。

例 2.2 负载均衡开机问题。某系统有 4 台设备,分两路供电,第一路上的 2 台设备 A 和 B 的功率分别为 900W 和 200W,第二路上的 2 台设备 C 和 D 的功率均为 300W。系统开机时要逐一打开各台设备的开关,但必须保证两路用电负载之差不超过 500W。要求设计开机方案,使得各设备在满足限制条件的前提下逐一开机。请将该问题抽象为状态空间图,并进行试探性求解。

解 首先分析该问题的状态。问题描述的是 4 台设备由关机到开机的过程。每台设备开关机都会造成问题状态的改变,因此该问题的状态是上述 4 台设备开关机情况的排列组合。4 台设备均可能有开机/关机 2 种情形,该问题的状态空间最多包含 2^4=16 个状态,其中有 7 个状态是非法状态(两路设备的负载之差大于 500W),因此该状态空间图的有效节点只有 9 个。

其次分析状态之间的转换规则。在本例中,节点之间的关系比较清晰(因必须逐一开启各设备,故只存在 1 台设备差异的两个状态之间可转换),用边将能够互相转换的状态节点连接起来,得到如图 2.3 所示负载均衡开机问题的状态空间图。想要求解该问题,只要找到一条从初始节点到目标节点的路径即可。

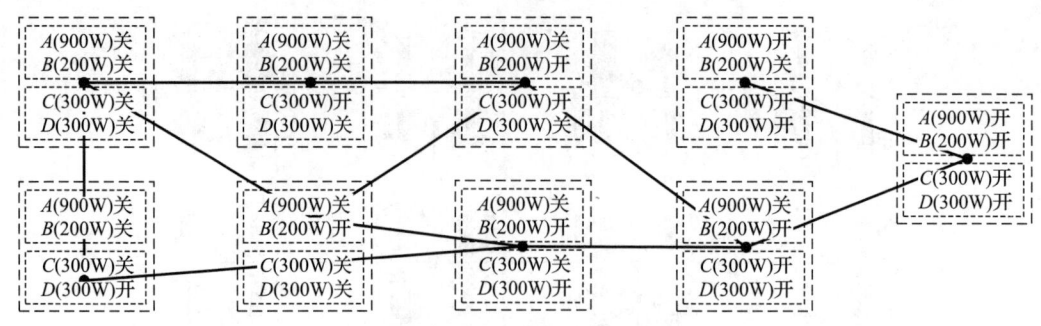

图 2.3 负载均衡开机问题的状态空间图

2.1.2 通用图搜索框架

本节在不依赖完整状态空间图的情况下，讨论从初始节点到目标节点的路径搜索过程，通过分析和抽象人类解决此类问题的一般思路，给出通用图搜索框架。

1. 通用图搜索过程分析

按照 2.1.1 节对状态空间的直观理解，利用状态空间搜索解决具体问题的过程可以分为 2 步：第 1 步是构图，即构建该问题的状态空间图；第 2 步是寻路，即在状态空间图中搜索从初始节点到目标节点的路径。这就需要生成与问题有关的完整状态空间图，即生成全部节点和边并放入存储空间，才能从中寻找解路径。表示问题所有可能的状态及状态间转换规则的状态空间图称为显式状态空间图或显式图。但是对于现实世界中的大部分问题，很难或者无法构建其显式状态空间图，其状态空间规模可能随着节点数的增加而出现组合爆炸。例如，三阶经典魔方共有 4.33×10^{19} 个状态，很难构建其完整的显式状态空间图。又如，围棋最多有 3^{361} 个状态，比宇宙中已知所有原子的数目还多，不可能构建其显式状态空间图。

对于无法或不方便构建显式状态空间图的问题，是否有可能在得不到显式状态空间图的前提下寻找图中的解路径呢？答案是肯定的。人类并不需要完整的迷宫地图就可以找到迷宫中从初始位置到目标位置的路径，也可以在不构建完整显式状态空间图的前提下找到使魔方复位的操作序列。人类解决此类问题的基本思路是：从初始状态出发，通过不断探索和尝试，逐步发现状态空间图中更多的节点和边，当探索到目标状态时，就找到了从初始节点到目标节点的路径。利用有关状态描述和状态转换规则的知识定义的状态空间图，称为隐式状态空间图或隐式图。在计算机中仅需要存储描述问题状态及操作算子的有关知识，包括该问题中各状态分量的取值范围、分量之间的约束条件、初始状态、目标状态，以及所有的状态转换规则等。显式图搜索是先构图再寻路，而隐式图搜索是边构图边寻路。按照这种思路，可以设计通用图搜索框架。

例 2.3 迷宫问题。对于如图 2.4 所示的迷宫问题的示意图，试探索并寻找一条从初始房间 S 出发到达目标房间 G 的路径，并尝试分析寻路过程。

解 假设某个人类游戏者参与了该迷宫游戏，其探索过程如下。

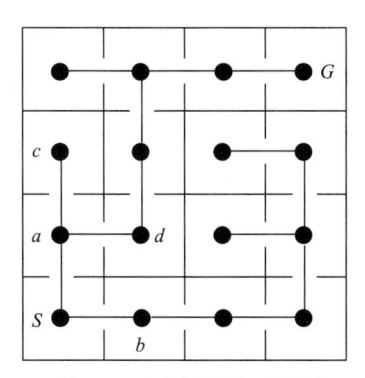

图 2.4 迷宫问题的示意图

开始，游戏者处于初始房间 S 中，此时游戏者已知存在的只有房间 S，不知道其他房间的存在，也不知道 S 通向哪些房间。

下一步，游戏者尝试探索房间 S，发现 S 通向房间 a 和 b，它们是 S 的后继房间。这个步骤是对房间 S 的扩展，扩展某节点是指找出该节点的所有子节点。子节点也称为后继节点，是某节点通过一次状态转换可到达的相邻节点。

此时，游戏者已知存在的房间为 S、a 和 b。游戏者对其了解程度是有差异的：对于房间 S，游戏者不仅知道其存在，而且知道其后继房间是哪些，针对 S 的探索已经完结，称其为 Closed 房间，即已扩展无须再探索；对于房间 a 和 b，虽然游戏者知道其存在，但是没有探索过，不知道其通向哪些后继房间，称其为 Open 房间，即已发现待探索。

接下来，游戏者继续向前探索，目的是发现更多的房间，不断扩大已知范围，希望将来可以发现目标房间。这就要求游戏者每一步必须从已知房间中选择一个房间去扩展。显然，只能从 Open 房间中选择。当前 Open 房间只有 a 和 b，因此从 a 和 b 中选择一个房间进行扩展。

假设游戏者选择房间 a 进行扩展，发现了房间 c 和 d。此时，已知存在的房间有 5 个：S、a、b、c、d。其中，房间 S 和 a 被扩展过，是 Closed 房间；房间 b、c 和 d 没有被扩展过，是 Open 房间。

以此类推，游戏者不断从 Open 房间中选择一个房间进行扩展，发现它的后继房间。游戏者已知存在的房间数目不断增加，直到找到目标房间。

由例 2.3 的搜索过程可以得到如下两点启示：

启示一是已知节点分为 Closed 节点和 Open 节点。

启示二是节点扩展的过程有如下特点：每次被扩展的节点一定是从 Open 节点中选择的；某节点被扩展后，由 Open 节点变成 Closed 节点，而由其扩展出的子节点是 Open 节点；对节点的扩展是一个循环过程，不断从 Open 节点中选择节点扩展，直到找到目标节点。

根据上述启示，可以设计通用图搜索框架。

根据启示一，设计图搜索依赖的数据结构。拟设置 Closed 表和 Open 表两个线性表来存储已知节点，其中 Closed 表存储已扩展节点，Open 表存储待扩展节点。

根据启示二，通用图搜索的流程图如图 2.5 所示。在每次循环时，均从 Open 表中选择一个节点 n 进行扩展(步骤②和④)，将节点 n 移到 Closed 表中，将 n 的后继节点 $\{n_i\}$ 放入 Open 表中(步骤⑤)，循环成功结束的条件是正在扩展的节点为目标节点(步骤③)。如果待求解的问题无解，按照上述流程执行下去，最终将耗尽 Open 表中的所有待扩展节点，仍然找不到目标节点。因此，问题无解时的退出条件是 Open 表为空(步骤①)。

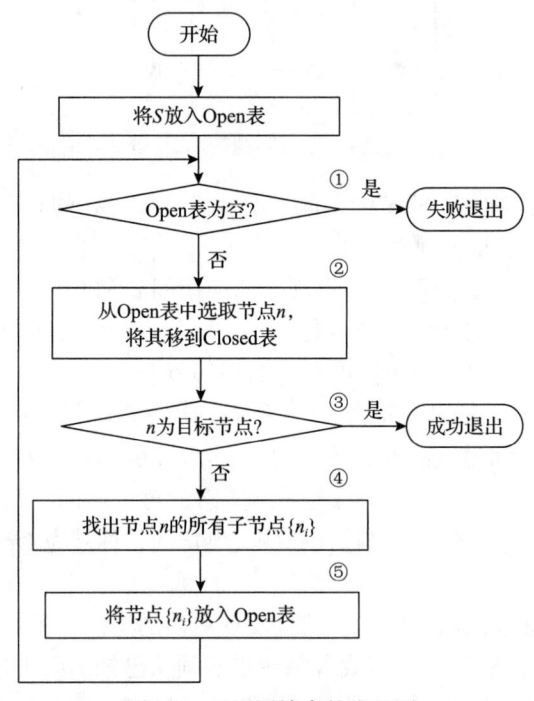

图 2.5　通用图搜索的流程图

按照上述流程，状态空间图是随着探索过程逐步构建的。开始时只有初始节点是已知的，然后通过对 Open 节点的扩展，逐步探索更多的节点和边，直到找到目标节点。图 2.6 演示了状态空间图的逐步探索过程，已知节点范围包含 Open 节点和 Closed 节点，其中 Open 节点处于已知节点范围的边缘。对 Open 节点的扩展，可以使已知节点范围不断扩大，当目标节点成为 Closed 节点时，终止搜索。该搜索流程通常不需要构建完整的状态空间图，如果算法设计得当，那么即使很复杂的问题也只需要探明小部分状态空间图就可以实现问题的求解。

在解决实际问题时，仅找到目标节点往往是不够的，一般还需要给出从初始节点到目标节点的解路径。图 2.5 的流程图并没有记录节点之间的转换关系，因此无法给出解路径。即使记录了节点之间的转换关系，要给出解路径也并非易事。这是因为在节点扩展过程中，一个节点可能有多个后继节点，所以从先辈节点寻找其子辈节点中的目标节点是比较困难的。但是，由于扩展过程中每个节点只有一个父节点，因此从目标节点出发，反向回溯解路径很容易实现。如图 2.6 所示，从目标节点出发，逐级回溯其父节点，直到初始节点，就找到了解的逆路径(粗箭头所示)。这就需要在搜索过程中记录节点之

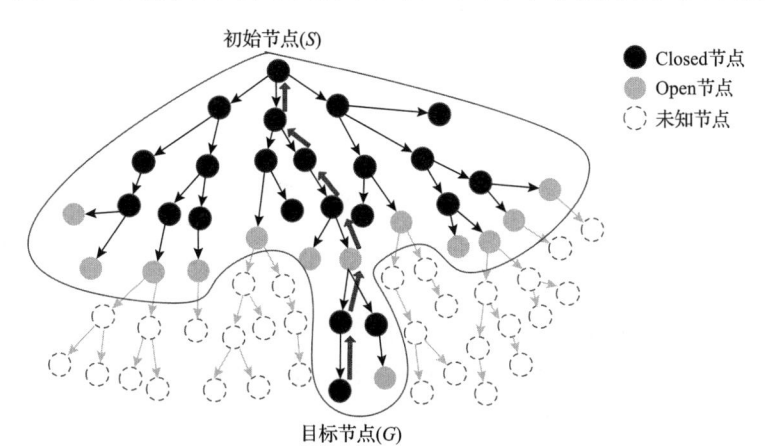

间的父子关系,即在节点扩展时,为新扩展出来的每个子节点标记其父节点信息。

图 2.6 状态空间图的逐步探索过程

在具体实现时,通用图搜索流程中还有很多细节问题需要考虑,包括步骤②中的选点策略、步骤④中的节点数据结构设计和状态转换规则的形式化描述、步骤⑤中的重复发现节点的处理,后续将对此进行详细介绍。其中,步骤②中的选点策略是算法设计的关键。采用何种选点策略对于图搜索算法的性能有决定性影响,根据不同的选点策略,通用图搜索框架可衍生出不同的图搜索算法。在求解中与问题相关的能够用于简化搜索过程的信息称为启发信息(heuristic information)。如果从 Open 表选点时采用随机选点策略,或者仅依靠各节点发现次序等信息进行选择,不利用启发信息,那么该搜索算法称为盲目搜索算法,也称为无信息搜索算法。如果在选点前先评估 Open 表中每个节点接近目标节点的程度,然后利用启发信息选取最有希望的节点进行扩展,那么该搜索算法称为启发式搜索算法。

2. 节点被重复发现时的处理措施

对一个节点进行扩展,可能产生多个后继节点,按照通用图搜索流程,需要将这些节点放入 Open 表中。如果这些新扩展出来的后继节点已经在 Open 表或 Closed 表中,那么该如何处理呢?如果不进行处理,那么在 Open 表或 Closed 表中就会出现"相同"的节点。这里的"相同"两字之所以加引号,是因为这两个节点尽管状态相同,但是其父节点不同,也就是说发现该节点的路径不同,所以它们本质上是不同的节点。已经存在于 Open 表或 Closed 表中的节点,又被扩展出来,意味着这些节点被重复发现。

为什么会出现节点被重复发现的情况呢?其原因可归结为图的特点:图可能包含环路结构或两个节点间有多条路径。图 2.7 列出了节点可能被重复发现的两种情况。在图 2.7(a)中,3 个节点 A、B、C 构成一个环路,C 由 B 扩展而来,B 由 A 扩展而来,因此在扩展 C 时,A 必定已经进入 Closed 表,扩展 C 将再次生成节点 A,导致 A 被重复发现。在图 2.7(b)中,从 S 到达 E 有两条路径:$S→B→D→E$ 和 $S→C→E$,假设从第一条路径已经发现了节点 E,现在要扩展节点 C,则会再次生成节点 E,导致 E 被重复发现。

(a) 环路 (b) 节点间有多条路径

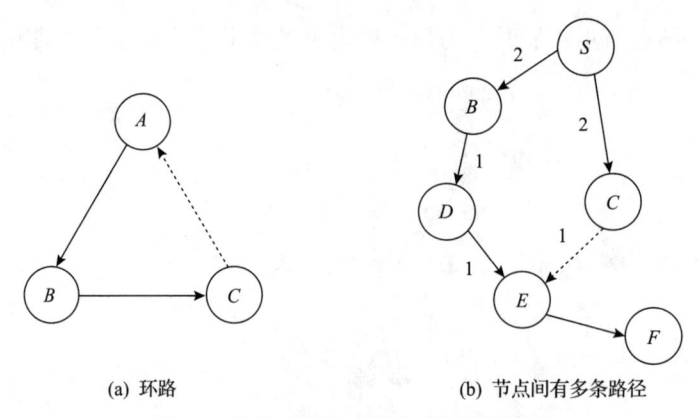

图 2.7 节点可能被重复发现的两种情况

以图 2.7(b) 为例，从路径 $S→B→D→E$ 发现的节点 E 和从路径 $S→C→E$ 发现的节点 E 并不完全相同，前者的父节点为 D，后者的父节点为 C，两个节点 E 的产生路径不同。但从它们出发，寻找前往目标节点的解路径，所面临的情况和变化却完全相同，因此只需要保留一个节点 E 就可以了，不会影响通用图搜索中后续的扩展过程。

在大多数情况下，节点之间的转换都需要付出代价。从初始节点出发，到达节点 n 的已发现路径的最小代价称为节点 n 的历史已用代价，记为 $g(n)$。在图 2.7(b) 中，由 D 扩展出来的节点 E 的历史已用代价（路径 $S→B→D→E$ 的代价）为 4，而由 C 扩展出来的节点 E 的历史已用代价为 3。显然后者更优，在这种情况下，应当保留后者。如果节点 E 是先从路径 $S→C→E$ 上发现的，那么当从路径 $S→B→D→E$ 上再次发现 E 时，新节点 E 的代价大于旧节点 E 的代价，新扩展出来的节点 E 就没有必要保留，直接舍弃即可。

需要注意的是，当新节点更优时，对于节点的处理需要考虑旧节点的存放位置：如果旧节点 E 在 Open 表中，那么用新节点替换旧节点即可；如果旧节点 E 在 Closed 表中，那么用新节点替换旧节点意味着新扩展出来的节点直接进入了 Closed 表，这与通用图搜索的要求是矛盾的：按照通用图搜索流程，新扩展出来的节点应当首先放入 Open 表。新扩展出来的节点 E，应该继承 Closed 表中旧节点的位置，还是应该放入 Open 表呢？既然节点 E 出现在 Closed 表中，说明它已经被扩展过，也就是说它的子节点（如节点 F）已经被发现，这些子节点的父节点指针指向的是旧节点 E，这些子节点的历史已用代价也是在旧节点 E 历史已用代价的基础上累加而来的。如果要替换掉旧节点 E，那么其子节点的父节点指针和历史已用代价都需要更新。理论上，需要把由旧节点 E 扩展出来的所有后继节点都找出来，更新其父节点指针和历史已用代价。但是由节点出发寻找其后继节点是很困难的，更好的做法是删除旧节点 E，并将新节点 E 放入 Open 表，这样新节点 E 就有再次被扩展的机会。当节点 E 被重新扩展时，其后继节点将再次被发现，它们的父节点指针和历史已用代价都将被更新。

还可以从另外一个角度来分析这个问题。如果将新扩展出的节点 E 继承旧节点 E 的位置而保留在 Closed 表，那么意味着认为新节点 E 是扩展过的节点，但是，新节点 E 和旧节点 E 本质上是两个不同的节点，它们的父节点不同，从初始节点到达该节点的路径也不同。由于新节点 E 不是之前已经扩展过的旧节点 E，而是刚刚扩展出来的一个新节点，所以它不应该留在 Closed 表中。

综上所述，当某节点被重复发现且新节点不优于旧节点(新节点的历史已用代价大于等于旧节点的历史已用代价值)时，应该舍弃新扩展出来的节点；当新节点优于旧节点(新节点的历史已用代价值小于旧节点的历史已用代价值)时，应该删除旧节点，把新节点放入 Open 表中。节点被重复发现时的处理措施如图 2.8 所示。在有的参考资料中，在讨论新节点优于旧节点时的处理措施时，常常区分旧节点是存在于 Open 表还是 Closed 表中，如果旧节点在 Closed 表中，需要先替换旧节点，然后再把该节点转换到 Open 表中。实际上，无论旧节点在 Open 表还是 Closed 表，旧节点都需要删除，新节点都需要进入 Open 表，因此使用图 2.8 的描述更清晰。

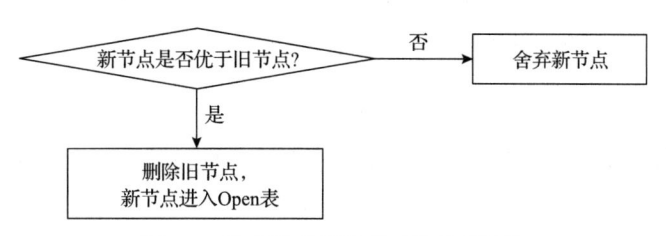

图 2.8 节点被重复发现时的处理措施

2.1.3 状态空间的形式化表示

状态空间的形式化表示主要包括节点的数据结构设计和状态转换规则的形式化表示。这是两项紧密相关的工作，需要同步考虑，后者需要在前者的基础上进行，而前者需要能够支持后者的方便运算。

1. 节点的数据结构设计

在通用图搜索执行过程中，需要对 Open 表和 Closed 表中的节点进行存储、移动、扩展等操作，为便于操作，需要为节点设计合适的数据结构。由 2.1.2 节的分析可知，节点数据结构至少要记录以下三项内容：一是该节点的身份信息，用于描述和区分各节点在状态空间中对应的状态，记为 state；二是该节点的父节点的身份，用于记录节点之间的父子关系，记为 father；三是该节点的历史已用代价，也就是从初始节点出发到达该节点路径的代价，用于在节点被重复发现时处理新旧节点的取舍问题，记为 g。

鉴于此，推荐使用结构体来表示节点，其至少包含三个域：state、father 和 g。其中 father 一般为指针类型，存储指向父节点结构体的指针；g 为历史已用代价，是一个标量，如时间、费用、操作次数等，取决于要解决的具体问题。节点数据结构设计的核心是 state 数据结构的设计。state 的数据结构一般采用向量或矩阵等形式，是能够描述不同状态间差别的一组变量的有序集合。

$$\text{state} = (s_1, s_2, \cdots, s_n)$$

在例 2.1 的硬币问题中，状态是各硬币正反面的排列组合。以 3 枚硬币翻转问题为例，要描述不同的状态，只需要使用 3 个布尔变量即可。

$$\text{state} = (s_1, s_2, s_3)$$

式中，s_1、s_2、s_3 分别对应 3 枚硬币，0 表示硬币正面朝上，1 表示硬币反面朝上，初始状态和目标状态可以表示为 $(0, 0, 0)$ 和 $(1, 1, 1)$。

又如，例 2.2 的负载均衡开机问题，问题的状态是 4 台设备开关机情形的组合，可以用 4 个布尔变量描述不同的状态。

$$\text{state} = (A, B, C, D)$$

式中，A、B、C、D 分别为 4 台设备的电源开关机情形，0 表示关机，1 表示开机，初始状态和目标状态分别为 $(0, 0, 0, 0)$ 和 $(1, 1, 1, 1)$。

而例 2.3 迷宫问题的状态为游戏者所处的房间位置，即

$$\text{state} = (x, y)$$

式中，x、y 分别为游戏者所处房间的横、纵坐标，初始状态和目标状态分别为 $(0, 0)$ 和 $(3, 3)$。

在不同的问题中，节点状态的实际意义不同，一般 state 适用的数据结构就不同。即使对于同一问题，也常常有多种数据结构设计方案可选。一般而言，合适的数据结构描述应该具备以下三个特点：一是可行性，即状态的表示方法必须能够区分状态空间中不同的节点；二是简洁性，即在保证可行性的前提下使用尽量少的、必要的变量；三是易用性，即状态的表示方法能够支持对节点进行方便地扩展运算。其中，可行性是 state 数据结构设计的基本要求，简洁性可使 state 占用较少的存储空间，易用性可使节点扩展过程变得高效。

2. 状态转换规则的形式化表示

通用图搜索的核心步骤之一是对选定节点进行扩展。为了使节点扩展过程便于编程实现，有必要对节点的扩展过程进行形式化描述。在实际问题中，状态转换规则的表示形式可能不唯一，需要具体问题具体分析，以便于算法实现以及提高搜索效率。

节点扩展的过程就是检查并应用状态转换规则的过程。以 3 枚硬币翻转问题为例，对初始节点 $(0,0,0)$ 进行扩展，可以扩展出 3 个子节点，分别为 $(1,1,0)$、$(1,0,1)$、$(0,1,1)$。这 3 个子节点是依次应用 3 个可用的操作算子(翻转第 1、2 枚硬币，翻转第 1、3 枚硬币，翻转第 2、3 枚硬币)得到的。可见，对某节点 n 进行扩展，需要逐一检查所有状态转换规则，考察哪些规则可适用于节点 n，然后应用这些规则进行状态转换，得到该节点的子节点集合 $\{n_i\}$。对节点扩展过程的形式化描述，关键在于对状态转换规则的表示。

在节点扩展时，首先要检查该节点的可适用规则，然后给出使用规则之后状态的描述。形式化的状态转换规则至少包含两个要素：一是规则应用条件，即应用规则前节点的状态描述 state；二是规则应用结果，即应用规则后节点的状态 state′。状态转换规则通常表示为

$$\text{state} \rightarrow \text{state}'$$

在将该规则应用于节点 n 时，检查节点 n 是否符合 state 的描述，如果符合，那么得到状态为 state′ 的子节点。

以负载均衡开机问题为例。该问题的状态转换规则有 8 条，包括开启设备 A、关闭设备 A、开启设备 B、关闭设备 B 等。考虑到开启和关闭同一设备是一对互反操作，可以将上述规则缩减为 4 条，如翻转设备 A 的开关状态、翻转设备 B 的开关状态等。这里只分析第一条规则，应用规则之前的状态可描述为 state $=(A,B,C,D)$，而应用规则后，A 的开关状态翻转，state′ $=(\overline{A},B,C,D)$，且需要满足两路负载之差不大于 500W。规则翻转设备 A 的开关状态可以形式化表示为

$$(A,B,C,D) \xrightarrow{abs(900\overline{A}+200B-300C-300D)<500} (\overline{A},B,C,D)$$

在 3 枚硬币翻转问题中，考察第一条规则"翻转第 1、2 枚硬币"。该规则对于应用规则前的 state 没有要求，应用规则前的状态可描述为 (s_1,s_2,s_3)；应用规则后，布尔变量 s_1 和 s_2 的状态发生翻转，应用规则后的状态可描述为 $(\overline{s_1},\overline{s_2},s_3)$。该条规则可以形式化表示为

$$(s_1,s_2,s_3) \rightarrow (\overline{s_1},\overline{s_2},s_3)$$

其余规则可以类似地进行形式化表示。

为了使状态的数据结构描述具备易用性，需要结合节点扩展过程的设计进行考虑。下面通过例 2.4 演示如何对二者进行综合设计。

例 2.4 八数码问题。八数码问题示意图如图 2.9 所示，在 3×3 的棋盘上，放有 8 个棋子，每个棋子上标有 1~8 的某一数字。棋盘中留有一个空位，空位周围的棋子可以移动到空位中。待求解的问题是：对于给定的初始棋局和目标棋局，通过棋子的一系列移动，实现从初始棋局到目标棋局的转换，对该问题的状态和状态转换规则进行形式化表示。

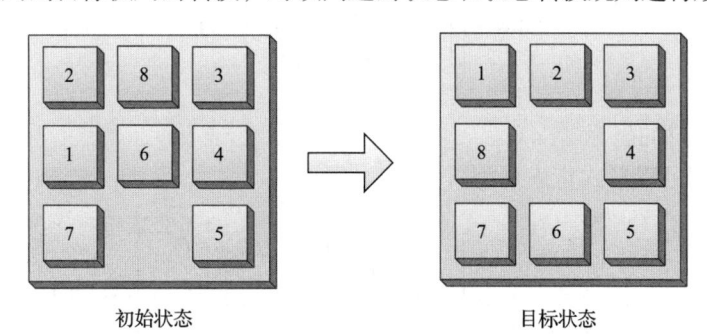

图 2.9 八数码问题示意图

解 先看该问题的状态表示。该问题的状态是 8 个棋子和 1 个空位与 9 个棋位之间的对应关系，也就是要描述每个棋位上的棋子。该问题的状态可以使用一个 3×3 数组来表示，数组的每个元素为对应棋位上棋子的数字（$C_{x,y}$ 表示坐标为 (x,y) 棋位上的数字，如果该棋位是空位，那么 $C_{x,y}=0$）。

$$\text{state} = \begin{bmatrix} C_{1,1} & C_{1,2} & C_{1,3} \\ C_{2,1} & C_{2,2} & C_{2,3} \\ C_{3,1} & C_{3,2} & C_{3,3} \end{bmatrix}$$

例如，初始节点 N_0 的状态表示为

$$N_0.\text{state} = \begin{bmatrix} 2 & 8 & 3 \\ 1 & 6 & 4 \\ 7 & 0 & 5 \end{bmatrix}$$

显然，这种表示形式能够简洁地描述并区分不同的状态，具备可行性和简洁性。但是否具备易用性，也就是基于该数据结构能否方便地对节点进行扩展运算呢？

下面对状态转换规则进行形式化表示。在该问题中，共有 4 条规则，包括棋子从上、下、左、右 4 个方向往空位移动，也就相当于空位向下、上、右、左 4 个方向移动。例如，第一条规则可以表示为

$$\underset{(\text{空位不在第3行})}{\text{state}} \rightarrow \underset{(\text{空位与它下一行的棋子交换，其他棋位不变})}{\text{state}'}$$

可以发现，应用规则时需要对空位的位置进行限定或者用到空位的坐标。虽然通过查找 3×3 数组中 0 元素的位置可以得到空位的坐标，但是每次使用该规则前都要进行查找运算，将影响算法效率。由此可见，仅使用 3×3 数组的状态表示方案并不具备易用性。为了方便节点扩展，可以在对节点状态进行形式化表示时，将空位的坐标也一并体现出来。

$$\text{state} = \left(\begin{bmatrix} C_{1,1} & C_{1,2} & C_{1,3} \\ C_{2,1} & C_{2,2} & C_{2,3} \\ C_{3,1} & C_{3,2} & C_{3,3} \end{bmatrix}, x, y \right)$$

式中，x, y 为空位的坐标。

第一条规则可以形式化表示为

$$\left(\begin{bmatrix} C_{1,1} & C_{1,2} & C_{1,3} \\ C_{2,1} & C_{2,2} & C_{2,3} \\ C_{3,1} & C_{3,2} & C_{3,3} \end{bmatrix}, x, y \right)_{y \neq 3} \rightarrow \left(\begin{bmatrix} C_{1,1} & C_{1,2} & C_{1,3} \\ C_{2,1} & C_{2,2} & C_{2,3} \\ C_{3,1} & C_{3,2} & C_{3,3} \end{bmatrix}, x, y+1 \right)_{\substack{C'_{x,y+1}=0, C'_{x,y}=C_{x,y+1} \\ \text{其余位置：} C'_{m,n}=C_{m,n}}}$$

2.2 盲目搜索

本节介绍盲目搜索算法，该算法采用一类较简单的选点策略，即不对节点接近目标

节点的程度进行评估，而是仅依赖各节点发现次序等信息进行选点。盲目搜索算法的效率不高，不适用于复杂问题的求解，但是具有通用性，对于启发信息难以获取的问题仍然适用。

2.2.1 宽度优先搜索

宽度优先搜索(breadth first search，BFS)算法也称为广度优先搜索算法，按照接近初始节点的程度由近及远地依次扩展节点。这是一种简单、常用的图搜索算法，其中，宽度是相对于搜索树而言的。搜索树以初始节点为根节点，根据节点之间的扩展关系将原状态空间图的搜索过程转换成树的形式。搜索树中节点的深度是从根节点出发，到达该节点所需的操作数，宽度是同一深度上节点的数目。宽度优先搜索算法总是在宽度方向上扩展完毕后再往深度方向扩展。宽度优先搜索过程示意图如图 2.10 所示，宽度优先搜索算法先扩展 S 的第一代子节点，再扩展 S 的第二代子节点，以此类推，直到找到目标节点。

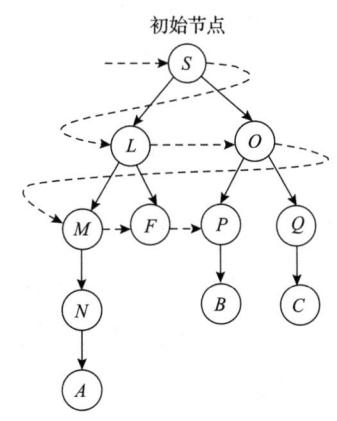

图 2.10 宽度优先搜索过程示意图

当从 Open 表选点扩展时，如果优先选取最先进入 Open 表的节点，那么在通用图搜索框架的基础上可以得到宽度优先搜索算法，如算法 2.1 所示。宽度优先搜索算法的 Open 表是一个队列结构。

算法 2.1 宽度优先搜索算法

输入：初始节点，目标节点，节点转换规则

第 1 步：将初始节点放入 Open 表中；

第 2 步：若 Open 表为空，则无解，失败退出；

第 3 步：选择 Open 表中的第一个节点，记为节点 n，将 n 从 Open 表中移出，放入 Closed 表中；

第 4 步：若 n 为目标节点，则找到解，成功退出；

第 5 步：扩展节点 n，生成 n 的子节点 $\{n_i\}$，记录其父节点为 n，将 n 的后继节点放入 Open 表末端，转第 2 步。

输出：Closed 表

宽度优先搜索算法是一种简单有效的图搜索算法，优点是实现容易，如果问题有解且搜索树宽度有限，那么该算法一定能找到解。对于单位代价问题(每一步操作的代价都相同)，该算法找到的解一定是最优解。由于仅考虑节点的扩展顺序，不考虑节点的其他性质，与具体问题无关，所以宽度优先搜索算法具有通用性。宽度优先搜索算法的缺点是效率较低，存在组合爆炸问题，有时等同于穷举法。

2.2.2 深度优先搜索

深度优先搜索(depth first search, DFS)算法总是优先扩展距离初始节点更远的节点，即搜索树中深度更深的节点。从 Open 表选点进行扩展时，如果优先选取最后进入 Open 表的节点，那么就得到深度优先搜索算法，深度优先搜索过程示意图如图 2.11 所示。深度优先搜索算法的 Open 表是一个堆栈结构。深度优先搜索与宽度优先搜索的流程类似，在扩展 Open 表的节点时，都是从 Open 表中取出第一个节点，不同之处在于深度优先搜索算法将新扩展出来的节点加入 Open 表的头部(算法 2.2)。

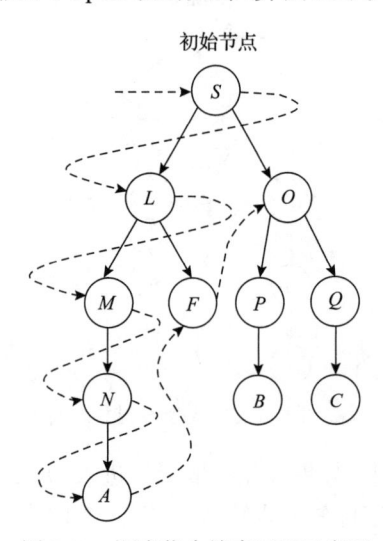

图 2.11　深度优先搜索过程示意图

算法 2.2　深度优先搜索算法

输入：初始节点，目标节点，节点转换规则

第 1 步：将初始节点放入 Open 表中；

第 2 步：若 Open 表为空，则无解，失败退出；

第 3 步：选择 Open 表中的第一个节点，记为节点 n，将 n 从 Open 表中移出，放入 Closed 表中；

第 4 步：若 n 为目标节点，则找到解，成功退出；

第 5 步：扩展节点 n，生成 n 的子节点 $\{n_i\}$，记录其父节点为 n，将 n 的后继节点放入 Open 表头部，转第 2 步。

输出：Closed 表

深度优先搜索算法是一种容易实现的简单算法，相比宽度优先搜索算法有时可以节省更多的时间和空间。深度优先搜索算法在一个分支搜索完毕且未找到目标节点的情况下，可以删除该分支上的节点，从而节省了部分内存。深度优先搜索算法的缺点是不能保证找到解(对于无限深度的搜索树，可能无法停机)，也不能保证找到最优解。

一种改进策略是限制深度优先搜索算法的搜索深度，达到事先设定的深度限制 l 后，如果没有找到目标节点，就不再往深度方向上扩展，而是返回上一层，继续按深度优先搜索算法执行。这种改进之后的深度优先搜索算法，称为有界深度优先搜索算法。当搜索树的最大深度 m 远大于目标节点深度 d 且深度限制 l 设置合理时，有界深度优先搜索算法的效率优于深度优先搜索算法。

在搜索之前，目标节点的深度往往是不得而知的。如果 l 小于目标节点深度 d，那么算法无法找到解；如果 l 设置过大，那么算法执行时间较长。迭代加深搜索算法对 l 进行从小到大的迭代，然后按照有界深度优先搜索算法执行，直到找到目标节点为止。该算法结合了深度优先搜索算法和宽度优先搜索算法的优点，可解决有界深度优先搜索算法中 l 设定难的问题，既能保证找到解，又兼顾效率。

2.2.3 代价优先搜索

代价优先搜索算法也称为一致代价搜索(uniform cost search, UCS)算法，在某种意义上，它可以理解为在宽度优先搜索算法的基础上扩展而来。宽度优先搜索算法总是优先扩展距离初始节点更近的节点，对于单位代价问题，如果把操作数看作路径代价，那么宽度优先搜索算法总是选取历史已用代价最小的节点。代价优先搜索算法将此思想扩展到非单位代价问题，也就是每步代价不完全相同的情况。在代价优先搜索算法(算法 2.3)中，仍是从 Open 表中取出第一个节点进行扩展，不同之处在于将新发现的节点放入 Open 表后，需要对 Open 表中的节点按照历史已用代价值(记为 g，简称代价值)从小到大进行排序，将 g 最小的节点排在 Open 表的头部。

算法 2.3 代价优先搜索算法

输入：初始节点，目标节点，节点转换规则，节点间的代价

第 1 步：将初始节点放入 Open 表中；

第 2 步：若 Open 表为空，则无解，失败退出；

第 3 步：选择 Open 表中的第一个节点，记为节点 n，将 n 从 Open 表中移出，放入 Closed 表中；

第 4 步：若 n 为目标节点，则找到解，成功退出；

第 5 步：扩展节点 n，生成 n 的子节点 $\{n_i\}$，记录其父节点为 n，计算代价值 $g(n_i)$，如果 n_i 为新节点，那么将 n_i 放入 Open 表中，如果 n_i 已在 Open 表中且新节点的代价值小于旧节点的代价值，那么用新节点替换 Open 表中的旧节点；

第 6 步：对 Open 表中的节点按照 g 值从小到大排序，转第 2 步。

输出：Closed 表

例 2.5 路径规划问题。5 个城市的连通关系和城市间的路径代价(用于代价优先搜索算法演示)如图 2.12 所示,想要从城市 A 出发抵达城市 E,请使用代价优先搜索算法寻找解路径,并判断该路径是否为最优解路径。

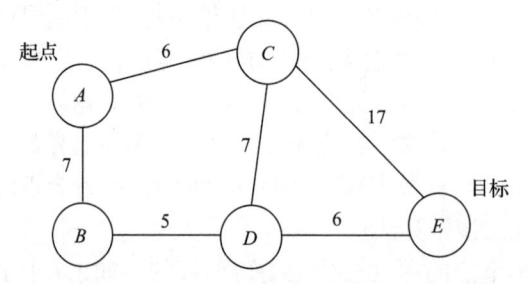

图 2.12 5 个城市的连通关系和城市间的路径代价(用于代价优先搜索算法演示)

解 代价优先搜索的具体过程如下。

首先,将初始节点 A 放入 Open 表中。此时,Open 表中只有节点 A,Closed 表为空,如表 2.2 第 1 行所示。在表 2.2 中,节点名称之后括号里的数字和字母分别为该节点的历史已用代价值 g 和父节点,因为节点 A 的代价值为 0,没有父节点,所以节点 A 用 $A(0, \text{NULL})$ 表示。

表 2.2 利用代价优先搜索算法求解例 2.5 时的节点扩展过程

次序	Open 表	Closed 表
1	$A(0, \text{NULL})$	—
2	$C(6, A)\ B(7, A)$	$A(0, \text{NULL})$
3	$B(7, A)\ D(13, C)\ E(23, C)$	$A(0, \text{NULL})\ C(6, A)$
4	$D(12, B)\ E(23, C)$	$A(0, \text{NULL})\ C(6, A)\ B(7, A)$
5	$E(18, D)$	$A(0, \text{NULL})\ C(6, A)\ B(7, A)\ D(12, B)$
6	—	$A(0, \text{NULL})\ C(6, A)\ B(7, A)\ D(12, B)\ E(18, D)$

下一步,从 Open 表中选取节点进行扩展。当前 Open 表中只有节点 A,选取 A 并将其放入 Closed 表,考察 A 是否为目标节点,是,则成功退出,否则,对 A 进行扩展。由 A 扩展出节点 B 和 C,它们的父节点为 A,代价值分别为 7 和 6,用 $B(7, A)$ 和 $C(6, A)$ 表示。扩展完毕后,新节点 B 和 C 进入 Open 表,见表 2.2 第 2 行。

之后,继续从 Open 表中选取节点进行扩展。当前 Open 表中有不止一个节点,需要对节点按照代价值进行排序。代价优先搜索算法总是选取历史已用代价值最小的节点优先扩展,因为 C 的代价值 6 小于 B 的代价值 7,所以选取 C 并将其放入 Closed 表。对 C 进行扩展,发现节点 D 和 E。扩展完毕后,D 和 E 进入 Open 表,见表 2.2 第 3 行。

继续从 Open 表中选取节点进行扩展。扩展当前 Open 表中代价值最小的节点 B,再次发现节点 D。之前的节点 D 的父节点为 C,代价值为 13,表示为 $D(13, C)$;而此次发现的节点 D 的代价值为 12,小于之前的节点 D 的代价值,因此用 $D(12, B)$ 替换 $D(13, C)$,见表 2.2 第 4 行。

选取 Open 表中代价值最小的节点 D 进行扩展，发现 C(19, D) 和 E(18, D)。由于新节点 C 的代价值 19 大于之前的节点 C 的代价值 6，舍弃新的节点 C。新节点 E 的代价值 18 小于之前节点 E 的代价值 23，因此用 E(18, D) 替换 E(23, C)，见表 2.2 第 5 行。

继续从 Open 表中选取节点进行扩展。此时，发现正在扩展的节点 E 为目标节点，成功退出。解路径为 A→B→D→E，路径代价为 18，这是一条从 A 到 E 的最优解路径。

需要注意的是，根据通用图搜索流程，检查是否成功找到目标节点的步骤设在从 Open 表选点之后，算法成功退出的条件是目标节点被扩展，而不是目标节点被发现。之所以要在扩展节点时再检查其是否为目标节点，是为了保证找到最优解；如果发现目标节点即终止，那么无法保证找到最优解。在例 2.5 中，如果扩展后立即对新节点进行检查，那么在运行到表 2.2 第 3 行时就发现了目标节点 E，此时退出将比运行到第 6 行时再退出更早地找到解。但此时节点 E 是从路径 A→C→E 上被发现的，路径代价为 23，不是最优解路径。

在代价优先搜索算法中，只需要考虑新扩展出的节点已在 Open 表中的情况，并不需要考虑新扩展出的节点已在 Closed 表中的情况。这是因为代价优先搜索算法是按照历史已用代价值增长的顺序来扩展节点的，不可能出现新扩展出的节点已在 Closed 表中且新节点的代价值小于旧节点代价值的情况。

本节将代价优先搜索算法归入盲目搜索算法，是因为该算法仅根据历史已用代价值选点，并没有利用启发信息评估当前节点到目标节点的代价来引导搜索。代价优先搜索算法按照代价递增的顺序系统地考虑所有路径。如果问题有解且搜索树宽度有限，那么代价优先搜索算法能保证找到最优解，但是不一定能快速找到解，算法执行效率较低。

搜索算法一般按照如下 4 个标准进行评估：①时间复杂度，即找到解所需的时间，可以用扩展的总节点数来衡量；②空间复杂度，即搜索所需的内存空间，可以用算法需要存储的最大节点数来衡量；③完备性，对于有解的问题一定能够找到解；④最优性，找到的解是所有解中代价最小的解。表 2.3 比较了几种盲目搜索算法的性能。其中，b 是分支因子，即搜索树中节点的平均分支数目；d 为目标节点的深度，即从根节点到目标节点的最短路径长度；m 是搜索树的最大深度；l 是深度限制；C^* 是最优路径的代价，任意两个节点间的代价$>\varepsilon>0$。

表 2.3 几种盲目搜索算法的性能比较

标准	宽度优先搜索算法	深度优先搜索算法	有界深度优先搜索算法	迭代加深搜索算法	代价优先搜索算法
时间复杂度	$O(b^d)$	$O(b^m)$	$O(b^l)$	$O(b^d)$	$O(b^{\lceil C^*/\varepsilon \rceil})$
空间复杂度	$O(b^d)$	$O(bm)$	$O(bl)$	$O(bd)$	$O(b^{\lceil C^*/\varepsilon \rceil})$
完备性	是	否	若 $l > d$，则是	是	是
最优性	若单位代价，则是	否	否	若单位代价，则是	是

注：$\lceil x \rceil$ 表示向上取整，即不小于 x 的最小整数。

2.3 启发式搜索

为了提高算法的执行效率，需要在状态空间搜索时，尽量选择正确的搜索方向。这就需要在从 Open 表中选点时，利用问题相关的启发信息考察各节点接近目标节点的程度，优先扩展更有希望位于最优解路径上的节点。利用启发信息进行选点的搜索算法就是启发式搜索算法。在启发式搜索算法中，通常既要考虑节点的历史已用代价，又要考虑节点接近目标节点的程度，从而兼顾最优性和搜索效率。启发式搜索算法的典型代表是 A 算法和 A* 算法。

2.3.1 A 算法

A 算法是一种基于评估函数的加权启发式搜索算法。为了快速地找到最优解，从选点扩展的角度来看，希望每次选取的 Open 节点都位于最优解路径上。为此，需要对 Open 表中的节点进行评估，比较其位于最优解路径上的可能性。

代价评估函数设计示意图如图 2.13 所示。S 和 G 分别是初始节点和目标节点，节点 m 是已扩展节点，节点 n 和 p 是由节点 m 扩展出来的待扩展节点。下一步的任务是从 n 和 p 中选择一个节点进行扩展，也就是比较经过 n 和经过 p 的两条解路径 $S \to \cdots \to n \to \cdots \to G$ 和 $S \to \cdots \to p \to \cdots \to G$ 是最优解路径的可能性。分别评估这两条解路径的代价值，代价小的解路径更有可能是最优解路径，应该优先扩展其中的节点。如何尽可能准确地评估这些解路径的代价？下面以节点 n 所在解路径的代价评估为例进行说明。

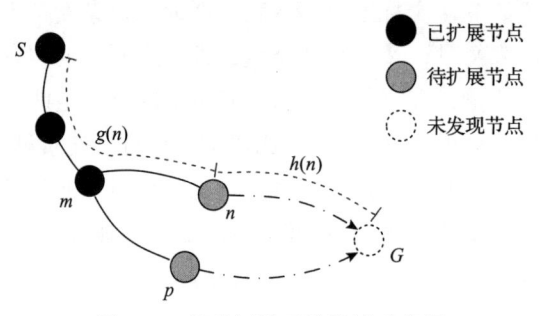

图 2.13 代价评估函数设计示意图

用函数 $f(n)$ 表示节点 n 所在解路径的代价评估值。该解路径包括两部分：从 S 到 n 的部分和从 n 到 G 的部分，如图 2.13 所示。这两部分的代价值(或预估值)分别表示为函数 $g(n)$ 和 $h(n)$，有

$$f(n) = g(n) + h(n) \tag{2.1}$$

式中，$g(n)$ 为从 S 到 n 的解路径的代价，也就是节点 n 的历史已用代价。

需要注意的是，虽然从 S 到 n 的解路径已经被探明，但是该解路径不一定是从 S 到 n 的实际最优解路径，实际最优解路径可能尚未被发现。假设从 S 到 n 的解路径的实际

最小代价值为 $g^*(n)$，则显然有

$$g^*(n) \leqslant g(n) \tag{2.2}$$

$h(n)$ 称为节点 n 的启发函数，体现了搜索的启发信息，需要设计者根据问题特点和经验给定。$h(n)$ 是从 n 到 G 的解路径的预估代价，这部分解路径还没有被探明，其实际代价是未知的。假设从 n 到 G 的解路径的实际最小代价为 $h^*(n)$，则 $h(n)$ 是 $h^*(n)$ 的估计值。

从 S 经 n 到目标节点 G 的最优解路径的代价 $f^*(n)$ 可以表示为

$$f^*(n) = g^*(n) + h^*(n) \tag{2.3}$$

需要注意的是，$f^*(n)$ 不是从 S 到 G 的解路径最小代价，而是从 S 经 n 到 G 的解路径最小代价，从 S 到 G 的最优解路径可能不经过节点 n。因为最优解路径一定经过 S 和 G 这两个节点，所以有

$$f^*(S) = f^*(G) = 最优解路径代价 \tag{2.4}$$

另外，所有最优解路径上节点的 f^* 值均相等，即对于 $\forall n', n'' \in \Omega$，$\Omega$ 为最优解路径上节点的集合，有

$$f^*(n') = f^*(n'') \tag{2.5}$$

代价评估相关函数符号的含义见表 2.4。

表 2.4 代价评估相关函数符号的含义

函数符号	含义
$f(n)$	从 S 经 n 到 G 的解路径最小代价的评估值
$g(n)$	从 S 到 n 的解路径的代价（历史已用代价）
$h(n)$	从 n 到 G 的解路径最小代价的评估值
$f^*(n)$	从 S 经 n 到 G 的解路径实际最小代价
$g^*(n)$	从 S 到 n 的解路径实际最小代价
$h^*(n)$	从 n 到 G 的解路径实际最小代价
$f^*(S)$ 和 $f^*(G)$	从 S 到 G 的解路径实际最小代价

形如式(2.1)的评估函数是 A 算法的核心特征。在评估函数中，$g(n)$ 和 $h(n)$ 分别扮演了不同的角色。可以粗略地认为：在进行解路径代价评估时，考虑 $g(n)$ 是为了尽量选择 Open 表中历史已用代价较小的节点，以找到最优解；而考虑 $h(n)$ 是为了尽量选择 Open 表中更加接近目标的节点，缩小搜索范围，加快算法执行。$g(n)$ 和 $h(n)$ 在 $f(n)$ 中所占比例对于 A 算法的性能有重要影响：$g(n)$ 占比越大，历史已用代价越占主导，越有可能找到最优解，但是搜索效率越低；$h(n)$ 占比越大，启发信息越占主导，越有可能快速找到解，但是当 $h(n)$ 对 $h^*(n)$ 的估计不准确时，会扰乱搜索过程，可能无法找到最优解。当

$h(n) \equiv 0$ 时，A 算法退化为代价优先搜索算法，一定能找到最优解。而当 $g(n) \equiv 0$ 时，A 算法退化为贪婪搜索算法，可能快速地找到解，但是不能保证找到最优解。

启发式搜索 A 算法（见算法 2.4）流程图如图 2.14 所示，该算法利用 $f(n)$ 来排列 Open 表中节点的顺序，优先选择从初始节点经该节点到目标节点的代价评估值最小的节点进行扩展。

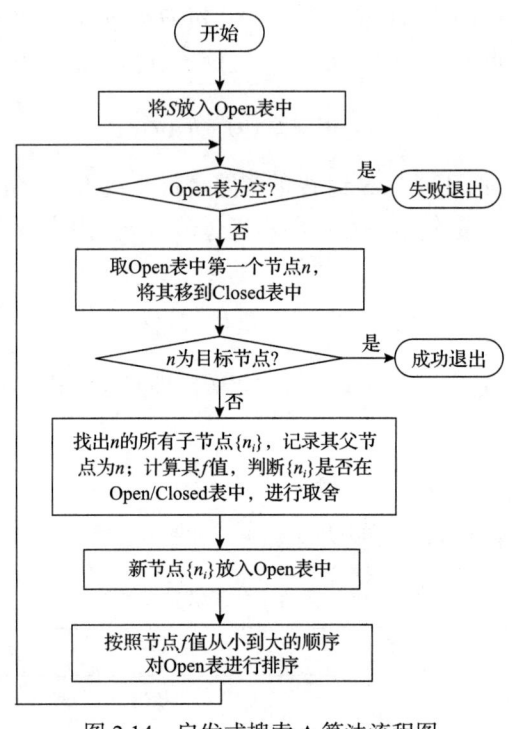

图 2.14 启发式搜索 A 算法流程图

算法 2.4 启发式搜索 A 算法

输入：初始节点，目标节点，节点转换规则，节点间的代价

第 1 步：将初始节点放入 Open 表中；

第 2 步：若 Open 表为空，则无解，失败退出；

第 3 步：选择 Open 表中的第一个节点，记为节点 n，将 n 从 Open 表中移出，放入 Closed 表中；

第 4 步：若 n 为目标节点，则找到解，成功退出；

第 5 步：扩展节点 n，生成 n 的子节点 $\{n_i\}$，记录其父节点为 n，计算其评估值，如果 n_i 为新节点，那么将 n_i 放入 Open 表中，如果 n_i 已在 Open 表中且新节点评估值小于旧节点评估值，那么用新节点替换 Open 表中的旧节点，如果 n_i 已在 Closed 表中且新节点评估值小于旧节点评估值，那么删除 Closed 表中的旧节点，将新节点放入 Open 表中；

第 6 步：对 Open 表中的节点按照评估值从小到大排序，转第 2 步。

输出：Closed 表

例 2.6 路径规划问题。5 个城市的连通关系和城市间的路径代价如图 2.15 所示,想要从城市 A 出发抵达城市 E,给定了 h_1 和 h_2 两种启发函数,请使用 A 算法寻找解路径,并判断找到的解路径是否为最优解路径。

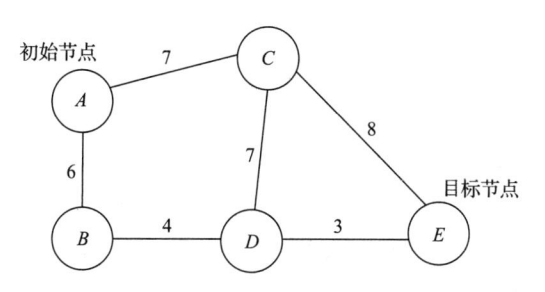

节点	不同启发函数下的预估代价	
	h_1	h_2
A	9	9
B	7	14
C	8	1
D	3	10
E	0	0

图 2.15 5 个城市的连通关系和城市间的路径代价(用于 A 算法演示)

解 选择 h_1 作为启发函数,利用 A 算法进行搜索。开始时,Open 表中只有节点 A,它的父节点是空的,A 的评估值为 9($g(A)=0$,$h_1(A)=9$),Closed 表中没有节点。此时,Open 表不为空,选取节点 A 进行考察,将 A 放入 Closed 表。判断 A 是否为目标节点,若不是,则对 A 进行扩展。A 的子节点为 B 和 C,B 的评估值为 13($g(B)=6$,$h_1(B)=7$),C 的评估值为 15($g(C)=7$,$h_1(C)=8$),标记 B 和 C 的父节点为 A,将 $B(13, A)$ 和 $C(15, A)$ 放入 Open 表,将 Open 表节点按照评估值从小到大的顺序进行排序。

继续循环,Open 表不为空,选取评估值最小的节点 $B(13, A)$ 进行考察,将 $B(13, A)$ 放入 Closed 表。判断 B 是否为目标节点,若不是,则对 B 进行扩展。将 B 的子节点 $D(13, B)$ 放入 Open 表中,将 Open 表中的节点按照评估值进行排序。进入下一轮循环,Open 表不为空,选取评估值最小的节点 $D(13, B)$ 进行考察,将 $D(13, B)$ 放入 Closed 表,判断 D 是否为目标节点,若不是,则对 D 进行扩展。将 D 的子节点 $E(13, D)$ 放入 Open 表。舍弃 D 的子节点 $C(25, D)$,将 Open 表节点按照评估值从小到大的顺序进行排序。此时,Open 表不为空,选取节点 $E(13, D)$ 进行考察,将 $E(13, D)$ 放入 Closed 表,$E(13, D)$ 是目标节点,成功退出。

在 Closed 表中,从目标节点 E 开始进行回溯,E 的父节点为 D,D 的父节点为 B,B 的父节点为 A,A 为初始节点,得到解路径为 $A \to B \to D \to E$,解路径代价为 13,该解路径为最优解路径。以 h_1 为启发函数的节点扩展过程见表 2.5。

表 2.5 以 h_1 为启发函数的节点扩展过程

次序	Open 表	Closed 表
1	$A(9, \text{NULL})$	—
2	$B(13, A)\ C(15, A)$	$A(9, \text{NULL})$
3	$D(13, B)\ C(15, A)$	$A(9, \text{NULL})\ B(13, A)$
4	$E(13, D)\ C(15, A)$	$A(9, \text{NULL})\ B(13, A)\ D(13, B)$
5	$C(15, A)$	$A(9, \text{NULL})\ B(13, A)\ D(13, B)\ E(13, D)$

选择 h_2 作为启发函数,利用 A 算法进行搜索,节点扩展过程见表 2.6。得到解路径

为 A→C→E，解路径代价为 15，该解路径不是最优解路径。

表 2.6　以 h_2 为启发函数的节点扩展过程

次序	Open 表	Closed 表
1	A(9, NULL)	—
2	C(8, A) B(20, A)	A(9, NULL)
3	E(15, C) B(20, A) D(24, C)	A(9, NULL) C(8, A)
4	B(20, A) D(24, C)	A(9, NULL) C(8, A) E(15, C)

由例 2.6 可以发现，当启发函数设计合理时，A 算法能够较快地找到最优解路径，而当启发函数设计不合理，$h(n)$ 与 $h^*(n)$ 相差较大时，A 算法可能找不到最优解路径。如何设计 $h(n)$，既能保证算法找到最优解，又能提高搜索效率呢？这就需要使用 A^* 算法。

2.3.2　A^* 算法

A^* 算法是一种典型的启发式搜索算法(Hart et al., 1986)。A^* 算法的流程与 A 算法相同，同样使用节点 n 的评估函数 $f(n)$ 来决定扩展顺序，不同之处在于 A^* 算法对 $h(n)$ 进行了限定，使其不大于从 n 到 G 的最优解路径代价 $h^*(n)$。在 A 算法中，如果对于所有的节点 n 都满足 $h(n) \leqslant h^*(n)$，那么该算法称为 A^* 算法，即最佳图搜索算法。

1. 启发函数的可纳性

如果对于所有的节点 n，启发函数都满足 $h(n) \leqslant h^*(n)$，那么称该启发函数满足可纳性(admissibility)，简称可纳。采用可纳的启发函数的 A 算法即为 A^* 算法。

定理 2.1　对于有限图，如果图中所有边的代价都大于某个正数 ε 且问题有解，那么 A^* 算法保证终止于到达目标节点的一条最小代价解路径，即 A^* 算法具有最优性。

证明　下面通过依次证明三个引理，来证明该定理。

引理 2.1　对于有限图，如果存在从初始节点 S 到目标节点 G 的解路径，那么 A^* 算法一定成功结束。

证明　首先证明算法必定会结束。由于状态空间图为有限图，算法的每次循环从 Open 表中去掉一个节点，而有限图的 Open 表只有有限个节点加入。如果算法能找到解路径，那么成功结束；如果算法找不到解路径，那么必然由于 Open 表为空而结束。因此，算法必然结束。

然后证明算法一定成功结束。至少存在一条由初始节点 S 到目标节点 G 的路径，设此路径为

$$S = n_0 \to n_1 \to \cdots \to n_k = G \tag{2.6}$$

开始时，节点 n_0 在 Open 表中。当路径中某一节点 n_i 离开 Open 表时，其后继节点 n_{i+1} 进入 Open 表。若算法没有终止，则 Open 表中将不断有节点加入。因为从任一节点扩展出其后继节点的代价大于某个正数 ε，所以搜索过程中 Open 表中节点的 f 值将越来越

大，而那些小于当前考察节点评估值的节点都会被扩展。以此类推，在 Open 表变为空之前，目标节点必然出现在 Open 表中。因此，算法一定成功结束。

引理 2.2　在 A^* 算法终止前的任何时刻，Open 表中总存在一个节点 n'，它位于初始节点 S 到目标节点 G 的最优解路径上，且满足

$$f(n') \leqslant f^*(S) \tag{2.7}$$

证明　设从初始节点 S 到目标节点 G 的最优解路径为 $S = n_0 \rightarrow n_1 \rightarrow \cdots \rightarrow n_k = G$，在算法开始时，节点 S 在 Open 表中，当节点 S 离开 Open 表进入 Closed 表时，节点 n_1 进入 Open 表。对于节点 n_i，扩展 n_i 将发现节点 n_{i+1}，若 n_{i+1} 未在 Open 表和 Closed 表中出现，则 n_{i+1} 将进入 Open 表；若 n_{i+1} 已在 Open 表或 Closed 表中，由于 n_{i+1} 是从最优解路径方向上被发现的，则 n_{i+1} 将重新进入 Open 表。以此类推，在 A^* 算法结束之前，Open 表中必定存在最优解路径上的节点。设 n' 是 Open 表中的节点且位于最优解路径上，则有

$$f(n') = g(n') + h(n') \tag{2.8}$$

由于 n' 位于最优解路径上，所以有

$$g(n') = g^*(n') \tag{2.9}$$

从而有

$$f(n') = g^*(n') + h(n') \tag{2.10}$$

又由于 A^* 算法中任意节点满足

$$h(n') \leqslant h^*(n') \tag{2.11}$$

所以有

$$f(n') \leqslant g^*(n') + h^*(n') = f^*(n') \tag{2.12}$$

在最优解路径上的所有节点的 f^* 值都相等，有

$$f^*(n') = f^*(S) \tag{2.13}$$

根据式(2.12)和式(2.13)可知，式(2.7)成立，引理 2.2 得证。

引理 2.3　如果 A^* 算法的启发函数是可纳的，且存在从初始节点 S 到目标节点 G 的解路径，那么 A^* 算法必定结束在最优解路径上。

证明　证明过程分以下两步进行。

先证明 A^* 算法一定能够终止在某个目标节点上。由引理 2.1 可知，对于有限图，A^* 算法一定能够找到某个目标节点而结束。

再用反证法证明 A*算法只能终止在最优解路径上。

假设 A*算法未能终止在最优解路径上，而是终止在某个非最优解路径上，为了以示区别，将该非最优解路径上的目标节点记为 G'（其状态与最优解路径上的目标节点相同，但评估值不同），则有

$$f(G') = g(G') > f^*(S) \tag{2.14}$$

由引理 2.2 可知，在 A*算法结束之前，必有最优解路径上的一个节点 n' 在 Open 表中，且有

$$f(n') \leqslant f^*(S) < f(G') \tag{2.15}$$

此时，A*算法一定会选择 n' 来扩展，而不可能选择 G'，这与假设 A*算法终止于非最优解路径上的目标节点 G' 相矛盾。因此，A*算法只能终止在最优解路径上，引理 2.3 得证。进而，定理 2.1 得证。

代价优先搜索算法可以看作 A*算法的特例，是 $h(n)$ 恒为 0 的 A*算法，因为满足可纳性条件，所以对于有解的问题，代价优先搜索算法一定能找到最优解。宽度优先搜索算法可看作单位代价问题的代价优先搜索算法，其对于单位代价问题也一定能找到最优解。

另外，值得注意的是，根据引理 2.3 的证明过程，在满足可纳性条件的前提下，只要算法没有终止，Open 表中非最优解路径上的目标节点就不会被选择并扩展，即非最优解路径上的目标节点可能先于最优目标节点被发现，但不会在最优目标节点之前被扩展。这也是算法成功结束条件设置为目标节点被扩展的原因。

在例 2.6 中，h_1 函数满足可纳性，即对于任意节点 n，都有 $h_1(n) \leqslant h^*(n)$，因此能够保证搜索算法找到最优解路径。而 h_2 函数不满足可纳性，因此不能保证找到最优解路径。

2. 启发函数的设计

A*算法设计的关键是启发函数 $h(n)$ 的设计，启发函数应满足两个要求：一是尽量准确地反映实际代价；二是满足可纳性。因为不同问题中代价的含义不同，所以启发函数的设计也要具体问题具体分析。可以从两个角度进行函数设计：一是从满足第一个要求入手，首先找到一种尽量准确评估从 n 到 G 解路径代价的启发函数，然后证明该函数满足可纳性要求；二是从满足第二个要求入手，通过松弛原问题的限定条件（减少对操作算子的限制），降低从 n 到 G 所需的代价，然后将松弛后的代价作为评估代价。

首先看迷宫问题。对该问题进行规范描述：使用 A*算法寻找迷宫中从初始节点 S 到目标节点 G 代价最小的解路径（此处的代价定义为解路径长度），已知初始节点为 (x_S, y_S)，目标节点为 (x_G, y_G)，各节点之间的连接关系如图 2.16 所示。请设计至少 2 种启发函数 $h(n)$，用于评估任意节点 n 到目标节点 G 的代价。

以图 2.16 中的节点 n 为例，其坐标为 (x_n, y_n)，n 到 G 的最优解路径如图中的粗线所示，启发函数要估计这条最优解路径的代价，并且满足可纳性条件。

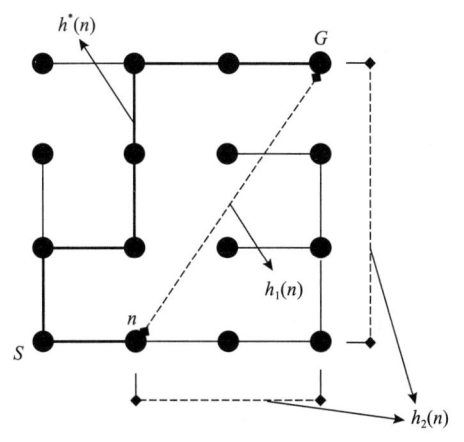

图 2.16 迷宫问题启发函数设计示意图

从第一个角度入手，思考如何尽量准确地估计 n 到 G 的最优解路径长度。一个简单的想法是：图中两点之间的直线距离可以在一定程度上反映两点之间的解路径长度。因此，可以用 n 到 G 的欧氏距离作为 n 到 G 最优解路径长度的评估值，对应的启发函数为

$$h_1(n) = \sqrt{(x_n - x_G)^2 + (y_n - y_G)^2} \tag{2.16}$$

由于两点之间的直线距离最短，基于欧氏距离的启发函数 $h_1(n)$ 一定小于等于实际解路径长度 $h^*(n)$，满足可纳性条件。

另外一种思路是，考虑用 n 到 G 在水平和垂直两个方向上坐标差的绝对值之和，即两点之间的曼哈顿距离，作为 n 到 G 最优解路径长度的评估值，对应的启发函数为

$$h_2(n) = |x_n - x_G| + |y_n - y_G| \tag{2.17}$$

由于任意两个相邻节点之间的路径只有水平或垂直两种方向，基于曼哈顿距离的启发函数 $h_2(n)$ 一定小于等于实际解路径长度 $h^*(n)$，同样满足可纳性条件。

然后看八数码问题。问题规范描述如下：使用 A^* 算法寻找一个操作算子序列，通过多步操作，将初始棋局转换为目标棋局，要求代价最小，代价定义为操作算子序列的长度（总步数）。请设计至少 2 种启发函数 $h(n)$，用于评估任意棋局 n 到目标棋局 G 的代价。

在这个问题中，由于各棋子之间的位置制约关系较为复杂，很难准确地评估 n 到 G 的步数。对于此类问题，可以考虑从第二个角度入手，尝试在简化某些限定条件后再计算解路径代价。具体到八数码问题，假定各棋子能够不受阻碍地自由移动，则每个棋子归位所需的步数一定小于等于有阻挡限制时所需的步数。如果将松弛后的所需步数作为原问题中所需步数的估计，那么一定满足 $h(n) \leq h^*(n)$ 的要求。

在松弛限定条件后，可以方便地计算每个棋子归位所需的准确步数，也就是该棋子当前位置与目标位置的曼哈顿距离。整个棋局的归位可以通过依次归位各棋子来实现，因此整个棋局归位的代价就是所有棋子依次归位所需步数之和。对应的启发函数为

$$h_1(n) = \sum_{k=1}^{8}\left(\left|x_{k,n} - x_{k,G}\right| + \left|y_{k,n} - y_{k,G}\right|\right) \qquad (2.18)$$

式中，$(x_{k,n}, y_{k,n})$ 和 $(x_{k,G}, y_{k,G})$ 分别为节点 n 和 G 中第 k 个棋子在棋局中的坐标。

显然，松弛限定条件后棋子归位的难度降低，棋局归位的代价不大于原问题限定条件下棋局归位的代价，因此式(2.18)满足可纳性条件。

也可以在上述思路的基础上更大幅度地松弛限定条件：只统计未归位棋子的数目，不考虑这些棋子与目标位置的距离，即使用未归位的棋子数作为启发函数，对应的公式为

$$h_2(n) = 棋局\ n\ 中未归位的棋子数 \qquad (2.19)$$

任何一个棋子归位至少要移动 1 步，棋局中未归位的棋子数一定小于等于归位整个棋局所需的步数，因此式(2.19)也满足可纳性条件。

3. 更具信息的启发函数

对于同一个问题，可能存在多种满足可纳性条件的启发函数。这些启发函数是有优劣之分的。启发函数 $h(n)$ 要在小于等于 $h^*(n)$ 的前提下尽量逼近 $h^*(n)$，即在满足可纳性条件的前提下，$h(n)$ 的值越大越好。

A*算法的搜索效率在很大程度上取决于启发函数 $h(n)$。$h(n)$ 的值越大，说明它携带的启发信息越多，对 $h^*(n)$ 估计得越准确，A*算法搜索时扩展的节点数越少，搜索效率就越高。如果对同一个问题有两个启发函数，$h_1(n)$ 和 $h_2(n)$，对于所有节点，都有 $h_1(n) \leqslant h_2(n)$，那么称 $h_2(n)$ 比 $h_1(n)$ 更具信息。

定理 2.2 针对同一个问题，设有两种启发函数 $h_1(n)$ 和 $h_2(n)$，节点 n 的评估函数分别为

$$f_1(n) = g(n) + h_1(n) \qquad (2.20)$$

$$f_2(n) = g(n) + h_2(n) \qquad (2.21)$$

如果 $h_2(n)$ 比 $h_1(n)$ 更具信息，即对所有节点均有

$$h_1(n) \leqslant h_2(n) \qquad (2.22)$$

那么在搜索过程中，使用 $h_2(n)$ 的 A*算法扩展的节点也必然被使用 $h_1(n)$ 的 A*算法扩展，即 $h_2(n)$ 对应算法扩展的节点数一定小于等于 $h_1(n)$ 对应算法扩展的节点数，$h_2(n)$ 对应算法扩展的节点集是 $h_1(n)$ 对应算法扩展的节点集的子集。

证明 首先证明引理 2.4。

引理 2.4 在 A*算法中，对于被扩展的任一节点 n，都有

$$f(n) \leqslant f^*(S) \qquad (2.23)$$

证明 令 n 是由 A*算法选作扩展的任一节点，n 不是目标节点，且搜索没有结束。由

引理 2.2 可知,在 Open 表中存在节点 n' 满足 $f(n') \leqslant f^*(S)$。若 $n=n'$,则有 $f(n) \leqslant f^*(S)$;否则,算法选择 n 扩展,必有 $f(n) \leqslant f(n')$,同样有 $f(n) \leqslant f^*(S)$,引理 2.4 得证。

然后用数学归纳法证明定理 2.2。令函数 $d(n)$ 表示节点 n 的深度。

(1) 对于深度 $d(n)=0$ 的节点,即 n 为初始节点 S,不管 n 是否为目标节点,使用 $h_1(n)$ 和 $h_2(n)$ 的 A* 算法都要扩展 n,定理结论成立。

(2) 假设对于 $h_2(n)$ 对应算法搜索树中 $d(n)=k$ 的任意节点 n,结论成立,即 $h_1(n)$ 对应算法也扩展了这些节点。

(3) 在假设 (2) 成立时,下面证明对于 $h_2(n)$ 对应算法搜索树中 $d(n)=k+1$ 的任意节点 n,结论也成立,即如果 n 被 $h_2(n)$ 对应算法扩展,那么 n 也被 $h_1(n)$ 对应算法扩展(用反证法)。

假设 $h_1(n)$ 对应算法的搜索树中有一个满足 $d(n)=k+1$ 的节点 n,$h_2(n)$ 对应算法扩展了该节点,但 $h_1(n)$ 对应算法没有扩展它。根据假设(2),可知 $h_1(n)$ 对应算法扩展了节点 n 的父节点。因此,n 必定在 $h_1(n)$ 对应算法的 Open 表中。既然节点 n 没有被 $h_1(n)$ 对应算法扩展,那么根据引理 2.4,有

$$f_1(n) > f^*(S) \tag{2.24}$$

即

$$g(n) + h_1(n) > f^*(S) \tag{2.25}$$

$$h_1(n) > f^*(S) - g(n) \tag{2.26}$$

另外,由于 $h_2(n)$ 对应算法扩展了 n,所以有

$$f_2(n) \leqslant f^*(S) \tag{2.27}$$

即

$$g(n) + h_2(n) \leqslant f^*(S) \tag{2.28}$$

则有

$$h_2(n) \leqslant f^*(S) - g(n) \tag{2.29}$$

结合式(2.26),可得

$$h_1(n) > h_2(n) \tag{2.30}$$

这与定理的已知条件 $h_1(n) \leqslant h_2(n)$ 矛盾,因此反证法的假设不成立,定理 2.2 得证。

在八数码问题中,式(2.18)表示的 $h_1(n)$ 比式(2.19)表示的 $h_2(n)$ 更具信息。图 2.17 给出了分别以 $h_1(n)$ 和 $h_2(n)$ 为启发函数的算法的搜索树和扩展节点(图中①②③等表示扩展顺序,大写英文字母为节点的编号,编号后面括号中的数字为该节点的评估值),可

见采用更具信息的 $h_1(n)$ 作为启发函数的算法，比采用 $h_2(n)$ 作为启发函数的算法扩展的节点数目更少。

(a) 以 $h_1(n)$ 为启发函数 (b) 以 $h_2(n)$ 为启发函数

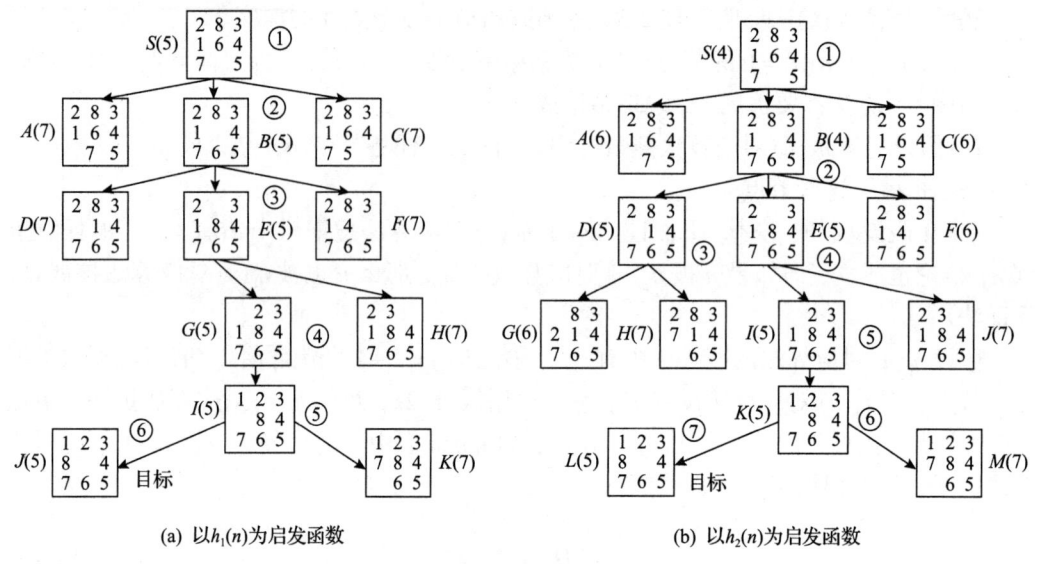

图 2.17 八数码问题中两个启发函数对应的搜索树和扩展节点

4. 启发函数的单调性

在 A*算法搜索过程中，可能存在节点被重复扩展的情况。节点被重复扩展的原因是首次扩展该节点时是从非最优解路径方向上发现它的，这样当从更优的解路径方向上发现该节点时，就必须重新扩展该节点。如果能够保证每当扩展一个节点时就已经找到了通往该节点的最优解路径，那么没有必要再去检查其后继节点是否已在 Closed 表中。为了满足这一要求，需要为启发函数 $h(n)$ 增加单调性条件。

如果对于任意节点 n_i 及其子节点 n_j，启发函数满足

$$h(n_i) \leqslant h(n_j) + c(n_i, n_j) \tag{2.31}$$

那么称该启发函数满足单调性条件。式中，$c(n_i, n_j)$ 为节点 n_i 到其子节点 n_j 的代价。单调性条件示意图如图 2.18 所示。

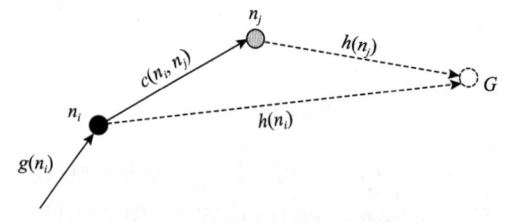

图 2.18 单调性条件示意图

定理 2.3 若 $h(n)$ 满足单调性条件，则 A*算法扩展了节点 n 之后，就已经找到了到

达节点 n 的最优解路径，即若节点 n 被选中扩展，则一定有 $g(n) = g^*(n)$。

证明 可分三步证明。先证明引理 2.5。

引理 2.5 若 h(n) 满足单调性条件，则任意被扩展节点的评估值一定不小于其父节点的评估值，即对于任意父子节点对 n_i 和 n_j，一定有

$$f(n_j) \geqslant f(n_i) \tag{2.32}$$

证明 已知 n_j 是节点 n_i 的子节点，它们的评估函数 $f(n_i)$ 和 $f(n_j)$ 分别为

$$f(n_i) = g(n_i) + h(n_i) \tag{2.33}$$

$$f(n_j) = g(n_j) + h(n_j) \tag{2.34}$$

由图 2.18 可知

$$g(n_j) = g(n_i) + c(n_i, n_j) \tag{2.35}$$

将式(2.35)和式(2.33)依次代入式(2.34)，可得

$$f(n_j) = g(n_i) + c(n_i, n_j) + h(n_j)$$

$$\geqslant g(n_i) + h(n_i)$$

$$= f(n_i)$$

引理 2.5 得证。

再证明引理 2.6。

引理 2.6 如果 h(n) 满足单调性条件，那么对于 A* 算法所扩展的一系列节点，根据它们被扩展的先后顺序，其节点评估值一定是单调不减的。

假设节点 n_1 和节点 n_x 相继被扩展，n_1 先被扩展，然后 n_x 被扩展（不要求 n_x 是 n_1 的子节点），则一定有

$$f(n_1) \leqslant f(n_x) \tag{2.36}$$

证明 设节点 n_1 被扩展前，Open 表中的节点集为 $\{n_1, n_2, \cdots, n_K\}$，选择 n_1 进行扩展，说明 n_1 在 Open 表中的评估值最小，即

$$f(n_1) \leqslant f(n), \quad \forall n \in \Omega_1 \tag{2.37}$$

式中，$\Omega_1 = \{n_2, \cdots, n_K\}$。

在扩展 n_1 后，生成的子节点集为 $\Omega_2 = \{n'_1, n'_2, \cdots, n'_M\}$。由引理 2.5 可知，如果 h(n) 满足单调性条件，那么子节点的评估值一定不比父节点小，即

$$f(n_1) \leq f(n), \quad \forall n \in \Omega_2 \tag{2.38}$$

由式(2.37)和式(2.38)可得

$$f(n_1) \leq f(n), \quad \forall n \in \Omega_1 \cup \Omega_2 \tag{2.39}$$

在节点 n_1 扩展后,将 n_1 从 Open 表中移除,此时 Open 表中的节点集为 Ω_1;然后将 n_1 的子节点放入 Open 表,因为可能出现重复发现的情况,所以扩展完毕后新的 Open 表中的节点集是 $\Omega_1 \cup \Omega_2$ 的子集。

假设接下来要扩展的节点是 n_x,显然 $n_x \in \Omega_1 \cup \Omega_2$,满足式(2.39)的条件,因此有 $f(n_1) \leq f(n_x)$。以此类推,对于任意后续扩展节点,均满足式(2.36),引理 2.6 得证。

由引理 2.6 可知,随着扩展的进行,任何扩展解路径上的节点评估值一定单调不减,后扩展节点的评估值一定不小于先扩展节点的评估值,这正是单调性条件的由来。

最后使用反证法完成定理 2.3 的证明。

对于已经被扩展过的节点 n,它第一次被扩展时的历史已用代价值为 $g(n)$,评估值 $f(n)$ 为 $g(n)+h(n)$。假设 $g(n)$ 不是最优的,那么一定有

$$g(n) > g^*(n) \tag{2.40}$$

因为 A* 算法在结束前一定能找到最优解路径,所以节点 n 一定会在最优解路径方向上被再次发现。当从最优解路径上被发现时,n 的历史已用代价值为 $g^*(n)$,此时节点 n 的评估值 $f'(n)$ 为 $g^*(n)+h(n)$。

假设算法在扩展节点 N 时从最优解路径上发现了节点 n,n 是 N 的子节点,根据引理 2.5,可得

$$f'(n) \geq f(N) \tag{2.41}$$

又由于这次发现(节点 N 的扩展)一定发生在第一次扩展 n 之后,根据引理 2.6,有

$$f(N) \geq f(n) \tag{2.42}$$

综合式(2.41)和式(2.42),并将 $f'(n) = g^*(n)+h(n)$ 和 $f(n) = g(n)+h(n)$ 代入,可得

$$g^*(n) \geq g(n) \tag{2.43}$$

这与式(2.40)矛盾,从而定理 2.3 得证。

根据定理 2.3,如果启发函数满足单调性条件,那么一定不会出现节点被重复扩展的情况。满足单调性条件的启发函数一定满足可纳性,反之,则不成立。前面针对迷宫问题和八数码问题各设计了 2 个不同的启发函数,它们都满足单调性条件。下面以八数码问题的 $h_1(n)$ 为例进行分析。

假设 n_i 是 n_j 的父节点,1 步操作的代价为 1,则 $c(n_i, n_j) = 1$。

经过一步走棋，被移动的棋子与其目标位置间的曼哈顿距离最多增大或减小 1，因此 n_i 与 n_j 的启发函数的差值最多为 1，即

$$|h(n_i) - h(n_j)| \leq 1 \tag{2.44}$$

根据 $c(n_i, n_j) = 1$，可得

$$h(n_i) - h(n_j) \leq |h(n_i) - h(n_j)| \leq c(n_i, n_j) \tag{2.45}$$

说明该启发函数满足单调性条件。

5. A*算法的特点与改进

A*算法是一种用于状态空间图中求解最优解路径的有效搜索算法，在移动机器人和车辆自动导航中得到了广泛应用，适合于环境信息不变且具有先验知识的解路径搜索。算法中的解路径评估值与实际值越接近，搜索速度就越快。当问题有解时，A*算法一定能保证找到最优解；采用更具信息的启发函数，会扩展更少或同样多的节点；当启发函数满足单调性条件时，不会重复扩展节点。但是当 $h(n)$ 过低估计 $h^*(n)$ 时，A*算法所需存储空间较多，计算速度难以满足实时性要求。

针对 A*算法在实际应用中的不足，研究人员从内存消耗、实时性、动态环境适应性、移动目标追踪、路径质量等角度进行了改进，发展了 A*算法的多个变种，如动态 A*（D*）算法、真实场景 D*（Field D*）算法（Ferguson et al., 2007）、Theta*、任意时间 D*（anytime D*, AD*）算法以及任意时间修复 A*（anytime repairing A*, ARA*）算法等。机器人运动场景多是动态的、连续变化的，在动态环境中相邻两次搜索得到的路径相似度较高，基于重用已搜索节点信息的效率高于完全重新计算的效率的基本思路，Stentz（1994）发展了动态 A*算法，即 D*算法。D*算法适合于周围环境未知或者存在动态变化的场景，采用贪婪搜索算法从目标节点反向搜索机器人当前位置，并根据动态障碍物信息调整路径，在 1996 年美国发射的火星探测器上获得了成功应用。AD*算法在 D*算法的基础上考虑了时间约束，能够在有限时间内对次优解路径进行重新规划，极大地提升了路径规划算法在动态环境中的实用性（Likhachev et al., 2005）。ARA*算法是一种任意时间规划器，能够在有限时间内给出尽可能好的路径规划结果，该算法先快速地得到一条次优解路径，然后在时间允许的范围内不断地优化解路径，可以证明在时间足够充裕的条件下，该算法可以得到最优解路径（Likhachev et al., 2004）。为了解决目标节点动态变化时搜索算法效率较低的问题，研究人员提出了增量式搜索算法。例如，Tree-AA*算法可重用当前及以前所有 A*算法的搜索结果，实现最优增量启发式搜索（Hernandez et al., 2011）。

2.4 本章小结

状态空间搜索是人工智能中问题求解领域的一项重要技术，它将待求解的问题空间表示为形式化的状态空间，将求解过程转换为在状态空间中的搜索过程，设法在庞大的

状态空间中找到从初始节点到目标节点的解路径。通用图搜索框架是本章所有算法的基础，其核心思想是：在数据结构上，用 Open 表和 Closed 表分别存储已发现未扩展的节点和已扩展的节点；在算法流程上，不断从 Open 表中选点进行扩展，已扩展节点进入 Closed 表，新扩展出的节点进入 Open 表。其中，选择哪个节点进行扩展对于算法性能有重要影响。如果选点策略不好，那么可能变成穷举法，需要遍历整个状态空间图才能找到问题的解。

本章在通用图搜索框架下逐步建立了各种图搜索算法，如宽度优先搜索算法、深度优先搜索算法、代价优先搜索算法、启发式搜索算法等。前三种算法不对节点接近目标节点的程度进行评估，属于盲目搜索算法。而启发式搜索算法利用了问题的启发信息，在代价估计较准确的情况下相比盲目搜索算法的效率更高。启发函数的特性对于启发式搜索算法的性能有重要影响，主要体现在可纳性、更具信息和单调性三个方面。当启发函数满足可纳性时，对应的算法称为 A*算法，它对于有解的问题一定能找到最优解。在满足可纳性的前提下，启发函数 $h(n)$ 的值越大，对应的启发函数越具有信息。相比其他启发函数，更具信息的启发函数对应的算法扩展的节点数目相同或更少，更有可能快速找到目标节点。而当启发函数满足单调性条件时，A*算法可以避免节点被重复扩展的情况，更有可能沿着最优解路径方向快速靠近目标节点。

状态空间表示及其搜索技术无论是在历史上还是在今天都有着广泛的应用，不仅可以应用于路径规划，还可以应用于任务规划、资源规划、语言分析等。本章介绍的搜索算法主要适用于已知的静态任务环境，在满足可纳性的条件下，可以保证解的最优性。为了适用于未知的或者动态的任务环境，研究人员发展出了一系列的改进方法。在分布有障碍物的环境中求解最优解路径是 NP 难问题，即对于任意场景无法保证在多项式时间内求得最优解，因此大部分算法转而追求次优解或局部最优解。

思 考 题

2.1 状态空间法解决实际应用问题的基本思想是什么？哪些问题适合用状态空间搜索进行表示和求解？

2.2 请简要回答状态空间图搜索的如下要点。

(1) 搜索过程中 Open 表和 Closed 表的作用分别是什么？

(2) 宽度优先搜索算法和深度优先搜索算法分别有什么特点？

(3) 什么是评估函数？在评估函数中，$g(n)$ 和 $h(n)$ 分别起什么作用？

2.3 通用图搜索框架、盲目搜索算法、启发式搜索算法之间的关系是什么？

2.4 宽度优先搜索算法、深度优先搜索算法、代价优先搜索算法、A 算法、A*算法之间有什么联系？各有什么特点？

2.5 在图搜索算法中，找到目标节点后，是如何快速得到解路径的？

2.6 在搜索过程中，节点的重复发现和重复扩展有何区别？

2.7 什么是启发函数的可纳性？

2.8 什么是更具信息的启发函数？更具信息的启发函数对于算法效率有何种益处？

2.9 当节点被重复发现时，该如何操作？满足何种条件时可避免上述情况？

2.10 对于启发函数满足单调性条件的 A* 算法，算法成功退出的条件设置为"目标节点被发现"，是否可保证找到最优解？

练 习 题

2.1 请使用状态空间法表示并求解右图的二阶汉诺塔问题：通过在三根柱子上移动 2 个圆盘（移动过程中不能出现大盘压小盘的情况），从初始状态转换为目标状态。

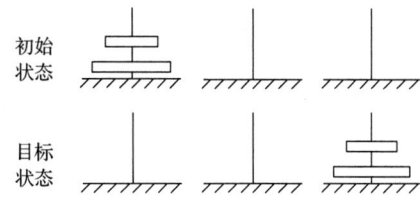

(1) 补全该问题的状态空间图（用边连接下图各节点）

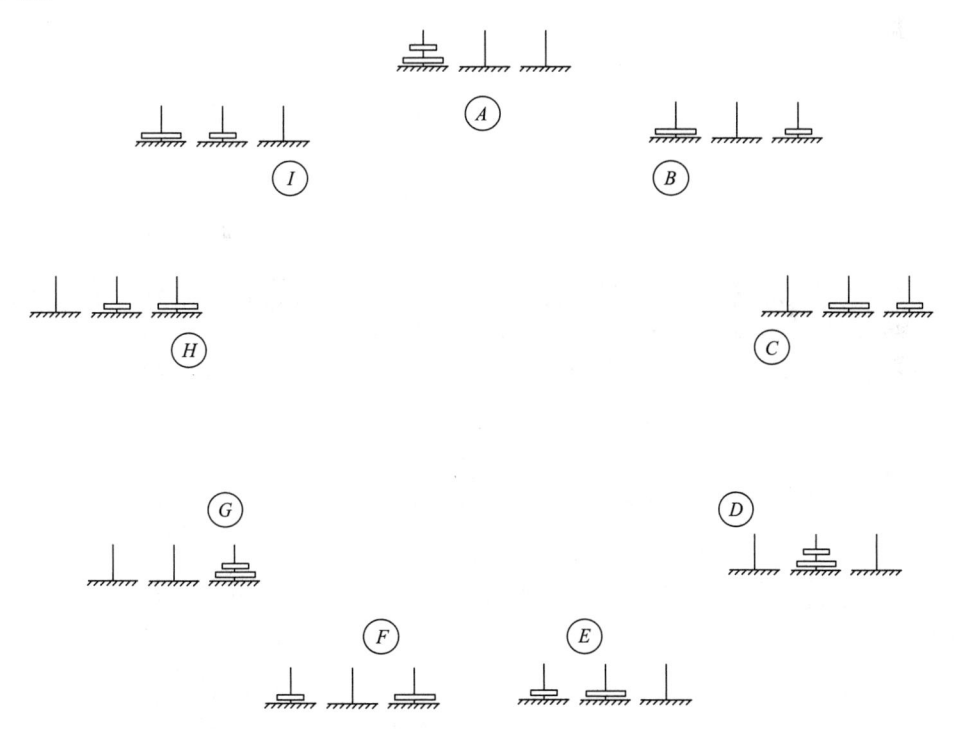

(2) 定义 g 函数为移动次数，h_1 函数为：不在第三根柱子上的圆盘数目。例如，在节点 A 中，所有 2 个圆盘均不在第三根柱子上，有 $h_1(A) = 2$；h_2 函数为：不在第三根柱子上的圆盘数目+2×在第三根柱子上但位置不正确的圆盘数目。例如，在节点 C 中，有 1 个圆盘不在第三根柱子上，另 1 个圆盘在第三根柱子上，但圆盘位置错误，有 $h_2(C) = 1 + 2 \times 1$。请计算所有节点的 h_1 值和 h_2 值。

(3) 上述 h_1、h_2 函数是否满足可纳性？依据是什么？

(4) 根据上述 g 和 h_2 的定义，请写出整个搜索过程中 Open 表和 Closed 表在每一步时

所存储的节点及其 f 值。

(5) h_1、h_2 两个启发函数哪个更具信息？它们是否满足单调性条件？为什么？

(6) 请给出至少一种问题状态的描述方案（注意可行性、简洁性和易用性），以及对应的状态转换规则描述方案。

2.2 对下图进行搜索，寻找从初始节点 S 到目标节点 G 的路径。假设存在如下 4 条路径：

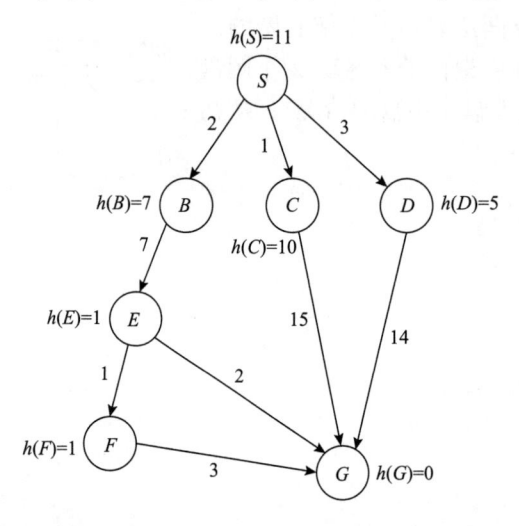

(a) $S \to B \to E \to F \to G$；(b) $S \to B \to E \to G$；(c) $S \to C \to G$；(d) $S \to D \to G$。

下列算法返回的路径分别是哪个？（假设同等条件下，按照字母顺序优先的原则进行节点扩展。例如，当 B 和 C 优先级相同时，优先扩展 B）

(1) 宽度优先搜索算法将返回路径_____。

(2) 深度优先搜索算法将返回路径_____。

(3) 迭代加深搜索算法将返回路径_____。

(4) 代价优先搜索算法将返回路径_____。

(5) A 算法将返回路径_____。

2.3 对下图进行搜索，回答下列问题。注：优先级/代价相同的节点，优先选择字母表靠前的节点。

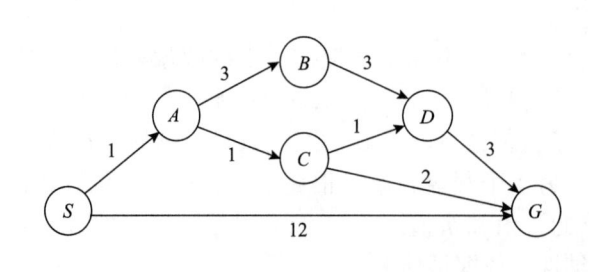

节点	不同启发函数下的预估代价	
	h_1	h_2
S	5	4
A	3	2
B	6	6
C	2	1
D	3	3
G	0	0

(1) 宽度优先搜索算法返回的路径是？

(2)深度优先搜索算法返回的解路径是？
(3)代价优先搜索算法返回的解路径是？
(4)采用 h_1 的 A 算法返回的解路径是？ h_1 是否可纳？
(5)采用 h_2 的 A 算法返回的解路径是？ h_2 是否可纳？

2.4 对于宽度优先搜索算法、深度优先搜索算法和代价优先搜索算法，如果按照如下方式对搜索树进行修改，请指出修改前后算法返回的解路径是否一定相同？（假设所有边对应的代价值都是非负的）。

(1)每条边对应的代价均增加额外的代价 $c>0$ 。

算法	一定相同或可能不同？
宽度优先搜索算法	
深度优先搜索算法	
代价优先搜索算法	

(2)每条边对应的代价均乘以一个常量 $w>0$ 。

算法	一定相同或可能不同？
宽度优先搜索算法	
深度优先搜索算法	
代价优先搜索算法	

2.5 假设某问题中存在一组代价 c_{ij} ，其运行代价优先搜索算法与运行宽度优先搜索算法是等同的，那么如何构建新的一组代价 c'_{ij} ，能够确保其重新运行代价优先搜索算法与运行深度优先搜索算法是等同的？请标出所有正确的选项。（两个搜索算法是"等同的"是指，当且仅当它们以相同顺序扩展相同节点并最终返回相同解路径；本题中假设所有图都是有向无环图）。

○ $c'_{ij} = 0$ ○ $c'_{ij} = 1$ ○ $c'_{ij} = c_{ij}$

○ $c'_{ij} = -c_{ij}$ ○ $c'_{ij} = c_{ij} + \alpha$ ○ 不可能

2.6 利用搜索算法寻找某个加密文件的密码，已知密码最多由 10 个字母构成且只包含字母 A、B、C。该问题可以描述为如下搜索问题。

初始状态：空字符串；

操作算子：将某个字母(A、B 或 C)加入字符串中；

目标是密码验证为正确，有 6 个密码可以正确通过目标测试：AAACCC、ABBCC、BABAB、BCABACB、CBAC、CBACB。

假设在同等条件下按照字母顺序扩展节点。例如，如果同时考虑 A、B 和 C，那么先扩展 A，再扩展 B，最后扩展 C。

(1)使用有界深度优先搜索算法(深度限制为 10)，找到的密码是哪一个？请简要写出分析过程。

(2) 使用宽度优先搜索算法，找到的密码是哪一个？请简要写出分析过程。

(3) 假设某些字母比其他字母更可能出现在密码中，据此设置加入 A、B、C 的代价分别为 1、2、3。在前面 6 个正确的密码中，代价优先搜索算法将返回哪个密码？请简要写出分析过程。

(4) 假设加入任意字母的代价都是 1，只存在一个正确密码，该密码是从状态空间中均匀随机选择出的，而且事先并不知道密码是什么。那么下列哪个说法是正确的？请简要写出分析过程。(平均而言是指任何 10 个字母长的密码都可能是正确的，而且概率是相等的)

① 无论采用何种启发函数，A*算法平均而言都将比深度优先搜索算法扩展更少节点；
② 存在一个启发函数，能够使 A*算法平均而言比深度优先搜索算法扩展更少节点；
③ 无论采用何种启发函数，A*算法平均而言都将与深度优先搜索算法扩展同样多的节点；
④ 无论采用何种启发函数，A*算法平均而言都将比深度优先搜索算法扩展更多节点；
⑤ 存在一个启发函数，能够使 A*算法平均而言比深度优先搜索算法扩展更多节点。

2.7 在某搜索问题中，地图由大小相等的正方形格子构成(见下图，深色部分表示障碍物)，机器人每次移动 1 个格子。A 和 B 两人分别设计了评估函数 $h_1(n)$ 和 $h_2(n)$，用于估计节点 n 到达目标节点 G 的代价值。

$$h_1(n) = |x_n - x_G| + |y_n - y_G|$$

$$h_2(n) = \sqrt{(x_n - x_G)^2 + (y_n - y_G)^2}$$

式中，(x_n, y_n) 为 n 的坐标；(x_G, y_G) 为 G 的坐标。

机器人可以沿着上、下、左、右 4 个方向行动，请回答：

(1) $h_1(n)$ 和 $h_2(n)$ 是否可纳？为什么？

(2) $h_1(n)$ 和 $h_2(n)$ 哪个更具信息？为什么？

(3) $h_1(n)$ 是否单调？为什么？

(4) 如果机器人可以沿着上、下、左、右及对角线 8 个方向行动，那么 $h_1(n)$ 和 $h_2(n)$ 是否满足可纳性？

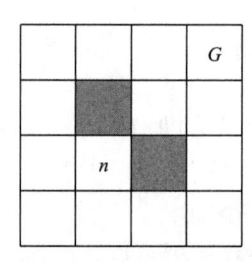

2.8 请编写一个通用图搜索程序，使其涵盖宽度优先搜索算法、深度优先搜索算法、代价优先搜索算法和 A 算法，对于给定的初始节点和目标节点，返回解路径。

2.9 分别采用宽度优先搜索算法、深度优先搜索算法和 A*算法对于例 2.3 的迷宫问题进行搜索求解，分析这些算法得到的解路径是否是最优的。

2.10 分别采用宽度优先搜索算法、深度优先搜索算法、代价优先搜索算法和 A*算法对八数码问题进行编程求解，设计合适的 h 函数，并比较各种算法的重复扩展节点数和总扩展节点数。

2.11 农夫过河问题。一个农夫带着一匹狼、一只羊和一筐菜要从河的左岸乘船到右岸，但受下列条件限制：船太小，农夫每次只能带一样东西过河；若没有农夫看管，则狼要吃羊，羊要吃菜。设计一个过河方案，使得农夫、狼、羊、菜都能不受损地过河。分别采用宽度优先搜索算法、深度优先搜索算法、代价优先搜索算法和 A*算法对农夫过河问题进行编程求解，并比较各种算法的重复扩展节点数和总扩展节点数。

2.12 对于如下问题给出完整的状态空间描述并求解：有三个水壶，容量分别为 12L、8L 和 3L。只知道每个水壶的容量但是水壶上没有具体刻度，可执行的操作包括：把水壶装满、从一个水壶倒水进入另外一个水壶、把水壶倒空，目标是得到 1L 水。

第 3 章 人工智能博弈

博弈一向被认为是富有挑战性的智力活动，如下棋、打牌、战争游戏等。博弈提供了一个可构造的任务领域，在这个领域中具有明确的胜利和失败。博弈问题复杂性高，而且无法用传统的计算方法来求解，因此成为人工智能研究的重要问题之一。本章主要考虑对抗博弈问题，即竞争环境中多个参与者之间的目标是有冲突的，也称为对抗搜索问题。在博弈过程中，任何一方都希望自己取得胜利。因此，当某一方当前有多个行动方案可供选择时，总是挑选对己方最有利而对对方最不利的行动方案。按照博弈过程是否具有随机因素以及参与者对博弈已发生过程的所有信息是否了解等进行分类，博弈可以分为确定性博弈和随机博弈、完美信息博弈和不完美信息博弈等。本章重点介绍完美信息和不完美信息的确定性博弈，然后简要介绍随机博弈。

3.1 博弈问题概述

博弈是两个以上的参与者，按照预定的规则和各自的策略进行动作，从中取得相应收益的过程。在博弈中，参与者总能或多或少地获得一些与博弈有关的信息，如博弈的进展以及对方所采取的行动等。此外，博弈需要遵循一定的规则，这些规则包括参与者行动的先后顺序、参与者在采取特定行动后导致的后果等。

3.1.1 博弈问题的描述

一个完整的博弈问题包括五个要素：第一，博弈参与者，即博弈过程中独立决策、独立承担后果的个体或组织；第二，博弈信息，即参与者所掌握的对决策有帮助的情报资料；第三，博弈策略，即参与者根据已知信息所采取的行动方案；第四，博弈次序，即参与者决策的先后顺序；第五，博弈收益，即各方做出决策后的所得和所失。

在博弈问题中，参与者可以选择的全部策略组成的集合称为策略集合。策略集合可以是离散的，也可以是连续的。如果参与者可选择的策略是有限的，那么可以用集合、矩阵等形式表示，如石头剪刀布游戏的策略集合为{出石头，出剪刀，出布}；如果参与者可以选择的策略是无限的，那么一般用数集或者函数形式表示。例如，拍卖会上的竞价策略可能有无限个。博弈收益可以有很多类型，如得分、收入、利润、时间或情绪价值等。一般而言，有限次博弈的收益可以用收益矩阵来表示，无限次博弈的收益可以用收益函数来表示。

例 3.1 囚徒困境。假设警方逮捕 A、B 两名嫌疑犯，但没有足够证据指控二人认罪。于是警方分开囚禁嫌疑犯，分别和二人见面，并向双方提供以下相同的选择（见表 3.1），分析该博弈问题的基本要素。

表 3.1 囚徒困境中不同策略对应的结果

		B	
		不认罪	认罪
A	不认罪	各判 1 年	A 判 10 年 B 被释放
	认罪	A 被释放 B 判 10 年	各判 5 年

解 博弈参与者为 A 和 B；参与者只知道自己的信息，对于对方的信息是未知的；A 和 B 可以采用的策略集合为{认罪，不认罪}；双方在博弈过程中没有明确的先后次序，可以同时做出决策；博弈收益可以用收益矩阵来建模，用于指定两个参与者在各种动作组合下的结果。

3.1.2 博弈问题的分类

博弈可以按照不同的方式进行分类，如参与者出招的顺序，以及参与者对其他参与者特征、策略集合和收益是否了解等。

从参与者出招的顺序、博弈持续时间和重复次数的角度，博弈可以分为静态博弈和动态博弈。静态博弈又称为同时博弈，是指参与博弈的各方同时采取策略，这些参与者的收益取决于参与者不同的策略组合，如囚徒困境。动态博弈又称为序贯博弈，是指在博弈中，参与者所采取的策略是有先后顺序的，且参与者能够知道先采取策略者所选择的策略，如五子棋。

从参与者对其他参与者所了解的信息的完全程度，博弈可以分为完全信息博弈与不完全信息博弈、完美信息博弈与不完美信息博弈以及确定性博弈与不确定性博弈。如果博弈中每一个参与者对其他参与者的特征、策略集合和收益函数都了解，则该博弈称为完全信息博弈，否则称为不完全信息博弈。完美信息博弈是针对记忆而言的，如果参与者知道博弈已发生过程的所有信息，那么该博弈称为完美信息博弈，否则称为不完美信息博弈。完全信息不一定是完美的，不完全信息一定是不完美的。典型的具有不完美信息但具有完全信息的博弈包括扑克、桥牌等纸牌游戏以及麻将等棋牌游戏，尽管博弈结果是确定的，但是在博弈过程中有些信息是各方私有的，参与者并不清楚在博弈过程中对方是如何决策的。不确定性博弈也称为随机博弈，不确定性博弈中包含一个名为"自然"的参与者，如掷骰子或彩票开奖，"自然"决定了其他参与者以多大的可能性采取某种策略。确定性博弈是指不存在由"自然"做出行动的博弈。

根据参与者的收益情况，博弈可以分为零和博弈与非零和博弈、常和博弈与变和博弈。零和博弈是指博弈各方的收益和为零，如田忌赛马问题。非零和博弈是指博弈各方的收益和不为零，如囚徒困境问题。常和博弈是指博弈各方的收益和总是一个常数。变和博弈是指博弈各方的收益之和不总是一个常数。

按照博弈参与者的多少，博弈可以分为双人博弈和多人博弈。在双人博弈中，博弈由双方参与，如两个人玩猜硬币、囚徒困境问题都属于双人博弈，这类博弈是最常见的。

在多人博弈中，参与者由三个或三个以上个体组成。每个参与者独立做出决策，参与者要在其他参与者对自己决策做出反应的情况下找到使自身收益最大化的决策。多人博弈的性质与双人博弈类似，都是自己的决策和收益受其他参与者的影响。然而多人博弈要比双人博弈更复杂，参与者之间可能出现正式联盟或非正式联盟，随着博弈收益的变化，一些联盟可能破裂或重组。

博弈算法经过多年的发展，已经取得了突破性进展。目前，在完美信息博弈中，如西洋跳棋、国际象棋、中国象棋和围棋等，博弈算法的表现优于人类玩家。在部分随机博弈中，如西洋双陆棋等，博弈算法的表现可与人类玩家媲美。而在不完美信息的多人博弈中，如桥牌和麻将等，博弈算法的表现尚不及人类玩家。

3.1.3 博弈问题求解的特点

针对不同的博弈类型，研究人员发展出多种求解方法。对抗搜索(adversarial search)是指在一个竞争环境中，参与者之间通过竞争实现相反的收益，最大化己方收益，最小化对方收益。对抗搜索是对抗博弈问题求解的一类重要方法，与第 2 章讲述的经典搜索有很大的不同(王文敏，2019)，经典搜索与对抗搜索的比较如表 3.2 所示。

表 3.2 经典搜索与对抗搜索的比较

比较项	经典搜索	对抗搜索
环境	单 Agent	多 Agent
搜索方式	从初始节点到达目标节点的启发式搜索	试图战胜对方的对抗式博弈树搜索
优化	用启发式搜索算法可以找到最优解	因时间受限，通常只能找到近似解
评估函数	从初始节点到达目标节点的解路径的代价评估	博弈策略和局势的优劣评估
解	从初始节点到达目标节点的一条路径	当前局势下的一个最优走步
搜索次数	在初始节点和目标节点确定的情况下只需搜索一次	每进入一个新的局势都要重新搜索

经典搜索适用于单 Agent 环境，通常 Agent 是在一个不变且已知环境中进行搜索的。只需考虑单一 Agent 在搜索过程中的时间复杂度和空间复杂度，采用启发式搜索算法通常能够提高搜索的效率。图搜索得到的是从初始节点到目标节点的一条解路径，其评估函数是从初始节点到达目标节点的解路径的代价估计，代价最小的解就是最优解。在初始节点和目标节点确定的情况下，只需搜索一次就可以得到全局最优解。

对抗搜索适用于两个以上的多 Agent 环境，Agent 处于可变或不完全已知的环境中，要充分考虑对方的行动及其对自身的影响。Agent 为了各自的收益做出不同的决策，采用试图战胜对方的对抗式博弈树搜索算法(如极小极大搜索算法)，其评估函数用来评估博弈策略和博弈局势的优劣。博弈树搜索得到的是当前局势下的一个最优走步，当进入新的局势时需要重新搜索。但由于博弈的时间受限，往往只能找到一个近似解。时间受限是指每个参与者的博弈时间受有形或无形的博弈规则限定，如围棋有计时和读秒规则。

3.2 完美信息博弈

在完美信息博弈中，博弈的每个参与者在做决策时都完全了解曾经和正在发生的博弈过程的所有信息。最常使用的求解方法是极小极大搜索算法。为了提高极小极大搜索算法的效率，人们提出了 α-β 剪枝技术，及时停止扩展已无必要再扩展的子节点，相当于剪去了博弈树上的一些分支。对于搜索空间巨大的博弈问题，可以采用基于统计模型的蒙特卡罗树搜索算法。

3.2.1 双人零和完美信息博弈问题描述

双人博弈、完美信息、零和博弈是一类重要的完美信息博弈问题，包括井字棋、跳棋、中国象棋、国际象棋、围棋、五子棋等。此类博弈是一种动态博弈，双方参与者轮流采取行动，选择对己方最有利而对对方最不利的策略；任何一方都了解当前的局面及过去的历史；参与者的利益严格对立，双方得失之和为零。参与者为了从众多可供选择的行动方案中选出一个对自己最为有利的行动方案，需要对当前的情况以及将要发生的情况进行分析，从中选出最优走步。

博弈问题的状态包括当前棋局和当前行动的 Agent。以双人博弈的棋类游戏为例，如果把每个棋局抽象为一个节点，每个合法走步看作连接节点的一条边，那么所有的节点和边就构成了一个棋类游戏的状态空间图。假设博弈双方为 MAX 和 MIN。以井字棋 (tic-toc-toe) 为例，MAX 标记为×，MIN 标记为○，如图 3.1 所示。棋局状态可以表示为一个 10 元组的形式 $(x_1, x_2, \cdots, x_9, Y)$，其中前 9 个变量代表 9 个格子对应的落子情况，$x_i = 0$（空）或 1（×）或 -1（○）；Y 表示当前由哪一方走步，$Y = \text{MAX}$ 表示当前由 MAX 走步，$Y = \text{MIN}$ 表示当前由 MIN 走步。操作算子有两个：MAX 落一子，$\text{IF}(x_i = 0, \text{MAX})\ \text{THEN}\ (x_1, \cdots, 1, \cdots, x_9, \text{MIN})$，或 MIN 落一子，$\text{IF}(x_i = 0, \text{MIN})\ \text{THEN}\ (x_1, \cdots, -1, \cdots, x_9, \text{MAX})$。下一步由 MAX 走步的节点称为 MAX 节点；相应地，下一步由 MIN 走步的节点称为 MIN 节点。假定 MAX 先走步，初始棋局为 $(0, 0, \cdots, 0, \text{MAX})$，目标棋局是其中一方三子连成一线。每走一步的代价为 1。

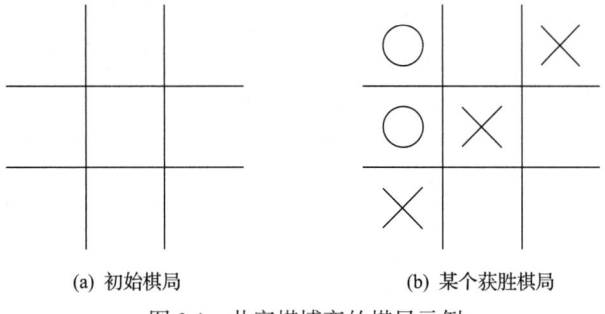

(a) 初始棋局 (b) 某个获胜棋局

图 3.1 井字棋博弈的棋局示例

从初始棋局出发，假设每个棋局都有若干个走步可以选择，两个参与者依次轮流走步，状态空间可以一层一层地扩展下去。由于博弈的状态空间具有很强的层次性，常表示为博弈树的形式，如图 3.2 所示。如果站在 MAX 的立场上，那么可供 MAX 选择的若干个行动方案之间是"或"关系，因为主动权掌握在 MAX 手里，MAX 可以选择任何一个行动方案。在 MAX 选择某个行动方案走了一步后，MIN 也有若干个可选的行动方案，对 MAX 而言这些行动方案之间是"与"关系，因为此时主动权掌握在 MIN 手里，任何一个行动方案都可能被 MIN 选中，MAX 必须应对每一种情况的发生。因此，博弈过程的搜索树呈现出"与或"图的形式，"与"节点和"或"节点交替出现。己方扩展的节点之间是"或"关系，而对方扩展的节点之间是"与"关系。

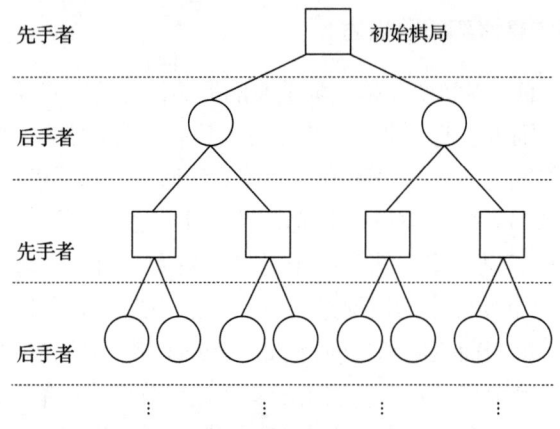

图 3.2 双人博弈棋类游戏的博弈树

树是图的子集，树与图的特点比较如表 3.3 所示。既然树是一种特殊的图，那么理论上图搜索算法也可以在博弈树中运行。在博弈树中，初始棋局和目标棋局(获胜棋局)都是状态空间中的节点，它们之间有路径相连。能否采用图搜索算法寻找一条路径，然后根据路径中的操作顺序依次走步，来获得博弈胜利呢？显然不行。原因是：在图搜索中，所有节点的扩展过程只取决于搜索算法的执行；而在博弈树搜索中，棋局走向由博弈双方共同决定，并且双方的目标是完全对立的，一方想往某方向发展，另一方则会竭力避免往该方向发展。因此，需要为博弈树设计专门的求解方法。由于博弈树可以看作"与或"图，寻找 MAX 的获胜策略就是求"与或"图的解图。MAX 要获胜，必须对所有"与"节点获胜，而只需要对一个"或"节点获胜，这就是一个解图。对于较复杂的博弈问题，通常无法建立完整的博弈树，这就需要通过少量搜索，为当前棋局选择一个较好的走步。

表 3.3 树与图的特点比较

比较项	树	图
是否有环	没有环	可能包括环，环的开始节点和结束节点是相同的
是否有根节点	有一个根节点	没有根节点
是否可以递归遍历	可以递归遍历	有环图无法通过递归遍历
是否有层次划分	有层次划分	没有层次划分
非根节点的父节点数目	非根节点必定有且只有一个父节点	非根节点可能有不止一个父节点

3.2.2 极小极大搜索

极小极大搜索(minimax search)算法是博弈树搜索的基本算法。极小极大搜索算法在考虑双方博弈若干步之后，从可能的走步中选择一个相对好的走步，即在有限的搜索深度范围内进行求解。值得注意的是，不管设定的搜索深度是多少，经过一次搜索之后，只决定己方当前走步。等到对方走一步之后，需要在新的棋局下重新进行搜索，以决定下一个走步。

为了解决博弈树搜索问题，尝试分析人类的博弈过程。人类的博弈过程通常分为 3 步：第 1 步，先考察有哪些可以选择的走步；第 2 步，对所有走步进行评估和比较，观察哪些走步对己方有利，哪些走步对己方不利；第 3 步，选择对己方最有利的走步。仿照这个过程，可以设计算法来帮助 MAX 完成走步：第 1 步，对当前节点进行扩展，生成它的所有子节点；第 2 步，设计一个评估函数，对所有子节点进行评估；第 3 步，根据评估结果确定最优走步。

此过程的关键是第 2 步评估函数的设计。由于无法保证给定深度的节点是目标节点，所以需要设计一个函数来对棋局优劣进行评估。静态评估函数是指对于给定的棋局，用于评估该棋局对于双方有利程度的函数。静态评估函数仅考虑棋局的当前信息，可以用来取代超出规定深度范围的搜索。但是由于在对抗搜索过程中棋局态势是复杂多变的，静态评估函数只能对当前棋局进行粗略评估，通常无法做到完全精确。

令 $f(P)$ 表示棋局 P 的静态评估函数。其评估值可以通过棋局中棋子的数量、各个棋子的权重以及棋子所在的位置综合考虑，以便对棋局的态势做出优劣估计。静态评估函数与设计者的主观经验有很大关系，不同的设计者可能给出不同的静态评估函数。随着博弈规则的不同，静态评估函数的设计方法也有所不同。静态评估函数设计的基本原则是：当 P 对 MAX 有利时，$f(P)$ 取正值，并且值越大表示对 MAX 越有利，当 $f(P)$ 为 $+\infty$ 时，MAX 胜利；当 P 对 MAX 不利时，$f(P)$ 取负值，并且绝对值越大表示对 MAX 越不利，当 $f(P)$ 为 $-\infty$ 时，MIN 胜利；当双方势均力敌时，$f(P)$ 取零。

例 3.2 在图 3.3 棋局分析的基础上，为井字棋设计棋局的静态评估函数。

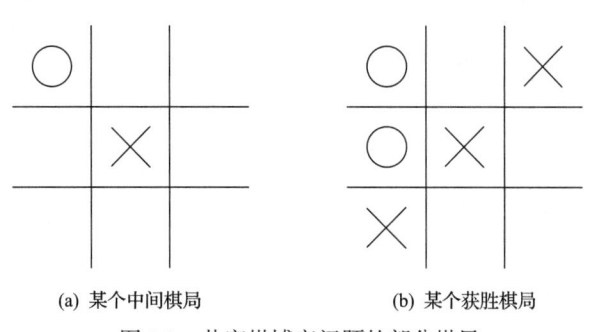

(a) 某个中间棋局　　　　　　(b) 某个获胜棋局

图 3.3 井字棋博弈问题的部分棋局

解 观察可以发现，图 3.3(a)棋局对于 MAX 更有利。假设棋盘中所有空位都填上 MAX 的棋子，MAX 能连成三子一线的行、列和对角线的数目为 5；假设棋盘中所有空位都填上 MIN 的棋子，MIN 能连成三子一线的行、列和对角线的数目为 4。因此，在当前棋局下 MAX 有更大的获胜可能。

据此设计棋局 P 的静态评估函数为

$$f(P) = \begin{cases} +\infty, & P\text{是MAX的获胜棋局} \\ -\infty, & P\text{是MIN的获胜棋局} \\ \text{使MAX连成三子一线的行、列、对角线数} - \text{使MIN连成三子一线的行、列、对角线数,} & \text{任何一方尚未获胜} \end{cases}$$

根据该评估函数,图 3.3(a)棋局的静态评估值为 1,图 3.3(b)棋局的静态评估值为 $+\infty$。

静态评估函数仅能评估当前棋局对双方的有利程度,没有考虑到棋局后续的变化,因此只适用于终局或者到达规定深度的棋局的评估。如果对于未到达规定深度的棋局也采用静态评估函数,那么可能导致错误的走步。

如图 3.4(a)所示,假设 MAX 的当前棋局为 S,S 的两个子节点 A 和 B 的静态评估值分别为 10 和 3。轮到 MAX 走步,如果选择静态评估值最大的走步,那么应该选择指向节点 A 的走步。在 MAX 选择节点 A 后,下一步轮到 MIN 走步,MIN 有三个走步可选,对应的棋局静态评估值分别为 9、–6 和–3。如何知道 MIN 会选择哪个走步呢?这里需要引入一个基本假设——理性假设,即对弈双方都会选择所有子节点中看起来对自己最有利的走步。MAX 总是选择评估值最大的子节点对应的走步,MIN 总是选择评估值最小的子节点对应的走步。由于对方的静态评估函数是未知的,所以这里采用了与己方相同的静态评估函数。基于理性假设,在 MIN 面对图 3.4(b)中的节点 A 时,必定选择指向 D 的走步,因为 D 的评估值最小。此时,再用 A 的静态评估值 10 来评估节点 A 显然是不合适的,应该用 D 的评估值–6 来评估 A 才合适,因此 A 由其子节点倒推而来的评估值为–6。同理,当 MIN 面对节点 B 时,必定选择 B 的子节点中评估值最小的节点 G,此时应该用 G 的静态评估值来评估 B,B 的倒推评估值为 1。在此情况下,重新考虑 MAX 面对棋局 S 时如何选择走步的问题,B 的倒推评估值 1 高于 A 的倒推评估值–6,因此 MAX 应该选择指向 B 的走步,如图 3.4(b)所示。

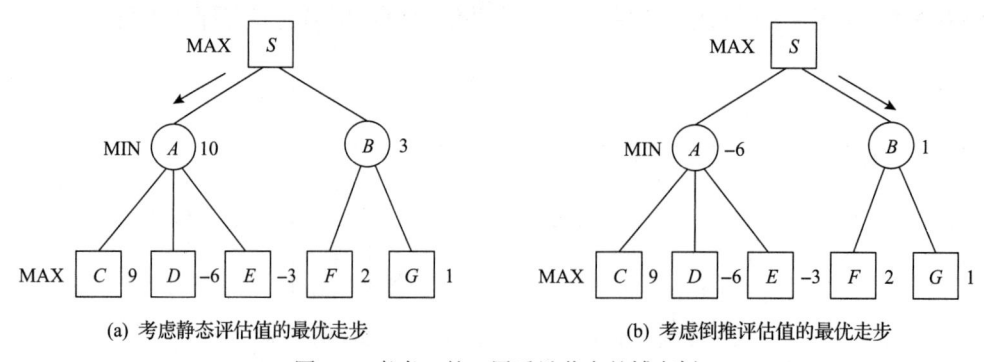

(a) 考虑静态评估值的最优走步　　　　　　(b) 考虑倒推评估值的最优走步

图 3.4　考虑 S 的 2 层后继节点的博弈树

在图 3.4 的评估棋局中考虑了两步的走步深度,向前看更多步也是类似的。假设规定深度为 3,考虑 S 的 3 层后继节点的博弈树如图 3.5 所示,在棋局 S 下为 MAX 选择走步,评估指向第 1 层节点 A 和 B 的哪个走步更好。因为 A 的评估值需要取 C、D、E 评估值的最小值，而 B 的评估值需要取 F、G 评估值的最小值，所以评估 A、B 之前必须先计算第 2 层节点 C、D、E、F、G 的评估值。同理，要得到第 2 层节点的评估值，需要知道第 3 层节点的评估值。这里，第 3 层是最底层，底层节点的评估值只能使用静态评估函数进行计算。根据第 3 层节点的评估值，可以倒推第 2 层节点的评估值。而根据第 2 层节点的评估值，可以倒推第 1 层节点的评估值。

图 3.5 考虑 S 的 3 层后继节点的博弈树

例如，节点 C 是 MAX 节点，轮到 MAX 走步，MAX 一定会选择指向子节点中评估值最大节点（H 节点）的走步，用 H 的评估值倒推得到 C 的评估值为 5。同理，节点 D、E、F、G 的评估值也应该取它们子节点评估值中的最大值，由第 3 层节点评估值倒推第 2 层节点评估值如图 3.6 所示。

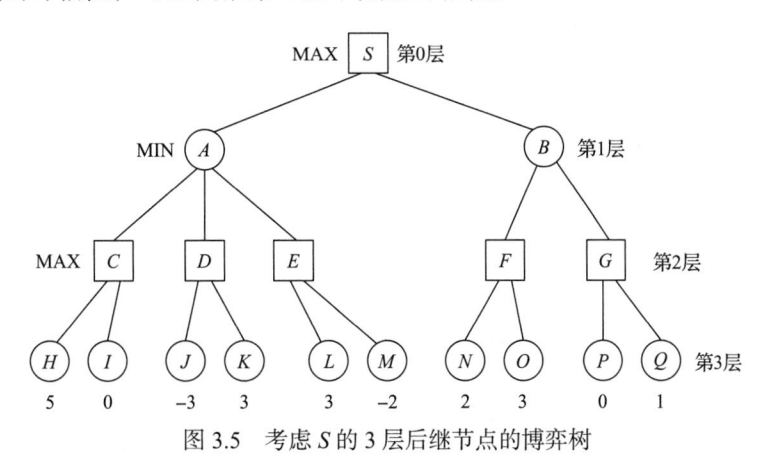

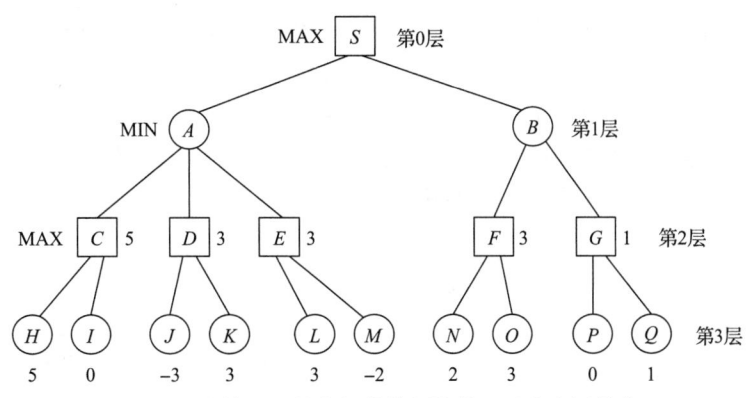

图 3.6 由第 3 层节点评估值倒推第 2 层节点评估值

在第 2 层节点的评估值确定之后，就可以倒推第 1 层节点 A、B 的评估值。因为 A 和 B 是 MIN 节点，轮到 MIN 走步，MIN 一定会选择指向子节点中评估值最小节点的走步，所以 A、B 的评估值分别为 3 和 1，由第 2 层节点评估值倒推第 1 层节点评估值如图 3.7 所示。MAX 面对棋局 S 时应该选择指向节点 A 的走步。

可以发现，博弈树中各节点评估值的确定过程是一个自底向上倒推的过程。如果博弈算法向前看 n 步，那么需要首先扩展当前节点的全部 n 层后继节点；最底层的节点使用静态评估值，然后自底向上逐层倒推计算其他层节点的评估值。在倒推的过程中，对于

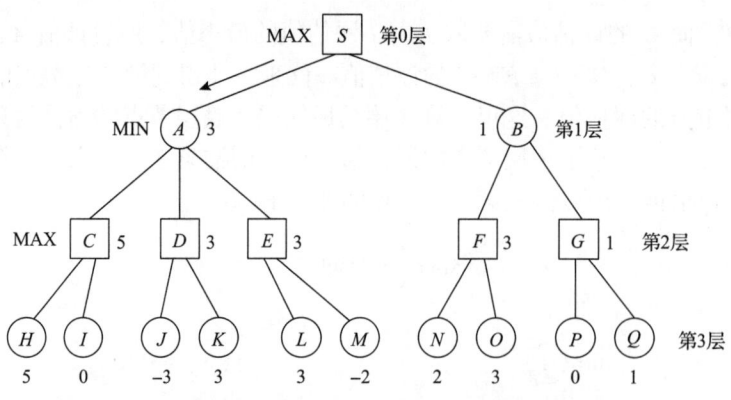

```
         MAX   S   第0层
              ╱ ↖
        MIN  A 3      1 B    第1层
            ╱│╲        ╱╲
       MAX C 5 D 3 E 3 F 3 G 1   第2层
          ╱╲ ╱╲ ╱╲ ╱╲ ╱╲
         H I J K L M N O P Q   第3层
         5 0 -3 3 3 -2 2 3 0 1
```

图 3.7　由第 2 层节点评估值倒推第 1 层节点评估值

MAX 节点，取其子节点评估值中的最大值；对于 MIN 节点，取其子节点评估值中的最小值。MIN、MAX 是逐层交替出现的，在倒推的过程中取极大值和取极小值也是交替进行的，因此该算法称为极小极大搜索算法。

极小极大搜索算法的步骤如下。

第 1 步：以当前棋局为根节点生成规定深度的全部博弈树，计算所有叶节点（最底层节点）的静态评估函数值。

第 2 步：自底向上逐层计算非叶节点的倒推评估值：对于 MAX 节点，取其所有子节点评估值中的最大值；对于 MIN 节点，取其所有子节点评估值中的最小值。

第 3 步：标记最优走步，对于 MAX，选择使其评估值最大的走步；对于 MIN，选择使其评估值最小的走步。

例 3.3　井字棋博弈问题的极小极大搜索。从初始棋局开始，MAX 先走步，在深度为 2 的范围内对井字棋进行极小极大搜索，为 MAX 选择最优走步。

解　从初始棋局开始生成深度为 2 范围内的全部棋局。为了减小搜索空间，将对称棋局进行合并，仅保留其中一个，对称棋局的评估值完全相同，不会影响博弈的最终结果。例如，图 3.8 所示的 4 个棋局是对称棋局。

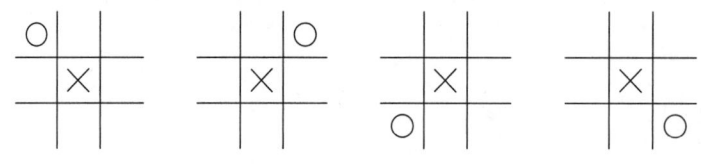

图 3.8　对称棋局示例

生成初始节点 2 步范围内的棋局如图 3.9 所示，第 2 层节点的评估值根据例 3.2 的静态评估函数计算得到，第 1 层节点的评估值通过倒推计算得到。对于 MAX，在棋盘中间落子具有最大的棋局评估值 1，因此选择了该走步。虚线方框显示了各节点的最优后续走步（如有多个最优走步，仅显示其中一个），圆圈内的数字为棋局的倒推评估值。

假设 MIN 选择了在棋盘左侧中间落子，MAX 继续采用极小极大搜索算法，生成深度为 2 范围内的所有棋局，双方各落 1 子后生成 2 步范围内的棋局如图 3.10 所示。根据倒推计算，MAX 有两个最优走步可选，MAX 选择了其中一个走步，在棋盘右下角落子。

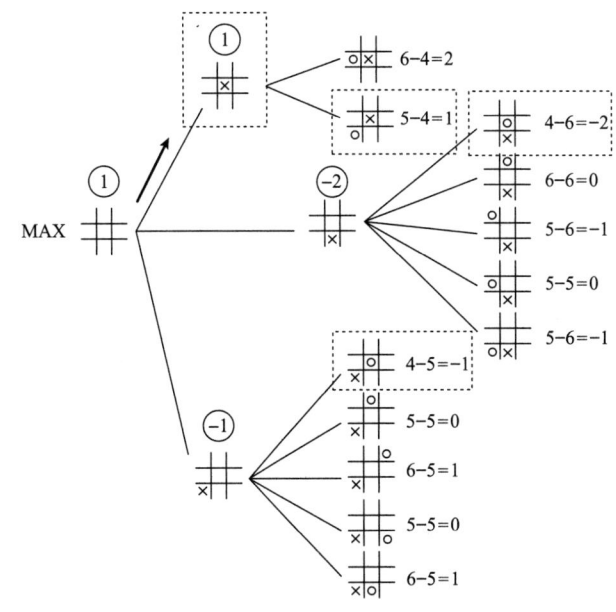

图 3.9　生成初始节点 2 步范围内的棋局

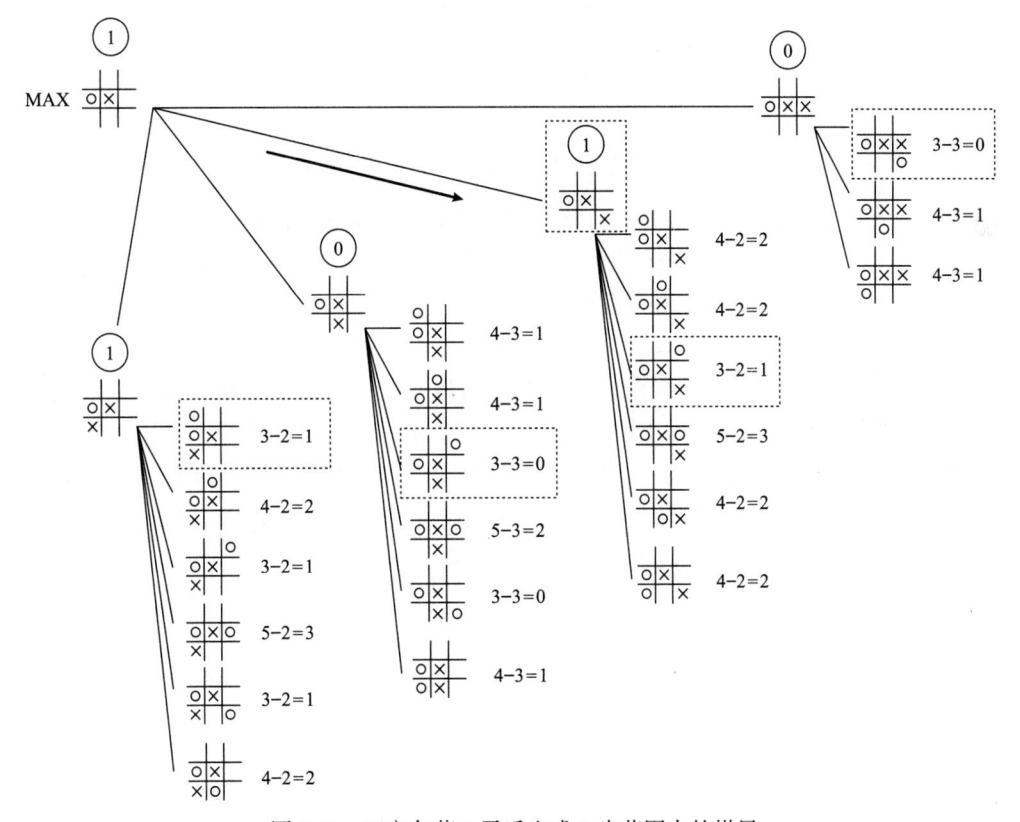

图 3.10　双方各落 1 子后生成 2 步范围内的棋局

假设 MIN 选择在棋盘左上角落子，MAX 继续进行极小极大搜索，双方各落 2 子后生成 2 步范围内的棋局如图 3.11 所示，选择在左下角落子。

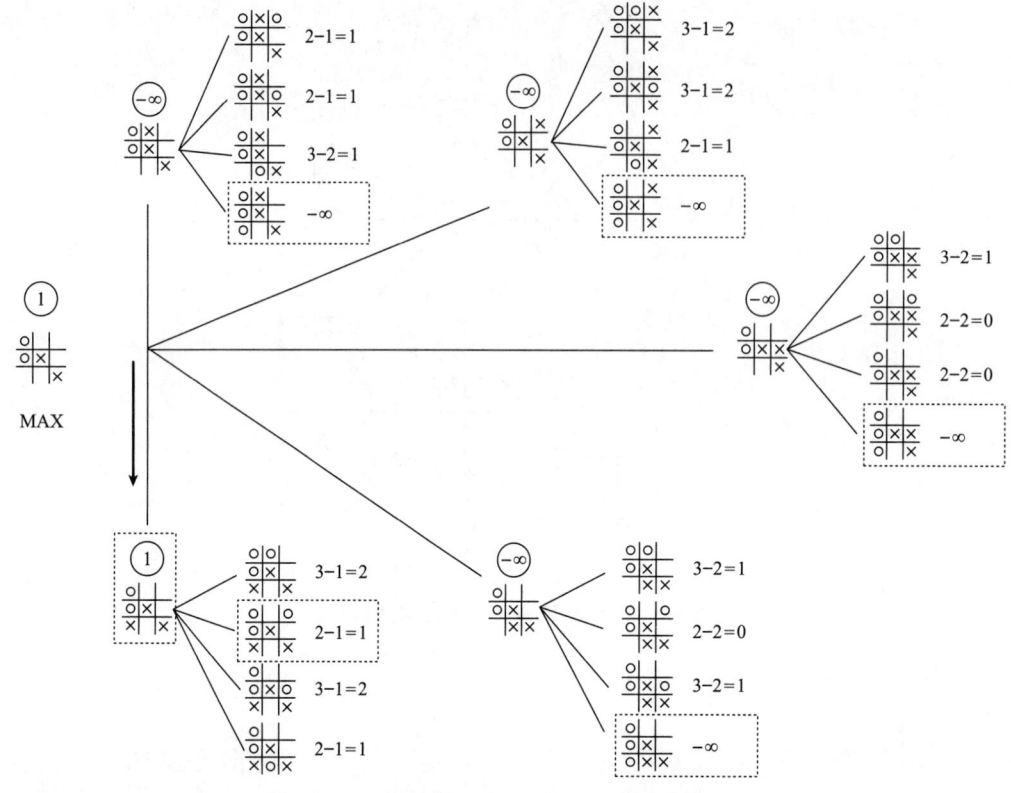

图 3.11 双方各落 2 子后生成 2 步范围内的棋局

此后不管 MIN 选择在何处落子，MAX 都将获胜，搜索过程结束。

为了方便演示，例 3.3 显示了规定深度范围内的完整博弈树。在极小极大搜索算法的编程实现过程中，通常采用深度优先搜索算法。这样可以在搜索过程中仅保存部分博弈树，删除已搜索过的一些节点，从而降低对存储空间的要求。

采用深度优先搜索算法生成博弈树，并进行极小极大搜索的过程，可以表示为递归的形式。博弈树的深度优先搜索示意图如图 3.12 所示，该博弈树共有 3 层，根节点为 S，其有 A、B、C 三个子节点，而 A、B、C 也各有若干子节点。当采用深度优先搜索算法时，先进入根节点 S，生成其第 1 个子节点 A；然后遍历 A，生成 A 的第 1 个子节点 D，

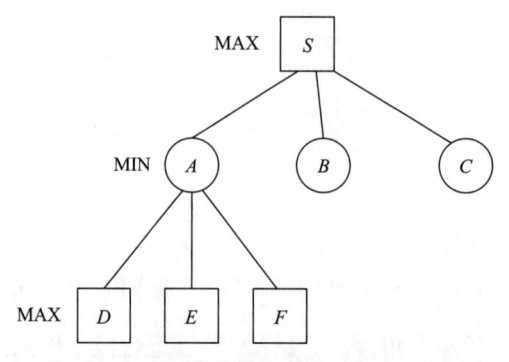

图 3.12 博弈树的深度优先搜索示意图

D 将其评估值返回给父节点 A，删除 D；A 生成第 2 个子节点 E，E 将其评估值返回给父节点 A，删除 E；A 生成第 3 个子节点 F，F 将其评估值返回给父节点 A，删除 F；A 在 3 个子节点的评估值中取极小值，并将此倒推评估值返回给 S，删除 A；S 生成其第 2 个子节点 B，同样遍历 B 及其子节点，得到 B 的倒推评估值后再生成 C 并向下遍历；最后，S 在 A、B、C 的倒推评估值中取极大值，拥有该极大值的子节点就是下一步要走的方向。从上述过程可以看出，在深度优先搜索博弈树的过程中，任何时刻只需要保存与其深度相同个数的节点。在本例中，任何时刻仅需保存 3 个节点，即仅生成将要搜索的节点，搜索完成的节点可以立即删除，从而节省了存储空间。

极小极大搜索算法假定在对方选择最优走步的前提下，最小化己方损失，是一种较保守的方法。这一过程也可以理解为在各种获得最小收益的策略中选择有最大收益的策略，因此有时也称为极大极小搜索算法。

极小极大搜索算法提供了一种对走步优劣进行科学评估的有效方法。如果规定深度足够深，且静态评估函数设计得较为合理，那么在理论上算法可以达到较高的博弈水平（棋力）。井字棋的博弈树规模非常小，而在很多博弈问题中，如国际象棋和围棋，每一个棋局下可供选择的走步有很多，将生成十分庞大的博弈树。极小极大搜索算法的时间复杂度为 $O(b^d)$，空间复杂度为 $O(d)$，其中，b 为分支因子（每个棋局下可选的平均走步数），d 为最大博弈树深度。由于要生成规定深度范围内的所有节点，其节点数将随着搜索深度的增加呈指数增长，所以使用极小极大搜索算法不可能将搜索深度设置得很深，这就大大限制了博弈算法的棋力增长。能否改进极小极大搜索算法，少扩展一些节点而不影响搜索结果呢？这就是 α-β 剪枝(alpha-beta pruning)方法。

3.2.3　α-β 剪枝

α-β 剪枝是降低博弈树搜索时空复杂性的一种经典方法。分析人类下棋的过程，初学者只能预判落子后一两个回合内的棋局，而高手可以往前看数个回合甚至十几个回合。其区别在于：高手看得更远，扩展得更深。这与极小极大搜索算法的特点是一致的，节点扩展深度越深，博弈水平越高。

为什么高手可以对博弈树考察得更深？这是因为高手经验更丰富。对于某些棋局中胜算较小的走步，高手根本不去考虑它，更不会去考虑走完这步棋之后双方的后续走步。因为只考虑必要的分支，所以在相同的深度下需要考察的博弈树的分支数目相比初学者更少。因此，在扩展总节点数不变的情况下，高手可以考察得更深。借鉴该经验，提高博弈树搜索效率的一种重要方法就是剪掉博弈树上没必要的分支，即剪枝。剪枝的基本思想是：一边生成博弈树，一边估计各节点的倒推值，根据已知节点的倒推值范围，及时停止扩展已无必要再扩展的分支。

首先考虑当前节点是 MAX 节点的情况。假设图 3.13 是某个博弈树的一部分，节点 A 是 MAX 节点，B 和 C 是 A 的子节点。根据极小极大搜索算法，A 的评估值应该是 B 和 C 评估值中的最大值。假设已知 B 的评估值为 -3，C 的评估值是未知的。没有 C 的评估值，无法得到 A 的准确评估值，但是可以确定 A 的评估值一定不小于 -3。如果知道 C

的评估值小于或等于−3，那么就没有必要扩展 C 及其后继节点。

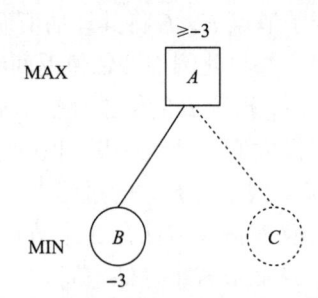

图 3.13　MIN 节点评估值为其父辈 MAX 节点评估值提供下界信息

可以发现，在倒推值的计算过程中，已知 MIN 节点的评估值将为其父辈 MAX 节点评估值提供下界信息。将 MAX 节点评估值的下界估计记为 α。如图 3.13 所示，A 的子节点 B 的评估值为节点 A 的评估提供了一个下界，即 A 的 α 值为−3。如果 A 的其他子节点（如节点 C）的评估值小于或等于这个下界，那么可以剪掉该节点对应的分支，而且不会影响 A 的评估值。

再来考虑当前节点是 MIN 节点的情况。如图 3.14 所示，节点 D 是一个 MIN 节点，E 和 F 是 D 的子节点。根据极小极大搜索算法，D 的评估值应该是 E 和 F 评估值中的最小值。E 的评估值是−7，F 的评估值是未知的。此时，还无法确定 D 的评估值，但是知道它一定不大于−7。如果 F 的评估值大于或等于−7，那么就没有必要扩展 F 及其分支节点。已知 MAX 节点的评估值，将为其父辈 MIN 节点评估值提供上界信息。将 MIN 节点评估值的上界估计记为 β，如果某个子节点的评估值大于或等于 β 值，那么可以剪掉该节点对应的分支。

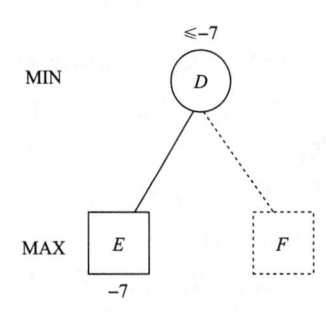

图 3.14　MAX 节点评估值为其父辈 MIN 节点评估值提供上界信息

把图 3.13 和图 3.14 组合到一起，构建如图 3.15 所示的博弈树。在图 3.15(a)中，节点 C/D 的 β 值为−7，小于其父节点 A 的 α 值−3，此时，F 及其后续分支可以剪掉。剪枝的条件是节点的 β 值小于等于其父节点的 α 值。在图 3.15(a)中，节点 A 的倒推值计算过程如下。

$$\begin{aligned} f(A) &= \max(f(B), f(C)) \\ &= \max(-3, \min(f(E), f(F))) \\ &= \max(-3, \min(-7, f(F))) \\ &= -3 \end{aligned}$$

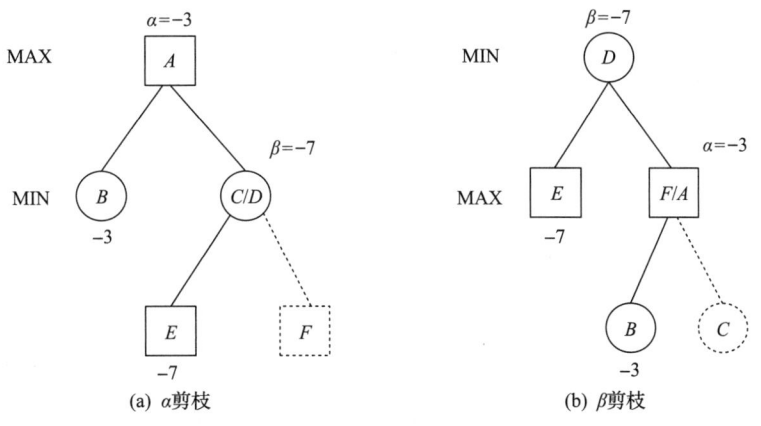

图 3.15 α-β 剪枝示例

在图 3.15(b) 中，节点 F/A 的 α 值为-3，大于其父节点 D 的 β 值-7，此时，C 及其后续分支可以剪掉。剪枝的条件是节点的 α 值大于等于其父节点的 β 值。在图 3.15(b) 中，节点 D 的倒推值的计算过程如下。

$$f(D) = \min(f(E), f(F))$$
$$= \min(-7, \max(f(B), f(C)))$$
$$= \min(-7, \max(-3, f(C)))$$
$$= -7$$

以此类推，博弈树中节点的 α 值和 β 值修改有如下规律：在从叶节点到根节点的倒推值计算过程中，MAX 节点的 α 值永不下降；MIN 节点的 β 值永不增加。因此，可以将剪枝条件由父子节点的 α 值和 β 值比较扩展至节点与其父辈节点的 α 值和 β 值比较。

α 剪枝和 β 剪枝统称为 α-β 剪枝。α-β 剪枝规则如下：α 剪枝是指当任何 MIN 节点的 β 值小于等于它的父辈 MAX 节点的 α 值时，中止该 MIN 节点以下的搜索，β 值即为该节点的最终倒推值；β 剪枝是指当任何 MAX 节点的 α 值大于等于它的父辈 MIN 节点的 β 值时，中止该 MAX 节点以下的搜索，α 值即为该节点的最终倒推值。

在 α-β 剪枝过程中，应注意以下问题：首先，应比较两个跨层节点的 α 值和 β 值，即比较 MAX 节点的 α 值与其父辈或子辈 MIN 节点的 β 值。其次，至少一个节点的评估值确定之后，才能向其父节点传递，确定其父节点的 α/β 值。最后，在博弈树搜索时，不能采用宽度优先搜索算法，而应该采用有界深度优先搜索算法，边生成博弈树边剪枝。这是因为计算某节点的 α/β 值需要利用其子节点的评估值，而评估值是由最底层节点的静态评估值倒推而来的，这就要求至少有一部分博弈树已扩展至最大深度。如果使用宽度优先搜索算法，部分最底层节点被扩展就意味着倒数第二层的全部节点均已被扩展，那么此时再剪枝是没有意义的。因此，α-β 剪枝过程采用有界深度优先搜索算法，以便从一些分支快速到达最底层节点，进而确定其父辈节点的 α/β 值。

下面以图 3.16 为例说明 α-β 剪枝过程。在搜索过程中，假定节点按照从上到下、从左到右的次序生成。图中带圈的数字表示节点的评估值计算次序，为了表达方便，该序号也同时表示节点。当一个节点有两个以上的序号时，不同的序号表示的是同一个节点在不同次序下计算的结果。

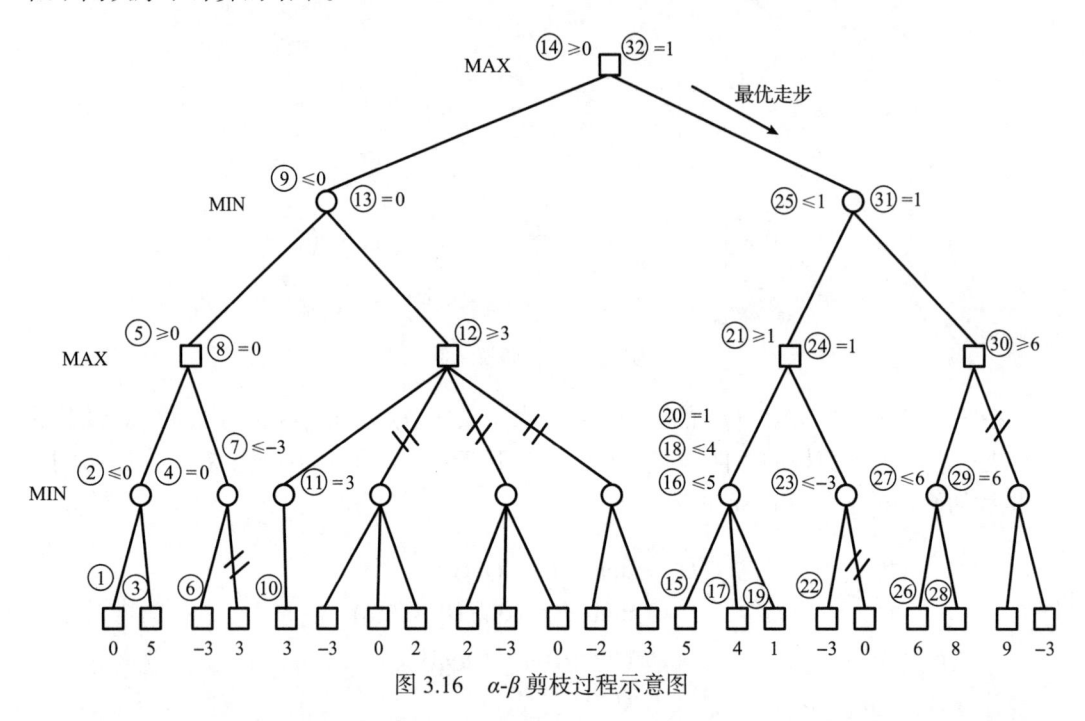

图3.16 α-β 剪枝过程示意图

首先，从根节点开始，向下生成到达指定深度的节点①，根据①的值为0，可知②的值≤0，继续扩展生成节点③，节点③的值为5，大于节点②的值0，并且节点②没有其他子节点，因此节点④（与节点②是同一个节点）的值确定为 0。由节点④的值可以确定节点⑤的值≥0。扩展节点⑤，按顺序生成节点⑥、⑦，由节点⑥的值为–3，得到节点⑦的值≤–3。节点⑦是 MIN 节点，节点⑦的 β 值小于其父节点⑤的 α 值，满足 α 剪枝条件，因此节点⑦的其他子节点被剪掉，不再生成。节点⑤不再有其他子节点，因此有节点⑧的值为 0，并有节点⑨的值≤0。扩展节点⑨，顺序生成节点⑩、⑪、⑫，由节点⑩的值 3 得到节点⑪的值为 3 和节点⑫的值≥3。节点⑫是 MAX 节点，节点⑫的 α 值大于其父节点⑨的 β 值，满足 β 剪枝条件，因此节点⑫的其他三个子节点及这些子节点的后继节点全部被剪掉。此时，节点⑨的子节点全部搜索完毕，得到节点⑬的值为 0，并倒推得到节点⑭的值≥0。扩展节点⑭的另一个子节点，直到指定深度。由节点⑮的值为 5，得到节点⑯的值≤5，然后顺序生成节点⑰、⑲，由节点⑰、⑲的值分别得到节点⑱的值≤4、节点⑳的值为 1。倒推得到节点㉑的值≥1。扩展节点㉑的另一个子节点，依次生成节点㉒、㉓，得到节点㉓的值≤–3。节点㉓是一个 MIN 节点，其 β 值小于其父节点㉑的 α 值，满足 α 剪枝条件，因此在节点㉓处发生剪枝，得到节点㉔的值为 1，节点㉕的值≤1。扩展节点㉕的右边子节点及其后继节点，得到节点㉖的值为 6，节点㉗的值≤6，节点㉘的值为 8，节点㉙的值为 6，并由此倒推得到节点㉚的值≥6。节点㉚是一个 MAX 节点，节点㉚的 α 值大于其父节点㉕的 β 值，满足 β 剪枝条件，因此在节点

㉚处发生剪枝，得到节点㉛的值为 1，并得到根节点㉜的值为 1。至此搜索结束，根节点㉜的值就是对当前棋局的评估值。因为该值来自根节点的右边子节点㉛，所以搜索得到的最优走步指向子节点㉛。在极小极大搜索算法中，需要扩展(访问)的节点数是 39 个，采用 α-β 剪枝技术后，需要扩展(访问)的节点数是 23 个。

  α-β 剪枝得到的最优走步与不剪枝的极小极大搜索算法所得最优走步完全相同，而剪枝搜索过程具有更高的效率。在理想情况下，当搜索树分支因子为 b、深度为 d 时，α-β 剪枝的时间复杂度为 $O(b^{d/2})$ (d 为偶数)或 $O(b^{(d+1)/2})$ (d 为奇数)。使用 α-β 剪枝技术，在同样的资源限制下，可以向前考虑更多的走步数，从而带来更大的取胜优势。但是 α-β 剪枝严重依赖节点选择顺序，如果算法总是先搜索最不利于己方的节点，那么不会发生剪枝，该算法就等价于极小极大搜索算法；如果 α-β 剪枝总是先搜索最利于己方的节点，那么 α-β 剪枝搜索所生成的深度为 d 的节点数约等于极小极大搜索算法所生成的深度为 $d/2$ 或 $(d+1)/2$ 的节点数。1997 年，超级计算机"深蓝"战胜了国际象棋世界冠军卡斯帕罗夫，就采用了 α-β 剪枝技术。

  除了 α-β 剪枝之外，还有其他一些改善极小极大搜索算法性能的方法。例如，不严格限制搜索的深度，当博弈格局可能发生较大变化时，向前多搜索几步，进入稳定状态再中止；增加辅助搜索，到达指定深度走步后，再往前搜索几步，检验会不会出现意外；在开局阶段和残局阶段，基于固定对弈模式编写走步表，使用查表法选择走步，进入中盘阶段，再采用其他更有效的搜索算法。

3.2.4 蒙特卡罗树搜索

  蒙特卡罗树搜索(Monte Carlo tree search，MCTS)将树搜索与蒙特卡罗算法相结合，是一种基于概率统计的启发式搜索算法，在搜索空间巨大时非常有效。蒙特卡罗树搜索结合了博弈树搜索的准确性和随机模拟的一般性，使得更有可能成为最优走步的分支获得更多的搜索机会，在有限时间内用有限的资源提高搜索的效率。蒙特卡罗树搜索的应用包括国际象棋、中国象棋、围棋等棋类游戏，以及视频游戏和人工智能扑克等。

  1. 蒙特卡罗树搜索基本过程

  为了提高搜索算法的效率，需要解决优先扩展哪些节点以及放弃扩展哪些节点的问题，这样才能高效地扩展搜索树。如果将优化目标改为在有限时间内求解一个近似最优解，那么就要在对节点扩展前先判断各节点的优劣，优先扩展更有希望(评估值更高)的节点。评估值可以根据该节点所通往的博弈终局得分来确定。由于算法事先不知道每个节点将会导致怎样的博弈终局得分，只能通过采样式探索算法来评估每个走步的优劣，因此该算法称为蒙特卡罗树搜索算法。

  与极小极大搜索算法相同，蒙特卡罗树中的每个节点对应博弈的一个状态，但不同的是，该状态的评估值是基于蒙特卡罗算法确定的。蒙特卡罗算法的基本思想是：当问题可以表现为某种随机事件出现的概率或者某个随机变量的期望值时，可以通过重复采样的方法，用事件出现的频率来估计这一随机事件发生的概率，并将其作为问题的解。具体到博弈树搜索，蒙特卡罗算法用于随机模拟博弈过程，多次重复采样使得棋局评估值不断接近实际值。

蒙特卡罗树搜索将当前棋局作为根节点不断构建搜索树，记录中间节点的被访问次数和当前棋局的评估值作为统计数据，当延伸至未完全展开节点时，选择其中一个未被访问的子节点作为单次模拟的根节点继续进行扩展，直到终局或者残局为止。完全展开节点是指其子节点被全部访问过的节点。未完全展开节点是指至少被评估过一次，但是其子节点没有被全部访问过，可以进一步扩展的节点。之后模拟结果将反向传播到当前树的根节点，并更新树的节点统计数据。如果所有可达节点都已经被扩展过，那么计算当前节点所有子节点的评估值，并找到值最大的一个子节点继续检查，反复向下迭代。当树搜索受限于时间或算力而终止时，根据收集到的统计数据进行决策，确定最优落子位置。由于越优的走步被模拟搜索的次数越多，通常最优走步指向当前节点的具有最高访问次数的子节点。蒙特卡罗树搜索过程示意图如图 3.17 所示，主要包括选择、扩展、模拟和回溯 4 个步骤。

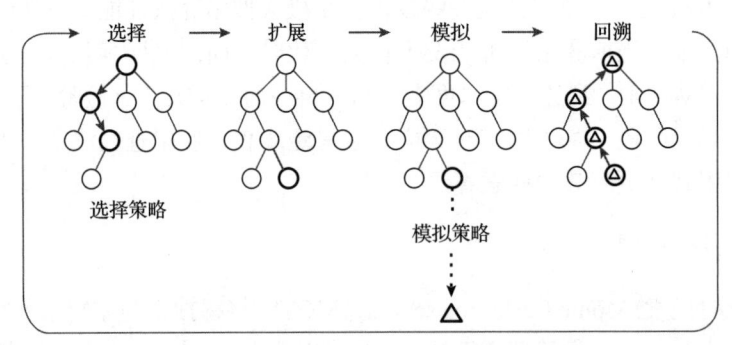

图 3.17 蒙特卡罗树搜索过程示意图

第 1 步是选择，是指从根节点出发向下搜索，直到未完全展开节点，选择其中一个节点。一般使用置信区间上界(upper confidence bound, UCB)评估函数来选择得分最高的未完全展开节点作为要访问的节点(Auer et al., 2002)。UCB 评估函数用于从一个已完全展开节点 v 的子节点中选择下一个要访问的节点 v_i（未完全展开节点），是蒙特卡罗树搜索算法的核心函数。UCB 评估函数的公式为

$$\text{UCB}(v_i, v) = \frac{Q(v_i)}{N(v_i)} + c\sqrt{\frac{\ln(N(v))}{N(v_i)}} \tag{3.1}$$

式中，v 为 v_i 的父节点；$N(v)$ 为节点 v 被访问的次数；$N(v_i)$ 为节点 v_i 被访问的次数；$Q(v_i)$ 为从节点 v_i 至终盘赢的次数；c 用于调整利用和探索在评估函数中所占比例。

UCB 评估函数的第一项 $Q(v_i)/N(v_i)$ 是利用(exploitation)，直观上表示模拟过程中节点 v_i 的获胜概率。第二项 $\sqrt{\frac{\ln(N(v))}{N(v_i)}}$ 是探索(exploration)，其值随着节点访问次数的增加而递减，探索函数示意图如图 3.18 所示，此部分设计的目的是使搜索倾向于访问未被访

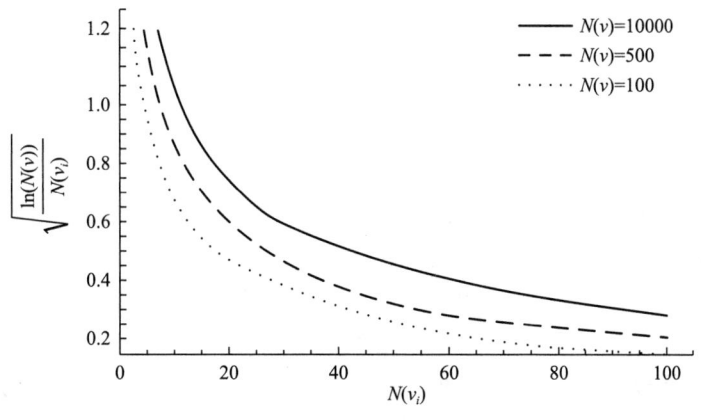

问或较少被访问的节点,从而使得访问次数少的节点具有更高的被选中概率。

图 3.18 探索函数示意图

第 2 步是扩展,是指为选定的节点随机生成一个子节点。

第 3 步是模拟,是指对扩展出的节点利用蒙特卡罗算法进行模拟,通常采用随机策略进行搜索,直到叶节点(终结棋局)。通过快速走步策略函数进行走步选择,一般情况下,快速走步策略函数服从均匀分布的随机采样。模拟过程不会记录在搜索树中。

第 4 步是回溯,是指根据模拟结果依次向上更新父辈节点估计。将模拟结果反传回根节点,更新反向传播路径上每个节点的统计数据。

通过以上 4 步,可完成一次搜索过程。

以图 3.19 为例,每个节点有两个统计数据,表示该节点在模拟中被访问的次数和模拟结果中赢的次数。例如,在 10 次访问中赢了 7 次,记为 7/10。从当前节点 12/21 出发,在可达的未完全展开节点中,选择 UCB 值最高的节点 3/3(当 $c=1$ 时,该点的 UCB 值为

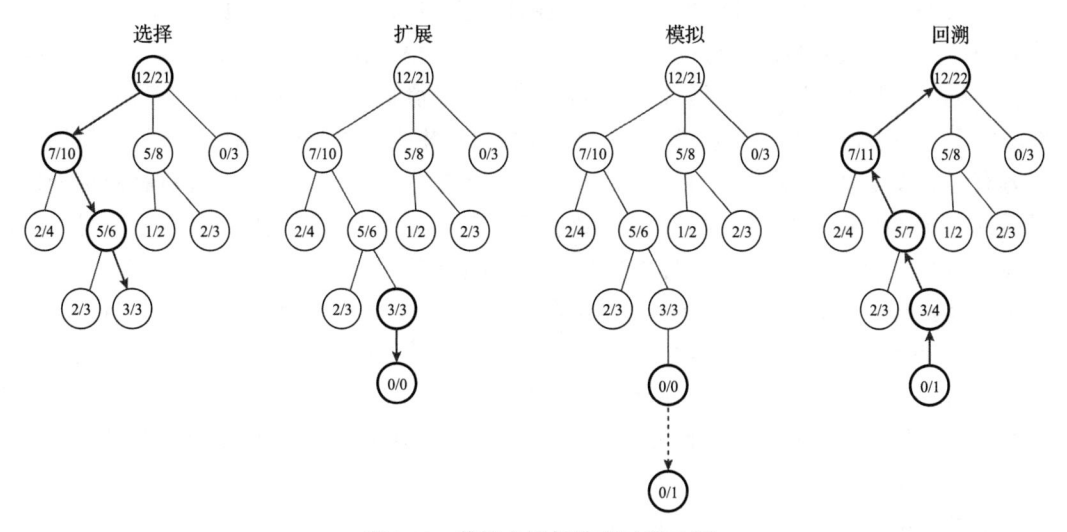

图 3.19 蒙特卡罗树搜索过程示例

$\frac{3}{3}+\sqrt{\frac{\ln(6)}{3}}$ ）作为下一个待访问节点；由节点 3/3 生成一个统计数据为 0/0 的节点，然后进入下一步模拟，直到终局，模拟的结果是输，更新节点 0/0 的统计数据为 0/1；从节点 0/1 向上回溯，将从它到根节点路径上所有节点的访问次数加 1，赢的次数不变。

2. 蒙特卡罗树搜索应用举例

下面以 AlphaGo 为例，具体介绍蒙特卡罗树搜索算法的实现过程。围棋问题可以描述为：给定一个围棋的棋局，求出最优落子位置。输入是当前棋局，可以抽象为 19×19 矩阵，单个元素取值为–1、0、1。输出是一个走步，共有 19×19 = 361 种可能。如果直接将极小极大搜索算法应用于围棋，那么会遇到两个问题：一是因博弈树规模太大而无法搜索得很深，搜索算法的复杂性取决于博弈树的分支因子（每步可选择的走步数，也称为宽度）和深度（向前搜索的步数），围棋博弈树的分支因子约为 250，深度约为 150，相比五子棋和国际象棋等博弈树的宽度和深度要大得多；二是难以根据棋局评估获胜概率（即设计静态评估函数），围棋的棋局变化较多，无法像象棋一样根据棋子的权重和数量来判断棋局对双方的有利程度，除非将博弈树走到终局或残局才能获得对棋局的准确估计，而这意味着博弈树搜索需要较大的深度。为了解决上述问题，研究人员提出了蒙特卡罗树搜索算法，在围棋软件"疯石"（crazy stone）中首次使用，取得了很好的效果（Kocsis et al., 2006）。

AlphaGo 围棋系统主要包括四个部分：一是策略网络，给定当前棋局，预测下一个走步的获胜概率；二是快速走步，目标和策略网络一样，但在适当牺牲走步质量的条件下，速度要比策略网络快 1000 倍左右；三是价值网络，给定当前棋局，估计白棋或黑棋获胜的概率；四是蒙特卡罗树搜索，将以上三个部分结合起来形成一个完整的系统。

AlphaGo 用策略网络削减宽度，用价值网络削减深度，从而极大地缩小了搜索范围。策略网络在给定棋局中评估每一个走步可能的获胜概率，在数学上，就是估计一个在各个合法位置上落子获胜的概率分布。通过忽略一些获胜概率较低的走步，实现对获胜概率较高走步更多地探索。价值网络用一个价值函数（相当于静态评估函数）来评估棋局对双方有利的程度（获胜概率）。通过评估博弈树中各棋局的价值，可以据此省略对部分棋局后续分支的探索。通俗地说，策略网络在每一步博弈时对各种选择进行取舍，是一个偏微观的评估。价值网络能够判断给定棋局获胜的概率，是一个偏宏观的评估。AlphaGo 基于对弈数据和自我博弈来训练策略网络和价值网络，从微观（策略评估）和宏观（价值评估）两个方面提高了搜索效率。AlphaGo 中策略网络和价值网络示意图（Silver et al., 2016）如图 3.20 所示，AlphaGo 中策略网络和价值网络的输入都是棋局状态。策略网络的输出是在棋盘上各个位置落子的获胜概率，平面上柱形的高度表示在该位置落子获胜概率的大小。价值网络的输出是一个标量，表示该棋局状态的价值。

AlphaGo 在执行蒙特卡罗树搜索过程中对传统方法进行了改进。在选择步骤中，引入先验知识，从博弈树的所有待访问节点中选择一个更有希望的节点，为获胜概率高的节点分配更多的计算力，然后以此为当前棋局，展开对博弈树的搜索。在扩展步骤中，

策略网络　　　　　价值网络

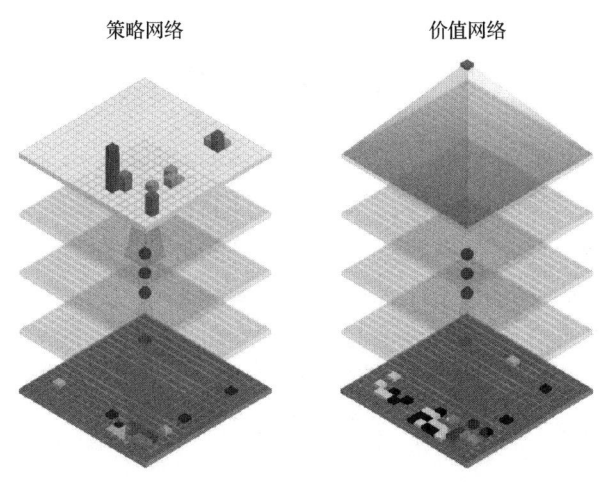

图 3.20　AlphaGo 中策略网络和价值网络示意图(Silver et al., 2016)

AlphaGo 不是随机生成一个子节点,而是利用策略网络优先生成胜率较高的子节点。在模拟步骤中,传统的蒙特卡罗树搜索需要模拟至叶节点或博弈结束,才能对节点进行评估。而在 AlphaGo 中,不必模拟至终局,而是在到达一定深度后提前终止模拟并对棋局进行评估,其评估有两个方法:一是使用价值网络;二是使用快速走步策略,进行大规模蒙特卡罗随机模拟。在回溯步骤中,综合评估一个棋局各种不同演化的可能性(包括价值网络和快速走步的评估结果),用于更新搜索树对棋局的评估。重复以上步骤,在有限的时间内,经多次模拟后,选择获胜概率最大的位置落子。其优势在于:从初始状态开始重复采样,逐步扩展树中的节点;当某个状态再次被访问时,可以利用已有的结果提高搜索效率;在采样过程中随时得到动作的评估。

3. 蒙特卡罗树搜索的特点

蒙特卡罗树搜索可用于分支因子较大且难以用极小极大搜索算法来求解的博弈问题。该算法通过采样的方式扩展搜索树,既能保证搜索的效率,又能在一定程度上准确地评估每个分支的优劣,找到近似最优解。因为在模拟过程中每次仅扩展选定节点的一个子节点,所以进行一次模拟所需的时间关于搜索树的深度是线性的,而不是指数级的。蒙特卡罗树搜索算法是一种求解博弈问题的通用算法,不依赖领域知识,能够在仅给定博弈基本规则的情况下有效工作,做出合理的决策。针对一个博弈问题设计的搜索算法只需进行微小的调整就可以应用于其他博弈问题。例如,AlphaZero 不仅能下围棋,还能下中国象棋和国际象棋(Silver et al., 2018)。

蒙特卡罗树搜索算法也有缺点。在某些复杂的博弈问题中,在有限时间内无法找到最优走步,这主要是由于博弈搜索树的规模过大,算法对于关键节点无法进行较多次数的访问来给出合理的评估。当单个走步可能改变游戏进程时,蒙特卡罗树搜索算法由于其随机性可能会错过该关键性的走步。通常,蒙特卡罗树搜索算法需要足够多的模拟搜索次数才能收敛到一个较优解,如围棋程序需要百万次的博弈才能达到专业棋手的水平。

3.3 不完美信息博弈

不同于策略集合已知、规则完备、有限场景约束下的完美信息博弈,现实社会生活中的诸多行为决策问题(如经济运行、产业布局、网络空间安全等)是在不完美信息条件下的博弈,即在未能全面掌握所有条件下进行推理和决策。在不完美信息博弈中,博弈参与者之间的信息是不完全透明的,如石头剪刀布等猜拳游戏、德州扑克等纸牌类游戏、麻将等棋牌类游戏以及拍卖会等商务活动。在博弈树规模相近的情况下,求解不完美信息博弈问题比求解完美信息博弈问题要困难得多。遗憾最小化是求解不完美信息博弈问题的主要算法,通过重复仿真博弈来求解近似最优策略。

3.3.1 纳什均衡

在不完美信息博弈中,因为每一个参与者采取行动时不能确切地掌握其他参与者的所有行动,只能在对相关信息"猜测"的基础上进行决策,所以不同于完美信息博弈中的最优策略,不完美信息博弈要求解的是一个对各参与者而言都可以接受的博弈均衡状态,即纳什均衡(Nash equilibrium)或相对均衡。

纳什均衡是指在多个玩家参与的非合作博弈中,只要其他人不改变策略,参与者就不会单独改变策略的一种均衡状态。纳什均衡是以美国数学家纳什(Nash)的名字命名的。纳什证明了在每个参与者只能选择有限种策略,并允许使用混合策略(混合策略是指博弈参与者以一定的概率值随机地选取策略)的前提下,纳什均衡一定存在(Nash, 1950)。纳什均衡是博弈的稳定局势,在其所对应的策略组合中,任何一个参与者单独改变策略都不会得到好处。

纳什均衡在博弈论中具有基础性地位。在博弈中能够达到纳什均衡的前提是满足参与者完全理性的假设。以囚徒困境问题为例,A、B 同时保持沉默(不认罪)对二人而言是最优解,但是实际上,A、B 都倾向于选择同时认罪而达到一种均衡解。这也是该博弈问题被称为"困境"的原因。在博弈过程中,对 A 而言,如果 B 选择沉默,那么 A 选择认罪会被释放,而 A 选择沉默会被判刑 1 年,因此 A 选择认罪;如果 B 选择认罪,那么 A 选择认罪会被判刑 5 年,而 A 选择沉默会被判刑 10 年,因此 A 仍然会选择认罪。由此可见,不论 B 的选择是什么,A 都应该选择认罪,对 B 也是同理。最终在囚徒困境问题中,A 和 B 都从理性角度来考虑,选择了同时认罪这一行为。在 A 和 B 同时认罪这个结果中,如果 A 或 B 单独改变自己的选择,而其他人的选择保持不变,那么对改变选择的人而言不会获得更好的收益。因此,A 和 B 同时认罪是一种稳定局势,而二人同时保持沉默不是一种稳定局势。

纳什均衡已经被证明存在于所有有限次博弈以及大部分无限次博弈中。但是,纳什均衡策略并不是很容易就能找到。原因在于:第一,纳什均衡策略可通过不断观察和利用对方的弱点来获得。例如,遇到一直出剪刀的对方,己方就一直出石头,但对方也可以根据己方的策略做出调整,这往往需要很多训练样本;第二,在较大策略空间中,寻找纳什均衡可能需要非常复杂的计算,目前还没有足够快的算法可以保证找到纳什均衡;第三,在多人游戏中,即使每个玩家都各自找到了纳什均衡策略,对应的总策略集合也不一定是最优的,可能存在某个策略对所有人都有更好的结果。

3.3.2 遗憾最小化

在不完美信息博弈求解的过程中,希望求解得到每个玩家的纳什均衡策略。考虑到计算资源有限这一前提,难以通过遍历博弈树中的所有策略组合来找到一个最优策略,因此需要找到一种能快速发现近似纳什均衡的方法。遗憾最小化算法是一类根据以往博弈过程中所得的遗憾程度来选择策略的算法,包括遗憾配比算法和虚拟遗憾最小化算法。

1. 遗憾配比算法

当人类尝试做某件事情且失败时,会产生遗憾(regret)的情绪反应。例如,在玩石头剪刀布的猜拳游戏中,对方出布时己方出了石头,就会遗憾没有出剪刀。人们会记住这种遗憾,并通过遗憾学习机制再次进行尝试。根据这种机制,Hart 等(2000)提出了遗憾配比算法。

遗憾配比算法是针对不完美信息博弈的一种简单的自适应算法。遗憾配比算法将遗憾值归一化并按配比形成一个集合。在一轮博弈中,玩家的选择是随机的,其选择某策略的概率与正遗憾(positive regrets)成正比。正遗憾是指选择某策略代替原策略所得到的相对收益。对于有 N 个玩家参与的博弈游戏,玩家 i 在博弈中采取的策略记为 σ_i。所有玩家的策略构成了一个策略组合,记为 $\sigma = \{\sigma_1, \sigma_2, \cdots, \sigma_N\}$。除玩家 i 之外其他玩家的策略组合记为 $\sigma_{-i} = \{\sigma_1, \sigma_2, \cdots, \sigma_{i-1}, \sigma_{i+1}, \cdots, \sigma_N\}$。

对于策略组合 σ,玩家 i 在终局下的收益记为 $u_i(\sigma)$。玩家 i 在前 T 轮中采取策略 σ_i 的累加遗憾值为

$$R_i^T(\sigma_i) = \sum_{t=0}^{T} \left(u_i\left(\sigma_i, \sigma_{-i}^t\right) - u_i\left(\sigma^t\right) \right) \tag{3.2}$$

式中,σ^t 和 σ_{-i}^t 分别为第 t 轮中所有玩家的策略组合和除玩家 i 之外其他玩家的策略组合。

累加遗憾值表示在前 T 轮中,玩家 i 在每一轮中选择策略 σ_i 所得收益与采取其他策略所得收益之差的累加。

遗憾值为负的策略被认为不能提升下一时刻的收益,因此不需要保留。这里仅需要保留正遗憾值,其公式为

$$R_i^{T,+}(\sigma_i) = \max\left(R_i^T(\sigma_i), 0\right) \tag{3.3}$$

在得到玩家 i 所有可选策略的遗憾值之后,利用正遗憾值的遗憾配比得到玩家 i 在第 $T+1$ 轮选择策略 σ_i 的概率为

$$P\left(\sigma_i^{T+1}\right) = \begin{cases} \dfrac{R_i^{T,+}(\sigma_i)}{\sum\limits_{\sigma_i' \in \Sigma_i} R_i^{T,+}(\sigma_i')}, & \sum\limits_{\sigma_i' \in \Sigma_i} R_i^{T,+}(\sigma_i') > 0 \\ \dfrac{1}{|\Sigma_i|}, & \text{其他} \end{cases} \tag{3.4}$$

式中，Σ_i 为玩家 i 可以选择的所有策略；$|\Sigma_i|$ 为玩家 i 所有策略的总数。

如果在前 T 轮博弈中策略 σ_i 所带来的遗憾值越大、其他策略 σ_i' 所带来的遗憾值越小，那么在第 $T+1$ 轮博弈中选择策略 σ_i 的概率越大。如果没有一个策略能够提升前 T 轮的收益，那么在第 $T+1$ 轮博弈中随机选择一个策略。这种遗憾配比的方式既能启发式地提升接下来博弈中的预期收益，又能利用概率采样的随机性避免被对方猜到己方的策略。

以石头剪刀布游戏为例，在博弈时两个参与者同时决策，表 3.4 给出了该游戏可能出现的不同局势和收益。例如，当玩家 A 出石头、玩家 B 出布时，玩家 A 的收益为 $u(\text{石头},\text{布}) = -1$，玩家 B 的收益为 $u(\text{布},\text{石头}) = 1$。

表 3.4　石头剪刀布游戏的不同局势和收益

		玩家 B		
		石头	剪刀	布
玩家 A	石头	(0, 0)	(1, –1)	(–1, 1)
	剪刀	(–1, 1)	(0, 0)	(1, –1)
	布	(1, –1)	(–1, 1)	(0, 0)

令己方为玩家 A，对方为玩家 B。假设第一轮游戏时，对方出布而己方出石头，则有两种遗憾。

第一种遗憾是没有出剪刀，对应的遗憾值为

$$u(\text{剪刀},\text{布}) - u(\text{石头},\text{布}) = 1 - (-1) = 2$$

第二种遗憾是没有出布，对应的遗憾值为

$$u(\text{布},\text{布}) - u(\text{石头},\text{布}) = 0 - (-1) = 1$$

在博弈过程中，玩家在得到所有可选策略的遗憾值后，以与遗憾值成正比的概率来选择下一轮博弈所要采取的策略。例如，经过上述第一轮游戏之后，己方选择石头、剪刀和布的概率分别为 {0, 2/3, 1/3}。

第二轮游戏时，假设己方选择了最遗憾(即概率最大)的策略，即出剪刀，而对方出石头。此时，己方石头、剪刀和布的遗憾值分别为 1、0 和 2。两次猜拳游戏的遗憾值累加，得到选择石头、剪刀和布的概率为 {1/6, 2/6, 3/6}。在第三轮游戏中，己方可以按照最遗憾(即概率最大)的策略选择出布，也可以随机选择出石头或剪刀，以防止己方的策略被对方察觉。以此类推，通过多轮模拟，遗憾配比算法可使预期遗憾达到最小，得到一个近似的最优策略。

在理想情况下,随着博弈次数的增加,预期的遗憾值将逐渐减小,这就是遗憾最小化。假设所有玩家都是理性的,遗憾配比算法最终将收敛于一个纳什均衡。遗憾配比算法简单直观,而且为虚拟遗憾最小化算法奠定了基础。

2. 虚拟遗憾最小化算法

Zinkevich 等(2007)提出了虚拟遗憾最小化算法,这是一种用于不完美信息贯序博弈的通用算法。遗憾配比算法适用于猜拳游戏等同时(静态)博弈,而虚拟遗憾最小化算法由遗憾配比算法扩展而来,适用于纸牌游戏等贯序(动态)博弈。同时博弈才会出现遗憾,贯序博弈中的遗憾是实际不存在的、虚拟的遗憾,这就是算法名称中含有"虚拟"的原因。

对于贯序博弈,博弈过程可以表示为博弈树。其中,博弈树的节点表示状态,节点之间的边表示状态之间的转换关系。博弈树中的每个中间节点都有一个信息集,它包含一个玩家在该轮博弈中做决策时可用的所有信息,并且包含博弈当前的状态。此外,在给定玩家策略的情况下,还必须考虑到达每个信息集的概率。假设该博弈是通过一系列信息集顺序处理的,则存在博弈状态信息和玩家动作序列概率的向前传递,以及收益信息通过这些信息集的向后传递。

假设集合 A 为博弈中所有玩家所能采取的动作集,I 为信息集,包含了博弈的规则以及玩家采取的历史动作,在信息集 I 下所能采取的动作集合记为 $A(I)$。玩家 i 在第 t 轮采取的动作 $a_i \in A(I_i)$ 反映了其在该轮博弈所采取的策略 σ_i^t。包括玩家 i 在内的所有玩家在第 t 轮采取的动作 $a \in A(I)$ 构成了一个策略组合 σ^t。在信息集 I 下采取动作 a 所对应的策略记为 $\sigma_{I \to a}$。在第 t 轮所有玩家采取的动作是一个序列,记为 h。采取某个策略组合 σ 计算动作序列 h 出现的概率记为 $\pi^\sigma(h)$。每个信息集 I 发生的概率为 $\pi^\sigma(I) = \sum_{h \in I} \pi^\sigma(h)$,表示所有能够到达该信息集的动作序列的概率累加。给定博弈的终局 $z \in Z$,玩家 i 在游戏结束后的收益记作 $u_i(z)$。在策略组合 σ 下,采取博弈动作序列 h 后到达终局 z 的概率为 $\pi^\sigma(h, z)$。

在这些定义的基础上,可以计算虚拟遗憾。当采取策略组合 σ 时,其所对应的动作序列 h 的虚拟价值为(假设动作序列 h 未能使博弈进入终局)

$$v_i(\sigma, h) = \sum_{z \in Z} \pi_{-i}^\sigma(h) \pi^\sigma(h, z) u_i(z) \tag{3.5}$$

首先计算其他玩家在产生动作序列 h 时的概率值,乘以在这个策略下从动作序列 h 进入到终局 z 的概率,再乘以玩家 i 在终局 z 的收益。之后遍历终局,把对应乘积进行累加。玩家 i 采取动作 a 所得到的虚拟遗憾值为

$$r_i(h, a) = v_i(\sigma_{I \to a}, h) - v_i(\sigma, h) \tag{3.6}$$

该值是玩家i采取动作序列h到达当前节点采取动作a得到的虚拟价值，减去采用策略σ所得到路径h的虚拟价值。

将能够到达同一个信息集I的所有动作序列的遗憾值进行累加，得到动作序列h对应的信息集I的遗憾值为

$$r_i(I,a) = \sum_{h \in I} r_i(h,a) \tag{3.7}$$

类似于遗憾配比算法，虚拟遗憾最小化算法计算前T轮贯序博弈的累加遗憾值，得到玩家i在第T轮采取动作a的遗憾值为

$$R_i^T(I,a) = \sum_{t=1}^{T} r_i^t(I,a) \tag{3.8}$$

同样，对于遗憾值为负数的情况不予考虑，正遗憾值为

$$R_i^{T,+}(I,a) = \max\left(R_i^T(I,a), 0\right) \tag{3.9}$$

在第$T+1$轮，玩家i选择动作a的概率为

$$\sigma_i^{T+1}(I,a) = \begin{cases} \dfrac{R_i^{T,+}(I,a)}{\sum\limits_{a \in A(I)} R_i^{T,+}(I,a)}, & \sum\limits_{a \in A(I)} R_i^{T,+}(I,a) > 0 \\ \dfrac{1}{|A(I)|}, & \text{其他} \end{cases} \tag{3.10}$$

式中，$|A(I)|$为当前信息集下能够采取的动作总数。

玩家i根据遗憾值的大小选择下一时刻动作，如果遗憾值为负数，即没有一个动作能够提升当前信息集的虚拟价值，那么随机挑选一个动作进行博弈。

虚拟遗憾最小化算法是遗憾最小化算法中最成功、应用最广的算法。它把游戏中可能遇到的可观测状态都罗列出来，从随机策略开始，对于每个可观测的状态，通过遗憾配比的方法，每次优化一个参与者的策略，以提高其收益，并反复迭代直到博弈结束。对于双人零和博弈，虚拟遗憾最小化算法将收敛到纳什均衡。因此，可以认为，人工智能扑克并不是利用对方的弱点取胜，而是找出对方无法取胜的策略。

虚拟遗憾最小化算法对于大型游戏非常高效，是解决德州扑克等博弈问题的主要算法。Libratus是美国卡内基梅隆大学开发的德州扑克智能系统(Brown et al., 2018)。2017年1月11日至1月30日，Libratus与4名人类顶级选手开展了人机大战，最终人工智能系统取得胜利。这是人工智能首次在一对一无限注德州扑克比赛中战胜人类顶级选手。在比赛前，Libratus通过虚拟遗憾最小化算法反复进行迭代，进行自我博弈，提升游戏水平。在实际对局中，Libratus在博弈中不断寻找安全子博弈，进一步缩小搜索空间，并找到子博弈的最优策略。安全子博弈，是指在子博弈(以当前局势为初始状态的博弈树)过

程中，得到的结果一定不差于全局的近似解法，能够减少搜索过程中的计算量。此后，Libratus 被拓展为德州扑克多人博弈系统 Pluribus(Brown et al., 2019)。相比双人博弈，多人博弈的搜索空间更大，Pluribus 在训练中采用了蒙特卡罗虚拟遗憾最小化算法，2019 年在六人无限注德州扑克的较简单场景下击败了人类专业选手。在自由度更高的游戏中，如《刀塔 2》、《星际争霸》等实时对抗游戏，多 Agent 之间存在竞争或合作关系，需要将搜索与深度强化学习算法相结合来寻找最优策略，相关内容将在 8.5 节中进行介绍。

3.4 随机博弈

通过引入随机因素来反映现实世界中不可预测性的博弈问题，称为随机博弈。随机博弈是一类由一个或多个参与者进行的、具有状态概率转移的动态博弈。随机博弈的常用求解方法是期望极小极大搜索算法。

3.4.1 随机博弈问题描述

随机博弈由一系列阶段组成。在每一阶段开始时，博弈处于某种随机状态。每个参与者选择动作，获得一个取决于当前状态和所选择动作的收益。然后，博弈发展到下一阶段，处于一个新的随机状态，这一随机状态的分布取决于先前状态和各参与者选择的动作。在新的随机状态下重复上述过程，继续进行有限或无限个阶段。一个参与者得到的总收益常用各阶段收益的折扣和或各阶段收益平均值的下极限来计算。

西洋双陆棋是典型的随机博弈问题，是最古老的双人棋类游戏之一。游戏分为黑白两方，双方各 15 子，目标是将己方所有棋子移回己方主盘再移离棋盘。双方轮流移动棋子，每次移动前掷两个骰子。掷骰子后，按照掷得的点数移动棋子。西洋双陆棋的棋局示例如图 3.21 所示，白方顺时针向 25 移动，黑方逆时针向 0 移动。每个落子位置必须无对方棋子或对方只有一个棋子，如果对方只有一个棋子，那么吃掉对方棋子，对方棋

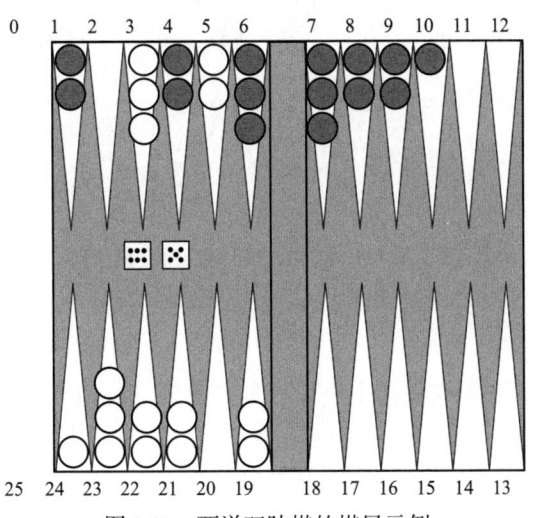

图 3.21 西洋双陆棋的棋局示例

子需要从起点重新开始。棋局中，白方掷出 6-5，有四种合法行棋，即(5-10, 5-11)、(5-11, 19-24)、(5-10, 10-16)、(5-11, 11-16)，从中选择一个。(5-11, 11-16)是指把棋子从 5 移到 11，再把棋子从 11 移到 16。

尽管白方知道自己的合法行棋，但是不知道黑方会掷出多少，也不知道黑方有哪些合法行棋。因此，白方无法构造出如井字棋或国际象棋中的标准博弈树。在西洋双陆棋的博弈树中，除了 MAX 节点和 MIN 节点外，还包括机会(CHANCE)节点，机会由骰子引入。西洋双陆棋棋局的博弈树示例如图 3.22 所示，每个机会节点的子节点代表掷骰子的可能结果，MAX 节点和 MIN 节点的子节点代表骰子数确定条件下的可能棋局。两个骰子的投掷结果可能有 36 种组合，由于 5-6 和 6-5 是一样的，因此共有 21 种不同的可能结果。两个骰子数相同的结果(1-1 到 6-6)出现的概率是 1/36，其他结果出现的概率是 1/18。

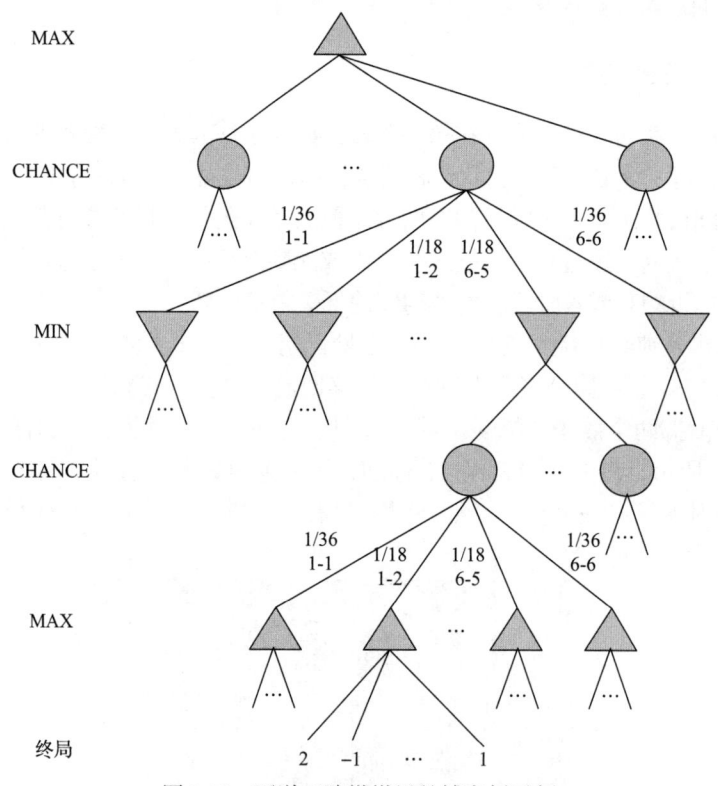

图 3.22 西洋双陆棋棋局的博弈树示例

3.4.2 期望极小极大搜索

随机博弈问题求解采用期望极小极大搜索算法，其类似于确定性博弈中的极小极大搜索算法，不同之处是需要处理机会节点。在随机博弈中，棋局没有明确的极小极大值，只能计算棋局的期望值，即机会节点所有可能结果的平均值。将确定性博弈中的极小极大值一般化为包含机会节点的期望极小极大值。具体地，对于 MAX 节点，返回其子节点的最大期望极小极大值；对于 MIN 节点，返回其子节点的最小期望极小极大值；对于机会节点，返回其子节点的加权平均期望极小极大值，权为每个分支的概率。

需要注意的是，评估函数值应该与棋局获胜概率呈正线性变换关系，即评估函数值应该与期望的收益值成正比，否则机会节点的存在将导致概率的误导。如图3.23所示，在保持顺序不变的情况下，不同的评估函数值将导致不同的走步选择。在评估函数设置合理时，正确选择走步如图3.23(a)所示。在图3.23(b)中，MIN节点的不同分支中棋局的评估值取值范围不同，导致它们在机会节点的期望评估值计算中占据了不同的比重，从而影响了走步的选择。

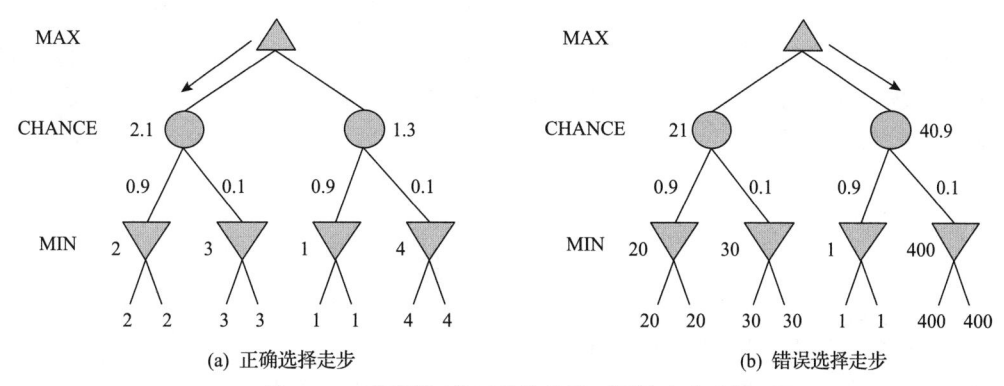

(a) 正确选择走步　　　　　　　　(b) 错误选择走步

图 3.23　不同的评估函数值导致不同的走步选择

期望极小极大搜索算法需要考虑所有可能的掷骰子结果，算法的时间复杂度为 $O(b^d n^d)$，其中 b 为分支因子，d 为搜索深度，n 为掷骰子的不同结果的数目。例如，西洋双陆棋的双骰有 21 种可能性，分支因子约为 20。当搜索深度为 3 时，搜索的节点数为 $20 \times (21 \times 20)^3 \approx 1.2 \times 10^9$。与确定性博弈的极小极大搜索算法相比，由于随机博弈中存在机会节点，所以向前考虑得很远是不现实的，只能把搜索深度限制在某个较小的值。例如，在西洋双陆棋中，实际可能考虑的搜索深度通常只有 3。在随机博弈中，可以使用类似 α-β 剪枝技术或蒙特卡罗树搜索来提高搜索效率。

3.5　本章小结

本章介绍博弈问题及其求解方法。大多数博弈问题可以用博弈树来表示，节点表示博弈的棋局，边表示棋局之间的转换关系。博弈问题求解就是在生成的博弈树中采用一定的算法来获得对己方最有利的策略。博弈为很多问题提供了数学模型，在理性假设下，博弈问题通常存在纳什均衡解。借助人工智能算法，可以求解博弈的均衡局势或最优策略，其主要挑战是如何高效地搜索博弈树。

本章主要讨论了四类博弈问题，即完美信息博弈和不完美信息博弈、确定性博弈和随机博弈。对于完美信息博弈，每一步决策都会引出一个子问题，而且可以在子问题中找到最优解。极小极大搜索算法是求解完美信息博弈问题的基本策略，它根据若干走步之后的棋局来评估决定当下走步。经改进推广，极小极大搜索算法可应用于多人博弈以及随机博弈等。当问题非常复杂时，博弈树规模会变得十分庞大，以至于搜索算法难以在短时间内搜索整棵博弈树。对于此类问题，可以借助 $\alpha\text{-}\beta$ 剪枝或蒙特卡罗树搜索来提高搜索效率。

鉴于现实的决策过程通常是不完美信息的，利用人工智能技术对不完美信息博弈进行研究具有重要意义。不完美信息博弈不能单纯地利用已公开的信息，必须同时考虑对方隐藏的信息。因此，不完美信息博弈难度更大，需要更为复杂的求解方法。不完美信息博弈的常用求解方法是遗憾最小化算法，用于获得一个近似的纳什均衡解。遗憾值的定义试图还原日常生活中"遗憾"的含义，将实际使用的策略替换成新策略，新策略比原策略多产生的那部分收益，即为遗憾值。当所有动作产生的遗憾值都足够小时，就可以认为当前策略已经足够接近纳什均衡。随机博弈是通过引入随机因素来反映现实世界中的不可预测性的博弈问题，作为一种动态交互游戏，其模型可用于经济学、政治学和运筹学等现实世界问题的模拟。

思 考 题

3.1 博弈问题的复杂性体现在哪些方面？

3.2 当极小极大搜索算法计算各层节点评估值时，如何确定最底层节点评估值？其他层节点评估值的确定要依据何种原则？

3.3 $\alpha\text{-}\beta$ 剪枝的基本思想是什么？

3.4 在确定各节点的 α、β 值时，需要注意什么？

3.5 相对于不剪枝的极小极大搜索算法，剪枝会不会遗漏最优走步？

3.6 在 $\alpha\text{-}\beta$ 剪枝生成搜索树的过程中，为什么不能使用宽度优先？

3.7 讨论如何将极小极大搜索算法扩展用于三人完美信息零和博弈问题。

3.8 完美信息博弈与不完美信息博弈的区别是什么？哪个更难？为什么？

3.9 随机博弈问题相比确定性博弈问题的难点在哪？

3.10 请讨论如何改进 $\alpha\text{-}\beta$ 剪枝使其用于随机博弈树的剪枝？

练 习 题

3.1 分析田忌赛马游戏的基本要素，为其建立状态空间表示，并绘制博弈树。

3.2 考虑一个分硬币的游戏，假设有 7 枚硬币，任一方只能将已分好的一堆硬币分成两堆个数不等的硬币，两位选手轮流进行，直到每一堆都只有一个或两个硬币不能再分为止，哪个选手遇到不能再分的情况则为输。为该博弈问题建立状态空间表示，分析该博弈问题所属的类型，并绘制博弈树。

3.3 假设国际象棋中各个棋子的估计子力价值（棋子战斗力）如下：兵为 1 分，马和象为 3 分，车为 5 分，后为 9 分，其他特征，如"好的兵阵"和"王的安全性"为 0.5 分。请据此为国际象棋设计棋局评估函数。

3.4 使用极小极大搜索算法对下图博弈树进行分析，写出各个节点的倒推评估值。

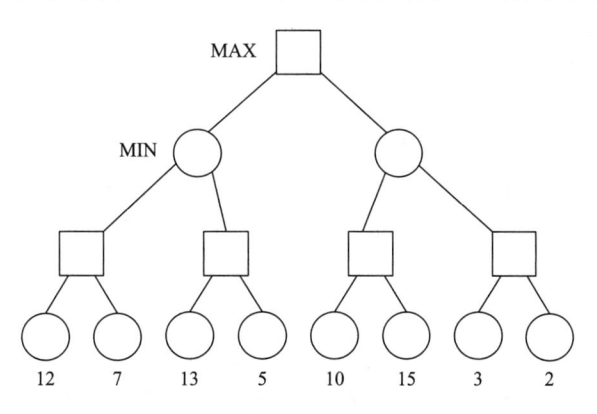

3.5 某博弈树如下图所示，已知最底层节点的评估值，请使用极小极大搜索算法确定其余各节点的倒推评估值。应用 α-β 剪枝策略对该博弈树进行剪枝。注：同属一个父节点的多个子节点，优先扩展左侧子节点。

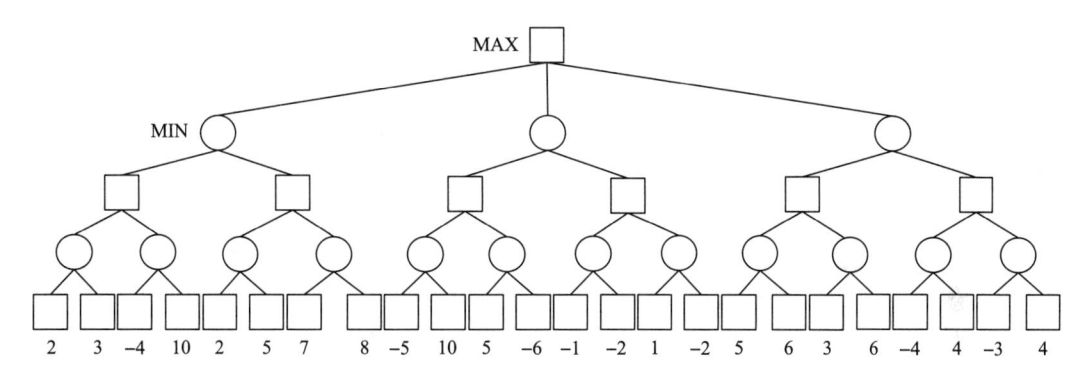

3.6 某博弈树如下图所示，已知所有叶节点的静态评估值，请使用极小极大搜索算法确定其余节点的评估值；如果使用 α-β 剪枝对该博弈树进行剪枝，那么剪枝的位置在哪里？请在图中标出，并说明剪枝的依据。

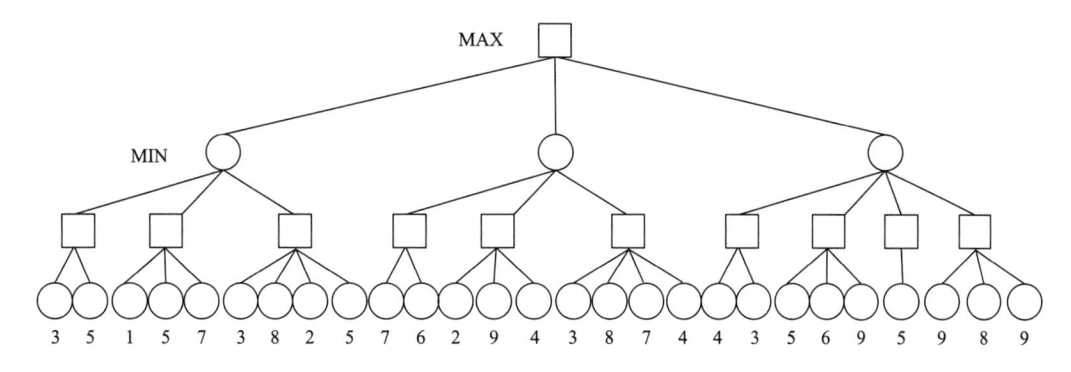

3.7 对例 3.3 中的井字棋搜索过程进行 α-β 剪枝。

3.8 为五子棋设计棋局静态评估函数，编程实现基于极小极大搜索算法的游戏程序，比较不同深度时的游戏水平和算法复杂性，并尝试用 α-β 剪枝提高程序的运行效率。

3.9 为中国象棋设计多种棋局静态评估函数,编程实现基于极小极大搜索算法的中国象棋博弈游戏,考察同一深度下不同棋局评估函数对于下棋水平的影响。

3.10 阅读 AlphaGo 的研究论文(Silver et al., 2016),分析价值网络、策略网络、快速走步和蒙特卡罗树搜索对于算法性能提升的作用。

3.11 在 3.3.2 节中介绍了遗憾配比算法在石头剪刀布游戏中的应用,假设玩家 A 在第二局选择出剪刀,玩家 B 随机选择出布,尝试计算不同动作的遗憾值以及在第三局中玩家 A 可能采取动作的概率。

3.12 调研德州扑克智能系统 Libratus 所采用的博弈算法,讨论如何在实战情况下提高博弈搜索算法的效率。

3.13 经过百万次的训练,西洋双陆棋自学习程序 TD-Gammon 能够达到与世界一流西洋双陆棋棋手相当的水平(Tesauro, 1995),分析该程序所使用的人工智能技术。

第4章 智能优化算法

优化是指通过改变输入参数来最大化或最小化一个或多个目标函数。输入可以采取的所有可能解决方案或值的集合构成了搜索空间,优化的目的是在搜索空间中找到能够使目标函数最大或最小的某个或某组输入,该输入参数称为优化问题的最优解。优化问题也称为局部搜索问题,通常不关心从初始状态到目标状态的路径,而只关心能否得到一个达成目标的最优解或较优解。对于较简单的优化问题,可以用数学解析法直接求出理论最优解,或者经过迭代逐步逼近理论最优解。而对于计算极为复杂的优化问题,可以采用一些启发式的优化算法来寻找局部最优解,其中一类典型方法是受人类智能、生物群体社会性或自然现象规律等启发的智能优化算法。作为一类随机搜索算法,尽管智能优化算法在理论上不如传统优化算法完善,往往不能保证解的最优性,但是在实际应用中表现出运行速度快、适合并行处理、通用性强等特点,可以为组合优化等 NP 问题提供有效的解决方案。本章主要介绍遗传算法、蚁群优化算法、粒子群优化算法和模拟退火算法,包括各算法的基本原理、搜索过程、特点及应用。

4.1 遗 传 算 法

自然界的生物体在遗传、选择和变异等一系列作用下优胜劣汰,不断由低级向高级进化和发展。对"适者生存"的进化规律的实质加以模式化而构成的一类优化算法,称为进化算法(evolutionary algorithms,EA)。进化算法指代了一系列随机搜索技术,包括遗传算法、进化规划、进化策略等。与第 2 章的状态空间搜索算法一样,进化算法也是迭代算法。不同于状态空间搜索算法是从某个单一的初始点开始搜索,进化算法是从原问题的一组解出发改进到另一组较好的解,再从这组解出发进一步改进,而且进化算法不是直接对问题的具体参数进行处理,而是在建立原问题的优化模型之后,对原问题的解进行编码。进化算法在函数优化、模式识别、机器学习、神经网络训练、智能控制等领域有着广泛应用。例如,2006 年美国国家航空航天局在空间技术-5(space technology-5,ST-5)航天器上搭载了一个特别的天线,其形状就是由进化算法设计而成的,如图 4.1 所示。

遗传算法是进化算法中具有普遍影响的模拟进化的优化算法,遵循"适者生存、优胜劣汰"的原则,是一类借鉴生物界自然选择和遗传机制的随机搜索算法。遗传算法最早是由 Holland(1975)根据自然的生物进化规律设计提出的。遗传算法利用计算机仿真计算,将问题的求解过程转换成类似生物进化中染色体基因的交叉、变异等过程。遗传算法适合于求解复杂的组合优化问题,通常相比一些传统优化算法能够更快地获得较好的优化结果。

图 4.1　利用进化算法设计的 ST-5 航天器的天线

4.1.1　遗传算法的基本原理

遗传算法模拟了种群的进化过程，通过选择、交叉、变异等一系列遗传操作来产生新一代的种群，在每次迭代中保留一组候选个体，经过若干代进化后，理想情况下种群的适应度可以达到近似最优。因为遗传算法是生物遗传学与计算机科学相互渗透而形成的计算方法，所以遗传算法中经常使用一些有关生物进化的基础术语，遗传算法术语与遗传学术语的对应关系如表 4.1 所示。

表 4.1　遗传算法术语与遗传学术语的对应关系

遗传算法术语	遗传学术语
可行解集	种群
可行解	个体
可行解的编码	染色体
可行解编码的分量	基因
评估函数值	适应度
选择操作	选择
交叉操作	交叉
变异操作	变异

具体而言，遗传算法是在种群中进行搜索的。种群由经过基因编码的一定数目的个体组成。染色体作为遗传物质(即多个基因的集合)的主要载体，其内部表现(即基因型)是某种基因组合，决定了个体性状的外部表现。因此，在开始时需要实现从表现型到基因型的映射，即编码。由于仿照基因编码的工作很复杂，往往通过二进制编码等方式进行简化，图 4.2 给出了种群、染色体和基因之间关系的示例。

在初始种群产生之后，按照"适者生存、优胜劣汰"的原则，将逐代演化产生出越来越优的近似解。在每一代，根据种群中个体的适应度大小选择个体，并借助于遗传操作进行交叉和变异，产生出代表新的解集的种群。这个过程使得种群像生物进化一样，子代种群比父代种群更加适应环境,末代种群中的最优个体经过解码可以作为问题的近似最优解。

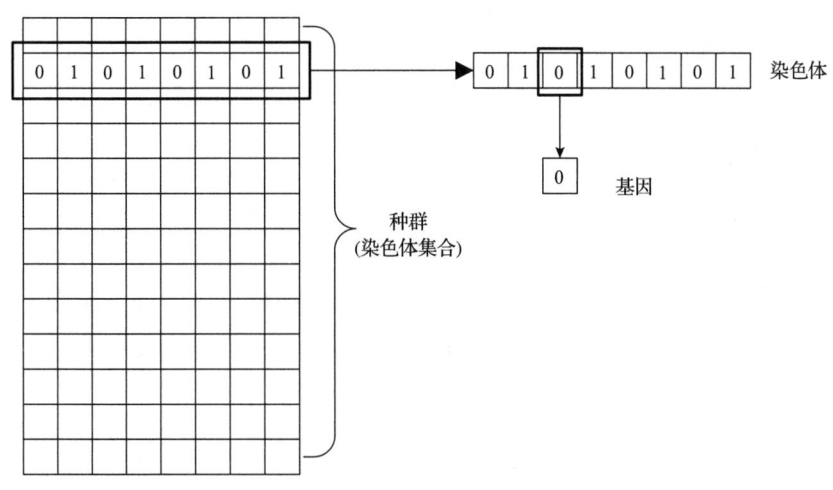

图 4.2 种群、染色体和基因之间关系的示例

1. 编码

遗传算法不能直接处理问题解空间(可行解集),必须通过编码将可行解表示成算法计算空间中的染色体或者个体,即将外部表现空间转换成基因型空间,如图 4.3 所示。编码方式包括二进制编码、实数编码和整数编码等。其中,二进制编码最为常用,用若干二进制数表示一个个体,将原问题的解空间映射到位串空间{0,1}上。二进制编码的优点是易于用生物遗传理论来解释,方便交叉、变异等遗传操作;缺点是相邻整数的二进制编码的海明距离(编码中不同位的数目)可能较远,并且在求解高维优化问题时,二进制编码串非常长,算法搜索效率较低。实数编码使用若干实数表示一个个体,然后在实数空间进行遗传操作,多用于高维或复杂优化问题的编码。整数编码使用若干整数来表示一个个体。

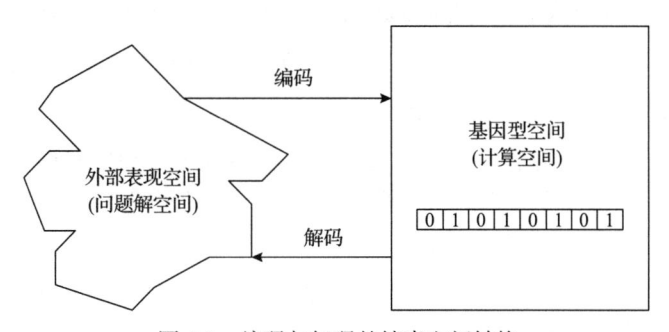

图 4.3 编码与解码的搜索空间转换

评估编码方式常采用以下 3 个标准:完备性,问题解空间中的所有可行解都能作为算法计算空间中的染色体表现;健全性,算法计算空间中的染色体能对应所有问题解空间中的可行解;非冗余性,染色体与可行解一一对应。

2. 适应度函数

进化论中的适应度，既表示某一个体对环境的适应能力，也表示该个体繁殖后代的能力。遗传算法中的适应度函数也称为评估函数或收益函数，是根据所求问题的目标函数来评估种群中个体优劣程度的指标。遗传算法中适应度函数的设计将直接影响算法的收敛速度以及能否找到最优解。

遗传算法在搜索过程中一般不需要其他外部信息(启发信息)，仅用适应度函数来评估个体或解的优劣，并作为之后遗传操作的依据。在遗传算法中，适应度函数用于个体比较排序，并在此基础上计算选择概率，因此适应度函数要取正值。在大部分任务中，需要将目标函数映射成求最大值形式且函数值非负的适应度函数。在遗传算法的搜索过程中，不需要使用适应度函数的任何梯度信息，因此适应度函数不要求具有连续可微性，且其定义域可以为任意集合。一个好的适应度函数应满足以下条件：单值、非负、最大化；合理、一致性；计算量小；通用性强。在具体应用中，适应度函数的设计要结合求解问题本身的要求而定。

3. 运算过程

初始种群的个体可以是随机产生的，也可以采取如下策略产生：根据问题已有知识，设法把握最优解所占空间在整个问题空间中的分布范围，在此分布范围内设定初始种群；先随机生成一定数目的个体，然后从中挑选适应度最高的个体加入初始种群中，重复该过程，直到初始种群中的个体数达到预先确定的规模。种群中的个体数目称为种群规模。种群规模将影响遗传优化的最终结果以及算法的执行效率。当种群规模太小时，搜索空间范围较小，容易出现未成熟收敛，陷入局部最优解；当种群规模太大时，算法的计算复杂度较高，一般种群规模取为 10~200。

遗传算法流程见算法 4.1。

算法 4.1　遗传算法

输入：种群规模，最大进化代数 T，适应度函数，遗传操作参数(交叉概率、变异概率)

第 1 步：初始化，设置进化代数计数器 $t=0$，随机生成 m 个个体作为初始种群 $P(0)$；

第 2 步：个体评估，计算种群 $P(t)$ 中各个体的适应度；

第 3 步：选择操作，将选择算子作用于种群，选择操作建立在种群中个体的适应度评估基础之上，目的是把优化的个体直接遗传到下一代或通过配对交叉产生新的个体再遗传到下一代；

第 4 步：交叉操作，将交叉算子作用于种群；

第 5 步：变异操作，将变异算子作用于种群，即改变种群中个体编码串某些基因座上的基因值，种群 $P(t)$ 经过选择、交叉、变异操作之后得到下一代种群 $P(t+1)$；

第 6 步：终止条件判断，若 $t=T$ 或者解稳定不变，则将进化过程中得到的具有最大适应度的个体作为最优解输出，终止计算，否则，转第 2 步。

输出：最优解

遗传算法流程图如图 4.4 所示。

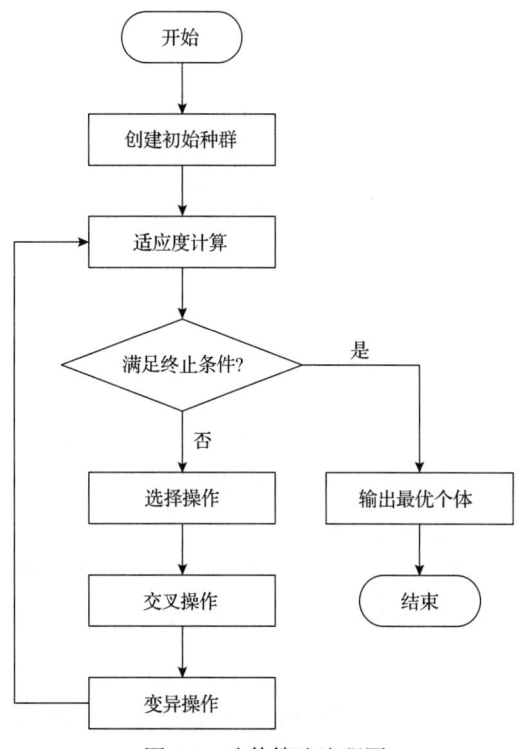

图 4.4 遗传算法流程图

遗传操作包括以下三个基本遗传算子：选择、交叉和变异。

1) 选择

从父代种群中选择优胜个体并淘汰劣质个体的操作称为选择。选择操作建立在种群中个体的适应度评估基础上，常用的选择方法有轮盘赌选择法、锦标赛选择法和精英选拔法。

轮盘赌选择法基于适应度比例进行父代选择，每个个体都可以与其适应度成正比的概率成为父代。因此，适应度更高的个体有更高的机会交叉，并将其基因传递给下一代。这种选择策略能够对种群中更适合的个体施加选择压力，并随着时间的推移进化出更好的个体。在具体实现时，按照个体的选择概率产生一个轮盘，轮盘中每个扇形区域的大小与个体的选择概率成正比，然后产生一个随机数，它落入轮盘的哪个区域就选择对应的个体。如图 4.5 所示，根据种群中的个体数将轮盘分成 6 个部分，每个个体对应的扇形区域与其适应度值成正比，旋转轮盘，根据固定点所指区域选择 D 作为父代个体。锦标赛选择法是从种群中随机选择 k 个个体，将其中适应度值最高的个体保留到下一代。这一过程反复执行，直到保留到下一代的个体数达到预先设定的数量。锦标赛选择法计算量小，能够获得更加多样的种群。精英选拔法也称为最佳个体保留法，把种群中适应度最高的一个或多个个体不进行交叉而直接复制到下一代中，保证遗传算法终止时得到的结果一定是历代出现过的最高适应度的个体。该方法能够明显提高遗传算法的收敛速度，但是可能导致种群过早收敛，陷入局部最优解。

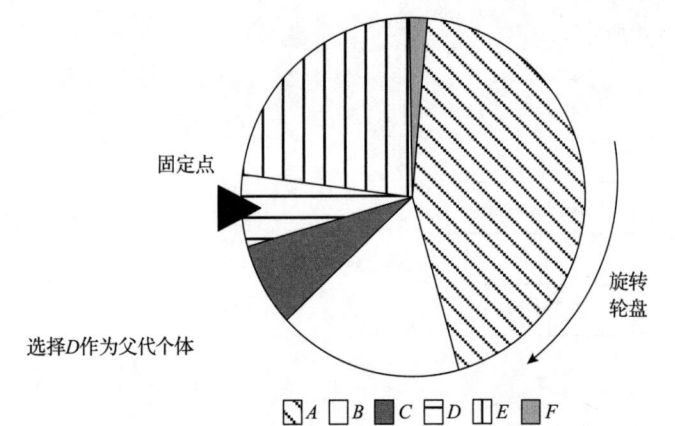

染色体	适应度
A	8.2
B	3.2
C	1.4
D	1.2
E	4.2
F	0.3

图 4.5 采用轮盘法进行父代选择示例

保持种群的多样性对于遗传算法的成功至关重要。由一个适应度较高的解在种群中占据绝对比例的情况称为过早收敛，是遗传算法中不希望出现的情况。在这种情况下，应该缩小该个体的适应度，以降低其竞争力。在搜索过程的后期，可能出现个体的平均适应度接近种群的最优适应度，搜索目标难以得到改善的停滞现象。在这种情况下，应该改变原始适应度的比例关系，以提升部分个体的竞争力。

2) 交叉

在自然界生物进化过程中起核心作用的是生物遗传基因的重组。同样，遗传算法中起核心作用的是遗传操作的交叉算子。交叉是指将两个父代染色体按照给定的交叉概率以某种方式交换其部分基因，以生成新个体的操作。通过交叉可使遗传算法的搜索能力得到明显提高。

常见的交叉方式包括单点交叉、多点交叉、统一交叉和戴维斯顺序交叉等。

(1) 单点交叉。

随机设置一个交叉点，将两个父代个体中交叉点之后的基因片段进行交换，以获得新的子代。

(2) 多点交叉。

随机设置多个交叉点，将两个父代个体中交叉点之间的基因片段进行交换，以获得新的子代。

(3)统一交叉。

不把染色体分成几段,而是分别对每个基因进行交叉,根据一定概率依次决定将哪个父代中的基因包含在子代中。可以将概率值偏向父代中的某一方,以使子代个体从该父代个体中获得更多的遗传物质。

| 0 | 1 | 2 | 3 | 4 | 5 | 6 | 7 | 8 | 9 |
| 5 | 8 | 9 | 4 | 2 | 3 | 5 | 7 | 5 | 8 |

⇒

| 5 | 1 | 9 | 4 | 4 | 5 | 5 | 7 | 5 | 9 |
| 0 | 8 | 2 | 3 | 2 | 3 | 6 | 7 | 8 | 8 |

(4)戴维斯顺序交叉。

戴维斯顺序交叉是一种基于排列的交叉,目的是将一些相对顺序的信息传递给子代。首先,在父代个体中创建两个随机交叉点,将第一个父代个体中交叉点之间的基因片段复制到第一个子代个体中。

| 0 | 1 | 2 | 3 | 4 | 5 | 6 | 7 | 8 | 9 |
| 9 | 7 | 0 | 2 | 8 | 1 | 4 | 3 | 5 | 6 |

⇒

| | | | 3 | 4 | 5 | 6 | | | |

然后,从第二个父代个体的第二个交叉点开始(下图中,从第二个父代个体中的"3"开始),将第二个父代个体中剩余未使用的数字复制到第一个子代个体中(因为第二个父代个体中"3""5""6"均已使用,所以从"9"开始复制)。

| 0 | 1 | 2 | 3 | 4 | 5 | 6 | 7 | 8 | 9 |
| 9 | 7 | 0 | 2 | 8 | 1 | 4 | 3 | 5 | 6 |

⇒

| 2 | 8 | 1 | 3 | 4 | 5 | 6 | 9 | 7 | 0 |

最后,互换两个父代个体的角色产生第二个子代个体。

3)变异

变异是指按照给定的变异概率将个体编码中的一些位进行随机改变的操作。遗传算法引入变异的目的有两个:一是使遗传算法具有局部的随机搜索能力,当遗传算法通过交叉算子已接近最优解邻域时,利用变异算子的局部随机搜索能力可以使算法加速向最优解收敛,此时变异概率应取较小值,否则接近最优解的个体会因变异而遭到破坏;二是使遗传算法维持种群多样性,以防止出现过早收敛现象,此时变异概率应取较大值。变异算子操作的基本步骤包括:对种群中的所有个体以事先设定的变异概率判断是否进行变异;对变异的个体随机选择变异位进行变异。下面给出几种常用的变异方式。

(1)位翻转变异。

采用二进制对染色体进行编码,随机选择一个或多个位进行翻转,示例如下。

| 0 | 0 | 1 | 1 | 0 | 1 | 0 | 0 | 1 | 0 |

⇒

| 0 | 0 | 1 | 0 | 0 | 1 | 0 | 0 | 1 | 0 |

(2)随机重置。

随机重置是位翻转变异在整数编码中的扩展,从一组允许值中随机选取一个值分配给一个被选中的基因。

(3)交换变异。

随机选择染色体中的两个基因，并交换它们的值，常用于基于排列的编码，示例如下。

| 1 | 2 | 3 | 4 | 5 | 6 | 7 | 8 | 9 | 0 | ⇨ | 1 | 6 | 3 | 4 | 5 | 2 | 7 | 8 | 9 | 0 |

(4)散播变异。

选择染色体中的一个基因片段，将它们的值随机打乱，示例如下。

| 0 | 1 | 2 | 3 | 4 | 5 | 6 | 7 | 8 | 9 | ⇨ | 0 | 1 | 3 | 6 | 4 | 2 | 5 | 7 | 8 | 9 |

(5)翻转变异。

选择染色体中的一个基因片段，将片段中的基因序列按顺序进行翻转，示例如下。

| 0 | 1 | 2 | 3 | 4 | 5 | 6 | 7 | 8 | 9 | ⇨ | 0 | 1 | 6 | 5 | 4 | 3 | 2 | 7 | 8 | 9 |

遗传算法的终止条件设置很重要。一般情况下，遗传算法在开始阶段进化得非常快，每隔几代就会出现更好的解决方案，但在后期进化逐渐变慢。因此，需要设置一个终止条件，使得运行结束时得到的解接近最优解。当最优个体的适应度达到给定的阈值，或者最优个体的适应度和种群适应度不再上升，或者迭代次数达到预设的代数时，算法终止，预设的代数一般为 100~500 代。

4.1.2 基于遗传算法的旅行商问题求解

旅行商问题也称为货郎担问题，是组合优化问题中的一个典型 NP 难问题，有多个局部最优解。在该问题中有 n 个城市，推销员要从其中一个城市出发，走遍所有的城市且每个城市只经过一次，再回到他出发的城市，求最短的路径。旅行商问题最初是为设计交通运输行驶路线而提出的。一部分现实世界的优化问题是旅行商问题的泛化，如车辆路由、集成电路布局、工厂车间布局、电信网络优化、机器人导航等。因此，研究旅行商问题的求解方法具有重要的实用价值。

中国旅行商问题(China traveling salesman problem，C-TSP)求解在中国 34 个省会级城市旅行的最优路径。下面以 C-TSP 为例说明遗传算法的求解过程。

第 1 步：基因编码。n 个城市的基因编码方式为：给每个城市分配一个序号，如 1 表示北京，2 表示上海，3 表示广州，…，n 表示成都。用包含 n 个城市序号的数组序列表示一条路径(个体)，数组元素的序号表示旅行的顺序，如 $\{3,1,2,\cdots,n\}$ 表示的到达顺序为：广州→北京→上海→…→成都。要求数组序列中的值不重复，即每个城市只能经过一次。

第 2 步：初始化种群。随机生成 m 个基因编码序列作为初始种群。

第 3 步：评估适应度。该问题中路径越短越好，适应度取值为路径总长度的倒数。

第 4 步：产生新种群。产生新种群的过程分为选择、交叉和变异。个体被选中的概率取决于该个体的适应度，例如有 5 个个体，它们的适应度如下所示。

个体	1	2	3	4	5
适应度	0.3	0.2	0.1	0.4	0.8

在[0, 1.8)范围内随机产生一个浮点数,假设为 0.8,4 号个体被选中(因为前 3 个个体的适应度之和为 0.6,所以 0.8 落在 4 号个体的适应度范围内)。

随机选择两个父代个体,以 P_c 的概率进行交叉,子代分别继承父代 1 和父代 2 的部分基因,且保持顺序与父代一致,如父代的基因序列,如下。

父代1: | 1 | 2 | 3 | 4 | 5 | 6 | 7 | 8 | 9 |

父代2: | 9 | 8 | 7 | 6 | 5 | 4 | 3 | 2 | 1 |

采用戴维斯顺序交叉,随机选取父代 1 的部分基因,如 678,与父代 2 交叉,得到的一个新个体,如下。

| 9 | 5 | 4 | 3 | 2 | 6 | 7 | 8 | 1 |

然后,以 P_m 的概率进行变异。在该问题中,因为每个城市只经过一次,所以在变异时不能仅改变基因序列中某一位的值(这将导致一个城市被经过两次),应该随机交换两个基因的值,如下图中交换了 3 和 8 的值。

| 1 | 2 | 3 | 4 | 5 | 6 | 7 | 8 | 9 |
| 1 | 2 | 8 | 4 | 5 | 6 | 7 | 3 | 9 |

第 5 步:应用精英保留策略。产生新的个体之后,保留适应度最高的前 20 个个体,其他个体依据适应度决定是否保留。

第 6 步:判断是否达到最大迭代次数,若是,则输出适应度最好的个体,迭代结束,否则,转到第 3 步。

具体实现过程参见习题 4.5 的答案。遗传算法求解旅行商问题的结果示例如图 4.6

(a) 初始路径

(b) 第786代对应的路径

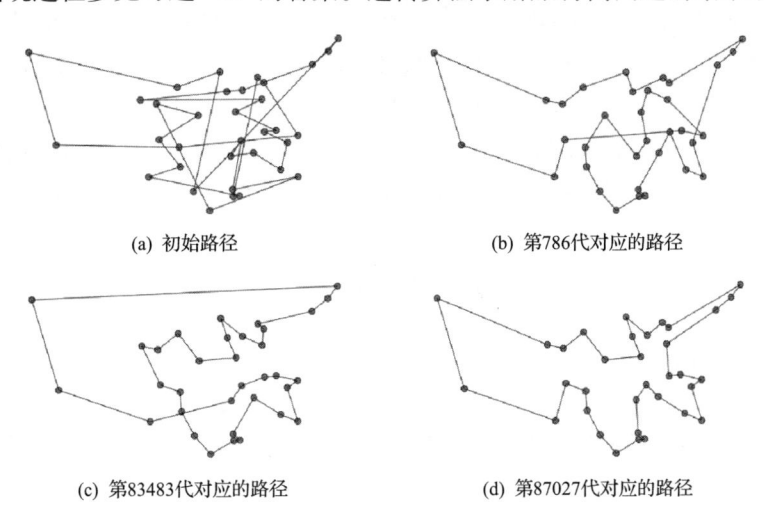

(c) 第83483代对应的路径

(d) 第87027代对应的路径

图 4.6 遗传算法求解旅行商问题的结果示例

所示。初始路径见图 4.6(a)，第 786 代对应的路径见图 4.6(b)，已经远好于初始路径，图 4.6(c) 和图 4.6(d) 是两条接近收敛的路径。由于算法具有一定的随机性，每次迭代过程产生的结果不完全相同。

4.1.3 遗传算法的特点和应用

遗传算法作为一种随机全局优化算法，是最受欢迎和最广为人知的受生物启发的智能优化算法之一。该算法的主要特点如下。

(1) 采用群体搜索策略，同时处理种群中的多个个体，即对搜索空间中的多个解进行评估，减少了陷入局部最优解的风险，易于实现并行化。

(2) 不需要搜索空间的知识或其他辅助信息，仅用适应度函数值来评估个体并进行遗传操作。

(3) 可以直接对结构对象进行操作，不需要求导，不要求目标函数具有连续性，算法的应用范围较广。

(4) 采用概率的转换规则来指导其搜索方向，具有自组织性、自适应性和自学习性，利用进化过程获得的信息自行组织搜索，适应度大的个体具有较高的生存概率，并获得更适应环境的基因结构。

(5) 适用于求解搜索空间巨大且涉及大量参数的优化问题，总能找到问题的解，而且随着时间的推移，解会越来越好。

遗传算法的不足之处如下。

(1) 算法性能取决于很多参数的设置，如种群大小、交叉概率、变异概率等，缺少通用的参数设置方法，需要通过实验选取最优参数组合，参数调节比较困难。

(2) 算法的编程实现比较复杂，不仅需要对问题进行编码，而且找到最优解之后还要进行解码，中间过程需要反复计算适应度值，计算复杂度较高。

(3) 结果具有随机性，不能保证解的最优性，当运行不当时，无法收敛到最优解。

遗传算法是一种求解复杂系统优化问题的通用框架，在多个领域得到了应用。遗传算法的一个经典应用领域是函数优化。研究人员构造出了各种复杂形式的测试函数，包括连续函数和离散函数、凸函数和凹函数、低维函数和高维函数、单峰函数和多峰函数等，为遗传算法的性能评估提供了常用算例。对于其他优化算法难以求解的非线性、多模型、多目标的函数优化问题，遗传算法通常能够得到较好的优化结果。遗传算法对于求解组合优化中的 NP 难问题，如车间调度、装箱、任务分配等非常有效。

4.2 蚁群优化算法

由简单个体组成的群体在与环境以及个体之间的交互中所表现出的智能行为，称为群体智能(swarm intelligence)。基于群体行为对给定的目标进行寻优的启发式搜索算法，称为群体智能算法。群体智能算法包括多种受生物群体启发的算法，如蚁群优化算法、粒子群优化算法和人工蜂群算法等。

自然界中有一种神奇的现象，即蚂蚁在没有提示的情况下总是能够找到从蚁窝到食物的最短路径，蚂蚁的群体行为如图 4.7 所示。这是因为蚂蚁在寻找食物时，能在其走过的路径上释放一种特殊的分泌物——信息素，随着时间的推移该物质会逐渐挥发，后来的蚂蚁会根据信息素浓度来选择要走的路径。越短的路径单位时间内蚂蚁走过的次数越多，留下的信息素越多，导致后来的蚂蚁选择该路径的概率越大，从而形成一种正反馈机制，最终找到最优路径。蚁群优化(ant colony optimization, ACO)算法是通过模拟自然界中蚂蚁集体寻径行为而设计的一种基于种群的启发式搜索算法，是一种典型的群体智能算法(Colorni et al., 1991)。

图 4.7 蚂蚁的群体行为

4.2.1 蚁群优化算法的基本原理

蚁群优化算法解决优化问题的基本思路为：用蚂蚁走过的路径表示待优化问题的可行解，整个蚂蚁群体的所有路径构成待优化问题的解空间，通过模拟蚁群觅食行为寻找待优化问题的最优解。蚁群优化算法与蚁群觅食行为的对应关系如表 4.2 所示。

表 4.2 蚁群优化算法与蚁群觅食行为的对应关系

蚁群优化算法	蚁群觅食行为
搜索空间的一组可行解	蚁群
问题的搜索空间	觅食空间
信息素浓度变量	信息素
一个可行解	蚁窝到食物的一条路径
问题的最优解	找到的最短路径

假设有几条不同的路径可以从蚁窝通向食物，路径示意图如图 4.8(a)所示，蚂蚁从蚁窝出发，到达食物所在地后将立即返回。开始时，几条路径上的蚂蚁数量相差不大，初始状态如图 4.8(b)所示。此后，因为在距离短的路径上蚂蚁往返一次时间短，单位时间内往返蚂蚁的数目较多，留下的信息素也较多，所以可以吸引更多蚂蚁过来，留下更多信息素，而距离长的路径正相反。最后，越来越多的蚂蚁聚集到最短路径上来，结束状态如图 4.8(c)所示。

基本蚁群优化算法如算法 4.2 所示。蚂蚁的智能行为得益于其简单的行为规则，使其具有多样性和正反馈。在觅食时，多样性使得蚂蚁不会走进死胡同而陷入无限循环；

正反馈使得有用信息保存下来，强化了学习效果。二者的巧妙结合使智能行为涌现，如果多样性过剩，正反馈不足，将导致过多的随机运动，难以到达稳定状态；如果多样性不够，正反馈过强，将导致行为僵化，当环境变化时，蚁群不能进行相应调整。

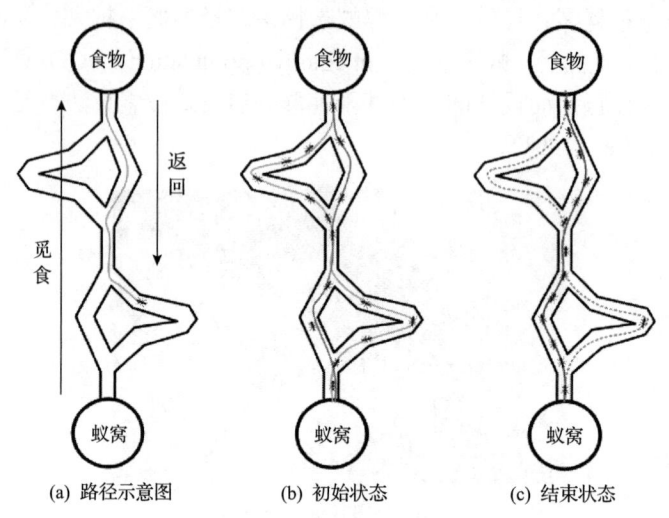

(a) 路径示意图　　(b) 初始状态　　(c) 结束状态

图 4.8　蚁群寻找食物过程示意图

算法 4.2　基本蚁群优化算法

输入：蚁群规模，信息素更新参数，最大迭代次数

第 1 步：初始化信息素浓度和蚂蚁参数；

第 2 步：蚂蚁行走。将所有蚂蚁分配到初始节点，对于每只蚂蚁，根据信息素浓度以一定概率访问下一个节点，直到所有蚂蚁到达目标节点；

第 3 步：记录当前最优解，信息素更新，信息素全局更新分为两个阶段：第一阶段是挥发，之前留下的信息素随时间逐渐消逝；第二阶段是增强，每只蚂蚁释放与解决方案的适用度成正比的一定量信息素；

第 4 步：若迭代次数达到最大值或者解稳定不变，则成功退出，否则，返回第 2 步。

输出：最优解

基本蚁群优化算法流程图如图 4.9 所示。

除了基本蚁群优化算法之外，还有很多扩展的蚁群优化算法。Grambardella 等(1995)提出了 Ant-Q 算法，建立了蚁群优化算法与 Q 学习算法的联系。Dorigo 等(1996)提出了蚁群系统(ant colony system)。Stutzle(2000)提出了最大最小蚁群系统(max-min ant colony system)，限定了每条路径上信息素浓度的最大值和最小值，设置最小信息素浓度可以增加对最优解探索的可能性，而设置最大信息素浓度可以保证经验对于蚂蚁行走的启发性。Dorigo 等(1999)将先前各种算法归结为蚁群优化元启发式(ant colony optimization meta-heuristic)算法的统一框架下，给出了抽象而规范的算法描述。Socha 等(2006)提出了扩展蚁群优化(extension of ant colony optimization，ACO_R)算法，通过引入解存储器作为信息素模型，使用连续概率分布取代蚁群优化算法中的离散概率分布，将基本蚁群优化算法的离散概率选择方式进行连续化，使其扩展到连续空间优化问题求解。

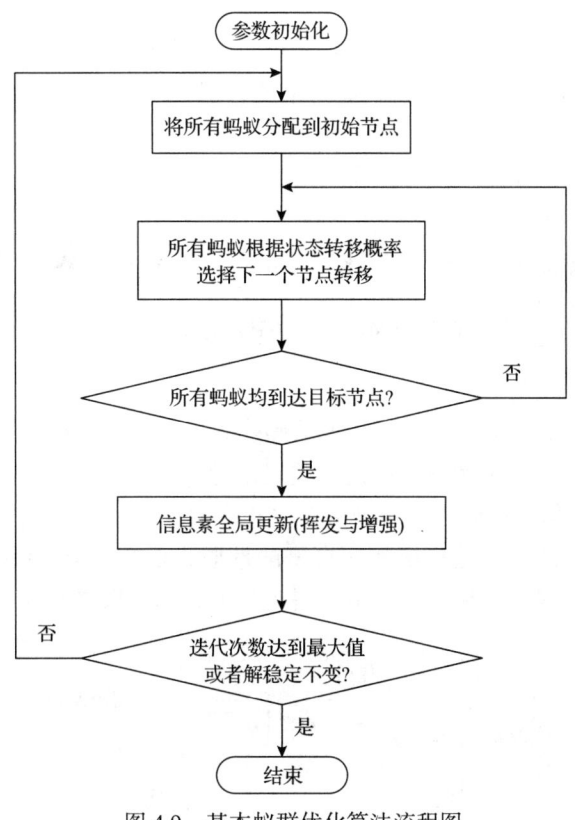

图 4.9　基本蚁群优化算法流程图

4.2.2　基于蚁群优化算法的旅行商问题求解

蚁群优化算法同样可用于求解旅行商问题。最初用于解决旅行商问题的蚁群优化算法称为蚁群系统(ant system，AS)，包括蚁周算法、蚁量算法和蚁密算法。对于旅行商问题，假设 n 为城市规模，i 和 j 为任意两个城市，d_{ij} 表示城市 i 和城市 j 之间的距离，$b_i(t)(i=1,2,\cdots,n)$ 表示 t 时刻在城市 i 的蚂蚁数量，$m=\sum_{i=1}^{n}b_i(t)$ 表示蚂蚁的总数量。在遍历的过程中，如果把蚂蚁经过一个城市称为一次迭代，那么遍历 n 个城市需要 n 次迭代。人工蚂蚁具有以下特点：当蚂蚁走过一条路径时，会在该路径上释放信息素；它们依据一定概率选择下一条路径，选择概率取决于路径长度和路径上的信息素浓度；为了保证解的逻辑可行，不允许蚂蚁选择已经走过的路径。

首先介绍蚁周算法。蚂蚁系统用 τ_{ij} 表示 t 时刻路径 i 到 j 上的信息素残留量，即信息素浓度。类似于蚂蚁觅食过程，每条路径上的信息素随时间挥发，如果有蚂蚁走过，那么信息素浓度会相应增加。当人工蚂蚁完成一次旅行(遍历完所有城市)后，蚂蚁系统

中信息素浓度的更新公式为

$$\tau_{ij}(t+n) = (1-\rho)\tau_{ij}(t) + \Delta\tau_{ij}$$

式中，ρ 为挥发因子，在区间[0,1]内取值；$\tau_{ij}(t)$ 为 t 时刻路径 i 到 j 上的信息素浓度；$\Delta\tau_{ij}$ 为所有蚂蚁在路径 i 到 j 上留下的信息素总浓度，即

$$\Delta\tau_{ij} = \sum_{k=1}^{m} \Delta\tau_{ij}^{k}$$

式中，$\Delta\tau_{ij}^{k}$ 为第 k 只蚂蚁在路径 i 到 j 上留下的信息素浓度，有

$$\Delta\tau_{ij}^{k} = \begin{cases} Q/L_k, & \text{第 } k \text{ 只蚂蚁在本次旅行中走过路径 } i \text{ 到 } j \\ 0, & \text{其他} \end{cases}$$

式中，Q 为信息素强度，是一个常数，表示蚂蚁完成一次旅行在路径上释放的信息素总浓度；L_k 为第 k 只蚂蚁在本次旅行中走过路径的总长度。

一般而言，根据信息素浓度的更新公式，可以直接计算出蚂蚁对每条路径的选择概率。然而，为了更好地利用旅行商问题自身的性质，Dorigo 等(1999)引入了启发因子 $\eta_{ij}=1/d_{ij}$。结合信息素浓度和启发因子，得到第 k 只蚂蚁选择路径 i 到 j 的概率为

$$p_{ij}^{k}(t) = \begin{cases} \dfrac{\left[\tau_{ij}(t)\right]^{\alpha}\left[\eta_{ij}\right]^{\beta}}{\sum\limits_{l\in\text{allowed}_k}\left[\tau_{il}(t)\right]^{\alpha}\left[\eta_{il}\right]^{\beta}}, & j\in\text{allowed}_k \\ 0, & \text{其他} \end{cases}$$

式中，α 和 β 为调节因子，分别表征信息素浓度和启发因子的重要程度。

用禁忌表存储已经走过的路径，上式中的 allowed_k 表示第 k 只蚂蚁还没有走过的路径，通过这种存储方式可以保证所有解的逻辑可行。蚂蚁对路径 i 到 j 的选择概率与该路径的信息素浓度和路径长度有关。路径 i 到 j 上的信息素浓度越高，τ_{ij} 值越大，该路径被选择的概率越大；或者路径长度 d_{ij} 越短，$\eta_{ij}=1/d_{ij}$ 越大，该路径被选择的概率也越大。

蚁量算法、蚁密算法和蚁周算法的区别在于信息素浓度的更新方式。

蚁量算法信息素浓度的更新方式为

$$\Delta\tau_{ij}^{k} = \begin{cases} Q/d_{ij}, & \text{第 } k \text{ 只蚂蚁在 } t \text{ 到 } t+1 \text{ 时间内走过路径 } i \text{ 到 } j \\ 0, & \text{其他} \end{cases}$$

蚁量算法只用到了当前路径长度的信息，没有考虑全局信息（总路径长度）。

蚁密算法信息素浓度的更新方式为

$$\Delta\tau_{ij}^{k} = \begin{cases} Q, & \text{第 } k \text{ 只蚂蚁在 } t \text{ 到 } t+1 \text{ 时间内走过路径 } i \text{ 到 } j \\ 0, & \text{其他} \end{cases}$$

蚂蚁分泌的信息素浓度只是一个常量，没有用到当前路径长度的信息。

在上述三种算法中，蚁周算法的效果最好，通常作为蚁群优化算法的基本模型，原因在于它利用了全局信息，在所有蚂蚁完成一个循环后，再更新所有路径上的信息。而其余两种算法仅利用了局部信息，每走一步都要更新残留信息素的浓度，而不是等到所有蚂蚁完成对 n 个城市的访问之后。

4.2.3 蚁群优化算法的特点和应用

蚁群优化算法的优点是：采用正反馈机制，使得搜索过程不断收敛，最终逼近最优解；每个个体可以通过释放信息素来改变周围的环境，且每个个体都能够感知周围环境的实时变化，个体间通过环境进行间接通信；搜索过程采用分布式并行计算方式，大大提高了算法的运行效率；采用启发式搜索算法，不容易陷入局部最优解，易于找到全局最优解；鲁棒性强，不易受个体影响。

蚁群优化算法的缺点是：需要较长的搜索时间，容易出现停滞现象，即搜索进行到一定程度后，所有个体发现的解完全一致，无法对解空间进行进一步的搜索。算法改进主要集中在以下三个方面：一是信息素的调整，如开始搜索前将所有路径的信息素浓度设为最大值，扩大搜索范围，或采用最大最小蚁群系统减少停滞现象；二是搜索速度的改进，引入侦察蚁、搜索蚁和工蚁等，侦察蚁负责局部侦察，搜索蚁负责全局搜索，提高蚂蚁群体之间的合作效果；三是搜索策略的改善，加入扰动、添加牵引力引导蚂蚁向全局最优解搜索。

蚁群优化算法可用于解决大多数优化问题，如多目标优化、数据分类、数据聚类、模式识别、电信网络服务质量管理、生物系统建模、流程规划、信号处理、机器人运动控制、决策支持和仿真以及系统辨识等，特别是在解决离散组合优化问题方面具有良好的性能。

蚁群优化算法的典型应用如下。

(1) 网络路由优化。可以解决含有带宽、延时、丢包率和最小花费等约束条件的服务质量组播路由问题，相比传统路由算法有明显的优越性。

(2) 航迹规划。在特定的约束条件下，寻找飞行器从初始节点到目标节点满足某种性能指标的最优运动轨迹。

(3) 电力系统优化。用于配电网络的规划，如配电网故障的定位、电力系统暂态稳定评估，为电力企业节省了大量成本。

4.3 粒子群优化算法

在自然环境中，时常能看到大群的鸟在天空盘旋，如图 4.10 所示。为什么这么多鸟能够保持几乎相同的速度飞行，不会产生混乱呢？生物学家 Reynolds (1987) 就这一问题提出了一种运动描述模型，他认为鸟群中每一个个体都遵循如下原则：避免与邻域个体相冲撞；匹配邻域个体的速度；飞向鸟群中心，且整个鸟群飞向目标。受此启发，Kennedy 等 (1995) 共同提出了粒子群优化 (particle swarm optimization, PSO) 算法。粒子群优化算法是一种全局优化算法，通过群体中粒子间的合作与竞争产生的群体智能来指导优化搜索。

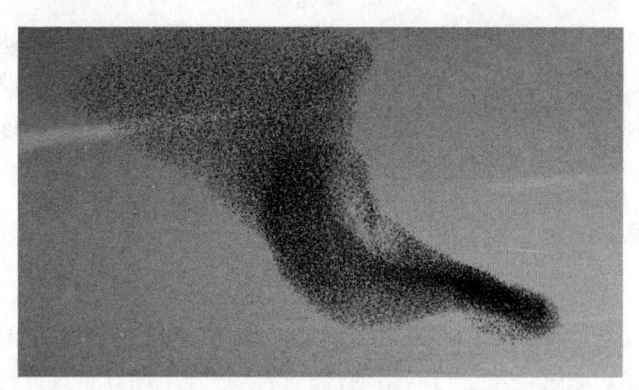

图 4.10　飞行中的鸟群

4.3.1　粒子群优化算法的基本原理

粒子群优化算法的基本思想是：将鸟群的飞行空间转换为问题搜索空间；将每一只鸟抽象为一个无质量、无体积的粒子，用于表征每个候选解；通过模拟鸟群寻找食物的过程来搜索最优解。粒子群优化算法为每个粒子制定了类似鸟类飞行的行为规则，从而使整个粒子群的运动表现出与鸟群觅食类似的特性，用于求解复杂优化问题，对应关系如表 4.3 所示。每个粒子有一个位置和速度，粒子通过跟踪两个极值在解空间中进行搜索：一个极值是粒子自身迭代过程中所找到的最优解，即个体历史最优位置(pbest)；另一个极值是当前粒子群所找到的最优解，即群体最优位置(gbest)。由待优化的目标函数决定粒子的适应度。不同于现实世界中的鸟类只能在三维空间飞行，粒子可以在非常高维的空间中运动，模型中的每个参数对应一个维度。由于大多数优化问题都有 3 个以上的维度，拥有在高维空间搜索的能力是很有必要的。

表 4.3　粒子群优化算法与鸟群觅食行为的对应关系

最优化问题	粒子群优化算法	鸟群觅食行为
解空间	粒子运动空间	天空
候选解	粒子位置	鸟的位置
候选解集	粒子群	鸟群
解的搜索速度	粒子运动速度	鸟的飞行速度
目标函数	适应度函数	找到食物的可能性
单个候选解搜索过程中的最优值	个体历史最优位置	某一只鸟记忆中最接近食物的位置
所有候选解搜索过程中的最优值	群体最优位置	整个鸟群觅食过程中最接近食物的位置

假设粒子群优化算法的搜索空间为 n 维，第 t 次迭代时粒子 i 的当前位置为 $X_i(t) = (x_{i1}(t), x_{i2}(t), \cdots, x_{in}(t))^{\mathrm{T}}$，运动速度为 $V_i(t) = (v_{i1}(t), v_{i2}(t), \cdots, v_{in}(t))^{\mathrm{T}}$，粒子 i 所经过的历史最优位置为 $P_i(t) = (p_{i1}(t), p_{i2}(t), \cdots, p_{in}(t))^{\mathrm{T}}$，群体最优位置为 $P_g(t) =$

$\left(p_{g1}(t), p_{g2}(t), \cdots, p_{gn}(t)\right)^{\mathrm{T}}$。

粒子 i 的运动方程可描述为

$$v_{ij}(t+1) = w(t)v_{ij}(t) + c_1 r_1 \left(p_{ij}(t) - x_{ij}(t)\right) + c_2 r_2 \left(p_{gj}(t) - x_{ij}(t)\right) \quad (4.1)$$

$$x_{ij}(t+1) = x_{ij}(t) + v_{ij}(t+1) \quad (4.2)$$

式中，$w(t)$ 为惯性权重因子；c_1 和 c_2 为加速度系数，是非负数；$v_{ij}(t)$ 为第 t 次迭代时粒子 i 第 j 维的运动速度；$p_{ij}(t)$ 为第 t 次迭代时粒子 i 第 j 维的历史最优位置；$p_{gj}(t)$ 为第 t 次迭代时群体第 j 维的最优位置；r_1 和 r_2 为[0,1]区间内服从均匀分布的随机数。

粒子速度更新公式(4.1)由三项组成：第一项 $w(t)v_{ij}(t)$ 是速度冲量，指引粒子继续按先前粒子速度飞行；第二项 $c_1 r_1 \left(p_{ij}(t) - x_{ij}(t)\right)$ 是认知项，反映粒子重新返回其所经过的最优位置的趋势，即粒子自身记忆的影响；第三项 $c_2 r_2 \left(p_{gj}(t) - x_{ij}(t)\right)$ 是社会项，反映粒子被当前群体最优位置吸引的趋势，即群体信息的影响。在这三项的共同作用下，粒子根据历史经验并利用全局信息，不断调整自己的位置，以期找到最优解。

一般情况下，粒子数取 20~40，粒子数越多，搜索范围越大。惯性权重因子 $w(t)$ 使粒子运动保持惯性，较大的 $w(t)$ 有利于全局搜索，较小的 $w(t)$ 有利于局部搜索，在早期实验中 $w(t)$ 固定为 1，现在 $w(t)$ 通常设为递减函数。加速度系数 c_1 和 c_2 用于衡量自身经验与群体经验在运动中的比例，通常设为 2，也可根据需要进行调整。速度是有限制的，当某个粒子更新后的速度超过最大(小)飞行速度时，规定此时的速度取最大(小)飞行速度。设置最大飞行速度，可以防止搜索范围无限扩大，因运动速度过快而错过最优解；设置最小飞行速度，可以防止因运动速度过慢而导致算法收敛速度过慢。引入 r_1 和 r_2 可增加搜索算法的随机性，避免陷入局部最优解。粒子群优化算法如算法 4.3 所示。

算法 4.3 粒子群优化算法

输入：粒子数，惯性权重因子，最大迭代次数，加速度系数，最大(小)飞行速度，适应度函数

第 1 步：初始化粒子群，包括随机位置和速度；

第 2 步：根据适应度函数，评估每个粒子的适应度；

第 3 步：寻找个体历史最优位置，对于每个粒子，比较当前位置的适应度与其个体历史最优位置 pbest 的适应度，如果当前位置的适应度更高，那么将当前位置作为个体历史最优位置；

第 4 步：寻找群体最优位置，对于所有粒子，比较当前位置的适应度与群体最优位置 gbest 的适应度，如果当前位置的适应度更高，那么将该粒子的当前位置作为群体最优位置；

第 5 步：根据式(4.1)和式(4.2)更新每个粒子的速度与位置；

第 6 步：当达到最大迭代次数或者最优位置适应度的增量小于某个给定的阈值时，算法结束；否则，返回第 2 步。

输出：群体最优位置

粒子群优化算法流程图见图 4.11。

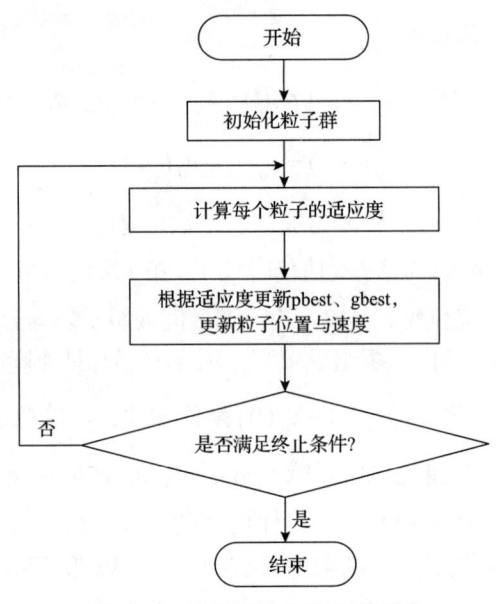

图 4.11　粒子群优化算法流程图

与其他群体智能算法一样，在粒子群优化算法的优化过程中，种群的多样性与算法的收敛速度之间存在矛盾。对粒子群优化算法的改进，无论是参数的选取、小生境技术的采用还是其他技术与粒子群优化算法的融合，目的都是希望在加强算法局部搜索能力的同时，保持种群的多样性，防止算法在快速收敛时出现早熟。

4.3.2　基于粒子群优化算法的旅行商问题求解

在遗传算法求解旅行商问题的基础上，采用粒子群优化算法可以避免陷入局部最优解。粒子群优化算法结合遗传算法求解旅行商问题的主要步骤如下。

第 1 步：初始化粒子群。在搜索空间中随机生成 m 个粒子，每个粒子的位置是目标问题的一个候选解。

第 2 步：将路径总长度作为适应度函数，比较粒子群中各个体的适应度函数值，利用最小值对应的个体来确定个体历史最优位置和群体最优位置。

第 3 步：利用遗传算法的顺序交叉算子更新个体历史最优位置和群体最优位置。通过顺序交叉算子产生新的粒子，计算这些粒子的适应度函数值，将这些值与个体历史最优值进行比较，如果新的粒子对应的适应度函数值更小，那么将该值作为个体历史最优值，否则保留个体历史最优值。对于每个粒子，将其适应度函数值与群体最优值进行比较，若适应度函数值更小，则将其作为群体最优值，否则保留群体最优值。

第 4 步：利用遗传算法的变异算子更新个体历史最优位置和群体最优位置。将第 3 步中的交叉算子改为变异算子，其余的计算和更新方法与第 3 步相同，得到更新后的个体历史最优位置和群体最优位置。

第 5 步：当达到最大迭代次数或者最优适应度的改变量小于某个给定的阈值时，算法结束；否则，返回第 3 步。

具体实现过程参见习题 4.10 的答案。

4.3.3 粒子群优化算法的特点和应用

粒子群优化算法与遗传算法类似，都是从一组随机初始解出发，通过迭代搜索最优解。在粒子群优化算法中，粒子通过追随当前的最优值（包括个体最优极值和全局最优极值）在问题空间中进行搜索，易于实现，需要调整的参数较少。

粒子群优化算法与遗传算法的区别主要体现在如下方面。

(1) 遗传算法强调适者生存，不好的个体在竞争中被淘汰，而粒子群优化算法强调协同合作，不好的个体通过学习向好的方向转变。

(2) 遗传算法中最好的个体通过产生更多的后代来传播基因，而粒子群优化算法中最好的个体通过吸引其他个体向它靠近来施加影响。

(3) 遗传算法的选择概率仅与上一代种群相关，与历史种群无关，而粒子群优化算法中的个体不仅利用当前位置信息和速度信息，还利用了历史信息（pbest 和 gbest）。

粒子群优化算法的主要优点包括：是一类概率型的全局优化算法，相比确定性算法有更多机会找到全局最优解；不依赖优化问题本身的严格数学性质；通过群体中个体之间的协作和信息共享来寻找最优解，表现出与环境交互的能力；具有并行性、自组织、自进化和记忆功能，所有粒子都保存最优解的相关知识；具有鲁棒性，算法能够在不同的条件和环境下有效运行；收敛速度较快。

但是粒子群优化算法也存在精度较低、易发散等缺点。如果加速度系数、最大速度等参数设置不合理，那么粒子群可能错过最优解，导致算法不收敛。粒子群优化算法的数学理论基础不够牢固，算法的收敛性有待讨论。

粒子群优化算法在群体智能算法中占有重要地位，已经成功应用于函数优化、人工神经网络训练、模糊系统控制等领域。其典型应用包括如下方面。

(1) 模式识别和图像处理。在图像分割、图像配准、图像融合、图像识别、图像压缩和图像合成等方面发挥作用。

(2) 神经网络训练。用于人工神经网络中连接权值的训练、结构设计、学习规则调整、特征选择等，但是其速度没有梯度下降法快，需要较多的计算资源。

(3) 电力系统设计。例如，电力企业的无功电压综合控制问题可简化为函数的最小值问题，使用改进的粒子群优化算法进行优化求解。

(4) 半导体器件综合。在给定的搜索空间内根据期望得到的器件特性得到相应的设计参数。

此外，粒子群优化算法在自动目标检测、生物信号检测与识别、决策调度、系统识别以及游戏训练等方面也取得了一定的研究成果。

4.4 模拟退火算法

除了受到生物行为启发之外，还有一些是受物理现象启发的算法，模拟退火算法就是其中之一。退火是冶金学的专有名词，是指将材料加热后再经特定速率冷却，目的是增大晶粒的体积，并且减少晶格中的缺陷。金属加热和退火过程示意图如图 4.12 所示，材料中的原子最初停留在使内能有局部最小值的位置；加热使能量变大，原子会离开原来位置，而随机在其他位置上移动；退火冷却时速度较慢，使得原子具有的能量逐渐降低，最终回归到有序排列的凝固状态，有很大概率找到内能比原先更低的位置。

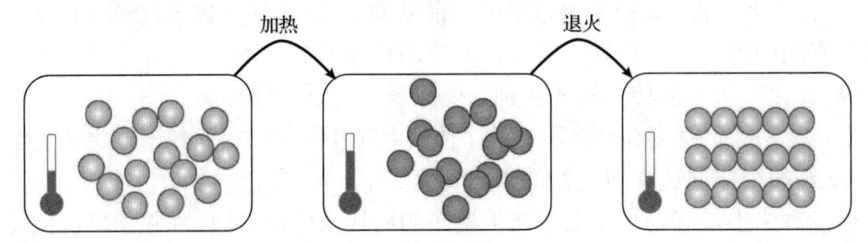

图 4.12　金属加热和退火过程示意图

Metropolis 等（1953）提出了模拟退火（simulated annealing，SA）算法的最初思想。Kirkpatrick 等（1983）成功地将退火思想引入到组合优化领域。模拟退火算法是一种通过模拟固体物质的退火过程而设计的一种随机寻优算法。从某一较高初温出发，伴随温度参数的不断下降，结合一定的概率突跳特性在解空间中随机寻找目标函数的全局最优解。

4.4.1　模拟退火算法的基本原理

模拟退火算法的出发点是基于一般组合优化过程与物理中固体物质退火过程之间的相似性，优化过程与物理退火过程的对应关系如表 4.4 所示。在实现过程中，采用了随机抽样的迭代求解策略，可以在较大的解空间中搜索得到近似的全局最优解。

表 4.4　优化过程与物理退火过程的对应关系

优化过程	物理退火过程
目标函数	能量
候选解	物体状态
相邻解	状态变化
控制参数	温度
最优解	能量最低态
较优解	凝固状态

在介绍模拟退火算法前，有必要先介绍爬山法。爬山法是一种迭代的贪婪搜索算法，该算法从问题的一个随机初始点出发，每次从当前点的邻近解空间中选择一个最优解作为当前点，不断迭代搜索直至达到一个局部最优解。爬山法通常用于寻找目标函数的极大值，这里为了方便比较，经适当变换后用于寻找目标函数的极小值。爬山法的主要优点是实现简单，收敛速度快，其主要缺点是会陷入局部最优解，不一定能搜索到全局最优解。爬山法搜索过程如图 4.13(a)所示，假设 A 点为当前点，爬山法搜索到达 B 点这个局

部最优解就会停止搜索，因为在 B 点无论向哪个方向小幅度移动都不能得到更优的解。

(a) 爬山法搜索过程

(b) 模拟退火算法搜索过程

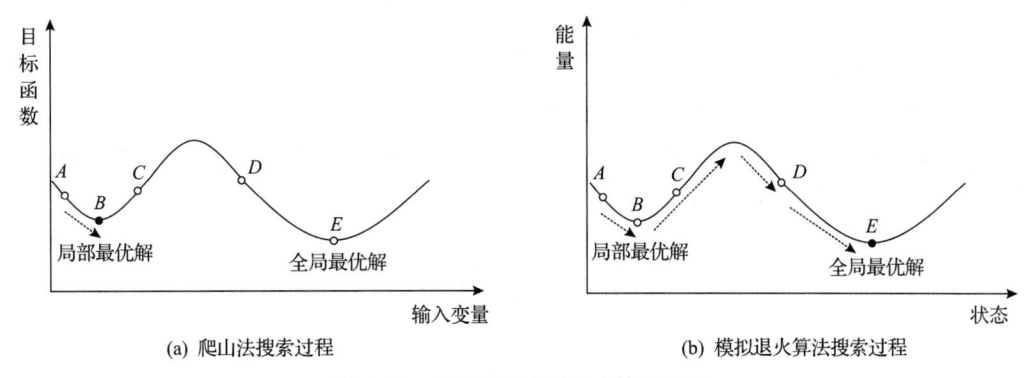

图 4.13　爬山法和模拟退火算法比较

模拟退火算法包含两个部分，即 Metropolis 算法和退火过程。Metropolis 算法基于 Metropolis 准则，研究如何在局部最优解的情况下使其跳出来，是退火的基础。Metropolis 算法以一定的概率接受新状态，而不是使用完全确定的规则。假设用目标函数表示物体的能量，模拟退火算法搜索过程如图 4.13(b)所示，初始状态为 A，随着搜索的进行能量下降，到达局部最优解 B。此时，进一步迭代将导致能量增加，采用爬山法将不允许继续搜索，而模拟退火算法会以一定的概率跳出极值点 B，该概率与当前的状态、能量等有关。如果搜索算法能够跳出 B 到达 C 和 D，那么将在到达 E 后收敛，得到全局最优解。

不同于爬山法，模拟退火算法的解不要求迭代更新后的解一定比之前的解更好，它引入了一个接受概率。接受概率的设计对于算法的运行非常重要，下面从数学方面对其进行解释。假设当前状态为 s，系统根据某种变换方法得到下一步状态 s'，相应地，系统的能量由 $E(s)$ 变为 $E(s')$。系统由 s 变为 s' 的接受概率为

$$P = \begin{cases} 1, & E(s') < E(s) \\ e^{-\frac{E(s')-E(s)}{T}}, & E(s') \geqslant E(s) \end{cases} \tag{4.3}$$

式中，T 为退火温度。

由式(4.3)可知，P 为一个动态变化的值，由能量的变化量和退火温度 T 决定。如果能量减小，那么这种转移被接受(概率为 1)；如果能量增大，那么说明系统偏离局部最优解的位置更远，此时算法不会立刻将其抛弃，而是进行概率操作：在区间[0,1]内产生一个均匀分布的随机数 ε，若 $\varepsilon < P$，则接受该转移，否则，拒绝该转移，进入下一步，往复循环。

为了确保在有限时间内收敛，必须设定控制算法收敛的参数。在式(4.3)中，可以调整的参数是退火温度 T，如果 T 取值过大，将导致退火太快，达到局部最优解时就结束迭代；如果 T 取值过小，将大幅增加计算时间。通常，T 的设置包括以下三个部分。

(1) 初始温度 $T(0)$。$T(0)$ 应选得足够高，使得所有转移状态都能被接受。初始温度越高，获得高质量解的概率越大，耗费的时间越长。

(2)退火方式。最简单的温度下降方式是等比例下降，即

$$T(t+1) = \lambda T(t), \quad t = 1, 2, 3, \cdots \tag{4.4}$$

式中，λ 为退火速率，一般取值在 0.8～0.99。

等比例下降使得对于每个温度，有足够的转移尝试机会，但是，等比例下降的收敛速度较慢，其他下降方式还有

$$T(t) = \frac{T(0)}{\log_2(1+t)} \tag{4.5}$$

$$T(t) = \frac{T(0)}{1+t} \tag{4.6}$$

也可以基于退火温度表来设定 T 值，随着退火的进行逐步降低 T 值。

(3)终止温度。终止温度是一个接近于 0 的较小正数，如设为初始温度的 1/1000。模拟退火算法见算法 4.4。

算法 4.4　模拟退火算法

输入：目标函数，退火温度设置方案

第 1 步：初始化，令初始温度为 $T(0)$，初始解为 s，每个 T 值的迭代次数为 L；

第 2 步：对 $t = 1, 2, \cdots, L$ 进行第 3 步～第 5 步；

第 3 步：产生新解 s'；

第 4 步：计算增量 $\Delta E = E(s') - E(s)$，其中，$E(\cdot)$ 为目标函数或者能量函数；

第 5 步：若 $\Delta E < 0$，则接受 s' 作为新的当前解，否则，以概率 $e^{-\Delta E/T}$ 接受 s' 作为新的当前解；

第 6 步：判断是否满足终止条件（T 小于终止温度），若是，则输出当前解作为最优解，算法结束；否则，降低 T 值，转第 2 步。

输出：最优解

4.4.2　基于模拟退火算法的旅行商问题求解

在遗传算法求解旅行商问题的基础上，引入模拟退火算法可以避免陷入局部最优解，具体求解旅行商问题的流程如下。

第 1 步：设置控制参数。需要设置的控制参数主要有退火速率 λ、最高温度、终止温度以及同一个温度下迭代的次数 L。

第 2 步：编码。采用整数编码方法，对于 n 个城市的旅行商问题，染色体分为 n 段，其中每一段为对应城市的编号，如对于 10 个城市的旅行商问题，5-3-7-8-2-1-6-4-9-10 是一个合法的染色体。

第 3 步：种群初始化。在完成染色体编码以后，产生一个初始种群作为初始解。

第 4 步：邻域搜索。对当前解 s 进行变换，选择不同的邻域搜索算子，基于随机数产生新的路径，即新的可行解 s'。

在此设计如下三种邻域搜索算子。

(1)逆序搜索算子：从第 $1 \sim n$ 个城市中随机地选择第 t_i 和第 t_j 个城市，在路径 s 中将第 t_i 和第 t_j 个城市之间的子路径以反方向插入。假设 s 为 10-2-3-4-1-5-7-9-8-6，t_i=3，t_j=8，则 s' 为 10-2-9-7-5-1-4-3-8-6。

(2)单点交换搜索算子：从第 $1 \sim n$ 个城市中随机地选择第 t_i 和第 t_j 个城市，在路径 s 中将第 t_i 个城市插入第 t_j 个城市之后，其余不变。假设 s 为 10-2-3-4-1-5-7-9-8-6，t_i=3，t_j=8，则 s' 为 10-2-4-1-5-7-9-3-8-6。

(3)两点交换搜索算子：从第 $1 \sim n$ 个城市中随机地选择第 t_i 和第 t_j 个城市，在路径 s 中交换第 t_i 个城市和第 t_j 个城市，其余不变。假设 s 为 10-2-3-4-1-5-7-9-8-6，t_i=3，t_j=8，则 s' 为 10-2-9-4-1-5-7-3-8-6。

第 5 步：应用 Metropolis 准则。

设路径长度函数为 $E(\cdot)$，当前解的路径长度为 $E(s)$，新解的路径长度为 $E(s')$，路径长度差为 $\Delta E = E(s) - E(s')$，如果 $\Delta E < 0$，那么以概率 1 接受新的路径；否则，以概率 $e^{-\Delta E/T}$ 接受新的路径。

第 6 步：退火。

根据退火速率 λ 进行退火，即 $T \leftarrow \lambda T$，若 T 小于终止温度，则停止迭代，输出当前解，否则，返回第 4 步继续迭代。

具体实现过程参见习题 4.11 的答案。

4.4.3 模拟退火算法的特点和应用

模拟退火算法是一种通用的随机搜索算法，能够概率性地跳出局部最优解并最终趋于全局最优解。它的解不依赖初始值，能够为具有 NP 复杂性的优化问题提供近似求解方法。但是为了寻找最优解，模拟退火算法通常要求较高的初始温度、较慢的降温速率、较低的终止温度以及各温度下足够多的采样次数，因此收敛过程较长。

模拟退火算法的典型应用如下。

(1)超大规模集成电路设计，如全局布线、布板、布局和逻辑设计等。

(2)神经网络训练，用于神经网络参数优化中跳出局部最优解，向全局最优解的方向收敛。

(3)图像处理，如图像恢复等，将受污染的图像重新恢复为清晰的原图，滤掉其中的畸变部分。

此外，模拟退火算法还可用于其他各种组合优化问题，如旅行商问题、背包问题等。大量模拟实验表明，模拟退火算法在求解这些问题时通常能够得到令人满意的近似最优解，而且收敛速度较快。

4.5 本章小结

优化理论与方法研究如何在众多的方案中找到最优方案，在资源分配、工程设计、生产计划安排、城市规划等领域中具有广泛应用。传统优化方法一般为确定性算法，在处理高维数、多模态等复杂问题上存在很多不足，计算速度和收敛性难以满足要求，因此发展智能优化算法具有重要意义。智能优化算法是一类具有全局优化性、通用性且适合于并行处理的随机搜索算法。对于本章的优化问题，问题的解往往与路径无关，而且通常无法事先设定问题的目标状态，关注的是如何通过搜索来获得问题的最优解。只需要存储当前状态，考虑对一个或多个状态进行评估和修改，而不是系统地搜索从初始状态开始的路径。智能优化算法的寻优过程可以分为两部分：全局搜索和局部开发。这两部分既相互促进又相互矛盾，全局搜索用于快速定位最优解的范围，而局部开发用于锁定最优解存在的区域并进一步寻找最优解，只有两部分达到一个良好的平衡状态才能有较好的求解效果。

智能优化算法种类繁多，包括模拟自然界生物进化机制的遗传算法、模拟生物免疫系统学习和认知功能的免疫算法、模拟蚂蚁集体寻径行为的蚁群优化算法、模拟鸟群和鱼群群体行为的粒子群优化算法、源于固体物质退火过程的模拟退火算法、模拟人类记忆功能的禁忌搜索算法等。本章重点介绍了4种具有代表性的智能优化算法，即遗传算法、蚁群优化算法、粒子群优化算法和模拟退火算法。这些算法的共同点是：都具有跳出局部最优解的能力，使用内存较少，运行速度较快，能够在有限时间内在较大的状态空间或者连续状态空间中找到最优解或近似最优解。各算法的区别在于：算法来源不同，平衡全局探索和局部开发的策略不同。例如，模拟退火算法主要通过调整一个超参数来平衡二者，而蚁群优化算法需要同时调整多个参数。

随着技术进步和应用场景的改变，早期提出的智能优化算法在收敛速度、求解精度等方面已无法满足日益复杂的优化问题求解需求，因此不断有新的更高效的智能优化算法被提出。近几年，国内外学者相继提出了多种智能优化算法，如人工蜂群算法、蝙蝠算法、布谷鸟搜索算法、蝴蝶优化算法、飞蛾扑火算法、正弦余弦优化算法、蝗虫优化算法、哈里斯鹰优化算法、麻雀搜索算法等，以提高算法的全局最优性、鲁棒性和稳定性。目前，智能优化算法研究正处于快速发展时期，针对不同领域问题的智能优化算法的涌现，为解决各种优化问题提供了新的思路，在工程领域具有广阔的应用前景。

本章思维导图

思 考 题

4.1 人工智能为什么要研究优化算法？智能优化算法与经典的数学优化算法有何区别？

4.2 智能优化算法能否解决第2章状态空间搜索所解决的典型问题？为什么？

4.3 遗传算法中适应度函数的作用是什么？

4.4 比较遗传算法、蚁群优化算法和粒子群优化算法的优缺点。
4.5 群体智能算法的基本思想是什么?
4.6 列举几种典型的群体智能算法,分析群体智能算法的主要特点是什么?
4.7 蚁群优化算法中的参数应该如何选取?
4.8 蚁群优化算法和粒子群优化算法有哪些相似之处和差别之处?
4.9 调研粒子群优化算法的最新进展,讨论粒子群优化算法的改进思路。
4.10 模拟退火算法与前三种算法相比,更适合解决什么样的问题?
4.11 还有哪些可以启发设计优化搜索算法的自然现象,进行针对性的文献调研。

练 习 题

4.1 设计一种随机重启搜索策略,改进爬山法对于初始值的依赖性,使其更容易找到全局最优解。

4.2 用遗传算法为八数码问题设计解决方案,并与第 2 章状态空间搜索算法进行比较。

4.3 利用遗传算法求如下函数的最大值点:

$$f(x) = 11\sin(6x) + 7\cos(5x), \quad x \in [-\pi, \pi]$$

4.4 利用遗传算法对如下道路图像进行分割,绘制分割前后的对比图。

4.5 选择某种编程语言,编程实现 4.1.2 节中的遗传算法求解旅行商问题。
4.6 选择某种编程语言,编程实现 4.2.2 节中的蚁群优化算法求解旅行商问题。
4.7 给定如下寻优地图,利用蚁群优化算法求解机器人路径优化问题。
4.8 利用蚁群优化算法求如下函数的最大值点:

$$f(x) = -x_1^4 - 3x_2^4 + 0.2\cos(3\pi x_1) + 0.4\cos(4\pi x_2) - 0.6$$

初始节点 →

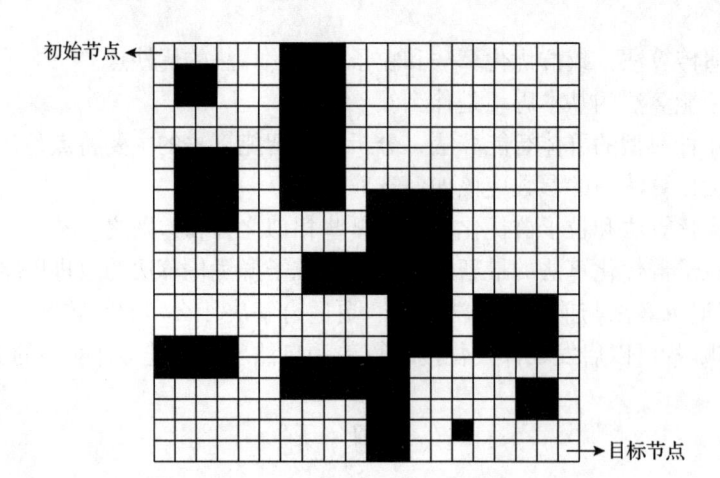

目标节点 →

4.9 利用粒子群优化算法求解如下函数优化问题：

$$\min f(x_1, x_2) = 0.5 + \frac{\left(\sin\sqrt{x_1^2 + x_2^2}\right)^2 - 0.5}{\left[1 + 0.001\left(x_1^2 + x_2^2\right)\right]^2}, \quad -100 \leq x_1, x_2 \leq 100$$

4.10 选择某种编程语言，编程实现 4.3.2 节中的粒子群优化算法求解旅行商问题。

4.11 选择某种编程语言，利用模拟退火算法求解旅行商问题。

第 5 章　经典逻辑推理

数学、自然科学等领域研究众多高度抽象的理论问题，对于这些理论问题的思辨分析、推理演算等工作，向来被认为是人类智能的集中体现。从人工智能学科诞生之初，逻辑推理就是人工智能研究的重点领域之一，通过逻辑方法对符号及其关系进行演算，实现逻辑推理，辨析符号所描述内容是否正确是符号主义学派的重要研究内容，而逻辑理论家被认为是有史以来开发的第一个人工智能程序。经典逻辑也称为二值逻辑，主要包括命题逻辑和谓词逻辑，其特点是任何一个命题公式或谓词公式的真值只能为真或假。经典逻辑推理采用命题公式或谓词公式描述知识，采用自然演绎推理或归结推理等方法进行自动定理证明或问题求解，适合解决可以用经典逻辑语言描述的确定性推理问题，具有精确、严密等特点。本章介绍经典逻辑推理，主要涉及命题逻辑、一阶谓词逻辑的知识表示与推理方法，以及自动定理证明和问题求解的一般过程。

5.1　经典逻辑推理概述

5.1.1　经典逻辑推理的基本概念

逻辑学是研究人类思维规律的科学，逻辑可分为经典逻辑和非经典逻辑。经典逻辑也称为标准逻辑，主要是指以二值逻辑为基础的命题逻辑和谓词逻辑演算系统。在命题逻辑中，用陈述句来表示知识，有确定的真值；在一阶谓词逻辑中，用带参数的陈述句来表示知识，其真值依赖对其参数的解释。经典逻辑推理是根据经典逻辑的演算规则进行的一种推理，主要推理方法有自然演绎推理、归结推理和与或形演绎推理等。非经典逻辑泛指经典逻辑之外的逻辑，如三值逻辑、多值逻辑和模糊逻辑等。

人类的大部分知识是用自然语言的形式来表达和存储的。自然语言通常是指自然地随文化演化的语言，如汉语、英语、法语等，是人类交流和思维的主要工具。但是自然语言有明显的歧义性、冗余性和进化性，有时表面语义与真实语义不一致，往往表现出对于上下文和语境的高度依赖，因此难以用计算机直接存储和处理。

为了将自然语言表达的知识表示为清晰的、没有歧义的形式，经典逻辑推理首先用命题公式或谓词公式来形式化地表示知识，然后研究其一般推理规则。形式是与内容相对的，内容是指思维所反映的对象及其属性，形式是指描述对象及其属性关系的方式。而形式化是用符号来表示思维对象，基于思维规律建立符号演算的推理规则。形式化的好处在于：具体的问题一旦形式化为符号，在推理求解过程中就不用再关心各符号的具体含义，可以利用与问题无关的通用方法来演绎推理，如三段论。

大前提：所有人都会死。
小前提：苏格拉底是人。

结论：苏格拉底会死。

用小前提中的"苏格拉底"替换大前提中的"人"，就可以得到结论。进一步，将上述三段论抽象为如下形式。

大前提：任意x，x拥有属性y。

小前提：A是x。

结论：A拥有属性y。

抽象之后，问题的背景被完全抛开，x可能是"人"或"动物"，A可能是"牛顿"或"爱因斯坦"，y可能是"要呼吸"或"要吃饭"等，推理都是成立的。逻辑推理规则具有通用性，推理的过程和问题背景无关，如上述三段论的推理过程只关心形式是否满足，而与其内容无关。同时，逻辑推理系统具有严密性，只要形式化的过程是正确的，那么推理的结论就一定成立。

5.1.2 典型逻辑推理问题

利用经典逻辑可以形式化地表示自然语言表达的知识，并进行演绎推理，进而产生新的知识，完成自动定理证明等工作。自动定理证明是典型的逻辑推理问题之一，将人类证明定理的过程变成能在计算机上自动实现的符号演算过程，曾经对人工智能的发展起到了重要的推动作用。有观点认为，符号主义学派的思想源头和理论基础就是自动定理证明。自动定理证明不仅可用于数学定理证明，还可用于医疗诊断、信息检索、规划制定和问题求解等。

定理证明的实质是证明由前提P得到结论Q的永真性。但是，要直接证明推理式$P \rightarrow Q$的永真性一般来说是很困难的，通常采用的推理方法是反证法。1930年，Herbrand提出了Herbrand定理，为自动定理证明奠定了理论基础。1965年，Robinson提出了归结推理，使自动定理证明达到应用阶段，对机器推理做出了重要贡献。1976年，四色定理(该定理指出四种颜色足以填充地图，没有两个相邻区域具有相同的颜色)成为第一个主要借助计算机证明的定理。1977年，我国吴文俊院士提出几何定理机器证明"吴方法"，成为自动定理证明领域的一项标志性成果。尽管至今人工智能仍无法自主地提出并证明全新的定理，但是人工智能辅助定理证明已经成为一种非常有效的方法。它可以利用符号推理、机器学习、自动证明等多种技术来帮助人类科学家更有效地证明定理，不仅能够加快定理证明的速度，还能帮助人类发现新的定理。

本章将以自动定理证明为主线，介绍人工智能领域中经典逻辑推理的基本方法。将相关推理方法进行延伸，还可以基于经典逻辑推理来实现问题求解。

5.2 命题逻辑推理

5.2.1 命题逻辑的基本概念

命题(proposition)是指能够判断真假的陈述句，判断结果的取值只能为"真"或"假"。判断一个语句是否为命题，首先应该判断它是否为陈述句，再判断它是否有唯一的真值。

祈使句、疑问句、感叹句、悖论都不是命题。若一个命题为真，则称它的真值为真，记为 T。若一个命题为假，则称它的真值为假，记为 F，例如，"人工智能技术正在改变人类生活"是真命题，"无人机只能承担侦查任务"是假命题，"人工智能会超过人类智能吗？"不是陈述句，因此不是命题。

命题逻辑(propositional logic)是研究命题与命题之间关系的符号逻辑系统，它将自然语言描述的各要素用命题的形式表示出来，使用逻辑运算符(联结词)表示各要素之间的关系，利用推理产生新的命题或进行定理证明。命题逻辑作为一种经典逻辑语言，可以由语法和语义来定义，语法规定了语言的组成形式和变化规则，语义定义了语言描述的句子的意义，将语言符号与思维对象对应起来。

1. 命题逻辑的语法

命题一般写成合式公式的形式，合式公式由原子命题和联结词组成。

原子命题(atomic proposition)是指不包含其他命题作为其组成部分的命题，也称为简单命题。原子命题通常以大写字母表示，如 T (真)、F (假)、P、Q、R、$P1$ 等。

联结词(logical connective)是逻辑运算的符号。联结词包含以下 5 种：析取(disjunction)，记为符号"∨"，表示连接的两个命题具有"或"关系；合取(conjunction)，记为符号"∧"，表示连接的两个命题具有"与"关系；蕴含(implication)，记为符号"→"，表示连接的两个命题具有"条件和结论"关系，如公式"$P \rightarrow Q$"表示"P 蕴含 Q"，即"如果 P 成立，那么 Q 成立"，其中 P 称为蕴含式的前件，Q 称为蕴含式的后件；双向蕴含(bidirectional implication)，记为符号"↔"，表示连接的两个命题具有"当且仅当"关系；非(negation)，记为符号"¬"，表示对命题的否定。

联结词的运算优先级按照从高到低的排列顺序为：¬、∧、∨、→、↔，可以通过加括号的方式改变运算顺序，括号内运算的优先级高于括号外运算的优先级。

将若干原子命题通过联结词连接起来就构成了合式公式，也称为复合命题，可以表示较为复杂的逻辑关系。例如，有如下陈述句"无侦-7 和翼龙-10 都是高空侦察无人机"。其表达的意思是：无侦-7 是高空侦察无人机，并且翼龙-10 是高空侦察无人机。其中，"无侦-7 是高空侦察无人机""翼龙-10 是高空侦察无人机"可分别表示为原子命题 P 和 Q，"并且"可表示为合取关系；"无侦-7 和翼龙-10 都是高空侦察无人机"就可以表示成合式公式 $P \wedge Q$。

2. 命题逻辑的语义

一个合式公式的真值取决于它所包含的原子命题的真值以及原子命题之间的关系。合式公式中原子命题的取值方案，称为该合式公式的解释。

五种联结词在不同解释下的真值表如表 5.1 所示。例如，在 P 和 Q 均为真的解释下，合式公式 $P \wedge Q$ 取值才为真。蕴含与自然语言中的"如果……，那么……"有区别，自然语言中条件和结论之间存在内在联系，而蕴含式中前后件之间可以毫无关系。例如，"如果 GPS 信号丢失，那么电池状态良好"可以表示为一个蕴含式。另外，当前件为假时，不管后件是真还是假，蕴含式的值都为真，只有前件为真，后件为假时，蕴含式的值才为假。

表 5.1 命题逻辑真值表

P	Q	$P \wedge Q$	$P \vee Q$	$\neg P$	$P \rightarrow Q$	$P \leftrightarrow Q$
真	真	真	真	假	真	真
真	假	假	真	假	假	假
假	真	假	真	真	真	假
假	假	假	假	真	真	真

例 5.1 假设 P 为假，Q 为假，R 为真。根据该解释计算合式公式 $((P \rightarrow Q) \rightarrow R) \rightarrow P$ 的值。

解 按照括号标注的顺序从内到外依次计算，根据 P 为假，得到 $P \rightarrow Q$ 的值为真；然后根据 $P \rightarrow Q$ 且 R 为真，得到 $(P \rightarrow Q) \rightarrow R$ 为真；根据 P 为假，得到整个合式公式的值为假。

如果一个合式公式在它所包含的原子命题的所有解释下都为真，那么它是永真式。如果一个合式公式在它所包含的原子命题的所有解释下都为假，那么它是永假式。

当且仅当两个合式公式的真值在它所包含的原子命题的所有解释下都是相同的，两个合式公式才等价，用符号"≡"表示。"≡"不同于联结词"↔"，"≡"用于对公式进行声明，表示两个公式之间的关系，而↔用作某个合式公式的一部分。要证明两个合式公式是否等价，根据定义，需要取它们所包含的原子命题真假的所有组合。例如，要证明 $\neg(P \vee Q) \equiv \neg P \wedge \neg Q$，其过程为：当 P 和 Q 中任何一个为真时，$P \vee Q$ 为真，$\neg(P \vee Q)$ 为假，$\neg P \wedge \neg Q$ 也为假；当 P 和 Q 都为假时，$P \vee Q$ 为假，$\neg(P \vee Q)$ 为真，$\neg P \wedge \neg Q$ 也为真，从而等价式成立。这种方式非常烦琐，对于复杂公式不便于使用。而常用等价式为命题公式进行形式转换带来了可能，基于这些转换不再需要逐一列出 P 和 Q 的真值表来判断两个公式是否等价，而是根据已有等价公式来判断即可。表 5.2 给出了常用的命题公式等价转换定律。

表 5.2 常用的命题公式等价转换定律

常用等价式	表示
否定之否定	$\neg(\neg P) \equiv P$
蕴含等价式	$P \rightarrow Q \equiv \neg P \vee Q$
德·摩根律	$\neg(P \vee Q) \equiv \neg P \wedge \neg Q$ $\neg(P \wedge Q) \equiv \neg P \vee \neg Q$
交换律	$P \wedge Q \equiv Q \wedge P$ $P \vee Q \equiv Q \vee P$
分配律	$P \wedge (Q \vee R) \equiv (P \wedge Q) \vee (P \wedge R)$ $P \vee (Q \wedge R) \equiv (P \vee Q) \wedge (P \vee R)$
结合律	$(P \wedge Q) \wedge R \equiv P \wedge (Q \wedge R)$ $(P \vee Q) \vee R \equiv P \vee (Q \vee R)$
逆否律	$P \rightarrow Q \equiv \neg Q \rightarrow \neg P$

特别值得注意的是，蕴含式的等价转换定律 $P \rightarrow Q \equiv \neg P \vee Q$，表明蕴含式和析取式本质上是相同的，可以互相转换。例如，在讨论机器人导航信号稳定问题时，有命题"只要进入密闭环境，就会迷路"，此命题为真意味着：对于讨论范围内的所有机器人，"要么处于未进入密闭环境，要么处于迷路状态"。

5.2.2 命题演算的推理方法

用自然语言描述的事实、定理（如数学定理或常识）等，通常可以使用命题合式公式来表示。已知事实和定理共同组成了已知知识，已知知识是一组值为真的命题。命题推理演算就是从已知知识出发推导出一些新的命题，常用推理方法包括自然演绎推理和归结推理等。

1. 基于蕴含式的自然演绎推理

从一组已知为真的事实出发，直接运用经典逻辑中的推理规则推出结论的过程，称为自然演绎推理。基本推理规则包括假言推理和链式推理（假言三段论）等，模拟了人类的逻辑推理过程。

首先看假言推理。假设已知定理"若供电电压过高，则控制电路损坏"和事实"供电电压过高"，这个事实恰好与定理的条件相符，因此可以得到新的事实"控制电路损坏"，假言推理语句如图 5.1(a) 所示。用命题公式表示该过程，就是将定理表示为蕴含式 $R \rightarrow P$，在已知事实 R 与蕴含式前件相符的前提下，得到结论 P，命题逻辑表示如图 5.1(b) 所示。

供电电压过高 若供电电压过高，则控制电路损坏	R $R \rightarrow P$
控制电路损坏	P
(a) 假言推理语句	(b) 命题逻辑表示

图 5.1 假言推理语句及其命题逻辑表示

再看链式推理。假设不仅已知定理"若供电电压过高，则控制电路损坏"，还知道定理"若控制电路损坏，则机器人失去控制"，前者的结论恰好是后者的条件，因此可以得到新的定理"若供电电压过高，则机器人失去控制"。将该过程用命题逻辑推理表示出来，如图 5.2 所示。

若供电电压过高， 若控制电路损坏， 则控制电路损坏 则机器人失去控制	$R \rightarrow P$ $P \rightarrow Q$
若供电电压过高， 则机器人失去控制	$R \rightarrow Q$
(a) 链式推理语句	(b) 命题逻辑表示

图 5.2 链式推理语句及其命题逻辑表示

机器能否采用与此类似的方式进行推理呢？对于某些问题是可以的。由机器实现假言推理和链式推理的核心工作是：判断某个已知事实或者某个定理的结论是否符合其他定理的条件，如果事实或者定理的前/后件形式比较简单，那么通常可以匹配成功，进而使用蕴含式来实现推理过程。但是，如果定理的前/后件形式比较复杂，那么基于蕴含式的机器推理存在较大的困难。

例 5.2 基于蕴含式的逻辑推理实例。已知定理：如果无人机载荷重且油箱容量小，那么续航能力一定不好。已知事实：某型无人机载荷重，但续航能力好。能否推理出该型无人机油箱容量不小？

解 以人类的视角来看，这个问题是可以推理的。某型无人机载荷重，但续航能力好，那么肯定是油箱容量不小。机器能否进行推理呢？用蕴含式表示这个定理，表示形式为 HeavyLoad ∧ FewFuel → ¬GoodEndurance。已知事实 HeavyLoad ∧ GoodEndurance 与定理的条件并不符合，因此无法用机器直接进行推理。

使用蕴含式来表示定理存在表示形式不唯一的问题。由于语言的多义性，同一个定理可能有多种表示形式。例如，例 5.2 中的定理可以变换出如下 6 种等价形式。

定理 1：如果载荷重且油箱容量小，那么续航能力一定不好。

$$\text{HeavyLoad} \land \text{FewFuel} \to \neg \text{GoodEndurance}$$

定理 2：如果载荷重且续航能力好，那么油箱容量一定不小。

$$\text{HeavyLoad} \land \text{GoodEndurance} \to \neg \text{FewFuel}$$

定理 3：如果油箱容量小且续航能力好，那么载荷一定不重。

$$\text{FewFuel} \land \text{GoodEndurance} \to \neg \text{HeavyLoad}$$

定理 4：如果续航能力好，那么载荷不重或者油箱容量不小。

$$\text{GoodEndurance} \to \neg \text{HeavyLoad} \lor \neg \text{FewFuel}$$

定理 5：如果载荷重，那么续航能力不好或者油箱容量不小。

$$\text{HeavyLoad} \to \neg \text{GoodEndurance} \lor \neg \text{FewFuel}$$

定理 6：如果油箱容量小，那么续航能力不好或者载荷不重。

$$\text{FewFuel} \to \neg \text{GoodEndurance} \lor \neg \text{HeavyLoad}$$

如果采用蕴含式进行推理，那么需要将定理的所有形式都给出来，否则，可能因为条件与事实在形式上不完全符合而导致推理无法进行。对于此类问题，通常需要应用更多的推理规则，或者加入该领域的启发性知识，以指导推理过程的顺利进行。

2. 基于析取式的归结推理

对于例 5.2 的定理有没有其他的表示形式呢？把蕴含式改写成析取式可以解决定理表示形式不唯一的问题。根据蕴含等价式 $P \to Q \equiv \neg P \lor Q$，蕴含式可以转换为前件的非与后件的析取式的形式，将以上 6 个用蕴含式表示的定理转换为析取式的形式，可以发

现它们是完全相同的，都可以转换为

$$\neg\text{HeavyLoad} \vee \neg\text{FewFuel} \vee \neg\text{GoodEndurance}$$

将图 5.1(b)和图 5.2(b)中假言推理和链式推理的蕴含式改写为析取式，推理过程如图 5.3 所示。

$$\frac{R \quad \neg R \vee P}{P} \qquad \frac{\neg R \vee P \quad \neg P \vee Q}{\neg R \vee Q}$$

(a) 假言推理过程　　　　　　(b) 链式推理过程

图 5.3　基于析取式的假言推理过程和链式推理过程

以图 5.3(b)所示的链式推理过程为例，前提是析取式 $\neg R \vee P$ 和 $\neg P \vee Q$，得到的结论是析取式 $\neg R \vee Q$。这些参与推理的析取式称为子句。子句(clause)是指单个文字或多个文字的析取式，如 P、$\neg Q$、$\neg P \vee Q$、$\neg P \vee U \vee V$。其中，文字(literal)是原子命题或原子命题的非，如 P 为正文字，$\neg P$ 为负文字。互补文字是互为非的一对文字，含有互补文字的一对子句称为亲本子句。在图 5.3(b)中，第一个子句 $\neg R \vee P$ 含有 P，第二个子句 $\neg P \vee Q$ 含有 $\neg P$，P 和 $\neg P$ 是一对互补文字，因此这两个子句是亲本子句。如果两个子句是亲本子句，那么它们可以进行推理，推理的结论是把两个子句去除互补文字后剩下部分的析取式。例如，在图 5.3(a)中，第一个子句含有 R，第二个子句含有 $\neg R$，它们是亲本子句，推理的结论是去除互补文字之后剩下的部分，即 P。

可以发现，基于析取式的链式推理和假言推理可以转换为相同的推理规则，对应的推理方法就是归结推理。归结推理是指两个含有互补文字的亲本子句可以进行推理，推理得到的结论是去除互补文字之后两个子句的析取式。归结推理也称为消解推理，是命题逻辑和谓词逻辑中一种有效的机械化推理方法。该方法的推理规则简单，便于计算机编程实现，使得逻辑推理演算达到了可实用的程度，被认为是自动推理，特别是自动定理证明领域的里程碑式成果。

关于归结，有以下两点需要说明。

一是在归结之前，需要将已知的事实、定理等转换成子句集的形式。子句本质上是简单析取范式(simple disjunctive normal form)。把命题公式化归为一种标准的形式，称此标准形式为范式。设 A 为如下形式的命题公式 $B_1 \vee B_2 \vee \cdots \vee B_n$，其中 $B_i(i=1,2,\cdots,n)$ 为原子命题或其否定，则 A 称为简单析取范式。单个文字也可以看作一个简单析取范式。

二是子句之间的逻辑关系是合取。因为子句表示的是已知事实或者定理，这些子句必须同时成立才能推导出结论，所以它们之间是合取关系。也就是说，在归结过程中，子句内是析取式的形式，子句间是合取关系。所有子句的合取式构成了合取范式(conjunctive normal form)。设 A 为如下形式的命题公式 $B_1 \wedge B_2 \wedge \cdots \wedge B_n$，其中 $B_i(i=1,2,\cdots,n)$ 是简单析取范式，则 A 称为合取范式。

在每次归结时，只能消去两个子句中的一对互补文字。例如，$P \vee W \vee \neg Q \vee R$ 与 $P \vee Q \vee \neg R$ 归结的结果不是 $P \vee W$，而是 $P \vee W \vee \neg Q \vee Q$ 或者 $P \vee W \vee \neg R \vee R$，因为 $\neg Q \vee Q$ 和 $\neg R \vee R$ 都为永真式，所以归结结果为永真式。如果两个子句在归结后的剩余

部分含有重复的文字,那么仅需保留其中一个文字。例如,$P \vee W \vee Q$ 和 $W \vee \neg Q$ 归结的结果为 $P \vee W$。这是因为两个子句间剩余部分需要用析取符号联结,对两个相同的文字进行析取的结果还是其本身。如果两个子句都只含有单个文字,且两个文字互补,那么两个子句的归结结果为"空",用 nil 或 □ 表示。空子句是指不包含任何文字的子句,例如,P 和 $\neg P$ 归结的结果为"空","空"意味着推导出的结果为永假式。这是因为两个子句间是合取关系,$P \wedge \neg P$ 的值为假。归结结果为空意味着参与归结的子句间存在矛盾,这是用归结推理进行定理证明的核心知识点之一。

如果某个合式公式可以转换成合取范式,即多个子句的合取形式,那么可以对这些子句进行归结。子句构成的集合称为子句集。在归结时,先从子句集中选取两个含有互补文字的亲本子句进行归结,归结后产生新的子句,将新的子句补充到子句集中,如果新子句和原始子句含有互补文字,那么可以继续归结。单个合式公式的归结如图 5.4 所示,某合式公式通过等价转换为 $R \wedge (\neg R \vee P) \wedge (\neg P \vee Q)$ 的形式,该式包含 3 个子句,它们组成了一个子句集 $\{R, \neg R \vee P, \neg P \vee Q\}$,归结结果为 Q。

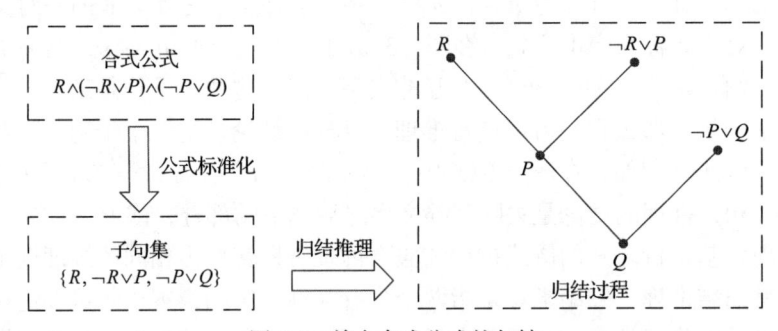

图 5.4 单个合式公式的归结

要对合式公式进行归结推理,必须先将其转换成子句集的形式。命题合式公式标准化为子句集的步骤如下。

第 1 步:消除蕴含符号,即利用蕴含式的等价转换定律将蕴含式改写成析取式。

第 2 步:否定深入,即改写公式使否定符号只修饰单一原子命题,例如 $\neg(R \vee P)$ 否定深入后为 $\neg R \wedge \neg P$。

第 3 步:转换为子句的合取式,转换过程中可能用到分配律和结合律。

第 4 步:形成子句集。

例 5.3 将合式公式 $\neg(P \rightarrow Q) \vee (R \rightarrow P)$ 转换为子句集。

解 第 1 步:消除蕴含符号,得

$$\neg(\neg P \vee Q) \vee (\neg R \vee P)$$

第 2 步:否定深入,得

$$(P \wedge \neg Q) \vee (\neg R \vee P)$$

第 3 步:转换为子句的合取式,得

$$(P \vee \neg R) \wedge (\neg Q \vee \neg R \vee P)$$

第4步：形成子句集为

$$\{P \vee \neg R, \ \neg Q \vee \neg R \vee P\}$$

5.2.3 基于命题归结的自动定理证明

一般而言，大部分定理可以拆分成条件和结论，表示为蕴含式的形式。蕴含式的前件是所有条件的合取，后件是结论。例如，如果两条直线都与第三条直线平行，那么这两条直线是平行的；如果天很冷，又想出门，那么要多穿衣服。

假设某定理有 n 个条件，则可以表示为

$$\text{条件}1 \wedge \text{条件}2 \wedge \cdots \wedge \text{条件}n \rightarrow \text{结论}$$

证明该定理，就是要证明该蕴含式为永真式。把它转换成析取式为

$$\neg(\text{条件}1 \wedge \text{条件}2 \wedge \cdots \wedge \text{条件}n) \vee \text{结论}$$

证明上式为永真式，等价于证明该式的非永假，即证明如下公式为永假式：

$$\text{条件}1 \wedge \text{条件}2 \wedge \cdots \wedge \text{条件}n \wedge \neg\text{结论}$$

也就是要证明所有的条件和结论的非不能同时为真。假设结论不成立，然后通过推理发现其与已知条件之间存在矛盾，从而证明原结论成立，这正是反证法的思想。

如何通过命题归结证明某个公式为永假式呢？已知归结结果为"空"意味着合式公式为永假式，也就是说，要证明该公式永假，只要从该公式归结出"空"即可。利用命题归结进行定理证明，正是通过证明"条件∧¬结论"对应子句集的不可满足性（永假性）来进行的。归结推理是完备的，即若子句集不可满足，则必然存在一个从子句集到空子句的归结推理过程。

基于归结的命题定理证明过程如下。

第1步：将结论的非与所有条件合取，得到待证明的合式公式。

第2步：将上述合式公式标准化为子句集。

第3步：对子句集进行归结，直到归结结果为空。

例 5.4 移动机器人自检问题。移动机器人需要完成电力驱动系统和传动系统的自检，对于电力驱动系统，可通过传感器直接感知其状态，但对于传动系统的好坏无法直接感知。已知定理：如果电力驱动系统和传动系统均工作正常，那么机器人将向前移动。已知事实：电力驱动系统正常但机器人未向前移动。求证：传动系统不正常。

解 引入如下原子命题

TRANSMISSION_OK：传动系统正常

POWER_OK：驱动系统正常

MOVES：机器人向前移动

用命题公式分别表示事实、定理和待证结论。
事实：POWER_OK，¬MOVES
定理：TRANSMISSION_OK ∧ POWER_OK → MOVES
结论：¬TRANSMISSION_OK
将事实、定理以及结论的非用合取符号联结起来，构成一个合式公式，即

POWER_OK ∧ ¬MOVES ∧ (TRANSMISSION_OK ∧ POWER_OK → MOVES) ∧ TRANSMISSION_OK

归结的目的是证明这个合式公式永假。在使用归结推理前，需要将公式转换成子句集形式。上述合式公式转换成合取范式的结果为

POWER_OK ∧ ¬MOVES ∧ (¬TRANSMISSION_OK ∨ ¬POWER_OK ∨ MOVES) ∧ TRANSMISSION_OK

进而得到子句集为

{POWER_OK, ¬MOVES, ¬TRANSMISSION_OK ∨ ¬POWER_OK ∨ MOVES, TRANSMISSION_OK}

用树形结构表示的归结反演过程，称为归结反驳树。从子句集中选取亲本子句反复进行归结，最终归结为空，问题的结论得证，对应的归结反驳树如图 5.5 所示。

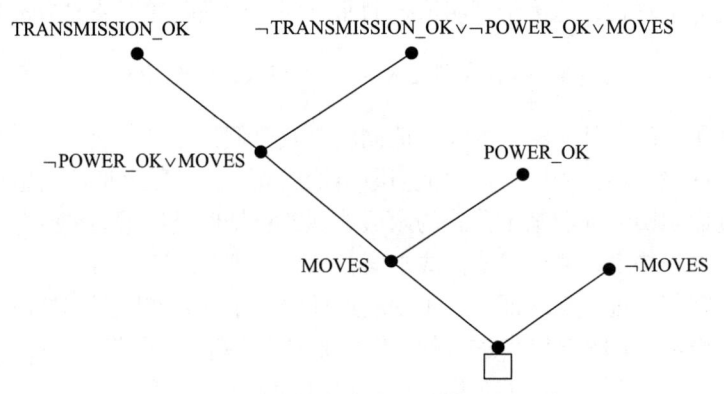

图 5.5　移动机器人自检问题的归结反驳树

命题逻辑的推理过程精确，易于理解。但是，命题逻辑以语句为单位进行演算，表达能力非常有限。命题逻辑甚至不能证明三段论的合法性。例如，若用 P、Q、R 分别表示命题"所有的人都是要死的""苏格拉底是人"和"苏格拉底是要死的"，则三段论推理过程可表示为 $(P \land Q) \to R$。尽管从语义上看，P、Q、R 存在内部关系，但是在命题逻辑中，P、Q、R 被看作三个独立的、没有联系的命题，因此不能由 P 和 Q 推出结论 R。

命题逻辑不能检查语句的内部结构，无法表示出语句内所含事物的属性或者事物之间的关系。例如，"无侦-7 是无人机"和"翼龙-10 是无人机"需要用两个独立的原子命题来表示，无法表达它们共有的属性"某某是无人机"。又如，"坦克在运输车的后面"和"运输车在坦克的后面"必须用两个完全不同的命题来表示，无法表达"某个物体在另一个物体后面"这种事物之间的关系。为了提高表达能力，需要将命题分

解为对象和属性(或关系)，这就需要引入谓词逻辑。

5.3 谓词逻辑推理

5.3.1 谓词逻辑的基本概念

谓词逻辑(predicate logic)是基于谓词等符号来描述对象之间关系的逻辑系统，包括基于谓词公式的知识表示以及基于谓词演算的逻辑推理。

1. 谓词逻辑的语法

谓词公式主要由四部分组成：个体词、谓词、量词及联结词。

个体词表示某个独立存在的事物或者某个抽象的概念。个体词包括个体常量、个体变量和函数。个体常量用来指代一个或一组特定的个体，一般用对象名称或者 A、B 等大写英文字母表示，如小王可以表示为个体常量 Wang。个体变量用来指代没有指定的一个或一组个体，一般用 x、y、z 等小写英文字母表示，如在某一范围内取值的数字可以表示为个体变量 x。函数用来指代一个个体到另一个个体的映射，一般用 $f(x)$、$g(x)$ 等小写英文字母或者字符串表示，例如小王的父亲可表示为函数 father(Wang)。

谓词是指用来描述对象的状态、性质及对象间关系的词。谓词包括谓词常量和谓词变量。一般而言，谓词不能单独使用，必须与个体词组合才能构成谓词公式。谓词的名称是由使用者根据需要人为定义的，一般用具有相应意义的英文单词表示，或者用大写英文字母表示。例如，要表达"x 是无人机"，可以定义一个谓词 IsAUV(x)，将"无侦-7 是无人机"表示为 IsAUV(无侦-7)，将"翼龙-10 是无人机"表示为 IsAUV(翼龙-10)。又如，要表达"某个物体在另一个物体后面"，可以定义谓词 BEHIND(x,y)，将"坦克在运输车的后面"和"运输车在坦克的后面"分别表示为 BEHIND(坦克,运输车) 和 BEHIND(运输车,坦克)。谓词中包含的个体数目称为谓词的元数，如 IsAUV(x) 是一元谓词，BEHIND(x,y) 是二元谓词。

量词用来限定个体变量的取值范围，包含全称量词和存在量词。全称量词记为 $\forall$，通常表示所有、全部、任意等含义。存在量词记为 $\exists$，通常表示存在、有些、某个等含义。通过引入量词，可以方便地描述个体集合中全部个体或部分个体的共同属性。

联结词描述谓词之间的关系，包括合取 $\land$、析取 $\lor$、蕴含 $\rightarrow$、双向蕴含 $\leftrightarrow$、非 $\neg$。

在谓词公式中，紧接于量词之后被量词作用的谓词公式称为该量词的辖域，例如在公式 $(\forall x P(x)) \rightarrow (\exists x Q(x))$ 中，$\forall x$ 的辖域是 $P(x)$；而在 $\exists x(P(x) \rightarrow Q(x))$ 中，$\exists x$ 的辖域是 $P(x) \rightarrow Q(x)$。在量词的辖域中受量词约束的个体变量称为约束变元。不受全称量词或存在量词约束的个体变量称为自由变元，例如在 $\exists x(P(x) \lor Q(y))$ 中，x 是约束变元，y 是自由变元。个体变量的取值范围称为个体域，个体域可以是有限的，也可以是无限的。例如，用 $I(x)$ 表示整数，x 的个体域是所有整数，是无限的。当变量被一个特定的个体(常量)代替时，变量被常量化。当谓词公式中所有的变量都被特定个体代替时，谓词公式具有唯一的真值。

在谓词逻辑中，函数和谓词之间的区别在于：函数是从个体域（定义域）到个体域（值域）的映射，而谓词是从个体域到真值的映射，将个体变量用个体常量代替后的谓词公式就变成命题，而将个体变量用个体常量（来自定义域）代替后的函数仍是个体（来自值域）；函数要嵌入到谓词公式中使用，不能单独使用。

本章只讨论一阶谓词。一阶谓词中的谓词只被允许刻画个体词，不允许使用谓词去刻画谓词，量词只允许约束变量，不允许约束谓词。

2. 谓词逻辑的语义

谓词公式的语义取决于公式中各要素的指派，包括个体常量、函数、谓词的解释，个体变量的取值以及量词和联结词意义的规定。每个谓词公式在变量被常量化后等价为一个命题，因此命题公式的常用等价式在谓词逻辑中也是成立的。需要注意的是，量词对于谓词公式语义会产生影响。当多个全称量词或者多个存在量词连用时，顺序可以颠倒；当全称量词和存在量词混用时，顺序不可以颠倒。

常用的量词转换等价式有以下几种。

(1) 量词转换律。

$$\neg \forall x P(x) \equiv \exists x \neg P(x)$$

$$\neg \exists x P(x) \equiv \forall x \neg P(x)$$

(2) 量词分配律。

$$\forall x (P(x) \wedge Q(x)) \equiv \forall x P(x) \wedge \forall x Q(x)$$

$$\exists x (P(x) \vee Q(x)) \equiv \exists x P(x) \vee \exists x Q(x)$$

需要注意的是，全称量词对合取式满足分配律，存在量词对析取式满足分配律，但是全称量词对析取式不满足分配律，且存在量词对合取式也不满足分配律，即

$$\forall x (P(x) \vee Q(x)) \text{ 不等价于 } \forall x P(x) \vee \forall x Q(x)$$

$$\exists x (P(x) \wedge Q(x)) \text{ 不等价于 } \exists x P(x) \wedge \exists x Q(x)$$

5.3.2 基于谓词归结的自动定理证明

在把已知事实和定理用谓词公式表示出来之后，就可以基于谓词演算规则进行推理，从而推导出新的知识或结论。归结不仅是命题演算的有效工具，也是谓词演算的主要形式。在谓词推理演算中，通常需要经过变量置换、公式标准化之后，才能进行归结证明。

1. 知识的谓词公式表示

谓词逻辑推理的前提是，把问题中用自然语言描述的知识表示成谓词公式的形式。其核心是对自然语言表示的语句进行分析分解，找到需要描述的个体及其属性或关系，

并忽略一些不必要的细节。对于日常用语，可根据以下规则写出谓词公式：专有名词（如王强、中国等）、人称代词（如你、我、他等）、指示代词（如这个、那个等）表示为个体词；非专有名词（如战斗机、士兵等）、形容词、动词表示为谓词；不定代词（如任何、每个、有些等）、数词等表示为量词；语句中的连接词表示为联结词；副词与其所修饰的动词合并为一个谓词，不再分解；介词与其他有关词合并表示，不单独表示。以上规则只供参考，在具体应用中也有例外。

例 5.5 将下列语句表示为谓词公式：

任意整数都是有理数

某些机器人是有轮子的

对于所有的自然数，均有 $x+y>x$

没有不散的宴席

某些人对某些食物过敏

解 用谓词 $I(x)$ 表示"x 是整数"，$Q(x)$ 表示"x 是有理数"，语句"任意整数都是有理数"可以表示为

$$\forall x(I(x) \rightarrow Q(x))$$

用谓词 $D(x)$ 表示"x 是机器人"，谓词 $W(x)$ 表示"x 有轮子"，语句"某些机器人是有轮子的"可以表示为

$$\exists x(D(x) \land W(x))$$

用谓词 $N(x)$ 表示"x 是自然数"，谓词 $\mathrm{Smaller}(x,y)$ 表示"x 小于 y"，函数 $\mathrm{sum}(x,y)$ 表示"x 与 y 的和"，语句"对于所有的自然数，均有 $x+y>x$"可以表示为

$$\forall x \forall y(N(x) \land N(y) \rightarrow \mathrm{Smaller}(x, \mathrm{sum}(x,y)))$$

用谓词 $\mathrm{Isbanquet}(x)$ 表示"x 是宴席"，谓词 $\mathrm{Willend}(x)$ 表示"x 会结束"，语句"没有不散的宴席"可以表示为

$$\forall x(\mathrm{Isbanquet}(x) \rightarrow \mathrm{Willend}(x))$$

用谓词 $H(x)$ 表示"x 是人"，谓词 $F(x)$ 表示"x 是食物"，谓词 $\mathrm{OS}(x,y)$ 表示"x 对 y 过敏"，语句"某些人对某些食物过敏"可以表示为

$$\exists x \exists y(H(x) \land F(y) \land \mathrm{OS}(x,y))$$

需要注意的是，全称量词约束的个体词之间的关系一般不用合取，用蕴含；存在量词约束的个体词之间的关系一般不用蕴含，用合取。单个语句的谓词公式表示形式可能不唯一。

2. 谓词演算中的置换与合一

个体词的引入使得谓词公式的表现形式相比命题公式更加多样，有时无法直接进行子句归结，需要进行变量置换。

例如，已知知识为

$$\text{所有人都会死}$$
$$\text{苏格拉底是人}$$

把这两条知识表示成谓词公式的形式为

$$\forall x (\text{Human}(x) \to \text{Willdie}(x))$$
$$\text{Human}(\text{Socrates})$$

经谓词公式标准化（这里直接去掉了全称量词并转换为析取式），得到以下两个子句

$$\neg \text{Human}(x) \lor \text{Willdie}(x)$$
$$\text{Human}(\text{Socrates})$$

归结的前提是两个子句必须含有互补文字。观察这两个子句，第二个子句含有 Human(Socrates)，第一个子句含有 ¬Human(x)，它们在形式上不完全互补，因此无法直接归结。但是，基于常识推理，它们应该能够在经过一定转换后进行归结。在第一个子句中，对于任意的变量 x，该公式都成立，如果用一个常量替换 x，那么该公式依然成立。用常量 Socrates 替换第一个子句中的变量 x，得到 ¬Human(Socrates) ∨ Willdie(Socrates)。此时，两个子句成为亲本子句，可以归结出 Willdie(Socrates)，与常识推理的结论是一致的。

置换（substitution）是指在谓词公式中用项替换变量，项通常指个体常量、个体变量和函数，用于替换变量的项称为置换项，置换得到的公式称为置换实例。置换可表示为一组有序对 $s = \{t_1/x_1, t_2/x_2, \cdots, t_n/x_n\}$，其中，$t_i/x_i$ 表示用项 t_i 替换量词辖域范围内变量 x_i 的每次出现。对公式 F 进行置换，若置换操作为 s，则相应的置换实例记为 Fs。通常，置换并不唯一，例 5.6 列出了同一谓词公式的 4 种不同置换。

例 5.6 利用置换 $s_1 \sim s_4$ 对公式 $F = P(x, f(y), B)$ 进行置换，写出其置换实例。

$$s_1 = \{z/x, w/y\}$$
$$s_2 = \{A/y\}$$
$$s_3 = \{g(z)/x, A/y\}$$
$$s_4 = \{C/x, A/y\}$$

解 各公式对应的置换实例分别为

$$Fs_1 = P(z, f(w), B)$$

$$Fs_2 = P(x, f(A), B)$$

$$Fs_3 = P(g(z), f(A), B)$$

$$Fs_4 = P(C, f(A), B)$$

需要注意的是：只有变量才能被置换，常量和函数不能被置换；置换要整体进行，即量词辖域范围内的同一变量都要进行置换；被置换的变量不能出现在置换项中，如不能用 $f(x)$ 置换 x；置换不符合交换律，即 Fs_1s_2 不等价于 Fs_2s_1。

若存在一个置换 s，使得谓词公式集合 $\{W_i\}$ ($i=1,2,\cdots,n$) 中每个元素经置换后有 $W_1s = W_2s = \cdots = W_ns$，则称集合 $\{W_i\}$ 是可以合一的。使得两个或多个子句能够合一的置换称为合一元 (unifier)。例如，公式 $P(x, f(y))$ 和 $P(x, f(B))$ 可合一，合一元为 $s_1 = \{A/x, B/y\}$ 或 $s_2 = \{B/y\}$ 等。一般情况下，谓词公式集合的合一元有很多个，但是有的合一元包含一些不必要的置换。例如，在 s_1 中，用 A 替换 x 就是没必要的，去掉这个替换，仍然可以完成合一。

如果谓词公式集合 $\{W_i\}$ ($i=1,2,\cdots,n$) 的合一元 σ，对于 $\{W_i\}$ 的任意合一元 θ，都存在一个置换 λ，使得 $\{W_i\}\theta = \{W_i\}\sigma\lambda$，那么称 σ 为该集合的最一般合一元 (the most general unifier, MGU)。简单地说，最一般合一元是仅包含使得公式可合一的最必要的置换的合一元。任何一个合一元都可以由最一般合一元叠加一层额外的置换得到。例如，对于合一元 $\theta = \{A/x, B/y\}$，可以由最一般合一元 $\{B/y\}$ 叠加置换 $\{A/x\}$ 得到，即 $\sigma = \{B/y\}$，$\lambda = \{A/x\}$。

为什么要定义最一般合一元呢？这是因为谓词公式中只有变量可以被置换，变量被置换为常量或函数后，就不能再次被置换。如果在归结时引入了非必要的置换，将一些变量过早地转换为确定的个体，无法再置换为其他变量或常量等，就可能导致归结失败。因此，归结过程中需要寻找并使用最一般合一元来进行置换。例如，图 5.6 中每次置换都使用最一般合一元，可以归结为空。

如果不使用最一般合一元，如图 5.7 所示，过早地将变量 y 和 w 置换成常量 A，那么将导致归结失败。

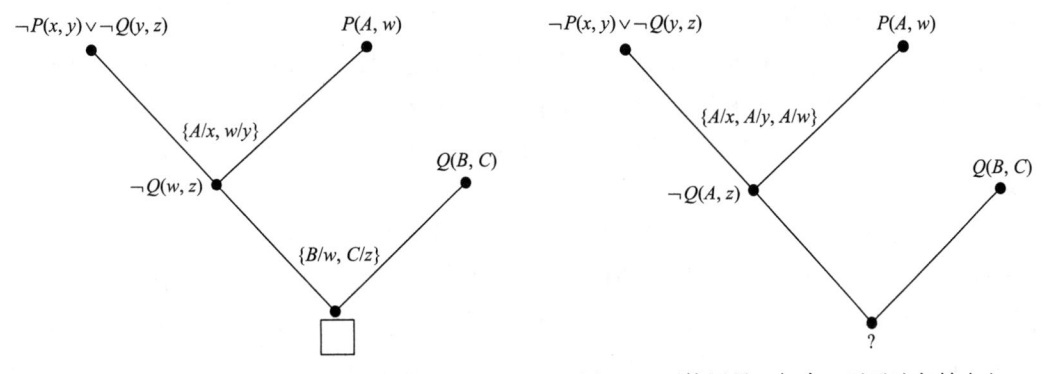

图 5.6　使用最一般合一元可以归结出空　　图 5.7　不使用最一般合一元无法归结出空

3. 谓词公式标准化

在对谓词公式进行归结推理之前，需要将待归结的公式标准化为机器可以接受的子句集形式。谓词公式包含变量和量词，因此相比命题公式转换为子句集的过程，谓词公式标准化必须增加一些步骤来处理变量和量词。

命题公式标准化过程只有 4 步，而谓词公式标准化过程需要 8 步（新增的步骤右上角加*号）。

第 1 步：消去蕴含符号。将蕴含式改写为析取式。例如，将 $P(x) \rightarrow Q(x)$ 改写为 $\neg P(x) \vee Q(x)$。

第 2 步：否定深入。将否定深入到紧靠谓词的位置上，括号外的否定将改变括号内所有的量词、谓词和联结词的符号。例如，$\neg(\exists x(P(x) \wedge Q(x)))$ 经否定深入后改写为 $\forall x(\neg P(x) \vee \neg Q(x))$。

第 3 步：变量标准化*。通过改变变量名称，使每个量词约束的变量有唯一的变量名。例如，公式 $\forall x P(x) \rightarrow \forall x Q(x)$ 中，由两个量词约束的变量都用 x 表示，但是这两个 x 是独立的，并不是同一个变量。这种表示方法不适合于计算机处理，需要通过变量标准化修改其中一个变量的名称，使得每个量词约束的变量具有唯一的变量名。$\forall x P(x) \rightarrow \forall x Q(x)$ 经变量标准化为 $\forall x P(x) \rightarrow \forall y Q(y)$。

第 4 步：消去存在量词*。量词的存在为谓词公式的归结带来不便，需要在转换成子句前消去。在消去存在量词时，如果存在量词约束的变量不在任何全称量词的辖域内，那么直接例化即可。例如，$\exists x P(x)$ 可例化为 $P(A)$，其中 A 是新增的常量符号。如果存在量词约束的变量出现在一个或多个全称量词的辖域内，那么需要用斯科伦函数（Skolem function）来替换该存在量词约束的变量，从而消去存在量词。例如，$\forall x(\exists y P(x,y))$ 中 y 是与 x 相关的变量，可以把 y 看作 x 的函数，用 $g(x)$ 替换 y，得到 $\forall x P(x,g(x))$，其中 $g(x)$ 是未在公式中出现过的新的函数，是一个 Skolem 函数。若存在量词约束的变量在多个全称量词的辖域内，则替换时使用的 Skolem 函数是这些全称量词约束的变量的多元函数。

第 5 步：消去全称量词*。直接去除全称量词，经过第 4 步，已经没有存在量词约束的变量，剩下的变量都受全称量词约束，可以在个体域中任意取值，因此没必要保留全称量词，直接去除即可。

第 6 步：转换为合取范式。反复应用分配律、结合律，将前面得到的没有量词的合式公式转换为合取范式。任何谓词公式都可转换成一个等价的合取范式。

第 7 步：写成子句集形式。去除合取范式中的合取符号，得到由多个子句构成的有限集合。

第 8 步：更换变量名称*。虽然经过第 3 步的变量标准化之后，不同变量已经具有不同名称。但在第 6 步中，分配律的使用可能使得同一个变量分配到不同的子句中。由于不同子句间是独立的，为了便于区分，需要保证不同子句中的变量拥有不同的变量名称。更换变量名称，就是使每个变量不出现在一个以上的子句中。

例 5.7 请将 $\forall x(\forall y P(x,y) \rightarrow \neg(\forall y(Q(x,y) \rightarrow R(x,y))))$ 转换为子句集。

解 按照上述 8 个步骤，逐一进行转换。

第 1 步：消去蕴含符号，得到

$$\forall x \big(\neg(\forall y P(x,y)) \vee \neg(\forall y(\neg Q(x,y) \vee R(x,y)))\big)$$

第 2 步：否定深入，得到

$$\forall x \big(\exists y \neg P(x,y) \vee \exists y(Q(x,y) \wedge \neg R(x,y))\big)$$

第 3 步：变量标准化，得到

$$\forall x \big(\exists y \neg P(x,y) \vee \exists z(Q(x,z) \wedge \neg R(x,z))\big)$$

第 4 步：消去存在量词，得到

$$\forall x \big(\neg P(x, f(x)) \vee (Q(x, g(x)) \wedge \neg R(x, g(x)))\big)$$

第 5 步：消去全称量词，得到

$$\neg P(x, f(x)) \vee (Q(x, g(x)) \wedge \neg R(x, g(x)))$$

第 6 步：转换为合取范式，得到

$$(\neg P(x, f(x)) \vee Q(x, g(x))) \wedge (\neg P(x, f(x)) \vee \neg R(x, g(x)))$$

第 7 步：写成子句集，为

$$\{\neg P(x, f(x)) \vee Q(x, g(x)), \neg P(x, f(x)) \vee \neg R(x, g(x))\}$$

第 8 步：更换变量名称，得到

$$\{\neg P(x, f(x)) \vee Q(x, g(x)), \neg P(y, f(y)) \vee \neg R(y, g(y))\}$$

4. 基于归结的自动定理证明过程

设 $F = \{F_1, F_2, \cdots, F_n\}$ 为给定事实和定理的集合，G 为待求证的结论，基于谓词逻辑的定理归结证明过程如下。

第 1 步：将 F 中的所有公式和 $\neg G$ 合取成一个合式公式，证明结论 G 等价于证明该合式公式永假；

第 2 步：将上述合式公式标准化为子句集形式，构成子句集 $S^* = \{C_1, C_2, \cdots, C_n\}$；

第 3 步：对子句集中的子句进行归结，直到归结为空。

从宏观上看，谓词逻辑的定理证明与命题逻辑的定理证明过程是完全一样的。但是在具体操作时，因为谓词公式中含有变量，所以第 3 步的归结过程和命题归结存在区别，需要进行变量置换。

假设合式公式标准化成的子句集为 S^*，具体的归结过程如下。

第 1 步：从 S^* 中挑选一对子句 C_1 与 C_2，找到它们的最一般合一元 s，使得两个子句置换之后成为亲本子句，即当 $C_1 s = (L_1 \vee P)s = L_1 s \vee Ps$ 以及 $C_2 s = (\neg L_2 \vee Q)s = \neg L_2 s \vee Qs$ 时，有 $L_1 s = L_2 s$ 成立；

第 2 步：令 $C_{12} = Ps \vee Qs$ 作为 C_1 与 C_2 的归结式；

第 3 步：若 C_{12} 为空子句，则 G 得证，否则，将 C_{12} 加入 S^*，返回第 1 步。

例 5.8 机器人找箱子问题的证明。已知定理：27 号房间的所有箱子都比 29 号房间的小。已知事实：箱子 A 在 27 号或 29 号房间中，箱子 B 在 27 号房间中且 B 不比 A 小。求证：箱子 A 在 27 号房间。

解 首先，将已知条件和结论用谓词公式表示出来。引入谓词 $P(x)$ 表示 "x 为箱子"，Inroom(x, y) 表示 "x 在房间 y 中"，Smaller(x, y) 表示 "x 比 y 小"，得到如下谓词公式：

$$F_1 = \forall x \forall y \big((P(x) \wedge P(y) \wedge \text{Inroom}(x, 27) \wedge \text{Inroom}(y, 29)) \rightarrow \text{Smaller}(x, y) \big)$$

$$F_2 = \text{Inroom}(A, 27) \vee \text{Inroom}(A, 29)$$

$$F_3 = \text{Inroom}(B, 27) \wedge \neg \text{Smaller}(B, A)$$

$$F_4 = P(A)$$

$$F_5 = P(B)$$

$$G = \text{Inroom}(A, 27)$$

其中，$F_1 \sim F_5$ 为给定的事实和定理，G 为待证明结论。

待归结的合式公式为

$$F_1 \wedge F_2 \wedge F_3 \wedge F_4 \wedge F_5 \wedge \neg G$$

然后，将其转换成子句集为

$\{\neg P(x) \vee \neg P(y) \vee \neg \text{Inroom}(x, 27) \vee \neg \text{Inroom}(y, 29) \vee \text{Smaller}(x, y),$ Inroom$(A, 27) \vee$ Inroom$(A, 29)$, Inroom$(B, 27)$, $\neg$Smaller(B, A), $P(A)$, $P(B)$, $\neg$Inroom$(A, 27)\}$

最后，对子句集进行归结，归结反驳树如图 5.8 所示。归结结果为空，证明了待证的结论。

在归结过程中，一个子句可能被多次使用，也可能一次都不使用，只要能够归结出空就可以证明问题的结论。在对子句集进行归结时，关键一步是从子句集中找出可以进行归结的子句对。由于事先不知道哪些子句对可以进行归结，更不知道通过对哪些子句对的归结可以尽快得到空，所以必须对子句集中的所有子句逐对地进行比较，对任何可归结的子句对都进行归结。这样不仅要耗费很多时间，还会因为归结出很多无用的归结式而占用大量存储空间，效率较低。

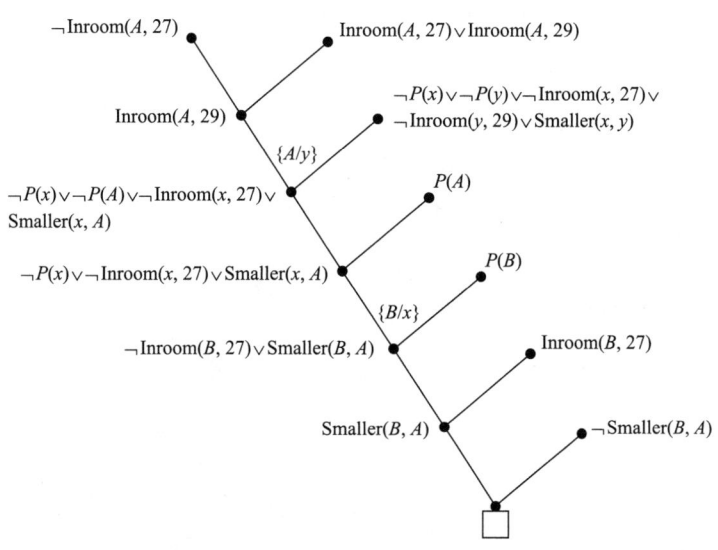

图 5.8　机器人找箱子问题证明的归结反驳树（例 5.8）

为了解决这些问题，研究人员提出了多种归结策略。归结策略主要包括两类：一类是删除策略，通过删除某些无用的子句来缩小归结的范围，如删除永真式、删除无互补的子句、删除可被归类的子句等；另一类是限制策略，通过对参与归结的子句进行各种限制，尽可能地降低归结的盲目性，使其尽快地归结出空，如采用支持集策略（归结式的父子句之一来自目标公式的否定或其后裔）、线性输入策略（每次都有一个子句来自原始子句集）、祖先过滤（参与归结的子句至少有一个来自原始子句集或者一个子句是另外一个子句的祖先）等。支持集策略和祖先过滤是完备的，对于不可满足的子句集运用该策略，最终一定会归结出空。线性输入策略是不完备的，对于不可满足的子句集运用该策略，不能保证归结出空。

5.3.3　基于谓词归结的问题求解

归结是自动定理证明的一种重要方法，但是在很多情况下，并没有待证明的结论，而是需要回答结论是什么。如果将例 5.8 的结论改为：请问箱子 A 在哪个房间？此时还能用归结进行问题求解吗？也是可以的。没有待证明的结论，可以构造一个含有未知参数的结论，从而将问题求解转换为自动定理证明。

例 5.9　机器人找箱子问题的求解。已知 27 号房间的所有箱子都比 29 号房间的小。假定机器人知道箱子 A 在 27 号或 29 号房间中，箱子 B 在 27 号房间中且 B 不比 A 小。请问箱子 A 在哪个房间？

解　构造"存在房间 u 满足 A 在 u 中"的结论，按照自动定理证明的步骤进行归结证明。为了归结出空，u 必然会被置换，而 u 的置换项就是问题要求的解。

将已知条件和待证结论用谓词公式表示出来，已知事实和定理与例 5.8 中的谓词公式表示形式一致，问题结论的表示形式为 $G = \exists u \text{Inroom}(A,u)$，将 $\neg G = \forall u \neg \text{Inroom}(A,u)$ 与已知事实和定理合取，得到待归结的合式公式。将待归结的合式公式转换为子句集，最后一个子句修改为 $\text{Inroom}(A,u)$，其他子句与例 5.8 中的子句完全相同。

机器人找箱子问题求解的归结反驳树如图 5.9 所示。

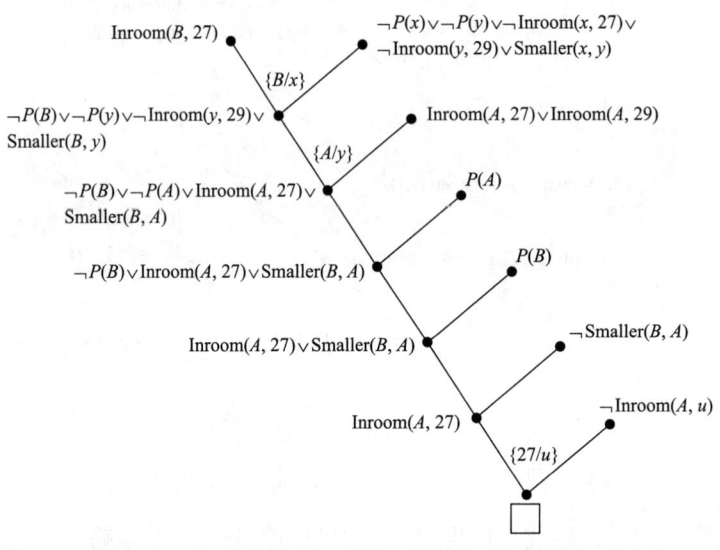

图 5.9　机器人找箱子问题求解的归结反驳树(例 5.9)

图 5.9 的归结过程使用了置换 $\{27/u\}$，说明 u 值为 27 时可以归结出空。因此，问题的答案是"箱子 A 在 27 号房间"。

在实际应用中，为了方便提取答案，往往构造一个含有答案变量 u 的新的谓词公式，如 $\text{Answer}(u)$，然后将该谓词公式与任一含有变量 u 的子句进行析取。最后归结的结果不是空，而是该新的谓词公式，此时公式中的 u 已被答案置换，通过检查该谓词公式的参数，就可以得到问题的解。

设 $F = \{F_1, F_2, \cdots, F_n\}$ 为给定的事实和定理集合，G 为根据待求解的问题构造出来的结论，应用归结推理求解问题的步骤如下。

第 1 步：将 $\neg G$ 与包含答案变量 u 的谓词公式 $\text{Answer}(u)$ 构成析取式，将 F 中的所有公式和 $\neg G \lor \text{Answer}(u)$ 合取成一个合式公式；

第 2 步：将上述合式公式转换成标准子句形式，构成子句集 $S^* = \{C_1, C_2, \cdots, C_n\}$；

第 3 步：对子句集中的子句进行归结，直到得到归结式 $\text{Answer}(A)$，常量 A 就是待求解问题的答案。

以例 5.9 的求解为例，将含有答案变量 u 的子句与 $\text{Answer}(u)$ 析取，有 $\neg\text{Inroom}(A,u) \lor \text{Answer}(u)$。

机器人找箱子问题的归结求解过程如图 5.10 所示。归结结果为 $\text{Answer}(27)$，问题的答案是"27 号房间"。

利用谓词归结进行问题求解，其本质还是在进行定理证明，只不过待证明的结论是根据问题构造的。在构造结论时，必须保证其基本形式是正确的。例如，真实的解是 A 在

27 号房，可以把待证结论构造成 $\exists u \text{Inroom}(A,u)$。如果构造成 $\exists u \text{Inroom}(A,u) \vee \exists v \text{Inroom}(A,v)$，其形式与真实情况不一致，那么就得不到正确的答案。

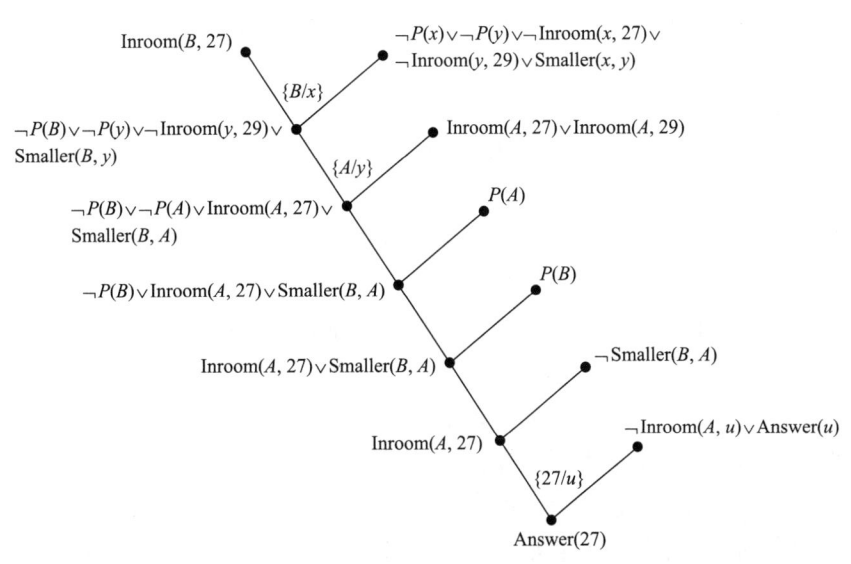

图 5.10 机器人找箱子问题的归结求解过程

5.4 本 章 小 结

本章讨论了经典逻辑推理，重点阐述了归结推理方法及其在自动定理证明和问题求解中的应用。命题逻辑可以看作谓词逻辑的一个特例，命题逻辑也称为零阶谓词，因此命题逻辑和谓词逻辑的推理方法是基本一致的。基于归结的定理证明的原理是反证法，也就是证明已知条件与结论的非存在矛盾。相比较于命题归结，谓词归结推理的复杂之处就在于处理变量和量词。其中，置换就是为了处理引入变量后两个子句的合一问题。需要注意的是，置换操作中的项只能替代变量，另外在归结时必须采用最一般合一元进行置换，否则可能影响归结的顺利进行。

谓词逻辑是一种能够表达人类思维活动规律的精确的形式语言，拥有通用的逻辑演算方法和推理规则，具有自然性、精确性、严密性、容易实现等优点。自然性，是指谓词逻辑接近于自然语言，用其表示问题易于人类理解和接受；精确性，是指谓词公式的真值只有真和假两种结果，适合于表示确定性的知识；严密性，是指谓词逻辑可以保证知识库中新旧知识在逻辑上的一致性和其演绎推理结果的正确性；容易实现，是指用谓词公式表示的知识可以比较容易地转换为计算机的内部形式，易于模块化，便于对知识进行添加、删除和修改。同时，谓词逻辑也有明显的局限性：不能表示不确定性知识，适用范围有限；不便于表达和加入启发性知识和元知识；推理效率较低，随着事实数目的增加及推理规则的盲目使用，有可能产生组合爆炸。

谓词逻辑利用谓词公式描述对象的性质、状况和关系，是人工智能领域中使用最早的知识表示方法，也是研究得最深入、理解最全面的一种知识表示方法。谓词逻辑在很多专家系统中得到了应用，如自动问答系统（如 QA3 系统）、机器人行动规划系统（如 STRIPS 系统）、计算机博弈系统（如 FOL 系统）、问题求解系统（如 PS 系统）等。同时，也在可形式化、严格定义概念的场景中表现出色，如硬件和软件的合成与验证。

思 考 题

5.1 将自然语言描述的知识进行形式化描述有什么意义？
5.2 使用蕴含式进行推理有什么弊端？
5.3 归结的本质是什么？与链式推理、假言推理是什么关系？
5.4 谓词公式与命题公式在形式和表示能力上有哪些差异？
5.5 谓词逻辑与命题逻辑之间的关系是什么？有何异同？
5.6 谓词归结时为什么需要置换操作？
5.7 为什么归结时需要使用最一般合一元？
5.8 使用谓词的归结进行问题求解有什么限制？
5.9 如果用谓词公式表示的某个结论可以从给定的已知条件推理得到，那么利用归结方法是否一定能够证明该结论？
5.10 既然归结为空可以证明结论正确，那么归结不为空能否证明结论就不正确呢？

练 习 题

5.1 判断下列语句是否为命题？
(1) 立正！
(2) 我是中国人。
(3) 你会说英语吗？
(4) 太阳从西方升起。
(5) 我现在说的是假话。
5.2 将下列语句表示为谓词公式。
(1) 任何传染病都由某种细菌或病毒诱发。
(2) 不存在最大的整数。
(3) 不想当将军的士兵不是好士兵。
(4) 任何动物都有它的天敌。
(5) 只要是群众所想，就是我们努力的方向。
5.3 判断下列公式对是否可合一，若可合一，则求出其最一般合一元。
(1) $P(A,B,z)$, $P(x,y,z)$；
(2) $P(x,x)$, $P(y,f(y))$；
(3) $P(f(x),y)$, $P(y,f(B))$；

(4) $P(f(y),y,x)$, $P(x,f(A),f(B))$。

5.4 按步骤将下列谓词公式转换为子句集。

(1) $\forall x\forall y(P(x,y)\land Q(x,y))$；

(2) $\forall x\forall y(P(x,y)\to Q(x,y))$；

(3) $\forall x\exists y(P(x,y)\lor(Q(x,y)\to R(x,y)))$；

(4) $\forall x\forall y\exists z(P(x,y)\to Q(x,y)\lor R(x,y))$；

(5) $(\exists xP(x)\lor\exists xQ(x))\to\exists x(P(x)\lor Q(x))$；

(6) $\forall xP(x)\to(\exists x(\forall zQ(x,z))\lor\forall zR(x,y,z))$；

(7) $\forall x(P(x)\to\forall y(\forall zQ(x,y)\to\neg\forall zR(x,y)))$。

5.5 某机密文件被泄露，保密局派出 5 名侦察员去调查。

侦察员 1 说："A 与 B 中至少有一人作案"；

侦察员 2 说："B 与 C 中至少有一人作案"；

侦察员 3 说："C 与 D 中至少有一人作案"；

侦察员 4 说："A 与 C 中至少有一人与此案无关"；

侦察员 5 说："B 与 D 中至少有一人与此案无关"。

用命题归结证明：如果 5 名侦察员的话都可信，那么 B 和 C 都是间谍。

5.6 在机器人搬箱子问题中，机器人的任务是搬箱子，但它不能直接感知箱子是否超重。给定一条定理：如果机器人电池有电且箱子不超重，那么机器人能够移动该箱子。已知电池有电且箱子搬不动，试用命题归结证明：箱子超重。

5.7 在如右图所示的 9 个房间中，可能存在陷阱，也可能存在怪兽，具体情况未知。有陷阱房间的相邻房间会有微风，有怪兽房间的相邻房间会有臭气。游戏者初始位于房间 O 中，目的是探索所有房间且避开有怪兽和陷阱的房间。已知如下知识：

如果房间 x 有怪兽且房间 y 与 x 相邻，那么房间 y 必定有臭气；

如果房间 x 有陷阱且房间 y 与 x 相邻，那么房间 y 必定有微风；

房间 B 与房间 A 相邻；

房间 C 与房间 A 相邻；

房间 B 没有臭气；

房间 C 没有微风。

待证结论：房间 A 既没有陷阱，也没有怪兽。

(1) 请用一阶谓词公式表示上述已知知识和待证结论。提示：用谓词 Adjacent(y,x) 表示房间 y 与 x 相邻，Monster(x) 表示房间 x 有怪兽，Trap(x) 表示房间 x 有陷阱，Smell(x) 表示房间 x 有臭气，Wind(x) 表示房间 x 有微风。

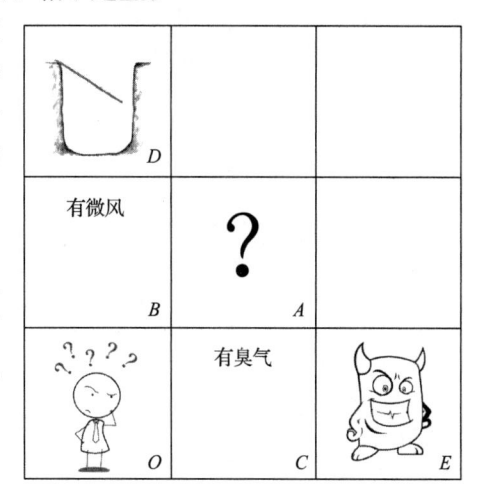

(2)将上述条件及结论的非综合成一个合式公式,并标准化为子句集。

(3)将子句集归结为空,进而证明结论。

5.8 用谓词归结证明以下两个语句存在矛盾:

我的矛很锐利,无论什么盾都会被它穿破;

我的盾很坚固,无论什么矛都不能将它穿破。

5.9 已知每一个运动员都是强壮的,而每一个既强壮又努力的人在他所从事的事业中都能获得成功,张三是运动员且是努力的,证明张三在他的事业中将会成功。提示:用谓词 $P(x)$ 表示 x 是运动员,$Q(x)$ 表示 x 是强壮的,$R(x)$ 表示 x 是努力的,$S(x)$ 表示 x 在他所从事的事业中获得成功。

(1)用一阶谓词公式表示上述已知知识和待证结论。

(2)将上述条件及结论的非综合成一个合式公式,并标准化为子句集。

(3)将子句集归结为空,进而证明结论。

5.10 已知:自然数都是大于零的整数;所有的整数不是偶数就是奇数;偶数除以 2 是整数。请使用一阶谓词逻辑证明结论:所有自然数不是奇数,就是一半为整数的数。

5.11 已知小张和小李是同专业同学,如果 x 和 y 是同专业同学,那么 x 上课的教室也是 y 上课的教室。现在小张在 301 教室上课,问小李在哪儿上课?

(1)用谓词公式表示已知知识和待求解结论。

(2)将条件和结论的非写成合式公式,并标准化为子句集。

(3)用谓词归结进行问题求解。

第6章　确定性知识表示与推理

人类具有获取、表示和处理知识的能力是人类智能区别于其他生物智能的重要特征。研究如何用计算机易于处理的方式来表示和使用各种各样的知识是人工智能研究的核心内容之一。为任务选择合适的知识表示方法有助于知识的有效存储、组织、推理与应用。知识表示与推理是人工智能发展中知识期的代表性成果。知识期和推理期的侧重点不同。推理期的代表性成果，如状态空间搜索和谓词逻辑推理，侧重于在较少的知识基础上通过较复杂的搜索算法和多步推理来得到结论，适合于解决较少依赖知识的通用问题。本章所讨论的知识表示与推理则是在大规模的知识库基础上，通过相对简单的推理方法和较少的推理步骤得到结论，适合于解决严重依赖知识的领域问题。本章讨论几种常用的知识表示和推理方法，包括产生式、语义网络、框架和知识图谱。

6.1　确定性知识表示与推理概述

6.1.1　知识和知识表示的基本概念

1. 知识的概念

人类的智能活动主要是获得并应用知识的过程。知识是智能的基础，为了使机器具有智能，能够模拟人类的智能行为，就必须使它们拥有知识。

数据、信息和知识是三个相关的概念，数据是信息的基础，而信息是知识的前提。数据是对客观事物的符号化记录，包括数字、字符、文字、图形等，如自动驾驶场景中的"交通指示灯""绿灯"都是数据。信息是经过加工的数据，是对客观世界各种事物特征的反映。在某个语境中具有一定含义的数据，就称为信息，如"交通指示灯显示为绿灯""车辆通行"是信息。知识是人们对信息和信息之间联系的认识，以及利用这些认识解决实际问题的方法和策略，例如，"交通指示灯显示为绿灯，车辆可以通行"是知识，这条知识建立了两条信息之间的联系。数据、信息和知识的关系如图 6.1 所示，数据是一些单独的符号记录(显示为空心圆形)，信息是赋予了含义的数据(显示为灰色实心圆形)，而知识建立了信息之间的联系。

按照所起的作用来分，知识可以分为事实性知识(factual knowledge)、过程性知识(procedural knowledge)和控制性知识(control knowledge)。事实性知识，也称为叙述性知识，是用来描述事物的概念、属性、状态、关系、环境及条件等情况的知识，如状态空间的概念、谓词逻辑的概念等。过程性知识一般由与问题求解相关的规则、定律、定理及经验构成，如宽度优先搜索的过程、谓词公式归结的过程等。控制性知识又称为元知识，是关于如何运用已有知识进行问题求解的知识，如谓词归结过程的子句归结控制策略等。

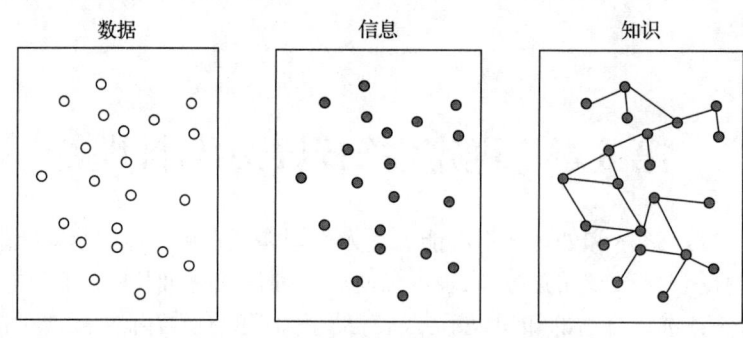

图 6.1　数据、信息和知识的关系

按照确定程度来分，知识可以分为确定性知识(certain knowledge)和不确定性知识(uncertain knowledge)。确定性知识是其真假可以明确判断的知识。不确定性知识是包含不精确、不完全及模糊性的知识，即知识并非"非真即假"，而是处于某种中间状态，例如，天气预报给出明天的降雨概率是 70%、医生推断患者罹患某种疾病的可能性为 90%都属于不确定性知识。

按照能否被形式化表示，知识可以分为显性知识(explicit knowledge)和隐性知识(tacit knowledge)。显性知识可以用形式化语言来明确表示，便于计算机处理，本章讨论的可以存储在知识库中的知识均为显性知识。隐性知识难以用形式化语言来表示，例如，用于图像分类或语音识别的人工神经网络中存储的是隐性知识。

知识具有主观性和相对正确性。知识是主体(一般是人)对客体(客观世界)的认识和理解，没有认知的主体，就没有知识的存在。知识的本质是主观的，然而知识起作用的前提是它能够反映客观事实或事物的运行规律。知识具有相对正确性，即知识仅在一定条件及环境下是正确的，例如，经典力学定律在宏观层面适用，换成微观层面就不适用。在人工智能中，知识的相对正确性更加突出。在建立专家系统时，为了减小知识库的规模，通常将知识限制在所求解的问题范围内。

例 6.1　分析下列知识中，哪些是事实性知识，哪些是过程性知识。

(1)汽车有发动机。

(2)如果遇到雨雪天气，那么车辆要慢行。

(3)转弯时，需要提前开启转向灯，再变更车道。

解　第(1)条反映了"汽车"和"发动机"之间的关系，描述了汽车的属性，是事实性知识；第(2)条是人们经过长期的观察，将"遇到雨雪天气"和"车辆要慢行"两条信息关联在一起，描述了汽车的驾驶规则，属于过程性知识；第(3)条是关于车辆转弯过程的步骤和方法，属于过程性知识。

2. 知识表示的概念

知识是人类对于实践经验提炼和总结的结果，是人类认识世界的成果结晶，对于人类的决策与行为具有直接的指导意义。人类发明了各种手段来描述、表示和传承知识，如自然语言、数学语言、物理模型、化学公式、绘画、音乐等。但是适合人的知识表示形式不一定适合计算机。知识需要以合适的形式表示出来，才能被计算机系统接受并用于问题求解,例如,在状态空间搜索中,想要让机器完成下棋、走迷宫等任务,必须先以合适的形式进行问题表示,定义一套状态描述和操作算子,才能进行搜索求解。

知识表示是将人类知识符号化并输入给计算机的过程和方法,也就是用某种约定的(外部)形式结构来描述知识,而且该结构能够转换为机器的内部形式,以便存储、处理和利用知识。不同于传统的过程性编程隐式地利用知识,知识表示往往基于心理学关于人类如何表征知识和解决问题的成果,将知识形式化,并设计和构建专门的知识库。

知识表示具体表现为采用一定的数据结构来描述问题求解所需的知识。人工智能对知识表示方法有两个方面的要求:一方面要求有较强的表示能力和足够的精细程度,具体包括表示能力强,能够正确有效地表示所需的知识;可理解性好,易懂,易读,易表示;具有自然性,可用于不同场景和用途,易检查,易修改,易维护。另一方面要求方便知识的利用,具体包括便于新的知识获取和表示,并与已有知识建立联系;便于搜索,能较快地从知识库中找到相关知识;便于推理,方便从已有知识推出需要的答案或结论,具有较高的求解效率。

6.1.2 典型的知识表示方法

常用的确定性知识表示方法有以下几种。

1. 状态空间表示方法

状态空间表示方法以状态和操作算子为基础来表示和求解问题。状态是用于表示系统状态、事实等事实性知识的一组变量或数组。操作算子是用于表示状态变化的过程性知识的一组关系或函数。在状态空间搜索中,沿"边"进行搜索,将求解过程中可能出现的状态看作状态空间图的节点,依据操作算子定义的规则进行节点状态的转换。

2. 谓词逻辑表示方法

谓词逻辑表示方法用经典逻辑方法进行推理演算,不仅可以表示事物的状态、属性、概念等,还可以表示事物间的关系。一阶谓词逻辑具有精确、无二义性、与自然语言相似等优点。谓词演算可以采用归结推理方法,将谓词公式转换为子句形式,通过归结反演找到推理路径,但是证明过程不易解读。

3. 产生式表示方法

1943 年,产生式的概念被首次提出。1968 年,斯坦福大学的三位科学家采用产生式系统成功研发了专家系统 DENDRAL。Newell(1972)在研究人类认知模型时发展了基于规则的产生式系统(production system)。产生式表示方法是专家系统中知识表示的主要手段之一。

4. 语义网络表示方法

语义网络(semantic network)表示方法是一种用图来表示知识的结构化知识表示方法。Quillian(1968)在研究人类联想记忆时提出了语义网络,认为人的记忆是由概念间的联系实现的，将语义网络作为人类联想记忆的一个显式心理学模型。1972年，Simon首次将语义网络表示方法用于自然语言理解系统中。目前，语义网络已经成为人工智能中应用较多的一种知识表示方法，尤其是在自然语言处理方面。

5. 框架表示方法

Minsky(1974)提出了框架(frame)理论，受到了学术界的广泛关注，后来逐步发展成一种得到广泛使用的知识表示方法。框架是一种描述对象(事物、事件或概念)属性并反映相关对象间关系的数据结构。框架具有层次性，不同的框架通过属性之间的关系建立联系，从而形成框架系统。

6. 面向对象的表示方法

面向对象的表示方法是按照面向对象的程序设计原则构建的一种混合知识表示形式，即以对象为中心，把对象的属性、动态行为、领域知识和处理方法等有关知识封装在表达对象的结构中。在这种方法中，知识的基本单位是对象，每个对象由一组属性、关系和方法的集合组成。一个对象的属性集和关系集的值描述了该对象所具有的知识；与该对象相关的方法集指定了对于属性集和关系集中的值可进行的操作，表示该对象作用于知识的处理方法，包括知识的获取、推理以及更新等方法。

7. 基于可扩展标记语言的表示方法

在可扩展标记语言(extensible markup language，XML)中，使用元素描述数据对象，使用子元素或元素的属性描述数据对象的属性。XML文档由若干个元素构成，数据间的关系通过父元素与子元素的嵌套形式体现。在基于XML的知识表示中，采用XML的文档类型定义(document type definitions，DTD)来定义一个知识表示方法的语法系统。通过定制XML应用来解释实例化的知识表示文档。在知识利用过程中，通过维护数据字典和XML解析程序把特定标签所标注的内容解析出来，以"标签+内容"的格式表示具体的知识内容。

8. 本体表示方法

本体源于哲学中的本体论，侧重于对概念进行规定和刻画。在人工智能领域中，本体是共享概念模型的明确形式化规范说明。其中，概念模型是指对客观世界中的一些现象进行抽象得到的模型，它是客观世界的抽象和简化；明确即显式地定义所使用的概念以及概念的约束；形式化是指本体能够被计算机读取和处理；共享是指本体描述的是某个领域中公认的概念集。用本体来表示知识的目的是统一应用领域的概念，构建本体层级体系表示概念之间的语义关系，提高异构系统之间的互操作性，实现人类、计算机对知识的共享和重用。将本体引入知识库的知识建模，建立领域本体知识库，可以对概念进行知识表示，同时揭示知识之间的内在关系，有利于提高知识推理的效率。

除了以上知识表示方法之外，还有一些适合专门领域的知识表示方法，如概念图、Petri网、基于网格的知识表示方法等。用于表示不确定性知识的方法有贝叶斯网络、模糊逻辑以及证据理论等,将在第 7 章进行详细介绍。现有知识表示方法大多是在进行某项具体研究时提出来的,有一定的针对性和局限性,应用时需要根据实际情况进行适当的改变。一个实际的知识库构建往往采用多种知识表示方法。

按照知识表示方法中能否体现知识之间的联系,知识表示方法可以分为结构化知识表示方法和非结构化知识表示方法。在结构化知识表示方法中,知识之间存在内在联系,具有结构层次性,有助于知识的学习、组织和扩充,也便于知识的存储和高效检索。在非结构化知识表示方法中,知识之间没有内在联系,呈水平排列,是零散和孤立的。在常用的知识表示方法中,语义网络和框架是结构化知识表示方法,而状态空间、谓词逻辑和产生式是非结构化知识表示方法。

6.1.3 推理的基本概念和方法

推理是按照某种思维方法,遵循某种策略,从已知判断推出新的判断的过程。已知判断是推理的前提,包括已掌握的与求解问题有关的知识和已知事实。新的判断是推理的结论。推理包括两个基本问题:一是推理方法;二是推理控制策略。推理方法描述前提与结论之间的逻辑关系及其可信度传递规律等;而推理控制策略可以限制和缩小搜索空间,提高推理效率。

1. 推理方法及分类

推理方法是从前提推出结论时所采用的求解问题的方法,按不同的依据可以有不同的分类。推理方法的分类如图 6.2 所示。

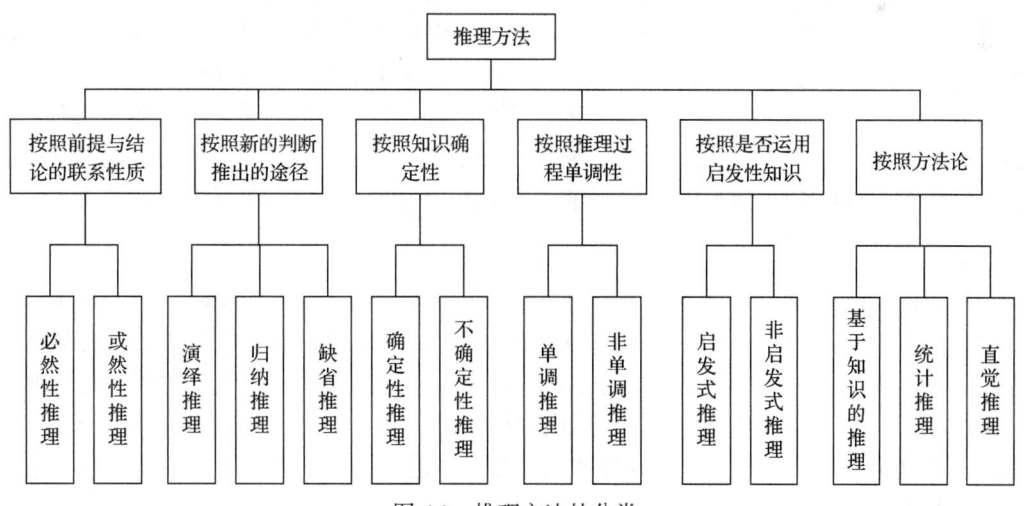

图 6.2 推理方法的分类

1) 必然性推理和或然性推理

根据前提与结论的联系性质,推理可分为必然性推理(necessity reasoning)和或然性推理(probability reasoning)。如果前提与结论有必然性联系,即前提蕴含结论,那么这种推理称为必然性推理。如果前提与结论无必然性联系,即前提不蕴含结论,那么这种推理称为或然性推理。

2) 演绎推理、归纳推理和缺省推理

按照推出结论的途径或思维进程的方向性来分，推理可分为演绎推理(deductive reasoning)、归纳推理(inductive reasoning)和缺省推理(default reasoning)。演绎推理是必然性推理。归纳推理和缺省推理是或然性推理(完全归纳推理除外)。

演绎推理是以反映客观规律的理论认识为依据，从服从该认识的已知部分推断事物的未知部分的推理方法，即由一般性知识推出适合某一具体情况的结论。演绎推理是一种重要的推理方法。最常用的演绎推理是三段论。三段论的基本结构包括大前提、小前提和结论三个部分，其中大前提、小前提是已知的知识，而结论是通过已知的知识推理出来的新的知识。演绎推理的典型特征是：由演绎推理得到的结论是蕴含在大前提的一般性知识之中的。如果前提为真，推理规则形式有效，那么推理的结论一定为真。

归纳推理是从足够多的实例中归纳出一般性结论的推理过程，是从个别到一般的推理。归纳推理是人类思维活动中最基本、最常用的一种推理形式。在归纳推理中，以一系列经验事物或知识素材为依据，寻找其服从的基本规律或共同规律，并假设同类事物中的其他事物也服从这些规律。例如，如果我们所见过的每一辆车都有轮子，那么可以大致认为，车是有轮子的。归纳推理的前提是一些关于个别事物或现象的命题，结论可能超出前提所断定的知识范围，例如磁悬浮列车就没有轮子。归纳推理的本质是基于数据的，数据所反映的结论不一定是事实，也就是说即使归纳推理得到的结论在当前数据上全部有效，也不能说明其能够适用于整体。

缺省推理又称为默认推理，是在知识不完全的情况下假设某些条件已经具备所进行的推理。例如，在条件 A 成立的情况下，如果没有足够的证据证明条件 B 不成立，那么默认 B 是成立的，并在此默认的前提下进行推理，推导出某个结论。因为这种推理允许默认某些条件是成立的，摆脱了需要知道全部有关事实才能进行推理的约束，所以在知识不完全的情况下也能进行推理。在默认推理过程中，如果某一时刻发现原先所做的默认假设不正确，那么就要撤销所做的默认假设及由此推出的所有结论，重新按新情况进行推理。

3) 确定性推理和不确定性推理

按照推理时所用知识的确定性来分，推理可分为确定性推理(certainty reasoning)和不确定性推理(uncertainty reasoning)。确定性推理是指推理时前提与结论之间有确定的逻辑关系，并且前提与结论都是确定的，其真值只能为真或假。不确定性推理是指推理时所用的事实、知识不都是确定的，推出的结论也不完全是确定的，其真值位于真与假之间。不确定性推理又分为似然推理和近似推理，前者是基于概率的推理，而后者是基于模糊逻辑的推理。

4) 单调推理和非单调推理

根据在推理过程中得到的结论是否单调递增，推理分为单调推理(monotonic reasoning)和非单调推理(non-monotonic reasoning)。在单调推理中，随着推理的向前推进和新知识的加入，推理出来的结论数量单调递增。不会因新知识的加入而否定前面推出的结论，从而使推理又退回到前面的某一步。基于经典逻辑的演绎推理属于单调推理。

非单调推理是指在推理的过程中,随着新知识的加入,新知识与已有知识之间可能发生冲突,有时需要否定已经推理出来的结论或修改已有知识,以适应对新情况的解释。归纳推理和缺省推理都具有非单调性的特征。非单调推理具有一定的灵活性,所得结论具有暂时性,随着新情况的出现,可以不断修正结论。在人们的日常生活及社会实践中,很多情况下进行的推理是非单调推理,它是人们常用的一种思维方式。

5) 启发式推理和非启发式推理

按照推理中是否运用与问题有关的启发性知识来分,推理可分为启发式推理(heuristic reasoning)与非启发式推理(non-heuristic reasoning)。在启发式推理过程中,会利用一些启发式的规则、策略等,而非启发式推理是通用的推理过程。如状态空间搜索中 A 算法运用了启发性知识进行搜索,属于启发式推理;而宽度优先搜索没有应用启发性知识,属于非启发式推理。

6) 基于知识的推理、统计推理和直觉推理

从方法论的角度来分,推理可分为基于知识的推理(knowledge based reasoning)、统计推理(statistical reasoning)及直觉推理(intuitionistic reasoning)。基于知识的推理是根据已掌握的事实,运用知识进行推理,例如在车辆行驶时,司机会根据目的地、交通规则及路况,运用已有的知识进行推理,做出直行或转弯、加速或减速等动作。本章后续讨论的推理方法都属于此类推理。统计推理是根据对某事物的数据统计进行的推理,例如出租车司机根据最近几个月的收入统计,推断出下个月收入会升高还是降低的结论,就运用了统计推理。直觉推理是根据常识进行的推理,例如某人在斑马线上行走时,猛然发现有辆汽车向他驶来,他意识到危险并立即躲开,这就是运用了直觉推理。目前,在机器上实现直觉推理还是一项非常困难的、有待深入研究的工作。

推理还有一些其他分类方法,例如根据推理的繁简不同,可分为简单推理与复合推理。此外,还有时间推理、空间推理和案例推理等。

2. 推理控制策略及分类

推理的质量和效率不仅依赖所采用的推理方法,而且依赖推理控制策略。推理控制策略主要包括推理方向策略、冲突消解策略、求解策略、限制策略、搜索策略等。求解策略用于明确推理是只求一个解,还是求所有解或最优解等。为了防止无限的推理过程以及由于推理过程太长增加时间复杂度和空间复杂度,可在限制策略中指定推理的限制条件,对推理的深度、宽度、计算时间、存储空间等进行限制。

1) 推理方向

推理系统通常包含一个存放知识的知识库、一个存放初始已知事实及问题状态的数据库和一个用于推理的推理机。推理方向用于确定推理的驱动方式。按照推理方向的不同,推理可分为正向推理、反向推理和双向推理。

正向推理是以已知事实为出发点的一种推理,又称为前向链推理、模式制导推理或前件推理等。正向推理的基本思想是:从用户提供的初始已知事实出发,在知识库中找出当前可适用的知识,构成可适用知识集;然后按某种冲突消解策略从知识集中选出一

条知识进行推理，并将推出的新事实加入数据库中作为下一步推理的已知事实；此后在知识库中继续选取可适用的知识进行推理，重复这一过程，直到获得所要求的解或知识库中没有可适用的知识为止。正向推理的优点在于：用户可以主动地提供问题的相关信息（新事实），并且及时给出反应。正向推理的不足之处在于：推理过程中可能执行很多与问题求解无关的操作，有一定的盲目性，效率较低，可能推出很多与问题求解无关的中间结论。

反向推理是以某个假设目标为出发点的一种推理，又称为逆向链推理、目标制导推理或后件推理等。反向推理的基本思想是：首先选定一个假设目标，然后寻找支持该假设的证据，若所需的证据都能找到，则说明原假设是成立的；若无论如何都找不到所需要的证据，则说明原假设不成立，此时需要另做新的假设。反向推理的主要优点是：不必使用与目标无关的知识，目的性强，同时有利于向用户提供解释。反向推理的主要缺点是：初始目标的选择具有盲目性，如果提出的假设目标不符合实际，那么会降低推理的效率。

双向推理是指正向推理与反向推理同时进行，且在推理过程中的某一步骤"碰头"的一种推理。双向推理的基本思想是：一方面根据已知事实进行正向推理，但并不推至最终目标；另一方面从某假设目标出发进行反向推理，但并不推至初始事实；当正向推理与反向推理在中途相遇时，即由正向推理所得的中间结论恰好是反向推理此时所需要的证据，推理结束，反向推理所做的假设就是推理的最终结论。该方式将正向推理与反向推理结合起来，使其发挥各自的优势，取长补短。双向推理的缺点在于：难以权衡正向推理和反向推理的比重，"碰头"的判断和"碰头"时机的确定比较困难。

2) 匹配与冲突消解

匹配是用已知事实与知识库中所有知识进行逐一比较的过程。匹配是推理中的一项必要工作，只有经过匹配才能从知识库中选出当前可适用的知识，从而进行推理。例如，在产生式系统中，为了由已知的初始事实推出相应的结论，首先必须从知识库中选出可与已知事实匹配的产生式规则，然后才能应用这些规则进行推理，逐步推出结论。语义网络和框架的推理与此类似，也需要先通过匹配选出相应的语义网络和框架片段，才能进行推理。

按照匹配时已知事实与知识前提的相似程度来分，匹配可分为确定性匹配和不确定性匹配。

确定性匹配是指已知事实与知识前提完全一致或经过变量替换后可变得完全一致，例如，两个谓词公式经变量置换后变得合一。不确定性匹配是指已知事实与知识前提不完全一致，但是它们的相似程度在规定的限度内。例如，在语音识别中，语音中存在的变异和噪声使其表达的意义不明确或不精确，与标准信息相比畸变严重，因此只能采用不确定性匹配方式。

在推理过程中，需要不断地将已知事实与知识库中的知识进行匹配，此时可能发生如下 3 种情况：一是已知事实不能与知识库中的任何知识成功匹配；二是已知事实恰好只与知识库中的一条知识成功匹配；三是已知事实可与知识库中的多条知识成功匹配。

在第一种情况下，找不到可与已知事实成功匹配的知识，推理无法继续进行下去，这是因为知识库中缺少某些必要的知识，或者待求解的问题超出了系统的功能范围等，此时可根据实际情况进行相应处理。在第二种情况下，由于匹配成功的知识只有一条，可直接把它用于当前的推理。在第三种情况下，不仅有知识匹配成功，而且有多条知识匹配成功，这种情况称为发生了冲突。按照一定的策略挑选一条知识用于当前的推理，解决冲突的过程称为冲突消解(conflict resolution)，解决冲突所用的方法称为冲突消解策略。

例如，已知如下两条关于车辆行驶的交通规则。

r_1：IF 车行驶至十字路口 AND 交通指示灯为红灯 THEN 停车等待。

r_2：IF 车行驶至十字路口 AND 交通指示灯为红灯 AND 车正在靠路的右侧行驶 AND 前面没车 THEN 可以右转。

如果当前数据库中包含"车行驶至十字路口""交通指示灯为红灯""车正在靠路的右侧行驶""前面没车"等事实，那么上述两条规则都是可匹配规则，这就使得推理机在应该使用规则 r_1 还是 r_2 进行推理上产生了冲突。此时，推理机需要根据某种预先确定的策略为冲突规则设定优先级，从而决定选择哪一条可匹配规则作为启用规则。对于以上规则，可以制定如下的冲突消解策略：规则前件中的条件个数越多，其使用的优先级越高。根据该冲突消解策略，推理机将优先使用 r_2 进行推理。

目前，已有多种冲突消解策略，其基本思想都是对知识进行排序，常用的有以下几种：一是按针对性排序，优先选择针对性更强的规则，如果当前数据库可匹配两条推理规则 r_1 和 r_2，规则 r_2 中除包含规则 r_1 的全部条件以外，还包含其他条件，那么称 r_2 比 r_1 有更强的针对性，可优先使用；二是按已知事实的新鲜度排序，在推理过程中，进行一步操作可能会产生新的事实，与此同时，还可以人为加入新的事实，使得数据库发生变化，这些后生成的事实和后加入的事实是新鲜度高的事实，可优先使用与之相匹配的规则；三是按匹配度排序，事实与规则前提的相似程度可以通过计算其匹配度来衡量，当匹配度达到某个预先规定的阈值时，认为它们是可匹配的，若规则 r_1 和 r_2 都可匹配，则优先选择匹配度更高的规则。其他常用的排序方法还有根据领域问题的特点排序、按上下文限制排序、按冗余限制排序(推理过程中产生冗余知识少的规则优先)、按条件个数排序(当结论相同时，所需条件少的规则优先)等。在具体应用时，可灵活组合上述冲突消解策略，尽量减少冲突的发生，提高推理效率。

6.2 产 生 式

6.2.1 产生式的基本概念

产生式是应用最广泛的知识表示方法，可以容易地描述事实、规则以及不确定性度量。产生式是专家系统首选的知识表示方法，基于产生式实现的专家系统有用于测定分子结构的 DENDRAL 系统、用于诊断脑膜炎和血液病毒感染的 MYCIN 系统、用于估计矿藏的 PROSPECTOR 系统等。

产生式表示的知识分为两类：一类是事实，用于表示事物的属性以及事物之间的关系；另一类是产生式规则，用于表示推理过程和行为。确定性事实的产生式一般表示为三元组，即(对象，属性，值)或者(关系，对象1，对象2)，例如，"这条路线长度为40公里"用产生式表示为(road,length,40)，"路线A和路线B一样长"表示为(equal,A,B)。

确定性规则的产生式表示基本形式为

$$\text{IF } P \text{ THEN } Q \text{ 或者 } P \to Q$$

下面是产生式规则的一些实例。

(1) IF 水被电解 THEN 生成氢气和氧气。
(2) IF 小明很聪明 AND 小明很努力学习 THEN 小明学习成绩好。
(3) IF 汽车超速 THEN 立即减速。

产生式规则与谓词逻辑中的蕴含式在形式上相似，可以认为蕴含式是产生式规则的一个特例。有些产生式规则可以表示为蕴含式，如第(2)条规则，但并非所有的产生式规则都可以表示为蕴含式，如第(1)条规则是化学反应，第(3)条规则是操作。蕴含式属于逻辑表达式，只能表示精确的知识。而产生式规则除了蕴含式之外，还包括各种操作、变换、算子、函数等，不仅可以表示确定性知识，还可以表示不确定性知识。不确定性知识的产生式表示方法见第7章。

6.2.2 产生式系统的组成

把一组产生式放在一起，使其互相配合、协同作用，一个产生式生成的结论可以供另一个产生式作为已知事实使用，以这种方式对问题进行求解的系统称为产生式系统。产生式系统由全局数据库、产生式规则集和控制系统三部分组成，产生式系统的基本结构如图6.3所示。

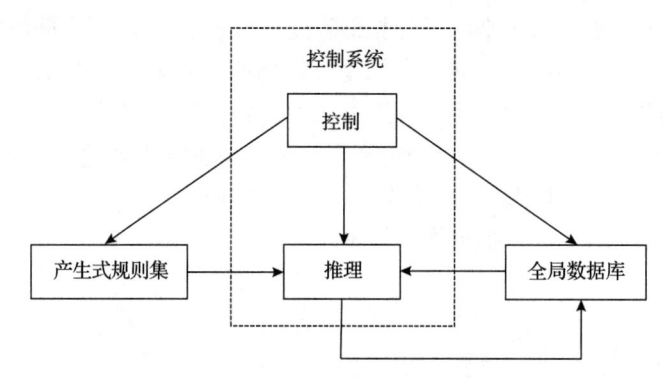

图6.3 产生式系统的基本结构(王万良, 2020)

1. 全局数据库

全局数据库也称为综合数据库、动态数据库、上下文或黑板，用于存放问题的已知事实、推理的中间结论及待证结论等。例如，八数码问题中的状态描述矩阵、机器人路径规划问题中描述机器人位置的状态向量、机器人找箱子问题中的谓词公式描述。当规则集中某条产生式规则的前提可与全局数据库中的某些已知事实匹配时，该产生式规则被选中，并把它推出的结论放入全局数据库中，作为后面推理的已知事实。显然，全局数据库的内容是不断变化的。

2. 产生式规则集

产生式规则集是用产生式规则表示的领域知识的集合，包含了将问题从初始状态变换到目标状态的所有规则，规则形式是 IF-THEN。

在建立产生式规则集时，应注意以下问题：一是需要有效地表达领域内的过程性知识，以实现对问题的求解；二是需要对知识进行组织与管理，采用合理的结构来组织规则集中的知识，使推理避免访问与当前问题求解无关的知识，从而提高求解效率。

3. 控制系统

控制系统又称为推理机，是规则的解释程序。它控制协调规则集和全局数据库，负责整个产生式系统的运行，决定问题求解的推理控制策略，实现对问题的求解。

控制系统的主要功能如下。

(1) 按一定的推理控制策略从规则集中选择规则与全局数据库中的已知事实进行匹配，将规则的前提条件与已知事实进行比较，如果二者一致或者近似一致且满足预先规定的条件，那么匹配成功，相应规则可被使用；否则，匹配不成功，相应规则不可用于当前的推理。

(2) 当多条规则匹配成功时，调用冲突消解策略从中选出一条规则执行。

(3) 解释执行规则的后件，如果该规则的后件是一个或多个结论，那么将这些结论加入到全局数据库中；如果规则的后件是一个或多个操作，那么执行这些操作。

(4) 对于不确定性知识，在执行每条规则时要按一定算法计算结论的不确定性。

(5) 掌握产生式系统运行的结束时机，如果全局数据库中包含了待证结论，那么程序结束。

6.2.3 产生式系统的推理

为了对问题进行求解，就需要基于知识进行推理。不仅需要以合适的形式来表达知识，而且要在知识表示的基础上建立一套推理和运算规则。产生式系统基于规则进行演绎推理，包括正向推理、反向推理和双向推理。正向推理是自底向上的综合过程，而反向推理是自顶向下的分析过程。通常，预测、监视、控制问题适合使用正向推理，而诊断问题适合使用反向推理。

基于规则的正向推理算法流程如算法 6.1 所示。

在推理过程中，如果所有匹配成功的规则同时触发启用，那么实现的是非启发式推理。如果基于启发信息对匹配的规则进行选择，那么实现的是启发式推理。在启发式正向推理算法中，将匹配成功的规则组成待用规则集，用某种冲突消解策略从待用规则集中选取一条规则，将其结论加入全局数据库或者执行其操作。通过冲突消解策略，可有效地控制推理过程，提高推理效率。

算法 6.1　基于规则的正向推理算法

输入：初始事实和待证结论，规则集，控制策略

第 1 步：将初始事实置入全局数据库；

第 2 步：用全局数据库中的事实来匹配/测试待证结论，若目标条件满足，则推理成功，结束，否则，进入第 3 步；

第 3 步：用规则集中各规则的前提匹配全局数据库中的事实，将匹配成功的规则组成待用规则集；

第 4 步：若待用规则集为空，则推理失败，退出，否则，进入第 5 步；

第 5 步：将待用规则集中各规则的结论加入全局数据库，或者执行其操作，转第 2 步。

输出：结论是否成立

基于规则的反向推理算法流程如算法 6.2 所示。

算法 6.2　基于规则的反向推理算法

输入：待证结论和初始事实，规则集，控制策略

第 1 步：将初始事实置入全局数据库，将待证结论置入目标链；

第 2 步：若目标链为空，则推理成功，结束，否则，进入第 3 步；

第 3 步：取出目标链中第一个目标，用全局数据库中的事实与其匹配，若匹配成功，则转第 2 步，否则，进入第 4 步；

第 4 步：用规则集中各规则的结论与目标进行匹配，若匹配成功，则将第一个匹配成功且未使用过的规则的前提作为新的目标，并取代其父目标加入目标链；

第 5 步：若没有可匹配的规则，则推理失败，退出，否则，转第 2 步。

输出：结论是否成立

在自动驾驶汽车中，通常需要根据驾驶场景，结合基本交通规则或驾驶经验组成先验知识，建立基于规则的行为决策系统，假设与右转相关的规则如下。

r_1：IF 交通灯显示为绿灯 AND 待转路口没有行人 THEN 车辆可以右转。

r_2：IF 交通灯显示为绿灯 AND 待转路口有行人 THEN 车辆不可以右转。

r_3：IF 交通灯显示为红灯 AND 待转路口没有行人 AND 待转路口没有其他车辆通行 THEN 车辆可以右转。

r_4：IF 交通灯显示为红灯 AND 待转路口有行人 THEN 车辆不可以右转。

r_5：IF 交通灯显示为红灯 AND 待转路口有其他车辆通行 THEN 车辆不可以右转。

已知在某一路口，自动驾驶汽车的意图是右转，交通灯显示为红灯，待转路口没有其他车辆通行，一个行人正在人行横道上行走。结合所有这些场景元素和驾驶意图，应用正向推理过程，依次匹配规则集中的各条规则，发现 r_4 可以与已知事实匹配，推出的结论是车辆不能右转。

例 6.2 机器人救援问题的产生式系统。在一个火灾救援现场,某伤员被困在二楼窗口。假设机器人现在楼外,救援现场有一个可被机器人移动的梯子,机器人爬上梯子后才能到达窗口实施救援。机器人可以采取的动作有:在地面上行走、移动梯子、爬梯子和接到伤员。已知初始状态下,机器人位置为 a,梯子位置为 b,伤员位置为 c,目标是让机器人采取一系列的行动营救伤员。请为此问题设计产生式系统。

解 该问题的状态可以用四元组 (R,L,O,H) 来表示,其中,R 表示机器人的位置;L 表示梯子的位置;O 表示机器人是否在梯子上,当机器人在梯子上时,$O=1$,否则,$O=0$;H 表示机器人是否接到伤员,当机器人接到伤员时,$H=1$,否则,$H=0$。

在全局数据库中,初始状态为 $(a,b,0,0)$,目标状态为 $(c,c,1,1)$。

产生式规则库包括如下 4 条规则。

r_1:IF $(x,y,0,0)$ THEN $(w,y,0,0)$ 表示机器人从 x 处走到 w 处。

r_2:IF $(x,x,0,0)$ THEN $(z,z,0,0)$ 表示机器人将梯子从 x 处移到 z 处。

r_3:IF $(x,x,0,0)$ THEN $(x,x,1,0)$ 表示机器人爬上梯子。

r_4:IF $(x,x,1,0)$ THEN $(x,x,1,1)$ 表示机器人接到伤员。

推理方法可以采用正向推理或反向推理。

采用基于状态空间的搜索算法也可以解决例 6.2 的问题。表 6.1 对产生式系统和状态空间图搜索进行了比较,如果将产生式系统中的各项替换为图搜索的对应项,那么可以将该问题转换为图搜索问题。

表 6.1 产生式系统与状态空间图搜索的对应项

产生式系统	状态空间图搜索
初始事实	初始节点
待证结论	目标节点
产生式规则	状态转换规则
规则集	操作集
全局数据库	Open/Closed 表
控制策略	搜索策略

产生式系统与图搜索的区别在于:图搜索描述了问题求解的方法,而产生式系统给出了实现这种方法的专家系统的结构形式。可以认为,问题求解是目的,图搜索是方法,产生式系统是形式。产生式系统是问题求解系统的通用模型,也是专家系统的基本结构形式,不仅可以作为状态空间问题的表示和求解模型,还可以实现基于谓词逻辑的演绎推理。

6.2.4 产生式系统的特点

产生式表示方法适合表示彼此关系不密切、不存在结构层次关系的领域知识以及经验性、不确定性的知识。在产生式表示方法的基础上构建的产生式系统可实现基于规则的推理。

产生式系统的优点是：易于表示，以规则为知识单元，知识单元间相互独立，易于建立知识库；适合于模拟数据驱动的智能行为，数据的增加和删除会导致系统行为发生变化，若数据不再发生变化，则系统运行终止；数据(全局数据库)、知识(规则集)和控制(控制策略)是独立的，规则通过数据发生联系，问题求解与规则的排列顺序无关，易于修改知识库，可增加新的规则去适应新的情况，而不会破坏系统的其他部分；推理过程直观，易于对系统的推理路径进行解释。

产生式系统的缺点是：各规则是独立的，无法体现知识之间的内在联系，在知识库扩大时难以保证知识的一致性；规则选择效率较低，每一步都要与规则集中的规则进行匹配，在规则数目较多时，匹配时间较长；控制策略不灵活，往往采用单一的控制策略，如顺序考察每条规则，效率较低；知识表示形式单一，不适合表示关联性较强的知识。

6.3 语义网络

6.3.1 语义网络的基本概念

语义网络是一种带有标识的有向图的知识表示方法，由节点和连接它们的弧组成。其中，节点表示实体、概念或状态，带标识的弧表示节点之间的关系。语义网络的基本单元是一个三元组(节点1，弧，节点2)，用于表示对象的某个属性或者两个对象之间的关系。弧是有方向和标识的，方向体现主次关系，节点1为主，节点2为辅。弧上的标识表示节点1的属性或节点1与节点2之间的关系。在语义网络中，关系十分重要，它们提供了知识组织的基本结构。语义网络本质上是一种复合的二元关系图。每个弧对应一个二元关系，而整个网络可以看作由这些二元关系拼接而成。

语义网络和框架

语义网络中常见的关系有如下几种。

1. 实例关系

实例关系是最常见的一种语义关系，用于表示实例或个体与其所属类之间的关系，一般标识为ISA，是"Is-A"的缩写，例如，"R1是一辆自动驾驶汽车"可以表示为如图6.4所示的语义网络。

R1 —是一辆→ 自动驾驶汽车

图6.4 实例关系示例

2. 分类关系

分类关系也称为从属关系或泛化关系，用于指定对象间的类属关系，标识为AKO，是"A-Kind-Of"的缩写。分类关系用于连接一个子类及其父类，例如，"自动驾驶汽车是一种轮式移动机器人"可以表示为如图6.5所示的语义网络。

图 6.5 分类关系示例

3. 组装关系

如果某一对象是另一对象的一个方面或者一部分，那么称它们之间的关系是组装关系，例如，"自动驾驶系统由传感模块、决策模块和控制模块组成"可以表示为如图 6.6 所示的语义网络。

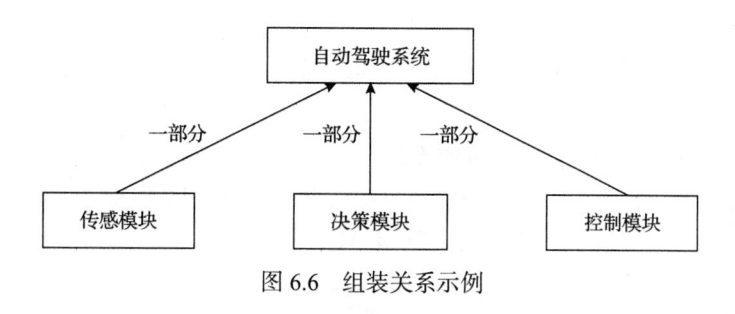

图 6.6 组装关系示例

4. 属性关系

属性关系用于表示对象的属性及其属性值，例如，"R1 的售价为 30 万元，上市时间是 2022 年，所用电源是电池"可以表示为如图 6.7 所示的语义网络。

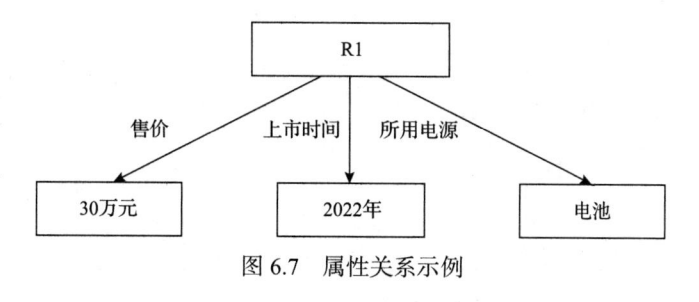

图 6.7 属性关系示例

5. 集合与成员关系

集合与成员关系用于表示成员或元素与集合之间的关系，即"是……的成员"，一般标识为 AMO，是"A-Member-Of"的缩写，例如，"张三是人工智能学会的会员"可以表示为如图 6.8 所示的语义网络。

图 6.8 集合与成员关系示例

6. 其他关系

在语义网络中，可以根据实际需要定义各种关系，如所属关系表示"具有"的意思，标识为 have。还可以定义一些关系用于表示带有全称量词和存在量词的谓词公式的语义，如用"与""或"等弧标识来表示谓词逻辑中的联结词，用"任意"和"存在"等弧标识表示量词。

6.3.2 语义网络的表示

在将自然语言描述的知识表示为语义网络时，要分清楚对象间的主次关系，以便确定弧的方向及其标识。语义网络中的每个节点和弧都必须有标识，用于说明它所代表的语义。

例 6.3 用语义网络表示下列语句。自动驾驶汽车的传感器用于环境感知，包括摄像头和激光雷达，摄像头的特点是成本低、采集信息丰富，激光雷达的特点是精度高、抗干扰能力强。

解 经分析可以发现，自动驾驶汽车是一个大类，传感器是自动驾驶汽车的一部分，而摄像头和激光雷达是传感器的两个子类。引入属性关系，将实体和属性值表示为节点，属性表示为弧标识。该语句对应的语义网络见图 6.9。

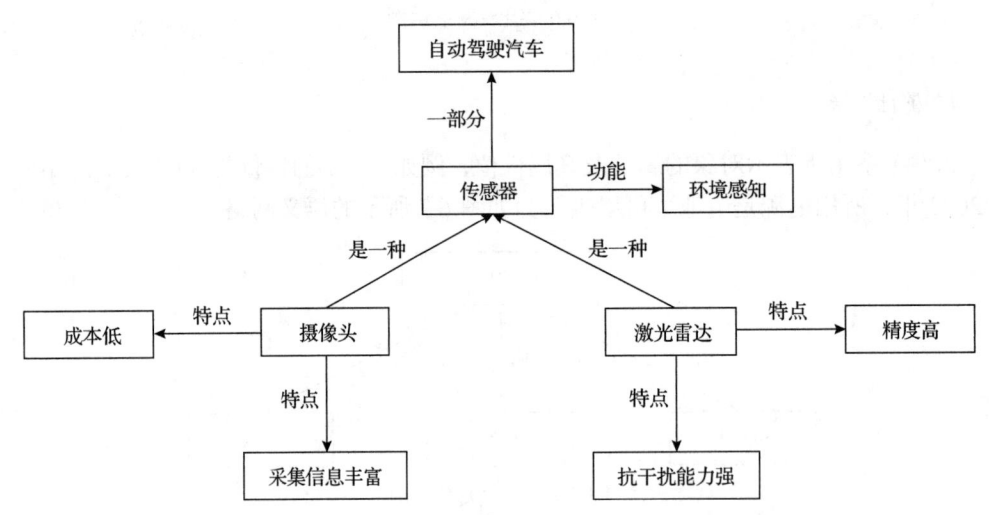

图 6.9 车辆传感器的语义网络

在自然语言描述的语句中，很多对象之间是多元关系，如"小张和小王是 R1 的设计者""小李乘车从长沙市到达了岳阳市"。鉴于语义网络中节点之间是二元关系，对于事物间的多元关系要如何表示呢？解决方法是将多元关系转换为二元关系的组合。如"小张和小王是 R1 的设计者"可以转换为"小张是 R1 的设计者，小王是 R1 的设计者，小张和小王是合作者"三个二元关系。在必要时，可以在语义网络中增加中间节点，例如，要表示"小李乘车从长沙市到达了岳阳市"，需要增加中间节点 G_1 来表示该乘车事件，对应的语义网络如图 6.10 所示。

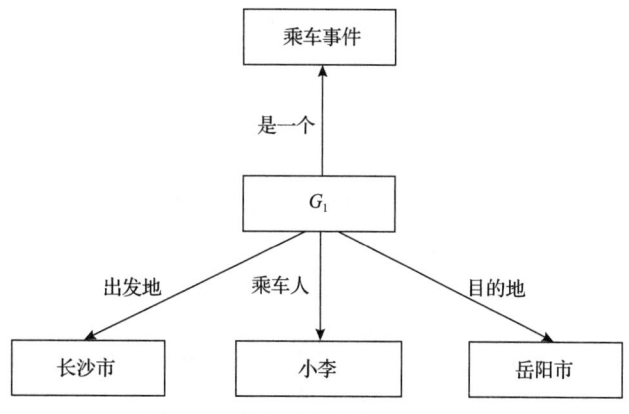

第6章 确定性知识表示与推理 ·155·

图 6.10 某个乘车事件的语义网络

6.3.3 语义网络的推理

语义网络的推理方法主要有两种：继承(inheritance)和匹配(matching)。

1. 继承

继承将对事物的描述从概念节点传递到实例节点或从父类节点传递到子类节点，通常是沿着 ISA、AKO 或 AMO 等弧进行的。人们经常用各种事物的典型情况来描述它们的属性，因此该推理过程与人的思维过程是一致的。

语义网络的继承方式包括值继承(value inheritance)、"如果-需要"继承(if-needed inheritance)和默认继承(default inheritance)。

1) 值继承

值继承是基于 ISA 和 AKO 弧的描述特性的继承。ISA 和 AKO 弧表示实例与类的关系以及子类与父类之间的关系，类与实例、父类与子类构成了上下层关系，提供了一种把知识从某一层传递到另一层的途径，例如，在图 6.11 所示的语义网络中，根据轮式移

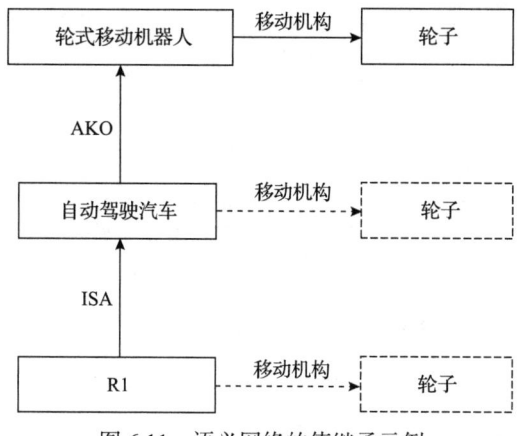

图 6.11 语义网络的值继承示例

动机器人的移动机构是轮子，通过值继承，可以推断出自动驾驶汽车和 R1 的移动机构也是轮子。

2)"如果-需要"继承

在某些情况下，如果不知道某个节点的值，那么可以根据需要利用已知信息来计算，利用计算实现的推理称为"如果-需要"继承，用于计算的程序称为 if-needed 程序。语义网络的"如果-需要"继承示例如图 6.12 所示，想要知道 R1 的重量，可以调用轮式移动机器人的重量计算程序，基于 R1 的体积($4m^3$)和密度($3t/m^3$)，计算出它的重量为 12t。

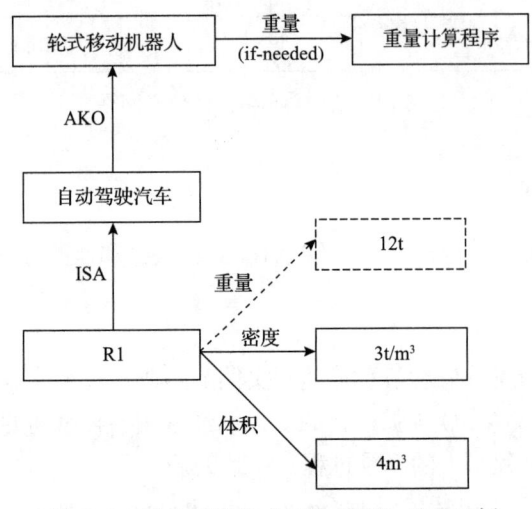

图 6.12　语义网络的"如果-需要"继承示例

3) 默认继承

在某些情况下，如果某个弧所指向的属性值具有相当程度的真实性，但又不能完全确定，那么可以将其设定为默认值，并标注弧为默认弧。只要不与现有事实冲突，就默认该值为节点的属性值，其下层节点可以继承该默认值，这种推理称为默认继承。语义网络的默认继承示例如图 6.13 所示，自动驾驶汽车的默认颜色属性是黑色，通过继承可

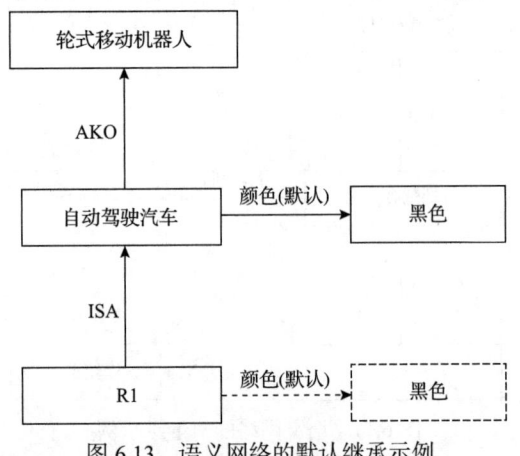

图 6.13　语义网络的默认继承示例

以推理出 R1 的颜色在默认情况下为黑色。

语义网络的继承推理是有导向的，在基于实例和分类关系对事物的属性进行继承推理时，只能由下层节点继承上层节点的属性。通常比谓词逻辑中使用的非导向的归结推理更容易实现、更有效。同时，继承推理是非单调推理，在分类关系中与上层节点相关的一般的、缺省的信息可以被下层节点相关的特殊信息抵消。当与原知识相矛盾的新知识出现时，必须收回缺省推理，这就是继承抵消。

例 6.4 继承抵消过程举例。已知 M100 是一台激光打印机，所有的激光打印机都是打印机，所有的打印机都是办公机器。R2D2 是一台扫地机器人，所有的扫地机器人都是机器人，所有的机器人都是办公机器。办公机器的电源是墙上插座，但作为一个例外，机器人的电源是电池。请问 R2D2 的电源是什么？

解 根据以上描述，办公机器电源的语义网络如图 6.14 所示。根据值继承推理，打印机、激光打印机和 M100 的电源都是墙上插座。如果没有特别标识，那么机器人作为一种办公机器，它的电源也是墙上插座。但是这里标识了机器人的电源是电池，就必须收回值继承推理，按照新的标识确定机器人的电源。扫地机器人和 R2D2 继承了与它们最近的父节点的属性，因此 R2D2 的电源是电池。

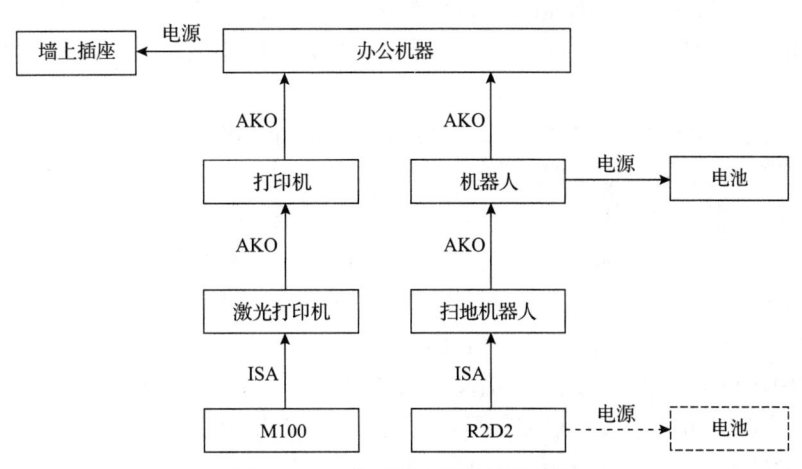

图 6.14 办公机器电源的语义网络

2. 匹配

语义网络中的推理求解主要依靠匹配，即在知识库中寻找与待求解问题相符的语义网络片段。首先，根据待求解问题的要求构造一个语义网络片段，其中部分节点或弧的标识是未知的，用于表示待求的解；然后，在知识库中查找可与之匹配的语义网络；最后，当语义网络片段中的询问部分与知识库中的某个网络结构匹配时，与询问匹配的事实就是问题的解。

例如，想知道摄像头的特点是什么，需要构造一个语义网络片段，如图 6.15 所示。将其与图 6.9 所示传感器的语义网络进行匹配，可以得到摄像头的特点是成本低、采集信息丰富。匹配为搜索引擎知识问答系统设计提供了基础。

图 6.15 构造的语义网络片段

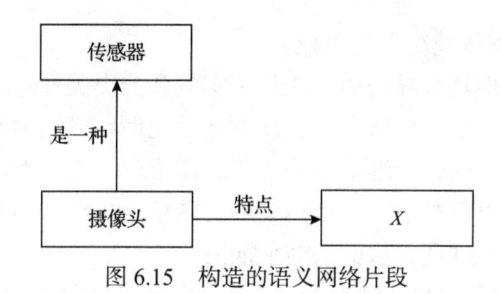

6.3.4 语义网络的特点

语义网络由大量的概念实体及其之间的关系构成，能够将概念实体的结构、属性和它们之间的关系显式地表示出来，以联想的方式实现对概念或实体的解释。语义网络适合于表示对象之间具有复杂关联关系的知识。

语义网络的主要优点如下。

(1)结构性。属于结构化知识表示方法，通过语义关系的描述，实现子类对父类、实例对类的属性的继承、变异和补充等，有利于知识共享，便于知识的存储和检索。

(2)联想性。将与实体、概念相关的属性和关系组织在一个网络中，使得实体、概念易于访问和学习，强调事物之间的语义联系，模拟人的联想记忆模型，能够实现信息的自检索。

(3)自然性。易于理解，可转换为自然语言，适合于知识工程师与领域专家沟通，继承推理方式符合人类的思维习惯。

语义网络的主要缺点如下。

(1)不够严格。节点和弧的语义完全由用户自定义，不同应用系统中语义关系的种类和解释不尽相同。缺乏命名标准和公认的形式表示体系，节点和弧的语义依赖处理程序的解释，通过其所实现的推理无法保证正确性，同时增加了知识分享的难度。

(2)推理存在组合爆炸问题。在语义网络求解中，一般很快会匹配到答案，但是当找不到问题答案时，可能会检索很多甚至所有的弧，存在组合爆炸的可能。

(3)启发性不足。无法嵌入用于指导有效搜索的启发信息，推理过程较复杂，需要对不同的关系进行不同的处理。

6.4 框 架

6.4.1 框架的基本概念

框架是一种描述对象(事物、事件或概念)属性并反映相关对象间关系的数据结构。框架理论基于心理学研究成果，认为人类在日常的思维过程中已经存储了大量的典型场景，当分析和理解所遇到的新情况时，人们并不是从头分析并创建描述这些情况的知识结构，而是在记忆中选择某个场景的基本知识结构与当前情况进行匹配，对其进行补充、修改并增加细节。例如，如果已经建立了一个轿车的框架，那么当看到一辆加长型轿车时，就会自动匹配该轿车框架，通过对框架的查找，得到轿车的各个属性，再通过修改，如增加一个新的属性"车身长度"，对"车身长度"的属性值赋值，得到轿车框架的一个具体实例。目前，框架已在多种系统中得到应用。

6.4.2 框架的表示

框架理论将框架作为知识单元，将一组有关的框架联系起来形成框架系统。在框架系统中，框架基于抽象程度而表现出自顶向下的层次结构，如大类框架、子类框架、实例框架。

每个框架有一个框架名，一个框架一般有若干个槽，槽用于描述对象某一方面的属性。一个槽有一个槽值或若干个侧面，侧面用于描述对象属性的一个方面，而一个侧面又有若干个侧面值。对于槽和侧面，可以为其附加一些说明性的信息，用于指定槽和侧面取值的约束条件。槽值和侧面值可以是数值、字符串、布尔值，也可以是一个动作或过程，还可以是另一个框架的框架名，从而实现一个框架对另一个框架的调用，体现出框架之间的联系。

框架的一般结构如下。

〈框架名〉
  槽$_1$：侧面$_{11}$：（侧面值$_{111}$，侧面值$_{112}$，…）
     侧面$_{12}$：（侧面值$_{121}$，…）
  槽$_2$：（槽值$_{21}$，槽值$_{22}$，…）
    ⋮
  槽$_n$：（槽值$_{n1}$，槽值$_{n2}$，…）

例如，<教师><大学教师>和<教师-1>框架可以组成一个框架系统，其示意图如图 6.16 所示。<教师>含有 5 个槽，分别描述教师 5 个方面的属性或情况。这些槽名的后面是槽值，如"<知识分子>""男""女""高师""中师"等。其中，"<知识分子>"是一个框架名，"范围""缺省"是侧面名，其后是侧面值，如"教学""科研"等。用<>括起来的槽值是框架名。在某些槽中给出了说明性的信息，用于对槽的填值做出限制。"范围"指出槽值或侧面值只能在指定的范围内选择，如"性别"槽，其槽值只能是"男"或"女"；"缺省"表示当相应槽不填入槽值时，以缺省值为槽值，这样可以节省一些填槽的工作。例如，对于"工作-范围"槽，当不填入"教学"或"科研"时，就默认它是"教学"。"大学教师"框架是"教师"框架的一个子框架。当把某教师的具体信息填入槽或侧面时，就得到了相应框架的一个实例框架，如<教师-1>是<大学教师>的一个实例框架。

在<大学教师>和<教师-1>两个框架中，前者描述的是一个概念，后者描述的是一个具体的事物。两个框架之间存在上下位的层次关系。一般称前者为上位框架(或父框架)，后者为下位框架(或子框架)，上位和下位是相对而言的，例如<大学教师>是<教师-1>的上位框架，同时也是<教师>的下位框架，而<教师>又是<知识分子>的下位框架。

框架适合表示概念与实体间存在内在联系的知识，还可以表示行为、动作以及一些过程性事件或情节。框架与语义网络没有本质的区别，可以认为框架是一种具有复杂结构的语义网络。框架允许节点有内部结构，即框架内部可以包含框架。相比语义网络，框架可以表示更广泛的知识。

```
<教师>
超类:<知识分子>
工作:范围:(教学，科研)
       缺省:教学
性别:(男，女)
学历:(中师，高师)
子类:(<小学教师>，<中学教师>，<大学教师>)
```

```
<大学教师>
超类:<教师>
学历:(学士，硕士，博士)
专业:<学科专业>
职称:(助教，讲师，副教授，教授)
外语:语种:范围:(英语，法语，日语，俄语，
               德语，...)
       缺省:英语
     水平:(优，良，中，差)
     缺省:良
```

```
<教师-1>
类:<大学教师>
姓名:李明
性别:男
年龄:39
学历:博士
专业:控制科学与工程
职称:副教授
外语:语种:英语
     水平:良
```

图 6.16 <教师><大学教师>和<教师-1>框架示意图

6.4.3 框架的推理

在基于框架的知识表示与推理系统中，推理主要是通过框架匹配与填槽来实现的。很多推理过程可以在框架系统内完成。在框架的层次结构中，同一层框架之间形成横向联系，可以共享槽值、侧面值，不同层框架之间形成纵向联系，下位框架可以继承上位框架的槽和槽值。框架不仅可以用于描述具有固定格式的已知事实、动作和事件，而且可以通过推理得到未被观察到的事实。

1. 匹配

框架的匹配是指根据已知事实寻找合适的框架，从而进行问题求解。首先把待求解的问题用一个问题框架表示出来，将问题框架与知识库中的框架进行匹配；然后逐槽比较，从中找到一个或几个与事实所提供情况相符合的预选框架，形成初步假设；最后对所有预选框架进行评估，以确定合适的框架。

假设知识库中已经存储了一些教师的实例框架，待求解的问题是从知识库中找到一个满足如下条件的教师：男性，年龄在 40 岁以下，副教授，身体健康，会英语。待求解问题可表示为如图 6.17 所示的问题框架。

```
<教师x>
姓名:
年龄:<40
性别:男
健康状况:健康
职称:副教授
语种:英语
```

图 6.17 问题框架示意图

将此问题框架与知识库中已建立的教师实例框架进行匹配，发现<教师-1>可以与之

匹配，因此姓名一栏填充为"李明"。若两个框架对应槽的值完全一致，则称这两个框架是完全匹配的。若两个框架不能使对应槽完全一致，但是满足预先指定的条件，则称这两个框架是不完全匹配的。

2. 填槽

填槽是指对框架中未知内容的槽进行填写。填槽主要有两种方法：继承和附加过程。继承是指下位框架可以共享上位框架定义的有关槽和槽值，又分为值继承、属性继承和限制继承。附加过程是指用槽附加的程序对槽值进行填写，包括：if-needed，当需要使用程序所属槽的值而该槽又暂时无值时，自动启动程序进行槽值计算；if-added，需要时启动程序对所属槽进行赋值；if-removed，启动该程序删除所属槽值；if-modified，需要时启动程序修改所属槽值。

6.4.4 框架的特点

框架最初是作为表示刻板模式知识的一种范例。刻板模式知识（如数学概念）的主要特点是具有定义得很好的特征，使得它的很多槽有默认的槽值。框架能够表示知识的内部结构关系，是一种结构化知识表示方法。框架的思想为此后的人工智能框架语言奠定了基础，也为面向对象语言提供了思路，因此被认为是面向对象系统的前身。

框架的优点是：框架表示具有较好的模块性，每个框架形成一个独立的知识单元，便于扩充；在框架系统中，下位框架可以继承上位框架的槽值，也可以进行补充和修改，不仅减少了知识的冗余，而且能够较好地保证知识的一致性；具有自然性，与人的思维活动是一致的。

框架的缺点是：没有形成完整的理论体系，框架、槽和侧面缺乏清晰的语义，推理和一致性检查缺少良好的语义基础；存在多义性，子框架可以继承多个父框架的槽值，也可以进行补充和修改，因此可能产生属性描述的多义性（多重继承），目前还没有解决多重继承过程中概念属性歧义问题的统一方法；面对现实世界的复杂性和多样性，框架体系设计的难度非常大，不同框架系统之间的框架很难对齐，难以建立统一的标准实现知识库的自动化构建。

6.5 知识图谱

知识表示的最新发展是知识图谱。20世纪70~80年代，传统的知识工程和专家系统在规则明确、边界清晰、应用封闭的限定场景中取得了成功，但是严重依赖专家干预，难以适应大数据时代开放应用和规模化的需求。知识图谱正是为了迎接这些挑战应运而生的，它基于数据驱动或众包等方式实现大规模自动化知识获取，解决了传统知识工程的知识获取瓶颈问题。知识图谱作为一种大规模语义知识库，可由知识规模上的量变带来知识效用的质变。

6.5.1 知识图谱的基本概念

知识图谱是一种用图模型来描述对象（概念、实体等）的属性及对象间关联关系的方法，用可视化技术和数据处理技术挖掘、分析、构建和显示知识要素以及它们之间的相互联系。知识图谱本质上是大规模的语义网络，但是比传统语义网络的规模更大，构建方式更加多样。知识图谱是一类知识表示和应用技术的总称，包括知识表示、知识图谱构建和知识图谱应用等。

在知识图谱中，用资源描述框架（resource description framework，RDF）形式化地表示知识。RDF 是由万维网联盟（World Wide Web Consortium，W3C）制定的用于描述实体/资源的标准数据模型。RDF 描述了两个资源之间的关系，其中资源可以是任何东西，包括文档、人、物理实体和抽象概念。每个 RDF 包含三个元素，因此 RDF 也称为 RDF 三元组（triples）。RDF 三元组形式为（subject，predicate，object），用谓词（predicate）表达主语（subject）和宾语（object）之间的关系，例如，"北京是中国的首都"可以表示为（Beijing，capital_of，China）。

知识图谱的概念由谷歌于 2012 年提出，主要目的是增强信息检索能力，为用户提供更加智能的检索结果。谷歌发言人在介绍知识图谱时强调"things，not strings"，其含义是：采用知识图谱后，谷歌搜索引擎不再是匹配字符串（strings），而是能够搜索事物（things）。此后，知识图谱得到了几乎所有搜索引擎企业的关注，并发展形成了多种多样的技术和应用方案。传统搜索基于关键词搜索来获得网页信息，例如搜索"自动驾驶汽车是机器人吗？"得到的是与自动驾驶汽车有关的新闻。其中包含"自动驾驶汽车""机器人"等关键词，但是不能直接给出答案。在加入知识图谱后，百度给出的搜索结果如图 6.18 所示（2023 年 1 月 3 日搜索）。不仅直接提供了问题的答案"是"，并且给出了自动驾驶汽车的相关介绍。

> **自动驾驶汽车**
>
> **是**
>
> "自动驾驶汽车(Autonomous vehicles; Self-driving automobile)又称无人驾驶汽车、电脑驾驶汽车或轮式移动机器人，是一种通过电脑系统实现无人驾驶的智能汽车。"更多>

图 6.18　输入关键词"自动驾驶汽车是机器人吗？"返回的搜索结果

知识图谱的发展历程如图 6.19 所示，它是多种技术相互影响和继承发展的结果，包括语义网络、本体、自然语言处理等。知识图谱旨在从数据中识别、发现和推断事物及概念之间的复杂关系，建立关系的可计算模型。知识图谱使传统知识表示与推理方法有了落脚点。近年来，随着知识表示和机器学习的发展，知识图谱相关技术取得了突破性的进展，特别是在知识图谱的构建、推理和计算技术以及知识服务技术方面。

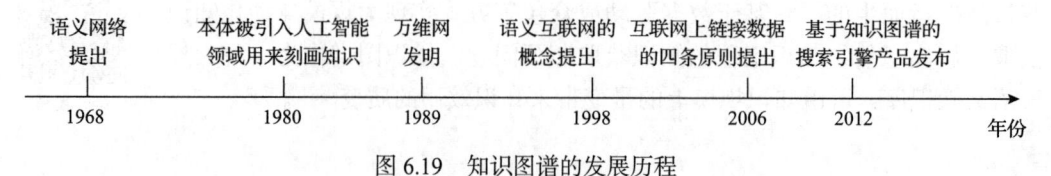

语义网络提出	本体被引入人工智能领域用来刻画知识	万维网发明	语义互联网的概念提出	互联网上链接数据的四条原则提出	基于知识图谱的搜索引擎产品发布
1968	1980	1989	1998	2006	2012

图 6.19　知识图谱的发展历程

6.5.2 知识图谱的分类

按照覆盖范围来分,知识图谱可分为通用知识图谱(general-purpose knowledge graph,GKG)和领域知识图谱(domain-specific knowledge graph,DKG)。表 6.2 展示了通用知识图谱与领域知识图谱的比较。通用知识图谱可视为面向通用领域的结构化的百科知识库。注重广度,强调融合更多的实体和概念,对知识质量的要求不高。受概念范围的影响,很难借助本体库对公理、规则以及约束条件的支持能力来规范其实体、属性、实体间的关系。其典型代表有 DBpedia、Freebase、KnowItAll、Yago、WikiTaxonomy、百度图谱、谷歌知识图谱等。领域知识图谱,也称为行业知识图谱或垂直知识图谱,是面向特定领域的知识图谱。可视为基于语义技术的行业知识库,通常需要依靠特定行业的数据来构建,具有特定的行业意义。实体的属性与数据模式往往比较丰富,需要考虑到不同的业务场景与使用人员,典型代表有 FOAF、Geonames、SIDER、IMDB、MusicBrainz 等电商、医疗、金融、农业、安全等领域的知识图谱。相比较而言,领域知识图谱的知识来源更多、规模化扩展更迅速、知识结构更复杂、知识质量要求更高、知识的应用形式也更多样。

表 6.2 通用知识图谱与领域知识图谱的比较

比较项	通用知识图谱	领域知识图谱
知识来源及规模化	以互联网开放数据,如维基百科或开源社区为主要来源,逐步扩大规模	以领域或企业内部数据为主要来源,通常要求快速扩大规模
对知识结构的要求	知识结构较简单,以事实性知识为主	知识结构较复杂,包含事实性知识和过程性知识
对知识质量的要求	较多地采用面向开放域的网页抽取,对知识抽取质量有一定容忍度	较多地依靠从企业内部的结构化、非结构化数据进行联合抽取,并人工审核校验,知识抽取质量要求较高
对知识融合的要求	融合主要起到提升质量的作用	融合多源的领域数据是扩大规模的有效手段
知识的应用形式	以搜索和问答为主要应用形式,对推理要求较低	应用形式多样,除搜索问答外,还包括决策分析、业务管理等,对推理要求较高,要求有较强的可解释性
举例	DBpedia、Yago、百度图谱、谷歌知识图谱等	电商、医疗、金融、农业、安全等领域知识图谱

按照知识类型来分,知识图谱可分为常识知识图谱(commonsense knowledge graph,CKG)和百科知识图谱(encyclopedia knowledge graph,EKG)。常识是人类通过自身与世界交互而积累的经验和知识,是人类在交流时无须言明就能理解的知识。常识知识图谱关注挖掘人类认知系统中的概念和语言规则知识,常见的关系类型有 Is-A、IsPropertyof、co-occurrence 等,通常包含带有一定概率的关系,以表示不确定性知识,典型代表有 Cyc、OMICS、WordNet、NELL、KnowItAll、Probase、ConceptNet 等。百科知识图谱关注与现实生活关系密切的事实性知识,会预定义一些关系,如 DayOfbirth、LocatedIn、SpouseOf 等,通常只包含确定性知识,在构建时关注知识质量,典型代表有 DBpedia、CN-DBpedia、Freebase、Yago、谷歌知识图谱等。

按照关系类型生成方式来分，知识图谱可分为封闭域知识图谱和开放域知识图谱。在封闭域知识图谱中，关系类型是人为设定的，优点是易于扩充、无冗余，缺点是灵活性差、不便于推广应用。在开放域知识图谱中，关系类型需要自动挖掘，优点是关系灵活、覆盖全面，缺点是存在冗余和不一致、难以支持逻辑推理。

6.5.3 知识图谱的构建

知识图谱的构建是从原始数据出发，采用自动或半自动的技术手段，从数据中提取知识要素，并将其存入知识库的过程。知识图谱的构建包括自顶向下和自底向上两种方式。自顶向下方式是指先为知识图谱定义好本体与数据模式，再将实体加入到知识库。该构建方式需要利用一些现有的结构化知识库作为基础知识库。早期，知识图谱多采用自顶向下方式。例如，通用知识图谱 Freebase 中绝大部分数据是从维基百科（Wikipedia）中获取的，并于 2016 年迁移至 Wikidata。自底向上方式是指从一些开放链接数据中提取出实体，选择其中可信度较高的部分加入知识库，再建立实体与实体之间的关系。目前，大多数知识图谱采用自底向上方式，其中最典型的就是谷歌的 Knowledge Vault。

1. 知识图谱构建过程

知识图谱的架构在逻辑上分为数据层和模式层两个层次。在数据层中，知识以 RDF 三元组为单元存储在图数据库中，构成庞大的实体关系网络，形成知识图谱。模式层在数据层之上，通常采用本体来管理知识图谱，定义类、关系、属性的取值范围来构建最基本的层次结构和属性体系，支持简单的上下位推理。大规模知识库的构建与应用需要多种智能信息处理技术的支持。知识图谱构建基本流程如图 6.20 所示，主要包括知识抽取、知识表示、知识融合三个步骤。

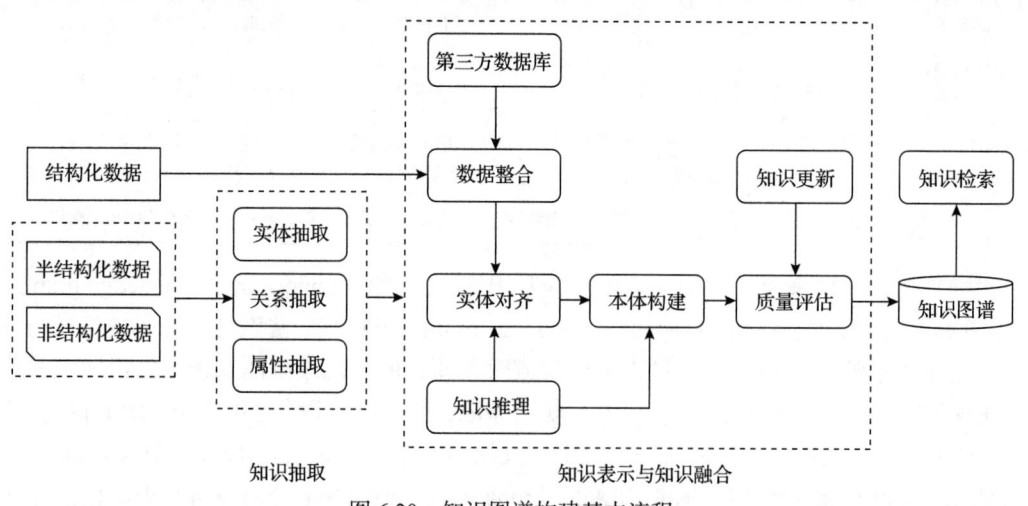

图 6.20 知识图谱构建基本流程

1) 知识抽取

知识抽取是指从一些公开的结构化数据、半结构化数据、非结构化数据中提取出实体、关系、属性等知识要素，形成一系列高质量的事实表达，为上层模式层的构建奠定基础。与传统知识获取方式不同，以前大多是通过专家访谈自顶向下地获取知识，而现在主要是利用数据自底向上地挖掘和抽取知识。另外，众包与群体智能也成为大规模知识获取的新途径，其难点在于非结构化数据的处理。目前，可获得的数据中有 70%~80% 是非结构化数据，而且这一数字还在快速增长。结构化数据与非结构化数据示例如图 6.21 所示，结构化数据遵循预定义的格式，可用统一的结构表示，方便计算机搜索和利用。非结构化数据不容易组织或格式化，存在结构不统一、不规整或者相异的问题。例如，图像可能具有不同的分辨率，音频可能是从不同谱段采集的，网页中既有图像又有文本等。利用计算机收集、处理和分析非结构化数据的难度更大。

结构化数据

面积	房间数	…	价格
205	3	…	400
160	3	…	330
⋮	⋮	…	⋮
300	4	…	540

用户年龄	商品编号	…	点击数
41	93242	…	1
80	93287	…	0
⋮	⋮	…	⋮
27	71244	…	1

非结构化数据

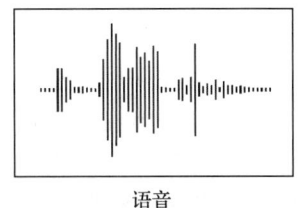

语音　　　　　　　　图片

在现代社会，科技的发展日新月异，给人们的生活带来了极大的便利……

文本

图 6.21 结构化数据与非结构化数据示例

对于非结构化数据，通常需要使用自然语言处理技术实现实体命名识别、关系抽取、实体统一、指代消解等。实体命名识别是指从原始语料中自动识别出具有特定意义的实体，主要包括人名、地名、机构名、专有名词等。实体是知识图谱中最基本的元素，其抽取的完整性、准确率、召回率等将直接影响到知识库的质量。关系抽取的目的是解决实体间语义关系的问题。早期的关系抽取主要是通过人工构造语义规则以及模板的方法来识别实体关系的。之后，实体间的关系模型逐渐替代了人工预定义的语法与规则。实体的属性可以看成实体与属性值之间的一种关系，因此实体属性的抽取问题也可以转换为关系抽取问题。实体统一是指判断多个实体是否属于同一个实体，对它们进行匹配和标准化表示。指代消解是指对于语句中的指示代词，如他、这个、那个等，判断它们所表示的含义。由于语言表达的多样性和隐含性，实体统一和指代消解是知识抽取中较难的环节。

2) 知识表示

知识表示所解决的问题是将现实世界中的各类知识表达成计算机可存储和计算的形式。将知识中的实体、概念、属性值等关联起来，便于人们识别和理解。在已有的知识库基础上进一步挖掘隐含的知识，从而丰富、扩展知识库。知识图谱主要采用资源描述框架三元组来描述实体之间的关系，近年来，以深度学习为代表的表示学习技术也取得了重要进展。对于实体之间尚未发现的关联，可以通过推理来进行补全，根据给定的三元组推导出新的三元组。

推理方法主要包括基于符号的推理和基于机器学习的推理。基于符号的推理可以从一个已有的知识图谱，利用规则推理出新的实体间关系，还可以对知识图谱进行逻辑的冲突检测。假设知识图谱中有(R1, Is-A, 自动驾驶汽车)和(自动驾驶汽车, is_A_Kind_Of, 轮式移动机器人)，可以推理得到新的三元组：(R1, Is-A, 轮式移动机器人)。基于机器学习的推理通过统计规律从知识图谱中学习到新的实体间关系。这类方法的出发点是将知识图谱中的实体与关系统一表示为多维实数向量，来刻画它们的语义特征，然后通过向量之间的相似性计算，预测可能出现的新的三元组，从而完成推理。

3）知识融合

知识图谱的知识来源广泛，存在知识质量良莠不齐、不同来源的知识间有冗余、知识间的关联不明确、缺乏层次性和逻辑性等问题，因此有必要对其进行清理和整合。知识融合是高层次的知识组织，通过在同一框架规范下对不同知识源的知识进行异构数据整合、消歧、加工、推理验证、更新等步骤，剔除冗余和错误，确保知识的质量。其中，知识更新是知识融合的一个重要组成部分。人类的认知能力、知识储备以及任务需求都会随时间而不断增长，因此知识图谱的内容也需要不断地迭代更新，扩展现有的知识并增加新的知识。

2. 知识图谱构建举例

下面通过一个具体的实例演示如何将一段文字表示为知识图谱的形式，如图 6.22 所示。左边是非结构化的文本数据，需要经过一系列的处理才能转换为右边的知识图谱。

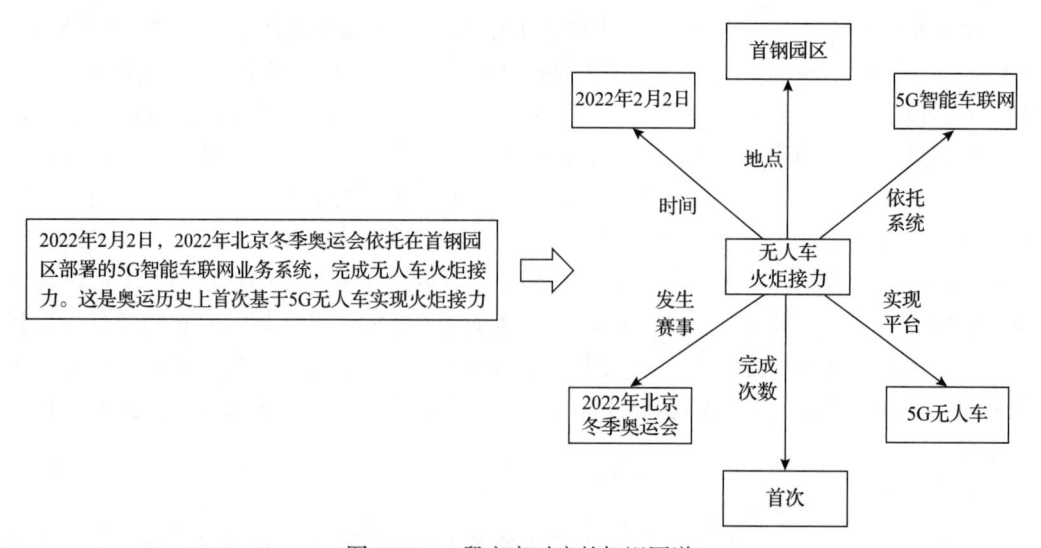

图 6.22 一段文字对应的知识图谱

1) 实体命名识别

实体命名识别的目的是识别文本中具有特定意义的实体并标记其所属类型。通常要解决两个问题：一是实体边界识别，即判断实体的确切边界，例如，"5G 无人车"是一个完整的实体，若只得到"无人"，则边界缺失；二是实体类型识别，通常包括时间、数字、人名、地名、机构名等类型，2023 年中英文通用实体识别准确率已达到90%以上。文本中的实体命名识别如图 6.23 所示，"2022 年 2 月 2 日"被标记为"时间"类型，"5G 智能车联网"和"5G 无人车"被标记为"系统"类型。

图 6.23 文本中的实体命名识别

2) 关系抽取

关系抽取从文本中判断两个或多个实体之间是否有关系，并将实体之间的关系抽取出来。如果已经预先定义了比较完备的实体关系集合，那么任务就转换为检测文本中的实体是否具有某种预定义的关系；否则，需要完全由系统自动从文本中发现并抽取关系。文本中的关系抽取如图 6.24 所示，根据文本中的一些关键词，如"依托""部署""完成"等，可以判断出"2022 年北京冬季奥运会"与"首钢园区""5G 智能车联网""无人车火炬接力"等实体之间的关系。

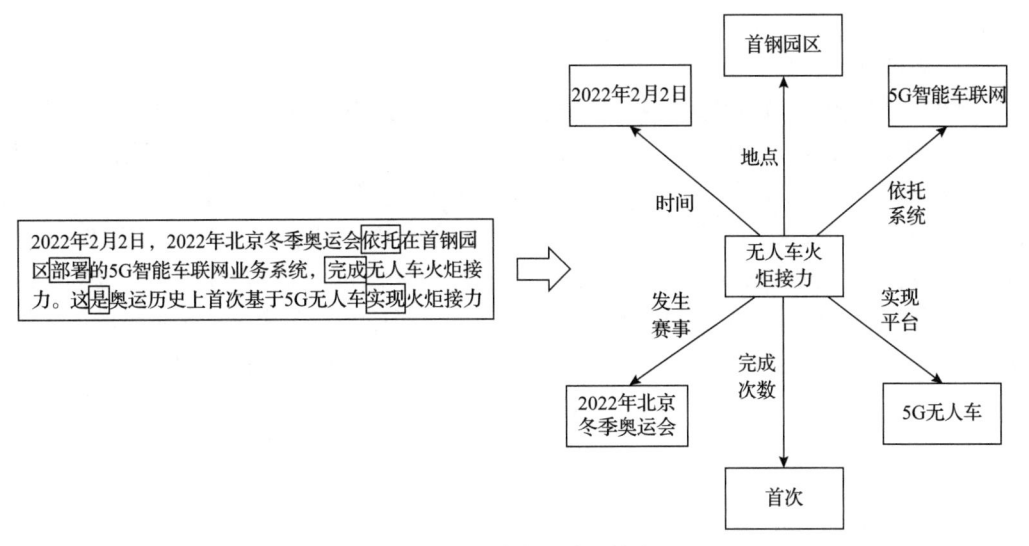

图 6.24 文本中的关系抽取

3) 实体统一

实体统一也称为实体对齐，目的是在给定两个或多个实体的情况下，判断它们是否指向同一个实体。同一个实体在文本中可能有不同的表达方式，例如，文本中的"5G"是第五代移动通信技术的简称，即"5G"和"第五代移动通信技术"是指同一个实体，若它们在文本中同时出现，则实体将对它们进行统一表示。

4) 指代消解

指代消解是将代表同一实体的不同指称归到一个等价集合的过程，用于有效解决文本中的指代不明问题。指代消解要找出指示代词所指的实体，如图6.25所示的"这"是指"无人车火炬接力"。

> 2022年2月2日，2022年北京冬季奥运会依托在首钢园区部署的5G智能车联网业务系统，完成无人车火炬接力。这是奥运历史上首次基于5G无人车实现火炬接力

图 6.25 文本中的指代消解

6.5.4 知识图谱的特点

知识图谱既与传统知识表示方法有着密切联系，又有其独特之处，比较知识图谱与传统语义网络和本体的区别，有助于了解知识图谱的特点。

1. 知识图谱与传统语义网络的区别

知识图谱与传统语义网络最明显的区别体现在规模上，传统语义网络依赖专家来获取知识，很难达到较大的规模，而知识图谱通过众包或自动化知识获取等手段来达到规模化要求。此外，知识图谱与传统语义网络的区别还体现在语义丰富、质量精良、结构友好等特点上。

(1) 规模巨大。

在知识图谱中，节点和边的数量巨大，现代知识图谱的规模化发展如图6.26所示。传统的知识库，如Lenat于1984年创建的常识知识库Cycorp，包含约700万条的事实描述。WordNet主要依靠语言学专家定义名词、动词、形容词和副词之间的语义关系，包含约20万条的语义关系。常识知识库ConceptNet采用了互联网众包、专家和游戏三种方式来创建，早期的ConceptNet规模在百万量级，ConceptNet5.0也仅包含约2800万条RDF三元组关系描述，而谷歌和百度等现代知识图谱都已经包含超过千亿量级的三元组。DBpedia包含约30亿个三元组，多语种的大百科知识库BabelNet拥有超过19亿个三元组，Yago3.0包含1.3亿个三元组，Wikidata包含超过9千万个数据条目，元组数目达到数十亿量级。

(2) 语义丰富。

语义丰富体现在两个方面。首先，知识图谱富含各类语义关系，例如，DBpedia包含了1000多种常见的语义关系。通过将关注不同语义关系的知识图谱互联到一起，可以基本涵盖现实世界中常见的语义关系。其次，语义关系的建模方式多样。通过为语义关

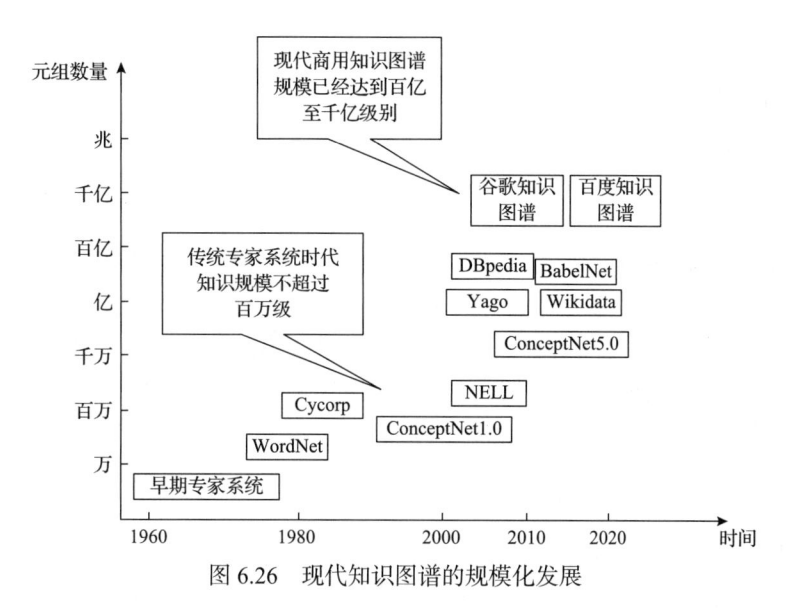

图 6.26 现代知识图谱的规模化发展

系赋予权重或者概率,能够更精准地表达语义。

(3) 质量精良。

知识图谱是典型的大数据时代的产物。大数据的多源特性使其可以通过多个来源验证事实。如果大部分来源支持某一事实,那么基本可以推断这一事实为真。此外,各类众包平台的出现也有助于实现大规模的知识验证。

(4) 结构友好。

知识图谱通常表示为 RDF 三元组的图结构,数据库领域针对这种数据类型已发展出大量有效的管理方法。这使得相对于纯文本形式的知识而言,知识图谱对于机器更友好,可以作为机器认知世界所需要的背景知识来使用。

事物都有两面性,知识图谱的优点与其缺点相伴而生。知识图谱的规模化特点决定了知识图谱从知识获取到知识应用都与传统语义网络存在显著区别,具体体现在以下几个方面。

(1) 高质量模式缺失。

提升知识图谱的规模往往会付出质量方面的代价。构建知识图谱的初衷是适应开放环境下的知识需求。为了让更多的知识入库,势必要适当地放宽对于知识质量的要求。传统数据库与知识库对于其中的数据或知识有着严格的定义,对能够入库的数据有着严格约束。但精准严格的定义往往是十分困难的,因此知识图谱在设计模式时通常会采取一种"经济、务实"的做法,也就是允许模式定义不完善,甚至缺失,这对知识图谱中的数据语义理解以及数据质量控制提出了挑战。

(2) 封闭世界假设不再成立。

传统数据库与知识库的应用通常建立在封闭世界假设(closed world assumption)基础之上,假定数据库或知识库中不存在的事实即为不成立的事实。很显然,这是一个较强的假设,只适用于封闭领域。大多数开放性应用不遵守这一假设,也就是说,在这些应用中缺失的事实或知识未必为假,例如,很难保证知识图谱中关于历史人物的信息完整,很可能会缺失人物父母的信息，但根据常识，历史人物一定有父母。不遵守封闭世界假设为知识图谱的应用带来了巨大的挑战。

(3) 存在知识不完全的困境。

知识图谱规模巨大，其实现依赖大规模自动化知识获取，获取方式是多样的，可以从文本中自动抽取，也可以基于大规模众包平台的知识标注，还可以是多种方式混合。现代知识图谱对知识规模的要求源于"知识完备性"难题。冯·诺依曼曾估计单个人脑的全量知识需要 $2.4×10^{20}$bit 来存储。客观世界拥有不计其数的实体，人的主观世界包含了无法统计的概念，这些实体和概念之间又具有数量众多的复杂关系，导致大多数知识图谱都面临知识不完全的困境。在实际的领域应用场景中，知识不完全也是困扰大多数语义搜索、智能问答、知识辅助的决策分析系统的首要难题。

2. 知识图谱与本体的区别

知识图谱与本体的区别在于：本体侧重于表达认知的概念框架，表示概念之间的语义关系，用于支撑机器对于世界或者某个特定领域的理解；而知识图谱富含实体及其关系，是认知框架的实例化。本体是一个通用的数据模型，仅对具有某些属性的事物的一般类型进行建模。为机器定义本体的工作必须由人类专家完成，这样机器才能拥有与人类相符的认知框架。在建立知识图谱的初期，模式定义本质上是在完成本体定义的工作，如已建立的书的本体，如图 6.27(a) 所示，它是一个可重用的框架，可以用来描述各种书，而不包含特定书的信息。以该本体为框架，通过添加特定书的作者、出版社和出版时间等真实数据可以创建一个知识图谱，如图 6.27(b) 所示。

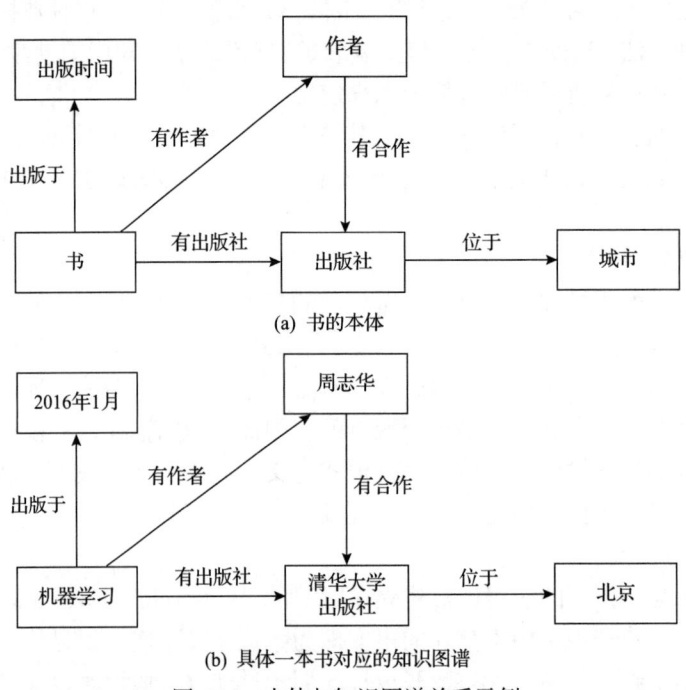

(a) 书的本体

(b) 具体一本书对应的知识图谱

图 6.27 本体与知识图谱关系示例

6.5.5 知识图谱的应用

知识图谱富含实体、概念、属性和关系等信息，使机器理解与解释现实世界成为可能，因而成为认知智能的核心技术之一，并为人工智能的应用提供了强大助力。知识图谱为海量、异构、动态的大数据表达、组织、管理以及利用提供了一种有效的方式，有助于提升网络的智能化水平。目前，知识图谱已经成为互联网中知识驱动的智能应用的基础设施，在语义搜索、智能问答、自然语言理解、大数据分析、推荐计算、物联网设备互联、可解释人工智能等多个领域展现出丰富的应用价值。

1. 语义搜索

语义搜索是目前知识图谱最典型的应用方式。基于关键词的搜索技术在知识图谱的支持下，可以升级为基于实体和关系的检索，即语义搜索。传统搜索引擎依靠网页之间的超链接实现网页的搜索，用户需要自己再次甄选，获取信息。而语义搜索是直接对事物进行搜索，如人物、机构、地点等。语义搜索利用知识图谱可以准确地捕捉用户的搜索意图，解决传统搜索中关键词语义多样性及语义消歧的难题，通过实体链接实现知识与文档的混合检索，从而以更精确的方式给出搜索结果。它将用户搜索输入的关键词映射为知识图谱中的概念和实体，搜索结果直接显示满足用户需求的结构化信息内容。

2. 智能问答

智能问答以一问一答形式精确地定位所需知识，通过与用户交互为用户提供个性化的信息服务。知识问答的实现过程分为两步：第一步是提问分析，将用户提问中的语义、意图提取出来，形成可供三元组推理使用的"查询"；第二步是答案推理，将"查询"与知识图谱中的三元组进行检索、匹配或推理，获得正确答案。知识图谱已经成为人机交互问答系统必不可少的模块，为问题的语义理解提供丰富的背景知识，并为问答系统提供知识推理能力。例如，IBM 的沃森依托 DBpedia 和 Yago 等百科知识库和 WordNet 等语言知识库实现知识问答；亚马逊的智能语言助手 Alexa 主要依托 True Knowledge 公司积累的知识图谱；度秘、Siri 的进化版 Viv、小爱机器人、天猫精灵背后都有大规模知识图谱作为支撑。

3. 智能分析与决策支持

知识图谱通过语义关联可以帮助人们理解大数据中所蕴含的潜在信息，实现对大数据的智能分析与洞察，提供决策支持，并通过图谱可视化的方式展示实体间的关联。知识图谱和语义技术也可用于情报分析，其核心技术包括全量的数据融合和关联存储、分析模型的动态组合和快速定制，以及面向人机共生的大规模知识图谱可视化技术，如大数据情报分析系统帕拉蒂尔(Palantir)，可以通过整合各类人员信息(包括地址、邮件、电话、消费、旅行等)建立可视化关系网络，来分析各类人员信息和事件之间的关联关系，构造用于支持决策的完整的证据链条。

4. 垂直行业应用

在金融、医疗、电商等很多垂直领域，知识图谱正在带来更好的领域知识、更低的金融风险、更优质的购物体验。在教育科研、证券、生物医疗等需要进行大数据分析的行业，对整合性和关联性的资源需求迫切，知识图谱可以为其提供更加精确规范的行业数据以及丰富的实体间关系表达，帮助用户便捷地获取行业知识。

知识图谱技术发展迅速，应用也非常广泛，但仍然有很多问题需要解决。在理论研究方面，知识图谱对于语言歧义性、长尾知识获取、时序知识获取、多模态知识融合、复杂推理等问题，还没有较好的解决办法。在实践应用方面，由于数据源众多、数据规模庞大、异构数据质量参差不齐，高质量通用知识图谱的构建还有很长的路要走。

6.6 本章小结

"知识就是力量"这句论断相信大家都不陌生。然而，很少有人知道的是，这句话的后半句才是培根想强调的重点——"知识就是力量，但更重要的是运用知识的能力。"知识表示与推理就是要将人类的知识表示为计算机可处理的形式，实现对人类丰富知识的有效利用，从而为机器赋能。在人工智能中，知识和推理是不可分割的，不同的知识表示方法通常对应不同的知识推理方法。

知识表示具有多样性，缺乏统一的框架，多是面向具体应用而设计的。本章介绍了几种常用的知识表示方法，如产生式表示法、语义网络和框架。产生式系统由一组用户编写的产生式规则组成，并在系统内部提供产生式所需的运行机制，是构建专家系统的重要基础。语义网络是一种表示实体或概念间语义关系的网络，将知识组织成层次结构，具有广泛的表示范围和强大的表示能力。框架是一种复杂结构的语义网络，能够把知识的内部结构关系以及知识之间的联系表示出来，将实体的相关属性集中在一起，适合于表示结构化的知识。

知识图谱在本质上是大规模的语义网络，但其在规模、质量、构建方式上不同于传统语义网络。知识图谱在本体构建的基础上限定了网络中的语义关系类型，并基于自动化知识获取来构建大规模知识库，有助于精准大数据分析，并为自然语言理解提供背景知识库。以知识图谱为代表的大规模自动化知识表示，使得知识工程进入了大数据知识工程的全新阶段。尽管知识表示与处理技术在近年来得到了长足发展，但是在知识表示、推理和应用过程中，仍有很多问题有待解决，例如，隐性知识与过程性知识难以表示、知识表示存在主观性与不一致性、大型知识库的知识推理组合数过多、很多知识库缺乏学习能力等。因此，短期内还无法完整地建立针对开放领域的知识库，尤其是很难完全表示常识知识。

本章思维导图

思 考 题

6.1 什么是知识？知识有哪些特点？

6.2 所有用自然语言描述的知识都可以用特定的知识表示方法来表示吗?
6.3 什么是知识表示,如何选择知识表示方法?
6.4 知识表示方法和其所使用的推理方法之间有什么关系?
6.5 产生式系统由哪些部分组成?推理方法有哪几种?
6.6 讨论产生式表示方法、产生式规则和产生式系统的关系。
6.7 正向推理、反向推理和双向推理的适用条件是什么?
6.8 描述用产生式系统求解问题的一般步骤。
6.9 什么样的知识适合用语义网络来表示?
6.10 框架和语义网络之间的联系与区别是什么?
6.11 知识图谱与传统的专家系统有什么区别?
6.12 封闭世界假设和开放世界假设有什么区别?
6.13 描述知识图谱的一个典型应用场景。
6.14 人工智能要变得像人一样聪明,常识推理能力是其必备的能力之一。"这个奖杯放不进箱子,它太小了"和"这个奖杯放不进箱子,它太大了",对于这两句话,人类从常识就可以知道,前面一个"它"是指箱子,而后一个"它"是指奖杯,但这对于机器而言却并不容易,因为它们通常缺乏常识推理能力。随着常识知识库规模的不断增大,你认为人工智能有可能破解常识推理问题吗?

练 习 题

6.1 用产生式规则表示以下语句:如果交通灯显示为绿灯并且前方没有行人,那么车辆可以通行。

6.2 用语义网络表示以下语句:动物能吃、能运动;鸟是一种动物,鸟有翅膀,会飞;鱼是一种动物,鱼生活在水中,会游泳。

6.3 用语义网络和框架分别表示以下语句:中南大学和湖南大学两校篮球队在中南大学进行的一场比赛的比分是 89∶85。

6.4 用语义网络表示以下语句:王老师从 2021 年 5 月到 7 月给大三学生讲人工智能基础课。

6.5 用语义网络和框架表示以下知识:国防科技大学是一所国家"双一流"建设高校,校训是"厚德博学、强军兴国",前身是创建于 1953 年的"哈军工"。

6.6 试构造一个描述计算机的框架系统。

6.7 将本章主要知识点用知识图谱的形式进行描述。

6.8 创建一个互联网高科技公司的知识本体,并构建百度、搜狐等公司基本情况的知识图谱。

第 7 章 不确定性知识表示与推理

经典逻辑与精确数学的建立对于人类科学技术的发展具有巨大的推动作用，然而客观世界中事物和现象的出现具有随机性。客观世界在人脑中的映射，即主观世界，也存在认识的不完全、不可靠、不精确和不一致。很多概念是模糊的，没有明确的类属界限，很难用精确的数学模型来表示与处理。在此情况下，若仍用经典逻辑进行精确处理，则必须要人为地在本来没有明确界限的事物间划定界限，从而舍弃事物固有的随机性或模糊性，与真实情况不符。这就是近年来各种非经典逻辑迅速崛起，人工智能将不确定性知识的表示与推理作为重要研究内容的原因。不确定性知识表示与推理通过模拟人类进行不确定性推理的方式，用来解决已知事实和推理知识存在不确定性的复杂问题。本章主要介绍基于概率和基于模糊的不确定性知识表示与推理方法。

7.1 不确定性知识表示与推理概述

7.1.1 知识的不确定性及其表示方法

基于知识的推理是从已知事实出发，通过运用相关知识逐步推出结论，或者证明某个假设成立或不成立的过程。已知事实和知识是推理的两个基本要素，已知事实又称为证据，用于明确推理的出发点及推理时可使用的前提条件，而知识是推理得以向前推进，并逐步达到最终目标的依据。在确定性推理中，已知事实及推理时所依据的知识都是确定的，推出的结论或证明的假设也是确定的。确定性问题往往是对现实世界高度抽象和简化之后得到的模型。现实世界中的事物及事物之间的关系是极其复杂的，由于客观上存在的随机性、模糊性及某些事物或现象暴露的不充分性，人们对它们的认识往往是不精确的、不完全的，具有一定程度的不确定性，这种认识上的不确定性反映到知识上，就形成了不确定性知识。不确定性是指对于一个命题（关于事件或事物的描述）的真实性不能完全肯定，而只能对其为真的可能性给出某种估计。

随机性和模糊性的产生原因不同，它们分别来自客观不确定性和主观不确定性。随机性是指事件发生的条件不充分，使得在条件与事件之间不能出现决定性的因果关系，在事件出现与否上表现出不确定性，可以用发生概率来描述；模糊性是指由事物类属划分的不分明而引起的判断上的不确定性，可以用隶属度来描述。对于随机性事物，事物本身含义明确，只是条件不明且不可预知；对于模糊性事物，事物本身含义是模糊的，如年轻与年老、高与低。如图 7.1 所示，对于随机性，对象 u 可能位于集合 A 的内部或外部。若 u 位于 A 的内部，则用 1 来记录；若 u 位于 A 的外部，则用 0 来记录。对于模糊性，u 可能既在 A 的内部，又在 A 的外部。若 u 的一部分位于 A 的内部，一部分位于 A 的外部，则用 u 位于 A 的内部的长度占总长度的比值来表示 u 对于 A 的隶属度。

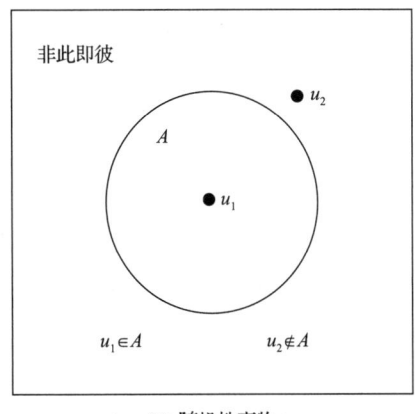

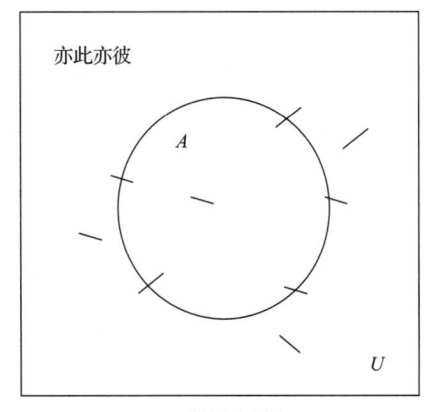

图 7.1 随机性和模糊性事物示意图（惠军华，2021）

对于随机性知识表示，最早应用的是基于概率论的贝叶斯网络。此后，Shortliffe 等（1975）提出了可信度的表示方法，Dempster（1967）提出了证据理论，引入了信任函数，用于求解事件的发生概率很难获得的问题。模糊性知识表示的思路是将原有的精确表示法以各种方式模糊化，如模糊谓词、模糊规则、模糊框架、模糊语义网络等。

不完全性是指对于某事物而言，关于它的信息或知识还不全面、不完整、不充分，例如，在破案的过程中，警方所掌握的关于罪犯的有关信息往往是不完整的。但是，在这种情况下，办案人员仍能通过分析、推理等手段最终破案。对于由不完全性引起的不确定性推理问题，其相关理论包括粗糙集理论和灰度理论等。粗糙集从知识分类入手研究不确定性，认为知识是将论域中的对象进行分类的能力（Pawlak, 1982）。当两个不同的对象由相同的属性来描述时，这两个对象被归于同一类，它们的关系称为不可分辨关系或等价关系。知识库中的知识越多，知识越接近于完全或充分，对象之间的可分辨性越强，类别划分越精细。在没有掌握关于论域的所有知识的情况下，粗糙集使用上近似集（根据现有知识判断可能属于给定类的对象所组成的集合）和下近似集（根据现有知识判断肯定属于给定类的对象所组成的集合）来描述论域中的类。下近似集和上近似集的差是一个边界集合，包含了所有不能确切判断是否属于给定类的对象，这种处理可以得到较好的近似分类。灰度理论最早是由华中科技大学的邓聚龙教授提出来的，研究如何在少量、不完全信息情况下做出决策（Deng, 1982）。信息完全明确的系统称为白色系统；信息未知的系统称为黑色系统；信息部分明确、部分不明确的系统称为灰色系统。灰度理论运用灰色系统方法和模型技术，通过对部分已知信息的生成和开发，来挖掘蕴含在观测数据中的重要信息，实现对系统行为和演化规律的把握和描述。

7.1.2 不确定性推理的基本问题

在不确定性推理问题中，证据和知识都具有某种程度的不确定性。不确定性推理是从不确定性的初始证据出发，通过运用不确定性的知识，最终推出具有一定程度的不确定性却是合理或者近乎合理结论的推理过程。在进行不确定性推理时，除了要进行符号推演操作外，还要进行不确定性的计算。在不确定性推理中，不仅需要解决推理方向、推理方法、控制策略等一般性问题，还需要解决不确定性的表示与度量、不确定性匹配及阈值的选择、结论不确定性的计算等不确定推理所特有的问题。

1. 不确定性的表示与度量

1) 知识不确定性的表示

为了进行不确定性的计算，需要将知识的不确定性以定量的方式表示出来。在专家系统中，知识的不确定性程度一般是由领域专家给出的，通常是一个数值，可以是知识在应用中成功的概率或知识的可信程度等。

2) 证据不确定性的表示

一般而言，证据不确定性的表示方法与知识不确定性的表示方法应保持一致，以便在推理过程中对不确定性进行统一处理。证据不确定性程度通常也用一个数值来表示。对于初始证据，其值由用户给出；对于由推理得到的证据，其值由推理中不确定性的传递算法通过计算得到。

3) 不确定性的度量

知识和证据的不确定性程度一般是不同的，需要事先规定它们的取值范围和表示方法，以使每个数据具有确定的含义。例如，在专家系统 MYCIN 中，用可信度表示知识及证据的不确定性，其取值范围为$[-1, 1]$，当可信度大于零时，其值越大，表示相应的知识或证据越接近于真；当可信度小于零时，其值越小，表示相应的知识或证据越接近于假。

2. 不确定性匹配及阈值的选择

在推理过程中，需要将知识的前提条件与数据库中已知的证据进行匹配，只有匹配成功的知识才有可能被应用。知识和证据都具有不确定性，而且知识所要求的不确定性程度与证据实际具有的不确定性程度不一定相同，因此出现了"如何才算匹配成功"的问题。目前，常用的解决方法是设计一个算法来计算匹配双方的相似程度。同时，指定一个相似的限度来衡量匹配双方相似的程度是否在指定的限度内，如果在指定的限度内，则称它们是可匹配的，相应知识可应用；否则，称它们是不可匹配的，相应知识不可应用。用来计算匹配双方相似程度的算法称为不确定性匹配算法，相似的限度称为阈值。

3. 结论不确定性的计算

结论不确定性的计算是指，根据给定的一组证据和知识来计算结论的不确定性度量，主要包括 3 个方面：组合证据的不确定性算法、不确定性的传递算法以及结论不确定性的合成。

在基于产生式规则的系统中，知识的前提条件既可以是简单条件，也可以是用 AND 或 OR 把多个简单条件连接起来构成的复合条件。在进行匹配时，一个简单条件对应于一个证据，一个复合条件对应于一组证据，称这一组证据为组合证据。在不确定性推理中，结论的不确定性通常是通过对证据及知识的不确定性进行某种运算得到的，因此需要有合适的算法来计算组合证据的不确定性。目前，关于组合证据不确定性的计算，人们提出了多种方法，如最大最小方法、概率方法、有界方法、Hamacher 方法、Einstein 方法等，其中用得较多的是以下 3 种。

(1) 最大最小方法。

$$T(E_1 \text{ AND } E_2) = \min(T(E_1), T(E_2))$$

$$T(E_1 \text{ OR } E_2) = \max(T(E_1), T(E_2))$$

(2) 概率方法。

$$T(E_1 \text{ AND } E_2) = T(E_1)T(E_2)$$

$$T(E_1 \text{ OR } E_2) = T(E_1) + T(E_2) - T(E_1)T(E_2)$$

(3) 有界方法。

$$T(E_1 \text{ AND } E_2) = \max(0, T(E_1) + T(E_2) - 1)$$

$$T(E_1 \text{ OR } E_2) = \min(1, T(E_1) + T(E_2))$$

式中，$T(E)$ 表示证据 E 为真的程度，如可信度、概率等。

另外，上述每组公式都有相应的适用范围和使用条件，如概率方法只能在事件之间完全独立时使用。

为了推算结论的不确定性程度，需要解决推理过程中不确定性的传递问题，包括在每步推理中如何将证据及知识的不确定性传递给结论，以及在多步推理中如何将初始证据的不确定性传递给最终结论。对于单步推理的不确定性传递问题，不同的不确定性推理方法所采用的处理方法不同，将在后面对其分别进行讨论。对于多步推理的不确定性传递问题，各种方法所采用的处理方法基本相同，即把当前推出的结论及其不确定性度量作为证据放入数据库中，供以后推理使用。最初一步推理的结论是用初始证据推出来的，其不确定性包含了初始证据的不确定性对它所产生的影响，因此当它又用作证据推出进一步的结论时，其结论的不确定性仍然会受到初始证据的影响。由此一步步地进行推理，必然会把初始证据的不确定性传递给最终结论。

在不确定性推理过程中，有时会出现用不同知识进行推理得到相同结论，但不确定性程度不同的情况，此时需要用合适的算法对它们进行合成。不同的不确定性推理方法所采用的合成算法不同。

7.1.3 不确定性推理方法的分类

通过定义和选择不确定性推理所涉及的不确定性度量、匹配算法以及不确定性的传递算法和合成算法等，可以构成多种不确定性推理方法。目前，不确定性推理方法主要包括模型方法和控制方法，如图 7.2 所示。模型方法在推理策略上处理不确定性，其特点是将不确定的证据和不确定的知识分别与某种度量标准对应起来，并且给出更新结论不确定性的算法，从而建立相应的不确定性推理模型。7.1.2 节关于不确定性推理中基本问题的讨论都是针对这一类方法的。控制方法在控制策略上处理不确定性，其特点是通过识别领域中引起不确定性的某些特征及相应的控制策略来限制或降低不确定性对系统产生的影响。这类方法没有处理不确定性的统一模型，其效果极大地依赖控制策略，如相关性制导回溯、机缘控制、启发式搜索、随机过程控制等。

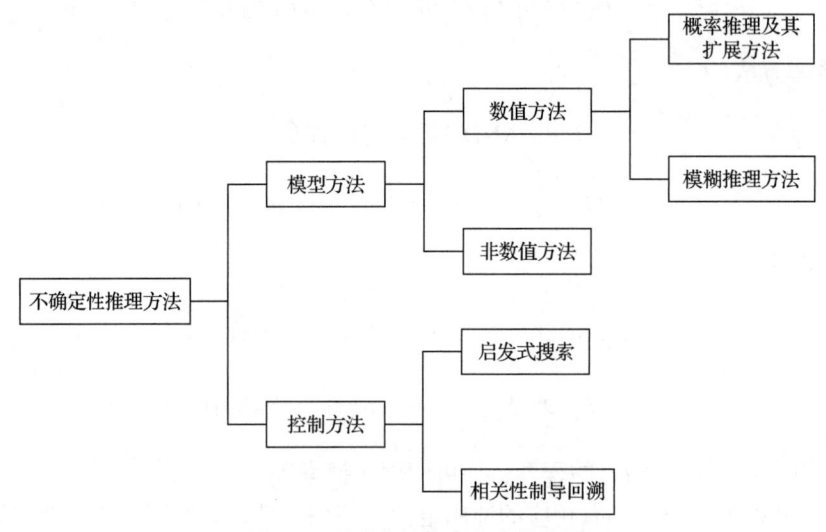

图 7.2　不确定性推理方法的分类

本章仅讨论模型方法。模型方法包括数值方法和非数值方法两类。数值方法是一类对不确定性进行定量表示和处理的方法，目前人们对它的研究及应用较多。按照所依据的理论不同，数值方法又可分为概率推理及其扩展方法和模糊推理方法。非数值方法是指除数值方法以外的其他各种处理不确定性的方法，如发生率计算方法采用集合来描述和处理不确定性，而且满足概率推理的性质。本章主要讨论数值方法。

7.2　概率推理及其扩展方法

概率论是研究随机现象中数量规律的数学分支。概率论的相关理论和方法是度量不确定性的重要手段，因为它不仅有完备的理论，而且为不确定性的合成与传递提供了现成的公式，所以最早用于不确定性知识的表示与推理。完全采用概率模型来表示和处理不确定性的方法称为纯概率方法。纯概率方法，如贝叶斯网络推理方法，虽然有严密的理论依据，但是通常要求给出事件的先验概率和条件概率，由于数据不易获取而限制了其应用范围。为此，研究人员在概率论的基础上发展出了一些新的理论和方法，主要有主观贝叶斯方法、可信度方法、证据理论等。

7.2.1 贝叶斯网络推理方法

概率论为人们判断和推理某个事件发生的概率提供了数学方法。在现实生活中，概率论可以应用于多种情况。例如，银行想要评估客户偿还信用卡欠款的概率；又如，工人在修理有某些异常表现的汽车时，会权衡几种相互矛盾的故障发生的概率；很多专家系统也是用概率论来应对系统面临的不确定性的。贝叶斯公式在概率推理中起关键作用，贝叶斯网络为表示节点间的依赖关系提供了模型，在此基础上发展出了贝叶斯网络推理方法。贝叶斯网络推理方法用于在给定一组证据变量的情况下，计算一组假设变量的概率分布。

1. 条件概率、全概率和贝叶斯公式

若一个事件的发生对另一个事件的发生没有任何影响，则称事件间具有独立性。在知识推理中，通常是根据前提来推出结论，因此主要考虑的是结论与前提不独立的情况。条件概率是指事件 A 在另外一个事件 B 已经发生条件下发生的概率。如果在随机实验中，已经观察到了事件 B 的发生，那么可以利用事件 B 发生的概率去估计事件 A 发生的不确定性。

设 (Ω, F, P) 是一个概率空间。第一项 Ω 是一个非空集合，称为样本空间，Ω 的集合元素称为样本输出。第二项 F 是样本空间 Ω 幂集的一个非空子集，F 的集合元素称为事件，在此集合上可以定义其概率。第三项 P 称为概率或概率测度，它是一个从集合 F 到实数域 $\mathbb{R}$ 的函数，每个事件都被此函数赋予一个 0~1 的概率值。

假设 A 和 B 是 F 中的任意两个事件，且 $P(B) > 0$，则有

$$P(A|B) = \frac{P(A,B)}{P(B)} \tag{7.1}$$

式中，$P(A|B)$ 为在事件 B 出现的条件下，事件 A 发生的条件概率。

若 B_i ($i = 1, 2, \cdots, n$) 是 F 中任意有限个或可数个事件，$P(B_i) > 0$，且 B_i 满足互斥性和完备性条件，则有如下的全概率公式：

$$P(A) = \sum_{i=1}^{n} P(B_i) P(A|B_i) \tag{7.2}$$

互斥性是指 $B_i \cap B_j = \varnothing (i \neq j, j = 1, 2, \cdots, n)$；完备性是指 $B_1 \cup B_2 \cup \cdots \cup B_n = \Omega$。

在条件概率和全概率的基础上，可以定义贝叶斯公式，也称为贝叶斯定理。对于 F 中的任意事件 A，$P(A) > 0$，有如下贝叶斯公式，即

$$P(B_i|A) = \frac{P(B_i)P(A|B_i)}{P(A)} = \frac{P(B_i)P(A|B_i)}{\sum\limits_{j=1}^{n} P(B_j)P(A|B_j)} \tag{7.3}$$

通常，贝叶斯公式可用于解决以下类型的问题。设 B_i 是导致事件 A 发生的所有可能的原因，已知它们的概率为 $P(B_i)$，这些概率称为先验概率。又设在随机实验中不能直接观察到 B_i，只能观察到与之相关的 A 的发生，要在此条件下对事件 B_i 出现的可能性做出判断，即求出它们关于 A 的条件概率 $P(B_i|A)$（也称为 B_i 的后验概率）。贝叶斯公式给出了先验概率与后验概率之间的关系，能确定在产生结果 A 的各种原因中哪一个起到更重要的作用。基于这一思想发展而成的一系列统计推理方法称为贝叶斯统计方法。

2. 贝叶斯网络模型

给定随机变量集合 $V=\{v_1,v_2,\cdots,v_n\}$，建立在该集合上的联合概率分布 $P(V)=P(v_1,v_2,\cdots,v_n)$，可以表示为一个贝叶斯网络 $B=\langle G,P\rangle$。网络结构 G 是一个有向无环图（directed acyclic graph，DAG），从图中任意一个节点出发经过任意条边，均无法回到该节点。G 有两个参数，即 V 和 A。V 为图中的节点，每一个节点表示一个随机变量，可以是可观测的变量或隐变量、未知参数等，节点的状态对应于随机变量的值；A 为图中有向边的集合，表示节点之间的条件（因果）依赖关系。网络参数 P 为条件概率表（condition probability table，CPT），即条件概率的集合，其中的每一行元素对应 V 中唯一的节点，存储该节点对于其直接先导节点（父节点）的所有可能组合的条件概率。贝叶斯网络有一个非常重要的性质，就是每一个节点在其直接先导节点的概率值确定之后，该节点条件独立于其所有非直接先导节点。由概率的链式规则可得

$$P(V)=P(v_1,v_2,\cdots,v_n)=\prod_{i=1}^n P(v_i|v_1,v_2,\cdots,v_{i-1}) \tag{7.4}$$

由式(7.4)可知，为了确定贝叶斯网络中所有节点的联合概率分布，需要给出如下概率：所有根节点的先验概率；所有非根节点与它们先导节点的条件概率。图 7.3 为一个简单的贝叶斯网络，根节点 A 的先验概率为 $P(A)$，CPT 为 $\{P(B|A),P(B|\neg A);P(C|A,B),P(C|\neg A,B),P(C|A,\neg B),P(C|\neg A,\neg B)\}$，所有节点的联合概率为 $P(A,B,C)=P(C|A,B)P(B|A)P(A)$。

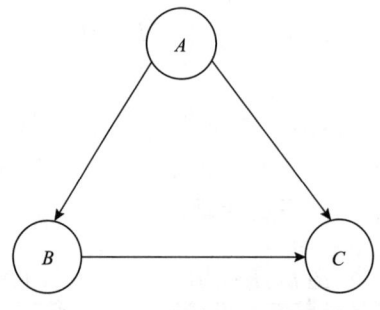

图 7.3 一个简单的贝叶斯网络

如果一个贝叶斯网络提供了足够多的条件概率和先验概率，可以计算任何给定变量

的联合概率，那么称它是可计算的，即可推理的。但是，对于具有 n 个随机变量的贝叶斯网络，要确定变量间的联合概率分布，需要给出 2^n-1 个概率值。当 n 较大时，通过各条件概率来计算联合概率往往是比较困难的。事实上，在贝叶斯网络中，节点之间的连接隐含着一些条件独立的关系，只要找出这些隐含的关系，在计算联合概率时，难度就会大大降低。

给定集合 V，如果一个随机变量 v_i 条件独立于另一个变量 v_j，那么有

$$P(v_i|v_j,V) = P(v_i|V) \tag{7.5}$$

根据条件概率的定义，可得

$$P(v_i|v_j,V)P(v_j|V) = P(v_i,v_j|V) \tag{7.6}$$

结合式(7.5)和式(7.6)可以得到，当随机变量 v_i 条件独立于另一个变量 v_j 时，有

$$P(v_i,v_j|V) = P(v_i|V)P(v_j|V) \tag{7.7}$$

由此可知，当集合 V 给定时，如果 v_i 条件独立于 v_j，那么同样有 v_j 条件独立于 v_i。条件独立对于贝叶斯网络的推理计算至关重要，在数据集上进行联合概率分布的计算时，只需要对有相互依赖的节点间的条件概率进行估计。

在贝叶斯网络中，独立关系表现为节点间的 D-分离，而没有 D-分离的节点之间是相互依赖的。为简单起见，可以借助以下 3 种典型连接方式来理解 D-分离。

(1) 串行连接。

A 通过 B 影响 C，C 通过 B 影响 A，如果给定 B，那么 A 和 C 互不影响，此时称 A 和 C 关于 B 条件独立，如图 7.4(a)所示。

(2) 分叉连接。

如果给定 A，A 的子节点之间相互独立，那么称子节点 B、C、$\cdots$、F 关于 A 条件独立，如图 7.4(b)所示。

(3) 汇集连接。

当多个原因有一个共同结果，且对结果一无所知时，原因之间条件独立，如图 7.4(c)所示。但是，当结果或其某个子节点已知时，父节点之间不再独立。

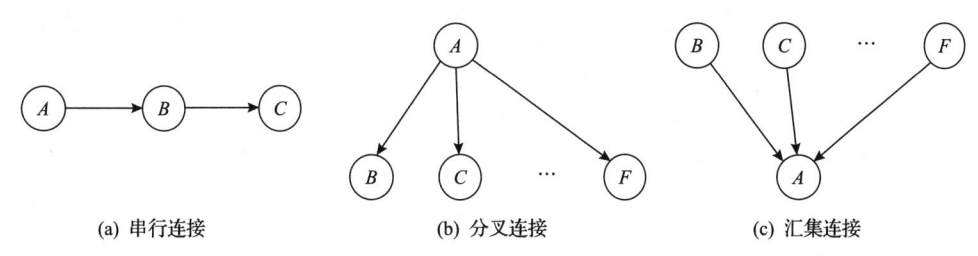

(a) 串行连接　　(b) 分叉连接　　(c) 汇集连接

图 7.4　D-分离的三种典型连接方式

由此可见，通过贝叶斯网络可以直观地得出一些变量间是独立的，或者在某种条件下独立的结论。可以认为，贝叶斯网络是一个表示条件独立关系的图模型，利用其属性能够获得概率分布的定性结构，从而进行高效的推理和决策。

下面通过例 7.1 来说明贝叶斯网络中条件独立的应用过程。

例 7.1 汽车异常检测的贝叶斯网络如图 7.5 所示。其中，S 表示发动机工作异常，C 表示轮胎破损，L 表示发动机温度高，E 表示汽车异响。请分析节点间的相互依赖关系。

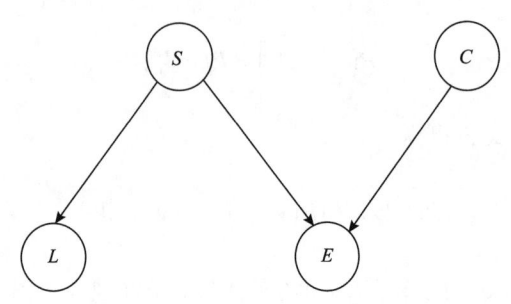

图 7.5 汽车异常检测的贝叶斯网络

解 由上述条件独立的几种情况可以得出：若给定 S，则 E 独立于 L，L 独立于 C；若不给定 E，则 C 独立于 S。

因此，各变量的联合概率为

$$P(S,C,L,E)(全概率公式)$$
$$= P(E|S,C,L)P(L|S,C)P(C|S)P(S)(给定 S, E 独立于 L)$$
$$= P(E|S,C)P(L|S,C)P(C|S)P(S)(给定 S, L 独立于 C)$$
$$= P(E|S,C)P(L|S)P(C|S)P(S)(不给定 E, S 独立于 C)$$
$$= P(E|S,C)P(L|S)P(C)P(S)$$

如果 CPT 给出了 $P(E|S,C)$ 和 $P(L|S)$，再已知先验概率 $P(C)$ 和 $P(S)$，那么可求出所有变量的联合概率。简化后的公式相比原公式更加简单明了，计算复杂度降低。

3. 贝叶斯网络推理

利用建立的贝叶斯网络解决实际问题的过程称为贝叶斯网络推理。如果将概率值已确定的变量构成的集合表示为证据 E，待求解的变量集合表示为假设 H，那么推理问题就是求解给定证据条件下假设变量的后验概率 $P(H|E)$。在贝叶斯网络中，有 3 种重要的推理模式：因果推理（自顶向下推理）、诊断推理（自底向上推理）和辩解。下面通过例 7.1 加以说明，给定其对应贝叶斯网络的根节点的先验概率为 $P(S)=0.4$，$P(C)=0.3$，条件概率表为 $\{P(E|S,C)=0.9$，$P(E|S,\neg C)=0.3$，$P(E|\neg S,C)=0.5$，$P(E|\neg S,\neg C)=0.1$；$P(L|S)=0.6$，$P(L|\neg S)=0.5\}$。

1) 因果推理

在贝叶斯网络中，利用父节点计算其子节点的条件概率，即从证据出发推断一个结论，这类推理称为因果推理。例如，在例 7.1 中，已知发动机工作异常 (S)，想要计算汽车异响 (E) 的概率 $P(E|S)$。这里，S 是推理的证据，E 是询问节点。

首先，寻找 E 的另一个父节点 (C)，并进行概率扩展。

$$P(E|S) = P(E,C|S) + P(E,\neg C|S)$$

式中，

$$\begin{aligned}P(E,C|S) &= P(E,C,S)/P(S) \\ &= P(E|C,S)P(C,S)/P(S) (贝叶斯公式) \\ &= P(E|C,S)P(C|S) (反向利用贝叶斯公式)\end{aligned}$$

同理，可以得出 $P(E,\neg C|S)$ 的推导过程。

因此，可以得出

$$P(E|S) = P(E|C,S)P(C|S) + P(E|\neg C,S)P(\neg C|S)$$

在图 7.5 中，C 和 S 符合独立条件，因此有

$$P(C|S) = P(C)$$

$$P(\neg C|S) = P(\neg C)$$

由此可得

$$P(E|S) = P(E|C,S)P(C) + P(E|\neg C,S)P(\neg C)$$

根据给定先验概率和条件概率表，有

$$P(E|S) = 0.9 \times 0.3 + 0.3 \times (1-0.3) = 0.48$$

由此可以发现，因果推理的基本流程是：采用给定证据及其所有双亲的联合概率，重新表示给定证据的询问节点的所求条件概率；采用以所有双亲为条件的概率，重新表示联合概率；直到所有的概率值可从条件概率表中得到，推理完成。

2) 诊断推理

同样以例 7.1 为例，计算"汽车没有异响情况下轮胎没有破损"的概率 $P(\neg C|\neg E)$。在贝叶斯网络中，从一个子节点计算其父节点的条件概率，也即从结果推测一个起因，这类推理称为诊断推理，使用贝叶斯公式可以将这种推理转换成因果推理。

$$P(\neg C|\neg E) = P(\neg E|\neg C)P(\neg C)/P(\neg E)$$

式中，

$$\begin{aligned}
P(\neg E|\neg C) &= P(\neg E, S|\neg C) + P(\neg E, \neg S|\neg C) \text{(因果推理)} \\
&= P(\neg E|S, \neg C)P(S) + P(\neg E|\neg S, \neg C)P(\neg S) \\
&= (1-0.3) \times 0.4 + (1-0.1) \times (1-0.4) \\
&= 0.82
\end{aligned}$$

因此，有

$$\begin{aligned}
P(\neg C|\neg E) &= P(\neg E|\neg C)P(\neg C)/P(\neg E) \\
&= 0.82 \times (1-0.3)/P(\neg E) \\
&= 0.574/P(\neg E)
\end{aligned}$$

同理，有

$$P(C|\neg E) = P(\neg E|C)P(C)/P(\neg E)$$

式中，

$$\begin{aligned}
P(\neg E|C) &= P(\neg E, S|C) + P(\neg E, \neg S|C) \\
&= P(\neg E|S, C)P(S) + P(\neg E|\neg S, C)P(\neg S) \\
&= (1-0.9) \times 0.4 + (1-0.5) \times (1-0.4) \\
&= 0.34
\end{aligned}$$

因此，有

$$\begin{aligned}
P(C|\neg E) &= P(\neg E|C)P(C)/P(\neg E) \\
&= 0.34 \times 0.3/P(\neg E) \\
&= 0.102/P(\neg E)
\end{aligned}$$

由全概率公式可知

$$P(\neg C|\neg E) + P(C|\neg E) = 1$$

将 $P(\neg C|\neg E)$ 和 $P(C|\neg E)$ 代入全概率公式可得

$$P(\neg E) = 0.676$$

因此，有

$$P(\neg C|\neg E) = 0.849$$

3) 辩解

如果证据仅仅是 $\neg E$（汽车没有异响），那么可以像上述那样计算 $\neg C$，即轮胎没有破损的概率。但是，如果也给定 $\neg S$（发动机没有工作异常），那么 $\neg C$ 也变得不确定。在这种情况下，可以说 $\neg S$ 解释 E，使 $\neg C$ 变得不确定。这类推理使用了嵌入在一个诊断推理中的因果推理。沿着这个思路进行推导可以实现辩解推理，其中贝叶斯公式的使用是辩解过程中的一个重要步骤。

4. 贝叶斯网络推理的特点

贝叶斯网络推理的优点是具有较强的理论基础和良好的数学特性，当各证据间和各假设间都相互独立时，计算复杂度较低，但是该方法也有一定的局限性。

由于要求 $\sum_{i=1}^{n} P(H_i) = 1$，如果增加一个新的假设 H_{n+1}，那么所有的 $P(H_i)(i=1,2,\cdots,n+1)$ 都需要重新定义。贝叶斯公式的应用条件很严格，要求各证据相互独立，如果证据间存在依赖关系，那么不能直接使用该公式。在概率论中，一个事件的概率是在大量统计数据的基础上计算得到的。若证据 E 导致结论 H，则用产生式规则可表示为

$$\text{IF } E \text{ THEN } H$$

由贝叶斯公式可知，在证据 E 出现的前提下，结论 H 发生的条件概率为

$$P(H|E) = \frac{P(H)P(E|H)}{P(E)} \tag{7.8}$$

若 H 由多个结论组成，则式(7.8)可写为

$$P(H_i|E) = \frac{P(H_i)P(E|H_i)}{P(E)} \tag{7.9}$$

用式(7.9)可以求得在证据 E 出现的情况下 H_i 的条件概率。可以看出，在直接使用贝叶斯公式时，要想得出 $P(H_i|E)$，不仅需要已知 H_i 的先验概率 $P(H_i)$，而且需要知道结论 H_i 成立的情况下证据 E 出现的条件概率 $P(E|H_i)$，这在实际应用中是相当困难的。

7.2.2 主观贝叶斯方法

主观贝叶斯方法是在对贝叶斯公式修正的基础上形成的一种不确定性推理方法。在进行概率推理时，需要对大量的样本进行统计分析才能获得事件发生的概率，来表示证据和知识的确定性程度。在很多情况下，同类事件发生的频率较低，无法进行概率统计，这时一般是根据观测到的数据，凭领域专家的经验给出一些主观上的判断。由专家给出的对于事件发生概率的估计称为主观概率，一般可以解释为对证据和规则的主观信任度。

Duda 等(1976)提出了主观贝叶斯方法,建立了相应的不确定性推理模型。此后,主观贝叶斯方法在地矿勘探专家系统 PROSPECTOR 中得到了成功应用。

1. 主观贝叶斯方法的知识表示

在主观贝叶斯方法中,$P(H_i)$是专家对结论H_i给出的先验概率,它是在没有考虑任何证据的情况下根据经验给出的。随着新证据的获得,对H_i的信任程度应该有所改变。基本思想是:证据E的出现使得$P(H_i)$变成了$P(H_i|E)$,因此可利用证据E将先验概率$P(H_i)$更新为后验概率$P(H_i|E)$,方法是引入两个数值(LS,LN)来度量规则成立的充分性和必要性。

知识用产生式规则表示,具体形式为

$$\text{IF } E \text{ THEN } (LS, LN) \; H \; (P(H))$$

其中,用一个数值对(LS,LN)来描述规则的不确定性或知识的静态强度。

LS 为充分性度量:

$$\text{LS} = \frac{P(E|H)}{P(E|\neg H)} \tag{7.10}$$

即H为真时E出现的概率除以H为假时E出现的概率。它表示E对H的支持程度,取值范围为$[0, +\infty)$。

LN 为必要性度量:

$$\text{LN} = \frac{P(\neg E|H)}{P(\neg E|\neg H)} \tag{7.11}$$

即H为真时E不出现的概率除以H为假时E不出现的概率。它表示E对H为真的必要程度,取值范围为$[0, +\infty)$。

为了方便讨论,引入如下几率函数(odds function):

$$O(x) = \frac{P(x)}{1 - P(x)} \tag{7.12}$$

即

$$P(x) = \frac{O(x)}{1 + O(x)} \tag{7.13}$$

几率与概率的取值范围不同,概率$P(x) \in [0, 1]$,几率$O(x) \in [0, +\infty)$。尽管几率函数与概率函数有不同的形式,但是同样可以表示证据的不确定性,它们的变化趋势是相同的。

由于

$$\frac{P(H|E)}{P(H|\neg E)} = \frac{P(E|H)}{P(E|\neg H)} \cdot \frac{P(H)}{P(\neg H)} \tag{7.14}$$

将式(7.14)与式(7.10)结合,可得

$$O(H|E) = \text{LS} \cdot O(H) \tag{7.15}$$

同理,将式(7.14)与式(7.11)结合,可得

$$O(H|\neg E) = \text{LN} \cdot O(H) \tag{7.16}$$

2. 主观贝叶斯方法的推理计算

主观贝叶斯方法推理计算的目的是,由已知的 (LS,LN) 和 $P(H)$、$P(E)$ 来计算 $P(H|E)$ 或 $P(H|\neg E)$。这里分为 3 种情况进行考虑:一是 E 一定存在,求 $P(H|E)$;二是 E 一定不存在,求 $P(H|\neg E)$;三是 E 不一定存在。

(1) 当 E 一定存在时,$O(H|E) = \text{LS} \cdot O(H)$,即

$$P(H|E) = \frac{\text{LS} \cdot P(H)}{(\text{LS}-1) \cdot P(H) + 1} \tag{7.17}$$

式(7.17)在 E 肯定出现的情况下,将 H 的先验概率更新为后验概率。

(2) 当 E 一定不存在时,$O(H|\neg E) = \text{LN} \cdot O(H)$,即

$$P(H|\neg E) = \frac{\text{LN} \cdot P(H)}{(\text{LN}-1) \cdot P(H) + 1} \tag{7.18}$$

式(7.18)在 E 肯定不出现的情况下,将 H 的先验概率更新为后验概率。

(3) 当 E 不一定存在时,有

$$P(H|S) = P(H|E)P(E|S) + P(H|\neg E)P(\neg E|S) \tag{7.19}$$

式中,S 是对 E 的有关观察,例如,只有 70%的把握认为 E 为真,有 $P(E|S) = 0.7$。

可以看出,当证据肯定存在时,$P(E|S) = 1$,有

$$P(H|S) = P(H|E) = \frac{\text{LS} \cdot P(H)}{(\text{LS}-1) \cdot P(H) + 1} \tag{7.20}$$

当证据肯定不存在时,$P(E|S) = 0$,有

$$P(H|S) = P(H|\neg E) = \frac{\text{LN} \cdot P(H)}{(\text{LN}-1) \cdot P(H)+1} \tag{7.21}$$

当证据与观察无关时，$P(E|S) = P(E)$，有 $P(H|S) = P(H)$。

当证据是除上述 3 种情况之外的其他情况时，$P(H|S)$ 可通过分段线性插值得到，示意图如图 7.6 所示。

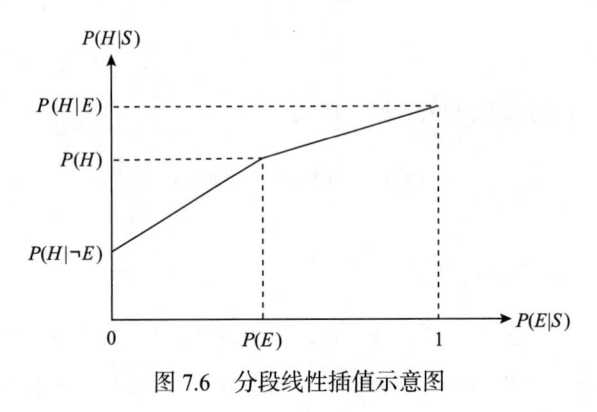

图 7.6　分段线性插值示意图

根据观察得到的 $P(E|S)$，经推理计算可以得出 $P(H|S)$。

以上讨论的是证据对结论的影响，下面讨论如何确定 LS 和 LN 的值。已知，LS 为充分性度量，LN 为必要性度量，它们的值由领域专家给出。由式(7.15)可知

$$\begin{cases} \text{LS}=1, & O(H|E)=O(H) \\ \text{LS}>1, & O(H|E)>O(H) \\ \text{LS}<1, & O(H|E)<O(H) \end{cases} \tag{7.22}$$

当 LS>1 时，E 支持 H，表明证据 E 的存在将增大结论 H 为真的概率；当 LS=1 时，E 对 H 没有影响；当 LS<1 时，E 不支持 H，表明证据 E 的存在将使 H 为真的可能性下降；当 LS=0 时，证据 E 的存在将使 H 为假。这就是领域专家为 LS 赋值的依据，证据 E 越支持 H 为真，应使相应的 LS 值越大。

同样地，由式(7.16)可知

$$\begin{cases} \text{LN}=1, & O(H|\neg E)=O(H) \\ \text{LN}>1, & O(H|\neg E)>O(H) \\ \text{LN}<1, & O(H|\neg E)<O(H) \end{cases} \tag{7.23}$$

当 LN>1 时，$\neg E$ 支持 H，表明证据 E 的不存在将增大结论 H 为真的概率；当 LN=1 时，$\neg E$ 对 H 没有影响；当 LN<1 时，$\neg E$ 不支持 H，表明证据 E 的不存在将使 H 为真的可能性下降；当 LN=0 时，证据 E 的不存在将使 H 为假。这就是领域专家为 LN 赋值的依据，证据 E 对 H 越必要，应使相应的 LN 值越小。

注意，在给 LS、LN 赋值时，必须使 LS、LN 都大于 0；LS、LN 不能同时大于 1 或同时小于 1；LS、LN 可以同时等于 1。

例 7.2 设有如下知识

$$r_1: \text{IF } E_1 \text{ THEN } (10,1) \; H_1 \; (0.03)$$

$$r_2: \text{IF } E_2 \text{ THEN } (20,1) \; H_2 \; (0.05)$$

$$r_3: \text{IF } E_3 \text{ THEN } (1,0.002) \; H_3 \; (0.3)$$

求当证据 E_1、E_2、E_3 存在及不存在时，$P(H_i|E_i)$ 和 $P(H_i|\neg E_i)(i=1,2,3)$ 的值各是多少。

解 因为 r_1 和 r_2 中的 LN = 1，所以 E_1 和 E_2 不存在时对 H_1 和 H_2 不产生影响，即不需要计算 $P(H_1|\neg E_1)$ 和 $P(H_2|\neg E_2)$。因为 r_1 和 r_2 中的 LS > 1，所以在 E_1 和 E_2 存在时需要计算 $P(H_1|E_1)$ 和 $P(H_2|E_2)$。利用式(7.17)可以计算 $P(H_1|E_1)$ 和 $P(H_2|E_2)$。

后验概率：

$$P(H_1|E_1) = \frac{\text{LS}_1 \cdot P(H_1)}{(\text{LS}_1 - 1)P(H_1) + 1}$$

$$= \frac{10 \times 0.03}{(10-1) \times 0.03 + 1}$$

$$\approx 0.24$$

$$\frac{P(H_1|E_1)}{P(H_1)} = \frac{0.24}{0.03} = 8$$

$$P(H_2|E_2) = \frac{\text{LS}_2 \cdot P(H_2)}{(\text{LS}_2 - 1)P(H_2) + 1}$$

$$= \frac{20 \times 0.05}{(20-1) \times 0.05 + 1}$$

$$\approx 0.51$$

$$\frac{P(H_1|E_1)}{P(H_1)} = \frac{0.51}{0.05} = 10.2$$

由此可见，E_1 的存在使得 H_1 为真的可能性是先验概率的 8 倍；E_2 的存在使得 H_2 为真的可能性是先验概率的 10.2 倍。

对于 r_3，由于 LS = 1，所以 E_3 的存在对于 H_3 无影响，不需要计算 $P(H_3|E_3)$，但由于它的 LN < 1，所以当 E_3 不存在时，需要计算 $P(H_3|\neg E_3)$。

由式(7.18)可计算 $P(H_3|\neg E_3)$ 为

$$P(H_3|\neg E_3) = \frac{\text{LN}_3 \cdot P(H_3)}{(\text{LN}_3 - 1)P(H_3) + 1}$$

$$= \frac{0.002 \times 0.3}{(0.002 - 1) \times 0.3 + 1}$$

$$\approx 0.00086$$

$$\frac{P(H_3)}{P(H_3|\neg E_3)} = \frac{0.3}{0.00086} \approx 350$$

由此可见，E_3 的不存在使 H_3 为真的可能性削弱为原来的 1/350。

3. 主观贝叶斯方法的特点

主观贝叶斯方法的计算公式大多是在概率论的基础上推导出来的，具有较坚实的理论基础，是不确定性推理中较成熟的方法之一。知识的静态强度 LS 和 LN 由领域专家根据实践经验给出，避免了大量的数据统计工作，计算量适中。主观贝叶斯方法既用 LS 指出了证据 E 对结论 H 的支持程度，又用 LN 指出了 E 对 H 的必要性程度，能够较全面地反映证据与结论间的因果关系，符合现实世界中某些领域的实际情况，使推出的结论较为可信。主观贝叶斯方法不仅给出了在证据肯定存在或肯定不存在情况下将 H 的先验概率更新为后验概率的方法，而且给出了在证据不确定情况下将先验概率更新为后验概率的方法。因此，主观贝叶斯方法是一种实用且灵活的不确定性推理方法。

主观贝叶斯方法的主要缺点是：要求领域专家在给出知识的静态强度时，同时给出 H 的先验概率 $P(H)$，这是比较困难的；贝叶斯定理中关于事件间独立性的要求，使得该方法的应用受到了限制。

7.2.3 可信度方法

可信度方法是 Shortliffe 等(1975)在确定性理论的基础上，结合概率论等提出的一种不确定性推理方法。该方法直观、简单、效果较好，首先在专家系统 MYCIN 中得到了成功应用，之后很多专家系统都是基于这一方法建立的。

人们在长期的实践活动中，对客观世界的认识积累了大量的经验，当面对一个新事物或新情况时，往往可用这些经验对事物或现象的真、假或真的程度进行判断。这种根据经验对一个事物或现象为真的相信程度称为可信度因子(certainty factor, CF)。可信度带有较大的主观性和经验性。但人工智能面向的多是结构不良的复杂问题，难以给出精确的数学解析模型，先验概率及条件概率的确定又比较困难，因而用可信度来表示知识及证据的不确定性仍不失为一种可行的方法。C-F 模型是基于可信度的不确定性推理的基本模型，其他可信度方法都是在此基础上发展而来的。

1. 知识和证据的不确定性表示

在 C-F 模型中，用产生式规则表示知识，其一般形式为

$$\text{IF } E \text{ THEN } H \ (\text{CF}(H, E))$$

式中，CF(H,E) 为该条知识的可信度。

CF(H,E) 反映了证据与结论的联系强度，它指出当证据 E 为真时，对结论 H 为真的支持程度，CF(H,E) 的值越大，E 就越支持结论 H 为真。例如

$$\text{IF 阴天 AND 湿度大 THEN 下雨} \quad (0.8)$$

表示当"阴天"且"湿度大"时，有 80% 的把握认为即将下雨。

CF(H,E) 在 [−1, 1] 内取值，其值由领域专家给出。其原则是：若证据 E 的出现增加了结论 H 为真的可信度，则取 CF(H,E) > 0，证据 E 的出现越是支持 H 为真，CF(H,E) 的值越大；反之，取 CF(H,E) < 0，证据 E 的出现越是支持 H 为假，CF(H,E) 的值越小；若证据 E 的出现与 H 无关，则取 CF(H,E) = 0。

证据 E 的不确定性也用可信度 CF(E) 来表示，如 CF(E) = 0.6 表示 E 的可信度为 0.6。证据可信度值的来源有两个：对于初始证据，其可信度值由提供证据的用户给出；对于用先前推出的结论作为当前推理的证据，其可信度值在推出该结论时通过不确定性传递算法计算得到。

证据 E 的可信度 CF(E) 在 [−1, 1] 内取值。若根据所有观察 S 能确定 E 为真，则取 CF(E) = 1；若确定 E 为假，则取 CF(E) = −1；若 E 以某种程度为真，则 0 < CF(E) < 1；若 E 以某种程度为假，则 −1 < CF(E) < 0；若 E 还未获得任何相关的观察，可认为观察 S 与 E 无关，则取 CF(E) = 0。

尽管知识的静态强度和证据的动态强度都是用可信度因子来表示的，但是它们所表示的意义不同。静态强度 CF(H,E) 表示知识的强度，即当 E 所对应的证据为真时对 H 的影响程度，而动态强度 CF(E) 表示证据 E 的不确定性程度。

2. 组合证据不确定性的算法

当组合证据是多个单一证据的合取时，即

$$E = E_1 \text{ AND } E_2 \text{ AND} \cdots \text{AND } E_n$$

若已知 $\text{CF}(E_1), \text{CF}(E_2), \cdots, \text{CF}(E_n)$，则有

$$\text{CF}(E) = \min\left(\text{CF}(E_1), \text{CF}(E_2), \cdots, \text{CF}(E_n)\right) \tag{7.24}$$

当组合证据是多个单一证据的析取时，即

$$E = E_1 \text{ OR } E_2 \text{ OR} \cdots \text{OR } E_n$$

若已知 $\text{CF}(E_1), \text{CF}(E_2), \cdots, \text{CF}(E_n)$，则有

$$\text{CF}(E) = \max\left(\text{CF}(E_1), \text{CF}(E_2), \cdots, \text{CF}(E_n)\right) \tag{7.25}$$

另外，规定 CF(¬E) = −CF(E)。

例如，已知 CF(阴天) = 0.5，CF(湿度大) = 0.7，有 CF(阴天 AND 湿度大) = 0.5，CF(阴天 OR 湿度大) = 0.7。

3. 不确定性的传递算法

C-F 模型中的不确定性推理是指，从不确定的初始证据 E 出发，通过运用相关的不确定性知识，最终推出结论 H 并求出结论的可信度 CF(H)。其中，结论 H 的可信度由式(7.26)进行计算。

$$CF(H) = CF(H,E) \cdot \max(0, CF(E)) \tag{7.26}$$

由式(7.26)可知，当相应证据 E 以某种程度为假，即 CF(E) < 0 时，有

$$CF(H) = 0$$

说明在该模型中没有考虑证据 E 为假时对结论 H 产生的影响。

另外，当证据 E 为真，即 CF(E) = 1 时，由式(7.26)可推出

$$CF(H) = CF(H, E)$$

这说明，知识的静态强度 CF(H, E) 实际上是在证据 E 为真时结论 H 的可信度。或者说，当知识的证据 E 存在且为真时，结论 H 有 CF(H, E) 大小的可信度。

例如，已知

IF 阴天 THEN 下雨 (0.7)

CF(阴天) = 0.5

有 CF(下雨) = 0.5 × 0.7 = 0.35，即从该规则得到下雨的可信度为 0.35。

已知

IF 湿度大 THEN 下雨 (0.5)

CF(湿度大) = −0.5

有 CF(下雨) = 0，即从该规则得不到下雨的结论。

4. 结论不确定性的合成算法

若由多条不同的知识推出相同的结论，但可信度不同，则可用合成算法求出综合可信度。鉴于多条知识的综合可通过两两合成实现，下面仅考虑两条知识的情况。假设有如下知识：

IF E_1 THEN H $(CF(H, E_1))$

IF E_2 THEN H $(CF(H, E_2))$

则结论 H 的综合可信度可通过如下步骤计算得到。

(1) 对每一条知识分别求出 CF(H) 为

$$\mathrm{CF}_1(H) = \mathrm{CF}(H, E_1) \cdot \max(0, \mathrm{CF}(E_1))$$

$$\mathrm{CF}_2(H) = \mathrm{CF}(H, E_2) \cdot \max(0, \mathrm{CF}(E_2))$$

(2) 计算 E_1 和 E_2 对 H 的综合影响所形成的可信度 $\mathrm{CF}_{1,2}(H)$ 为

$$\mathrm{CF}_{1,2}(H) = \begin{cases} \mathrm{CF}_1(H) + \mathrm{CF}_2(H) - \mathrm{CF}_1(H)\mathrm{CF}_2(H), & \mathrm{CF}_1(H) \geqslant 0, \mathrm{CF}_2(H) \geqslant 0 \\ \mathrm{CF}_1(H) + \mathrm{CF}_2(H) + \mathrm{CF}_1(H)\mathrm{CF}_2(H), & \mathrm{CF}_1(H) < 0, \mathrm{CF}_2(H) < 0 \\ \dfrac{\mathrm{CF}_1(H) + \mathrm{CF}_2(H)}{1 - \min(|\mathrm{CF}_1(H)|, |\mathrm{CF}_2(H)|)}, & \mathrm{CF}_1(H)\mathrm{CF}_2(H) < 0 \end{cases} \quad (7.27)$$

如果可以由多条规则推出同一个结论，并且这些规则的前提相互独立，结论的可信度又不相同，那么可以将上述合成过程推广应用到多条规则支持同一个结论。合成过程是先将两条规则进行合成，然后再将合成后的结论与第三条规则合成，依次进行，直到所有规则都使用完毕。

例如，已知

$$\text{IF } 阴天 \text{ THEN } 下雨 \quad (0.7)$$

$$\text{IF } 湿度大 \text{ THEN } 下雨 \quad (0.5)$$

且 CF(阴天) = 0.5，CF(湿度大) = 0.4。

从第一条规则可以得到

$$\mathrm{CF}_1(下雨) = 0.5 \times 0.7 = 0.35$$

从第二条规则可以得到

$$\mathrm{CF}_2(下雨) = 0.4 \times 0.5 = 0.2$$

利用式(7.27)可以得到综合可信度为

$$\mathrm{CF}_{1,2}(下雨) = \mathrm{CF}_1(下雨) + \mathrm{CF}_2(下雨) - \mathrm{CF}_1(下雨)\mathrm{CF}_2(下雨) = 0.35 + 0.2 - 0.35 \times 0.2 = 0.48$$

例 7.3 设有如下一组知识

$$r_1: \text{IF } E_1 \text{ THEN } H \quad (0.8)$$

$$r_2: \text{IF } E_2 \text{ THEN } H \quad (0.6)$$

$$r_3: \text{IF } E_3 \text{ THEN } H \quad (-0.5)$$

$$r_4: \text{IF } E_4 \text{ AND } (E_5 \text{ OR } E_6) \text{ THEN } E_1 \quad (0.7)$$

$$r_5 : \text{IF } E_7 \text{ AND } E_8 \text{ THEN } E_3 \ (0.9)$$

已知 $\text{CF}(E_2) = 0.8$，$\text{CF}(E_4) = 0.5$，$\text{CF}(E_5) = 0.6$，$\text{CF}(E_6) = 0.7$，$\text{CF}(E_7) = 0.6$，$\text{CF}(E_8) = 0.9$，求 $\text{CF}(H)$。

解 第 1 步 对每一条规则求出 $\text{CF}(H)$。

由 r_4 得到

$$\begin{aligned}
\text{CF}(E_1) &= 0.7 \times \max\left(0, \text{CF}\left(E_4 \text{ AND } (E_5 \text{ OR } E_6)\right)\right) \\
&= 0.7 \times \max\left(0, \min\left(\text{CF}(E_4), \text{CF}(E_5 \text{ OR } E_6)\right)\right) \\
&= 0.7 \times \max\left(0, \min\left(\text{CF}(E_4), \max\left(\text{CF}(E_5), \text{CF}(E_6)\right)\right)\right) \\
&= 0.7 \times \max\left(0, \min(0.5, \max(0.6, 0.7))\right) \\
&= 0.7 \times \max(0, 0.5) \\
&= 0.35
\end{aligned}$$

由 r_5 得到

$$\begin{aligned}
\text{CF}(E_3) &= 0.9 \times \max\left(0, \text{CF}(E_7 \text{ AND } E_8)\right) \\
&= 0.9 \times \max\left(0, \min\left(\text{CF}(E_7), \text{CF}(E_8)\right)\right) \\
&= 0.9 \times \max(0, \min(0.6, 0.9))) \\
&= 0.9 \times \max(0, 0.6) \\
&= 0.54
\end{aligned}$$

由 r_1 得到

$$\begin{aligned}
\text{CF}_1(H) &= 0.8 \times \max\left(0, \text{CF}(E_1)\right) \\
&= 0.8 \times \max(0, 0.35) \\
&= 0.28
\end{aligned}$$

由 r_2 得到

$$\begin{aligned}
\text{CF}_2(H) &= 0.6 \times \max\left(0, \text{CF}(E_2)\right) \\
&= 0.6 \times \max(0, 0.8) \\
&= 0.48
\end{aligned}$$

由 r_3 得到

$$\begin{aligned}
\text{CF}_3(H) &= -0.5 \times \max\left(0, \text{CF}(E_3)\right) \\
&= -0.5 \times \max(0, 0.54) \\
&= -0.27
\end{aligned}$$

第 2 步 根据结论不确定性的合成算法得到

$$CF_{1,2}(H) = CF_1(H) + CF_2(H) - CF_1(H)CF_2(H)$$
$$= 0.28 + 0.48 - 0.28 \times 0.48$$
$$\approx 0.63$$

$$CF_{1,2,3}(H) = \frac{CF_{1,2}(H) + CF_3(H)}{1 - \min\left(\left|CF_{1,2}(H)\right|, \left|CF_3(H)\right|\right)}$$
$$= \frac{0.63 - 0.27}{1 - \min(0.63, 0.27)}$$
$$= \frac{0.36}{0.73}$$
$$\approx 0.49$$

综合可信度为 $CF(H) = 0.49$。

5. 可信度方法的特点

可信度方法的优点是：简洁、直观，通过简单的计算，不确定性就可以在系统中传播，具有线性的时间复杂度，推理效果较好；将不信任程度和信任程度清楚地区分开来，易于理解。可信度方法已经成功应用于 MYCIN 等推理链较短、概率计算精度要求不高的专家系统中。

可信度方法的缺点是：由于计算可能导致的累积误差，即使多条规则在逻辑上等价于一个规则，采用一条规则与多条规则计算的 CF 值也可能并不相同；合成算法中规则使用的顺序不同，可能得到不同的推理结果；当推理链较长时，由可信度的不精确估计产生的累积误差很大。

7.2.4 证据理论

证据理论(theory of evidence)也称为 D-S(Dempster-Shafer)理论。20 世纪 60 年代 Dempster 开展了利用上、下限概率解决多值映射问题的研究工作，从 1967 年起他连续发表了一系列论文，这标志着证据理论正式诞生(Dempster, 1967)。此后，Dempster 的学生 Shafer(1976)对证据理论进行了进一步发展，引入了信任函数概念，形成了一套基于证据和组合来处理不确定性推理问题的数学方法。证据理论将概率论中的单点赋值拓展为集合赋值，弱化了相应的公理系统，满足了比概率更弱的要求，因此可看作一种广义概率论。

1. 证据理论的基本概念

如果 D 是变量 x 所有可能取值的集合，且 D 中的元素是互斥的，在任一时刻 x 都只能取 D 中的一个元素为值，那么 D 称为 x 的样本空间。由 D 的所有子集构成的幂集记为 2^D。当 D 中的元素个数为 N 时，其幂集 2^D 的元素个数为 2^N。D 的任何一个子集 A 都对应于一个关于 x 的命题，该命题称为"x 的值是在 A 中"。例如，用 x 代表某路口一分钟通过的车辆数，$D = \{0, 1, \cdots, 10\}$，$A = \{5\}$ 表示"x 的值是 5"或"通过的车辆数为 5"；

$A = \{5,6,7\}$ 表示"x的值是 5 或 6 或 7"或"通过的车辆数为 5、6、7 中的一个"。

在证据理论中，分别用信任函数、似然函数及概率分配函数来描述知识的精确信任度、不可驳斥信任度及估计信任度，从不同角度刻画命题的不确定性。证据理论采用集合来表示命题，为此首先需要建立命题与集合之间的对应关系，将命题的不确定性问题转换为集合的不确定性问题。

如果存在一个函数 $m:2^D \to [0,1]$，对于 D 的任何一个子集 A，满足 $m(\varnothing) = 0$，$\sum_{A \subseteq D} m(A) = 1$，其中，$\varnothing$ 表示空集，那么称 m 是 2^D 上的概率分配函数，$m(A)$ 是 A 的基本概率数。概率分配函数的作用是对 D 的各个子集进行信任度分配，是对命题的不确定性度量的基础。概率分配函数不同于概率，由于在样本空间 D 中各子集的概率分配函数值可能是人为分配指定的，所以 D 中各元素的基本概率数之和不一定等于 1。

信任函数(belief function)也称为下限函数 $\mathrm{Bel}(\cdot)$。$\mathrm{Bel}(A)$ 表示当前条件下，对假设集 A 的信任程度，其值为 A 的所有子集的基本概率数之和，表示对 A 为真的信任度。

$$\mathrm{Bel}(A) = \sum_{B \subseteq A} m(B) \tag{7.28}$$

似然函数(plausibility function)也称为不可驳斥函数或上限函数，是所有与 A 相交的子集的基本概率数之和，记为 $\mathrm{Pl}(\cdot)$。$\mathrm{Bel}(\neg A)$ 表示对 $\neg A$ 的信任度，即 A 为假的信任度，而 $\mathrm{Pl}(A)$ 表示对 A 为非假的信任度。

$$\mathrm{Pl}(A) = 1 - \mathrm{Bel}(\neg A) \tag{7.29}$$

对于 D 中的某个子集 A，根据概率分配函数 m 分别计算出关于该子集的信任函数 $\mathrm{Bel}(A)$ 和似然函数 $\mathrm{Pl}(A)$，组成信任区间 $[\mathrm{Bel}(A), \mathrm{Pl}(A)]$，用于表示对某个子集的信任程度。$\mathrm{Pl}(A) - \mathrm{Bel}(A)$ 表示对 A 的不确定度，也就是既非对 A 信任又非对 A 不信任的部分。信任区间示意图如图 7.7 所示，对 A 为真的信任度为 0.25，对 A 为假的信任度为 0.15，不确定度为 0.6。

图 7.7 信任区间示意图

2. 证据的合成

证据理论的一个重要方面是针对多个来源获得的证据进行合成并解决冲突。在实际问题中，对于相同的证据，由于来源不同可能会得到不同的概率分配函数。在这种情况下，需要对它们进行合成。Dempster 合成规则(Dempster's combinational rule)也称为证据合成公式，可以对多个概率分配函数进行正交和运算，符号为 $\oplus$。

对于 D 的任意一个子集 A，D 上的两个概率分配函数 m_1 和 m_2 的 Dempster 合成规则为

$$m_1 \oplus m_2(A) = \frac{1}{K} \sum_{B \cap C = A} m_1(B) \cdot m_2(C) \tag{7.30}$$

式中，B 和 C 为 D 的子集；K 为归一化常数，K 可由式(7.31)计算得到，即

$$K = \sum_{B \cap C \neq \varnothing} m_1(B) \cdot m_2(C) = 1 - \sum_{B \cap C = \varnothing} m_1(B) \cdot m_2(C) \tag{7.31}$$

如果 $K \neq 0$，那么 $m_1 \oplus m_2(A)$ 也是一个概率分配函数。$1-K$ 反映了证据的冲突程度，K 越接近于 0，冲突越小；K 越接近于 1，冲突越大。如果 $K = 0$，那么不存在 $m_1 \oplus m_2(A)$，称 m_1 与 m_2 完全冲突。

以此类推，对于 D 的任意子集 A，n 个概率分配函数 $m_1, m_2, \cdots, m_n$ 的 Dempster 合成规则为

$$(m_1 \oplus m_2 \oplus \cdots \oplus m_n)(A) = \frac{1}{K} \sum_{A_1 \cap A_2 \cap \cdots \cap A_n = A} m_1(A_1) \cdot m_2(A_2) \cdot \cdots \cdot m_n(A_n) \tag{7.32}$$

式中，$A_1, A_2, \cdots, A_n$ 为 D 的 n 个子集；K 为

$$\begin{aligned} K &= \sum_{A_1 \cap A_2 \cap \cdots \cap A_n \neq \varnothing} m_1(A_1) \cdot m_2(A_2) \cdot \cdots \cdot m_n(A_n) \\ &= 1 - \sum_{A_1 \cap A_2 \cap \cdots \cap A_n = \varnothing} m_1(A_1) \cdot m_2(A_2) \cdot \cdots \cdot m_n(A_n) \end{aligned} \tag{7.33}$$

例 7.4 Zadeh 悖论。某宗谋杀案的三个犯罪嫌疑人组成了集合 $D = \{\text{Peter}, \text{Paul}, \text{Mary}\}$，目击证人 W_1 和 W_2 分别给出表 7.1 所示的概率分配函数 (m_1, m_2)。试计算目击证人 W_1 和 W_2 提供证据的合成结果。

表 7.1 目击证人给出的概率分配函数

犯罪嫌疑人	概率分配函数	
	m_1	m_2
{Peter}	0.99	0
{Paul}	0.01	0.01
{Mary}	0	0.99

解 首先，计算归一化常数 K。

$$\begin{aligned} K &= m_1(\{\text{Peter}\}) \cdot m_2(\{\text{Peter}\}) + m_1(\{\text{Paul}\}) \cdot m_2(\{\text{Paul}\}) + m_1(\{\text{Mary}\}) \cdot m_2(\{\text{Mary}\}) \\ &= 0.99 \times 0 + 0.01 \times 0.01 + 0 \times 0.99 \\ &\approx 0.0001 \end{aligned}$$

其次，利用 Dempster 合成规则分别计算 Peter、Paul、Mary 的合成概率分配函数。
关于 Peter 的合成概率分配函数为

$$\begin{aligned} m_{12}(\{\text{Peter}\}) &= m_1 \oplus m_2(\{\text{Peter}\}) \\ &= \frac{1}{K} m_1(\{\text{Peter}\}) \cdot m_2(\{\text{Peter}\}) \\ &= \frac{1}{0.0001} \times 0.99 \times 0 \\ &= 0 \end{aligned}$$

关于 Paul 的合成概率分配函数为

$$\begin{aligned} m_{12}(\{\text{Paul}\}) &= m_1 \oplus m_2(\{\text{Paul}\}) \\ &= \frac{1}{K} m_1(\{\text{Paul}\}) \cdot m_2(\{\text{Paul}\}) \\ &= \frac{1}{0.0001} \times 0.01 \times 0.01 \\ &= 1 \end{aligned}$$

关于 Mary 的合成概率分配函数为

$$\begin{aligned} m_{12}(\{\text{Mary}\}) &= m_1 \oplus m_2(\{\text{Mary}\}) \\ &= \frac{1}{K} m_1(\{\text{Mary}\}) \cdot m_2(\{\text{Mary}\}) \\ &= \frac{1}{0.0001} \times 0 \times 0.99 \\ &= 0 \end{aligned}$$

根据 Peter、Paul、Mary 的合成概率分配函数，计算信任函数和似然函数，可得

$$\text{Bel}(\{\text{Peter}\}) = \text{Pl}(\{\text{Peter}\}) = m_{12}(\{\text{Peter}\}) = 0$$

$$\text{Bel}(\{\text{Paul}\}) = \text{Pl}(\{\text{Paul}\}) = m_{12}(\{\text{Paul}\}) = 1$$

$$\text{Bel}(\{\text{Mary}\}) = \text{Pl}(\{\text{Mary}\}) = m_{12}(\{\text{Mary}\}) = 0$$

最终认定 Paul 为凶手，但是这个结论是有违常识的，原因在于目击证人 W_1 和 W_2 给出的证据存在着严重的冲突。因此，Zadeh 悖论对证据合成公式的合理性提出了质疑。

3. 基于证据理论的不确定性推理

基于证据理论的不确定性推理过程如下。
第 1 步：建立问题的样本空间 D，确定概率分配函数，表示证据和知识的不确定性；
第 2 步：组合证据不确定性，计算多个证据的合成概率分配函数；
第 3 步：计算所关心的子集 A 的信任函数值 $\text{Bel}(A)$ 和似然函数值 $\text{Pl}(A)$；

第 4 步：由信任函数值或者似然函数值得到最终的推理结果。

例 7.5 假设在某恐怖袭击事件发生之前，某地领导人分别接到情报局和安全局两大情报机构发来的绝密情报，其内容是 A、B、C 中的某一个组织企图对该地实施突然的恐怖袭击。情报局和安全局给出的概率分配函数如表 7.2 所示，请利用 Dempster 合成规则计算证据的合成概率分配函数。

表 7.2 情报局和安全局给出的概率分配函数

组织	来自情报局的概率分配函数	来自安全局的概率分配函数
{A}	0.40	0.20
{B}	0.30	0.20
{C}	0.10	0.05
{A,B}	0.10	0.50
D = {A,B,C}	0.10	0.05

解 计算归一化常数 K 为

$$K = 1 - (m_1(\{A\}) \cdot m_2(\{B\}) + m_1(\{A\}) \cdot m_2(\{C\}) + \cdots + m_1(\{A,B\}) \cdot m_2(\{C\}))$$
$$= 1 - (0.4 \times 0.2 + 0.4 \times 0.05 + \cdots + 0.1 \times 0.05)$$
$$\approx 1 - 0.27$$
$$= 0.73$$

计算关于 {A} 的合成概率分配函数为

$$m_{12}(\{A\}) = m_1 \oplus m_2(\{A\})$$
$$= \frac{1}{K}(m_1(\{A\}) \cdot m_2(\{A\}) + m_1(\{A\}) \cdot m_2(\{A,B\}) + m_1(\{A,B\}) \cdot m_2(\{A\}) + m_1(\{A\}) \cdot m_2(D) + m_1(D) \cdot m_2(\{A\}))$$
$$= \frac{1}{0.73}(0.4 \times 0.2 + 0.4 \times 0.5 + 0.1 \times 0.2 + 0.4 \times 0.05 + 0.1 \times 0.2)$$
$$\approx 0.4658$$

同理，可得

$$m_{12}(\{B\}) = m_1 \oplus m_2(\{B\})$$
$$= \frac{1}{0.73}(0.3 \times 0.2 + 0.3 \times 0.5 + 0.2 \times 0.1 + 0.3 \times 0.05 + 0.2 \times 0.1)$$
$$\approx 0.3630$$

同理，可得

$$m_{12}(\{C\}) = m_1 \oplus m_2(\{C\})$$
$$= \frac{1}{0.73}(0.1 \times 0.05 + 0.1 \times 0.05 + 0.1 \times 0.05)$$
$$\approx 0.0205$$

同理，可得

$$m_{12}(\{A,B\}) = m_1 \oplus m_2(\{A,B\})$$
$$= \frac{1}{0.73}(0.1 \times 0.5 + 0.1 \times 0.05 + 0.1 \times 0.5)$$
$$\approx 0.1438$$

同理，可得

$$m_{12}(D) = m_1 \oplus m_2(D)$$
$$= \frac{1}{K}(m_1(D) \cdot m_2(D))$$
$$= \frac{1}{0.73}(0.1 \times 0.05)$$
$$\approx 0.0068$$

经 Dempster 合成规则得到的合成概率分配函数见表 7.3。

表 7.3　证据组合后的概率分配函数

组织	来自情报局的概率分配函数	来自安全局的概率分配函数	合成概率分配函数
{A}	0.40	0.20	0.4658
{B}	0.30	0.20	0.3630
{C}	0.10	0.05	0.0205
{A,B}	0.10	0.50	0.1438
D = {A,B,C}	0.10	0.05	0.0068

求出信任函数为

$$\mathrm{Bel}(\{A\}) = m_{12}(\{A\}) = 0.4658$$

$$\mathrm{Bel}(\{B\}) = m_{12}(\{B\}) = 0.3630$$

$$\mathrm{Bel}(\{C\}) = m_{12}(\{C\}) = 0.0205$$

求出似然函数为

$$\mathrm{Pl}(\{A\}) = 1 - \mathrm{Bel}(\neg\{A\}) = 1 - m_{12}(\{B,C\}) = 1$$

$$\mathrm{Pl}(\{B\}) = 1 - \mathrm{Bel}(\neg\{B\}) = 1 - m_{12}(\{A,C\}) = 1$$

$$\text{Pl}(\{C\}) = 1 - \text{Bel}(\neg\{C\}) = 1 - m_{12}(\{A, B\}) = 0.8562$$

得出结论:"A 是企图袭击者"为真的信任度为 0.4658，非假的信任度为 1;"B 是企图袭击者"为真的信任度为 0.3630，非假的信任度为 1;"C 是企图袭击者"为真的信任度为 0.0205，非假的信任度为 0.8562。

4. 证据理论的特点

在证据理论中，引入了信任函数来度量不确定性，利用似然函数来处理由不知道引起的不确定性，并且不必事先给出知识的先验概率，与主观贝叶斯方法相比，具有较大的灵活性。证据理论中需要的先验数据直观、容易获得，而且证据合成公式可以综合不同专家或数据源的知识或数据，因此在专家系统、信息融合、情报分析、智能决策等领域得到了广泛应用。

证据理论也存在一定的局限性。首先，该理论无法解决证据冲突严重或完全冲突的情况。例如，在例 7.4 中，目击者 W_1 和 W_2 对于 Peter 和 Mary 给出的概率分配函数值都为 0.99，存在严重的冲突，造成合成之后的信任函数值为 0，这显然与实际情况不符。在极端情况下，如果 W_1 的 $m_1(\{\text{Peter}\}) = 1$，$W_2$ 的 $m_2(\{\text{Mary}\}) = 1$，那么归一化因子 $K = 0$，无法应用证据合成规则。为解决冲突证据的合成问题，国内外学者提出了很多改进方法。改进方法大体上分为两类：一类方法是修正原始证据，对冲突证据进行预处理，根据证据权值重新进行概率分配，然后再应用 Dempster 合成规则；另一类方法是修改证据合成规则，解决冲突证据如何分配问题。其次，合成信任度的大小受子集数目的影响。由于证据信任度主要来自各子集的信任度，根据信息论的观点，子集中元素的数目越多，子集的信任度越大。最后，该理论对于概率分配函数敏感，概率分配函数的微小变化会引起合成结果的剧烈变化。

7.3 模糊推理

在很多应用领域中，证据和知识的不确定性是由模糊性引起的，这就使得对模糊推理的研究显得格外重要。模糊推理是一种基于模糊性知识的不确定性推理方法。它以模糊集合理论为基础描述工具，对以一般集合论为基础描述工具的数理逻辑进行扩展，适合解决无法或难以获取精确数据，以及没有必要获取精确数据的问题，还可以模拟常识推理。

7.3.1 模糊集合理论

在经济学、社会学、生物学、气象学等很多领域的研究中，经常需要处理数据存在模糊性的问题。模糊性所描述的现象或者概念本身边界是不清楚的，如大与小、快与慢、冷与热等。为了研究此类问题，Zadeh(1965)提出了模糊集合的概念，并用数学方法对其进行了描述。模糊集合理论为由模糊性引起的不确定性的表示和处理开辟了一种新途径。与模糊推理相关的模糊集合理论主要涉及模糊集合的表示、模糊集合的运算和模糊关系的运算。

模糊集合是用来表达模糊性概念的集合。所讨论的全体对象称为论域，一般用 U、E 等大写英文字母表示。元素是论域中的单个对象，一般用 a、b、c、u、x、y、z 等小写英文字母表示。模糊集合是论域中具有某种相同属性元素的全体，常用 A、B、C、X、Y、Z 等表示。隶属度表示元素属于模糊集合的程度。模糊集合中所有元素的隶属度全体构成模糊集合的隶属函数。确定隶属函数是运用模糊集合理论解决实际问题的基础。隶属函数是对模糊概念的定量描述，一般根据经验或统计分析来确定，也可由领域专家给出。对于同一个模糊概念，不同的人可能建立不完全相同的隶属函数。

1. 模糊集合的表示

论域 U 中的模糊集合 A 的隶属函数用 μ_A 表示，μ_A 在区间 $[0,1]$ 内取值。$\mu_A(u)=1$，表示 u 完全属于 A；$\mu_A(u)=0$，表示 u 完全不属于 A；$0<\mu_A(u)<1$，表示 u 部分属于 A。

若论域是离散的且元素有限，则模糊集 A 可表示为

$$A=\{\mu_A(u_1),\mu_A(u_2),\cdots,\mu_A(u_n)\} \tag{7.34}$$

或

$$A=\{\mu_A(u_1)/u_1,\mu_A(u_2)/u_2,\cdots,\mu_A(u_n)/u_n\} \tag{7.35}$$

或

$$A=\mu_A(u_1)/u_1+\mu_A(u_2)/u_2+\cdots+\mu_A(u_n)/u_n=\sum_{i=1}^{n}\mu_A(u_i)/u_i \tag{7.36}$$

式中，$u_i(i=1,2,\cdots,n)$ 为模糊集合所对应的论域中的元素；$\mu_A(u_i)$ 为 u_i 对应的隶属度；"/" 不表示分数，而是一个分隔符，表示元素与其隶属度的对应关系；"+" 和 "Σ" 不表示求和，而是表示模糊集合在论域上的整体。隶属度为 0 的元素可以写，也可以不写。

若论域是连续的，或者其中元素数目无限，则可以用实函数来表示模糊集 A 的隶属函数，形式为

$$\mu_A(u) \tag{7.37}$$

无论论域是有限的还是无限的，是离散的还是连续的，都可以用如下公式作为模糊集 A 的一般表示形式，即

$$A=\int_{u\in U}\mu_A(u)/u \tag{7.38}$$

式中，"∫" 不是数学中的积分符号，而是表示论域中各元素与其隶属度对应关系的总括，是一个记号。

例 7.6 设有论域 $U=\{$一号车，二号车，三号车$\}$，三辆车的行驶速度分别为 85km/h、

120km/h、50km/h，用模糊集 A 表示"速度快"的概念。

解 假设车辆最大行驶速度为150km/h，"速度快"的概念可表示为如下隶属函数：

$$\mu_A(u) = \frac{u}{150}$$

论域中三个元素的隶属度分别为 μ_A(一号车)=0.57，μ_A(二号车)=0.8，μ_A(三号车)=0.33，得到对应的模糊集为 $A=\{0.57, 0.8, 0.33\}$。

在一般情况下，隶属函数并不唯一，在本例中，隶属函数也可以更精确地表示为

$$\mu_A(u) = \begin{cases} 0, & 0 \leqslant u \leqslant 50 \\ \dfrac{u-50}{100}, & 50 < u \leqslant 150 \end{cases}$$

或

$$U = \int_{0 \leqslant u \leqslant 50} \frac{0}{u} + \int_{50 < u \leqslant 150} \frac{u-50}{100u}$$

U 上的全体模糊集，记为

$$U = \{A \mid \mu_A : U \to [0,1]\}$$

常用的隶属函数有6种形式，为简便起见，这里仅取它们的简化形式进行介绍。

(1) 线性隶属函数。

$$\mu_A(u) = 1 - ku \tag{7.39}$$

(2) Γ 形隶属函数。

$$\mu_A(u) = e^{-ku} \tag{7.40}$$

(3) 凹(凸)形隶属函数。

$$\mu_A(u) = 1 - au^k \tag{7.41}$$

(4) 柯西隶属函数。

$$\mu_A(u) = \frac{1}{1 + ku^2} \tag{7.42}$$

(5) 岭形隶属函数。

$$\mu_A(u) = \frac{1}{2} - \frac{1}{2}\sin\left[\frac{\pi}{b-a} \cdot \left(u - \frac{b-a}{2}\right)\right] \tag{7.43}$$

(6) 正态(钟形)隶属函数。

$$\mu_A(u) = e^{-(u-a)^2/(2b^2)} \tag{7.44}$$

2. 模糊集合的运算

模糊集合由它的隶属函数来确定,因此需要重新定义模糊集合的基本运算。一般而言,模糊集合间的关系主要有相等和包含,模糊集合上的运算主要有交、并、补等。设 A、B 是论域 U 的两个模糊集合。

A 和 B 相等记为 $A = B$,对于 $\forall u \in U$,有

$$\mu_A(u) = \mu_B(u)$$

A 包含 B 记为 $A \supseteq B$,对于 $\forall u \in U$,有

$$\mu_A(u) \geq \mu_B(u)$$

A 和 B 的交记为 $A \cap B$,对于 $\forall u \in U$,有

$$\mu_{A \cap B}(u) = \min(\mu_A(u), \mu_B(u)) = \mu_A(u) \wedge \mu_B(u)$$

A 和 B 的并记为 $A \cup B$,对于 $\forall u \in U$,有

$$\mu_{A \cup B}(u) = \max(\mu_A(u), \mu_B(u)) = \mu_A(u) \vee \mu_B(u)$$

A 的补记为 $\overline{A}$ 或者 A^C,对于 $\forall u \in U$,有

$$\mu_{\overline{A}}(u) = 1 - \mu_A(u)$$

式中,$\wedge$ 为取小运算;$\vee$ 为取大运算。

例 7.7 设论域 $U = \{u_1, u_2, u_3, u_4\}$,$A$ 和 B 是论域 U 上的两个模糊集合,已知

$$A = 0.3/u_1 + 0.5/u_2 + 0.7/u_3 + 0.4/u_4$$

$$B = 0.5/u_1 + 1.0/u_2 + 0.8/u_3$$

求 $\overline{A}$、$\overline{B}$、$A \cap B$ 和 $A \cup B$。

解
$$\overline{A} = 0.7/u_1 + 0.5/u_2 + 0.3/u_3 + 0.6/u_4$$

$$\overline{B} = 0.5/u_1 + 0.2/u_3 + 1/u_4$$

$$A \cap B = \frac{0.3 \wedge 0.5}{u_1} + \frac{0.5 \wedge 1}{u_2} + \frac{0.7 \wedge 0.8}{u_3} + \frac{0.4 \wedge 0}{u_4}$$
$$= 0.3/u_1 + 0.5/u_2 + 0.7/u_3$$

$$A \cup B = \frac{0.3 \vee 0.5}{u_1} + \frac{0.5 \vee 1}{u_2} + \frac{0.7 \vee 0.8}{u_3} + \frac{0.4 \vee 0}{u_4}$$
$$= 0.5/u_1 + 1/u_2 + 0.8/u_3 + 0.4/u_4$$

3. 模糊关系

在模糊集合理论中，模糊关系占有重要地位。模糊关系（fuzzy relation）描述两个模糊集合中元素之间的关联程度。当论域元素有限时，可以采用模糊矩阵 R 表示模糊关系，记为 $R = (r_{ij})_{m \times n} (0 \leqslant r_{ij} \leqslant 1)$。

假设汽车速度的论域为 $X = \{60, 70, 80, 90, 100\}$，发动机油温的论域为 $Y = \{30, 35, 40, 45, 50\}$。两个集合的元素之间没有确定的关系，只有一定程度的关联，这两个集合的模糊关系如表 7.4 所示。

表 7.4 两个集合的模糊关系

集合	元素	\multicolumn{5}{c}{X}
		60	70	80	90	100
Y	30	1	0.8	0.2	0.1	0
	35	0.8	1	0.8	0.2	0.1
	40	0.2	0.8	1	0.8	0.2
	45	0.1	0.2	0.8	1	0.8
	50	0	0.1	0.2	0.8	1

从 X 到 Y 的模糊关系可以用模糊矩阵 R 表示为

$$R = \begin{bmatrix} 1 & 0.8 & 0.2 & 0.1 & 0 \\ 0.8 & 1 & 0.8 & 0.2 & 0.1 \\ 0.2 & 0.8 & 1 & 0.8 & 0.2 \\ 0.1 & 0.2 & 0.8 & 1 & 0.8 \\ 0 & 0.1 & 0.2 & 0.8 & 1 \end{bmatrix}$$

设 A、B 为两个模糊集合，它们的模糊关系可以用集合的叉积来计算，对应符号为"×"。在模糊集合中，两个矩阵的叉积常用对应元素的取小算子进行运算，即

$$\mu_{A \times B}(a, b) = \min(\mu_A(a), \mu_B(b)) \tag{7.45}$$

如果 A、B 为离散模糊集，其隶属函数分别为

$$\mu_A = \{\mu_A(a_1), \mu_A(a_2), \cdots, \mu_A(a_n)\}$$

$$\mu_B = \{\mu_B(b_1), \mu_B(b_2), \cdots, \mu_B(b_n)\}$$

那么这两个集合的叉积运算为

$$\mu_{A\times B} = \mu_A^T \circ \mu_B \tag{7.46}$$

式中，"∘"表示模糊向量的乘积。

例 7.8 已知输入的模糊集合 A 和输出的模糊集合 B 分别为

$$A = 1.0/a_1 + 0.8/a_2 + 0.5/a_3 + 0.2/a_4 + 0.0/a_5$$

$$B = 0.7/b_1 + 1.0/b_2 + 0.6/b_3 + 0.0/b_4$$

求 A 到 B 的模糊关系 R。

解
$$R = A \times B = \mu_A^T \circ \mu_B = \begin{bmatrix} 1.0 \\ 0.8 \\ 0.5 \\ 0.2 \\ 0.0 \end{bmatrix} \circ [0.7 \quad 1.0 \quad 0.6 \quad 0.0]$$

$$= \begin{bmatrix} 1.0\wedge 0.7 & 1.0\wedge 1.0 & 1.0\wedge 0.6 & 1.0\wedge 0.0 \\ 0.8\wedge 0.7 & 0.8\wedge 1.0 & 0.8\wedge 0.6 & 0.8\wedge 0.0 \\ 0.5\wedge 0.7 & 0.5\wedge 1.0 & 0.5\wedge 0.6 & 0.5\wedge 0.0 \\ 0.2\wedge 0.7 & 0.2\wedge 1.0 & 0.2\wedge 0.6 & 0.2\wedge 0.0 \\ 0.0\wedge 0.7 & 0.0\wedge 1.0 & 0.0\wedge 0.6 & 0.0\wedge 0.0 \end{bmatrix}$$

$$= \begin{bmatrix} 0.7 & 1.0 & 0.6 & 0.0 \\ 0.7 & 0.8 & 0.6 & 0.0 \\ 0.5 & 0.5 & 0.5 & 0.0 \\ 0.2 & 0.2 & 0.2 & 0.0 \\ 0.0 & 0.0 & 0.0 & 0.0 \end{bmatrix}$$

与模糊集合类似，模糊矩阵间主要的关系和运算也是相等、包含、并、交、补。设 $A = (a_{ij})_{m\times n}$、$B = (b_{ij})_{m\times n}$ 是模糊矩阵。

A 和 B 相等记为 $A = B$，对于 $i = 1,2,\cdots,m; j = 1,2,\cdots,n$，有 $a_{ij} = b_{ij}$；

B 包含 A 记为 $A \subseteq B$，对于 $i = 1,2,\cdots,m; j = 1,2,\cdots,n$，有 $a_{ij} \leqslant b_{ij}$；

A 和 B 的交记为 $A \cap B$，对于 $i = 1,2,\cdots,m; j = 1,2,\cdots,n$，有 $A \cap B = (a_{ij} \wedge b_{ij})_{m\times n}$；

A 和 B 的并记为 $A \cup B$，对于 $i = 1,2,\cdots,m; j = 1,2,\cdots,n$，有 $A \cup B = (a_{ij} \vee b_{ij})_{m\times n}$；

A 的补记为 A^C，对于 $i = 1,2,\cdots,m; j = 1,2,\cdots,n$，有 $A^C = (1 - a_{ij})_{m\times n}$。

此外，模糊矩阵还有一个重要的运算，即合成。设 $A = (a_{ij})_{m\times n}$、$B = (b_{ij})_{n\times 1}$ 是模糊矩阵，A 和 B 的合成为 $C = A \circ B = (c_{ij})_{m\times 1}$。模糊关系的合成可以由多种计算方法得到。常用的计算方法有：最大-最小合成法，先将矩阵行列对应元素取小，然后合并取大，即

$c_{ij} = \bigvee_{k=1}^{n} (a_{ik} \wedge b_{kj})$；最大-代数积合成法，先将矩阵行列对应元素求乘积，然后合并取大，即 $c_{ij} = \bigvee_{k=1}^{n} (a_{ik} b_{kj})$。

例 7.9 设模糊矩阵 $A = \begin{bmatrix} 0.4 & 0.5 & 0.6 \\ 0.1 & 0.2 & 0.3 \end{bmatrix}$，$B = \begin{bmatrix} 0.1 & 0.2 \\ 0.3 & 0.4 \\ 0.5 & 0.6 \end{bmatrix}$，求 A 和 B 的合成。

解 利用最大-最小合成法可得

$$A \circ B = \begin{bmatrix} 0.4 & 0.5 & 0.6 \\ 0.1 & 0.2 & 0.3 \end{bmatrix} \circ \begin{bmatrix} 0.1 & 0.2 \\ 0.3 & 0.4 \\ 0.5 & 0.6 \end{bmatrix}$$

$$= \begin{bmatrix} (0.4 \wedge 0.1) \vee (0.5 \wedge 0.3) \vee (0.6 \wedge 0.5) & (0.4 \wedge 0.2) \vee (0.5 \wedge 0.4) \vee (0.6 \wedge 0.6) \\ (0.1 \wedge 0.1) \vee (0.2 \wedge 0.3) \vee (0.3 \wedge 0.5) & (0.1 \wedge 0.2) \vee (0.1 \wedge 0.4) \vee (0.3 \wedge 0.6) \end{bmatrix}$$

$$= \begin{bmatrix} 0.5 & 0.6 \\ 0.3 & 0.3 \end{bmatrix}$$

利用最大-代数积合成法可得

$$A \circ B = \begin{bmatrix} 0.4 & 0.5 & 0.6 \\ 0.1 & 0.2 & 0.3 \end{bmatrix} \circ \begin{bmatrix} 0.1 & 0.2 \\ 0.3 & 0.4 \\ 0.5 & 0.6 \end{bmatrix}$$

$$= \begin{bmatrix} (0.4 \times 0.1) \vee (0.5 \times 0.3) \vee (0.6 \times 0.5) & (0.4 \times 0.2) \vee (0.5 \times 0.4) \vee (0.6 \times 0.6) \\ (0.1 \times 0.1) \vee (0.2 \times 0.3) \vee (0.3 \times 0.5) & (0.1 \times 0.2) \vee (0.1 \times 0.4) \vee (0.3 \times 0.6) \end{bmatrix}$$

$$= \begin{bmatrix} 0.3 & 0.36 \\ 0.15 & 0.18 \end{bmatrix}$$

7.3.2 模糊推理方法

模糊推理有多种模式，其中应用最广泛的是基于模糊规则的推理。模糊规则是将一些专家或操作者的实践经验加以总结和描述，用语言来表达的定性的、不精确的控制规则。模糊推理的推理过程是由给定的输入值根据模糊规则产生清晰的输出值的内部过程。利用模糊推理可以实现模糊控制，通过在行为上模拟人的模糊推理和决策过程，实现对复杂系统的控制。模糊控制过程示意图如图 7.8 所示，主要步骤为：模糊化，将被控系统的状态量输入模糊控制器，然后将这些状态量转换为模糊隶属函数的形式；应用知识库中的模糊规则，将模糊输入经过模糊规则得到模糊输出；清晰化，通过合适的变换，从模糊输出得到精确的控制量。

1. 模糊知识表示

知识库由两部分组成：第一部分是数据库，用于存放输入量、输出量的模糊集的隶

属度，即证据和推理结果；第二部分是规则库，用于存放模糊规则。证据的模糊知识表示的一般形式为

(<对象>，<属性>，(<属性值>，<隶属度>))

其中，<隶属度>项是对属性值的精确刻画。这种思想方法可用于产生式规则、谓词逻辑、框架、语义网络等多种知识表示方法，从而拓展它们的表示范围和能力。例如，可以用三元组(汽车，速度，(快，0.9))表示事实"汽车速度较快"，其中 0.9 就代替"较"而刻画了汽车速度快的程度。

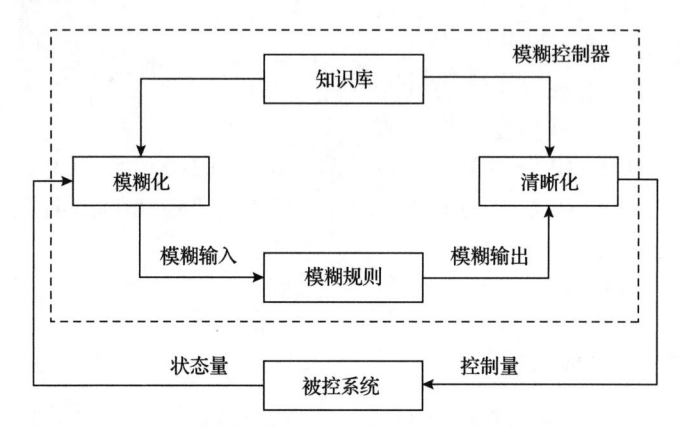

图 7.8　模糊控制过程示意图(贲可荣等，2018)

很多模糊规则是一组多重条件语句，其中的条件和结论常常是模糊的。例如，对于规则

如果汽车速度较慢且发动机油温较低，那么加大油门

可以用如下模糊规则表示其中速度、油温和油门的不确定性。

(汽车，速度，(慢，0.8))∧(发动机，温度，(低，0.7))→(油门，状态，(开，0.5))

2. 模糊推理的基本模式

模糊规则可以表示为从条件论域到结论论域的模糊矩阵 R。通过条件模糊向量与模糊矩阵 R 的合成进行模糊推理，得到结论的模糊向量。

设 $A \in F(U)$、$B \in F(V)$，其具有如下关系：

IF x is A THEN y is B

若有 $A' \in F(U)$，而且 A 与 A' 可以模糊匹配，则可推出 y is B'，$B' \in F(V)$。该推理过程可直观地表示为

知识：IF x is A THEN y is B

证据：x is A'

结论：y is B'

若 R 是 A 到 B 的模糊关系，输入为 A'，则输出 B' 用如下合成规则求取，即

$$B' = A' \circ R$$

例 7.10 对于例 7.8 所示的模糊系统，当输入为

$$A' = 0.4/a_1 + 0.7/a_2 + 1.0/a_3 + 0.6/a_4 + 0.0/a_5$$

时，求系统的输出 B'。

解 在例 7.8 中已经得到模糊关系，下面通过模糊合成得到模糊输出。

$$B' = A' \circ R = \begin{bmatrix} 0.4 \\ 0.7 \\ 1.0 \\ 0.6 \\ 0.0 \end{bmatrix}^{\mathrm{T}} \circ \begin{bmatrix} 0.7 & 1.0 & 0.6 & 0.0 \\ 0.7 & 0.8 & 0.6 & 0.0 \\ 0.5 & 0.5 & 0.5 & 0.0 \\ 0.2 & 0.2 & 0.2 & 0.0 \\ 0.0 & 0.0 & 0.0 & 0.0 \end{bmatrix}$$

$$= \begin{bmatrix} (0.4 \wedge 0.7) \vee (0.7 \wedge 0.7) \vee (1.0 \wedge 0.5) \vee (0.6 \wedge 0.2) \vee (0.0 \wedge 0.0) \\ (0.4 \wedge 1.0) \vee (0.7 \wedge 0.8) \vee (1.0 \wedge 0.5) \vee (0.6 \wedge 0.2) \vee (0.0 \wedge 0.0) \\ (0.4 \wedge 0.6) \vee (0.7 \wedge 0.6) \vee (1.0 \wedge 0.5) \vee (0.6 \wedge 0.2) \vee (0.0 \wedge 0.0) \\ (0.4 \wedge 0.0) \vee (0.7 \wedge 0.0) \vee (1.0 \wedge 0.0) \vee (0.6 \wedge 0.0) \vee (0.0 \wedge 0.0) \end{bmatrix}^{\mathrm{T}}$$

$$= \begin{bmatrix} 0.7 & 0.7 & 0.6 & 0.0 \end{bmatrix}$$

有

$$B' = 0.7/b_1 + 1.0/b_2 + 0.6/b_3 + 0.0/b_4$$

通常，系统的规则库是由若干条规则组成的，对于每一条推理规则都可以得到一个相应的模糊关系，n 条规则就有 n 个模糊关系 $R_1, R_2, \cdots, R_n$。对于系统的全部规则所对应的模糊关系 R，可通过对 n 个模糊关系 $R_i (i=1,2,\cdots,n)$ 取"并"运算得到，即

$$R = R_1 \bigcup R_2 \bigcup \cdots \bigcup R_n = \bigcup_{i=1}^{n} R_i \tag{7.47}$$

3. 模糊决策

由模糊推理得到的结论是一个模糊向量，需要将其转换为确定值，才能用于控制或驱动执行机构。将模糊推理得到的模糊向量转换为确定值的过程称为模糊决策或清晰化。下面介绍几种简单、实用的模糊决策方法。

1) 最大隶属度法

最大隶属度法是在模糊向量中,取隶属度最大的元素作为推理结果,即

$$U = \max_{u_i \in U'} \mu(u_i) \tag{7.48}$$

例如,假设得到模糊向量为

$$U' = 0.1/2 + 0.4/3 + 0.7/4 + 1.0/5 + 0.7/6 + 0.3/7$$

由于推理结果中隶属于元素 5 的隶属度最大,所以结论为

$$U = 5$$

如果有两个以上的元素对应的隶属度均为最大,那么取这些元素的平均值。

该方法的优点是简单易行,缺点是完全排除了其他隶属度较小的量的影响和作用,没有充分利用推理过程中取得的信息。

2) 加权平均法

为了克服最大隶属度法的缺点,可以采用加权平均法,即

$$U = \frac{\sum_{i=1}^{n} \mu(u_i) u_i}{\sum_{i=1}^{n} \mu(u_i)} \tag{7.49}$$

式中,各元素的权值取为其对应的隶属度。

加权平均法在工业控制中应用较为广泛,例如,

$$U' = 0.1/2 + 0.6/3 + 0.5/4 + 0.4/5 + 0.2/6$$

有

$$U = \frac{2 \times 0.1 + 3 \times 0.6 + 4 \times 0.5 + 5 \times 0.4 + 6 \times 0.2}{0.1 + 0.6 + 0.5 + 0.4 + 0.2} = 4$$

3) 中位数法

将论域上隶属函数曲线与横坐标围成的面积平分为两部分的元素称为模糊集的中位数。中位数法就是把模糊集的中位数作为系统控制量的方法。当论域包含有限个离散元素时,中位数 u^* 可以利用式(7.50)进行求取,即

$$\sum_{u_i = u_1}^{u^*} \mu(u_i) = \sum_{u_j = u^* + 1}^{u_n} \mu(u_j) \tag{7.50}$$

例如，$U' = 0.1/-4 + 0.5/-3 + 0.1/-2 + 0.0/-1 + 0.1/0 + 0.2/1 + 0.4/2 + 0.5/3 + 0.1/4$，其中 $u_1 = -4$，$u_9 = 4$，当 $u^* = u_6$ 时，$\sum_{u_i=u_1}^{u_6} \mu(u_i) = \sum_{u_j=u_6}^{u_9} \mu(u_j) = 1$，因此当中位数为 $u^* = u_6 = 1$ 时，有 $U = 1$。

如果中位数在两个元素之间，那么可用插值的方法来求取，例如，$U' = 0.1/-4 + 0.5/-3 + 0.3/-2 + 0.1/-1 + 0.1/0 + 0.4/1 + 0.5/2 + 0.1/3 + 0.2/4$，$u^*$ 在元素 0 和 1 之间。此时，可用线性插值进行处理，令 $\Delta u = 1.2/(1.1+1.2) = 0.522$，取 $u^* = u_5 + \Delta u = 0.522$。实际上，当不需要进行精确的模糊推理时，也可以不用插值方法，直接取 $u^* = 0$ 或者 $u^* = 1$。

与最大隶属度法相比，中位数法利用了更多的信息，但计算比较复杂，特别是在连续的隶属函数中，需要求解积分方程，因此其应用场合要少于加权平均法。采用中位数法的控制系统动态性能要优于采用加权平均法的控制系统性能，但是其静态性能略逊于加权平均法。一般情况下，采用这两种方法的系统性能都优于采用最大隶属度法的系统。

例 7.11 以汽车为控制对象，实现定速巡航功能，通过调节油门将速度稳定在固定值附近。根据日常操作经验，可以得到如下的基本控制规则：如果汽车速度低于设定值，那么将油门开度加大，差值越大，油门开度加得越多；如果汽车速度高于设定值，那么将油门开度减小，差值越大，油门开度减得越多。根据上述经验，设计模糊控制器。

解 该问题求解过程如下。

(1) 输入量和输出量的模糊化。

将汽车速度与设定值之间的偏差 e 作为观测量，设 e 分为 5 级，分别为负大(negative big，NB)、负小(negative small，NS)、零(O)、正小(positive small，PS)和正大(positive big，PB)，并根据 e 的变化范围分为 7 个等级，分别为–3、–2、–1、0、1、2、3，从而得到速度变化模糊表，如下所示。

	隶属度	速度变化等级						
		–3	–2	–1	0	1	2	3
偏差 e	负大	0	0	0	0	0	0.5	1
	负小	0	0	0	0	1	0.5	0
	零	0	0	0.5	1	0.5	0	0
	正小	0	0.5	1	0	0	0	0
	正大	1	0.5	0	0	0	0	0

控制量 u 为调节油门开度的变化，分为 5 级，分别为负大(NB)、负小(NS)、零(O)、正小(PS)和正大(PB)，并根据 u 的变化范围分为 9 个等级，分别为–4、–3、–2、–1、0、1、2、3、4，从而得到控制量模糊划分表，如下所示。

隶属度		油门开度变化等级								
		−4	−3	−2	−1	0	1	2	3	4
控制量 u	负大	0	0	0	0	0	0	0	0.5	1
	负小	0	0	0	0	0	0.5	1	0.5	0
	零	0	0	0	0.5	1	0.5	0	0	0
	正小	0	0.5	1	0.5	0	0	0	0	0
	正大	1	0.5	0	0	0	0	0	0	0

(2) 模糊规则的描述。

根据经验，设计如下模糊规则。

规则1：IF e=负大(NB) THEN u=负大(NB)。

规则2：IF e=负小(NS) THEN u=负小(NS)。

规则3：IF e=零(O) THEN u=零(O)。

规则4：IF e=正小(PS) THEN u=正小(PS)。

规则5：IF e=正大(PB) THEN u=正大(PB)。

由于模糊规则是多条语句，所以整个系统的模糊关系 R 可以表示为多条规则对应的模糊关系的并集。

第一条规则对应的模糊关系为

$$\text{NB}e \times \text{NB}u = \begin{bmatrix} 1 \\ 0.5 \\ 0 \\ 0 \\ 0 \\ 0 \\ 0 \end{bmatrix} \begin{bmatrix} 1 & 0.5 & 0 & 0 & 0 & 0 & 0 & 0 & 0 \end{bmatrix}$$

$$= \begin{bmatrix} 1 & 0.5 & 0 & 0 & 0 & 0 & 0 & 0 & 0 \\ 0.5 & 0.5 & 0 & 0 & 0 & 0 & 0 & 0 & 0 \\ 0 & 0 & 0 & 0 & 0 & 0 & 0 & 0 & 0 \\ 0 & 0 & 0 & 0 & 0 & 0 & 0 & 0 & 0 \\ 0 & 0 & 0 & 0 & 0 & 0 & 0 & 0 & 0 \\ 0 & 0 & 0 & 0 & 0 & 0 & 0 & 0 & 0 \\ 0 & 0 & 0 & 0 & 0 & 0 & 0 & 0 & 0 \end{bmatrix}$$

类似地，可以计算得到其他4条规则对应的模糊关系分别为

$$\mathrm{NS}e \times \mathrm{NS}u = \begin{bmatrix} 0 & 0 & 0 & 0 & 0 & 0 & 0 & 0 & 0 \\ 0 & 0.5 & 0.5 & 0.5 & 0 & 0 & 0 & 0 & 0 \\ 0 & 0.5 & 1 & 0.5 & 0 & 0 & 0 & 0 & 0 \\ 0 & 0 & 0 & 0 & 0 & 0 & 0 & 0 & 0 \\ 0 & 0 & 0 & 0 & 0 & 0 & 0 & 0 & 0 \\ 0 & 0 & 0 & 0 & 0 & 0 & 0 & 0 & 0 \\ 0 & 0 & 0 & 0 & 0 & 0 & 0 & 0 & 0 \end{bmatrix}$$

$$\mathrm{O}e \times \mathrm{O}u = \begin{bmatrix} 0 & 0 & 0 & 0 & 0 & 0 & 0 & 0 & 0 \\ 0 & 0 & 0 & 0.5 & 0.5 & 0.5 & 0 & 0 & 0 \\ 0 & 0 & 0 & 0.5 & 1 & 0.5 & 0 & 0 & 0 \\ 0 & 0 & 0 & 0.5 & 0.5 & 0.5 & 0 & 0 & 0 \\ 0 & 0 & 0 & 0 & 0 & 0 & 0 & 0 & 0 \\ 0 & 0 & 0 & 0 & 0 & 0 & 0 & 0 & 0 \\ 0 & 0 & 0 & 0 & 0 & 0 & 0 & 0 & 0 \end{bmatrix}$$

$$\mathrm{PS}e \times \mathrm{PS}u = \begin{bmatrix} 0 & 0 & 0 & 0 & 0 & 0 & 0 & 0 & 0 \\ 0 & 0 & 0 & 0 & 0 & 0 & 0 & 0 & 0 \\ 0 & 0 & 0 & 0 & 0 & 0 & 0 & 0 & 0 \\ 0 & 0 & 0 & 0 & 0 & 0 & 0 & 0 & 0 \\ 0 & 0 & 0 & 0 & 0 & 0.5 & 1 & 0.5 & 0 \\ 0 & 0 & 0 & 0 & 0 & 0.5 & 0.5 & 0.5 & 0 \\ 0 & 0 & 0 & 0 & 0 & 0 & 0 & 0 & 0 \end{bmatrix}$$

$$\mathrm{PB}e \times \mathrm{PB}u = \begin{bmatrix} 0 & 0 & 0 & 0 & 0 & 0 & 0 & 0 & 0 \\ 0 & 0 & 0 & 0 & 0 & 0 & 0 & 0 & 0 \\ 0 & 0 & 0 & 0 & 0 & 0 & 0 & 0 & 0 \\ 0 & 0 & 0 & 0 & 0 & 0 & 0 & 0 & 0 \\ 0 & 0 & 0 & 0 & 0 & 0 & 0 & 0 & 0 \\ 0 & 0 & 0 & 0 & 0 & 0 & 0 & 0.5 & 0.5 \\ 0 & 0 & 0 & 0 & 0 & 0 & 0 & 0.5 & 1 \end{bmatrix}$$

整个系统的模糊关系 R 为以上 5 个模糊矩阵的并集，即隶属函数取 5 个模糊矩阵中对应元素的最大值，得

$$R = \begin{bmatrix} 1 & 0.5 & 0 & 0 & 0 & 0 & 0 & 0 \\ 0.5 & 0.5 & 0.5 & 0.5 & 0 & 0 & 0 & 0 \\ 0 & 0.5 & 1 & 0.5 & 0.5 & 0.5 & 0 & 0 \\ 0 & 0 & 0 & 0.5 & 1 & 0.5 & 0 & 0 \\ 0 & 0 & 0 & 0.5 & 0.5 & 0.5 & 1 & 0.5 & 0 \\ 0 & 0 & 0 & 0 & 0 & 0.5 & 0.5 & 0.5 & 0.5 \\ 0 & 0 & 0 & 0 & 0 & 0 & 0.5 & 1 \end{bmatrix}$$

(3) 模糊决策。

模糊控制器的输出为误差向量和模糊关系的合成，即

$$u = e \circ R$$

当误差 e 为负大（NB）时，$e = [1\ 0.5\ 0\ 0\ 0\ 0\ 0]$，控制器输出为

$$u = e \circ R = \begin{bmatrix} 1 & 0.5 & 0 & 0 & 0 & 0 & 0 \end{bmatrix} \circ \begin{bmatrix} 1 & 0.5 & 0 & 0 & 0 & 0 & 0 & 0 \\ 0.5 & 0.5 & 0.5 & 0.5 & 0 & 0 & 0 & 0 \\ 0 & 0.5 & 1 & 0.5 & 0.5 & 0.5 & 0 & 0 \\ 0 & 0 & 0 & 0.5 & 1 & 0.5 & 0 & 0 \\ 0 & 0 & 0 & 0.5 & 0.5 & 0.5 & 1 & 0.5 & 0 \\ 0 & 0 & 0 & 0 & 0 & 0.5 & 0.5 & 0.5 & 0.5 \\ 0 & 0 & 0 & 0 & 0 & 0 & 0.5 & 1 \end{bmatrix}$$

$$= \begin{bmatrix} 1 & 0.5 & 0.5 & 0.5 & 0 & 0 & 0 & 0 \end{bmatrix}$$

最后，进行模糊决策。如果用最大隶属度法进行决策，那么得到控制量为–4。如果用加权平均法或中位数法进行决策，那么得到控制量分别为–2.6 和–3.6。

模糊控制从人的经验出发，解决了智能控制中不确定性语言的描述和推理问题，从而在机器中模拟人类的感知、推理等智能行为，可应用于模式识别、决策分析、时序信号处理等领域，解决人机对话、医疗诊断、地震预测、天气预报等问题。模糊控制不需要被控对象的精确数学模型，根据人对被控对象的控制经验来设计控制器，鲁棒性强，适合于解决过程控制中的非线性、强耦合时变、滞后等问题。操作人员易于通过自然语言进行人机交互，模糊条件语句容易加到过程的控制环节上。但是，简单的模糊处理可能导致系统的控制精度降低和动态品质变差。模糊控制的设计尚缺乏系统性，无法定义控制目标。由于模糊控制器采用 IF-THEN 规则，不便于控制参数的学习和调整。

7.4　本 章 小 结

由于现实世界的复杂性，已知事实可能是精确的，也可能是不精确的，条件与结论之间的关联可能是确定的，也可能是不确定的。这就使得知识不仅有真或假两种状态，而且在真与假之间存在很多中间状态，即存在知识为真的程度问题。知识的这一特性称

为不确定性。造成知识不确定性的原因是多方面的，主要有由随机性引起的不确定性、由模糊引起的不确定性和由不完全引起的不确定性。对于由不同原因引起的不确定性，需要采用不同的处理方法。

本章主要讨论了基于概率和基于模糊的不确定性表示与推理方法。基于贝叶斯网络的概率推理及其扩展方法是发展最早、最成熟的一类方法，但是该方法需要大量的数据、要求数据间有统计规律，计算工作量较大。为此，研究人员提出了主观贝叶斯方法、可信度方法等，通过放松部分限定条件来简化计算，以适用于各种实际情况。为了处理由模糊引起的不确定性，模糊集合理论用隶属度来刻画事物亦此亦彼的程度，相对于概率论中非此即彼的假设，是认识上的一大进步。隶属度通常是依靠专家的先验知识给定，或者用统计方法求得的，精确的隶属度值常常带有一定的主观性。尽管本章讨论的技术大多数是从实践中总结出来的工程性方法，对不确定性的处理往往不够严格，使用上也有很多局限性，但是它们能解决一些实际问题，其结果能够给出令人满意的解释，符合人类认识世界的直觉。

本章所讨论的概率推理方法主要用于静态世界中证据不变的情况，用于捕捉变量之间的概率联系。为了捕捉变量之间的因果关系，研究人员提出了基于因果网络的推理方法(Pearl, 2009)；为了讨论证据和状态的概率随时间可变的情况，提出了基于隐马尔可夫链和动态贝叶斯网络的推理方法等(斯图尔特·罗素等, 2022)。为了建立随机性和模糊性之间的关联，提出了云模型，用概率和统计的方法来解释模糊性(李德毅, 2018)。

本章思维导图

思 考 题

7.1 引起不确定性的因素主要有哪些？
7.2 简述确定性推理和不确定性推理的区别。
7.3 列举日常生活中 5 个不确定性事件。
7.4 试讨论主观贝叶斯方法与一般贝叶斯推理方法的联系和区别。
7.5 说明主观贝叶斯方法中 LS 与 LN 的含义。
7.6 说明证据理论中信任函数和似然函数的关系。
7.7 什么是模糊性，试举出几个日常生活中的模糊概念。
7.8 利用模糊集描述不确定性事件有什么优势？
7.9 讨论模糊集合的运算与一般集合的运算有何区别？
7.10 什么是模糊匹配，有哪些计算模糊匹配的方法？
7.11 模糊推理的一般过程是什么？
7.12 模糊推理可以用于解决哪些问题？

练 习 题

7.1 设有三个独立的结论 H_1、H_2、H_3 及两个独立的证据 E_1、E_2，它们的先验概

率和条件概率分别为 $P(H_1)=0.4$、$P(H_2)=0.3$、$P(H_3)=0.3$、$P(E_1|H_1)=0.5$、$P(E_1|H_2)=0.3$、$P(E_1|H_3)=0.5$、$P(E_2|H_1)=0.7$、$P(E_2|H_2)=0.9$、$P(E_2|H_3)=0.1$，利用概率方法求出：当只有证据 E_1 出现时，$P(H_1|E_1)$、$P(H_2|E_1)$、$P(H_3|E_1)$ 的值；并说明 E_1 的出现对结论 H_1、H_2、H_3 的影响。

7.2 已知如下推理规则

$$r_1: \text{IF } E_1 \text{ THEN } (100,0.1) \ H_1$$

$$r_2: \text{IF } E_2 \text{ THEN } (15,1) \ H_2$$

$$r_3: \text{IF } E_3 \text{ THEN } (1,0.05) \ H_3$$

且 $P(H_1)=0.2$、$P(H_2)=0.4$、$P(H_3)=0.6$。当证据 E_1、E_2、E_3 存在或不存在时，求 $P(H_i|E_i)$ 和 $P(H_i|\neg E_i)$ $(i=1,2,3)$ 各是多少？

7.3 设有如下一组知识

$$r_1: \text{IF } A_1 \text{ THEN } B_1 \quad (0.8)$$

$$r_2: \text{IF } A_2 \text{ THEN } B_1 \quad (0.5)$$

$$r_3: \text{IF } B_1 \text{ AND } A_3 \text{ THEN } B_2 \quad (0.8)$$

已知 $\text{CF}(A_1)=0.5$、$\text{CF}(A_2)=1$、$\text{CF}(A_3)=0.8$，求 $\text{CF}(B_1)$ 和 $\text{CF}(B_2)$。

7.4 设有如下一组知识

$$r_1: \text{IF } E_1 \text{ THEN } E_2 \quad (0.6)$$

$$r_2: \text{IF } E_2 \text{ AND } E_3 \text{ THEN } E_4 \quad (0.7)$$

$$r_3: \text{IF } E_4 \text{ THEN } H \quad (0.8)$$

$$r_4: \text{IF } E_5 \text{ THEN } H \quad (0.9)$$

已知 $\text{CF}(E_1)=0.5$、$\text{CF}(E_3)=0.6$、$\text{CF}(E_5)=0.4$，结论 H 的初始可信度未知，求 $\text{CF}(H)$。

7.5 设样本空间 $D=\{a,b,c,d\}$，m_1 和 m_2 为定义在 2^D 上的概率分配函数：$m_1(\{b,c,d\})=0.7$、$m_1(\{a,b,c,d\})=0.3$，m_1 的其余基本概率数均为 0；$m_2(\{a,b\})=0.8$、$m_2(\{a,b,c,d\})=0.2$，m_2 的其余基本概率数均为 0。求它们的正交和 $m=m_1 \oplus m_2$。

7.6 以年龄为论域，取 $U=[0,120]$，定义"年老"和"年青"两个模糊集合。

7.7 设有论域 $U=\{x_1,x_2,x_3,x_4,x_5\}$，$A$ 和 B 是 U 上的两个模糊集，且有

$$A=0.8/x_1+0.7/x_2+0.9/x_3+0.8/x_4+0.7/x_5$$

$$B=0.5/x_1+0.6/x_2+0.8/x_3+0.9/x_4+0.7/x_5$$

求 $\bar{A}$、$\bar{B}$、$A \cap B$ 和 $A \cup B$。

7.8 设有如下两个模糊关系：

$$A = \begin{bmatrix} 0.7 & 0.6 & 0.3 \\ 0.6 & 0.7 & 0.2 \\ 0.5 & 0.5 & 0.2 \end{bmatrix}, \quad B = \begin{bmatrix} 0.8 & 0.4 \\ 0.6 & 0.2 \\ 0.9 & 0.6 \end{bmatrix}$$

求 A 和 B 的合成。

7.9 利用模糊矩阵的合成运算计算子女与祖父母的相似程度。已知：某家中子女与父母的长相相似关系 R 为模糊关系，可表示为

R	父	母
子	0.2	0.8
女	0.6	0.1

用模糊矩阵 R 可表示为

$$R = \begin{bmatrix} 0.2 & 0.8 \\ 0.6 & 0.1 \end{bmatrix}$$

该家中父母与祖父母长相的相似关系也是模糊关系，可表示为

S	祖父	祖母
父	0.5	0.7
母	0.1	0

用模糊矩阵 S 可表示为

$$S = \begin{bmatrix} 0.5 & 0.7 \\ 0.1 & 0 \end{bmatrix}$$

试计算该家中子女与祖父、祖母长相的相似程度。

7.10 设 $U = V = \{1,2,3,4,5\}$，$A = 1/1 + 0.5/2$，$B = 0.4/3 + 0.6/4 + 1/5$，模糊知识为：IF x is A THEN y is B，模糊证据为：x is A'，其中 A' 的模糊集为 $\{1,0.4,0.2,0,0\}$，求模糊推理的结论。

第 8 章 机器学习

学习是人类智能的主要标志和获得知识的基本手段，也被认为是使机器获得智能的根本途径。为了破解知识获取瓶颈，自动地获取解决不同任务所需的知识，并随着经验的积累不断提升智能水平，就需要使机器具备学习的能力。机器学习是从数据中学习的方法，作为数据驱动模型的典型代表，机器学习与知识驱动模型表现出显著不同的特点。机器学习不依赖知识库和预先给定规则，能够从数据或环境交互中自动分析获取知识，并利用知识对未知数据进行预测。机器学习为数学模型难以明确定义、推理规则不明确、数据更新较快的复杂问题提供了有效的解决方案，为人工智能走向实际应用提供了重要途径。本章主要介绍机器学习的基本概念和方法，包括有监督学习、无监督学习、半监督学习和强化学习。

8.1 机器学习概述

8.1.1 机器学习的基本概念

学习是指人或动物在生活中获得个体经验并由经验引起相对持久的心理和行为变化的过程。机器学习在一定程度上模拟了人类的学习过程，例如，自动驾驶汽车需要对道路中其他车辆的行驶意图进行预测。根据人类已有经验，当车辆在道路上正常行驶时，开启转向灯，说明它即将变道。如果用计算机程序来实现，那么有如下规则。

IF 转向灯开启 THEN 车辆即将变道

ELSE 车辆即将直行

这种基于规则的推理方法属于演绎推理，是从一般到特殊的推理方法。但是如果已有知识是不充分的，那么就不得不手动修改规则。假设有一些车辆在变道前未开启转向灯，而是减速后直接改变了车头朝向，于是修改规则为

IF 速度慢 AND 车头与道路中心线的夹角大 THEN 车辆即将变道

ELSE 车辆即将直行

如果考虑到不同驾驶员的驾驶习惯及各种道路状况，那么判断规则又会发生变化。由此可见，基于预定义规则的推理方法有一个缺点，即为了建立推理规则，需要搞清楚影响变道和直行动作的所有因素及其细节。问题越复杂，手动制定规则就变得越困难。

对于此类问题，可以采用另外一种常用的推理方法，即从数据中总结规律，从特殊到一般地归纳推理方法。从真实行驶数据中随机抽取一定样本，记录车辆的运动特征，如车速、加速度、位置、车头与道路中心线夹角(简称转角)、转向灯等，以及其后续的

变道或直行动作。让机器利用学习算法在数据的基础上自动生成判断规则，学习出根据车辆运动特征来预测其行驶意图的模型。这个模型可以随着数据的变化而自动调整参数，在做了错误预测之后进行修正。

在历史上，机器学习有很多种定义，如表 8.1 所示。目前，学术界较为认可的一个经典定义是：机器学习是计算机程序随着经验积累自动提高性能，进行系统自我改进的过程。不同于人类从观察中积累经验，机器学习是从数据或环境交互中积累经验来获取知识和提高技能的。

表 8.1 机器学习的多种定义

时间/年	提出者	定义
1959	Samuel	研究给予计算机学习能力而不必显式编程的领域
1983	Simon	一种系统用它来改善其性能的过程
1997	Mitchell	一个针对某类任务 T 和性能度量 P 的计算机程序，如果它在 T 任务中的性能 P 可随经验 E 的增加而改善，那么称其为从经验 E 中学习
2004	Alpaydin	利用示例数据或经验的计算机程序来优化性能指标
2012	Mohri	利用经验来改善性能或做出正确预测的计算方法

机器学习算法与基于规则的推理方法的区别在于：基于规则的推理方法需要根据先验知识人为给出判断规则，知识表示部分由人完成，推理部分由机器完成；而机器学习算法是从数据出发自动生成规则，由机器实现从知识提取到推理的全过程。以车辆行驶意图预测问题为例，如图 8.1 所示，机器学习可以从车辆行驶数据出发，由学习方法自动生成其内部判断规则。

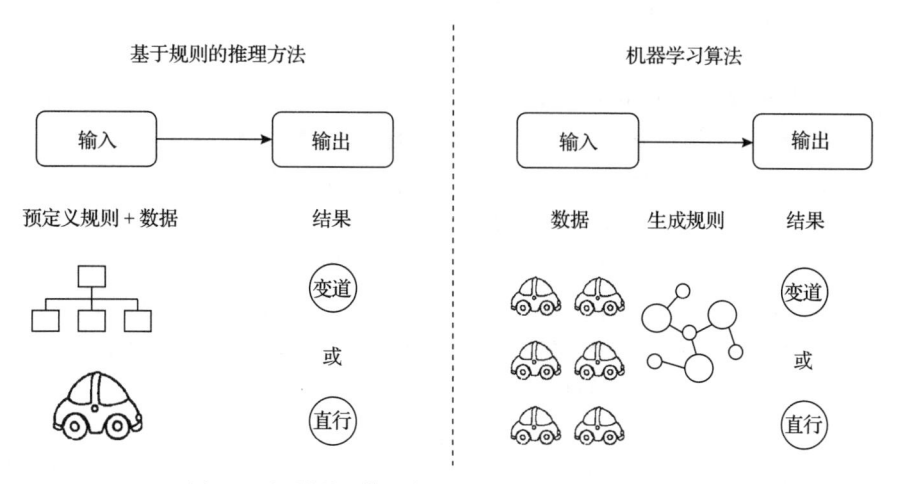

图 8.1 机器学习算法与基于规则的推理方法的区别

8.1.2 机器学习的常见术语

数据是机器学习的基础。已知的输入记录的集合构成了数据集，其中每条记录是关于一个对象或事件的描述，称为一个样本或示例。反映对象或事件在某一方面的表现或者性质的项称为特征或属性，属性的取值称为属性值，属性张成的空间称为属性空间、特征空间或者输入空间。数据集中样本具有的特征的数目称为特征维数。以表 8.2 所示的车辆行驶数据集为例，{转向灯=开启；速度=快；转角=大}是一条记录，转向灯、速度、转角是车辆的运动特征，开启、快、大是具体的属性值。将转向灯、速度、转角作为三个坐标轴，它们张成一个用于描述汽车运动状态的三维空间，每个样本是三维空间中的一个点。一个示例也称为一个特征向量，这里的特征维数为 3。

表 8.2 车辆行驶数据集示例

样本	转向灯	速度	转角	动作
样本 1	开启	快	大	变道
样本 2	关闭	快	小	直行
⋮	⋮	⋮	⋮	⋮
样本 n	关闭	慢	大	变道

　　为了学习获得一个能够预测车辆行驶意图的模型，仅有特征一般是不够的，通常需要利用样本的结果信息，也就是对样本进行标注。样本标注的结果称为标签。所有标签组成的集合称为标签空间或者输出空间。标签可以是离散值，也可以是连续值。以车辆行驶意图预测问题为例，记录下车辆变道或直行的结果就是给样本标注一个标签。

　　机器学习算法是揭示数据中潜在关系的过程。模型是机器学习算法产生的结果，是输入输出之间的映射函数，如在车辆行驶意图预测问题中，模型是从汽车运动特征到变道或直行结果的一个映射函数。机器学习模型不是预先定义好的固定函数，而是从历史数据中学习出来的，从数据中学习获得模型的过程称为训练。训练过程中使用的数据称为训练数据，其中的样本称为训练样本。由训练样本组成的集合称为训练集。在实际任务中，往往有多种候选模型可供选择，当同一个候选模型使用不同的参数配置时，也会产生不同的模型。使用哪一种参数，需要通过验证实验对候选模型的性能进行评估，进而做出选择，这就是模型评估和选择。例如，选出一部分车辆样本，输入车辆运动特征应用模型预测其行驶意图，根据预测结果与实际动作的吻合程度来评估预测模型的性能。同样，在训练阶段也需要评估模型的性能，这种评估既对训练具有指导意义，又能提供对训练效果的反馈。在模型评估与选择中，用于评估分类器性能的数据集称为验证集。

　　大多数模型有一些参数需要设定，参数设定不同，学习到的模型性能往往有显著差别。在模型评估和选择时，对模型参数进行设定的过程称为参数调节，简称调参。参数一般包括两类：一类是算法的参数，称为超参数，数目通常在 10 个以内，如神经网络中各层神经元的数量；另一类是模型内部的参数，数目可能很多，如神经网络中不同神经元之间的连接权值参数可能有上亿个。不同之处在于，前者需要在开始学习过程之前进行设置，通常由人工设定多个参数候选值后产生模型，而后者需要通过训练集学习来确定。

　　机器学习的目标是使学到的模型能很好地适用于新样本，而不仅是训练集样本。模型适用于新样本的能力称为泛化能力。误差反映了模型输出与真实标签值之间的偏离程度。模型在训练集上产生的误差称为经验误差或训练误差。经验误差的大小反映了模型在训练数据上预测效果的好坏。使用模型进行预测的过程称为测试，被预测的样本称为测试样本。用于测试模型对新样本预测能力的样本集合称为测试集。模型在测试集上产生的误差称为测试误差。模型在未知样本(除训练集外的所有样本)上的误差称为泛化误差。通常假设输入空间中的所有样本服从一个隐含未知的分布，训练样本都是独立地从这个分布上采样得到的。如果测试集也是从样本真实分布中独立采样获得的，那么可以将测试集上的测试误差作为泛化误差的近似。

在机器学习过程中，可能出现欠拟合(under-fitting)或过拟合(over-fitting)现象。欠拟合是指模型对于训练样本的一般性质尚未学好，在训练和预测时表现得都不好。过拟合是指模型在训练集中表现得过于优越，导致在验证集以及测试集中表现不佳。图 8.2 演示了机器学习的一个典型应用中欠拟合和过拟合的效果。可以发现，随着模型变得越来越复杂(如神经网络中权值越多或决策树中分支数越多等)，训练误差单调减小，而泛化误差先减小后增大。当训练误差和泛化误差都较大时，模型出现欠拟合；当训练误差较小，而泛化误差开始增大时，出现过拟合。过拟合和欠拟合都是需要避免的，理想的效果是将训练误差和泛化误差都控制在合理的范围内，训练误差较小，而泛化误差略大于训练误差。

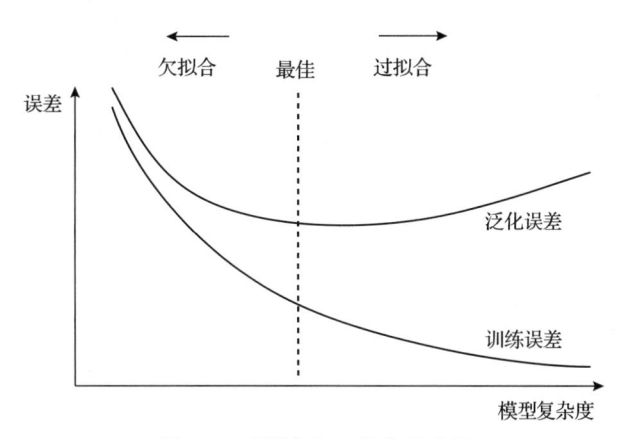

图 8.2 过拟合和欠拟合示意图

欠拟合通常是由模型学习能力不足造成的。欠拟合比较容易克服，如在神经网络学习中增加训练迭代次数、在决策树学习中增加分支数等。过拟合往往是由训练数据少、噪声多以及模型能力太强等因素造成的。训练集通常用来构建模型所有可能数据中的一些典型样本，其包含的不确定性很可能远小于测试集。在训练过程中，模型可能因为找到了对应于训练集的特殊性质，所以在训练集上表现良好，但是这些性质没有出现在测试集中，从而在测试集中表现不佳，导致过拟合。过拟合是机器学习面临的关键障碍，各类学习算法都会采取一些专门措施来应对过拟合。然而，过拟合是无法彻底避免的，只能缓解或者减小其风险。

8.1.3 机器学习的分类

按照训练样本提供的信息以及反馈方式的不同，机器学习可分为有监督学习（supervised learning）、无监督学习（unsupervised learning）、半监督学习（semi-supervised learning）和强化学习（reinforcement learning）。机器学习的分类示意图如图 8.3 所示，假设样本特征维数为 2，两个特征分别表示为 $x^{(1)}$ 和 $x^{(2)}$，待划分的类别数为 2，训练样本分为正例、反例和无标签样本。在有监督学习中，训练样本是有标签的，机器通过学习获得训练样本所包含的知识，并将其作为判断测试样本类别的依据。在无监督学习中，样本是没有标签的，仅根据样本在特征空间的分布情况判断其类别。在半监督学习中，有少量有标签的训练样本和大量无标签的训练样本，机器以从有标签样本中获得的知识为基础，结合无标签样本的分布情况逐步修正已有知识，并判断测试样本的类别。在强化学习中，没有训练样本，只有对机器每一步是否更接近目标的奖惩反馈。

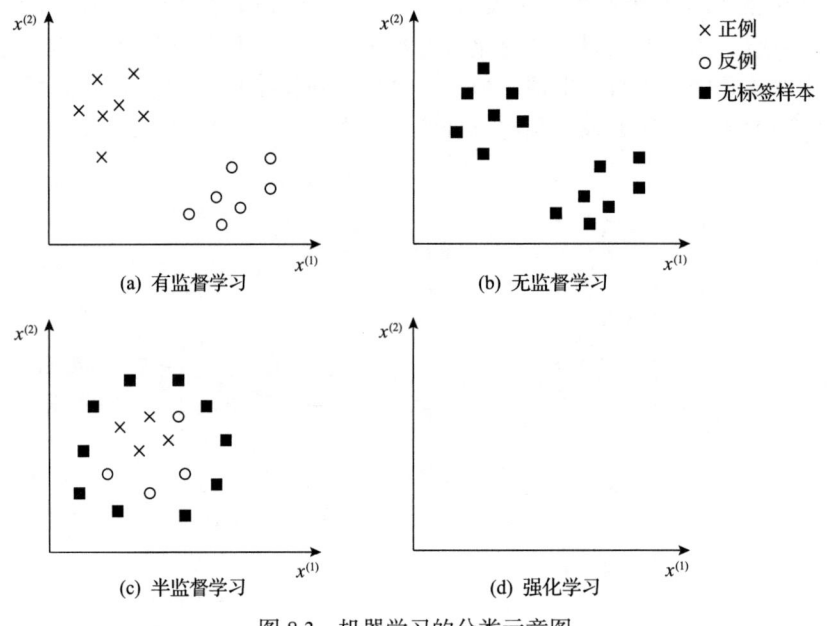

(a) 有监督学习　　(b) 无监督学习

(c) 半监督学习　　(d) 强化学习

图 8.3　机器学习的分类示意图

1. 有监督学习

有监督学习是指从有标签样本中学习预测模型的机器学习算法。有监督学习也称为有导师学习，导师就是标签。有监督学习的本质是学习输入到输出的映射的统计规律，即从已知的训练样本中通过学习建立输入-输出之间的映射关系，从而得到在某个评估准则下最优的模型。该模型具有对未知数据的预测能力，可将新的数据输入映射为相应的输出。有监督学习是机器学习中最常用的一类方法，如图像分类、人脸识别、物体检测、疫情发展趋势预测等都可以通过有监督学习算法来解决，其前提是能够获得预测所需的样本标签。

2. 无监督学习

无监督学习是从无标签样本中学习数据的统计规律或者内在结构的机器学习算法。无监督学习也称为无导师学习。无监督学习的输入是一个用特征向量表示的样本，输出是对输入的分析结果，如输入的类别、转换或概率表示，从而实现对数据的聚类、降维或概率估计。在聚类问题中，可用的样本都没有标签，只有一组特征向量，目标是根据相似性度量把相似的向量聚到一起，从中学习到一些有用的模式。在人类认识世界的过程中，经常会用到无监督学习，如根据画作的风格将它们分成不同的画派、根据电影的主题将它们分为不同的类型等。无监督学习适合于解决样本标签难以获得、需要对数据进行分析或标注的问题。

3. 半监督学习

半监督学习是指利用有标签样本和无标签样本学习预测模型的机器学习算法。半监督学习通常利用少量的有标签样本和大量的无标签样本进行训练和预测，自动地利用无标签样本来提升学习性能。在实际问题中，有时要获得样本的标签代价很高。例如，对于网页数据，只有少数用户愿意花时间标注有用的网页，如果抛弃大部分的无标签样本，那么通过小部分有标签样本训练得到的模型往往由于训练样本太少而效果不理想，难以刻画出数据的内部特征。半监督学习可以通过对常用的有监督学习或无监督学习的延伸得到。半监督学习适合于解决有标签样本成本较高而无标签样本较容易获取的问题。

4. 强化学习

强化学习是指系统在与环境的连续互动中学习最优行动策略的机器学习算法。强化学习通过与环境交互，根据环境的反馈信息获得的评估奖惩不断地改进策略（即在什么状态下采取什么动作），以获得最大的累积奖励。不同于有监督学习的有标签训练，强化学习的训练是没有标签的，而是通过环境给出的奖惩来实现动态的学习过程。强化学习适合于解决无法直接获得数据标签而只能获得环境反馈的决策问题，如机器人控制、博弈等。

例 8.1 对于如下四个问题，判断其中哪些问题适合于采用有监督学习？哪些问题适合于采用无监督学习？

(1)年龄预测，给定一组个体的面部图像和实际年龄数据，建立根据图像预测个体年龄的模型，并对新图像中个体的年龄进行预测。

(2)机器翻译，给定一组当前语言与目标语言相对应的已标注的语料库，建立从当前语言翻译到目标语言的模型，并对新的文本进行翻译。

(3)社交网络分析，给定某社交网站上用户之间的好友关系，对该社交网络进行模块划分。

(4)进化树构建，给定多个物种的基因组序列信息，根据它们的序列相似性推断物种间的亲缘关系。

解 在(1)和(2)中，训练集中样本的年龄和要翻译的目标语言是给定的，因此它们适合采用有监督学习。而在(3)和(4)中，没有给定训练集中样本的标签，只能根据样本属性的相似性进行学习，因此它们适合采用无监督学习。

8.1.4 机器学习的三要素

在数据的基础上，可以依据一定的学习准则采用优化算法建立机器学习模型。模型、学习准则和优化算法构成了机器学习的三个基本要素(李航，2019)。下面主要论述有监督学习的三要素。无监督学习、半监督学习和强化学习也同样拥有这三要素，建立一种机器学习算法就是确定其具体三要素的过程。

1. 模型

机器学习模型本质上是一个函数，其作用是实现从输入到输出的映射。输入与输出取决于学习任务，在有监督学习中，输入是样本特征，输出是标签。输入空间 X 和输出空间 Y 构成一个样本空间。对于样本空间中的样本 $(x,y) \in (X,Y)$，假定存在一个未知的真实映射(决策)函数 $g: X \to Y$，使得 $y = g(x)$ 或者服从真实条件概率分布 $P(y|x)$。机器学习的目标是找到一个模型 $f(x)$ 来近似真实映射函数 $y = g(x)$ 或真实条件概率分布 $P(y|x)$。由于不知道真实映射函数或条件概率分布的具体形式，只能根据经验来确定一个假设函数集合 F。假设函数集合称为假设空间(hypothesis space)，假设空间的确定意味着学习范围的确定。有监督学习的假设空间是所有可能的决策函数或条件概率分布的集合。理论上，假设空间中的模型有无穷多个，学习的任务就是在可能的假设空间中进行搜索，以确定一个符合观察到的数据和设计者所持有的先验知识的模型。

按照假设函数是否是线性的，机器学习模型可分为线性模型(linear model)和非线性模型(nonlinear model)。如果假设函数 $f(x)$ 是线性函数，那么该模型称为线性模型，否则，称为非线性模型。线性模型是最简单的、最基本的机器学习模型，包括感知器、线性判别分析、线性支持向量机等。线性模型只能挖掘特征之间的线性组合关系，无法对复杂的非线性组合关系进行建模。为了解决非线性问题，需要对输入的各维特征进行显式的非线性预变换，如单维特征的指数、对数或多项式变换以及多维特征的交叉乘积等，或者采用核方法将原特征空间隐式地映射到一个高维的非线性空间，再在高维空间中构建线性模型，典型模型是基于核函数的非线性支持向量机，也可以直接使用一些非线性模型，如 k 近邻、决策树、人工神经网络等。

按照对模型的形式是否进行显式描述，机器学习模型分为参数化模型(parametric model)和非参数化模型(non-parametric model)，这两类模型的区别见表8.3。在参数化模型中，规定了要学习的函数形式，模型参数的维数固定，模型可由有限维参数来完全刻画。常见的参数化模型包括线性回归、多项式回归、逻辑回归、线性判别分析、感知器、朴素贝叶斯等。例如，线性回归模型采用特征的一次方程的形式，参数的维数等于特征维数加 1，通过训练学习到具体的模型。该假设可以最大限度地简化学习过程。但是，如果真实映射函数不是线性函数，那么将产生很差的学习效果。参数化模型的优点是：

简单，结果易于理解和解释；快速，可以很快地从数据中学习；不需要太多的训练数据，甚至可以很好地拟合有缺陷的数据。参数化模型的局限性是：选择一种函数形式高度限制了模型的复杂度，可能无法匹配到潜在的真实映射函数。

表 8.3 参数化模型和非参数化模型比较

比较项	参数化模型	非参数化模型
特征	具有固定的参数维数	参数的维数随着训练数据量的增加而增加
优点	通常易于使用，可解释性好	更加灵活，预测效果好
缺点	对数据分布的性质做出严格的假设	对于大数据集，通常具有较高的计算复杂度，容易过拟合

非参数化模型对于模型的函数形式不做过多的假设，模型参数的维数不固定，可以随着训练数据量的增加不断增大。非参数化模型试图寻找最适合训练数据的模型，同时保留部分对未知数据的泛化能力，能够拟合大多数甚至是任意的函数形式。常见的非参数化模型有 k 近邻、决策树、非线性支持向量机和深度神经网络等。例如，k 近邻是一种典型的非参数化模型，基于 k 个与测试样本最相似的训练样本来确定其所属的类别，除了要求样本有相似的输出变量之外，不对函数形式做任何假设。非参数化模型的优点是：灵活，能够拟合大量不同的函数形式；不需要假设潜在的函数或者仅做弱假设；预测效果好，可以得到高性能的预测模型。非参数化模型的缺点是：需要更多的训练数据来估计模型参数；通常需要训练大量的参数，训练时间较长；容易过拟合，通常难以对预测结果进行解释。

2. 学习准则

有了模型的假设空间，机器学习算法需要确定或选择最优模型的学习准则。学习准则通常基于模型做出的预测结果与期望结果的一致程度，体现为错误或正确、损失或收益、惩罚或奖励。如果算法在假设空间 F 中选取模型 f 作为决策函数，对于给定的输入 x，输出预测值为 $f(x)$，那么一个好的模型 $f(x)$ 应该在所有输入输出的可能取值上都与真实映射函数 $g(x)$ 一致。然而输出的预测值 $f(x)$ 与真实值 y 可能一致，也可能不一致，这就需要用一个损失函数来量化模型预测值与真实标签值之间的差异。损失函数(loss function)度量单个样本预测的错误程度。损失函数可表示为 $L(y,f(x))$，是一个非负实值函数。损失函数值越小，模型预测效果越好。常用的损失函数有 0-1 损失函数、平方损失函数、绝对值损失函数、对数损失函数、指数损失函数、合页损失函数和交叉熵损失函数等。

0-1 损失函数为

$$L(y,f(x)) = \begin{cases} 1, & y \neq f(x) \\ 0, & y = f(x) \end{cases} \tag{8.1}$$

平方损失函数为

$$L(y,f(x)) = (y - f(x))^2 \tag{8.2}$$

绝对值损失函数为

$$L(y, f(x)) = |y - f(x)| \tag{8.3}$$

对数损失函数为

$$L(y, P(y|x)) = -\ln P(y|x) \tag{8.4}$$

指数损失函数为

$$L(y, f(x)) = e^{-yf(x)} \tag{8.5}$$

合页损失函数为

$$L(y, f(x)) = \max(0, 1 - yf(x)) \tag{8.6}$$

交叉熵损失函数为

$$L(y, f(x)) = -y^{\mathrm{T}} \ln f(x) = -\sum_{c=1}^{C} y_c \ln f_c(x) \tag{8.7}$$

式中，C 为类别数；y_c 表征样本是否属于类别 c，若是，则 y_c 为 1，否则，y_c 为 0；$f_c(x)$ 为预测结果中样本属于类别 c 的概率。

交叉熵损失函数常用于多分类问题，例如，对于三分类问题，一个样本的标签向量为 $y = (0,0,1)^{\mathrm{T}}$，模型的输出预测值分布为 $f(x) = (0.3, 0.3, 0.4)^{\mathrm{T}}$，由式(8.7)可得，它们的交叉熵为 $-(0 \times \ln(0.3) + 0 \times \ln(0.3) + 1 \times \ln(0.4)) \approx 0.9163$，说明预测值向量与标签向量差异较大。

对于二分类问题，令 $y=1$ 表示正类，$y=-1$ 表示反类。当 $yf(x) \geq 0$ 时，分类器预测正确，并且 $yf(x)$ 越大，模型的预测性能越好；当 $yf(x) < 0$ 时，分类器预测错误，并且 $yf(x)$ 越小，模型的预测性能越差。因此，一个好的损失函数，其值应该随着 $yf(x)$ 的增大而减小。常见损失函数比较如图 8.4 所示，除了平方损失函数，其他损失函数都适合于二分类问题。

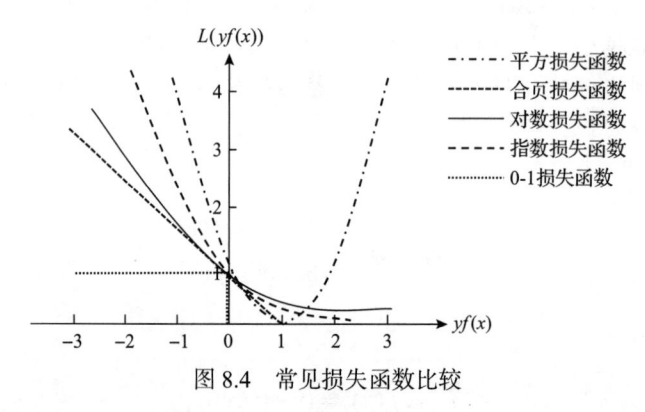

图 8.4 常见损失函数比较

在机器学习任务中，损失函数的选择非常重要，通常需要根据不同的任务需求选择合适的损失函数。但是损失函数只能衡量模型 $f(x)$ 对于某个具体样本的预测能力，为了确定最终要优化的目标函数，还需要衡量模型对于整个训练集的预测能力。通常目标函数选择为经验风险(empirical risk)或者结构风险(structural risk)，分别对应有监督学习中常用的两种学习准则，即经验风险最小化(empirical risk minimization，ERM)和结构风险最小化(structural risk minimization，SRM)。

经验风险是训练集中所有样本的平均损失，也称为代价函数。经验风险函数的公式为

$$R_{erm} = \frac{1}{n}\sum_{i=1}^{n}L(y_i, f(x_i)) \tag{8.8}$$

式中，n 为训练样本数。

经验风险最小化将经验风险函数作为优化的目标函数，求解如下最优化问题，即

$$\min_{f \in F} \frac{1}{n}\sum_{i=1}^{n}L(y_i, f(x_i)) \tag{8.9}$$

经验风险越小，说明模型对于训练数据的拟合程度越好。当训练样本足够多且具有代表性时，经验风险最小化能够得到很好的学习效果，因此在现实中被广泛采用。然而在很多情况下，训练样本往往是真实数据的一个很小的子集或者包含一定的噪声，不能很好地反映全部数据的真实分布，因此经验风险最小化容易导致模型过拟合。

结构风险在经验风险的基础上引入了参数的正则化，以限制模型复杂度。结构风险函数的公式为

$$R_{srm} = \frac{1}{n}\sum_{i=1}^{n}L(y_i, f(x_i)) + \lambda\Omega(f) \tag{8.10}$$

式中，$\Omega(f)$ 为正则化项，是定义在假设空间 F 上的泛函，表示模型复杂度，模型 f 越复杂，$\Omega(f)$ 越大；λ 为大于 0 的正则化系数，λ 值越大，正则化作用越明显。

结构风险最小化将结构风险函数作为优化的目标函数，求解如下最优化问题，即

$$\min_{f \in F} \frac{1}{n}\sum_{i=1}^{n}L(y_i, f(x_i)) + \lambda\Omega(f) \tag{8.11}$$

结构风险最小化能够从大量候选模型中选择一种具有合适复杂度且对于训练集的经验风险较小的模型，往往对训练集和测试集都有较好的预测效果。

3. 优化算法

在确定了训练集、假设空间以及学习准则后，如何找到最优模型就成为一个最优化问题。优化算法是将学习准则得到的目标函数作为优化目标，从假设空间找到一个最优

模型使得目标函数最小化或最大化的算法。对于目标函数最大化问题，可以通过将目标函数加上负号等方式，将其转换成最小化问题来求解。因此，为表述方便，以下均以目标函数最小化问题为例来说明。

通过优化算法可能得到两种最优解，即局部最优解和全局最优解，它们分别对应目标函数的局部极小和全局最小。局部极小是指参数空间中的某个点，其邻域点的目标函数值均不小于该点的函数值。全局最小是指参数空间中所有点的目标函数值均不小于该点的函数值。如何保证找到全局最优解并使求解的过程尽可能高效是优化算法设计要解决的重点问题。

机器学习的参数优化算法等价于求解最优化问题的算法，其目的是求参数的解析解或数值解。解析解，也称为闭式解，是通过精确计算公式所求得的解。如果解析解存在，并且经理论推导可以得到目标函数极值的求解公式，那么可以基于费马大定理、拉格朗日乘数法或 KKT(Karush-Kuhn-Tucker) 条件等求得最优解。对于不带约束条件的函数极值问题，在目标函数可导的情况下，基于费马大定理寻找目标函数导数为零的点作为极值；对于带等式约束的极值问题，基于拉格朗日乘数法将其转换为不带约束的函数极值问题求解；对于含有不等式约束的函数极值问题，可以应用拉格朗日乘数法结合 KKT 条件求解，相关内容将在支持向量机部分进行介绍。

在大多数情况下，最优化问题没有解析解，只能得到数值解。例如，当目标函数的导数中含有指数函数、对数函数、三角函数等超越函数时，无法直接求解。数值解是用数值计算方法或启发式算法得到的近似解。在工程实现时，通常采用迭代法，利用目标函数的导数信息确定迭代规则，逐步修正对最优解的估计。一阶优化算法利用了目标函数的一阶导数，要求目标函数连续可微，包括梯度下降法和最速下降法等。二阶优化算法利用了目标函数的二阶导数，要求目标函数二阶连续可微，代表性算法是牛顿法和拟牛顿法。通常情况下，二阶优化算法比一阶优化算法的收敛速度更快。

梯度下降法是求解无约束优化问题的一种常用的迭代法，包括批量梯度下降法、随机梯度下降法和小批量梯度下降法，具有计算量小、实现简单的特点。梯度是由目标函数关于各变量的偏导数所组成的向量。由于负梯度方向是函数值下降最快的方向，所以梯度下降法从某个初始点出发沿着目标函数的负梯度方向搜索最优解，迭代公式为

$$x_{k+1} = x_k - \eta \nabla J(x_k) \tag{8.12}$$

式中，x_k 为当前点；$\nabla J(x_k)$ 为目标函数 J 在 x_k 处的梯度；x_{k+1} 为迭代后的点；η 为学习率。

随着迭代过程的推进，目标函数值通常会逐渐减小。若目标函数在当前点的梯度为零，则已达到局部极小，参数更新结束。如果目标函数仅有一个局部极小，那么梯度下降法得到的解就一定是全局最小，如凸函数的局部极小就是全局最小。如果目标函数有多个局部极小，那么参数寻优可能陷入局部极小。全局最小和局部极小示意图如图 8.5 所示，θ_1 和 θ_2 为模型参数，当初始点选择不当时，优化算法只能找到局部极小。

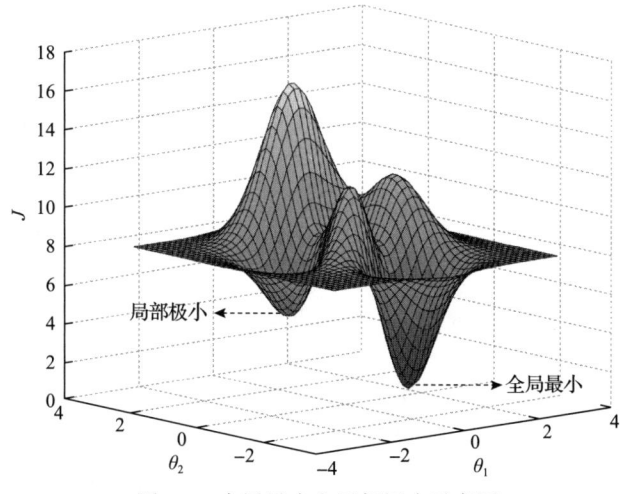

图 8.5 全局最小和局部极小示意图

在实际任务中，常采用多种策略试图跳出局部极小，从而接近全局最小。常用策略有：从多个不同的初始点开始搜索，取其中目标函数值最小的解作为最终解；使用模拟退火算法，在每一步都以一定的概率接受比当前解更差的结果，以跳出局部极小；使用遗传算法进行参数优化，以更好地逼近全局最优。需要注意的是，这些用于跳出局部极小的策略大多是启发式的优化算法，尚缺乏理论上的保证。

除了迭代法之外，还有其他一些优化求解思想，如分治法、动态规划等。分治法将大的问题分解成子问题进行求解，根据子问题的解构造出整个问题的解。在优化过程中，每次迭代时仅调整优化向量的部分分量，其他分量固定不动。动态规划通过求解子问题的最优解，逐步扩展得到整个问题的最优解，如果整个问题的某个解是最优的，那么这个解的任意一部分也是子问题的最优解。

8.1.5 机器学习的相关理论

可计算学习理论通过分析问题难度和计算模型能力，为机器学习提供理论基础，并指导机器学习模型和学习算法的设计。其中，最基础的理论是概率近似正确理论。由于不知道真实的数据分布，也不知道真实映射函数，期望从有限的训练样本中学习到一个期望误差为 0 的函数是不切实际的，只能要求学习算法以一定的概率学习到一个近似正确的模型。

PAC 可学习(PAC-learnable)算法是指该学习算法能够在多项式时间内从合理数量的训练样本中学习到一个可能近似正确的函数 $f(x)$。近似正确是指假设函数 $f \in F$ 的泛化误差小于一个界限 ε。可能是指学习算法有可能以 $1-\delta$ 的概率学习到一个近似正确的假设函数 f。如果所有的样本服从一个隐含的未知分布 D，对于从未知分布 D 上随机采样得到的任何样本 (x, y)，有

$$P(|f(x)-y| \leqslant \varepsilon) \geqslant 1-\delta \tag{8.13}$$

那么称该算法学习到的模型 f 是概率近似正确的。式中，ε 和 δ 为与样本数 n 以及假设

空间 F 相关的变量，$\varepsilon>0$，$\delta<1$。

机器学习要解决的问题通常是 NP 问题，无法保证算法能够在有限时间内得到没有任何泛化误差的最优解，因此 ε 和 δ 不可能为 0。该算法的时间复杂度为 $O\left(\text{poly}\left(\dfrac{1}{\varepsilon},\dfrac{1}{\delta}\right)\right)$，其中，$\text{poly}(\cdot)$ 表示多项式时间。

给定 ε 和 δ，可以计算出算法达到某种泛化能力需要的训练样本数为

$$n(\varepsilon,\delta) \geqslant \frac{1}{2\varepsilon^2}\left(\ln|F| + \ln\frac{2}{\delta}\right) \tag{8.14}$$

式中，$|F|$ 为假设空间的大小，反映了候选模型的复杂度。

可以发现，当固定 ε 和 δ 时，训练所需样本数与模型复杂度成正比。这是因为对于某种学习算法，假设空间越大，其中包含真实映射函数的可能性就越大，但同时找到某个具体函数的难度也越大，需要越多的训练样本。要在不同大小的假设空间中达到相同的泛化能力，越复杂的模型需要的训练样本数越多。这也是深度神经网络等复杂模型需要大数据支持的原因。反过来，在给定训练样本数的前提下，模型越复杂，其泛化能力就越差，也就是在固定 n 和 δ 时，$|F|$ 越大，ε 越大。这说明，如果没有足够多的训练样本，那么采用太过复杂模型的效果还不如采用简单模型。为了提高模型的泛化能力，有时需要通过正则化来限制模型复杂度。

这里还有一个问题：假设空间的大小要如何计算？假设空间的大小取决于特征维数和特征可能取值数的多少，从而决定了需要考虑多少种可能的候选模型。对于特征均为离散值的情况，如车辆行驶意图预测问题中，有转向灯、速度、转角三个特征，每个特征有 2 个值可选，假设空间的大小为 28（仅使用一个特征有 6 种可能的候选模型；仅使用两个特征有 12 种可能的候选模型；使用全部三个特征有 8 种可能的候选模型；不使用任何特征有 2 种可能的候选模型，分别对应分类结果为正类或反类）。对于特征包含连续值的情况，尽管假设空间中候选模型有无限多个，但是它们对特定数据集预测的不同结果数是有限的，可以根据假设空间能有效分类的数据集的最大样本数 VC 维（Vapnik-Chervonenkis dimension）来度量其复杂度。例如，将 n 个样本分为两类，共有 2^n 种分法，即可理解为 2^n 个学习问题，如果存在一个假设空间 F，能准确无误地将这 2^n 个问题进行分类，那么 n 就是 F 的 VC 维（Vapnik et al., 1971）。一般地，在 m 维连续空间中，线性决策面的 VC 维为 $m+1$。候选模型越复杂，对应的假设空间越大。

机器学习算法的种类繁多，而且新的算法还在不断涌现。如何为问题选择合适的算法是机器学习需要解决的问题之一。在实际应用中，基于有限训练集进行学习，可能有多个模型与训练集相符。奥卡姆剃刀（Occam's razor）原则是一种常用的基本原则：如无必要，勿增实体。主张选择与经验观察一致的最简单的假设，也就是选择与训练数据集相符的最简单的模型。

最优化理论中的没有免费午餐定理（no free lunch theorem）表明：基于迭代的最优化算法，不存在某种算法对于所有问题（有限的搜索空间内）都有效。没有免费午餐定理对

于机器学习算法也同样适用。如果一个算法对于解决某些问题的效果非常好，那么一定存在另外一些问题，该算法的性能比随机猜测还要差。因此，脱离实际问题讨论算法的优劣是没有意义的，必须具体问题具体分析，根据问题特点来选择合适的模型和超参数，不存在放之四海而皆准的算法。

8.1.6 机器学习的主要特点

机器学习的优势在于能够直接从数据中学习知识，不依赖先验知识或给定的判断规则。在现实生活中，很多涉及大量数据和多变量的复杂问题没有现成的推理规则和处理公式，如人脸识别和语音识别；有些问题的判断规则始终在变化，如信用卡交易记录的欺诈检测；有些问题的数据本身在不断变化，规则也必须适应这种变化，如自动交易、能量需求预测和购物趋势预测等。机器学习为解决这些复杂问题提供了重要途径，已广泛应用于机器视觉、自然语言处理、生物特征识别、搜索引擎、医学诊断等领域。

相比基于规则的方法，机器学习能够更加灵活地处理问题的多样性和不确定性，在知识不完全的情况下针对不同的任务建立有效的模型，获得更好的预测性能。例如，通过定义规则无法让机器成为围棋高手，但是通过数以百万计棋局的学习，AlphaGo 能够在交互中发展出全新的策略，从而战胜人类围棋世界冠军。同时，相比人工将启发性知识嵌入推理过程或者将静态知识存储于知识库中，机器学习能够自动发现数据中内在的结构、模式和规律，并且随着数据规模的增大而不断改善性能，随着数据特性的改变而自适应地调整模型参数，有利于知识的快速获取和更新。

机器学习也存在一些局限性。

首先，机器学习的效果严重依赖数据。当数据存在局限或偏见时，算法可能学到不全面或不正确的模型。在极端情况下，如果完全没有数据，那么机器学习将面临"巧妇难为无米之炊"的困境。例如，在训练数据不充分的情况下，人脸识别系统很难检测出有面部遮挡（如戴口罩）的人脸。如果仅是在输入数据和预期结果之间建立统计关联，那么有可能学习到虚假关系，如将是否戴眼镜作为识别人脸的主要依据。当独立同分布假设不成立，即测试样本与训练样本的特性不一致时，模型的泛化能力将大大降低。

其次，机器学习的性能依赖学习模型的选择。在构建机器学习系统时，需要根据先验知识或评估结果确定模型的假设函数集合，并选定超参数。如果模型选择不合适或者超参数设置不合理，那么学习效果会变差。尽管非参数化模型可以根据问题复杂性增加参数量，但是容易学习到过于复杂的模型，产生过拟合。

再次，机器学习系统无法执行非特定的多种任务。系统能够执行的任务通常是事先指定的，如自动驾驶汽车只能执行事先指定的直行、刹车、变道等任务，它无法像人类一样自主地完成一些新的任务。如果环境发生动态变化使得任务超出事先指定的范围，那么机器学习系统将难以应对，如应对极端天气、参与灾难救援。

最后，基于统计的机器学习难以发现数据间的复杂关联关系。当一些重要的隐变量被忽略时，机器学习可能得到错误的分析结果。辛普森悖论（Simpson's paradox）表明：当以分组和聚合两种方式统计同一数据集时，得出的趋势可能是完全相反的。一个著名的例子是加利福尼亚大学伯克利分校的新生录取数据分析（Bickel et al., 1975）。表 8.4 给出了部分新生录取数据，为了方便说明，对数据进行了简化处理。在两个学院中，男生的录取率均高于女生的录取率，但是总体来看，女生录取率(42%)是男生录取率(21%)的 2 倍。造成这种现象的原因在于商学院和法学院的申请难度存在较大差异，而申请商学院的女生人数较多，使得女生最终被录取的比例更高。本例说明，简单地将分组数据相加汇总，不一定能反映真实情况。为了避免辛普森悖论出现，就需要为分组分配不同的权重，消除分组数据基数差异所造成的影响，同时了解任务中是否存在其他潜在影响因素，从而进行综合分析。

表 8.4 部分新生录取数据

学院	女生申请人数	女生录取人数	女生录取率/%	男生申请人数	男生录取人数	男生录取率/%	总申请人数	总录取人数	总录取率/%
商学院	100	49	49	20	15	75	120	64	53.3
法学院	20	1	5	100	10	10	120	11	9.2
总计	120	50	42	120	25	21	240	75	31.3

8.2 有监督学习

有监督学习的训练样本中同时包含特征和标签，通过已有的训练样本去训练得到一个最优模型，再利用这个模型将输入映射为相应的输出，从而对未知样本进行预测。有监督学习的典型问题包括回归问题和分类问题。

8.2.1 回归问题和分类问题

回归与分类要解决的问题不同。回归问题与分类问题比较如图 8.6 所示，回归问题的输出是连续值，分类问题的输出是离散值。连续是指回归问题的输出在理论上可以取某一范围内的任意值，即值域取值是无限个；离散是指分类问题的输出取自给定的有限个类别，即值域取值是有限个。回归问题和分类问题出现在很多应用领域中。例如，在过程控制、信号处理和金融数据分析等场景中，需要根据过去的表现预测各种信号或股票价格的数值，属于回归问题；在语音识别、文字识别、故障检测、磁条代码读取、自动报警等场景中，需要预测类别，属于分类问题。

回归与分类问题

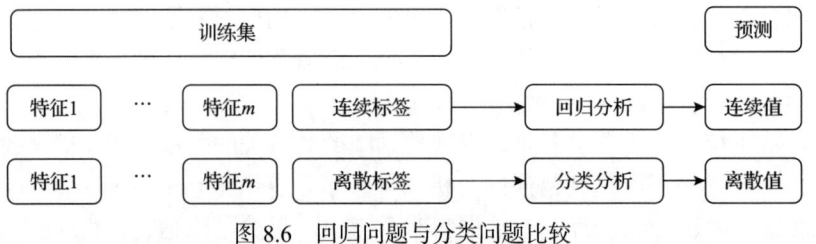

图 8.6 回归问题与分类问题比较

1. 回归和分类的基本概念

回归基于已知输入对应标签值的训练数据对机器学习算法进行训练，建立输出关于输入的最优拟合函数，用于预测未知输入数据对应的连续输出值。在回归问题中，给定训练数据 $\{(x,y)\}$，x 是有 m 个特征 $x^{(j)}(j=1,2,\cdots,m)$ 的输入变量，输出变量 y 是连续值。例如，已知某汽车的历史行驶里程和实际耗油量数据，示意图如图 8.7 所示，想要预测该汽车驶往 450km 外的目的地所需的耗油量，这是一个回归问题。

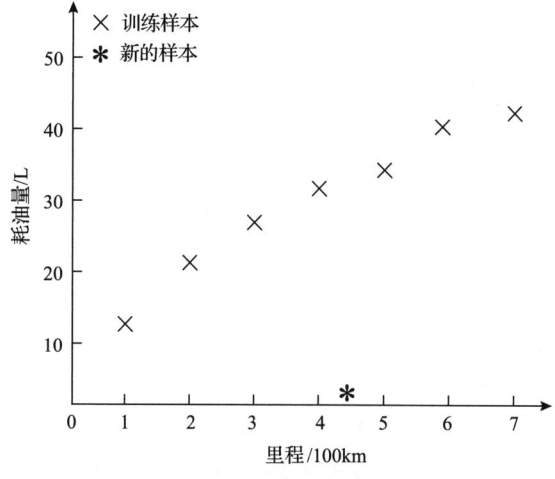

图 8.7 汽车耗油量预测问题示意图

分类基于已知输入类别的训练数据对机器学习算法进行训练，建立分类模型或分类决策函数，用于预测未知输入数据所属的离散类别。分类是有监督学习的一类核心问题。在分类问题中，给定训练数据 $\{(x,y)\}$，x 是有 m 个特征 $x^{(j)}(j=1,2,\cdots,m)$ 的输入向量，输出 y 所属的类 $y_q(q=1,2,\cdots,N)$ 是离散值。例如，根据车辆行驶的历史数据对道路上的车辆进行行驶意图预测，示意图如图 8.8 所示。假设某汽车的速度和转角如图 8.8 中星号

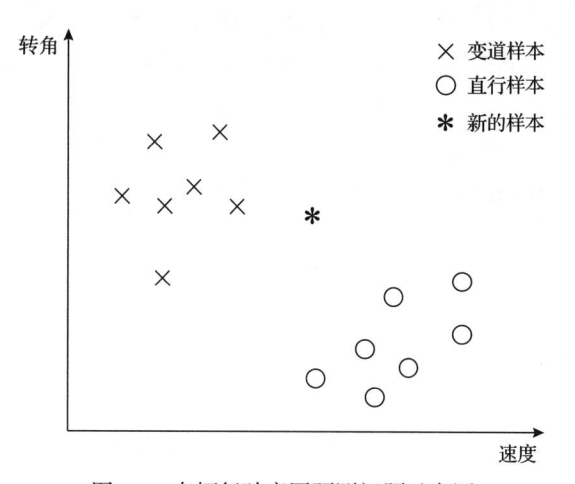

图 8.8 车辆行驶意图预测问题示意图

所示，想要预测该车会直行还是变道，这是一个分类问题。

当分类问题的类别为两个时，该问题称为二分类问题。二分类问题的样本标签通常设为 1 和 –1，或者 1 和 0。通常称其中一类为正类，其中的样本称为正例；另一类为反类，其中的样本称为反例。当分类问题的类别为多个时，该问题称为多分类问题，例如，车辆行驶意图预测的输出值也可以表示为 0、1、2，分别对应直行、向左变道和向右变道。在很多机器学习问题中，使用的特征有多个维度。本例也可以引入更多的特征，如车轮与边线的距离、路上是否有障碍物、车辆加速度等。

2. 回归和分类的区别与联系

回归和分类的区别主要体现在如下两点。

1) 回归与分类的损失函数形式不同

回归问题的输出空间是一个度量空间，可以给定一种指标来衡量预测输出值与真实值之间误差的大小。例如，某汽车对应行驶里程的真实耗油量为 40L，两个模型预测该汽车的耗油量分别为 50L 和 60L，其误差是不同的。回归模型的性能可以用距离或其他连续函数来评估，如平方损失函数。回归问题的目标函数也可以作为性能评估指标，用于评估回归算法的性能。

分类问题的输出空间不是度量空间，分类结果只有正确与错误之分。例如，对于车辆行驶意图预测问题，将直行样本错误预测为向左变道或向右变道，都使分类错误样本数加 1。分类模型的类别是有限的，其错误率(预测错误样本占所有样本的比例)是离散的。为了方便优化，常使用 0-1 损失的代理损失函数，如对数损失函数、合页损失函数和指数损失函数等来设计单调连续的目标函数。分类问题的目标函数一般不作为性能评估指标，目标函数值变小，只能使错误率出现下降趋势。

2) 回归与分类的目的不同

回归的目的是寻找最优拟合函数，以逼近数据集中的各个样本。对于 m 维输入，回归模型是 m 维的拟合超平面或超曲面，分别对应线性回归模型和非线性回归模型。分类的目的是寻找决策(分类)边界，用于对数据集中的样本进行分类。对于 m 维输入，分类的决策边界是 $m-1$ 维的超平面或超曲面，分别对应线性分类模型和非线性分类模型。

回归与分类之间存在着密切的联系。很多回归算法有其对应的分类算法，如贝叶斯方法、支持向量机和人工神经网络等，其一般思路是通过回归算法预测样本属于各类的概率值，然后通过取阈值的方式获得对应的类别标签，例如，逻辑回归是线性回归模型在分类问题上的扩展模型，常用于二分类问题。逻辑回归通过对数几率函数将线性回归模型输出的结果映射为分类预测的概率，然后通过比较该概率值与分类阈值(如 0.5)给出预测类别。

例 8.2 回归问题与分类问题辨析。假设某公司想开发机器学习软件来处理如下两个问题：

(1) 根据以往货物销售记录，预测未来一个月的货物销售量。

(2) 根据以往客户的账户信息，预测现有客户的账户是否安全。

判断哪个属于分类问题,哪个属于回归问题?

解 问题(1)是一个回归问题,预测的货物销售量是一个实数,即连续值。而问题(2)是一个分类问题,预测值可以用 0 和 1 来表示,分别对应账户不安全和账户安全。

3. 回归问题与分类问题求解的一般过程

回归问题和分类问题求解的基本流程是一致的,有监督学习的基本流程如图 8.9 所示,只是其中的模型和评估指标有所不同。数据规模、数据预处理、特征提取和学习算法都是影响学习效果的重要因素。俗话说,"巧妇难为无米之炊",数据和特征是"米",没有充足的数据和有效的特征,再强大的模型也无法得到令人满意的输出结果。一般认为,数据和特征往往决定了模型性能的上限,而模型选择与参数优化只是在不断地逼近这个上限。

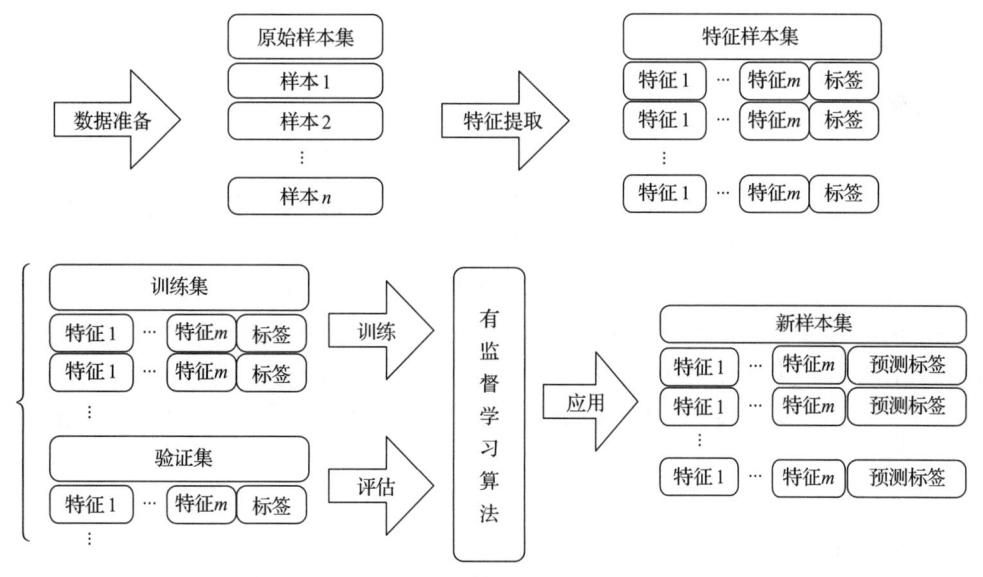

图 8.9 有监督学习的基本流程

第 1 步:数据准备。如果问题是全新的,那么需要从头采集带标签的数据;如果数据仓库中包含相应的数据,那么需要从中提取数据。对于原始数据,通常需要进行数据预处理、数据标准化和数据集划分。

数据预处理主要包括重复数据检测、数据标准化、数据编码、缺失值处理、异常值处理等,将数据处理成算法能使用的形式。重复数据检测用于删除冗余数据或单值特征。数据编码用独热编码(特征向量中只有一维取值为 1,其余取值为 0)等方式将分类变量(说明事物类别的变量,如性别是一个分类变量,其变量值为男或女)转换为具体的数值。缺失值处理利用填充法、插值法、删除法等对缺失数据进行填充。

数据标准化的目的是消除量纲对模型训练的影响,使不同特征之间具有可比性,常用的标准化方法有以下两种。

一种是极差标准化(min-max normalization),也称为线性归一化或离差标准化。该标准化方法将原始数据线性地转换到$[0,1]$范围内,实现对原始数据的等比例缩放。假设样本x中第i维特征$x^{(i)}$的最大值为$\max(x^{(i)})$,最小值为$\min(x^{(i)})$,则$x^{(i)}$的极差标准化特征为

$$y^{(i)} = \frac{x^{(i)} - \min(x^{(i)})}{\max(x^{(i)}) - \min(x^{(i)})} \tag{8.15}$$

极差标准化可以消除不同特征的量纲和数量级对于学习的影响,改变特征在分析中的权重,从而解决特征度量不同的问题。因为极差标准化仅与特征的最大值和最小值两个极端值有关,所以在改变各特征权重时会过分依赖这两个极端值。

另一种是z值标准化(z-score normalization),也称为零均值标准化或标准差标准化。考虑到样本各特征的分布不同,将各个特征都标准化到均值、标准差相等。假设$x^{(i)}$的均值为$\text{mean}(x^{(i)})$,标准差为σ,则$x^{(i)}$的z值标准化特征为

$$z^{(i)} = \frac{x^{(i)} - \text{mean}(x^{(i)})}{\sigma} \tag{8.16}$$

标准化后各特征的均值为0,标准差为1。z值标准化消除了各特征在变异程度上的差异,从而使转换后的各特征在分析中的重要程度是相同的。

对于处理后的有标签样本集,将其随机划分为独立的三个部分:训练集、验证集和测试集。训练集用于建立模型和确定模型内部参数,验证集用于模型选择和超参数设定,而测试集用于评估最终优化选择的模型的性能。因为学习性能直接依赖训练样本,所以通常训练集比测试集和验证集的规模更大。用于验证的数据量取决于模型超参数的数目。当样本总量较多时,一个典型的划分方式是训练集占总样本的50%,其他各占25%。当样本总量较少时,常用的做法是留少部分样本作为测试集,其他部分用于训练和验证。

第2步:特征提取。其目的是找到或者设计更高效的特征,作为输入供算法和模型使用。特征提取包括特征选择和特征抽取。特征选择是选取原始特征集合的子集,保留有用特征,移除冗余或无关特征。而特征抽取是将原始特征投影到新的特征空间中表示。特征提取是机器学习过程的关键步骤之一,对于模型性能有重要影响。提取哪些特征在很大程度上由使用者来决定,反映了使用者对于学习任务的先验知识。也有一些学习算法不需要进行特征提取,如深度学习模型本身包含了特征提取过程。

第3步:模型选择和训练。候选模型的选择取决于具体的任务和已有的经验,没有统一的标准,通常需要尝试从简单到复杂的多种模型,选择能够与训练集符合的尽可能简单的模型。在训练开始前,需要为模型确定超参数的取值。而模型的内部参数需要经训练确定,通常是初始化后再根据模型的效果不断优化。

第4步:模型性能评估。基于合适的评估方法评估模型效果,常用的评估方法有留出(hold-out)法、交叉验证(cross validation)法和自助(bootstrapping)法。

在留出法中,选择与训练集相互独立的验证集评估模型的效果。需要注意验证集和训练集数据分布的一致性,并且通过若干次随机划分和重复实验后,取平均评估结果作

为留出法的评估结果，如 100 次随机划分。为了避免留出法中有些样本可能从未参与验证的问题，可以使用交叉验证法，k 折交叉验证示意图如图 8.10 所示。k 折交叉验证是将除测试集之外的所有样本分为 k 组，每次留 1 组作为验证集，其余 $k-1$ 组作为训练集，将 k 次评估的平均结果作为最终的评估结果。需要注意的是，在交叉验证中，特征和标签要一起进行分组。k 最常用的取值是 10，其次是 5 和 20。为了减小因样本划分不同而引入的差别，通常还需要随机使用不同的划分重复 p 次，如常见的 10 次 10 折交叉验证。留一(leave-one out，LOO)法是交叉验证的特例，选择 k 为总样本数，每次选择 1 个样本用于验证，其余 $k-1$ 个样本用于训练。留一法不受随机样本划分的影响，适用于总样本量较少的情况，否则计算代价会非常大。自助法是一种从给定训练集中有放回的均匀抽样方法，能够维持训练集的样本规模。最常用的是.632 自助法。自助法适合于数据量较少的情况，由于该方法会改变数据集的分布并引入估计偏差，所以在数据量较大时很少使用。

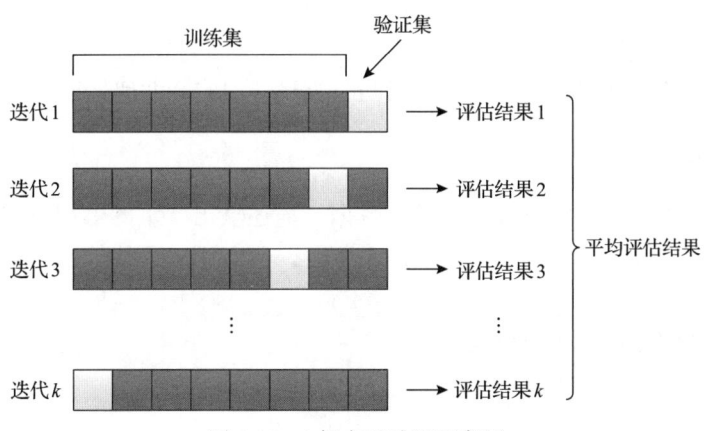

图 8.10 k 折交叉验证示意图

这里请思考几个问题：首先，训练集和验证集可以有交叠吗？答案是不可以，否则算法对交叠部分的数据也进行了学习，将带来评估结果的虚高，导致模型的泛化能力下降。其次，为什么需要交叉验证，而不是随机选择一部分数据只进行一次验证？这是因为交叉验证可以利用已有数据计算出多个评估结果，避免单次随机划分的评估偏差，利用平均评估结果来更准确地评估模型的预测效果。最后，采用交叉验证将得到多个训练模型，最终要将哪个模型提交给用户使用呢？实际上，交叉验证主要用于模型选择和超参数设定，在确定模型和超参数配置之后，还需要利用除测试集之外的所有数据重新训练，得到最终提交给用户的模型。

用测试集评估或检验最终模型的性能。如果评估性能达到预定要求，那么进入第 5 步，否则需要不断地在第 2～4 步之间进行迭代，直到得到一个效果较好的模型。需要注意的是，在得到最终模型前不能以任何方式分析或使用测试集。如果在建模中使用了部分测试集，那么测试集就无法给出模型性能的无偏估计。

第 5 步：模型封装应用。利用已建立的模型预测新样本所属的类别或对应的值。将模型封装供外部程序调用，或将预测功能发布为应用程序接口(application programming interface，API)。如果在应用过程中有新的数据产生，那么可以利用新的数据不断地优化模型。

8.2.2 回归问题求解方法

回归问题研究一个输出变量(因变量)与一个或多个输入变量(自变量)之间的数量关系。在某些领域中，不同变量之间的相互关系可以用函数来描述，由经典的理论建模分析推导得出函数关系。但是，很多实际问题难以推导出变量之间的函数表达式，或者其表达式十分复杂，不利于进一步分析和计算。出于研究需要，可以利用回归方法，基于已知的训练数据得到变量之间的近似函数表达式。与函数中变量之间的确定性依赖关系不同，回归分析中因变量与自变量之间是一种统计依赖关系，如流感单日确诊人数对病毒传染性、环境条件和管控措施的依赖关系是统计性质的。由于传染病的发展过程受很多随机因素的影响，并且自变量的测量存在误差，不可能完全准确地预测流感单日确诊人数。因此，回归分析通常通过自变量的给定值来估计或预测因变量的平均值，也称为统计回归分析。按照输入变量的个数，回归分为一元回归和多元回归；按照输入变量和输出变量之间的关系，即模型的类型，回归分为线性回归和非线性回归。

1. 线性回归

线性回归采用线性回归方程逼近训练数据，描述输出变量的平均值或期望值与输入变量的依赖关系。对于具有线性关系的两个变量，可以用一元线性回归方程来表示它们之间的关系。

一元线性回归方程的一般形式为

$$\hat{y} = a + bx \tag{8.17}$$

式中，a 为截距或偏置；b 为回归系数；x 为自变量；$\hat{y}$ 为因变量 y 的估计值。

回归学习最常用的损失函数是平方损失函数，利用最小二乘法计算回归系数。最小二乘回归的目标是使训练数据中预测输出值 $\hat{y}$ 与真实值 y 的误差平方和达到最小，将误差平方和对参数求导数，并取一阶导数为零，可得最小二乘的解。在通常情况下，线性最小二乘问题有唯一的解析解。在一元线性回归中，最小二乘法就是试图找到一条直线，使所有样本到直线上的欧氏距离之和最小。

令目标函数为训练样本中预测输出值与真实值之间的误差平方和，即

$$J = \frac{1}{2}\sum_{i=1}^{n} e_i^2 = \frac{1}{2}\sum_{i=1}^{n}(y_i - \hat{y}_i)^2 = \frac{1}{2}\sum_{i=1}^{n}(y_i - bx_i - a)^2 \tag{8.18}$$

式中，n 为样本数。

求目标函数关于参数的偏导数并令其为零，得

$$\frac{\partial J}{\partial a} = -\sum_{i=1}^{n}(y_i - bx_i - a) = 0 \tag{8.19}$$

$$\frac{\partial J}{\partial b} = -\sum_{i=1}^{n}(y_i - bx_i - a)x_i = 0 \tag{8.20}$$

联立求解，得到最优参数为

$$a = \bar{y} - b\bar{x} \tag{8.21}$$

$$b = \frac{\sum_{i=1}^{n}(x_i - \bar{x})(y_i - \bar{y})}{\sum_{i=1}^{n}(x_i - \bar{x})^2} \tag{8.22}$$

式中，$\bar{x}$ 和 $\bar{y}$ 分别为训练集中输入和输出的均值。

以汽车耗油量预测问题为例，令行驶里程为 x，耗油量为 y，将训练数据代入式(8.21)和式(8.22)，可得 $\hat{y} = 10.71 + 4.82x$，耗油量预测问题的拟合结果如图 8.11 所示。假设某车想要驶往一个 450km 外的目的地，根据回归方程可以估计出其耗油量为 32.4L。

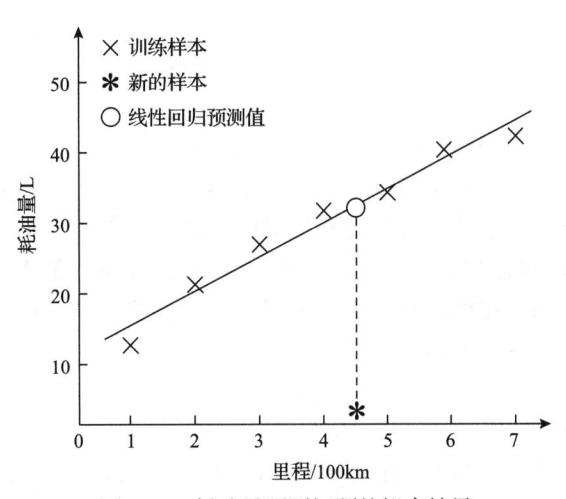

图 8.11 耗油量预测问题的拟合结果

图 8.11 的预测结果看起来并不准确。这是因为耗油量不完全由行驶里程决定，还受到车况和路况等多种因素的影响。如果影响因变量的自变量有多个，那么需要采用多元线性回归分析算法。多元线性回归由多个自变量的最优线性组合来预测因变量。多元线性回归也可以用最小二乘法估计模型参数。

设自变量有 m 个，每个自变量对因变量 y 的影响都是线性的。考虑到多元线性回归的输入、输出值不再是标量而是向量，引入矩阵的表示形式，即

$$y = \begin{bmatrix} y_1 \\ y_2 \\ \vdots \\ y_n \end{bmatrix}, \quad X = \begin{bmatrix} 1 & x_{11} & \cdots & x_{1m} \\ 1 & x_{21} & \cdots & x_{2m} \\ \vdots & \vdots & & \vdots \\ 1 & x_{n1} & \cdots & x_{nm} \end{bmatrix} = \begin{bmatrix} 1 & x_1^{\mathrm{T}} \\ 1 & x_2^{\mathrm{T}} \\ \vdots & \vdots \\ 1 & x_n^{\mathrm{T}} \end{bmatrix}, \quad \beta = \begin{bmatrix} \beta_0 \\ \beta_1 \\ \vdots \\ \beta_m \end{bmatrix}$$

式中，$\beta_0, \beta_1, \beta_2, \cdots, \beta_m$ 为回归系数。

利用最小二乘法求解多元线性回归问题，最小化以下目标函数：

$$J(\beta) = (y - X\beta)^{\mathrm{T}} (y - X\beta) \tag{8.23}$$

对 β 求导，得到

$$\frac{\partial J}{\partial \beta} = 2X^{\mathrm{T}} (X\beta - y) \tag{8.24}$$

令式(8.24)为零，可得 β 的最优解。

若 $X^{\mathrm{T}} X$ 是满秩矩阵或正定矩阵，则有

$$\beta = \left(X^{\mathrm{T}} X\right)^{-1} X^{\mathrm{T}} y \tag{8.25}$$

令 $\hat{x}_i = (1; x_i)$，得到最终的回归方程为

$$\hat{y}_i = \hat{x}_i^{\mathrm{T}} \left(X^{\mathrm{T}} X\right)^{-1} X^{\mathrm{T}} y \tag{8.26}$$

式(8.26)需要计算矩阵的逆，当样本数大于或等于数据维数时，矩阵通常是可逆的，可以求得参数的解析解。当样本数小于数据维数时，矩阵不可逆，解不唯一。此时，可以适当简化模型复杂度，使其不必要的特征对应的回归系数为 0。

线性回归是求解回归问题最常用的算法之一，形式简单，易于实现。通常需要在数据预处理阶段，去除非常相似(或相关)的变量，并从数据中移除噪声。如果数据集中因变量与自变量之间存在线性关系，那么通常能够获得较好的拟合效果。

2. 非线性回归

如果变量间不满足线性关系，那么使用线性回归模型拟合的效果将大打折扣。此时，可以采用非线性回归。

多项式回归是最常用的一种非线性回归。多项式回归研究一个因变量与一个或多个自变量间的回归关系。如果只有一个自变量，那么该方法称为一元多项式回归；如果有多个自变量，那么该方法称为多元多项式回归。

一元 p 次多项式回归方程为

$$\hat{y} = \beta_0 + \beta_1 x + \beta_2 x^2 + \cdots + \beta_p x^p \tag{8.27}$$

式中，p 为阶数，是待选的超参数，控制着回归模型的复杂度。

在多项式回归中，通过变量替换 $X_i = x^i$，可将非线性回归模型转换成线性回归模型，然后用最小二乘法求解模型参数。采用多项式进行曲线拟合通常能够获得较好的拟合效果。其理论依据是泰勒公式，如果一个函数足够光滑，那么可以在函数上某点的一个邻域内用一个多项式对该函数进行逼近，而且随着多项式阶数的提高，逼近的效果越

来越好。

例 8.3 已知图 8.12 中的 10 个样本是由函数 $y=\sin(2\pi x)$ 加上随机噪声生成的，请基于给定样本建立多项式回归模型，比较不同阶数的回归方程对应的拟合效果。

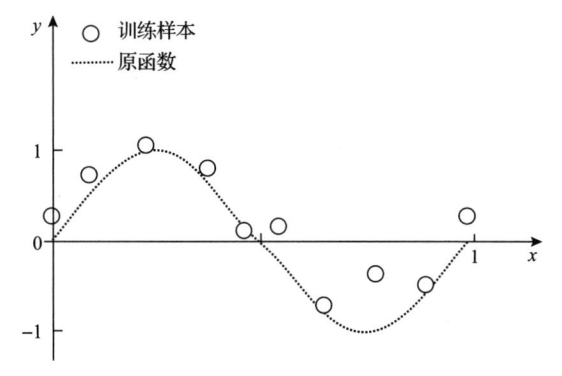

图 8.12 给定的样本散点图

解 采用不同的 p 值的多项式模型对样本进行拟合的结果如图 8.13 所示。当 p 值过小，如 $p=0$ 或 1 时，建立的模型是欠拟合的。增加多项式的阶数 p，可以增强回归模型对训练集中数据的拟合能力。当 $p=3$ 时，可以获得较好的拟合效果。但是，当 p 值过大，如 $p=9$ 时，模型出现了过拟合，体现为回归模型对数据中的噪声也进行了拟合。

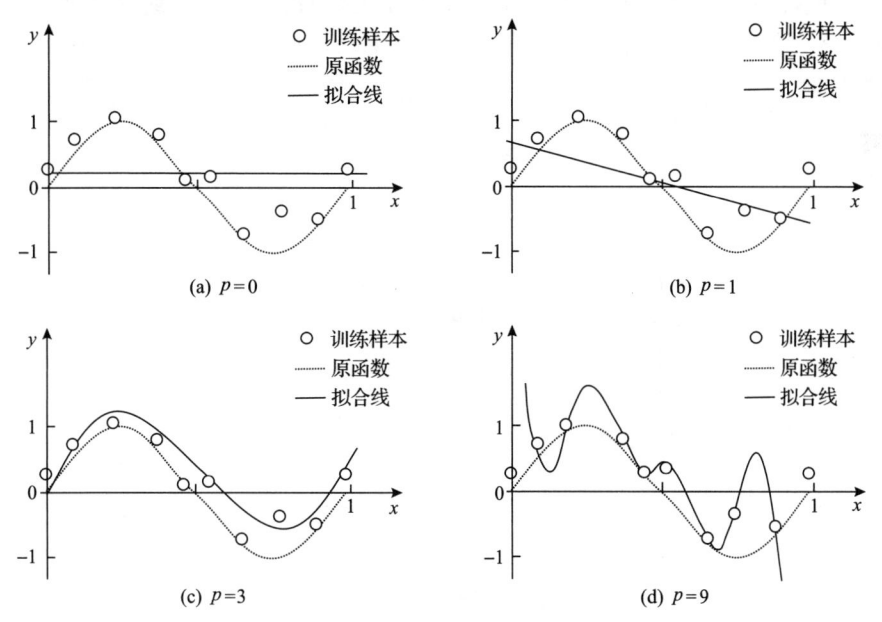

图 8.13 不同 p 值对应的多项式拟合结果

对于变量间呈曲线关系的数据，可以在分析曲线类型的基础上，建立回归方程。常用的回归曲线如图 8.14 所示。

非线性回归模型的参数求解方法通常有以下两种。

(a) 幂函数曲线 $y=ax^b$

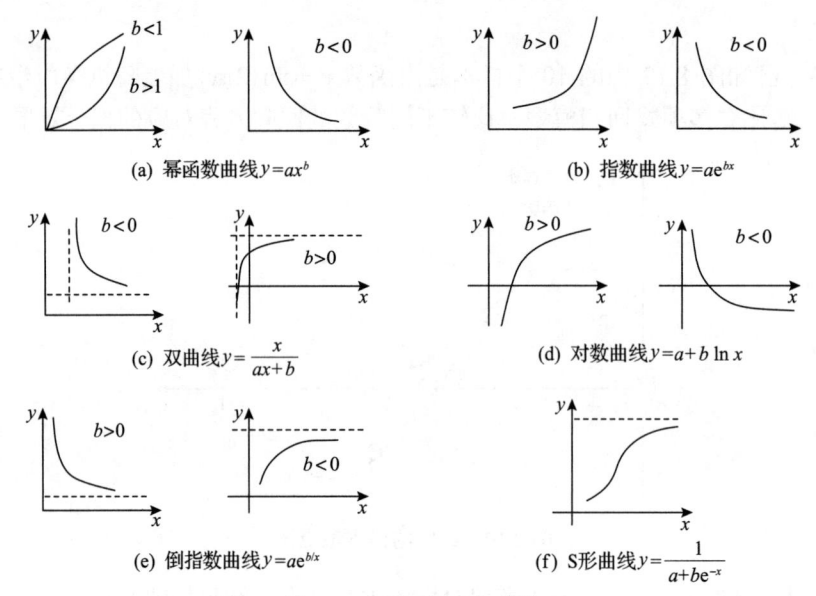

(b) 指数曲线 $y=ae^{bx}$

(c) 双曲线 $y=\dfrac{x}{ax+b}$

(d) 对数曲线 $y=a+b\ln x$

(e) 倒指数曲线 $y=ae^{b/x}$

(f) S形曲线 $y=\dfrac{1}{a+be^{-x}}$

图 8.14　常用的回归曲线

一种方法是通过适当的变换将其转换为线性回归模型。已知在线性回归模型 $\hat{y}=a+bx$ 中，输出关于输入是线性变化的。如果样本对应的输出是在指数尺度上变化的，如图 8.15 所示，那么可将输出的对数作为线性函数逼近的目标，得到对数线性回归模型 $\ln\hat{y}=a+bx$。尽管其形式上是线性回归，但实质上是在求解从输入空间到输出空间的非线性函数映射。

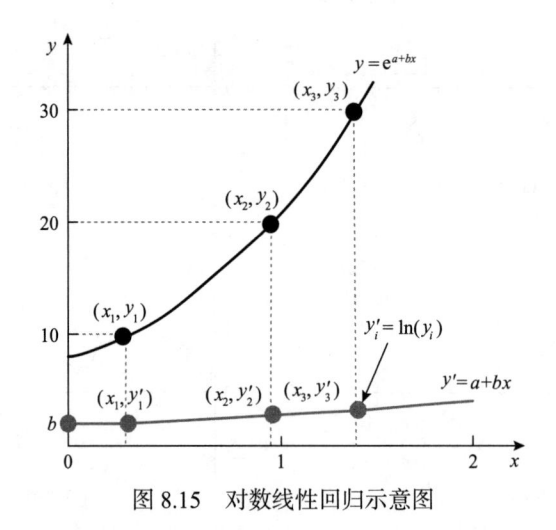

图 8.15　对数线性回归示意图

可转换为线性回归模型的非线性回归模型，称为广义线性回归模型。考虑单调可微函数 $g(\cdot)$，广义线性回归模型的一般形式为

$$\hat{y}=g^{-1}(a+bx) \tag{8.28}$$

式中，$g(\cdot)$ 称为联系函数。

对数线性回归是广义线性回归模型在 $g(\cdot) = \ln(\cdot)$ 时的特例。广义线性回归模型是线性回归模型的扩展,通过联系函数建立因变量的数学期望值与线性组合的自变量之间的关系。常见的广义线性回归模型有逻辑回归模型、定序回归模型以及泊松回归模型。

另一种方法是在无法转换为线性回归模型的情况下,利用非线性最小二乘法求解回归模型的最优参数。非线性最小二乘法通常没有解析解,只有数值解,需要采用梯度下降法等迭代法进行求解。

3. 岭回归和套索回归

当自变量矩阵的特征向量之间存在较强的线性相关性(特征共线性)时,用最小二乘法求解,往往参数估计的方差很大,回归效果不理想。为了解决这一问题,研究人员提出了基于正则化的改进回归方法,即岭回归(ridge regression)和套索回归(lasso regression)。这两种回归方法均通过在目标函数中引入正则化项来处理特征共线性问题,并达到了防止过拟合的目的。它们的主要区别在于:岭回归采用的是 L_2 正则化,而套索回归采用的是 L_1 正则化。

岭回归的目标函数为

$$J_2 = \frac{1}{2}\sum_{i=1}^{n}(y_i - \hat{y}_i)^2 + \lambda \sum_{j=1}^{m}\beta_j^2 \qquad (8.29)$$

式中,λ 为正则化系数。

套索回归的目标函数为

$$J_1 = \frac{1}{2}\sum_{i=1}^{n}(y_i - \hat{y}_i)^2 + \lambda \sum_{j=1}^{m}|\beta_j| \qquad (8.30)$$

岭回归和套索回归中参数优化的过程不仅要使回归的误差平方和较小,而且对参数的大小进行了限制。以二维参数空间中的优化过程为例,L_2 和 L_1 正则化示意图如图 8.16 所示。假设在没有考虑正则化项时,β_1、β_2 的最优参数位于同心圆的圆心位置,该参数可使回归误差平方和最小。在加入正则化项之后,最优参数的位置会发生变化。在原最优参数位置的基础上沿着误差平方和逐渐增大的方向改变参数,就得到了一系列的同心圆。在每个同心圆上,由 β_1、β_2 计算得到的误差平方和是相等的。为了使误差平方和尽可能小,希望最优解尽量靠近原最优参数位置。

在图 8.16 中,以坐标原点为中心的圆形和四边形体现了对参数大小的限制条件(正则化项),即要求最优参数落到圆形或四边形的范围内。采用 L_2 范数作为正则化项的限制条件是参数落在圆形范围内,而采用 L_1 范数作为正则化项的限制条件是参数落在四边形范围内。综合误差平方和尽可能小和参数落在限定范围内的要求可以发现,使得目标函数最小的最优参数 β^* 就是同心圆与限制条件范围的交点。相比圆形,四边形更容易在尖角处与同心圆碰撞出稀疏解(有多个参数为 0 的解),在图 8.16(b) 中,β^* 的 β_1 分量是 0。在很多机器学习问题中,如内容推荐和图像识别,数据的特征维数非常高,但是与问题相关的特征却很少。为了过滤噪声干扰,挑选最有用的特征,希望获得问题的稀疏解。

因为只有参数不为零的特征才会出现在回归模型中,所以稀疏解有助于模型参数缩减和特征降维。

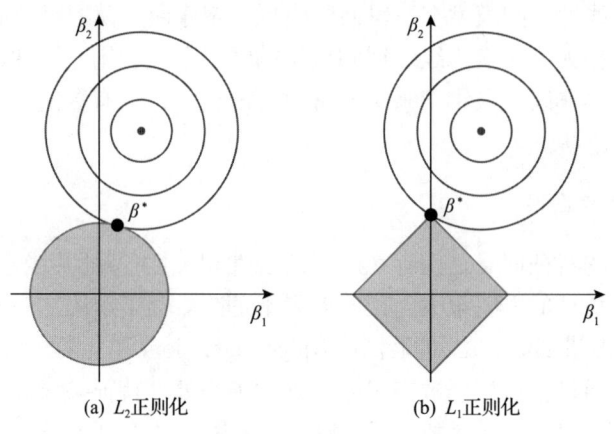

(a) L_2 正则化   (b) L_1 正则化

图 8.16 L_2 和 L_1 正则化示意图

正则化对过多或过大的回归系数给予惩罚,通过设置合适的 λ 可使模型在欠拟合和过拟合之间达到平衡。岭回归会缩小所有特征的回归系数(不包括 β_0),使得模型输出更稳定,但是模型的变量较多,可解释性较差。岭回归的求解方法与一般线性回归相似,可以采用最小二乘法得到解析解或者用梯度下降法得到数值解。套索回归可使部分回归系数变小,甚至直接变为 0,得到线性回归模型的稀疏解,适合于高维特征的参数缩减和特征选择。套索回归没有解析解,其目标函数不是连续可导的,无法使用最小二乘法或梯度下降法,需要采用坐标下降法或最小角回归方法等非梯度优化方法进行求解。

8.2.3 回归性能评估

回归性能评估是指采用一定的性能度量指标考察回归模型对数据集的拟合程度。常见的回归性能评估指标有误差平方和(sum of squares due to error,SSE)、均方误差(mean squared error,MSE)、均方根误差(root mean square error,RMSE)、平均绝对误差(mean absolute error,MAE)和决定系数(coefficient of determination,R^2)。前四个指标基于回归误差,而决定系数是相对于真实值的均值来定义的。

1. 误差平方和

误差平方和是预测输出值和真实值之间误差的平方和,计算公式为

$$\text{SSE} = \sum_{i=1}^{n}(y_i - \hat{y}_i)^2 \tag{8.31}$$

对于同一个数据集,误差平方和越接近于 0,说明回归模型的性能越好。但是随着样本数增加,误差平方和必然增加。因此,对于不同的数据集,比较不同模型的误差平方和的大小是没有意义的。

2. 均方误差

均方误差是预测输出值和真实值之间误差平方和的均值，计算公式为

$$\text{MSE} = \frac{1}{n}\sum_{i=1}^{n}(y_i - \hat{y}_i)^2 \tag{8.32}$$

均方误差的量纲与真实值的量纲不同，不能直观反映误差大小。

3. 均方根误差

均方根误差是回归模型的拟合标准差，计算公式为

$$\text{RMSE} = \sqrt{\text{MSE}} = \sqrt{\frac{1}{n}\sum_{i=1}^{n}(y_i - \hat{y}_i)^2} \tag{8.33}$$

均方根误差容易受到少数异常点的影响而变得过大，误差平方和与均方误差也有类似的性质。

4. 平均绝对误差

平均绝对误差是预测输出值和真实值之间误差的绝对值的平均，计算公式为

$$\text{MAE} = \frac{1}{n}\sum_{i=1}^{n}|y_i - \hat{y}_i| \tag{8.34}$$

平均绝对误差具有与预测输出值和真实值相同的量纲，可以直接反映误差大小，比较直观。

5. 决定系数

决定系数也称为拟合优度，是评估回归性能的一个重要指标。决定系数由回归平方和（sum of squares of the regression，SSR）与总平方和（total sum of squares，SST）确定。回归平方和是预测输出值和真实值均值之差的平方和，由 y 关于 x 的回归模型决定，是已解释的 y 值变异，计算公式为

$$\text{SSR} = \sum_{i=1}^{n}(\hat{y}_i - \bar{y})^2 \tag{8.35}$$

总平方和是真实值与其均值之差的平方和，是 y 值总变异，计算公式为

$$\text{SST} = \sum_{i=1}^{n}(y_i - \bar{y})^2 \tag{8.36}$$

可以发现，SST = SSE + SSR，即误差平方和表征了不能被回归模型解释的 y 值变异。

决定系数反映了回归平方和在总平方和中所占比例,计算公式为

$$R^2 = \frac{SSR}{SST} = \frac{SST - SSE}{SST} = 1 - \frac{SSE}{SST} \tag{8.37}$$

决定系数表征在因变量 y 的变异中有多大比例可由其关于自变量 x 的回归模型来解释。决定系数的正常取值范围为 $[0, 1]$。R^2 越接近 1,说明回归模型对因变量的解释程度越高,模型拟合效果越好;R^2 越接近 0,说明模型拟合效果越差。决定系数会随着数据集的样本数增加而变大,因此不适合于不同数据集间的拟合效果比较。

例 8.4 已知某汽车行驶里程与耗油量数据及模型预测结果如表 8.5 所示,分别用线性回归模型和二次多项式模型根据训练集建立回归模型并得到预测输出值,试计算这两个回归模型在训练集和验证集上的均方误差、平均绝对误差和决定系数。

表 8.5 某汽车行驶里程和耗油量数据及模型预测结果

变量及预测值	训练集					验证集	
	样本 1	样本 2	样本 3	样本 4	样本 5	样本 6	样本 7
行驶里程/100km	1	2	3	5	7	4	6
真实耗油量/L	12	21	28	35	42	32	40
线性回归模型预测值/L	15.25	20.00	24.75	34.25	43.75	29.50	39.00
二次多项式预测值/L	12.75	20.39	26.90	36.48	41.48	32.26	39.55

解 对于线性回归模型,训练集上的均方误差为

$$MSE = \frac{1}{5}\left[(15.25 - 12)^2 + (20 - 21)^2 + (24.75 - 28)^2 + (34.25 - 35)^2 + (43.75 - 42)^2\right] = 5.15$$

训练集上的平均绝对误差为

$$MAE = \frac{1}{5}\left(|15.25 - 12| + |20 - 21| + |24.75 - 28| + |34.25 - 35| + |43.75 - 42|\right) = 2$$

真实值均值为

$$\bar{y} = \frac{1}{5}(12 + 21 + 28 + 35 + 42) = 27.6$$

训练集上的决定系数为

$$R^2 = \frac{(15.25 - 27.6)^2 + (20 - 27.6)^2 + (24.75 - 27.6)^2 + (34.25 - 27.6)^2 + (43.75 - 27.6)^2}{(12 - 27.6)^2 + (21 - 27.6)^2 + (28 - 27.6)^2 + (35 - 27.6)^2 + (42 - 27.6)^2}$$
$$\approx 0.9531$$

类似地,可以计算得到两个回归模型在训练集和验证集上的回归性能评价指标,如表 8.6 所示。经比较发现,二次多项式模型在训练集和验证集上的均方误差和平均绝对

误差都小于线性回归模型,且决定系数更接近 1,说明二次多项式模型的拟合效果要优于线性回归模型。

表 8.6 回归模型的性能评价指标值

回归模型	训练集			验证集		
	均方误差	平均绝对误差	决定系数	均方误差	平均绝对误差	决定系数
线性回归模型	5.15	2	0.9531	3.625	1.75	1.6016
二次多项式模型	0.9175	0.8896	0.9916	0.1344	0.3545	0.8312

8.2.4 分类问题求解方法

分类问题求解是指寻找一个模型用于判断输入样本所属的类别。常用的分类方法包括线性判别分析(linear discriminant analysis,LDA)、支持向量机(support vector machine,SVM)、朴素贝叶斯(naive Bayes)、逻辑回归(logistic regression)、k 近邻(k-nearest neighborhood,KNN)、决策树(decision tree)等。

常用分类方法

1. 线性判别分析

线性判别分析是一种常用的、典型的线性分类器。统计学家 Fisher(1936)最早提出了线性判别分析的基本思想,因此线性判别分析也称为 Fisher 判别分析。线性判别分析不直接求解分类决策边界,而是通过投影间接建立分类模型。其基本思想是:给定训练数据集,设法让样本投影到一条直线上,使得同类样本的投影点尽可能近,不同类样本的投影点尽可能远。线性判别分析示意图如图 8.17 所示,将高维空间的点向低维空间投影,可使投影后不同类样本间的区别更加明显。在对新的样本进行分类时,同样将其投影到这条直线上,然后根据投影点的位置(距离哪一类样本的投影中心更近)确定新样本所属的类别。

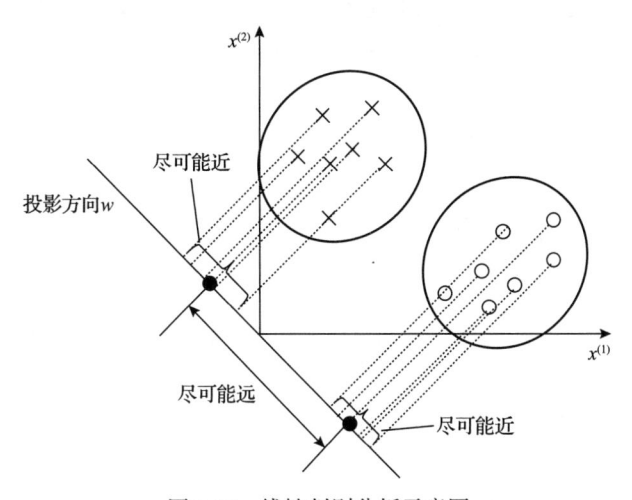

图 8.17 线性判别分析示意图

在寻找投影方向时，为什么需要在最大化投影点类间距离的同时最小化投影点类内距离？通过图 8.18 可以进行直观解释，图 8.18(a) 和图 8.18(b) 给出了二维数据在直线上的两种投影方式，可以发现，图 8.18(a) 比图 8.18(b) 的投影效果更好。图 8.18(a) 中两类样本的投影点各自较为集中，且不同类样本投影点之间的距离较明显，有利于样本的正确分类；而图 8.18(b) 在两类样本的投影点中出现了数据混叠，将导致样本分类错误。最优投影直线称为判别器。实际上，决策边界垂直于该直线，并且通过 $w^T\mu_0$ 和 $w^T\mu_1$ 连线的中点，其中 $w^T\mu_0$ 和 $w^T\mu_1$ 是两类样本的中心点在直线上的投影，但是在线性判别分析中并不需要显式地计算该决策边界。

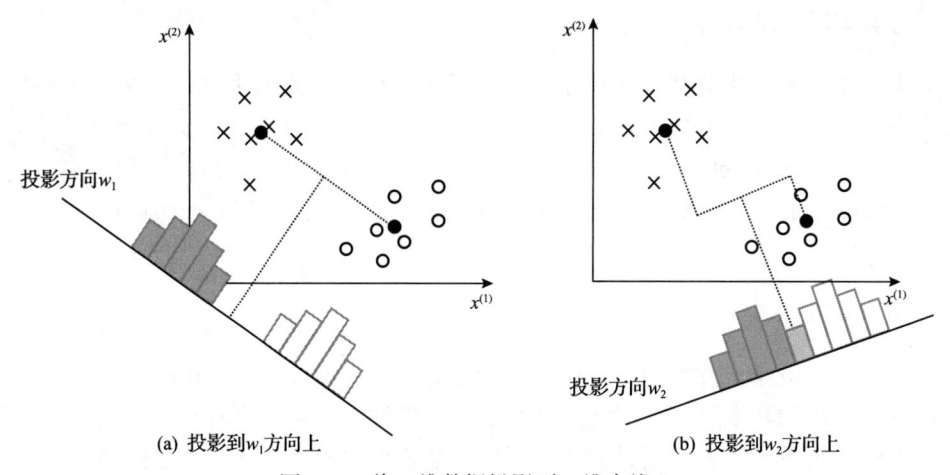

(a) 投影到 w_1 方向上
(b) 投影到 w_2 方向上

图 8.18 将二维数据投影到一维直线上

考虑二分类问题，对问题进行简化，假设投影直线经过原点。这里仅关心样本投影到一条直线后各投影点之间的距离，直线沿着投影方向平移时不影响投影点之间的距离。因此，直线经过平移后肯定可以经过原点。给定数据集 $\{(x_j, y_j)\}(j=1,2,\cdots,n)$，第 i 类样本为 $X_i(i=0,1)$，样本数为 N_i。设投影直线 L 的方向向量为 w，L 的方程为 $z = w^T x$，则样本 x 在 L 上的投影为 $w^T x$。设第 i 类样本的均值向量（类中心）为 μ_i，则有

$$\mu_i = \frac{1}{N_i} \sum_{x \in X_i} x \tag{8.38}$$

类中心在直线 L 上的投影为

$$\tilde{\mu}_i = \frac{1}{N_i} \sum_{x \in X_i} z = \frac{1}{N_i} \sum_{x \in X_i} w^T x = w^T \left(\frac{1}{N_i} \sum_{x \in X_i} x \right) = w^T \mu_i \tag{8.39}$$

第 i 类样本的协方差矩阵记为 S_i，有

$$S_i = \frac{1}{N_i - 1} \sum_{x \in X_i} (x - \mu_i)(x - \mu_i)^T \tag{8.40}$$

投影点的协方差为

$$\tilde{S}_i^2 = \frac{1}{N_i-1}\sum_{x\in X_i}(z-\tilde{\mu}_i)(z-\tilde{\mu}_i)^{\mathrm{T}} = \frac{1}{N_i-1}\sum_{x\in X_i}\left(w^{\mathrm{T}}x - w^{\mathrm{T}}\mu_i\right)\left(w^{\mathrm{T}}x - w^{\mathrm{T}}\mu_i\right)^{\mathrm{T}}$$
$$= \frac{1}{N_i-1}\sum_{x\in X_i} w^{\mathrm{T}}(x-\mu_i)(x-\mu_i)^{\mathrm{T}} w = w^{\mathrm{T}} S_i w \tag{8.41}$$

优化目标为投影后最大化类间均值差的同时最小化类内方差,即

$$\max_w J(w) = \frac{\|\tilde{\mu}_0 - \tilde{\mu}_1\|_2^2}{\tilde{S}_0^2 + \tilde{S}_1^2} \tag{8.42}$$

将式(8.39)和式(8.41)代入式(8.42),得到

$$\max_w J(w) = \frac{\|w^{\mathrm{T}}\mu_0 - w^{\mathrm{T}}\mu_1\|_2^2}{w^{\mathrm{T}} S_0 w + w^{\mathrm{T}} S_1 w} = \frac{w^{\mathrm{T}}(\mu_0 - \mu_1)(\mu_0 - \mu_1)^{\mathrm{T}} w}{w^{\mathrm{T}}(S_0 + S_1) w} \tag{8.43}$$

类内散度矩阵记为 S_w,有

$$S_w = S_0 + S_1 \tag{8.44}$$

类间散度矩阵记为 S_b,有

$$S_b = (\mu_0 - \mu_1)(\mu_0 - \mu_1)^{\mathrm{T}} \tag{8.45}$$

优化目标可以表示为最大化广义瑞利商(generalized Rayleigh quotient),即

$$\max_w J(w) = \frac{w^{\mathrm{T}} S_b w}{w^{\mathrm{T}} S_w w} \tag{8.46}$$

由式(8.46)可知,w 的比例缩放不影响 $J(w)$ 值。因此,不妨令 $w^{\mathrm{T}} S_w w = 1$,则最大化广义瑞利商等价为

$$\begin{aligned} &\min_w -w^{\mathrm{T}} S_b w \\ &\text{s.t.} \quad w^{\mathrm{T}} S_w w = 1 \end{aligned} \tag{8.47}$$

应用拉格朗日乘数法,可得

$$S_b w = \lambda S_w w \tag{8.48}$$

由式(8.45)可知,$S_b w$ 的方向恒为 $\mu_0 - \mu_1$。不妨令 $S_b w = \lambda(\mu_0 - \mu_1)$,将其代入式(8.48),可得

$$w = S_w^{-1}(\mu_0 - \mu_1) \tag{8.49}$$

从而计算得到用于投影的直线 $z = w^{\mathrm{T}} x$ 。

w 的另外一种求解方法是：为了求目标函数 $J(w)$ 的极值，令 $J(w)$ 对 w 的导数等于 0，即

$$\frac{\mathrm{d}}{\mathrm{d}w} J(w) = \frac{\mathrm{d}}{\mathrm{d}w} \left(\frac{w^{\mathrm{T}} S_b w}{w^{\mathrm{T}} S_w w} \right) = 0 \tag{8.50}$$

也就是

$$\left(w^{\mathrm{T}} S_w w \right) \frac{\mathrm{d}}{\mathrm{d}w} \left(w^{\mathrm{T}} S_b w \right) - \left(w^{\mathrm{T}} S_b w \right) \frac{\mathrm{d}}{\mathrm{d}w} \left(w^{\mathrm{T}} S_w w \right) = 0 \tag{8.51}$$

有

$$\left(w^{\mathrm{T}} S_w w \right) \cdot 2 S_b w - \left(w^{\mathrm{T}} S_b w \right) \cdot 2 S_w w = 0 \tag{8.52}$$

式(8.52)两边都除以 $2 w^{\mathrm{T}} S_w w$（标量），得到

$$\left(\frac{w^{\mathrm{T}} S_w w}{w^{\mathrm{T}} S_w w} \right) \cdot S_b w - \left(\frac{w^{\mathrm{T}} S_b w}{w^{\mathrm{T}} S_w w} \right) \cdot S_w w = 0 \tag{8.53}$$

即

$$S_b w - J(w) \cdot S_w w = 0 \tag{8.54}$$

从而有

$$S_w^{-1} S_b w - J(w) w = 0 \tag{8.55}$$

令 $\lambda = J(w)$ ，得到

$$S_w^{-1} S_b w = \lambda w \tag{8.56}$$

因此，求最大化 $J(w)$（即 λ）对应的 w ，也就是求 $S_w^{-1} S_b$ 最大特征值对应的特征向量。线性判别分析算法的流程如算法 8.1 所示。

算法 8.1　线性判别分析算法

输入：训练数据集

第 1 步：基于训练数据集，计算各类别样本的均值 μ_0 和 μ_1 ；

第 2 步：计算各类别样本的协方差 S_0 和 S_1 ；

第 3 步：计算类内散度矩阵 S_w 和类间散度矩阵 S_b ；

如果采用第一种求解方法，那么

第4步：计算类内散度矩阵的逆 S_w^{-1}；

第5步：$w = S_w^{-1}(\mu_0 - \mu_1)$，从而得到判别器 $z = w^T x$，算法结束。

如果采用第二种求解方法，那么

第4步：将 S_w 和 S_b 代入式(8.56)计算得到特征值 λ 和特征向量 w；

第5步：利用最大特征值对应的特征向量得到判别器 $z = w^T x$，算法结束。

输出：线性判别器

例8.5 现有两类样本，第1类样本为 $X_1 = \{(4,2)^T, (2,4)^T, (2,3)^T, (3,6)^T, (4,4)^T\}$；第2类样本为 $X_2 = \{(9,10)^T, (6,8)^T, (9,5)^T, (8,7)^T, (10,8)^T\}$，请计算其线性判别器。

解 第1步：计算两类样本的均值，即

$$\mu_0 = \frac{1}{5}\left(\begin{bmatrix}4\\2\end{bmatrix}+\begin{bmatrix}2\\4\end{bmatrix}+\begin{bmatrix}2\\3\end{bmatrix}+\begin{bmatrix}3\\6\end{bmatrix}+\begin{bmatrix}4\\4\end{bmatrix}\right)=\begin{bmatrix}3\\3.8\end{bmatrix}$$

$$\mu_1 = \frac{1}{5}\left(\begin{bmatrix}9\\10\end{bmatrix}+\begin{bmatrix}6\\8\end{bmatrix}+\begin{bmatrix}9\\5\end{bmatrix}+\begin{bmatrix}8\\7\end{bmatrix}+\begin{bmatrix}10\\8\end{bmatrix}\right)=\begin{bmatrix}8.4\\7.6\end{bmatrix}$$

第2步：计算两类样本的协方差，即

$$S_0 = \begin{bmatrix}1 & -0.25\\-0.25 & 2.2\end{bmatrix}$$

$$S_1 = \begin{bmatrix}2.3 & -0.05\\-0.05 & 3.3\end{bmatrix}$$

第3步：计算类内散度矩阵，即

$$S_w = S_0 + S_1 = \begin{bmatrix}3.3 & -0.3\\-0.3 & 5.5\end{bmatrix}$$

第4步：求类内散度矩阵的逆，即

$$S_w^{-1} = \begin{bmatrix}0.3045 & 0.0166\\0.0166 & 0.1827\end{bmatrix}$$

第5步：求 w，即

$$w = S_w^{-1}(\mu_0 - \mu_1) = \begin{bmatrix}0.3045 & 0.0166\\0.0166 & 0.1827\end{bmatrix}\begin{bmatrix}3-8.4\\3.8-7.6\end{bmatrix}=\begin{bmatrix}-1.7076\\-0.7841\end{bmatrix}$$

如果采用第二种求解方法，那么得到 $w = \begin{bmatrix} 0.9088 \\ 0.4173 \end{bmatrix}$。两种求解方法得到的 w 在数值上有差异，但对应了同一条投影直线，其对应的线性判别器和决策边界如图 8.19 所示。

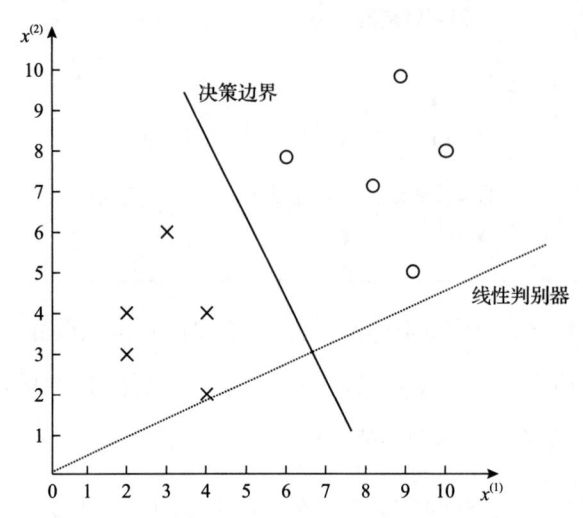

图 8.19　由两种求解方法得到的线性判别器和决策边界

当两类数据同先验、满足高斯分布且协方差相等时，线性判别分析可以实现最优分类。同时，线性判别分析还是一种有监督的特征维数约简方法，可以得到样本特征的线性组合。当样本的特征维数 m 很高时，用最大的 $k(k \ll m)$ 个特征值对应的特征向量构建投影矩阵，就可以将特征维数由 m 维降到 k 维。通过降维可以缓解维数灾难（在向量计算问题中，计算量随着维数的增加呈指数倍增长的一种现象），避免模型过拟合问题。

2. 支持向量机

以车辆行驶意图预测问题为例，下面尝试从其他角度来构建分类模型。如图 8.19 所示的预测问题是一个线性可分问题。线性可分是指存在一个超平面可以将训练集中不同类别的样本没有误差地完全分开。当训练集线性可分时，存在无穷多个分类超平面（线性决策边界）可将两类样本正确地分开。如图 8.20 所示，Z_1 和 Z_2 都能够将两类样本没有错误地分开，但是对于一个新的样本（*号所示），基于两条分类线的预测结果是不同的，选择哪条分类线更好呢？

这里选择 Z_1 作为分类线更好，如图 8.21 所示，Z_1 相比 Z_2 在不同类别样本间的分类间隔更大。分类间隔越大，分类线或超平面对于噪声数据的抗干扰性越强，泛化能力就越好。而距离分类边界两侧样本的间隔最大的分类线或超平面，对训练集数据的噪声或局限性有最大的"容忍"能力。

按照分类间隔最大化原则构建的分类器，称为支持向量机。支持向量机的目标是找到一个超平面，使得它能够尽可能多地将两类样本正确地分开，同时使两类样本的分类间隔最大。这是一个有约束条件的优化问题，通过优化算法可以得到问题的解。按照所使用的分类模型是否为线性，支持向量机分为线性支持向量机和非线性支持向量机。

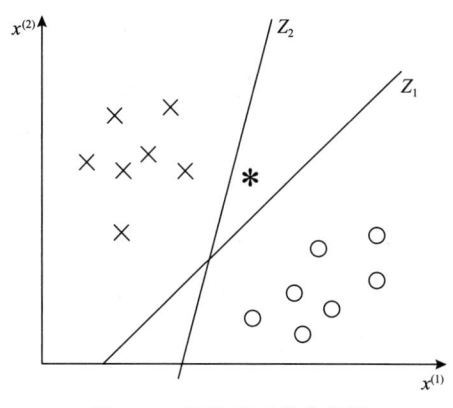

图 8.20 可选的两条分类线

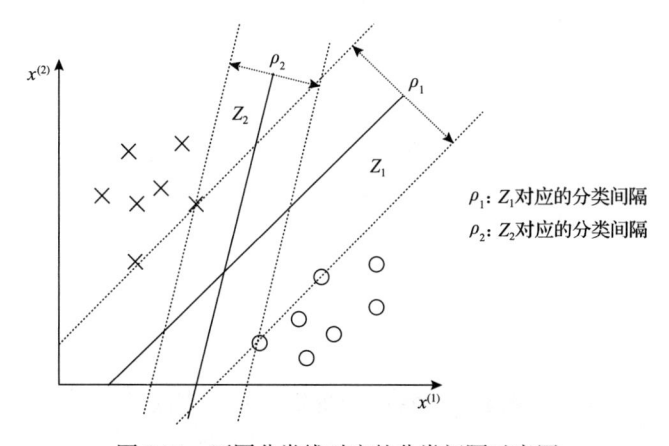

图 8.21 不同分类线对应的分类间隔示意图

1) 线性支持向量机

首先考虑线性可分的情况。设支持向量机在 $\mathbb{R}^m$ 空间的分类超平面为

$$w^\mathrm{T} x + b = 0 \tag{8.57}$$

式中，$w \in \mathbb{R}^m$ 为非零向量；$b \in \mathbb{R}$ 为截距，是一个标量。

对于任意样本 $x \in \mathbb{R}^m$，其到超平面的距离为 $\dfrac{\left|w^\mathrm{T} x + b\right|}{\|w\|}$。由于超平面对于非零标量乘法具有不变性，为了计算方便，通过将 w 和 b 等比例变化使超平面满足 $\min\limits_{(x,y)}\left|w^\mathrm{T} x + b\right| = 1$。由此 (w,b) 得到的超平面称为标准超平面。对于标准超平面，其分类间隔是距离超平面最近的样本到超平面的距离的 2 倍，表示为

$$\rho = \min_{(x,y)} \frac{2\left|w^\mathrm{T} x + b\right|}{\|w\|} = \frac{2}{\|w\|} \tag{8.58}$$

图 8.22 展示了一个用 (w,b) 表示的具有最大分类间隔的标准超平面，同时给出了间

隔超平面。间隔超平面是平行于分类超平面并通过距离分类超平面最近的正反例样本的超平面,其拥有与分类超平面相同的 w。当样本 x 落在间隔超平面上时,满足 $|w^T x + b| = 1$,即间隔超平面可以表示为 $w^T x + b = \pm 1$。给定样本 (x_i, y_i),如果该样本为正类样本(图中用 × 表示),那么其位于间隔超平面 $w^T x_i + b = 1$ 上方或落在间隔超平面上,有 $w^T x_i + b \geq 1$,且 $y_i = 1$;如果该样本为反类样本(图中用○表示),那么其位于间隔超平面 $w^T x_i + b = -1$ 下方或落在间隔超平面上,有 $w^T x_i + b \leq -1$,且 $y_i = -1$。因此,当 x_i 被正确分类时,总有 $y_i(w^T x_i + b) \geq 1$ 成立。

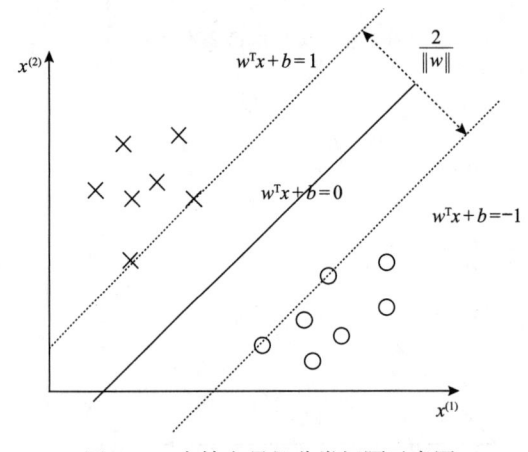

图 8.22 支持向量机分类间隔示意图

最大化标准超平面的分类间隔等价于最小化 $\frac{1}{2}\|w\|^2$,对应的最优化问题为

$$\min_{w,b} \quad \frac{1}{2}\|w\|^2 \tag{8.59}$$
$$\text{s.t.} \quad y_i(w^T x_i + b) \geq 1, \quad i = 1, 2, \cdots, n$$

式中,n 为训练样本数。

该问题的目标函数是变量的二次函数,约束条件是变量的线性不等式,是一个凸二次规划问题,有唯一的最优解。拉格朗日乘数法是寻找多元函数在一组约束下极值的经典方法,通过引入拉格朗日乘数,可以将含有 m 个变量和 n 个约束条件的最优化问题转换为含有 $m+n$ 个变量的无约束优化问题来求解。

为求解式(8.59),引入拉格朗日函数(Lagrange function),即

$$L(w, b, \alpha) = \frac{1}{2}\|w\|^2 - \sum_{i=1}^{n} \alpha_i \left[y_i \left(w^T x_i + b \right) - 1 \right] \tag{8.60}$$

式中,$\alpha = (\alpha_1, \alpha_2, \cdots, \alpha_n)^T \in \mathbb{R}_+^n$ 为拉格朗日乘数。

求式(8.60)关于 w 和 b 的极小值,由极值条件可得

$$\nabla_b L(w,b,\alpha) = 0, \quad \nabla_w L(w,b,\alpha) = 0 \tag{8.61}$$

从而得到

$$\sum_{i=1}^{n} y_i \alpha_i = 0 \tag{8.62}$$

$$w = \sum_{i=1}^{n} \alpha_i y_i x_i \tag{8.63}$$

将式(8.63)代入式(8.60)，并利用式(8.62)使得原始的优化问题转换为如下对偶问题（使用极小形式），即

$$\begin{aligned}
\min_{\alpha} \quad & \frac{1}{2}\sum_{i=1}^{n}\sum_{j=1}^{n} y_i y_j \alpha_i \alpha_j \left(x_i^{\mathrm{T}} x_j\right) - \sum_{j=1}^{n} \alpha_j \\
\text{s.t.} \quad & \sum_{i=1}^{n} y_i \alpha_i = 0 \\
& \alpha_i \geqslant 0, \quad i=1,2,\cdots,n
\end{aligned} \tag{8.64}$$

在对偶问题中，待优化的变量个数由原问题的特征维数变为样本数目，约束条件由原问题的多个不等式约束变为一个等式约束和对拉格朗日乘数取值范围的限定，因此更易于求解。

式(8.64)可以通过二次规划算法来求解，但是算法复杂性正比于训练样本数，在实际应用中计算复杂度较高。一种常用的高效算法是序列最小化优化(sequential minimal optimization, SMO)算法(Platt, 1998)，可通过迭代求解得到 α。参数 w 由式(8.63)计算得到。

对于参数 b，选择 α 的任意一个正分量 α_j，可得

$$b = y_j - \sum_{i=1}^{n} \alpha_i y_i \left(x_i^{\mathrm{T}} x_j\right) \tag{8.65}$$

或者取 α 所有正分量对应的式(8.65)的平均值。

注意到式(8.59)中有不等式约束，因此最优解应满足 KKT 条件，即对于 $\forall x_i, i=1, 2,\cdots,n$，有

$$\alpha_i \left[y_i \left(w^{\mathrm{T}} x_i + b \right) - 1 \right] = 0 \tag{8.66}$$

$$y_i \left(w^{\mathrm{T}} x_i + b \right) \geqslant 1$$

$$\alpha_i \geqslant 0$$

由式(8.63)可知，w 是训练集样本 $x_1, x_2, \cdots, x_n$ 的线性组合。当且仅当 $\alpha_i > 0$ 时，x_i 会

出现在 w 的展开式中，这样的样本称为支持向量。根据 KKT 条件中的互补松弛条件 $\alpha_i\left[y_i\left(w^T x_i+b\right)-1\right]=0$，如果 $\alpha_i>0$，那么有 $y_i\left(w^T x_i+b\right)=1$，因此支持向量落在间隔超平面 $w^T x_i+b=\pm 1$ 上。利用支持向量能够完全确定间隔超平面和支持向量机模型，这就是算法命名的由来。

例 8.6 给定训练数据集，其正例样本为 $x_1=(3,3)^T$ 和 $x_2=(4,3)^T$，反例样本为 $x_3=(1,1)^T$，试求能区分两类样本的线性支持向量机。

解 根据给定数据集，待优化的对偶问题为

$$\min_{\alpha} \frac{1}{2}\sum_{i=1}^{n}\sum_{j=1}^{n}y_i y_j \alpha_i \alpha_j \left(x_i^T x_j\right)-\sum_{j=1}^{n}\alpha_j$$
$$=\frac{1}{2}\left(18\alpha_1^2+25\alpha_2^2+2\alpha_3^2+42\alpha_1\alpha_2-12\alpha_1\alpha_3-14\alpha_2\alpha_3\right)-\alpha_1-\alpha_2-\alpha_3$$
$$\text{s.t.}\quad \alpha_1+\alpha_2-\alpha_3=0$$
$$\alpha_i \geqslant 0,\quad i=1,2,3$$

下面求解该优化问题。将 $\alpha_3=\alpha_1+\alpha_2$ 代入目标函数可得

$$J(\alpha_1,\alpha_2)=4\alpha_1^2+\frac{13}{2}\alpha_2^2+10\alpha_1\alpha_2-2\alpha_1-2\alpha_2$$

将 $J(\alpha_1,\alpha_2)$ 对 α_1 和 α_2 求偏导数并令其为 0，$J(\alpha_1,\alpha_2)$ 在点 $\left(\frac{3}{2},-1\right)^T$ 处取到极值，但该点不满足 $\alpha_2\geqslant 0$ 的约束条件，因此目标函数的最小值应在 α_1 或 α_2 的取值边界上取得。当 $\alpha_1=0$ 时，$J\left(0,\frac{2}{13}\right)=-\frac{2}{13}$；当 $\alpha_2=0$ 时，$J\left(\frac{1}{4},0\right)=-\frac{1}{4}$。因此，$J(\alpha_1,\alpha_2)$ 在 $\alpha_1=\frac{1}{4}$、$\alpha_2=0$ 时达到最小，此时 $\alpha_3=\alpha_1+\alpha_2=\frac{1}{4}$。

α_1 和 α_3 对应的样本 x_1 和 x_3 是支持向量，由式(8.63)和式(8.65)计算可得

$$w_1=w_2=\frac{1}{2}$$

$$b=-2$$

间隔最大的分类超平面示意图如图 8.23 所示，其公式为

$$\frac{1}{2}x^{(1)}+\frac{1}{2}x^{(2)}-2=0$$

以上给出的线性支持向量机是硬间隔(hard margin)分类器，严格地要求所有的样本都位于分类间隔的两侧，没有分类错误。硬间隔分类器有两个主要问题：只有在训练集线性可分时才有效；对异常点非常敏感。支持向量机的硬间隔与软间隔分类示例如图 8.24

所示。对于一个线性可分的问题(图 8.24(a)),当加入一个异常点时,分类超平面发生了很大变化(图 8.24(b)),分类间隔变小,泛化能力变差。而当加入更多的异常点时(图 8.24(c)),无法找到完全分开两类的硬间隔分类器。

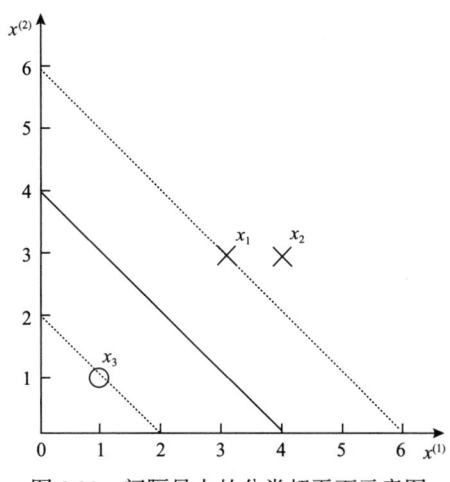

图 8.23 间隔最大的分类超平面示意图

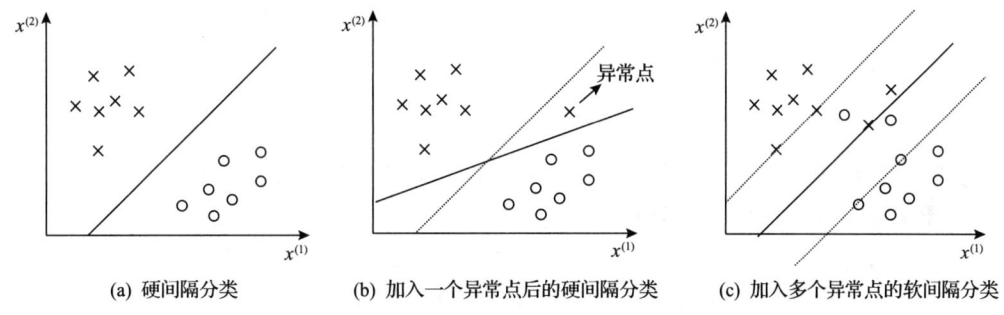

图 8.24 支持向量机的硬间隔与软间隔分类示例

(a) 硬间隔分类　　(b) 加入一个异常点后的硬间隔分类　　(c) 加入多个异常点的软间隔分类

在实际问题中,训练集往往是线性不可分的,存在部分样本用线性分类面划分时会产生分类错误的问题。如果正常样本是线性可分的,只是因噪声或者少量异常点的存在导致数据线性不可分,那么可以通过引入软间隔(soft margin)分类器来解决这一问题。如图 8.24(c) 所示,如果允许对于少量异常点的错分,那么可以得到在一定条件下具有最大分类间隔的软间隔分类器。

软间隔分类器试图在保持最大分类间隔和限制分类错误之间达到平衡。软间隔支持向量机为训练集中的每个样本引入一个松弛因子 ξ_i,正常样本对应的松弛因子为 0,异常点对应的松弛因子大于 0。ξ_i 与 w 和 b 一样,是待优化的参数。软间隔支持向量机要求解的最优化问题为

$$\min_{w,b} \quad \frac{1}{2}\|w\|^2 + C\sum_{i=1}^{n}\xi_i \tag{8.67}$$

$$\text{s.t.} \quad y_i\left(w^{\mathrm{T}} x_i + b\right) \geq 1 - \xi_i$$
$$\xi_i \geq 0, \quad i = 1, 2, \cdots, n$$

式中，C 为惩罚系数，$C > 0$，是一个超参数，C 越大，对异常点误分类的惩罚就越大，将有越少的点跨过间隔超平面；C 越小，将有越多的点跨过间隔超平面。

软间隔支持向量机的参数学习还有另外一种解释。软间隔支持向量机等价于正则化的合页损失风险最小化问题，即最小化以下目标函数：

$$\sum_{i=1}^{n} \left[1 - y_i\left(w^{\mathrm{T}} x_i + b\right)\right]_{+} + \lambda \|w\|^2 \tag{8.68}$$

式中，第一项是经验风险，采用的是合页损失函数，合页损失函数相比 0-1 损失函数对学习有更高的要求，不仅要求分类正确，而且当确信度足够高时，合页损失才是 0；下标 "+" 表示以下取正值的函数：

$$[z]_{+} = \begin{cases} z, & z > 0 \\ 0, & z \leq 0 \end{cases} \tag{8.69}$$

当样本 (x_i, y_i) 被正确分类且确信度 $y_i\left(w^{\mathrm{T}} x_i + b\right)$ 大于 1 时，合页损失为 0；否则，合页损失为 $1 - y_i\left(w^{\mathrm{T}} x_i + b\right)$。第二项是正则化系数为 λ 的 w 的 L_2 范数，是正则化项。

2）非线性支持向量机

在实际应用中很多分类问题是线性不可分的，如图 8.25 所示，使用任何一个线性超平面都无法完全地将这些样本分开。对此，研究人员提出用广义分类面来解决线性不可分问题，通过非线性变换将其转换为某个高维空间中的线性可分问题，在高维空间中寻找线性支持向量机分类面 (Cortes et al., 1995)。基于这种思想构建的分类器就是非线性支持向量机。

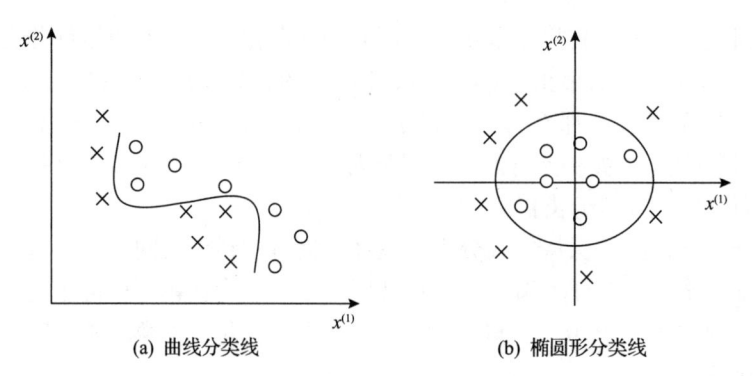

(a) 曲线分类线　　(b) 椭圆形分类线

图 8.25　线性不可分问题示例

例 8.7　给定如图 8.26(a) 所示线性不可分的两类样本，它们在二维空间的分类线是椭圆形 $\dfrac{\left(x^{(1)}\right)^2}{a^2} + \dfrac{\left(x^{(2)}\right)^2}{b^2} = 1$，试对其进行变换使得高维空间中的数据变得线性可分。

解 使用如下映射函数,将变量从二维空间变换到三维空间:

$$\begin{bmatrix} x^{(1)} \\ x^{(2)} \end{bmatrix} \rightarrow \begin{bmatrix} z^{(1)} \\ z^{(2)} \\ z^{(3)} \end{bmatrix} = \begin{bmatrix} (x^{(1)})^2 \\ \sqrt{2} x^{(1)} x^{(2)} \\ (x^{(2)})^2 \end{bmatrix}$$

可得 $\frac{z^{(1)}}{a^2} + 0 \cdot z^{(2)} + \frac{z^{(3)}}{b^2} = 1$,如图 8.26(b)所示,该问题在三维空间中是线性可分的,可以利用线性支持向量机进行分类。

(a) 原始数据分布   (b) 变换后的数据分布

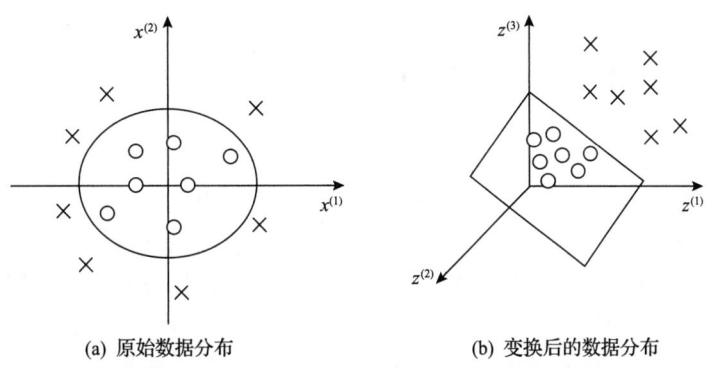

图 8.26 原始数据分布及其变换后的数据分布

如果原始输入空间是有限维的,那么一定存在一个高维的特征空间,使得样本在这个特征空间内线性可分。假设从线性不可分的输入空间到高维的线性可分的特征空间的映射为 $\phi(x)$,那么在高维空间中的分类决策函数为 $f(x) = w^T \phi(x) + b$。要求解的约束优化问题的对偶问题变为

$$\begin{aligned} \min_{\alpha} \quad & \frac{1}{2} \sum_{i=1}^{n} \sum_{j=1}^{n} y_i y_j \alpha_i \alpha_j \left(\phi(x_i)^T \phi(x_j) \right) - \sum_{j=1}^{n} \alpha_j \\ \text{s.t.} \quad & \sum_{i=1}^{n} y_i \alpha_i = 0 \\ & \alpha_i \geqslant 0, \quad i = 1, 2, \cdots, n \end{aligned} \quad (8.70)$$

但是从输入空间到特征空间的映射有可能使得维数发生爆炸式增长,上述优化问题中内积 $\phi(x_i)^T \phi(x_j)$ 的运算量非常大,因此通常需要构造一个核函数(kernel function)。核函数的定义如下:如果存在输入空间 X 到特征空间 H 的映射 $\phi(x)$,使得对应任意的输入 x_i 和 x_j,函数 $K(x_i, x_j)$ 都满足如下条件,即

$$K(x_i, x_j) = \phi(x_i)^T \phi(x_j) \quad (8.71)$$

那么称 $K(x_i, x_j)$ 为核函数。

通过引入核函数,可以避免直接在高维特征空间内进行运算,只需要在输入空间就可以实现特征空间的内积运算。在高维空间求解最优分类面的问题转换为如下最优化问题:

$$\min_{\alpha} \quad \frac{1}{2}\sum_{i=1}^{n}\sum_{j=1}^{n}y_i y_j \alpha_i \alpha_j K(x_i,x_j) - \sum_{j=1}^{n}\alpha_j$$
$$\text{s.t.} \quad \sum_{i=1}^{n}y_i\alpha_i = 0 \quad (8.72)$$
$$\alpha_i \geq 0, \quad i=1,2,\cdots,n$$

此时,可以利用求解线性可分问题的优化算法来求解非线性支持向量机。利用核函数隐式地在特征空间进行学习,而不需要显式地定义特征空间和映射函数,此类方法称为核方法。

核函数的选择是影响非线性支持向量机性能的关键。在大多数情况下,待处理数据的分布是未知的,无法得知映射$\phi(x)$的具体形式,很难构造出完全符合输入空间的核函数。核函数的选择主要有以下三种方法:一是利用先验知识从常用的核函数中选择;二是采用交叉验证法评估不同的核函数对应的分类结果,选择分类结果最好的核函数;三是采用混合核函数,即通过学习获得多个核函数的最优凸组合作为最终的核函数。

目前,研究较多的核函数主要有多项式核、高斯径向基函数(radial basis function, RBF)核和sigmoid核,其他核函数还有字符串核、傅里叶核和样条核等,但应用较少。

(1) 多项式核。

多项式核的公式为

$$K(x_i, x_j) = \left(x_i^{\mathrm{T}} x_j + 1\right)^p \quad (8.73)$$

式中,p为多项式的阶数,是一个超参数,$p \geq 1$。当$p=1$时,多项式核退化为线性核;当p值升高时,模型复杂度升高;当p值过大时,容易出现过拟合现象。

(2) 高斯径向基函数核。

高斯径向基函数核简称高斯核,公式为

$$K(x_i, x_j) = e^{-\frac{\|x_i - x_j\|^2}{2\sigma^2}} \quad (8.74)$$

式中,σ为高斯核的带宽,$\sigma > 0$。

高斯核是最常用的一种核函数,可以将数据映射到无穷维,需要确定的超参数较少。在无法确定核函数的情况下,可以优先使用该核函数。

(3) sigmoid核。

sigmoid核的公式为

$$K(x_i, x_j) = \tanh\left(a\left(x_i^{\mathrm{T}} x_j\right) - b\right) \quad (8.75)$$

式中，tanh 为双曲正切函数；$a>0$；$b>0$。

通过改变核函数，支持向量机可以学习到不同的决策边界。如图 8.27(a)所示，采用线性核函数的支持向量机等价于线性支持向量机。如图 8.27(b)所示，采用二次多项式核函数学习到了椭圆形的决策边界。如图 8.27(c)所示，σ 值越大，采用高斯核函数学习到的决策边界越复杂。如图 8.27(d)所示，采用 sigmoid 核函数学习到了曲线的决策边界。

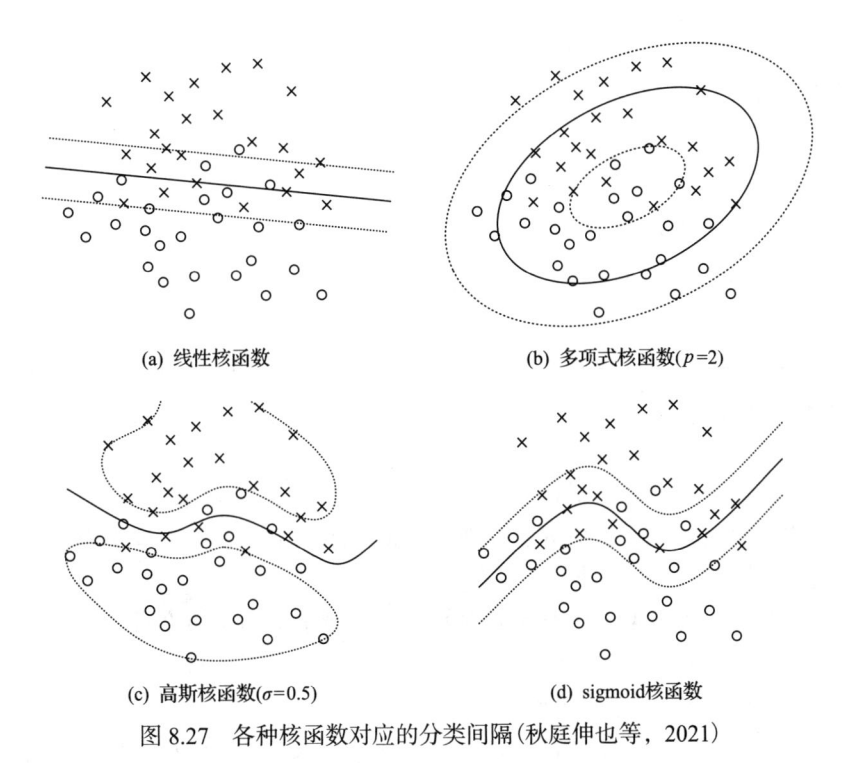

(a) 线性核函数

(b) 多项式核函数($p=2$)

(c) 高斯核函数($\sigma=0.5$)

(d) sigmoid 核函数

图 8.27 各种核函数对应的分类间隔(秋庭伸也等，2021)

支持向量机是一种有坚实理论基础的适用于小样本的学习算法。该算法基于分类间隔的概念得到对数据分布的结构化描述，降低了对数据规模和数据分布的要求，能够较好地解决非线性、高维数和局部最优等问题。决策边界仅由少数的支持向量决定，算法简单，鲁棒性较强。支持向量机的参数学习问题可以表示为凸优化问题，利用已知公式计算解析解，发现目标函数的全局最优解。而其他分类方法，如决策树和人工神经网络采用迭代法来搜索参数空间，通常只能获得局部最优解。支持向量机的优化目标是结构风险最小，避免了过拟合问题，具有优秀的泛化能力。通常，在小规模数据集上能够得到比其他算法更好的分类结果。

支持向量机有以下缺点：不适用于大规模数据集，借助二次规划来求解支持向量机涉及 n 阶的计算(n 为样本数)，当数据规模较大时，时间复杂度和空间复杂度较高；经典的支持向量机只能解决二分类问题，需要通过多个支持向量机的组合来解决多分类问题；无法处理有缺失值的数据，对超参数和核函数的选择敏感。

3. k 近邻法

k 近邻法是一种常用的基于实例的分类方法，属于非参数化模型。该算法不涉及对假设函数中参数的估计，而是从数据集样本之间的相似性中提取信息，没有显式的学习过程。其原理非常简单，即根据训练集中与测试样本距离最近的 k 个样本所属的类别，采用投票法确定该测试样本的类别。k 近邻法流程如算法 8.2 所示。

算法 8.2　k 近邻法

输入：训练集，测试样本，超参数 k，距离度量

第 1 步：计算所有训练样本与测试样本的距离；

第 2 步：将训练样本按距离从小到大排序，取前 k 个样本的标签；

第 3 步：将前 k 个样本中占多数的标签作为测试样本的预测标签。

输出：测试样本的标签

在训练集、距离度量、k 值及分类决策规则确定之后，k 近邻法对于任何一个新的输入样本的预测结果是唯一确定的。

训练集应该包含足够多的所有可能类别的样本。为了保证训练集中各类样本的数量均衡，一种常用的预处理方法是按照类别将数据分组，从每组数据中选取部分有代表性的样本组成训练集。

距离度量取决于待解决的任务和数据的性质，最常用的距离度量是欧氏距离。由不同的距离函数所确定的近邻样本可能是不同的，可以基于交叉验证法等评估方法选择预测结果最好的距离函数作为算法的距离度量。

近邻样本数 k 是一个可调的超参数，一般选为奇数，根据少数服从多数的原则来预测样本的类别。实际使用中 k 也可以选择为偶数，如果某个样本的 k 个近邻中两类近邻点的数量相同，那么需要根据其他信息来进行判断，如选择最近邻点所属的类或随机选择一类。

假设某二分类问题的训练样本分布如图 8.28(a)所示。对于一个新样本，考察该样本的 k 个近邻样本，根据它们的类别来预测新样本所属的类。可以发现，$k=5$ 时的预测结果与 $k=1$ 或 3 时的预测结果是不同的。此时，应如何选择 k 值呢？通常情况下，需要经过多种尝试来确定合适的 k 值。当 k 值较小时，算法用较小邻域中的训练样本进行预测，分类模型较复杂，训练误差较小，容易发生过拟合；当 k 值较大时，算法用较大邻域中的训练样本进行预测，分类模型变得简单，但是与该样本距离较远的训练样本也会对分类产生影响，容易发生欠拟合；当 k 值取得过大时，可能因训练集中各类样本数的不均衡导致分类结果的系统性偏差。在实际使用中，通常根据交叉验证法等评估方法选择分类性能最好的 k 值。综合样本规模和评估结果，在图 8.28(b)中，k 选择 3 是比较合适的。

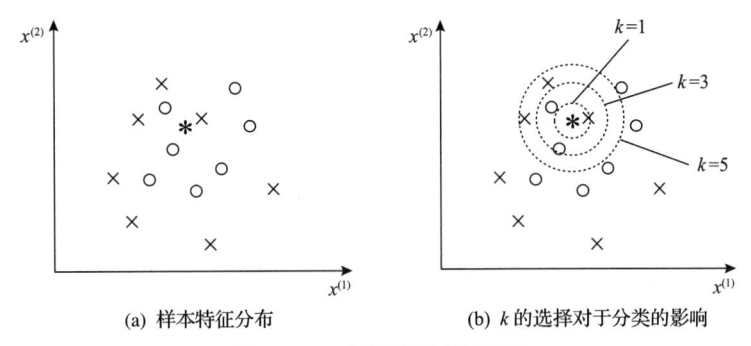

(a) 样本特征分布　　　　　(b) k 的选择对于分类的影响

图 8.28　k 近邻法原理示意图

k 近邻法中的分类决策规则往往是多数表决，即由输入样本的 k 个近邻样本中的多数类决定该样本所属的类，所有的近邻样本具有相同的权重。在 k 近邻法的一些改进方法，如 Parzon-window 方法中，距离越近的样本在分类决策中的权重越大。

例 8.8　给定一组训练样本，如表 8.7 所示，标签为 1 和 0 分别表示正类样本和反类样本。如果新样本的特征为 $(11.5, 7.5)^T$，试通过 k 近邻法判断该样本所属的类别。

表 8.7　给定训练样本的特征和类别

编号	特征 1	特征 2	标签	编号	特征 1	特征 2	标签
1	10	8	1	9	11	7	0
2	8	5	1	10	15	8	0
3	5	4	1	11	20	4	0
4	8	1	1	12	21	9	0
5	12	6	1	13	22	16	0
6	3	8	1	14	24	32	0
7	9	3	1	15	16	17	0
8	7	2	1	16	18	14	0

解　样本特征分布如图 8.29(a) 所示，在新样本的邻居中既有正例样本，又有反例样本，因此 k 的选择将对分类结果产生重要影响。为了选择合适的 k 值，这里采用留一法评估分类结果。每次选择一个样本作为验证集，其他样本作为训练集，利用 k 近邻法计算验证集中的分类准确率，重复进行 16 次后取平均值。如图 8.29(b) 所示，随着 k 值增加，留一法的平均分类准确率逐渐升高，在 $k=5$、7、9 时达到峰值，而后逐渐下降。这里选择 $k=5$ 是比较合适的，尽管选择 $k=7$ 或 9 时，能够获得同样的分类结果，但是更小的 k 值将导致更低的计算复杂度。计算新样本到所有训练样本的距离，根据最近的 5 个邻居中大部分样本所属的类别，可预测该样本属于正类。

k 近邻法的优点是：简单，易于理解，易于实现，不需要参数估计；对异常值不敏感；适用于稀有样本分类；可用于多分类问题；当数据量较少或者特征维数较小时，仍能获得较好的分类结果。

k 近邻法的常见问题是：对样本分类时需要计算它到所有训练样本的距离才能确定其 k 个近邻，当数据量较大时，算法的时间复杂度和空间复杂度较高；需要选择 k 值，k

(a) 样本特征分布

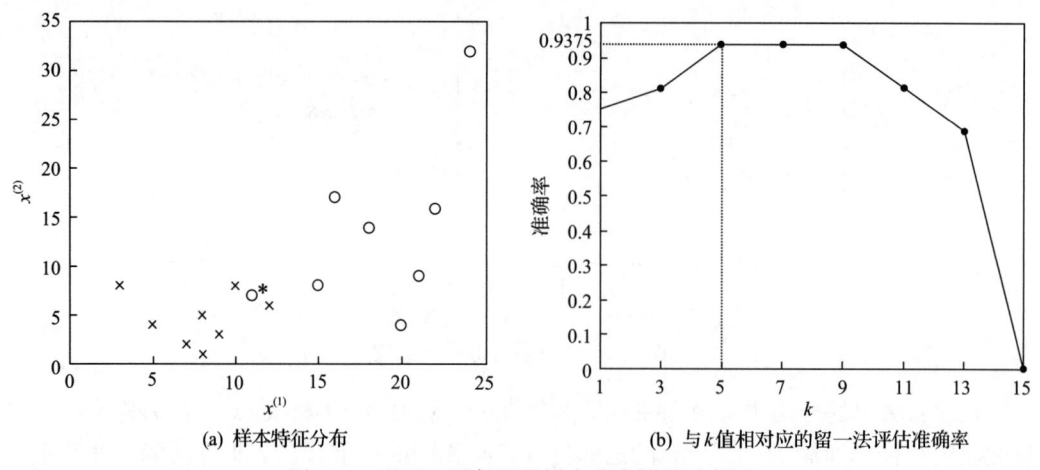

(b) 与 k 值相对应的留一法评估准确率

图 8.29　基于 k 近邻法的样本分类结果示意图

值对分类结果影响较大；样本不平衡可能导致系统性偏差。k 近邻法起作用的前提是满足渐近假设，即只要训练数据在总体分布中的采样密度足够大，就能在未知数据的附近发现训练数据。对于高维数据，这个假设很难成立，因此 k 近邻法不适合处理语音、图像等高维数据。

4. 决策树

决策树属于非参数化模型，通过对训练集的学习挖掘有用的分类规则，用于对新样本进行预测。从所有可能的决策树中找到最优决策树是一个 NP 完全问题，因此决策树学习算法通常采用启发式算法来近似求解，不能保证得到的决策树是最优的。

分类决策树是一种描述样本特征与类标签之间映射关系的树形结构。决策树结构示意图如图 8.30 所示，决策树由节点和有向边组成，节点包括根节点、内部节点和叶节点。根节点包含样本全集。内部节点表示一个特征测试，提出一个与特征相关的问题，通过判断将样本分为两类或多类。叶节点表示一个类，叶节点的类别由满足节点条件的训练

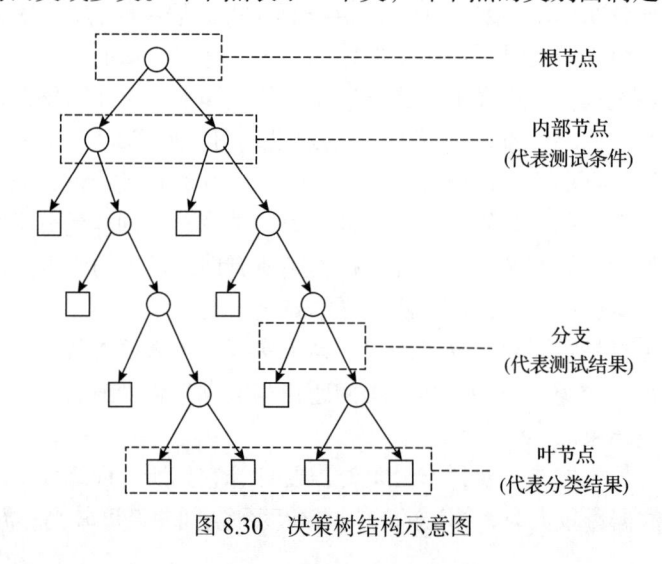

图 8.30　决策树结构示意图

样本投票决定。每个内部节点对应特征空间的一条分类线，而每个叶节点对应特征空间的一个区域。在应用过程中，对于一个新的样本，需要从根节点开始，按照节点给定的规则进行判断，选择对应的子树，重复这一过程，直到叶节点为止，将叶节点的标签作为该样本的预测结果。

决策树的生成是一个递归过程：从根节点开始，每次选择其中一个特征对样本集进行划分，然后对划分后的子集递归调用划分程序，直至达到停止条件，递归返回。停止对子集划分的条件是：当前子集包含的样本都属于同一类别，无须划分；样本在所有特征上取值相同、当前特征集为空或当前子集包含的样本集为空，无法继续划分。决策树算法流程如算法 8.3 所示。

算法 8.3 决策树算法

输入：训练样本集 $D=\{(x_1,y_1),(x_2,y_2),\cdots,(x_n,y_n)\}$，特征集 $A=\{a_1,a_2,\cdots,a_m\}$，最优划分属性选择方案

第 1 步：生成当前节点，使其包含 D 中的所有样本；

第 2 步：如果 D 中的样本全都属于同一类别，那么将当前节点标记为该类的叶节点，递归返回；

第 3 步：如果 A 为空或 D 中样本在 A 上取值相同，那么将当前节点标记为叶节点，其类别标记为 D 中样本数最多的类，递归返回；

第 4 步：从 A 中选择最优划分特征 a_*，对于每一个特征值 a_*^v 执行以下操作：

为当前节点生成一个分支；令 D^v 表示 D 中在 a_* 上取值为 a_*^v 的样本子集；

如果 D^v 为空，那么将分支节点标记为叶节点，其类别标记为 D 中样本最多的类，递归返回；否则以样本集 D^v 和去掉 a_* 的 A 作为输入，将分支节点作为当前节点，继续递归过程。

输出：以当前节点为根节点的一棵决策树

决策树算法属于贪婪算法，在每一步都采取在当前状态下最有利的选择，直到不能继续下去为止。在学习时，过多地考虑如何提高对训练数据的分类性能，可能构建出过于复杂的决策树，容易出现过拟合。决策树与线性分类器的结果比较如图 8.31 所示，相

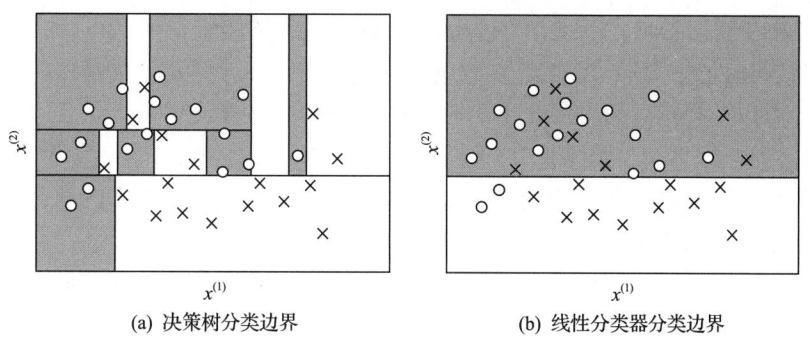

(a) 决策树分类边界　　　　　　(b) 线性分类器分类边界

图 8.31　决策树与线性分类器的结果比较

比线性分类器,决策树能够完美地将两类样本区分开,但是对训练数据依赖性过高,部分分类边界仅取决于含噪声的个别样本的特殊属性,泛化能力不强。

生成决策树的关键在于如何选择最优划分特征。一般而言,随着划分过程的不断进行,希望决策树的分支节点所包含的样本尽可能属于同一类别,即节点的"纯度"越来越高,可以高效地从根节点到达叶节点,得到预测结果。三种常用的度量节点纯度的指标是信息增益(information gain)、增益率(gain ratio)和基尼指数(Gini index),分别对应经典的 ID3 算法、C4.5 算法和 CART 算法。

1) ID3 算法

ID3 算法以信息增益为准则来选择划分特征(Quinlan, 1986)。信息增益是通过某个特征对样本划分后信息熵的增量。信息熵(information entropy)是度量样本集合纯度最常用的一种指标。假定当前样本集 D 中第 k 类样本所占的比例为 $p_k(k=1,2,\cdots,N)$,D 的信息熵定义为

$$\mathrm{Ent}(D) = -\sum_{k=1}^{N} p_k \log_2 p_k \tag{8.76}$$

式中,N 表示要划分的类别数。$\mathrm{Ent}(D)$ 的值越小,D 的纯度越高。可以直观地理解为,信息熵是从一个特征的取值中能得到的额外信息量。如果训练集中某个特征的不同取值对应的样本都属于同一类别,那么从该特征取值中得不到任何额外信息,其信息熵为 0。

假定离散特征 a 有 V 个可能的取值 $\{a^1, a^2, \cdots, a^V\}$,若使用 a 来对样本集 D 进行划分,则会产生 V 个分支节点,其中第 v 个分支节点包含 D 中所有在特征 a 上取值为 a^v 的样本,记为 D^v,D^v 中的样本数记为 $|D^v|$。根据式(8.76)可以计算出 D^v 的信息熵,再考虑到不同的分支节点所包含的样本数不同,给分支节点赋予权重 $|D^v|/|D|$,即样本数越多的分支节点的影响越大,于是计算出用特征 a 对样本集 D 进行划分所获得的信息增益为

$$\mathrm{Gain}(D, a) = \mathrm{Ent}(D) - \sum_{v=1}^{V} \frac{|D^v|}{|D|} \mathrm{Ent}(D^v) \tag{8.77}$$

式(8.77)右侧第二项表示采用特征 a 对 D 划分时的条件熵,由此可知,信息增益等于信息熵减去条件熵。信息增益越大,意味着使用特征 a 进行划分所获得的纯度提升越大。因此,可以选择信息增益最大的特征作为决策树的划分属性。

例 8.9 已知样本的二维特征和对应的类别标签如表 8.8 所示,标签为 1 表示为变道,标签为 0 表示直行。试利用 ID3 算法建立分类模型。假设一个新样本的速度为高,转角为大,试根据建立的决策树模型判断该样本所属类别。

解 设根节点为 S,尽管它包含了所有的训练样本,但没有包含任何分类信息,因此具有最大的信息熵,即

$$\mathrm{Ent}(S) = -\left(P(1)\log_2 P(1) + P(0)\log_2 P(0)\right)$$

式中，$P(1) = 3/6$、$P(0) = 3/6$，分别是分类标签为 1 和 0 时的概率。因此，有

$$\text{Ent}(S) = -\left((3/6)\log_2(3/6) + (3/6)\log_2(3/6)\right) = 1$$

按照 ID3 算法，需要选择一个信息增益最大的特征对根节点进行划分，因此需要计算 S 关于每个特征的信息增益。

表 8.8 给定的训练样本集

编号	速度 V	转角 A	标签
1	低	大	1
2	低	大	1
3	低	小	0
4	高	小	1
5	高	大	0
6	高	大	0

首先，计算 S 关于速度 V 的信息增益。V 的特征值有高和低，令 $S_\text{高}$ 和 $S_\text{低}$ 分别为 $V=$高和 $V=$低时的样本子集，$|S|$、$|S_\text{高}|$ 和 $|S_\text{低}|$ 分别为样本集 S、$S_\text{高}$ 和 $S_\text{低}$ 的大小。

当 $V=$高时，有

$$S_\text{高} = \{4,5,6\}$$

当 $V=$低时，有

$$S_\text{低} = \{1,2,3\}$$

式中，$S_\text{高}$ 和 $S_\text{低}$ 中的元素为 S 中各个样本的编号，且有 $|S| = 6$，$|S_\text{高}| = |S_\text{低}| = 3$。

再由 $S_\text{高}$ 可知，其分类标签为 1 和 0 的概率分别为

$$P_{S_\text{高}}(1) = 1/3$$

$$P_{S_\text{高}}(0) = 2/3$$

可得

$$\begin{aligned}\text{Ent}(S_\text{高}) &= -\left(P_{S_\text{高}}(1)\log_2 P_{S_\text{高}}(1) + P_{S_\text{高}}(0)\log_2 P_{S_\text{高}}(0)\right) \\ &= -\left((1/3)\log_2(1/3) + (2/3)\log_2(2/3)\right) \\ &\approx 0.9183\end{aligned}$$

由 $S_\text{低}$ 可知，其分类标签为 1 和 0 的概率分别为

$$P_{S_\text{低}}(1) = 2/3$$

$$P_{S_{低}}(0) = 1/3$$

因此,有

$$\text{Ent}(S_{低}) = -\left(P_{S_{低}}(1)\log_2 P_{S_{低}}(1) + P_{S_{低}}(0)\log_2 P_{S_{低}}(0)\right)$$
$$= -\left((2/3)\log_2(2/3) + (1/3)\log_2(1/3)\right)$$
$$\approx 0.9183$$

将 $\text{Ent}(S_{高})$ 和 $\text{Ent}(S_{低})$ 代入条件熵公式,有

$$\text{Ent}(S|V) = \left(|S_{高}|/|S|\right)\text{Ent}(S_{高}) + \left(|S_{低}|/|S|\right)\text{Ent}(S_{低})$$
$$= (3/6)\times 0.9183 + (3/6)\times 0.9183$$
$$= 0.9183$$

根据信息增益等于信息熵与条件熵之差,可以计算出 S 关于 V 的信息增益为

$$\text{Gain}(S,V) = \text{Ent}(S) - \text{Ent}(S|V)$$
$$= 0.0817$$

其次,计算 S 关于转角 A 的信息增益。

当 $A=$ 大时,有

$$S_{大} = \{1,2,5,6\}$$

当 $A=$ 小时,有

$$S_{小} = \{3,4\}$$

式中,$S_{大}$ 和 $S_{小}$ 中的元素为 S 中各个样本的编号,且有 $|S|=6$,$|S_{大}|=4$,$|S_{小}|=2$。

由 $S_{大}$ 可知,其分类标签为 1 和 0 的概率分别为

$$P_{S_{大}}(1) = 2/4$$

$$P_{S_{大}}(0) = 2/4$$

因此,有

$$\text{Ent}(S_{大}) = -\left(P_{S_{大}}(1)\log_2 P_{S_{大}}(1) + P_{S_{大}}(0)\log_2 P_{S_{大}}(0)\right)$$
$$= -\left((2/4)\log_2(2/4) + (2/4)\log_2(2/4)\right)$$
$$= 1$$

再由 $S_{小}$ 可知,其分类标签为 1 和 0 的概率分别为

$$P_{S_{小}}(1) = 1/2$$

$$P_{S_{小}}(0) = 1/2$$

可得

$$\text{Ent}(S_{小}) = -\left(P_{S_{小}}(1)\log_2 P_{S_{小}}(1) + P_{S_{小}}(0)\log_2 P_{S_{小}}(0)\right)$$
$$= -\left((1/2)\log_2(1/2) + (1/2)\log_2(1/2)\right)$$
$$= 1$$

将 $\text{Ent}(S_{大})$ 和 $\text{Ent}(S_{小})$ 代入条件熵公式,有

$$\text{Ent}(S|A) = (|S_{大}|/|S|)\text{Ent}(S_{大}) + (|S_{小}|/|S|)\text{Ent}(S_{小})$$
$$= (4/6) \times 1 + (2/6) \times 1$$
$$= 1$$

S 关于 A 的信息增益为

$$\text{Gain}(S, A) = \text{Ent}(S) - \text{Ent}(S|A)$$
$$= 0$$

由于 $\text{Gain}(S,V) > \text{Gain}(S,A)$,选择速度对根节点进行划分。由此划分得到的两个节点都不是最终决策方案,还需要继续进行划分。由于速度已经使用过,继续划分时只有转角这一特征可以选择,所以不需要再计算条件熵,最终得到的分类决策树如图 8.32 所示。对于给定的新样本,根据图 8.32 的决策树模型可判断其所属的类别为直行。

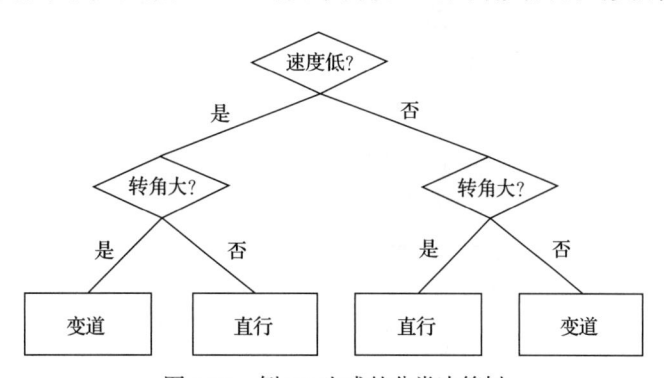

图 8.32 例 8.9 生成的分类决策树

ID3 算法存在以下缺点:只能处理离散特征,无法处理连续特征;作为特征划分标准,信息增益容易偏向于取值较多的特征,在相同条件下,取值较多的特征比取值较少的特征信息增益更大;没有考虑过拟合问题。

2) C4.5 算法

C4.5 算法针对 ID3 算法的缺点进行了改进(Quinlan, 1993)。C4.5 算法流程如图 8.33 所示。

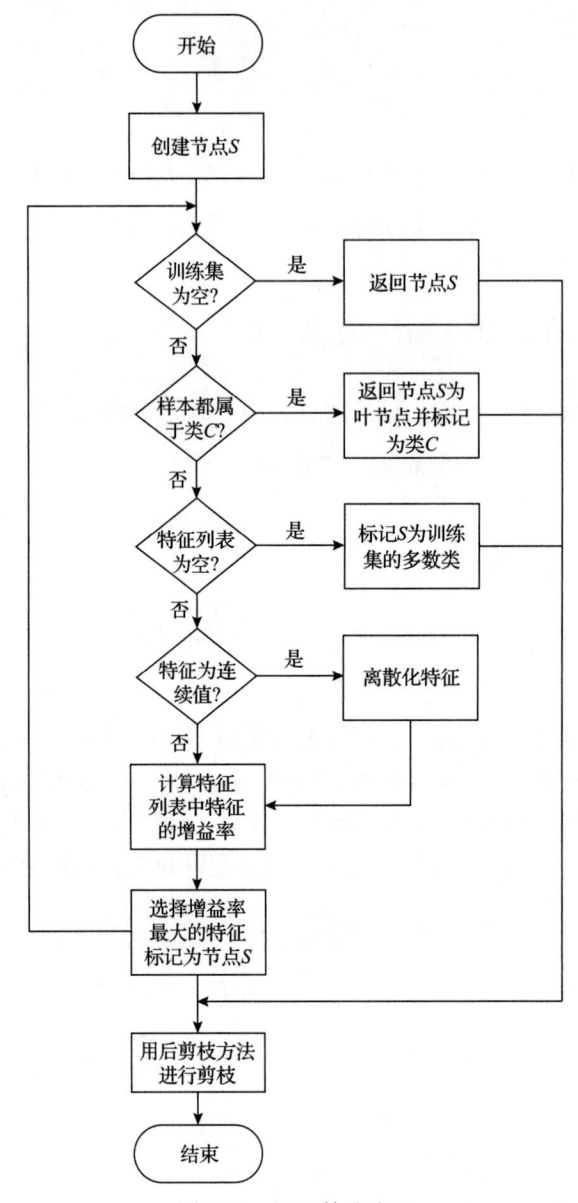

图 8.33　C4.5 算法流程

首先，为了处理连续特征，C4.5 算法将连续的特征离散化。假设某连续特征 a 在样本集中有 V 个取值，从小到大排列为 $a^1, a^2, \cdots, a^V$，取相邻两个特征值的均值，共得到 $V-1$ 个划分点，其中第 i 个划分点为 $(a^i + a^{i+1})/2$。对于这 $V-1$ 个划分点，分别计算以该点为二分类阈值（将小于该值和大于该值的样本分为两个类别）时的信息增益，选择其中信息增益最大的划分点作为该连续特征的二元离散分类阈值。

其次，为了解决信息增益偏向于取值较多的特征的问题，C4.5 算法不直接使用信息增益，而是使用增益率来选择最优划分特征。增益率定义为

$$\text{Gain\_ratio}(D,a) = \frac{\text{Gain}(D,a)}{\text{IV}(a)} \tag{8.78}$$

式中，IV(a) 称为特征 a 的固有值，有

$$\text{IV}(a) = -\sum_{v=1}^{V} \frac{|D^v|}{|D|} \log_2 \frac{|D^v|}{|D|} \tag{8.79}$$

特征 a 可能取值的数目越多，即 V 越大，IV(a) 的值通常越大。因此，增益率准则对可取值数较少的特征有所偏好。C4.5 算法综合了信息增益准则和增益率准则的特点，先从候选划分特征中找出信息增益高于平均水平的特征，再从中选择增益率最高的特征。

最后，为了解决过拟合问题，C4.5 算法进行了初步剪枝。剪枝是对决策树学习中已生成的树进行简化的过程，相当于对模型进行正则化。剪枝的基本策略有两种：预剪枝和后剪枝。预剪枝是指在决策树生成过程中，对每个节点在划分前进行判断，在满足一定条件下停止划分，并将当前节点标注为叶节点。停止节点划分的条件有：树的深度达到一定的规模；当前节点的样本数小于某个阈值；所有特征都已使用；划分对泛化能力提升程度小于某个阈值。预剪枝可以在降低过拟合风险的同时减少训练时间，算法简单，效率高，适合于解决大规模问题。但如何准确地判断何时停止树的生长，针对不同问题有很大的差别，依赖人工经验。同时，预剪枝存在欠拟合风险，尽管当前的划分会导致泛化能力降低，但在之后的划分中，泛化能力还可能有显著提升。后剪枝则是先从训练集生成一棵完整的决策树，再自底向上地对非叶节点进行考察，若将该节点对应的子树替换为叶节点能带来泛化能力的提升，则将该子树替换为叶节点。后剪枝通常比预剪枝保留更多的分支，欠拟合风险更小，泛化能力更强，但时间开销更大。C4.5 算法采用的是后剪枝策略。

C4.5 算法的缺点是：剪枝算法有待优化；算法生成的是多叉树，即一个节点可以有多个子节点，计算效率较低；使用了熵模型，需要进行大量耗时的对数运算，对于连续属性还有大量的排序运算，计算复杂度较高；只能用于分类，不能解决回归问题。

3) CART 算法

为了简化计算并解决回归问题，Breiman 等 (1984) 发展了分类与回归树 (classification and regression tree, CART) 算法。CART 算法使用基尼指数来选择划分特征。数据集 D 的纯度用基尼值来度量，计算公式为

$$\text{Gini}(D) = \sum_{k=1}^{N} \sum_{k' \neq k} P_k P_{k'} = 1 - \sum_{k=1}^{N} P_k^2 \tag{8.80}$$

直观上，Gini(D) 反映了从数据集 D 中随机抽取两个样本，其类别标签不一致的概率。因此，Gini(D) 越小，数据集 D 的纯度越高。

特征 a 的基尼指数定义为

$$\text{Gini\_index}(D,a) = \sum_{v=1}^{V} \frac{|D^v|}{|D|} \text{Gini}(D^v) \tag{8.81}$$

在候选特征集 A 中,选择基尼指数最小的特征作为最优划分特征。

基尼指数所采用的平方运算相比信息增益的对数运算要简单得多。同时,CART 算法每次仅对某个特征的值进行二分类,建立的是二叉树,可以进一步简化计算。CART 算法采用后剪枝策略,即先生成决策树,后产生所有可能的剪枝后的 CART,再使用交叉验证来评估各种剪枝的效果,选择泛化能力最强的决策树。

CART 算法既可以用于创建分类树,也可以用于创建回归树。分类树采用基尼指数来选择特征,以叶节点中概率最大的类作为当前节点的预测类别。回归树采用均方误差来选择特征,以叶节点的均值或者中位数作为预测结果。表 8.9 给出了 ID3 算法、C4.5 算法和 CART 算法的比较。

表 8.9 三种决策树算法的比较

算法	支持模型	树结构	特征选择指标	连续值处理	缺失值处理	剪枝	特征多次使用
ID3	分类	多叉树	信息增益	不支持	不支持	不支持	不支持
C4.5	分类	多叉树	增益率	支持	支持	支持	不支持
CART	分类、回归	二叉树	基尼指数、均方误差	支持	支持	支持	支持

决策树是目前应用最广泛的分类和回归方法之一,已经成功应用于医疗诊断、产品促销、金融风险评估等多个领域。决策树的优点是:计算复杂度不高,生成的规则易于理解和解释,能够同时处理字符型数据和数值型数据,能够处理有缺失特征值的样本,在相对短的时间内为大规模数据集给出效果良好的分类结果。每个特征被单独处理,而且样本的划分不依赖特征值的缩放,因此决策树算法不需要对数据进行标准化等预处理。

现有决策树算法的主要问题有:首先,ID3 算法、C4.5 算法和 CART 算法每次都是选择最优的一个特征来进行分类决策。但是大多数分类决策不是仅由某一个特征决定的,而是由一组特征决定的。选择最优的特征线性组合来进行决策的决策树称为多变量决策树,如 OC1 算法。其次,容易出现过拟合,泛化能力不佳。解决过拟合问题的主要方法是剪枝,但是不同的剪枝方法和剪枝程度对于决策树的泛化能力影响较大。当数据含有噪声时,甚至可能将泛化能力提升 25%(周志华,2016)。最后,训练样本的少许改动可能导致树结构的剧烈改变。这个问题可以通过集成学习中的随机森林或梯度提升树等方法来解决,通过组合由不同采样数据所建立的多棵决策树的预测结果来提升算法性能。

5. 常见分类方法的比较和选择

分类方法的比较包括三个方面:分类性能、计算复杂度以及模型描述的简洁度。分类器的性能往往与数据的特点有关,目前尚不存在适合处理各种特点的数据的通用方法。计算复杂度主要包括空间复杂度和时间复杂度,在大数据分析中,空间复杂度和时间复杂度分析是非常重要的一个环节。一些重要的分类任务要求模型具有可解释性,如何对用户解释其分类依据、评估其分类结果，对于模型的推广至关重要。表 8.10 给出了常用分类方法的比较。

表 8.10 常用分类方法的比较

分类方法	预测速度	训练速度	内存使用	调参工作量	一般性评估
线性 SVM	快	快	小	较小	擅长解决有线性决策边界的小规模数据问题
非线性 SVM	慢	慢	中等	中等	擅长解决数值型问题，能较好地处理高维度数据
k 近邻法	适中	不需要训练	中等	较小	预测性能一般，但易于使用和解释
决策树	快	快	小	中等	对各种数据类型的适用性较好，容易过拟合
朴素贝叶斯	快	快	中等	中等	广泛用于文本处理，包括垃圾邮件过滤
集成学习	适中	慢	差异大	中等	对于中小规模的数据集，预测性能好
人工神经网络	适中	慢	中到大	较大	广泛用于分类、压缩、识别和预测，不容易解释

分类方法的选择取决于要解决的问题，需要考虑特征向量的类型和均一性以及特征之间的关系。如果特征向量包含多种类型的数据（如同时包含数值型数据和字符型数据），那么很多分类器，如支持向量机、线性判别分析、逻辑回归就不再适用。这些分类器要求输入的特征必须是数值型的且要归一化到相似的范围内，如区间[0,1]。基于距离函数的分类器，如 k 近邻法和基于高斯核的支持向量机，对于数据的均一性较敏感。而某些分类器，如决策树能够处理不均一的数据，不需要对特征进行归一化。如果多个特征向量之间相互独立，那么适合选择基于线性函数或距离函数的分类器，如线性回归、支持向量机、朴素贝叶斯等。如果特征向量之间存在相关关系，那么适合选择决策树或人工神经网络等。

8.2.5 分类性能评估

分类性能评估是指采用一定的性能评估指标考察不同分类器对数据集的分类结果。常用的分类性能评估指标包括准确率（accuracy）、错误率（error rate）、敏感性（sensitivity）、特异性（specificity）、精度（precision）等。当需要考虑敏感性和特异性之间的关系时，可以采用受试者工作特征（receiver operating characteristic，ROC）曲线和 ROC 曲线下面积（area under ROC curve，AUC）。

1. 分类性能评估指标

为了评估分类器的性能，需要选定衡量模型分类能力的评估标准，也就是性能评估指标。混淆矩阵也称为误差矩阵，是用于度量分类性能的一种标准格式。它可以容易地表明多个类别之间是否有混淆，也就是将某一类的样本错误地划分到另一类。对于 N 分类问题，混淆矩阵是 $N \times N$ 矩阵，列表示预测值，行表示真实值。二分类问题的混淆矩阵如表 8.11 所示，其中，真正例（true positive，TP）是被正确地划分为正例的样本数，假正例（false positive，FP）是被错误地划分为正例的样本数，假反例（false negative，FN）是被错误地划分为反例的样本数，真反例（true negative，TN）是被正确地划分为反例的样本数。

表 8.11 二分类问题的混淆矩阵

		预测值	
		1	0
真实值	1	真正例(TP)	假反例(FN)
	0	假正例(FP)	真反例(TN)

在混淆矩阵的基础上，可以定义常用的分类性能评估指标。

(1) 准确率。

准确率表示正确分类样本占所有样本的比例。其公式为

$$\text{accuracy} = (TP + TN)/(TP + FP + FN + TN) \tag{8.82}$$

准确率是最简单、最直观的分类性能评估指标。通常准确率越高，分类器性能越好。但是，当数据不平衡时，各类别样本占比往往成为影响准确率的主要因素。

(2) 错误率。

错误率表示错误分类样本占所有样本的比例。其公式为

$$\text{error rate} = (FP + FN)/(TP + FP + FN + TN) \tag{8.83}$$

对于每个样本，分类正确与分类错误是互斥事件，因此有 $\text{accuracy} = 1 - \text{error rate}$。

(3) 敏感性。

敏感性也称为召回率(recall)或查全率，表示所有正例中被正确分类的比例，衡量了分类器对正例的识别能力。其公式为

$$\text{sensitivity} = TP/(TP + FN) \tag{8.84}$$

(4) 特异性。

特异性也称为特异度，表示所有反例中被正确分类的比例，衡量分类器对反例的识别能力。其公式为

$$\text{specificity} = TN/(TN + FP) \tag{8.85}$$

(5) 精度。

精度也称为查准率，是分类器精确性的度量，表示被分为正例的样本中实际为正例的比例。其公式为

$$\text{precision} = TP/(TP + FP) \tag{8.86}$$

敏感性和特异性常用于医疗诊断问题，如果将患病样本作为正例，未患病样本作为反例，那么敏感性是在患病样本中预测正确的比例，即医生给出的患病诊断的可信程度；特异性是在未患病样本中预测正确的比例，即医生给出的未患病诊断的可信程度。查准

率和查全率常用于信息检索问题，查准率是检索出来的条目有多大比例是相关的，而查全率是所有相关的条目中有多大比例被检索出来。

例 8.10 已知某分类器对车辆行驶意图预测的混淆矩阵如表 8.12 所示，试计算该分类器的敏感性、特异性、精度、准确率和错误率。

表 8.12 某分类器对车辆行驶意图预测的混淆矩阵

		预测值	
		变道	直行
真实值	变道	16	4
	直行	2	18

解 由混淆矩阵可知，真正例 TP=16，假正例 FP=2，真反例 TN=18，假反例 FN=4，代入评估指标计算公式，可得敏感性、特异性、精度、准确率和错误率分别为 80%、90%、88.9%、85% 和 15%。分类器的准确率在可接受的范围内。相对于变道预测结果，该分类器给出的直行预测结果更为可信。

2. ROC 曲线和 AUC

ROC 曲线又称为感受性曲线，是反映分类器敏感性和特异性连续变化的综合指标，用构图法揭示敏感性和特异性的相互关系。

对于二分类问题，很多分类器给出的预测值是一个连续值(如人工神经网络)或者概率(如贝叶斯分类器)，通过比较预测值与设定阈值的大小，可以将样本划分为正类或者反类。如果减小阈值，那么必然能识别出更多的正类，也就是提高了敏感性，但同时也将更多的反例当作正例，即降低了特异性。通过为预测值设定不同的阈值，可以计算出一系列的敏感性和特异性，再以敏感性为纵坐标、(1-特异性)为横坐标绘制曲线，形成了 ROC 曲线，示意图如图 8.34 所示。ROC 曲线经过 (0,0) 和 (1,1) 点，由 (0,0) 和 (1,1) 连线形成的 ROC 曲线代表的是一个随机分类器。一般情况下，分类器对应的 ROC 曲线

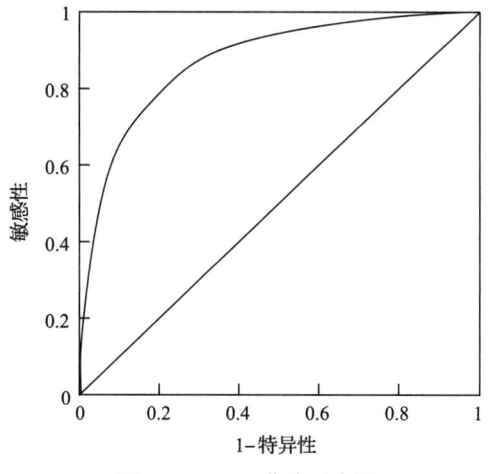

图 8.34 ROC 曲线示意图

位于 (0,0) 和 (1,1) 连线的上方。

ROC 曲线只能直观地反映分类器的表现，通过 AUC 可以定量地评估分类器的性能。对于二分类问题，AUC 值介于 0.5~1.0 之间。一般认为，AUC 值越大的模型对应的分类性能越好。如图 8.35(a) 所示，A、B、C 三个模型对应的 ROC 曲线之间没有交叉，且 AUC 值不相等，此时 AUC 值最大的 A 模型的分类性能最好。而当模型的 AUC 值近似相等且 ROC 曲线之间存在交叉时，需要具体问题具体分析。两个模型的 AUC 值相等，并不代表它们的分类性能完全相同。在图 8.35(b) 中，当需要高敏感性时，A 模型好于 B 模型；当需要高特异性时，B 模型好于 A 模型。

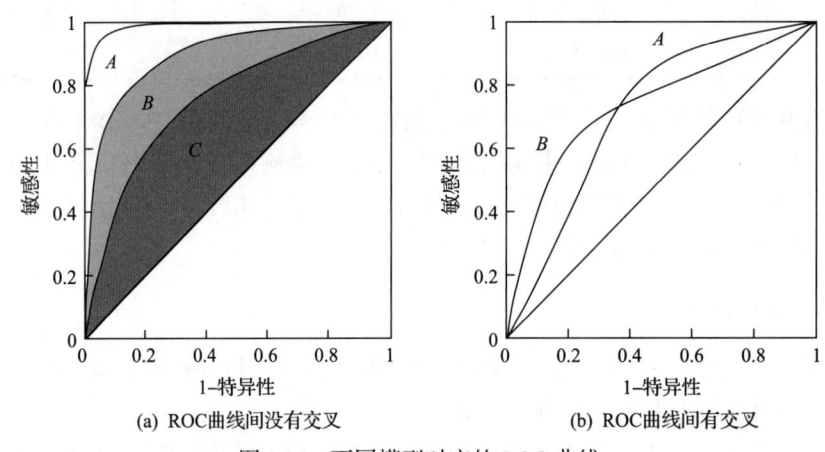

(a) ROC 曲线间没有交叉

(b) ROC 曲线间有交叉

图 8.35　不同模型对应的 ROC 曲线

8.3　无监督学习

无监督学习通常用于数据分析或者有监督学习的预处理。因为数据没有标签，也就是没有人的指导，所以无监督学习是一项比较困难的任务。通常需要足够多的观测样本，在对数据模式或结构做出假设的基础上，才能发现数据中隐藏的规律。下面主要讨论聚类问题及其求解方法。

8.3.1　聚类的基本思想

对于所属类别未知的样本，试图从样本的特征中寻找某种结构，将特征上相似的样本认为是同类，这就是聚类。聚类的基本假设是刻画同类事物的特征之间具有相似的模式。聚类的目的是把数据集中的样本按照它们的相似程度分割成若干子集，每个子集称为一个簇 (cluster)，使得同一簇中的样本尽可能相似，而不同簇中的样本尽可能相异。簇所对应的概念或语义需要由使用者来把握和命名。

聚类可以发现数据内在的分布结构，帮助进行样本标注，因而获得了广泛应用，例如，在自动驾驶的环境感知中，聚类可以根据颜色和纹理等特征将图像划分为天空、道路、行人、建筑等，帮助进行场景的语义理解；在商业应用中，聚类可以按照购物行为属性将客户划分为不同的客户群，帮助市场营销人员发现客户的购买倾向；在文本分析处理中，聚类可以按照话题相似性将最新的微博内容划分为不同主题，帮助新闻工作者快速获取热点新闻和关注对象。聚类还可以作为分类等其他学习任务的前驱过程，例如，在一些商业应用中需要判断新用户的类型，在难以预定义用户类型的情况下，往往先对用户数据进行聚类，根据聚类结果将每个簇定义为一个类，然后基于这些类训练分类模型。

图 8.36 给出了聚类的基本流程。首先进行数据准备和特征提取，确定用于衡量样本相似性的度量指标，然后选择合适的聚类算法，根据样本间的相似性把它们划分为不同的簇，最后应用于新样本的簇预测。在数据集中只有样本的特征，没有给定样本所属的类别，因此无法采用与有监督学习相同的方式对模型进行评估，只能通过有效性指标对聚类性能进行评估。

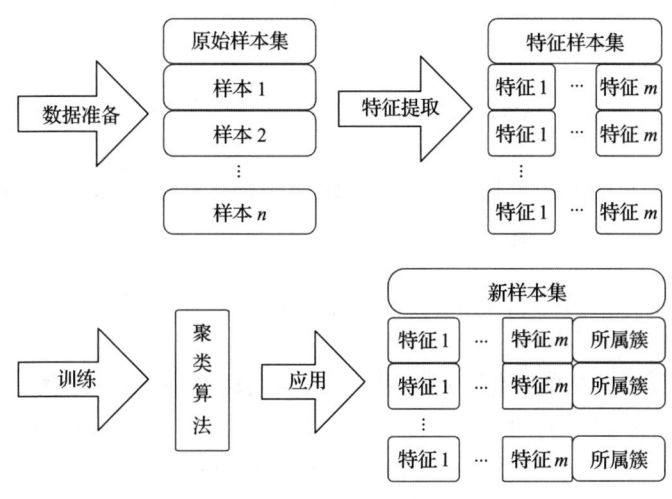

图 8.36 聚类的基本流程

8.3.2 相似性的度量

设有 n 个样本的数据集 $X=\{x_1,x_2,\cdots,x_n\}$，每个样本有 m 个特征（变量或属性），$x_i=(x_{i1},x_{i2},\cdots,x_{im})^\mathrm{T}$ 和 $x_j=(x_{j1},x_{j2},\cdots,x_{jm})^\mathrm{T}$ 分别是第 i 个样本和第 j 个样本的特征向量。对于 X，可以进行两种聚类：一种是样本间聚类，即将特征相似的样本分到同一个簇，特征差异较大的样本分到不同的簇；另一种是特征间聚类，即将性质相近的特征聚到同一个簇，从中找出代表特征，从而减少特征数目，以达到降维的效果。本节主要考虑样本间聚类。

为了衡量样本间的相似程度，需要定义距离度量或相似性度量。距离度量或相似性度量的选择是聚类的根本问题，将直接影响聚类结果。常用的距离度量有闵可夫斯基距离（Minkowski distance）和马哈拉诺比斯距离（Mahalanobis distance）。常用的相似性度量有相关系数（correlation coefficient）和夹角余弦（cosine）。当采用距离度量时，距离越小表示样本越相似；当采用相似性度量时，相似性指标越大表示样本越相似。

1. 闵可夫斯基距离

闵可夫斯基距离简称闵氏距离，x_i 和 x_j 之间的闵氏距离为

$$d_{\mathrm{mk}}(x_i, x_j) = \left(\sum_{k=1}^{m} |x_{ik} - x_{jk}|^p\right)^{\frac{1}{p}} \tag{8.87}$$

当 $p=1$ 时，闵可夫斯基距离等价于绝对距离或曼哈顿距离，即

$$d_{\mathrm{man}}(x_i, x_j) = \|x_i - x_j\|_1 = \sum_{k=1}^{m} |x_{ik} - x_{jk}| \tag{8.88}$$

当 $p=2$ 时，闵可夫斯基距离等价于常用的欧氏距离，即

$$d_{\mathrm{ed}}(x_i, x_j) = \|x_i - x_j\|_2 = \sqrt{\sum_{k=1}^{m} (x_{ik} - x_{jk})^2} \tag{8.89}$$

当 $p=+\infty$ 时，对应的距离称为切比雪夫距离（Chebyshev distance），定义为 x_i 和 x_j 各分量数值差的绝对值的最大值。其公式为

$$d_{\mathrm{cb}}(x_i, x_j) = \max_{k} \left(|x_{ik} - x_{jk}|\right) \tag{8.90}$$

闵氏距离容易受特征的量纲影响，并且没有考虑特征间的相关性。为了克服闵氏距离的缺点，在计算距离之前通常需要对特征进行标准化，将各特征转换到相同的尺度。数据标准化方法与 8.2.1 节描述的方法相同，常用方法有极差标准化和 z 值标准化。

2. 马哈拉诺比斯距离

马哈拉诺比斯距离简称马氏距离，由印度数理统计学家 Mahalanobis 提出。与闵氏距离不同，马氏距离考虑了样本中各种特征之间的相关性且是尺度无关的。

x_i 与 x_j 之间的马氏距离为

$$d_{\mathrm{mh}}(x_i, x_j) = \sqrt{(x_i - x_j)^{\mathrm{T}} S^{-1} (x_i - x_j)} \tag{8.91}$$

式中，S 为 X 的协方差矩阵，计算公式为

$$S = \frac{1}{n-1}(X - \mu)(X - \mu)^{\mathrm{T}} \tag{8.92}$$

式中，μ 为 X 的均值向量。

当 S^{-1} 是单位矩阵，即样本的各特征独立同分布且方差为 1 时，马氏距离将简化为欧氏距离。因此，可以认为马氏距离是欧氏距离的推广。

例 8.11 已知一组样本为 $\{x_1 = (3,4)^T,\ x_2 = (5,6)^T,\ x_3 = (2,2)^T,\ x_4 = (8,4)^T\}$，试计算 x_1 和 x_2 之间的欧氏距离和马氏距离。

解 这组样本的均值为

$$\mu = (4.5, 4)^T$$

将其代入式(8.92)，得到协方差矩阵为

$$S = \begin{bmatrix} 7 & 2 \\ 2 & 2.667 \end{bmatrix}$$

协方差矩阵的逆为

$$S^{-1} = \begin{bmatrix} 0.18 & -0.13 \\ -0.13 & 0.48 \end{bmatrix}$$

x_1 和 x_2 之间的欧氏距离为

$$d_{\mathrm{ed}}(x_1, x_2) = \sqrt{(-2,-2)(-2,-2)^T} = 2\sqrt{2}$$

x_1 和 x_2 之间的马氏距离为

$$d_{\mathrm{mh}}(x_1, x_2) = \sqrt{(-2,-2)S^{-1}(-2,-2)^T} = 1.2$$

x_1 和 x_2 之间的欧氏距离只与这两个样本本身有关，而 x_1 和 x_2 之间的马氏距离与样本的总体分布有关，x_3 和 x_4 通过影响样本的总体协方差，对 x_1 和 x_2 之间马氏距离的大小产生影响。

马氏距离的优点是不受量纲的影响，可以排除特征之间相关性的干扰。其缺点是夸大了变化微小特征的作用，而且马氏距离的计算是不稳定的，不稳定的来源是协方差矩阵。马氏距离的计算建立在总体样本的基础上，如果将同样的两个样本放入不同的总体中，那么计算得到的两个样本间的马氏距离通常是不同的。

3. 相关系数

x_i 和 x_j 之间的相关系数为

$$\rho(x_i, x_j) = \frac{\sum_{k=1}^{m}(x_{ik} - \mu_i)(x_{jk} - \mu_j)}{\sqrt{\sum_{k=1}^{m}(x_{ik} - \mu_i)^2 \sum_{k=1}^{m}(x_{jk} - \mu_j)^2}} \tag{8.93}$$

式中，μ_i 和 μ_j 分别为样本 x_i 和 x_j 的均值，$\mu_i = \frac{1}{m}\sum_{k=1}^{m} x_{ik}$，$\mu_j = \frac{1}{m}\sum_{k=1}^{m} x_{jk}$。相关系数考察

样本间是否具有相似的变化趋势。

4. 夹角余弦

x_i 和 x_j 之间的夹角余弦为

$$s(x_i, x_j) = \frac{\sum_{k=1}^{m} x_{ik} x_{jk}}{\sqrt{\sum_{k=1}^{m} x_{ik}^2 \sum_{k=1}^{m} x_{jk}^2}} \tag{8.94}$$

夹角余弦考察两个样本向量在方向上的相似性。

例 8.12 给定如图 8.37 所示的三个数据集，分析它们分别适合采用哪种距离度量或相似性度量？

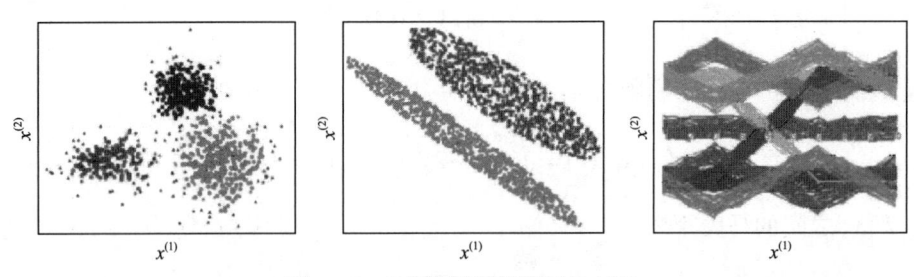

图 8.37 三个数据集的特征分布图

解 根据数据分布情况，这三个数据集分别适合采用欧氏距离、夹角余弦和相关系数作为相似性度量，从样本距离、方向性和变化趋势上度量样本的相似性。

8.3.3 聚类的主要方法

按照聚类依据的不同，聚类算法可分为基于划分的聚类算法、基于层次的聚类算法、基于密度的聚类算法和基于网格的聚类算法等。

1. 基于划分的聚类算法

基于划分的聚类算法将数据集划分成不重叠的多个簇，需要输入聚类数，适用于样本数较多的情况。给定一个有 n 个样本的数据集，基于划分的聚类算法将构造 k 个分组，每一个分组表示一个簇，$k < n$。这 k 个簇满足下列条件：每一个簇至少包含一个样本；每一个样本属于且仅属于一个簇。给定聚类数 k，算法首先给出一个初始的分组方案，然后通过反复迭代改变分组，使得每一次迭代之后的分组方案都较前一次更好，即使得同一分组内的样本越来越相似，而不同分组内的样本越来越不相似，代表性算法有 k 均值、k-mediods 和 CLARANS 算法。

k 均值是最常见、应用最广泛的基于划分的聚类算法。该算法之所以称为 k 均值，是因为它可以发现 k 个不同的簇，且每个簇的中心均由簇中所含样本的均值计算得到。

聚类数 k 需要事先指定,给定 n 个样本的集合 $X=\{x_1,x_2,\cdots,x_n\}$,每个样本包含 m 维特征。目标函数定义为样本与其所属簇中心之间的欧氏距离平方和,即

$$J(C)=\sum_{i=1}^{k}\sum_{x\in C_i}\|x-\mu_i\|_2^2 \tag{8.95}$$

式中, μ_i 为第 i 簇样本的均值; $C=\{C_1,C_2,\cdots,C_k\}$ 表示划分,每个划分对应一个聚类结果。

k 均值聚类通过目标函数最小化得到从样本到簇的映射函数 C^*,等价于求解如下最优化问题:

$$C^*=\arg\min_{C} J(C)=\arg\min_{C}\sum_{i=1}^{k}\sum_{x\in C_i}\|x-\mu_i\|_2^2 \tag{8.96}$$

该优化问题是一个 NP 难问题,找到最优解需要考察样本集所有可能的划分,而可能的划分方式的数目是指数级的。因此, k 均值聚类算法(见算法 8.4)采用贪婪策略,通过迭代优化来近似求解。在给定距离度量和初始簇中心的情况下,算法总能收敛到一个解,聚类结果和簇中心都不再改变,但是不能保证收敛到全局最优解。

算法 8.4 k **均值聚类算法**

输入:样本集,聚类数 k,距离度量,最大迭代次数

第 1 步:通过随机初始化(如任取 k 个样本)设定 k 个簇的初始中心;

第 2 步:计算每个样本到各簇中心的距离,并按距离最近原则对所有样本进行划分,当所有的样本划分完毕时,计算 k 簇中样本的均值作为新的簇中心;

第 3 步:如果样本归入的簇不再发生变化或者达到最大迭代次数,那么成功退出,否则返回第 2 步。

输出:划分方案

例 8.13 已知 A、B、C、D 四个样本的二维特征如表 8.13 所示,试用 k 均值聚类算法将它们聚成两簇。

表 8.13 给定样本的二维特征

样本	特征	
	$x^{(1)}$	$x^{(2)}$
A	5	3
B	−1	1
C	1	−2
D	−3	−2

解 第 1 步：按要求取 $k=2$，将样本随机分成两簇 $\{A, B\}$ 和 $\{C, D\}$，计算两簇的中心坐标，如 $\{A, B\}$ 簇的中心为 $(2,2)^T$，得到初始簇中心，如图 8.38 所示。

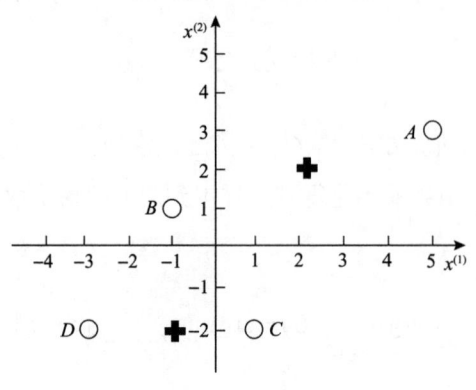

图 8.38 初始簇中心

第 2 步：计算样本与各簇中心的欧氏距离，将样本分配到最近的一簇。对于样本有变动的簇，重新计算它们的簇中心。先计算 A 到两个簇中心的距离，即

$$d_{ed}(A,\{A,B\}) = \sqrt{(5-2)^2 + (3-2)^2} = \sqrt{10}$$

$$d_{ed}(A,\{C,D\}) = \sqrt{(5+1)^2 + (3+2)^2} = \sqrt{61}$$

A 到 $\{A, B\}$ 的距离小于 A 到 $\{C, D\}$ 的距离，因此 A 不用重新分配。然后，计算 B 到两个簇中心的距离，即

$$d_{ed}(B,\{A,B\}) = \sqrt{(-1-2)^2 + (1-2)^2} = \sqrt{10}$$

$$d_{ed}(B,\{C,D\}) = \sqrt{(-1+1)^2 + (1+2)^2} = 3$$

因为 B 与 $\{A, B\}$ 的距离大于 B 与 $\{C, D\}$ 的距离，所以将 B 分配到 $\{C, D\}$ 簇。经过 1 步迭代后，簇中心如图 8.39 所示。

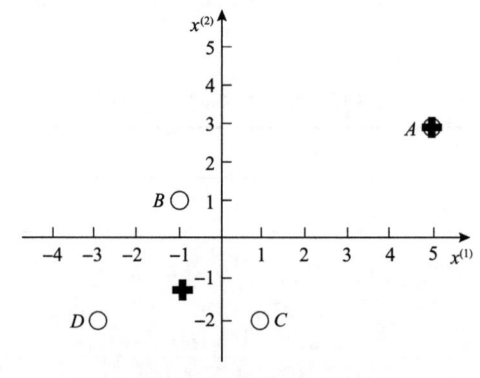

图 8.39　1 步迭代后的簇中心

第 3 步：再次检查每个样本，以决定是否需要重新划分。计算样本到各簇中心的距离，如表 8.14 所示。

表 8.14　1 步迭代后的距离矩阵

簇	样本到簇中心的距离			
	A	B	C	D
{A}	0	$\sqrt{40}$	$\sqrt{41}$	$\sqrt{89}$
{B,C,D}	$\sqrt{52}$	2	$\sqrt{5}$	$\sqrt{5}$

此时，每个样本都已经分配到距离簇中心最近的簇，聚类过程结束。最终得到的聚类结果是：{A}独自成一簇，{B, C, D}聚成一簇。

k 均值聚类算法简单、快速，能够处理大数据集，适合发现球形簇。但是，该算法需要事先指定 k 值，计算复杂度较高，聚类结果受初始簇中心选择、数据分布、噪声等多种因素影响。

首先，初始簇中心选择不当可能导致聚类失败，如图 8.40 所示，如果初始簇中心刚好选在两簇中间位置附近，那么无法通过迭代来更新簇中心。

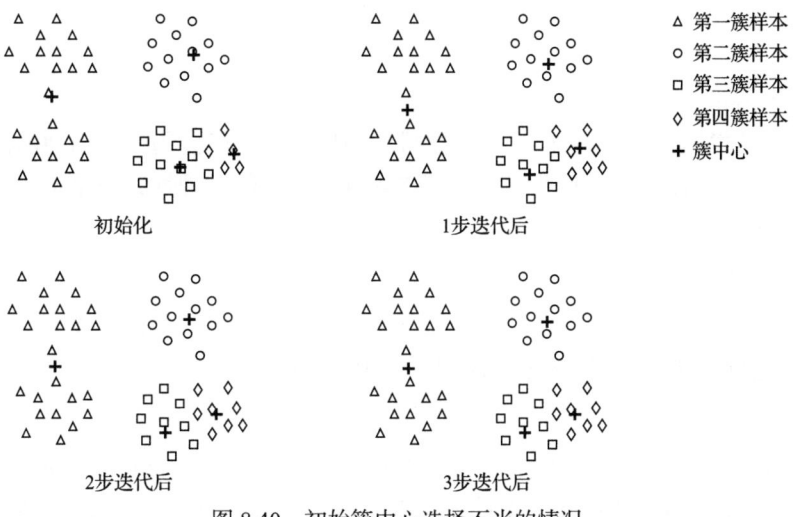

图 8.40　初始簇中心选择不当的情况

其次，k 均值聚类算法不适合于发现非球形簇或者尺寸差别很大的簇。簇尺寸及形状对聚类的影响如图 8.41 所示，当簇尺度或密度较大时，可能被拆分为多个簇。

最后，该算法对噪声和异常点敏感，如图 8.42 所示，异常点可能导致簇中心发生严重偏离。在聚类分析前，通常需要进行异常点检测，或者选择丢弃远离其他簇的小簇。

在 k 均值聚类算法中，随机选择 k 个点作为初始簇中心，容易陷入局部极值。可以采用一些改进方法，如选择有一定距离约束的密度最大的 k 个点或彼此距离尽可能远的 k 个点作为初始簇中心，也可以通过多次随机初始化选择表现最好的聚类结果。

聚类数 k 是影响聚类结果的一个重要超参数，k 的选择方法有如下几种。

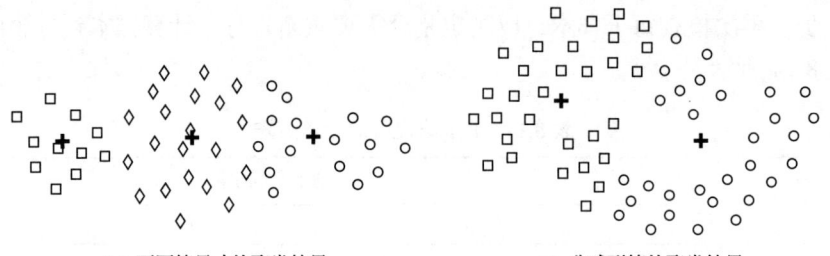

(a) 不同簇尺寸的聚类结果　　　(b) 非球形簇的聚类结果

图 8.41　簇尺寸及形状对聚类的影响

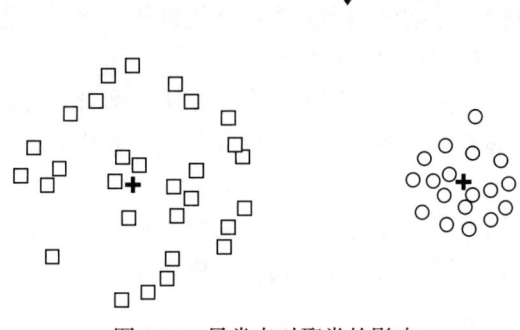

图 8.42　异常点对聚类的影响

1）按需选择

按照聚类的需求和目的来选择簇的数目。如果某房地产公司想把当地的商品房分成高、中、低三档，那么 k 选择为 3。按需选择具有一定的合理性，但是不能保证聚类结果得到清晰的分界线。

2）观察法

在对数据可视化后，观察其对应的聚类数。该方法简单，但是当样本的特征维数较高时，无法进行可视化，而且观察的结果可能因人而异。

3）手肘法

计算各簇内的样本到所在簇中心的距离平方和（total within-clusters sum of squares，WCSS），根据 WCSS 与 k 的关系曲线来选择合适的 k 值。当 k 小于真实聚类数时，k 的增加将大幅增大每个簇的聚合程度，WCSS 下降幅度较大；而当 k 到达真实聚类数时，再增加 k 所得到的聚合程度回报迅速变小，WCSS 下降幅度趋于平缓。因此，WCSS 与 k 的关系近似为一个手肘形状，而手肘所对应的 k 值就是样本的真实聚类数。利用手肘法确定 k 值如图 8.43 所示，该曲线在 $k=3$ 时出现了一个明显的拐点，因此选择 k 为 3 是比较合适的。

针对 k 均值聚类算法存在的问题，研究人员提出了一系列的改进方法。针对初始簇中心设置敏感问题，改进后得到了 k-means++、intelligent k-means、genetic k-means 算法；针对噪声和异常点敏感问题，改进方法为 k-medoids 和 k-medians；针对非数值型数据的聚类分析，发展出了 k-modes 算法；针对非凸数据聚类问题，改进方法为 kernel

k-means。

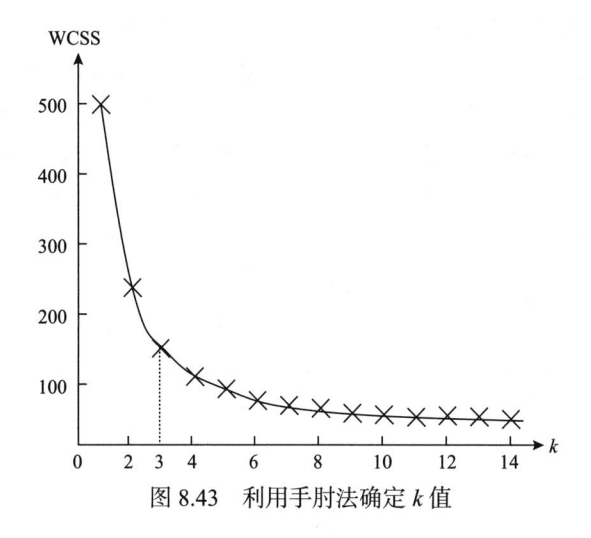

图 8.43 利用手肘法确定 k 值

2. 基于层次的聚类算法

基于层次的聚类算法试图在不同层次上对数据集进行划分,允许簇中还嵌套有子簇,通常不需要输入聚类数,适用于样本数较少的情况。基于层次的聚类算法通过计算不同簇样本间的相似性来创建一棵有层次的嵌套聚类树。基于层次的聚类算法结果示意图如图 8.44 所示,树的最底层是叶节点,对应各个原始样本;每一个中间节点(簇)都是其子节点(子簇)的并集;树的顶层是根节点,是一个包含所有样本的簇;分支的长度对应簇间的距离大小。基于层次的聚类算法的目标是使簇内样本距离最小,采用了启发式的优化算法。

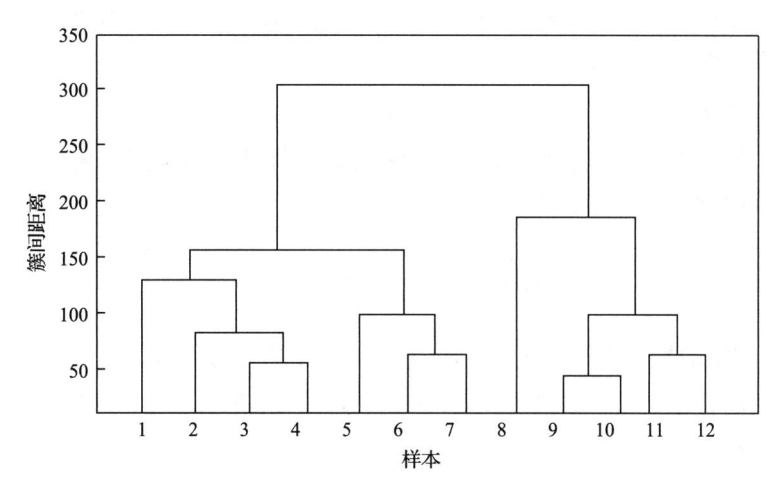

图 8.44 基于层次的聚类算法结果示意图

创建聚类树有自底向上合并(agglomerative hierarchical clustering)策略和自顶向下分裂(divisive hierarchical clustering)策略两种策略,如图 8.45 所示。自底向上合并策略是最常用的策略。初始时每个样本组成一个单独的簇，在迭代中将距离最近的簇合并成新的簇，直到所有的样本组成一个簇或者达到某个结束条件(达到预设的聚类数或者簇的半径超过给定阈值)。自底向上合并策略需要预先确定三个要素：相似性度量、合并规则和结束条件。由这些要素的不同组合，可以得到不同的聚类算法。自顶向下分裂策略实际使用较少。该策略首先将所有样本置于一个簇中，然后按照某种既定的规则逐渐细分为越来越小的簇，直到达到某个结束条件(每个样本为一簇或者达到预设的聚类数)。

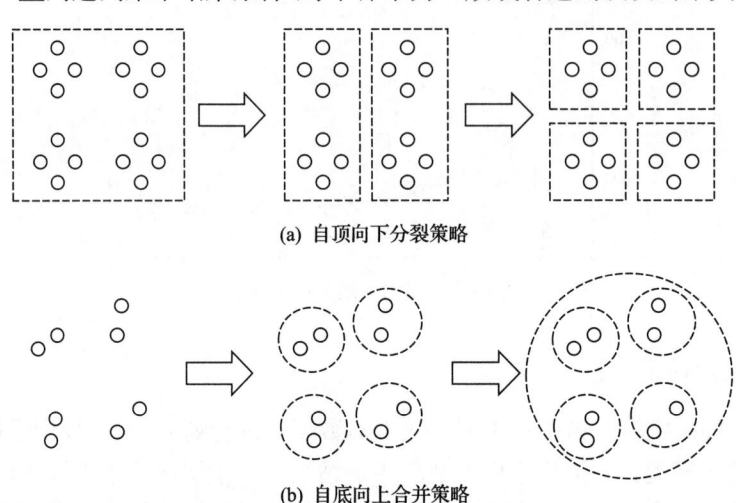

(a) 自顶向下分裂策略

(b) 自底向上合并策略

图 8.45 层次聚类的两种策略

基于层次的聚类算法要解决的一个关键问题是如何确定不同簇之间的相似程度。根据具体要解决的问题，可以选择欧氏距离或者绝对距离等作为两个样本之间的距离度量。但是对于由两个或者多个样本合并之后得到的新簇，要如何确定它们与其他簇之间的距离呢？这就需要通过样本之间的两两距离来推算包含多个样本的各簇之间的距离，常见的方法有以下三种。

1) 最小距离法

最小距离法是将两簇中距离最近的两个样本间的距离作为簇间距离。给定聚类簇 C_i 和 C_j，两簇间距离的计算公式为

$$d_{\min}(C_i, C_j) = \min_{x \in C_i, z \in C_j} d(x, z) \tag{8.97}$$

式中，样本 x 和 z 分别属于 C_i 和 C_j；$d(x, z)$ 为 x 和 z 之间的距离。

最小距离法容易受到极端值的影响，两个不相似的簇可能由于其中的极端值距离较近而组合在一起。

2) 最大距离法

最大距离法将两簇中距离最远的两个样本间的距离作为簇间距离，计算公式为

$$d_{\max}(C_i, C_j) = \max_{x \in C_i, z \in C_j} d(x, z) \tag{8.98}$$

最大距离法的问题是,两个相似的簇可能由于其中的极端值距离较远而无法组合在一起。

3) 平均距离法

平均距离法将两簇中样本间两两距离的均值作为簇间距离,计算公式为

$$d_{\text{avg}}(C_i, C_j) = \frac{1}{|C_i||C_j|} \sum_{x \in C_i} \sum_{z \in C_j} d(x, z) \tag{8.99}$$

式中,$|C_i|$ 和 $|C_j|$ 分别为 C_i 和 C_j 中样本的数目。

平均距离法由两个簇的所有样本共同决定簇间的距离,是最常用的一种簇间距离计算方法,相比前两种方法更合理。

聚合层次聚类算法是一种典型的基于自底向上合并策略的聚类算法,其算法流程如算法 8.5 所示。

算法 8.5　聚合层次聚类算法

输入:n 个样本的集合,距离度量,聚类数

第 1 步:计算 n 个样本两两之间的距离,得到距离矩阵;

第 2 步:构造 n 个簇,每个簇只包含一个样本;

第 3 步:将簇间距离最小的两个或多个簇合并为一个新簇;

第 4 步:计算新簇与其他各簇的距离,若簇的数目为 1(或达到指定的聚类数),则终止计算,否则,返回第 3 步。

输出:层次聚类树

例 8.14　已知 6 个样本的特征值分别为 1、2、5、7、9、10,试用最小距离法对它们进行聚类分析。

解　首先,将 6 个样本各自作为一簇,记为 $G_1, G_2, \cdots, G_6$,选择绝对距离作为样本间距离度量,得到 6 个簇间的距离矩阵,如表 8.15 所示。

表 8.15　6 个簇间的距离矩阵

簇	G_1	G_2	G_3	G_4	G_5	G_6
G_1	0					
G_2	1	0				
G_3	4	3	0			
G_4	6	5	2	0		
G_5	8	7	4	2	0	
G_6	9	8	5	3	1	0

此时，距离矩阵中最小值是 $d(G_1,G_2)=d(G_5,G_6)=1$，于是将 G_1 和 G_2 合并成新簇 G_7，G_5 和 G_6 合并成新簇 G_8，并计算新簇与其他簇的距离。采用最小距离法计算簇间距离，以 G_7 和 G_3 的距离计算为例，$d(G_7,G_3)=\min(d(G_1,G_3),d(G_2,G_3))=3$。1 步迭代后各簇间的距离矩阵如表 8.16 所示。

表 8.16　1 步迭代后各簇间的距离矩阵

簇	G_7	G_3	G_4	G_8
G_7	0			
G_3	3	0		
G_4	5	2	0	
G_8	7	4	2	0

此时，距离矩阵中最小值是 $d(G_3,G_4)=d(G_4,G_8)=2$，将 G_4 与 G_3、G_8 合并成新簇 G_9，计算它与其他簇的距离。2 步迭代后各簇间的距离矩阵如表 8.17 所示。

表 8.17　2 步迭代后各簇间的距离矩阵

簇	G_7	G_9
G_7	0	
G_9	3	0

最后，将 G_7 和 G_9 合并成 G_{10}，此时所有的样本聚为一簇，聚类过程结束。

由上述过程得到的层次聚类结果如图 8.46 所示，其中分支的长度对应各簇间的距离。

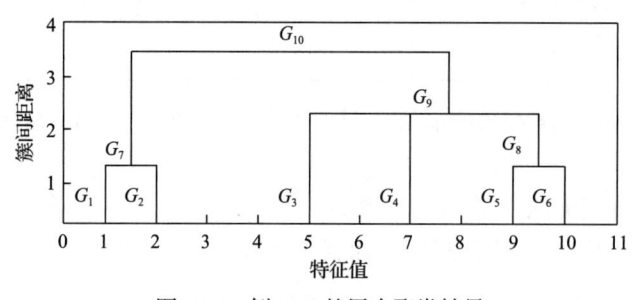

图 8.46　例 8.14 的层次聚类结果

基于层次的聚类算法的优点是：通常不需要预先指定聚类数，能够发现簇的层次关系，得到非球形簇。缺点是：计算复杂度高，对异常点敏感，可能聚类成链状。一旦一个合并或分裂步骤完成，就不能再撤销，因此错误的划分无法在后续得到更正。

3. 其他聚类算法

其他聚类算法有基于密度的聚类算法、基于网格的聚类算法、基于模型的聚类算法和基于模糊的聚类算法等。

1) 基于密度的聚类算法

基于密度的聚类算法假设聚类结构能够通过样本分布的紧密程度确定，从样本密度的角度来考察样本之间的可连接性，并基于可连接样本不断扩展簇，以获得最终的聚类结果。基于密度的聚类算法能够克服基于划分的聚类算法只能发现类球形簇的缺点，在无须事先获得聚类数的情况下，找到形状不规则的簇。

DBSCAN(density-based spatial clustering of applications with noise)是一种著名的基于密度的聚类算法，其超参数包括邻域半径ϵ和密度阈值MinPts。将每个样本点作为圆心，以ϵ为半径可以得到其ϵ邻域。统计ϵ邻域内的样本数目，作为该样本的密度值。根据样本的密度值，可将其分为如下类型：密度值大于或等于MinPts的点称为高密度点，否则称为低密度点；位于高密度点ϵ邻域内的低密度点称为边界点；不在任何高密度点ϵ邻域内的低密度点称为异常点。给定样本集$X=\{x_1,x_2,\cdots,x_n\}$，对于x_i和x_j，可以定义如下连接关系：如果x_j位于高密度点x_i的ϵ邻域内，那么称x_j由x_i密度直达；如果存在样本序列$p_1,p_2,\cdots,p_n$，$p_1=x_i$，$p_n=x_j$且p_{i+1}由p_i密度直达，那么称x_j由x_i密度可达；如果存在样本x_k，使得x_i和x_j均由x_k密度可达，那么称x_i与x_j密度相连。高密度点、边界点和异常点示意图如图8.47所示，令MinPts=3，单个点的邻域半径范围如虚线所示，其中C由A密度直达，E由C密度直达，因此E由A密度可达；类似地，H也由A密度可达；E与H密度相连。

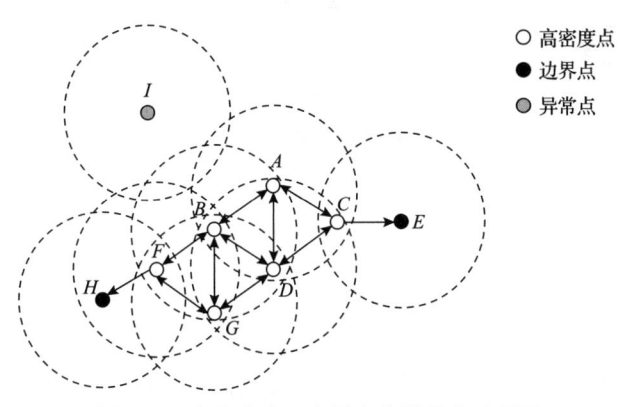

图8.47 高密度点、边界点和异常点示意图

DBSCAN算法将簇定义为由密度可达关系导出的密度相连样本的最大集合。DBSCAN算法的一般过程是：首先，根据给定的邻域参数(ϵ，MinPts)找出所有的高密度点；然后，从任一未访问过的高密度点出发，找到由其密度可达样本组成的簇；重复以上过程，直到所有高密度点均被访问到为止。在图8.47中，由高密度点A出发，通过访问其所有密度可达的点，可以得到簇$\{A,B,C,D,E,F,G,H\}$，I是异常点。

DBSCAN算法的优点是：不需要提前指定聚类数，能够实现自适应聚类；能够发现任意形状的簇；能够在聚类过程中发现异常点，对异常点不敏感。DBSCAN算法的缺点是：不适合于密度不均匀、各簇半径相差很大的数据集；当数据集规模较大时，算法的时间复杂度较高对超参数敏感。

2）基于网格的聚类算法

为了解决基于密度的聚类算法时间复杂度高的问题，研究人员提出了基于网格的聚类算法。此类算法将样本空间划分为有限个网格单元，将样本映射到网格单元中，然后以网格单元为对象进行基于密度的聚类。由于采用了子空间的概念来进行聚类，所以适合于处理高维数据，能够应用于大数据集，解决空间数据挖掘等问题，代表性算法有 CLIQUE、STING、WAVE-CLUSTER。

CLIQUE 算法有两个参数：一个是网格的步长，用于确定空间划分；另一个是密度的阈值，用于识别高密度单元。CLIQUE 算法的基本流程是：首先，划分网格；其次，利用网格单元内数据的统计信息对数据进行压缩表达；再次，基于这些统计信息判断高密度网格单元；最后，将相连的高密度网格单元识别为簇。图 8.48 给出了 CLIQUE 算法的一个应用实例。该算法的优点是：执行效率高，运行速度与样本的数目无关，而只依赖样本空间中每个维度上单元的个数；能够发现任意形状、任意大小的簇；计算结果与样本输入顺序无关，不要求预先指定聚类数等。其缺点是：依赖密度阈值的选择，对参数敏感；无法处理不规则分布的数据，受噪声影响较大；在处理高维数据时，网格单元的数目将随着特征维数的增加呈指数增加，存在维数灾难问题。

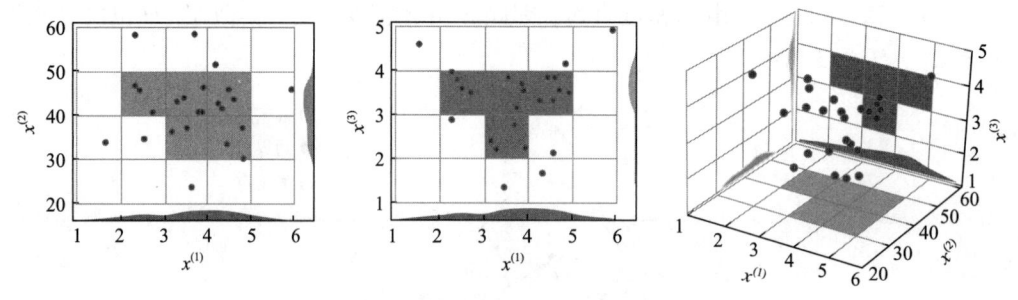

图 8.48 CLIQUE 算法结果示意图

3）基于模型的聚类算法

基于模型的聚类算法假设观测数据是从单元模型的有限组合中创建的，这里的单元模型是数据在空间中的密度分布函数或其他给定函数。算法试图找到给定数据与模型之间的最优拟合，主要包括基于概率模型的聚类算法，如高斯混合模型(Gaussian mixture model，GMM)聚类，以及基于神经网络模型的聚类算法，如自组织特征映射(self-organizing feature mapping，SOM)网络，尤其以基于概率模型的聚类算法居多。

基于概率模型的聚类算法假设数据是根据潜在的概率分布生成的，例如，高斯混合模型聚类假定数据可以用多个高斯分布的线性叠加来表示，学习高斯混合分布的过程就是从给定的数据集中找到每个高斯分布的均值和协方差的过程，高斯混合模型聚类结果示意图如图 8.49 所示。高斯混合模型聚类对于椭圆形分布的数据有效，其优点是：对簇的划分以概率形式表现，每一簇的特征也可以用参数来表达；其缺点是：计算量较大，对异常点敏感。

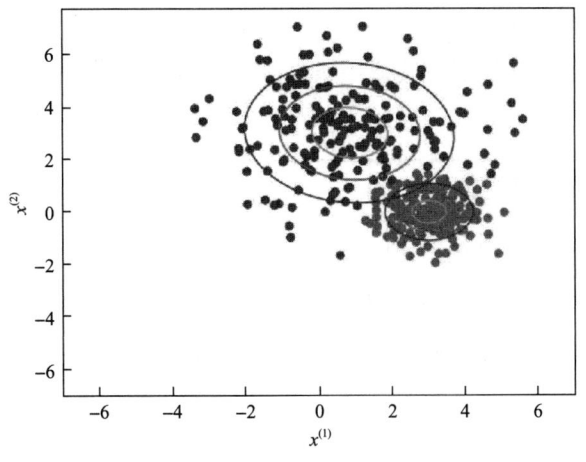

图 8.49 高斯混合模型聚类结果示意图

4) 基于模糊的聚类算法

将每个样本严格地划分到某个簇中的聚类算法属于硬划分方法，而基于模糊的聚类算法是一种软划分方法，样本可以不同的隶属度属于多个簇，典型方法有基于目标函数的模糊聚类算法、基于相似性关系和模糊关系的方法、基于模糊等价关系的传递闭包方法、基于模糊图论的最小支撑树方法等。其中，基于目标函数的模糊聚类算法应用最广泛，它将聚类归结为一个带约束的非线性规划问题，通过优化求解获得数据集的模糊划分和聚类结果，设计简单，易于实现。

模糊 C-均值(fuzzy C-mean，FCM)聚类算法是一种典型的基于目标函数的模糊聚类算法(见算法 8.6)，通过优化目标函数得到每个样本属于各个簇的隶属度，然后按照最大隶属度等模糊决策方法(见 7.3.2 节)，可以由隶属度矩阵 U 确定每个样本所属的簇。假设数据集为 X，总样本数为 n，聚类数为 k，第 i 簇的中心为 μ_i，样本 x_j 属于第 i 簇的隶属度为 u_{ij}，则待优化的问题为

$$\min_{U} \sum_{i=1}^{k} \sum_{j=1}^{n} u_{ij}^{b} \left\| x_j - \mu_i \right\|_2^2 \tag{8.100}$$

$$\text{s.t.} \quad \sum_{i=1}^{k} u_{ij} = 1, \quad j = 1, 2, \cdots, n$$

式中，b 为隶属度因子，一般取为 2；$\left\| x_j - \mu_i \right\|_2$ 为样本 x_j 到簇中心 μ_i 的欧氏距离。约束条件要求每个样本属于所有簇的隶属度之和为 1。

4. 聚类算法的比较

目前，聚类是机器学习中新算法出现最多、发展最快的领域。由于聚类属于无监督学习，不存在客观的评估标准，目前尚不存在通用的聚类算法。给定一个样本集，总能

从某个角度找到以往算法未覆盖的标准，从而设计出新的算法。各种聚类算法基于不同的假设对样本进行划分，分别有其适用条件和局限性，各种聚类算法的比较如表 8.18 所示。

算法 8.6　模糊 C-均值聚类算法

输入：数据集 X，聚类数 k，隶属度因子 b

第 1 步：标准化数据矩阵，随机初始化隶属度矩阵 U；

第 2 步：根据隶属度矩阵 U，通过下列公式计算簇中心，即

$$\mu_i = \frac{\sum_{j=1}^{n} u_{ij}^b x_j}{\sum_{j=1}^{n} u_{ij}^b}$$

更新隶属度矩阵 U 为

$$u_{ij} = \frac{1}{\sum_{l=1}^{k} \left(\frac{\|x_j - \mu_i\|_2}{\|x_j - \mu_l\|_2} \right)^{\frac{2}{b-1}}}$$

第 3 步：若 U 不变或变化小于给定阈值，则成功退出，否则，返回第 2 步。

输出：k 个簇的中心向量 μ 和 $k \times n$ 的隶属度矩阵 U

表 8.18　各种聚类算法的比较

聚类算法	基本思想	适用条件及典型算法	优缺点
基于划分的聚类算法	使簇内的样本足够近、簇间的样本足够远	适合数值型的凸数据集，典型算法是 k 均值聚类算法	优点：对于大型数据集简单有效，时间复杂度和空间复杂度低 缺点：需要预先设定 k，对初始簇中心敏感，对噪声和异常点敏感，只能用于数值型数据，不能用于非凸数据
基于层次的聚类算法	按照样本间的相似性进行合并或者分裂，直到所有样本合为一簇或分裂至单个样本	适合小规模数据集，典型算法是 AGNES、BIRCH 和 Chaneleon	优点：可解释性好，能够与 k 均值聚类算法联用，适用于非凸数据 缺点：时间复杂度高，贪婪算法，一步错步步错
基于密度的聚类算法	先发现高密度点，然后将密度可达的点逐步连成一片，进而形成簇	适用于密度较均匀、各簇半径相差不大的数据集，典型算法是 DBSCAN	优点：对噪声不敏感，能发现任意形状的簇 缺点：对超参数设置敏感
基于网格的聚类算法	将样本按照一定的规则映射到网格单元中，根据预先设定的阈值判断高密度单元，由相连的高密度单元组成簇	一般与基于密度的聚类算法结合使用，常见算法有 STING、wave-cluster、Clique	优点：聚类速度快 缺点：对超参数敏感，无法处理不规则分布的数据，存在维数灾难，算法精度不高

续表

聚类算法	基本思想	适用条件及典型算法	优缺点
基于模型的聚类算法	给每个簇预先假定一个模型,寻找数据对给定模型的最优拟合	基于概率模型的聚类算法,如GMM;基于神经网络模型的聚类算法,如SOM	优点:样本以概率等形式被分到各簇中 缺点:在数据量较少且分布较广的情况下,执行效率不高
基于模糊的聚类算法	基于模糊集理论进行聚类,样本以一定的概率属于某个簇	适用于具有模糊性的数据,典型算法是FCM	优点:克服了非此即彼的问题,对满足正态分布的数据聚类效果好 缺点:不能确保收敛于最优解,性能依赖初始簇中心

8.3.4 聚类性能的评估

聚类性能的评估是指通过聚类有效性指标来评估聚类算法性能并帮助选择超参数。聚类有效性指标主要包括内部有效性指标和外部有效性指标。

1. 内部有效性指标

内部有效性指标基于样本结构信息,从紧密度、分离度、连通性和重叠度等方面评估聚类效果。常见的内部有效性指标有轮廓系数(silhouette coefficient)、CH(Calinski-Harabaz)指数、戴维森堡丁指数(Davies-Bouldin index,DBI)和邓恩指数(Dunn validity index,DVI)等。

1) 轮廓系数

轮廓系数是由 Rousseeuw(1987)提出的聚类效果评估指标。它综合考虑紧密度和分离度两种因素,在相同数据集的基础上评估不同算法或者算法不同运行方式对聚类结果的影响。其中,紧密度衡量同簇样本之间是否足够相似,分离度衡量不同簇样本之间是否足够相异。样本 x_i 的轮廓系数定义为

$$S_i = \frac{b_i - a_i}{\max(a_i, b_i)} \qquad (8.101)$$

式中,a_i 为样本 x_i 与同簇内其他样本距离的平均值,反映了簇内样本的不相似程度;b_i 为样本 x_i 与其他非同簇样本距离平均值中的最小值(对于 x_i 的每个非同簇,可以计算得到 x_i 与其中所有样本的距离的平均值,b_i 为这些平均值中的最小值),反映了簇间样本的不相似程度。

聚类结果的轮廓系数 S 定义为所有样本 S_i 的均值,取值在区间[-1,1]内,S 值越大,说明聚类效果越好,因此可以选择 S 值最大的聚类数作为基于划分的聚类算法的聚类数。

2) CH 指数

CH 指数是用于评估聚类效果以及选择最优聚类数的指标。CH 指数的计算公式为

$$\mathrm{CH} = \frac{\sum_{i=1}^{k} n_i (\mu_i - \mu)^{\mathrm{T}} (\mu_i - \mu)}{\sum_{i=1}^{k} \sum_{x \in C_i} (x - \mu_i)^{\mathrm{T}} (x - \mu_i)} \cdot \frac{n-k}{k-1} \tag{8.102}$$

式中，n_i 为第 i 簇的样本数；μ_i 为第 i 簇的中心；μ 为所有样本的中心。

CH 指数值越大，说明聚类效果越好，因此可以选择 CH 指数值最大的聚类数作为基于划分的聚类算法的聚类数。

3) 戴维森堡丁指数

戴维森堡丁指数(DBI)又称为分类适确性指标。假设簇划分结果为 $C = \{C_1, C_2, \cdots, C_k\}$，DBI 的计算公式为

$$\mathrm{DBI} = \frac{1}{k} \sum_{i=1}^{k} \max_{j \neq i} \left(\frac{\mathrm{avg}(C_i) + \mathrm{avg}(C_j)}{d_{\mathrm{cen}}(C_i, C_j)} \right) \tag{8.103}$$

式中，$\mathrm{avg}(C_i)$ 和 $\mathrm{avg}(C_j)$ 为 C_i 和 C_j 内样本间的平均距离；$d_{\mathrm{cen}}(C_i, C_j)$ 为 C_i 和 C_j 中心间的距离。

该指标考察了任意两个簇的簇内距离之和与簇间距离之比。DBI 值越小，表明簇内距离越小，簇间距离越大，聚类效果越好。

4) 邓恩指数

邓恩指数(DVI)的计算公式为

$$\mathrm{DVI} = \min_{1 \leq i \leq k} \left(\min_{j \neq i} \left(\frac{d_{\min}(C_i, C_j)}{\max_{1 \leq l \leq k} \mathrm{diam}(C_l)} \right) \right) \tag{8.104}$$

式中，$d_{\min}(C_i, C_j)$ 为 C_i 和 C_j 中最近样本间的距离；$\mathrm{diam}(C_l)$ 为 C_l 内样本间的最远距离。

该指标考察了任意两个簇的样本间最小距离与任意簇中样本间最大距离之商。该值越大，聚类效果越好。

2. 外部有效性指标

外部有效性指标是指通过比较聚类结果与外部准则的匹配度，评估不同聚类算法的性能。这里的外部准则是有标签的数据、人工标准或领域专家给出的参考模型。外部有效性指标主要有纯度(purity)、归一化互信息(normalized mutual information, NMI)、Jaccard 系数(Jaccard coefficient, JC)、FM 指数(Fowlkes and Mallows index, FMI)、Rand 指数(Rand index, RI)。以上指标的取值均在区间 [0,1] 内，值越大表明聚类结果与参考模型给出的分类结果越吻合，聚类效果越好。

1) 纯度

纯度的计算公式为

$$\text{purity}(C,C^*) = \frac{1}{n}\sum_{i=1}^{k}\max_{j}\left|C_i\cap C_j^*\right| \tag{8.105}$$

式中，$C=\{C_1,C_2,\cdots,C_k\}$ 表示簇划分；$C^*=\{C_1^*,C_2^*,\cdots,C_N^*\}$ 表示参考模型给出的类别划分；$\left|C_i\cap C_j^*\right|$ 表示同时出现在第 i 簇和第 j 类中的样本数。

在计算过程中，首先为每个簇分配一个类别，使得这个类别的样本在该簇中出现次数最多，然后计算所有 k 个簇的该次数之和再进行归一化，最终得到纯度值。纯度直观，计算简单，但是没有考虑聚类效果与聚类数之间的关系，当聚类数达到一定数量时，纯度值接近于 1。

例 8.15 根据如图 8.50 所示的聚类结果（第 1、2、3 簇）和参考模型的类别标签（表示为×、○和□），计算聚类的纯度。

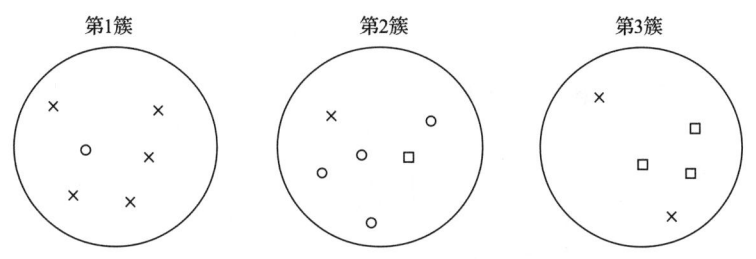

图 8.50 聚类结果和参考模型类别标签

解 在第 1 簇中类别为×的样本数最多，为 5；在第 2 簇中类别为○的样本数最多，为 4；在第 3 簇中类别为□的样本数最多，为 3；总样本数为 17。代入式(8.105)，得

$$\text{purity} = \frac{1}{17}\times(5+4+3) \approx 0.7059$$

2) 归一化互信息

归一化互信息指标来源于信息论，常用于衡量两个数据分布的吻合程度，这里通过类簇的归一化互信息来评估聚类效果。归一化互信息的计算公式为

$$\text{NMI}(C,C^*) = \frac{I(C,C^*)}{\big(H(C)+H(C^*)\big)/2} \tag{8.106}$$

式中，$I(C,C^*)$ 为 C 与 C^* 的互信息，计算公式为

$$I(C,C^*) = \sum_{i=1}^{k}\sum_{j=1}^{N}P(C_i\cap C_j^*)\log_2\frac{P(C_i\cap C_j^*)}{P(C_i)P(C_j^*)} \tag{8.107}$$

式中，$P(C_i)$、$P(C_j^*)$、$P(C_i\cap C_j^*)$ 分别为样本属于簇 C_i、属于类别 C_j^* 以及同时属于二

者的概率。

$H(C)$ 表示 C 的熵，计算公式为

$$H(C) = -\sum_{i=1}^{k} P(C_i) \log_2 P(C_i) \tag{8.108}$$

式(8.106)利用簇和参考类的熵对互信息进行归一化，保证只有当聚类数在合理范围内时，归一化互信息才能取得最大值。

3) Jaccard 系数

Jaccard 系数用于衡量聚类结果与参考类别之间的相似性，计算公式为

$$JC(C, C^*) = \frac{|C \cap C^*|}{|C| + |C^*| - |C \cap C^*|} \tag{8.109}$$

式中，$|C|$ 和 $|C^*|$ 分别为 C 和 C^* 中的样本数。

8.4 半监督学习

半监督学习能够充分发挥数据的价值，从规模巨大、结构多样的数据中挖掘潜在规律，是近年来机器学习中比较活跃的研究方向。

8.4.1 半监督学习的基本思想

假设在半监督学习中，数据集 D 包括两部分：有标签样本集 $D_l = \{(x_1, y_1), (x_2, y_2), \cdots, (x_l, y_l)\}$ 和无标签样本集 $D_u = \{(x_{l+1}, x_{l+2}, \cdots, x_n)\}$。有标签样本集的规模通常远小于无标签样本集的规模。单独使用有标签样本可以建立有监督学习算法，但是由于训练样本不足，往往泛化能力不佳。如果同时使用有标签样本和无标签样本，那么有两类方法：一类是在有监督学习算法中加入无标签样本，增强有监督学习的效果，此类方法可以看作带有额外数据分布信息的有监督学习，在半监督学习中使用较多，然而，当大量无标签样本的类别和性质预先未知，必须通过数据推断得到时，此类方法不容易实施；另一类在无监督学习算法中加入有标签样本，增强无监督学习的效果，此类方法可以看作有约束引导的无监督学习。

半监督学习的基本前提是：假设无标签样本所揭示的数据分布信息与类别标注是有联系的，即相似的样本拥有相似的输出。尽管无标签样本不直接包含标签信息，但是如果它们是与有标签样本从同样的数据源中独立同分布采样获得的，那么它们所包含的关于数据分布的信息对于分类是有帮助的。无标签样本对于分类的作用示意图如图 8.51 所示，相比仅根据有标签样本得到的分类边界(图 8.51(a))，利用无标签样本的分布信息得到的分类边界(图 8.51(b))更加明确。因此，使用无标签样本可以提高分类边界的准确性

和模型的鲁棒性。

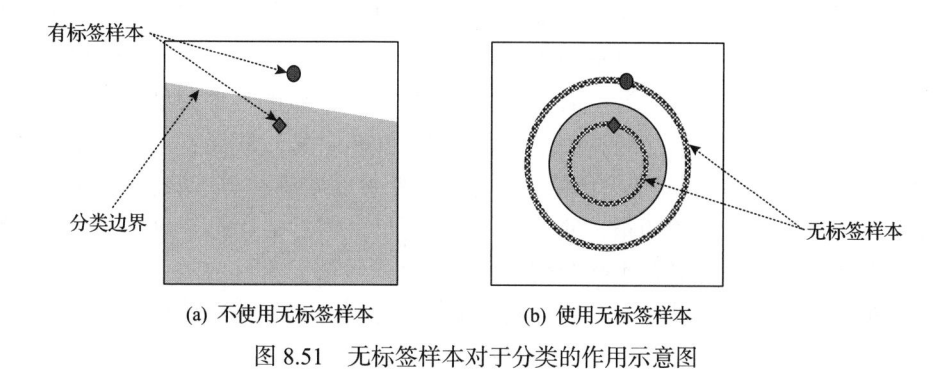

图 8.51 无标签样本对于分类的作用示意图

8.4.2 半监督学习的主要方法

常见的半监督学习包括生成式方法、半监督支持向量机、半监督聚类等。

1. 生成式方法

生成式方法是基于生成式模型的方法，需要先对联合分布 $P(x,c)$ 建模（x 表示样本，c 表示其所属的类），然后进一步求解 $P(c|x)$。此类方法假定所有数据都是由同一个潜在的模型生成出来的，这使得能够通过潜在模型的参数将无标签样本与学习目标联系起来。

半监督的高斯混合模型是一种典型的生成式模型。假定样本总体满足一个高斯混合分布，即由多个高斯分布组合而成，且每个高斯分布代表一个高斯混合成分。给定有标签样本集 D_l 和无标签样本集 D_u，高斯混合分布的概率密度函数为

$$P(x) = \sum_{i=1}^{N} \alpha_i \cdot P(x|\mu_i, S_i) \tag{8.110}$$

式中，N 为所有可能的类别数；$P(x|\mu_i, S_i)$ 为样本 x 属于第 i 个高斯混合成分的概率；α_i 为混合系数，$\alpha_i \geq 0$；μ_i 和 S_i 分别为第 i 个高斯混合成分的均值向量和协方差矩阵。

不失一般性地，假设第 i 个类对应第 i 个高斯混合成分。与高斯混合聚类算法相似，半监督的高斯混合模型的主要任务是估计各个高斯混合成分的参数以及混合系数，不同的是：对于有标签样本，它们不再可能属于每一个高斯混合成分，而是只能属于真实类标签对应的特定高斯混合成分。$D_l \cup D_u$ 的对数似然为

$$\mathrm{LL}(D_l \cup D_u) = \sum_{(x_j, y_j) \in D_l} \ln\left(\sum_{i=1}^{N} \alpha_i \cdot P(x_j|\mu_i, S_i) \cdot P(y_j|\Theta = i, x_j)\right) + \sum_{x_j \in D_u} \ln\left(\sum_{i=1}^{N} \alpha_i \cdot P(x_j|\mu_i, S_i)\right) \tag{8.111}$$

式中，$P(y_j|\Theta = i, x_j)$ 为 x_j 由第 i 个高斯混合成分生成且其对应标签为 y_j 的概率。

直观上，半监督的高斯混合模型整合了贝叶斯分类器与高斯混合模型聚类的核心思想，有效利用了无标签样本隐含的分布信息，从而使得参数的估计更加准确。可以利用最大期望(expectation-maximization, EM)算法求解，估计高斯混合模型的参数$\{\alpha_i, \mu_i, S_i\}$ $(i=1,2,\cdots,N)$。最大期望算法是在依赖无法观测的隐藏变量的概率模型中，寻找参数最大似然估计或者最大后验估计的算法。最大期望算法的一般过程是：第一步是计算期望(E)，利用概率模型参数的现有估计值，计算隐藏变量的期望；第二步是最大化(M)，利用E步中求得的隐藏变量的期望，对参数模型进行最大似然估计，将M步中找到的参数估计值用于下一个E步计算；不断交替进行以上两个步骤，直到收敛。

首先对各个高斯混合成分的参数及混合系数进行随机初始化，然后根据当前模型计算无标签样本x_j属于各高斯混合成分的概率γ_{ji}，公式为

$$\gamma_{ji} = \frac{\alpha_i \cdot P(x_j|\mu_i, S_i)}{\sum_{i=1}^{N} \alpha_i \cdot P(x_j|\mu_i, S_i)} \tag{8.112}$$

再计算最大化似然函数，即将LL(D)分别对α、μ和S求偏导，基于γ_{ji}更新模型参数。

$$\mu_i = \frac{1}{\sum_{x_j \in D_u} \gamma_{ji} + l_i} \left(\sum_{x_j \in D_u} \gamma_{ji} x_j + \sum_{(x_j, y_j) \in D_l \wedge y_j = i} x_j \right) \tag{8.113}$$

$$S_i = \frac{1}{\sum_{x_j \in D_u} \gamma_{ji} + l_i} \left[\sum_{x_j \in D_u} \gamma_{ji} (x_j - \mu_i)^{\mathrm{T}} (x_j - \mu_i) + \sum_{(x_j, y_j) \in D_l \wedge y_j = i} (x_j - \mu_i)^{\mathrm{T}} (x_j - \mu_i) \right] \tag{8.114}$$

$$\alpha_i = \frac{1}{n} \left(\sum_{x_j \in D_u} \gamma_{ji} + l_i \right) \tag{8.115}$$

式中，l_i为第i类有标签样本数。

在参数迭代更新收敛后，对于待预测样本x，可以计算出x由第i个高斯混合成分生成的后验概率为

$$P(\Theta = i|x) = \frac{\alpha_i \cdot P(x|\mu_i, S_i)}{\sum_{i=1}^{N} \alpha_i \cdot P(x|\mu_i, S_i)} \tag{8.116}$$

找出概率最大的类即可，预测结果为

$$\hat{y} = \max_{j \in \{1,2,\cdots,N\}} \sum_{i=1}^{N} P(y = j|\Theta = i, x) \cdot P(\Theta = i|x) \tag{8.117}$$

式中，$P(y=j|\Theta=i,x)$ 为 x 由第 i 个高斯混合成分生成且其类别为 j 的概率。当且仅当 $i=j$ 时，$P(y=j|\Theta=i,x)=1$，否则，$P(y=j|\Theta=i,x)=0$。

生成式方法简单，易于实现，可以将数据的分布信息自然地加入到模型中。但是，此类方法十分依赖对潜在数据分布的假设，即要求假设的分布与真实分布相吻合，否则，利用无标签样本将会导致更多的错误，从而降低模型的泛化能力。因此，此类方法要求具有充分可靠的领域知识。

2. 半监督支持向量机

半监督支持向量机(semi-superviesed support vector machine，S3VM)是支持向量机在半监督学习中的推广。有监督学习的支持向量机试图找到一个分类超平面，使得两侧支持向量之间的间隔最大。而半监督支持向量机在考虑无标签样本后，试图找到能将两类有标签样本分开且穿过数据低密度区域的分类超平面，半监督支持向量机示意图如图 8.52 所示。

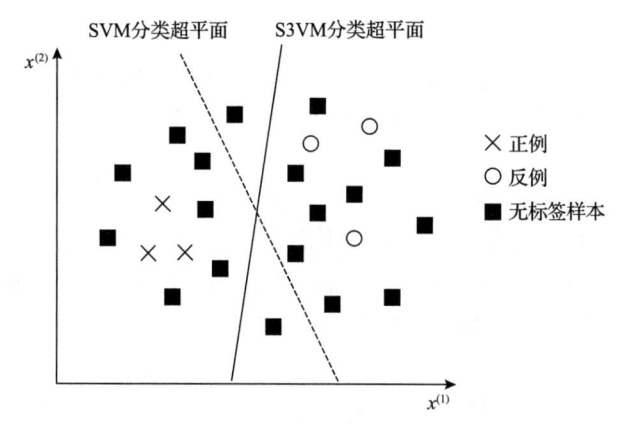

图 8.52 半监督支持向量机示意图(周志华，2017)

直推式支持向量机(transductive support vector machine，TSVM)是半监督支持向量机的代表性方法(Joachims, 1999)，其核心思想是：尝试为无标签样本找到合适的类别标签，使得超平面划分后的间隔最大化。TSVM 采用局部搜索的策略来进行迭代求解，首先使用有标签样本集训练出一个初始支持向量机，然后使用该分类器对无标签样本进行类别划分，这样所有样本都有了标签，并基于这些有标签样本重新训练支持向量机，之后再寻找易出错样本不断调整。

给定有标签样本集 D_l 和无标签样本集 D_u，TSVM 的学习目标是为 D_u 中的样本给出预测结果 $\hat{y}=(\hat{y}_{l+1},\hat{y}_{l+2},\cdots,\hat{y}_n)$，对应的优化问题为

$$\min_{w,b,\hat{y},\xi} \frac{1}{2}\|w\|_2^2 + C_l\sum_{i=1}^{l}\xi_i + C_u\sum_{i=l+1}^{n}\xi_i \tag{8.118}$$

$$\text{s.t.} \quad y_i(w^\mathrm{T}x_i+b)\geqslant 1-\xi_i, \quad i=1,2,\cdots,l$$

$$\hat{y}_i\left(w^\mathrm{T} x_i + b\right) \geq 1 - \xi_i, \quad i = l+1, l+2, \cdots, n$$

$$\xi_i \geq 0, \quad i = 1, 2, \cdots, n$$

式中，ξ_i 为与每个样本对应的松弛因子；C_l 和 C_u 分别为衡量有标签样本与无标签样本重要程度的折中参数，用于平衡模型复杂度，由用户指定。

TSVM 采用局部搜索来迭代地寻找式(8.118)的近似解。具体来说，它先利用有标签样本学习得到一个 SVM，即忽略式(8.118)中与 C_u 和 $\hat{y}$ 相关的项及约束。然后，利用该 SVM 对无标签样本进行标签指派，即将 SVM 预测的结果作为伪标签赋予无标签样本。此时，$\hat{y}$ 成为已知，将其代入式(8.118)即可得到一个标准 SVM 问题，求解出新的分类超平面和松弛因子；注意到此时无标签样本的伪标签很可能不准确，因此 C_u 要设置为比 C_l 小的值，使得有标签样本所起的作用更大。接下来，TSVM 找出两个标签指派为不同类且很可能发生错误的无标签样本，交换它们的标签，再重新基于式(8.118)求解出更新后的分类超平面和松弛因子，然后再找出两个标签指派为不同类且很可能发生错误的无标签样本。以此类推，标签指派调整完成后，逐渐增大 C_u，以提高无标签样本对优化目标的影响，进行下一轮标签指派调整，直至 $C_u = C_l$ 为止，此时求解得到的 SVM 不仅对无标签样本集 D_u 进行了标注，还能对未知样本进行预测。

3. 半监督聚类

传统无监督聚类算法在划分样本时并不需要任何标签信息，但在实际应用中，存在少量带有独立类标签或成对约束的有监督信息的样本。例如，在图像检索、语音识别、导航等问题中，往往难以获取数据的标签，但是用户可以指定两个样本是否属于同一簇。研究人员致力于将这些为数不多的有监督信息用于聚类，以得到更优的聚类结果，从而提出了半监督聚类。半监督聚类借助已有的监督信息来辅助聚类的过程，以获得更好的聚类结果。基于不同的聚类思想可以形成不同的半监督聚类算法，如半监督层次聚类算法、半监督密度聚类算法和半监督谱聚类算法等。

一般而言，监督信息主要有两种类型：第一类是必连约束与勿连约束，必连约束是指两个样本必定属于同一个簇，勿连约束是指两个样本必定不属于同一个簇，必连约束与勿连约束示意图如图 8.53 所示；第二类是标签信息，即少量的样本带有真实的标签。按照监督信息的不同，半监督的 k 均值聚类算法分为两类：一类是带有约束关系的 k 均值聚类算法，在迭代过程中对每个样本进行簇划分时，需要检查当前划分是否满足约束关系，若不满足，则将该样本划分到距离次小对应的簇中，再继续检查是否满足约束关系，直到完成所有样本的划分；另一类是带有少量标签样本的 k 均值聚类算法，可以利用有标签样本进行簇中心的指定，同时在对样本进行划分时，不需要改变这些有标签样本的类别隶属关系，直接将其划分到对应簇即可。

4. 基于分歧的方法

基于分歧的方法通过多个分类器之间的分歧和多样性来利用无标签样本，协同训练

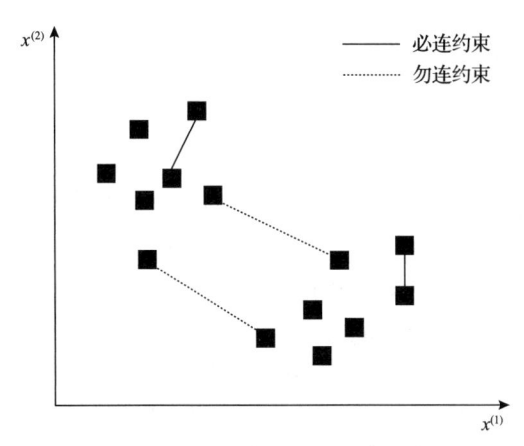

图 8.53 必连约束与勿连约束示意图

就是其中的一种经典方法。协同训练最初是针对多视图数据设计的，多视图数据是指样本具有多个属性集，每个属性集对应一个视图，例如，电影数据包含画面类属性和声音类属性，每类属性的集合对应一个视图。协同训练可以很好地利用多视图数据的相容互补性。相容性是指使用单个视图数据训练出的分类器的输出空间是一致的，如都是{好，坏}、{+1, −1}等。互补性是指不同视图所提供的信息是互补/相辅相成的，实质上体现的是集成学习的思想。

协同训练过程示意图如图 8.54 所示，首先基于有标签样本在每个视图上训练一个初始分类器，然后让每个分类器去挑选分类置信度最高的无标签样本并赋予伪标签，再将带有伪标签的样本传给另一个分类器去学习，从而实现分类器的共同进步。这种互相学习的过程不断迭代进行，直到分类器都不再发生变化，或者达到预先设定的迭代次数。

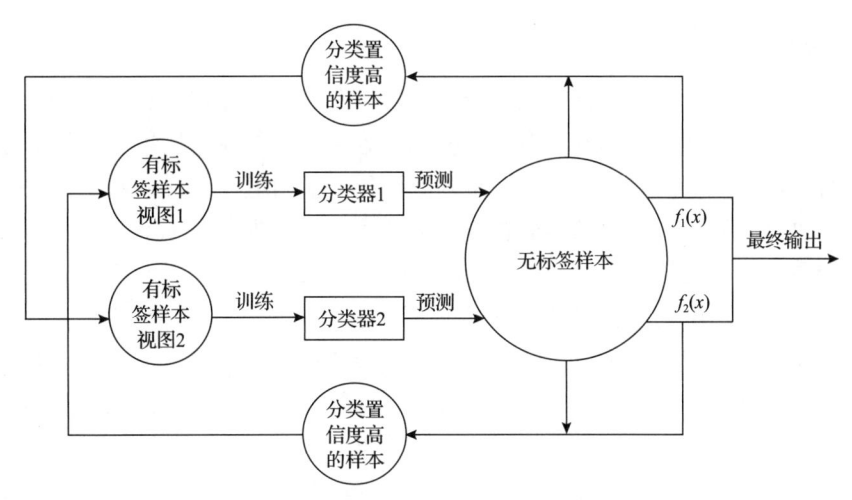

图 8.54 协同训练过程示意图

基于分歧的方法简单有效，理论基础相对坚实，适用范围较为广泛。如果采用的基学习器比较合适，那么此类方法较少受到模型假设、损失函数非凸性和数据规模问题的影响。使用此类方法的关键是要生成具有显著分歧、性能尚可的多个分类器。但是当有标签样本很少，尤其是数据不具有多视图时，要做到这一点并不容易，需要有巧妙的设计。

5. 基于图的方法

基于图的方法是近年来半监督学习中研究最活跃的方法之一，通过图结构反映节点之间的相似性，将大量无标签样本加入模型训练中以提升分类效果。基于图的方法将数据集映射为图，每个样本对应于图中的一个节点，若两个样本之间的相似性很高，则对应的节点之间存在一条边，边的强度正比于样本之间的相似性。假设有标签样本对应的节点是染过色的，无标签样本对应的节点尚未染色，那么半监督学习就对应于颜色在图中扩散或传播的过程。因为一个图对应一个矩阵，所以可以基于矩阵运算进行半监督学习。根据相似的样本具有相似的标签，对无标签样本所属的类别进行预测。

基于图的方法主要包括两个步骤：使用有标签样本和无标签样本构造能够表达数据内在结构的图；利用图推导算法对无标签样本进行标签推断。构造图是基于图的方法的前提，图的好坏会直接影响分类的效果及效率。构造图的方法有很多种，基于不同的相似性度量矩阵构建策略将得到不同的图。根据图的不同，可以设计出不同的目标函数，从而形成不同的基于图的方法。构造的图能否真实地反映数据的原始拓扑关系，如何通过样本本身及构造的图来设计目标函数，以及如何对目标函数进行优化，是基于图的方法要解决的关键问题。典型的基于图的方法包括图最小分割算法、高斯随机场与和谐函数算法、局部与全局一致算法和流形正则化算法等。

基于图的方法充分利用了数据之间的关系，具有坚实的理论基础和明确的目标函数，分类性能良好且易于求解。此类方法一般只返回无标签样本的预测值，而不返回决策函数本身。

8.4.3 半监督学习的应用

半监督学习已广泛应用于社交网络分析、文本分类、机器视觉和生物医学信息处理等诸多领域，尤其是无标签样本比有标签样本更容易获取的应用场景。在文本分类中，通过半监督学习的生成式方法可以将文本划分到各个新闻组（Zelikovitz et al., 2000）。在生物信息学领域，利用聚类核的半监督学习算法可以基于少量有标签的蛋白质家族或超家族数据预测未知蛋白质所属的类别（Weston et al., 2003）。

但是半监督学习中仍存在很多有待解决的问题。

首先，半监督学习的理论分析还不够深入。半监督学习通常假定训练数据是随机选取的，即有标签样本和无标签样本独立同分布，但是在实际应用中，无标签样本可能来自与有标签样本分布不同或未知的场景。大部分半监督学习基于无噪声干扰的数据，没有充分考虑噪声干扰下无标签样本分布的不确定性以及复杂性，缺少对于标签错误或约束不正确时学习性能的深入分析。

其次，半监督学习的模型选择缺乏依据。目前，大部分半监督学习算法是由有监督学习算法或无监督学习算法扩展而来的，需要根据先验知识确定学习算法和训练参数。当选取的半监督学习算法与学习任务不匹配或者超参数的设定不合适时，半监督学习的性能可能比有监督学习或无监督学习的性能更差。如何为学习任务选取合适的半监督学习算法及超参数，仍是有待深入研究的课题。

再次，半监督学习算法有待发展。半监督学习问题大多为非凸、非平滑问题，或者整数规划和组合优化问题，存在多个局部最优解。需要采用各种松弛方法将目标函数优化问题近似转换为凸优化问题或连续优化问题，不易得到全局最优解。算法的时空复杂度较高，问题求解依赖最优化理论的突破。

最后，现有的半监督学习算法主要用于解决半监督分类问题或半监督聚类问题，对于半监督回归问题的求解方法有待进一步研究。

8.5 强化学习

强化学习的概念来源于行为心理学，用于描述生物为了趋利避害而改变自己行为的学习过程，后来被引入人工智能领域。在强化学习中，Agent 在一个复杂不确定的环境中以试错的方式进行学习，通过与环境交互获得奖励指导行动，以获得最大的累积奖励为目标。

8.5.1 强化学习的基本思想

强化学习，也称为再励学习、评估学习或增强学习，适合于求解无法直接得到监督信息、只能得到环境反馈的连续决策问题。在很多应用场景中，难以通过人工标注来获得数据标签，例如，想要通过有监督学习来训练一个围棋模型，需要收集大量的不同棋局状态及其对应的最优落子位置(动作)。这在实践中是比较困难的，一方面，对于每个棋局状态，即使是专家也很难给出"正确"动作；另一方面，获取大量数据的成本较高。对于此类任务，虽然很难知道每一步的"正确"动作，但是其最终的结果(即赢、输)很容易获得。因此，可以基于大量的模拟数据，由最终的结果(奖励)来倒推每一步动作的好坏，从而学习出"最优"的下棋策略(状态-动作映射)。

强化学习的特点是：没有监督信息，仅为当前状态给出奖励，Agent 并不知道什么样的动作才是最好的；评估有延迟，往往需要经过很多步之后才知道当时的选择是好还是坏，有时需要牺牲一部分当前利益以最大化未来奖励；有时间顺序性，交互产生的数据不是独立同分布的，每个动作都会影响下一步状态，需要优化一系列的动作序列以得到更好的结果。例如，一盘围棋可能涉及上百次落子，这些动作之间是相互关联的，不同的布局方式可能导致算法在后期采取不同的策略。在强化学习中，为了收集信息，Agent 需要主动地与环境交互，通过执行动作影响环境并获得每个动作的即时奖励。Agent 需要在探索环境以获得更多信息与利用已有信息之间进行选择，存在探索和利用的权衡问题。

1. 强化学习的基本要素

强化学习的基本要素有：Agent，是指能够进行学习和执行动作的智能主体；动作

(action，A)，是 Agent 对环境产生影响的方式，是环境接收到的 Agent 基于当前状态的输出；环境(environment，E)，是 Agent 面对的场景，包括所有与 Agent 有相互作用的事物；状态(state，S)，是 Agent 对于环境理解的内部表示，包括所有能够影响 Agent 做出下一个动作的信息；奖励(reward，R)，是 Agent 执行特定动作时获得的即时收益，是由环境给出的一种标量的反馈信号；策略(policy，P)，是 Agent 根据当前状态决定下一步动作的函数，指定了 Agent 在特定状态下的行动方式。表 8.19 给出了几个典型问题的强化学习要素，由于策略需要由强化学习算法确定，所以这里没有给出策略。

表 8.19 典型问题的强化学习要素

Agent	环境	状态	动作	奖励
步行机器人	有障碍的室内场地	机器人各关节的角度与位置	在关节上施加一定的力矩	成功向前移动1步，加1分，否则，记0分
打飞机游戏	有对抗的游戏场景	游戏每时刻的输入画面	按上、下、左、右的游戏控制键	实时游戏得分
围棋	由双方共同确定的棋局	棋局中所有棋子的位置	在某个位置落子	最终赢棋加1分，输棋记0分
投递无人机	无障碍的城市上空	无人机的位置、速度、加速度、飞行姿态等	上升、下降、加速、减速、转弯等	成功投递加1分，否则，记0分

在强化学习过程中，Agent 从环境中获取状态，根据状态输出一个动作，并在环境中执行动作。环境根据 Agent 的动作，输出下一个状态以及当前动作得到的奖励。图 8.55 给出了强化学习各要素之间的关系，Agent 在状态 s_t 下采取动作 a_t，到达状态 s_{t+1}，并且从环境中得到奖励 r_{t+1}。

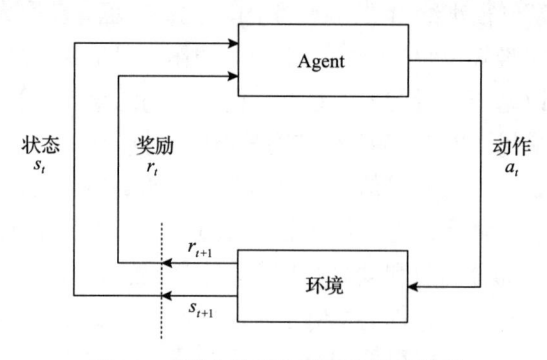

图 8.55 强化学习各要素之间的关系

2. 强化学习问题的建模

强化学习是一个与时间有关的序列决策问题，绝大多数的强化学习问题可以形式化地表示为一个马尔可夫决策过程(Markov decision process，MDP)。在一个随机过程 $\{s_0, s_1, \cdots, s_n\}$ 中，如果 $t+1$ 时刻的状态 s_{t+1} 只与 t 时刻的状态 s_t 相关，而与 t 时刻之前的状态无关，那么称该过程满足马尔可夫性(或无后效性)。马尔可夫性可以形式化地表示为

$$P(s_{t+1}|s_0,s_1,\cdots,s_t) = P(s_{t+1}|s_t), \quad t = 0,1,2,\cdots \tag{8.119}$$

式中，$P(s_{t+1}|s_t)$ 为 $t+1$ 时刻的状态 s_{t+1} 在 t 时刻的状态 s_t 条件下的概率。

具有马尔可夫性的随机过程称为马尔可夫过程。马尔可夫决策过程在马尔可夫过程的基础上加入了奖励和决策(即动作)，即 s_{t+1} 和 r_{t+1} 出现的概率只取决于前一个状态 s_t 和前一个动作 a_t，并且与 t 时刻之前的状态和动作无关，有

$$P(s_{t+1}|s_0,a_0,\cdots,s_t,a_t) = P(s_{t+1}|s_t,a_t), \quad t = 0,1,2,\cdots \tag{8.120}$$

马尔可夫决策过程可以表示为一个五元组 $\text{MDP} = (S,A,\pi,R,\gamma)$，其中，$S$ 为状态集合；A 为动作集合；π 为策略函数；R 为奖励函数；γ 为折损率。策略实现从状态到动作的映射，分为确定性策略和随机性策略。确定性策略 π 是一个确定性函数，Agent 在状态 s 下一定会采取动作 a，即 $a = \pi(s)$。随机性策略是表示在当前状态 s 下采取某个动作 a 的概率，即

$$\pi(a|s) = P(a_t = a|s_t = s) \tag{8.121}$$

通过 Agent 与环境交互，马尔可夫决策过程得到的序列为 $s_0,a_0,r_1,s_1,a_1,r_2,\cdots,s_{t-1},a_{t-1},r_t,\cdots$。由状态、动作和奖励所组成的一个历史序列称为一条轨迹(trajectory)。

马尔可夫决策过程的状态转移与马尔可夫过程的状态转移存在一定的区别(图 8.56)。在马尔可夫过程中，根据当前状态通过转移概率可以直接决定下一个状态，而在马尔可夫决策过程中，Agent 在当前状态下，首先要决定采取哪一个动作。因为采取哪一个动作具有一定的不确定性，所以在当前状态和采取的动作决定之后，Agent 未来的状态也是一个概率分布。在从当前状态到未来状态的转移过程中，马尔可夫决策过程相比马尔可夫过程多了一个决策层。在马尔可夫决策过程中，动作是由策略决定的，Agent 会采取动作来决定未来的状态转移。

(a) 马尔可夫过程　　(b) 马尔可夫决策过程

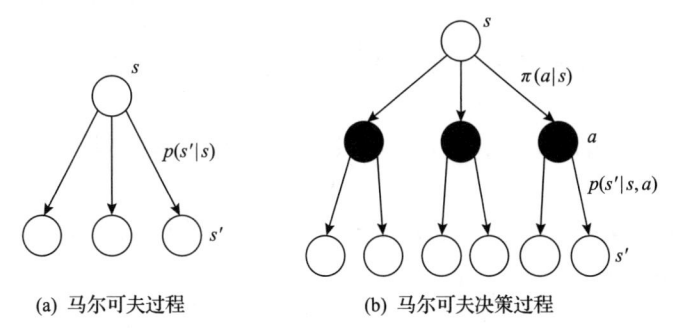

图 8.56　马尔可夫过程与马尔可夫决策过程的状态转移对比(王琦等，2022)

3. 强化学习的任务

强化学习的任务是利用交互得到的奖励来学习在当前状态下的最优策略，即最大化预期累积奖励对应的策略。强化学习的奖励机制类似于有监督学习中的损失函数，用于

对策略的优劣进行评估。以围棋为例，Agent 通过与棋盘(环境)进行交互，学习到在每个棋局(状态)下，需要采取何种落子策略(动作)才能最大化最终得分(奖励)。

令 r_t 为 t 时刻 Agent 获得的奖励，从 t 时刻起的累积奖励定义为

$$G_t = r_{t+1} + \gamma r_{t+2} + \gamma^2 r_{t+3} + \cdots = \sum_{k=0}^{+\infty} \gamma^k r_{t+k+1} \tag{8.122}$$

式中，γ 在区间 $[0,1]$ 内取值，表示未来奖励相比当前奖励的重要程度。

如果 $\gamma = 0$，那么 Agent 是"目光短浅"的，只关心最大化当前奖励。以围棋为例，这相当于下棋只往前看一步。由于奖励往往是延迟给出的，Agent 通常需要考虑未来一段时间的奖励，相当于下棋往前多看几步。γ 越接近于 1，Agent 将更多地考虑未来奖励，变得"富有远见"。但是 γ 一般不会取为 1，这是因为当任务持续时间很长而未来奖励具有一定的不确定性时，将未来奖励以同样的重要程度进行考虑是不合适的。例如，围棋博弈的持续时间越长，棋局出现不确定性的可能性越大，通常需要为距离当前时刻更近的奖励分配更大的权值。

在某些问题中，Agent 与环境的交互过程可以自然地分成一系列的子序列，每个子序列都存在一个终止时刻 T。一个从初始状态到终止状态的完整交互过程称为一个回合(episode)，如下一盘棋、走一次迷宫或者其他重复性的交互过程就是分回合的。但是在很多情况下，Agent 与环境交互的过程无法自然地分成单独的回合，而是持续不断地发生。例如，一个连续的过程控制任务或者长期运行的机器人应用只有一个回合，其终止时刻 $T \to +\infty$。尽管需要考虑未来时刻的所有奖励，但是通过引入 γ，并且使 $\gamma < 1$，可以保证式 (8.122) 中的级数收敛。

强化学习要求在所有状态下按照某一策略执行，均能达到累积奖励最大化。因此，需要定义状态的价值函数。在状态 $s_t = s$ 下，反复地按照策略 π 执行，所得到的累积奖励的数学期望称为该状态的价值函数，记为 $V_\pi(s)$，即

$$V_\pi(s) = E_\pi\left[G_t \mid s_t = s\right] = E_\pi\left[\sum_{k=0}^{+\infty} \gamma^k r_{t+k+1} \mid s_t = s\right] \tag{8.123}$$

由于交互过程具有随机性，所以这里使用数学期望来表示所有情况下累积奖励的均值。

类似地，可以定义动作价值函数 $Q_\pi(s,a)$，简称为 Q 函数。$Q_\pi(s,a)$ 是在当前状态 $s_t = s$ 下执行动作 $a_t = a$，并且按照策略 π 执行，所得到的累积奖励的数学期望。奖励是即时收益，而价值是在当前环境和特定状态下，对于未来累积奖励的一种估计。在制定和评估策略时，价值至关重要，动作选择是基于价值的判断做出的。之所以选择能带来最大价值而不是最大奖励的动作，是因为这些动作从长远来看将带来最大的累积奖励。价值评估比确定奖励要难得多，奖励是由环境直接给出的，而价值需要根据 Agent 在整个交互过程中观察到的奖励序列来估计。确定价值评估方法是设计强化学习算法的核心。

$Q_\pi(s,a)$ 可以作为强化学习算法的优化目标函数，其计算公式为

$$Q_\pi(s,a) = E_\pi\left[G_t|s_t=s, a_t=a\right] = E_\pi\left[\sum_{k=0}^{+\infty}\gamma^k r_{t+k+1}|s_t=s, a_t=a\right] \quad (8.124)$$

基于该目标函数，可以利用动态规划、随机采样等求解马尔可夫决策过程，寻找最优策略 π。

在强化学习问题中，Agent 要平衡探索与利用的关系来获得最优策略。以下棋为例，利用是按照学习到的固定招数来下棋，而探索是尝试一些新的招数，以便发现更好的策略。探索和利用存在一定的矛盾，由于总的尝试次数有限，加强一方则会削弱另一方。如果采取随机动作来充分探索环境，那么可能学习到大量较差的策略，导致累积奖励较低；如果持续利用现有最优策略来选取价值最高的动作，那么可能缺乏对环境的探索，导致错过全局最优策略。

针对此问题，强化学习算法多采用 ε-贪婪（ε-greedy）策略来探索环境，其中 $\varepsilon \in [0,1]$ 是探索概率，是一个接近于 0 的小量。在 ε-贪婪策略中，Agent 有 $1-\varepsilon$ 的较大概率选取现有最优策略下价值最高的动作，但同时保留 ε 的小概率随机选取动作，实现对环境的探索。在开始时，由于不知道哪个动作较好，会耗费较多的时间用于探索，可以将 ε 设得较大；随着训练次数的增加，ε 不断减小，直到降低至一个固定的较小值。除了 ε-贪婪策略之外，其他探索方法还有置信区间上界方法等。置信区间上界方法在 3.2.4 节中有所介绍，该方法考虑了价值函数本身的大小和已探索次数，能够实现探索和利用的自动平衡，有效地减少了总探索次数（Auer, 2003）。

8.5.2 强化学习的主要方法

强化学习方法有很多种，了解不同强化学习算法之间的区别，有助于为特定任务选择合适的算法。本节首先讨论强化学习算法分类，然后介绍几种典型的强化学习算法。

1. 强化学习算法分类

1）基于模型的算法和无模型的算法

按照是否依赖模型，强化学习算法可分为基于模型（model-based）的算法和无模型（model-free）的算法，如图 8.57 所示。这里的模型是指马尔可夫决策过程的模型，包括

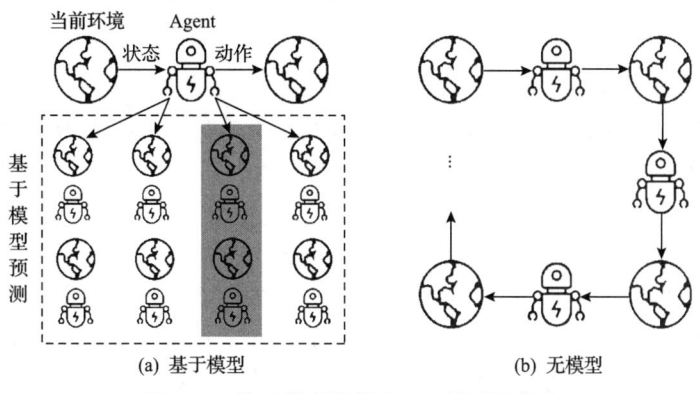

(a) 基于模型　　　　　　　　(b) 无模型

图 8.57　基于模型的算法和无模型的算法

环境的状态转移概率和奖励函数。

如果马尔可夫决策过程的模型是已知的，那么可以用它来描述环境。尝试理解环境并用一个模型来描述环境的强化学习算法，称为基于模型的算法。在基于模型的算法中，Agent 需要评估环境中的状态转移概率和奖励函数，利用与环境交互得到的数据建立环境模型，采用动态规划等算法计算出所有可能的情况，再进行决策。模型已知的马尔可夫决策过程满足动态规划的要求，通过把整个问题递归为子问题求解，可以计算得到状态价值函数的值。基于模型的算法在探索环境时可以利用模型信息，通常算法效率较高，并且具有想象能力，能通过模拟环境的工作机制来预测将要发生的各种情况，采取对自己最有利的策略。基于模型的算法适用于训练数据相对匮乏的问题，Agent 可以首先在虚拟环境中训练，然后在真实环境中对策略进行微调。但是基于模型的算法往往泛化能力不强，原因是基于模型的算法需要对真实环境进行建模，而虚拟环境与真实环境之间可能存在差异。

在很多实际问题中，马尔可夫决策过程的模型是未知的，或者因为模型太复杂，如雅达利游戏、围棋、直升机控制等问题，难以计算其状态转移概率。在这种情况下，可以利用强化学习算法在未知或随机的环境中通过交互来学习。不依赖对环境先验知识或建模的强化学习算法称为无模型的算法。在无模型的算法中，Agent 采用随机策略，直接利用与环境交互得到的数据改善自身的行为，更新策略。在无法获得模型的情况下，可以采用蒙特卡罗算法或时序差分算法来估计某个给定策略的价值。

蒙特卡罗算法基于随机采样的方式，给定策略 π，通过 Agent 与环境交互，得到大量的轨迹，计算所有轨迹的累积奖励及其平均值。蒙特卡罗算法只能用于分回合的马尔可夫决策过程，从完整的序列中进行学习。时序差分算法是指在不清楚马尔可夫状态转移概率的情况下，以采样的方式得到不完整的状态、动作、奖励序列，估计某状态在序列完整时可能得到的奖励，并通过不断地采样持续更新价值。由于时序差分算法可以从不完整的序列中学习，所以该算法相比蒙特卡罗算法更快、更灵活。

目前，大部分的强化学习算法属于无模型的算法，如 Q 学习算法、Sarsa 算法、策略梯度算法。无模型的算法简单直观，适用范围广，适用于无法建立环境模型的复杂任务。但是在无模型的算法中，Agent 只能按部就班地一步步等待环境的反馈，再根据反馈采取下一步动作，算法效率不高。无模型的算法通常需要大量的采样才能达到理想的学习效果。

2) 基于策略的算法和基于价值的算法

按照动作选择方式，强化学习算法可分为基于策略(policy-based)的算法、基于价值(value-based)的算法以及演员-评论员(actor-critic，AC)算法。

对策略函数建模并利用策略梯度求解的方法称为基于策略的算法，也称为基于概率的算法。在此类算法中，Agent 在接收到环境的状态信息之后，不学习价值函数，而是直接学习策略。其输出是下一步要采取的各种动作的概率，然后根据概率选择动作。基于策略的算法可适用于连续动作的情况，解决如机器人控制等问题，能够依据一定的概率分布从连续动作中选取动作。基于策略的算法的决策存在一定的随机性，即使某个动作的概率最高，也不一定会被选中。基于策略的算法包括策略梯度算法等。基于策略的算法能够处理离散/连续动作空间问题，具有较好的收敛性。但是，基于策略的算法对于梯度估计的方差较大，样本利用率低，容易陷入局部最优。

对价值函数建模并利用策略优化求解的方法称为基于价值的算法。基于价值的算法通过学习动作价值函数，选择最大价值函数对应的动作，隐式地构建最优策略，其输出的是各状态下所有动作的价值。Agent 不需要制定显式策略，而是维护一个动作价值表格或者动作价值函数，根据该表格或函数来选取价值最大的动作。基于价值的算法的决策是确定的，就是选择价值最大的动作。基于价值的算法包括 Q 学习算法、Sarsa 算法，以及与深度学习相结合的深度 Q 网络算法等。基于价值的算法样本利用率高，价值函数估值方差小，不易陷入局部最优。但是，基于价值的算法通常用于解决离散动作空间问题，如围棋等，容易出现过拟合，可处理问题的复杂性有限。同时，由于动作选择对价值函数的变化十分敏感，算法收敛性较差。

演员-评论员算法将基于价值(对应评论员 critic)的算法与基于策略(对应演员 actor)的算法相结合，同时学习策略和价值函数。actor 根据 critic 反馈的价值函数训练策略，critic 用于训练价值函数，利用时序差分算法进行单步更新。演员-评论员算法兼备基于策略的算法和基于价值的算法的优点，价值函数估计方差小，样本利用率高，算法的训练速度较快。与此同时，演员-评论员算法也继承了两类算法的缺点，存在 actor(基于策略)对样本的探索不足以及 critic(基于价值)容易陷入过拟合的问题。

3) 回合更新算法和单步更新算法

按照训练过程中更新参数的方式，强化学习算法可以分为回合更新(Monte-Carlo update)算法和单步更新(temporal-difference update)算法。

在回合更新算法中，Agent 执行完一个动作序列，即多次交互之后，再更新动作价值；而在单步更新算法中，在每一次 Agent 和环境交互之后，立即更新动作价值。以雅达利游戏为例，回合更新算法是指等待至游戏结束，才总结这一回合中的所有转折点，更新 Agent 的动作价值及策略；单步更新算法是指在每一步都进行动作价值更新，不必等待游戏结束，而是边玩边学习。在实际模型训练中，倾向于选择单步更新算法，因为单步更新算法比回合更新算法的效率更高。目前，大部分强化学习算法属于单步更新算法，如 Q 学习算法、Sarsa 算法和改进的策略梯度算法；少部分算法属于回合更新算法，如基本的策略梯度算法。

4) 同策略算法和异策略算法

按照行动策略与目标策略是否相同，强化学习算法可以分为同策略(on-policy)算法和异策略(off-policy)算法，见图 8.58。强化学习算法在学习过程中有两种策略，即行动策略和目标策略。行动策略是探索环境的策略，一般表示为 μ。根据行动策略，Agent 可以大胆地探索所有可能的轨迹，采集数据并将其提供给目标策略。目标策略是算法最终要学习的策略，一般表示为 π。目标策略根据行动策略提供的数据和已有的经验来学习最优策略，不需要与环境进行交互。在同策略算法中，行动策略和目标策略是相同的。而在异策略算法中，行动策略和目标策略是不同的。

(a) 同策略 　　　(b) 异策略

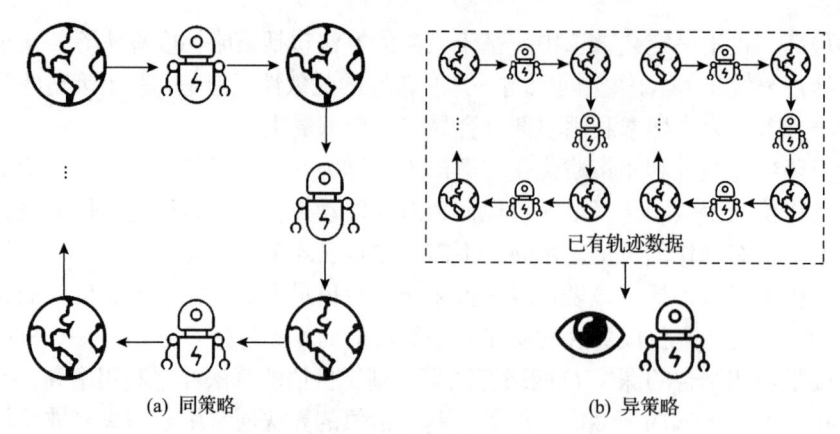

图 8.58　同策略算法和异策略算法

在同策略算法的学习过程中，只有一个策略 π，算法不仅使用该策略与环境进行交互产生经验，而且用该策略进行学习，需要兼顾探索与利用。另外，在采用 ε-贪婪策略时，随着探索概率 ε 不断减小，策略会不断改变，因此策略不够稳定。同策略算法对在当前策略下采样得到的数据进行学习，一旦策略被更新，数据就被丢弃。Sarsa 及其优化算法 Sarsa(λ) 是典型的同策略算法。在异策略算法的学习过程中，轨迹是由 Agent 基于行动策略与环境交互产生的，这些轨迹被用于更新目标策略。异策略算法有很多优势：可以利用行动策略来学习最优策略，效率较高；可以学习人类或者其他 Agent 示范的轨迹，进行模仿学习；可以反复利用旧的轨迹来更新目标策略，节省资源。Q 学习算法是典型的异策略算法。

2. Q 学习算法

Q 学习算法是一种基于动作价值函数来评估策略的强化学习算法。$Q(s,a)$ 表示在给定状态 s 下采取动作 a 的价值。所有状态下动作的 Q 值以表格的形式存储在一个以状态为行、动作为列的 Q 表中。在探索环境之前，Q 表中的初始 Q 值是随机给定的。随着探索环境的深入，Q 表中的 Q 值在 Agent 与环境交互过程中不断更新，能够越来越好地估计对于任一状态 s 下采取动作 a 的价值。

Q 学习算法使用时序差分算法，由即时奖励和下一步状态动作的价值来预估当前状态动作的价值，这个预估值通常与实际值之间存在一定的误差，即时序差分误差，该误差可用于更新当前状态动作的价值函数。其计算公式为

$$Q(s,a) \leftarrow Q(s,a) + \eta \Big(\underbrace{r + \gamma \max_{a'} Q(s',a')}_{\text{预估值}} - \underbrace{Q(s,a)}_{\text{实际值}} \Big) \qquad (8.125)$$

$$\underbrace{\phantom{r + \gamma \max_{a'} Q(s',a') - Q(s,a)}}_{\text{时序差分误差}}$$

式中，η 为学习率；r 为奖励；s' 为下一步的状态；a' 为下一步的动作；式(8.125)右侧的 $Q(s,a)$ 是更新前的 Q 值；式(8.125)左侧的 $Q(s,a)$ 是更新后的 Q 值。

Q 学习算法是一种异策略算法，其行动策略采用 ε-贪婪策略，目标策略采用贪婪策

略，算法流程见算法 8.7。ε-贪婪策略是一种典型的随机策略。在 Agent 进行决策时，以 ε 的概率随机选择一个未知的动作，以 $1-\varepsilon$ 的概率选择已有动作中价值最大的动作。而贪婪策略是一种确定性策略，选择 $Q(s,a)$ 值最大的动作的概率为 1，选择其他动作的概率为 0，下一状态 s' 由所有动作的最大 Q 值决定，即将最好的动作记录在 Q 表中。

算法 8.7　Q 学习算法

输入：环境 E，动作集合 A，初始状态 s，折损率 γ，学习率 η

第 1 步：初始化 Q 表。

第 2 步：初始化状态 s。

　　对回合中的每一步进行如下循环：

　　采用 ε-贪婪策略基于 Q 表选择状态 s 下要执行的动作 a；

　　执行动作 a 并得到下一个状态 s' 和相应的奖励 r；

　　更新 Q 表 $Q(s,a) \leftarrow Q(s,a) + \eta \left(r + \gamma \max_{a'} Q(s',a') - Q(s,a) \right)$；

　　更新状态 $s \leftarrow s'$；

　　直到 s 是结束状态。

第 3 步：如果对于任意的 s 和 a，$Q(s,a)$ 收敛，那么成功退出，否则，返回第 2 步。

输出：Q 表

Q 表保存了状态 s 和可能采取的所有动作 a 的 $Q(s,a)$ 值。在每个回合中，首先随机初始化第一个状态，在回合中的每一步从 Q 表中采用 ε-贪婪策略基于当前状态 s 选择动作 a，执行 a，然后得到新的状态 s' 和当前奖励 r，同时更新 Q 表中 $Q(s,a)$ 的值，继续循环直到回合结束。Agent 不断与环境交互，得到不同的轨迹，当交互的次数足够多时，就可以估算出每个状态下每个动作的平均累积奖励，得到最终的 Q 表，从而确定 Agent 的最优策略。

假设某机器人的任务是在房间内将一个箱子从某处搬到另一处的货架，机器人在环境 E 中工作，E 有若干个不同的状态 s，相邻的两个状态之间可通过机器人的动作 a 来转换。每一个动作都会使房间中的场景发生微小变化。机器人要从某个初始状态到达目标状态，它并不知道在当前状态下该采取哪一个动作，但是，机器人执行一个动作之后，环境 E 一般会给机器人反馈一个奖励值。设置奖励值的基本原则是：如果当前状态下机器人所采取的动作是在到达目标状态的正确路径或方向上，那么给机器人反馈一个正分值作为奖励；否则，就反馈一个零值或负分值作为惩罚。问题是：在与环境的交互过程中，机器人如何得到一系列最优行动决策，从而形成一个从初始状态 s_0 到达目标状态 s_G 的最优动作序列。

如果仅考虑一个从初始状态到目标状态的动作序列，那么这是一个路径规划问题。采用状态空间搜索算法，以奖励值为启发信息来引导搜索，就可以求得一个最优动作序列。然而，在该问题中，任一非目标状态 s 都可能作为初始状态，因而需要确定从任一非目标状态到目标状态 s_G 的最优动作序列。用数学语言描述，就是要构造环境 E 中从状态集合 S 到动作集合 A 的映射 $\pi: S \to A$，该映射蕴含了从任一状态 s 到目标状态 s_G 的最优动作序列。强化学习的任务就是要学习这个目标策略 π。

如果机器人通过某种方式遍历了所有的状态和动作并记录相应的 $Q(s,a)$，得到一个包含所有 $Q(s,a)$ 的表格，那么 Agent 通过一系列的查表-选择就可以得到目标策略 π。该策略 π 存储了机器人通过与环境交互所学习到的用于解决问题的知识。

例 8.16 假设某个机器人在环境 E 中工作，任务是将一个箱子从某处搬到另一处的货架。初始 Q 表如图 8.59 所示，图中两个状态之间的连线表示它们的转换关系，无箭头虚线表示为双向关系但未有动作实施。环境 E 有 6 个状态：$s_{11}, s_{12}, s_{13}, s_{21}, s_{22}, s_{23}$，其中 s_{23} 为目标状态。在正常情况下，每移动一步得到奖励 0，若机器人到达目标，则得到奖励 100；学习率 $\eta = 0.8$；折损率 $\gamma = 0.5$。请完成前两轮 Q 值更新过程，并计算最终的 Q 表和最优策略 π，给出从 s_{11} 到 s_{23} 的最优动作序列。

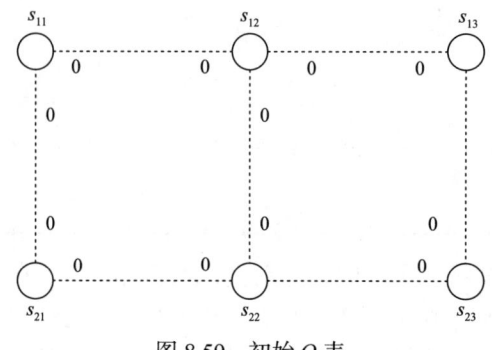

图 8.59 初始 Q 表

解 初始 Q 表为全零矩阵。下面从某一节点开始，对环境进行探索。

假设第一轮学习开始时，机器人选取 s_{11} 作为当前状态，此时有向右和向下两个动作可选，这两个动作对应的 Q 值相等，随机选择一个动作执行。假设这里选择了向右的动作执行，获得奖励 0，对 $Q(s_{11}, a_{\text{right}})$ 进行更新，根据式 (8.125) 得到 $Q(s_{11}, a_{\text{right}}) = 0$。

此时，机器人到达状态 s_{12}，有向左、向右和向下三个动作可选，这三个动作对应的 Q 值相等，随机选择一个动作执行。假设这里选择了向下的动作执行，获得奖励 0，对 $Q(s_{12}, a_{\text{down}})$ 进行更新，得到 $Q(s_{12}, a_{\text{down}}) = 0$。

此时，机器人到达状态 s_{22}，有向左、向上和向右三个动作可选，这三个动作对应的 Q 值相等，随机选择一个动作执行。假设这里选择向右的动作执行，获得奖励 100，用下式对 $Q(s_{22}, a_{\text{right}})$ 进行更新。

$$
\begin{aligned}
Q\left(s_{22}, a_{\text{right}}\right) &= \eta\left(r\left(s_{22}, a_{\text{right}}\right) + \gamma \max_{a'} Q\left(s_{23}, a'\right)\right) \\
&= 0.8(100 + 0.5 \max(0,0)) \\
&= 80
\end{aligned}
$$

此时，机器人到达状态 s_{23}。由于 s_{23} 是目标状态，机器人不再更新状态 s_{23} 各动作的 Q 值。第一轮学习结束，环境 E 中各状态下动作的 Q 值如图 8.60(a)所示，带箭头实线表示两个状态间转换所对应的动作，连线上标注的数字为该状态下动作的 Q 值。

假设第二轮学习开始时，机器人选取 s_{11} 作为当前状态，其选择向下的动作执行，获得奖励 0，对 $Q\left(s_{11}, a_{\text{down}}\right)$ 进行更新，得到 $Q\left(s_{11}, a_{\text{down}}\right) = 0$。

此时，机器人到达状态 s_{21}，假设其选择了向右的动作执行，获得奖励 0，用下式对 $Q\left(s_{21}, a_{\text{right}}\right)$ 进行更新。

$$
\begin{aligned}
Q\left(s_{21}, a_{\text{right}}\right) &= \eta\left(r\left(s_{21}, a_{\text{right}}\right) + \gamma \max_{a'} Q\left(s_{22}, a'\right)\right) \\
&= 0.9(0.5 \max(0,0,80)) \\
&= 36
\end{aligned}
$$

此时，机器人将 s_{22} 作为当前状态，有向左、向上和向右三个动作可选，其中向右的动作对应的 Q 值最大，需要按照 ε-贪婪策略进行动作选择。假设机器人选择向右的动作执行，获得奖励 100，用下式对 $Q\left(s_{22}, a_{\text{right}}\right)$ 进行更新。

$$
\begin{aligned}
Q\left(s_{22}, a_{\text{right}}\right) &= 80 + \eta\left(r\left(s_{22}, a_{\text{right}}\right) + \gamma \max_{a'} Q\left(s_{23}, a'\right) - 80\right) \\
&= 80 + 0.8(100 + 0.5 \max(0,0,0) - 80) \\
&= 96
\end{aligned}
$$

此时，机器人到达状态 s_{23}。由于 s_{23} 是目标状态，机器人不再更新状态 s_{23} 各动作的 Q 值。第二轮学习结束，环境 E 各状态下动作的 Q 值如图 8.60(b)所示。

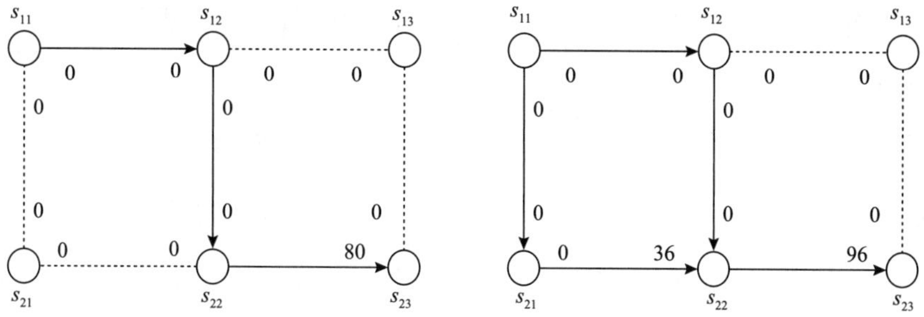

(a) 执行一轮学习后的 Q 表　　(b) 执行两轮学习后的 Q 表

图 8.60　前两轮 Q 学习过程示意图

以此类推，经过多轮学习之后，各状态下动作的 Q 值全部被更新，而且保持不变。

最终得到一张记录各状态下动作 Q 值的 Q 表，如图 8.61 所示。Agent 通过查询 Q 表就可以得到最优策略 π。观察图 8.61 可以发现，状态-动作映射 $(s_{11},a_{\text{right}})$，$(s_{11},a_{\text{down}})$，$(s_{12},a_{\text{right}})$，$(s_{12},a_{\text{down}})$，$(s_{13},a_{\text{down}})$，$(s_{21},a_{\text{right}})$，$(s_{22},a_{\text{right}})$ 构成了一个最优策略 π。

根据最优策略 π，可以得到以任一非目标状态为初始状态的最优动作序列。以 s_{11} 为初始状态，从初始状态到目标状态的最优动作序列是 $(s_{11},a_{\text{right}})$，$(s_{12},a_{\text{right}})$，$(s_{13},a_{\text{down}})$ 或者 $(s_{11},a_{\text{right}})$，$(s_{12},a_{\text{down}})$，$(s_{22},a_{\text{right}})$ 或者 (s_{11},a_{down})，$(s_{21},a_{\text{right}})$，$(s_{22},a_{\text{right}})$。由于部分状态具有多个 Q 值相等的最优动作，最优动作序列不是唯一的。

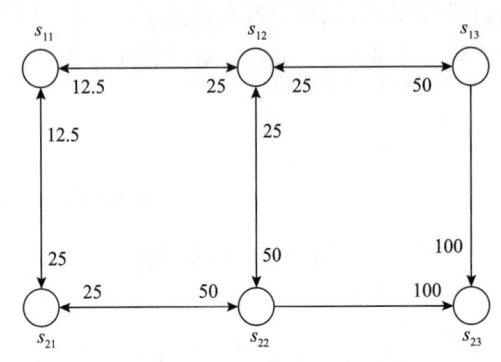

图 8.61　最终学到的 Q 表

3. Sarsa 算法

Sarsa 算法是 Q 学习算法的改进算法，是一种同策略的时序差分算法。Sarsa 算法是当前 s、a、r 与下一步 s'、a' 的五个字母的组合，即不仅需要知道当前的 s、a、r，还需要知道下一步的 s' 和 a'。Sarsa 算法与 Q 学习算法在决策上是完全相同的，不同之处在于学习方式。

Sarsa 算法流程见算法 8.8。Sarsa 算法同样建立了一个 Q 表来保存状态 s 和可能采取的动作 a 的价值 $Q(s,a)$。在每个回合中，先随机初始化第一个状态；然后，在回合中的每一步从 Q 表中使用 ε-贪婪策略基于当前状态 s 选择动作 a，执行 a；得到新的状态 s' 和当前奖励 r，再使用 ε-贪婪策略得到 s' 下的 a'，直接利用 $Q(s',a')$ 更新表中 $Q(s,a)$ 的值；继续循环，直到结束。Q 值更新公式为

$$Q(s,a) \leftarrow Q(s,a) + \eta\left(r + \gamma Q(s',a') - Q(s,a)\right) \tag{8.126}$$

Sarsa 算法与 Q 学习算法的更新公式非常接近，唯一的区别是将 $\max_{a'} Q(s',a')$ 换成了 $Q(s',a')$。这意味着在 Sarsa 算法中，使用的数据集是 (s,a,r,s',a')，而不是 (s,a,r,s')，这正是 Sarsa 算法命名的由来。

Sarsa 算法与 Q 学习算法的关键区别在于，Sarsa 算法是一种同策略算法，而 Q 学习算法是一种异策略算法。在 Sarsa 算法中，根据 ε-贪婪策略采取动作，在更新 Q 值时，也是根据 ε-贪婪策略选择动作。Sarsa 算法选择了什么动作来更新 Q 值，就一定会执行

算法 8.8　Sarsa 算法

输入：环境 E，动作集合 A，初始状态 s，折损率 γ，学习率 η

第 1 步：初始化 Q 表。

第 2 步：初始化状态 s；

　　采用 ε-贪婪策略基于 Q 表选择状态 s 下要执行的动作 a；

　　对回合中的每一步进行如下循环。

　　执行动作 a 并得到下一个状态 s' 和相应的奖励 r；

　　采用 ε-贪婪策略基于 Q 表选择状态 s' 下要执行的动作 a'；

　　更新 Q 表 $Q(s,a) \leftarrow Q(s,a) + \eta\left(r + \gamma Q(s',a') - Q(s,a)\right)$；

　　更新状态 $s \leftarrow s'$，$a \leftarrow a'$；

　　直到 s 是结束状态。

第 3 步：若对于任意的 s 和 a，$Q(s,a)$ 收敛，则成功退出；否则，返回第 2 步。

输出：Q 表

相应的动作。在 Q 学习算法中，根据 ε-贪婪策略选择动作，而在更新 Q 值时，只是简单地选择最大值动作。直观的理解是，Sarsa 算法会探索更多的可能性，而 Q 学习算法是贪婪的。Sarsa 算法不具有全局寻优的能力，但是收敛速度更快，直观简单；Q 学习算法具有全局寻优能力，但是收敛速度较慢。

悬崖行走问题是强化学习的一个经典问题，Q 学习算法与 Sarsa 算法搜索结果比较如图 8.62 所示。Agent 要学习一条从初始位置到目标位置的路径，在正常情况下，Agent 每移动一步得到奖励 –1；若 Agent 跌落悬崖，则得到奖励 –100 并回到初始位置重新开始；若 Agent 到达目标位置，则得到奖励 100。开始时，两种算法没有任何环境信息，都利用 ε-贪婪策略进行随机搜索。然而，随着时间的推移，两种算法所产生的决策出现了很大差异。Q 学习算法的搜索结果如图 8.62(a) 所示，Q 学习算法总是尝试寻找最优路径，这使得 Agent 离悬崖很近，有时将不可避免地跌落悬崖。Sarsa 算法的搜索结果如图 8.62(b)

(a) Q 学习算法的搜索结果　　(b) Sarsa 算法的搜索结果

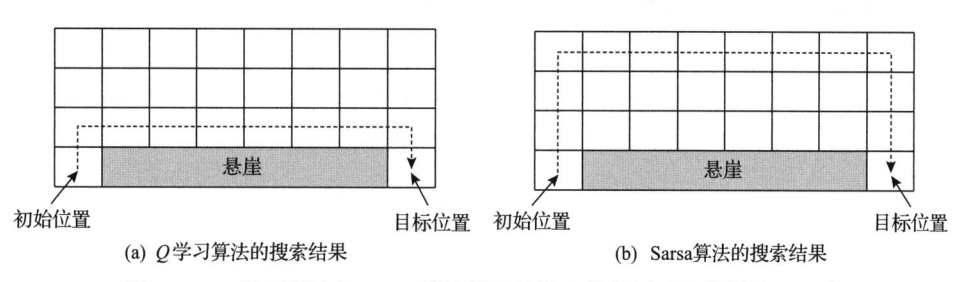

图 8.62　Q 学习算法与 Sarsa 算法搜索结果比较（理查德·萨顿等，2019）

所示，Sarsa算法将收敛到一条非常安全的路径，Agent远离悬崖，即使路径很长。两种算法的寻优结果间产生差异的原因在于：Q学习算法的目标策略总是选择最优动作，尽管这在大多数时间是正确的，但是用于探索的ε-贪婪策略偶尔会选择不同的动作，就会导致跌落悬崖的危险情况发生；Sarsa算法对Q值的估计中包含了关于动作选择的信息，不会采取最大值动作，因此倾向于拒绝离悬崖很近的解决方案。

4. Sarsa(λ)算法

Sarsa算法属于单步更新算法，在获得奖励后只更新上一步状态和动作对应的Q值。如果认为累积奖励与当前奖励之前的轨迹有关，采用n步更新或者回合更新，即在执行n步之后再更新价值，那么就得到了多步更新的Sarsa算法。多步更新的Sarsa算法可以用Sarsa(λ)算法来统一表示，其中λ为资格迹衰减参数(decay-rate parameter for eligibility trace)，取值范围是[0,1]。

Sarsa(λ)算法流程见算法8.9。Sarsa(λ)算法与Sarsa算法的区别主要体现在价值更新方式上。当$\lambda=0$时，Sarsa(λ)算法就是Sarsa算法的单步更新算法，只更新获得奖励前经历的最后一步的动作价值；当$\lambda=1$时，Sarsa(λ)算法就变成了回合更新算法，更新的是获得奖励前经历的所有步的动作价值，对所有步更新的力度都是一样的；当λ在0~1取值时，离当前越近的步的动作价值更新力度越大。与γ用来衰减未来预期的Q值类似，引入λ，可以使Agent在更新Q表时考虑之前的经历，并且保证越近的步对于当前决策的影响越大。

算法8.9 Sarsa(λ)算法

输入：环境E，动作集合A，初始状态s，折损率γ，学习率η，资格迹衰减参数λ

第1步：初始化Q表；

第2步：初始化状态s；

  采用ε-贪婪策略基于Q表选择状态s下要执行的动作a；

  对回合中的每一步进行如下循环：

  执行动作a并得到下一个状态s'和相应的奖励r；

  按照ε-贪婪策略基于Q表选择状态s'下要执行的动作a'；

$$\delta = r + \gamma Q(s',a') - Q(s,a)$$
$$E(s,a) \leftarrow E(s,a) + 1$$

  对于所有的$s \in S$，$a \in A(s)$，有

$$Q(s,a) \leftarrow Q(s,a) + \eta \delta E(s,a)$$
$$E(s,a) \leftarrow \gamma \lambda E(s,a)$$

更新状态和动作 $s \leftarrow s'$，$a \leftarrow a'$；

直到 s 是结束状态。

第3步：若对于任意的 s 和 a，$Q(s,a)$ 收敛，则成功退出，否则，返回第2步。

输出：Q 表

Sarsa(λ)算法相比 Sarsa 算法多了一个资格迹矩阵 E，用于记录在回合中所经历的每一步。对于学习过程中发生的任一事件，资格迹矩阵将存储与之相关联的参数。在每个回合开始时，矩阵 E 的所有元素初始化为0，之后如果状态 s 下执行动作 a，那么 $E(s,a)$ 值加1。在每一步后，矩阵 E 中所有元素的值都会衰减，以保证距离当前奖励越近的步对于当前决策越重要。在更新 $Q(s,a)$ 和 $E(s,a)$ 时，Agent 经过的步对应的 $Q(s,a)$ 将得到更新，而那些没有经过的步对应的 $E(s,a)$ 值为0，$Q(s,a)$ 保持原值不变。

5. 深度强化学习算法

强化学习的早期算法主要关注状态和动作都是离散且有限的问题，可以用表格来记录动作价值。但是在实际问题中，有些任务的状态和动作的数量非常多，还有些任务的状态和动作是连续的。例如，在自动驾驶中，Agent 感知到的环境状态是各种传感器数据，一般是连续的，动作是操作方向盘的方向和速度，也是连续的。如果一个状态在训练中从未出现过，那么 Q 学习算法是无法处理的，这使得 Q 学习算法的泛化能力较弱。

为了有效解决这些问题，一个可行的思路是将 Q 函数参数化，用深度神经网络来拟合 Q 函数。这种将强化学习算法和深度学习算法相结合的算法就是深度强化学习算法。深度强化学习算法用强化学习算法来描述问题和给定优化目标，用深度学习算法来解决策略函数和价值函数的建模问题，然后使用误差反向传播算法来优化参数。基于深度神经网络来设计参数化的价值函数，使得 Agent 能够应对复杂的环境，学习更优的策略，并具有更好的泛化能力。参数化能够解决无限状态下动作价值函数的存储问题，算法只需要记住一组参数，就可以根据这组参数计算得到动作价值函数的具体取值。参数化也有助于缓解在很多状态下价值估计不准确的问题，在一个连续的状态空间上，如果动作价值函数是连续的，那么至少对于访问次数较多的状态的小邻域内的状态进行价值估计时，其估计结果是有一定精度保证的。

DeepMind 的 Mnih 等（2015）提出了第一个深度强化学习算法，即深度 Q 网络算法。将深度学习算法与强化学习算法相结合，需要解决以下两个问题：一是目标函数设计问题，不能直接将 $Q_\pi(s,a)$ 作为优化的目标函数，这是因为参数学习的目标依赖参数本身，会造成目标不稳定；二是深度学习算法要求每个样本是独立同分布的，而强化学习算法获取的相邻样本间关联性较大，并不是相互独立的。针对第一个问题，深度 Q 网络算法采用了目标网络冻结技术，用一个深度神经网络近似表示当前的 Q 函数，采用另一个更新较慢的目标网络提供 Q 函数优化所需的目标 Q 值，通过最小化当前 Q 值和目标 Q 值之间的均方误差来更新网络参数。当前 Q 值网络的参数是实时更新的，每经过 N 轮迭代之后，将当前 Q 值网络的参数复制给目标 Q 值网络。目标 Q 值在一段时间内是保持不变的，在一定程度上降低了当前 Q 值和目标 Q 值之间的相关性，提升了算法的稳定性。为了解决第二个问题，深度 Q 网络算法采用了经验回放(experience replay)技术，即将采集到的样本先放入样本池，然后从样本池中随机选取小批量样本，用梯度下降法更新网络参数，以降低样本间的关联性，使得样本间近似相互独立。

深度 Q 网络算法在如雅达利 2600 游戏等类真实环境的复杂任务中，表现出与人类玩家相媲美的竞技水平，甚至在一些难度较低的即时策略游戏中，深度 Q 网络算法的表现超过了有经验的人类玩家。在各类基于视觉感知的学习任务中，深度 Q 网络算法可以使用同一套网络模型、参数设置和训练算法，表现出较强的通用性。

在深度 Q 网络算法的基础上，研究人员提出了一系列的改进算法，如深度双 Q 网络算法、基于优势学习的深度 Q 网络算法、基于优先级采样的深度 Q 网络算法、基于竞争架构的深度 Q 网络算法和深度循环 Q 网络算法等。深度强化学习算法的不断演进，提升了系统的自主决策能力和处理复杂任务的能力。目前，深度强化学习算法已成功应用于多人棋牌、即时策略游戏等不完美信息博弈中，并向无人机集群飞行等更为实际的应用场景拓展(国家工业信息安全发展研究中心，2021)。

8.5.3 强化学习的应用

强化学习通过 Agent 与环境交互、试错的方式学习最优策略，是一类用于解决学习、预测、决策问题的通用方法框架。如果一个问题可以被描述或转换为序列决策问题，给定相应的状态、动作和奖励，那么该问题通常可以由强化学习来解决。随着 AlphaGo 的成功，强化学习已成为当下机器学习中最热门的研究领域之一，在机器人控制、游戏、机器视觉、自然语言处理和推荐系统中得到了应用。作为一种与问题领域无关的学习算法，强化学习可以在没有任何人为参与的情况下实现机器智能，因此被认为是迈向通用人工智能的关键途径。

1. 强化学习的典型应用

强化学习的主要应用领域之一是机器人。不仅可以用来控制机器人的手臂，而且可以用来学习多个机器人的协作行为，典型的应用包括机器人手臂运动控制、无人机操控、机器人自动导航和机器人足球等。2018 年 4 月，加利福尼亚大学伯克利分校人工智能实验室发布了模拟的人形机器人 DeepMimic，它采用强化学习技术从动作捕捉片段中进行模型训练，可完成走路、跑步以及翻跟斗、侧翻跳、投球、高踢腿等高难度动作(Peng et al., 2018)。2018 年 7 月，OpenAI 展示了机械手系统 Dactyl，它通过先在虚拟环境中训练再应用于实体机械手的方式进行强化学习，能够像人手一样灵活地抓取和操纵物体，还可以玩魔方。2022 年 10 月，谷歌发文报道了基于强化学习技术训练的乒乓球机器人，机器人的敏捷性和精度较高，一回合最高可接球 340 次(Abeyruwan et al., 2022)。

强化学习在游戏中取得了一系列突破。在单玩家游戏中，深度 Q 网络算法及其改进方法在雅达利游戏中表现优异，2020 年，DeepMind 开发的深度强化学习系统在全部 57 款雅达利 2600 游戏中的得分都超过了人类玩家。在双人完美信息博弈中，西洋双陆棋游戏 TD-Gammon 采用时序差分学习和神经网络相结合的算法，达到了与当时世界一流选手相当的水平，深度强化学习在 AlphaGo 围棋中获得了非常显著的效果(Silver et al., 2016)。在不完美信息博弈游戏中，基于强化学习算法的人工智能系统也取得了骄人的成绩。2017 年 DeepStack/Libratus 在德州扑克比赛中打败了人类职业选手；2022 年，由中国科学院自动化研究所兴军亮团队研发的轻量型德州扑克程序 AlphaHoldem 相比 DeepStack 的速度提升了超 1000 倍，各方面表现达到人类专业玩家水平(Zhao et al., 2022)。

强化学习在产品和服务中也得到了应用。强化学习作为一种有效的基于用户与系统交互过程建模和最大化累积收益的学习方法，在信息检索、商品推荐、广告推送等场景具有十分广阔的应用潜力和众多成功案例。例如，谷歌研发了基于强化学习算法的 YouTube 视频推荐算法，利用日志文件进行学习，将用户长期平均的观看视频时间提升了 0.88%(Chen et al., 2019)。基于强化学习算法的新闻推荐系统可以动态跟踪用户反馈并更新推荐，获取新闻特征、读者特征和上下文特征，根据用户行为定义奖励函数来训练强化学习模型。强化学习在各种调度任务中也有良好的表现，如电梯调度、车间作业调度、交通信号控制以及网络路由选择等。

2. 强化学习在实际应用中的问题

在过去的二十多年中，强化学习研究取得了突破性进展，但仍然存在很多有待解决的问题。

首先，强化学习奖励的设置比较困难。在很多实际问题中，Agent 往往要经历较长的决策过程，才能达成目标而获得奖励，存在奖励稀疏或奖励延迟的问题。要根据奖励带来的少量信息进行大量的决策，显然是十分困难的，这常常会导致强化学习算法的训练过程难以收敛。一种经典的解决方法是奖励塑造(reward shaping)，通过调整每一步的奖励值，在保持策略不变的情况下对训练过程加以指导，从而加速算法的收敛。另一种常见的方法是设置短期目标，当 Agent 达成短期目标时会得到一个中间奖励，但无法保证这些预先设定的短期目标不会使其偏离真正的目标，从而导致 Agent 无法学习到最优策略。有些问题的短期目标难以明确定义，如很难根据常识为一个游泳 Agent 制定短期目标，也很难为城市道路规划 Agent 设置明确的量化目标。

其次，强化学习数据采集难以达到所需的规模。在训练雅利达游戏 Agent 时，强化学习算法通常需要上亿帧的游戏画面作为训练数据才能达到人类的平均水平。但是，有些实际问题中无法提供良好的交互环境。例如，对于智能对话系统，很难在真实环境中提供足够多的人力来与 Agent 模拟对话；又如，在医疗、交通、安全等领域，不允许 Agent 在真实环境中试错。为了采集强化学习训练所用的数据，一种方法是创建一个虚拟环境，从中训练强化学习模型，但是这需要对真实环境具有深刻的理解；另一种方法是更好地利用历史数据，如以经验回放(Ng et al., 1999)为代表的一些离线学习算法能够在与环境交互的同时提高历史经验数据的利用率，而一些基于模仿学习(imitation learning)(Wang et al., 2018)的算法通过先模仿历史数据再离线优化的方式实现了不依赖环境交互的强化学习。

再次，强化学习训练过程不够稳定。对于连续、高维的马尔可夫决策问题，强化学习算法将面临维数灾难问题,学习效率不高,难以保证理论上的收敛性。探索方法对强化学习算法的收敛速度和学习效果具有不容忽视的影响,采用不同的探索方法或者在 ε-贪婪策略中选择不同的 ε 值,得到的结果可能存在很大的差异。在很多情况下,强化学习算法并不是每一次都能成功收敛。算法不稳定的主要原因是蒙特卡罗算法采样得到的样本方差过大,因此方差较小的时序差分算法比蒙特卡罗算法更受青睐。采用一些训练技巧可以有效地提高训练过程的稳定性,如 AlphaGo 采用的基于专家示范的预训练就是一种常见且实用的技巧,课程学习(curriculum learning)方法(Bengio et al., 2009)也能有效辅助算法收敛。

最后,强化学习算法的泛化和迁移能力不强。强化学习的目标是找到一个在特定环境下能够得到最大累积奖励的策略,如果环境发生了变化,那么学习得到的策略可能缺乏适用性。例如,如果训练围棋 Agent 时始终让它与水平很低的棋手对弈,那么该 Agent 可能会倾向于攻击对方容易犯的一些低级错误,但是在遇到高手时一筹莫展;又如,在训练自动驾驶 Agent 时,始终在城郊环境中进行样本采集和训练,那么训练得到的策略可能无法在城区做出合适的反应。有研究发现,强化学习算法常常以各种形式对环境过拟合。最常见的提高泛化能力的方法是使用多个环境对 Agent 进行训练。另一种方法是假设模型具有可迁移性,即在训练环境中训练好 Agent 后,在测试环境(实际场景)中对策略进行微调。

强化学习算法在应用中常见问题的存在,使其难以得到大规模的实际应用。在不确定性、不完全信息、数据或者知识匮乏的任务场景下,强化学习算法的性能往往会出现大幅度下降。想通过简单地套用经典的强化学习算法来解决实际问题,往往是不现实的。必须在每个环节上精心设计和调整,才有可能发挥强化学习算法的强大能力。相对于较为成熟的有监督学习算法,强化学习算法的研究还处于相对初级的阶段。

8.6 本章小结

本章介绍了机器学习的基本概念和方法。机器学习一词是 Samuel 于 1959 年命名的,但是在很长一段时间内并未得到广泛的认可和推广。直到 20 世纪 80 年代之后,多种统计机器学习方法相继提出,大规模数据不断产出以及计算能力迅速提升,才促使机器学习逐渐成为人工智能研究的热点。2015 年,一位名为 Malisiewicz 的研究者在一篇博客中写道"机器学习曾经是王后,现在是国王"。目前,机器学习正在成为人工智能中发展最快、最为活跃的研究领域之一。

机器学习是从过去预测未来,或者从已知预测未知的过程。机器学习的主要特点是可以从数据中学习,不需要显式编程,能够针对具体问题以高概率提供足够好的解决方案。如果某个领域存在大量的可用数据,并且数据中包含一定的模式,但是规则相对复杂或无法直接定义,那么此问题通常适合采用机器学习来解决。机器学习不仅可以从海量数据中自动挖掘知识,而且通过数据更新或者环境交互,可以保证系统对于不同场景任务的适应性。但是,机器学习也存在易受干扰、数据偏见、过拟合等问题。实际场景中的环境因素复杂多变,机器学习难以通过有限的训练数据覆盖场景中的全部情况,因此模型在受到干扰或攻击等情况下会发生性能水平波动。同时，机器学习系统往往缺乏常识，由某些复杂模型学习到的模式或规律不是人类易于理解的显性知识，存在可解释性问题。在机器学习系统的构建和应用过程中，从数据预处理到模型选择和评估再到结果解释，仍然需要人类专家的指导。

由于篇幅所限，本章仅介绍了机器学习中有代表性的一些方法。对于一个具体的问题，用户可以从数据规模、数据分布、能否获得数据标签、能否获得环境反馈等多个角度来分析，从而选择合适的机器学习算法。目前，最为成熟的一类机器学习算法是有监督学习算法，但是人们也逐渐意识到有监督学习与人类学习方式的差异，从而发展出多种类型的学习算法，并在近年来给予了无监督学习算法和强化学习算法更多的关注。无监督学习算法从大规模的无监督数据中挖掘隐含的内在关联进行训练，可以得到对下游任务有价值的表征。而强化学习算法试图将基于静态数据和有标签的、数据产生与模型优化相互独立的开环学习，转换为与环境动态交互的、在线试错的、数据产生与模型优化紧密耦合的闭环学习(理查德·萨顿等，2019)，更接近人类的学习方式。同时，研究人员也在试图解决小样本学习问题，建立基于少量有标签样本的半监督学习算法，以及从一个或若干个样本中学习的一次性学习算法，甚至是没有训练数据的零次性学习算法。

思 考 题

8.1 机器学习与人类学习过程有什么异同？

8.2 试阐述机器学习与数据挖掘之间的区别和联系。

8.3 现代语音识别和自然语言处理研究的先驱 Jelinek 曾经开玩笑说：每当我开除一个语言学家，语音识别系统就更准确了。为什么基于语法规则的语音识别系统的性能往往不佳？如何看待机器学习算法在语音识别中发挥的作用？

8.4 机器学习对数据集，特别是训练集有什么要求？

8.5 提高线性回归模型性能的方法有哪些？

8.6 哪些机器学习算法可以同时用于解决回归问题和分类问题？

8.7 为什么平方损失函数不适用于分类问题？

8.8 试阐述分类模型选择和超参数确定的一般过程。

8.9 当每个样本的数据维数很高时，线性判别分析在计算过程中能够得到多个特征值和特征向量，除了用最大特征向量构建线性判别器之外，请问其他的特征向量有何作用？

8.10 软间隔支持向量机和基于核函数的支持向量机的适用条件分别是什么？

8.11 已知有三个样本能被某支持向量机模型正确分类且远离决策超平面。如果把这三个样本加入到训练集，那么支持向量机的决策超平面是否会受其影响，为什么？

8.12 有监督学习的性能评估指标如何选择？

8.13 试分析基于层次的聚类算法中使用最大距离、最小距离和平均距离的区别。

8.14 足球是世界上第一大运动，对于足球比赛结果的预测是一个典型的机器学习问题,试分析为了建立足球比赛结果的预测模型,需要提取哪些特征并采用哪种预测算法?

8.15 简述强化学习的主要分支和研究历程。

8.16 试解释强化学习与其他机器学习算法的异同。

8.17 试探讨机器学习未来的发展方向。

8.18 机器学习的可解释性是目前学术界研究的一个热点。可解释性是指人工智能系统的结果可以为人所理解,并能够提供阐释说明。请看一个故事:100 多年前德国有一匹名为汉斯的神马,10 以内的加减乘除它都能用蹄子敲出正确答案。很多人都对汉斯的表现感到惊讶和迷惑,媒体也争相报道。后来一位名为 Pfungst 的心理学家听说了也来围观,他设计了一系列的实验来研究汉斯到底是如何得出答案的。最后 Pfungst 发现,汉斯敲答案时一直盯着出题者的头部,如果敲到正确答案,那么出题者的头部会有不同的反应。显然汉斯的神奇之处在于它敏锐的观察能力,而不是学会了计算。从这个故事出发,讨论仅通过机器学习模型给出预测结果而不对其决策依据进行解释,可能会出现什么问题?

8.19 2016 年,杨立昆在一次演讲中引入了"蛋糕类比"来描述几类机器学习算法:如果人工智能是一块蛋糕,那么蛋糕的大部分是无监督学习,蛋糕上的糖衣是有监督学习,蛋糕上的樱桃是强化学习。尽管这个类比是有争论的,但是从中可以看到无监督学习的重要性。在自然语言处理领域的最新发展中,无监督学习或自监督学习算法得到了普遍应用并取得了非常好的效果。对此,你怎么看?

练 习 题

8.1 对于如下四个问题,判断哪些问题适合采用有监督学习算法,哪些问题适合采用无监督学习算法?

(1)垃圾邮件检测,给定一组已经标注的垃圾邮件和非垃圾邮件,试建立垃圾邮件分类模型,并对新的邮件所属类别进行判断。

(2)产品推荐,给定一组客户的近期购物清单,试对这些客户的购物偏好进行分析,并为其推荐可能喜欢的产品。

(3)房价预测,给定某地区一段时间内二手房的面积、户型等信息和成交价格,试建立该地区的二手房售价预测模型,并对新的房屋售价进行估计。

(4)银行客户分类,给定某银行客户近期的存款、理财等资金流动情况,为这些客户标定所属等级,如一星客户、二星客户、三星客户、四星客户、五星客户和黄金客户。

8.2 为了分析 X 射线的杀菌作用,用 200kV 的 X 射线来照射细菌,每次照射 6min,用平板计数法估计残留的细菌数。令照射次数为 t,照射后残留的细菌数为 y,数据见下表。试求

(1)y 关于 t 的二次回归模型,在同一坐标系内画出原始数据与拟合结果的散点图。

(2)预测 $t=16$ 时残留的细菌数。

(3)根据问题的实际意义,判断采用二次多项式回归模型是否合适。

t	1	2	3	4	5	6	7	8	9	10	11	12	13	14	15
y	352	211	197	160	142	106	104	60	56	38	36	32	21	19	15

8.3 基于波士顿房价数据集，建立多元线性回归的房价预测模型，考察回归模型的性能。该数据集是在 20 世纪 70 年代收集建立的，包括 506 个样本，每个样本包括 13 个特征和一个房价值。数据下载地址为：https://archive.ics.uci.edu/ml/machine-learning-databases/housing/housing.data。

8.4 假设某数据集包括 P_1、P_2、P_3 三个样本，输入为 x，输出为 y（见下表）。对于图中显示的三种线性回归模型，分别计算它们在数据集上的均方误差。

样本	x	y
P_1	0	2
P_2	2	2
P_3	3	1

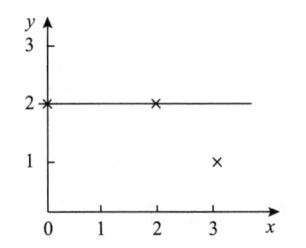

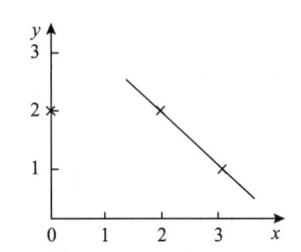

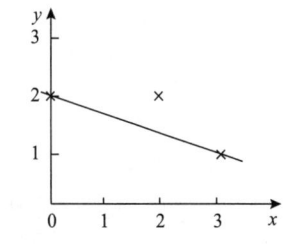

8.5 已知如下两类样本，第 1 类：$\{(4,2)^T, (2,4)^T, (2,3)^T, (3,6)^T, (4,4)^T\}$，第 2 类：$\{(9,10)^T, (6,8)^T, (9,5)^T, (8,7)^T, (10,8)^T\}$，每个样本包括二维特征，请利用线性判别分析算法求解该分类问题的判别函数。注：采用与例 8.5 不同的方法。

8.6 用线性判别分析、支持向量机和 CART 决策树算法分别对例 8.8 中的数据进行分类。

8.7 用支持向量机构建判断肿瘤是良性还是恶性的分类器，样本特征为肿瘤体积和患者年龄。已知训练集如下表所示，标签为 1 表示该样本为良性，标签为 0 表示该样本为恶性。

序号	1	2	3	4	5	6	7	8	9	10	11	12	13	14	15
肿瘤体积/cm³	1.14	1.18	1.2	1.26	1.3	1.28	1.24	1.36	1.38	1.38	1.38	1.4	1.48	1.54	1.56
患者年龄/岁	53	59	56	60	59	60	52	52	49	55	57	51	55	55	62
标签	1	1	1	1	1	1	0	0	0	0	0	0	0	0	0

8.8 某银行的历史贷款记录包括用户的 4 种特征（年龄、银行流水、是否结婚和是否拥有房产状况）以及是否给予贷款，用 ID3 决策树算法建立是否给予贷款的分类模型，用于辅助决策。银行的历史贷款记录如下表所示。

序号	年龄/岁	银行流水	是否结婚	是否拥有房产	是否给予贷款
1	>30	高	否	是	否
2	>30	高	否	否	否
3	20~30	高	否	是	是
4	<20	中	否	是	是
5	<20	低	否	是	是
6	<20	低	是	否	否
7	20~30	低	是	否	是
8	>30	中	否	是	否
9	>30	低	是	是	是
10	<20	中	否	是	是
11	>30	中	是	否	是
12	20~30	中	否	是	是
13	20~30	高	是	是	是
14	<20	中	否	否	否

8.9 已知样本 A、B、C 分别为 $(0, -3)^T$，$(0, 3)^T$，$(3, 4)^T$，试用 k 均值聚类算法将这三个样本聚成两类。假设初始簇中心为 $(0, 0)^T$ 和 $(4, 4)^T$，采用欧氏距离作为距离度量。结合聚类结果说明初始簇中心对 k 均值聚类的影响，并给出相应的改进方法。

8.10 下载一幅包含路标的图像，尝试用 k 均值聚类算法对图像进行分割，并用不同颜色进行标记。

8.11 对于下表给出的数据，采用绝对距离度量样本间的距离，基于平均距离法计算簇间距离，并用自底向上策略创建层次聚类树。

样本	A	B	C	D	E	F	G
特征	16.9	38.5	39.5	80.8	82	34.6	116.1

8.12 设计一个 Q 学习算法来实现井字棋游戏程序，描述该问题的状态、动作和奖励。

8.13 尝试采用 Sarsa 算法和 Q 学习算法求解图 8.62 所示的悬崖行走问题，给出具体求解过程。

8.14 将学生分成若干个小组，各小组针对生活中的实际机器学习案例进行数据采集、标注和分析，最终形成专题报告。

第9章 人工神经网络与深度学习

人工神经网络从数学(模型、算法)和物理方法(神经网络芯片)以及信息处理的角度出发,在结构和功能上模拟生物神经网络产生智能的机制,是对生物神经系统的抽象、简化和模拟。人工神经网络是机器学习的一个分支,是基于网络模型从有限样本中学习一般性规律的一类重要方法。鉴于其重要性,本书将其单独成章进行介绍。人工神经网络克服了传统的符号主义方法在处理感知、非结构化数据方面的缺陷,具有自适应、自组织和在线学习的特点。尤其是近年来兴起的深度神经网络模型能够为大数据处理提供足够的模型复杂度,支持文本、图像等非结构化数据的特征自动提取,为感知信息处理、博弈、自然语言处理等问题提供有效的解决方案。本章介绍人工神经网络的基本概念和方法,讨论几种典型的浅层神经网络模型和深度神经网络模型。

9.1 人工神经网络概述

人的智能来自大脑,大脑由大量的神经元组成,每个神经元可以看作一个小的处理单元,这些神经元按照某种方式互相连接起来,构成了人脑内部的生物神经网络。人工神经网络是在神经生物学研究基础上提出的模拟生物过程以反映人脑某些特性的计算模型。

9.1.1 生物神经元和生物神经网络

1. 生物神经元的结构

生物神经元是神经系统的基本功能单元,也是大脑处理信息的基本单元。尽管各种神经元的功能和形态存在差异,但是它们具有相似的结构和基本特性。一个典型的神经元主要由细胞体、树突、轴突和突触组成,生物神经元结构示意图如图 9.1 所示。树突是细胞体外伸的很多树枝状的突起,用于接收周围其他神经元传入的神经冲动。细胞体是神经元的主体,由细胞核、细胞质和细胞膜组成,对输入信息进行整合和阈值处理。轴突是细胞体向外伸出的一条长神经纤维,轴突远离细胞体的一侧有很多分支,称为轴突末梢或神经末梢,用于传出神经冲动。突触是一个神经元的神经末梢和另一个神经元的树突之间相连接的微小间隙。突触具有结构可塑性,其作用强度可随着神经冲动的刺激而变化。

生物神经元与神经网络

2. 生物神经元的信息处理过程

生物神经元之间信息的接收、整合、产生和输出是一种电化学活动,其基本过程如下。

1)信息的接收

神经元的树突与其他神经元通过突触连接,用于接收各种信息。这里的信息可能是

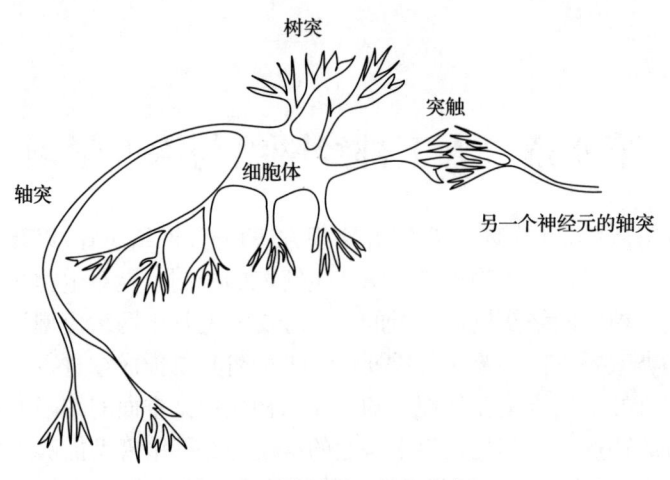

图 9.1 生物神经元结构示意图

来自外界的感官信息，也可能是其他神经元产生的输出信息。突触连接具有可调整性，性质不同的外界刺激能够改变神经元突触后膜电位变化的大小与方向，即连接强度和极性。突触连接强度决定了信息的传递效率，可以将传递的信息增强或减弱。突触按照极性分为兴奋性突触和抑制性突触，分别起兴奋和抑制作用。

2) 信息的整合

神经元对来自其他神经元的信息具有时空整合作用。大量不同神经元的轴突末梢到达同一个神经元的树突并形成大量突触，来源不同的突触所释放的神经递质可以对同一个神经元的膜电位变化产生作用。神经元通过树突结构对不同来源的输入信息进行空间整合，对于来自同一个突触的脉冲信号进行时间整合。

3) 信息的产生

神经元接收到来自其他神经元发放的脉冲信号之后，其膜电位随着时间而连续变化。神经元的信息产生过程如图 9.2 所示，其产生的信息是具有电脉冲形式的神经冲动。当膜

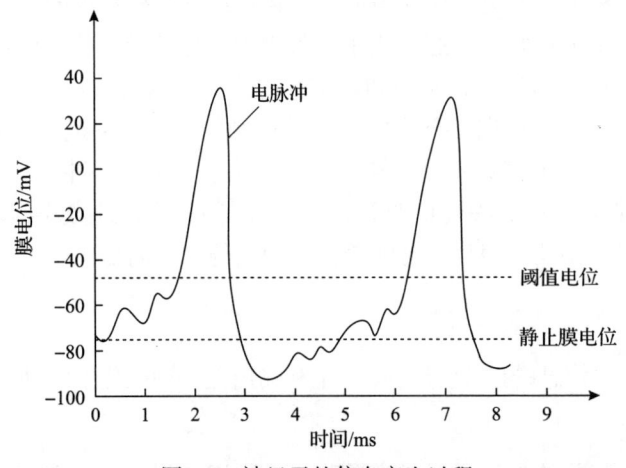

图 9.2 神经元的信息产生过程

电位的变化超过某个阈值时,将产生突变上升的脉冲,神经元进入兴奋状态。

4)信息的输出

神经元的脉冲信号由轴突输出,传输至其他神经元。神经元之间信息的传递是单向的,即信息只能由一个神经元的轴突传导至另一个神经元的树突。

生物神经元的信息处理过程具有如下特点:神经元的信息传递是多输入、单输出的;通过突触连接可以使输入信息起兴奋或者抑制作用;神经元之间的连接强度决定信息传递的强弱,而连接强度可以随训练改变;每个神经元有一个阈值,当累积信息超过阈值时神经元进入兴奋状态;一个神经元接收信息的累积效果决定该神经元的状态。

3. 生物神经网络的结构和特点

人脑约由 1.4×10^{11} 个神经元组成,每个神经元与 $10^3 \sim 10^5$ 个神经元通过突触连接,形成规模庞大、错综复杂的生物神经网络。尽管每个神经元都十分简单,但是通过大量神经元之间的连接可以演化出丰富的行为方式。

神经元之间的连接关系及连接强度的改变形成了生物体的学习过程。以幼儿认识火的过程为例(关岸城,2016),首先,他的眼睛捕捉到火的影像后将信号传递给视神经元(感觉神经元),由视神经元传递给联络神经元,其中一个神经元将火的形象存储下来;然后,皮肤(感觉神经元)感觉到热,将热的信号传递给联络神经元,与火的视觉形象建立联系;当离火太近感觉到烫时,他就会将手缩回来(运动神经元),建立运动神经元与视神经元的联系。这里与火相关的信息分布式地存储在神经元之间的连接上,而不是保存在神经元的内部。

生物神经网络的主要特点有:在物理结构上,生物神经元之间通过突触连接,形成错综复杂的神经网络;在计算方式上,生物神经元既有局部计算功能,又能通过连接构成统一的系统,实现大规模并行处理;在信息存储上,生物神经网络能够通过改变突触的连接强度,实现信息的记忆和分布存储;在网络训练上,生物神经网络表现出很强的自学习、自组织和自适应性。生物神经网络的相关研究成果为人工神经网络的构建提供了多项启示。

9.1.2 人工神经网络的基本要素

人工神经网络由大量的神经元广泛互连而形成,是高度复杂的非线性动力学系统,反映了生物神经网络的很多基本特性。作为一种机器学习模型,人工神经网络描述了通过网络将输入向量转换为输出向量的过程。通常,人工神经网络由神经元特性、网络拓扑结构和学习规则三个要素确定。

1. 神经元特性

人工神经元是人工神经网络的基本处理单元,一般是多输入单输出的非线性模型。神经元模型包括一组连接权值、一个求和单元和一个非线性激活函数。各种神经元模型对于输入进行线性求和的运算是类似的，因此人工神经元的特性主要取决于它所采用的非线性激活函数。

2. 网络拓扑结构

网络拓扑结构是指网络中各神经元彼此连接的方式。当采用不同的网络拓扑结构时，网络的信息处理过程通常存在很大差异。同时，不同的连接方式和神经元数目决定了要训练的参数量，从而对应不同的训练难度。因此，在对网络进行训练之前，需要先确定网络拓扑结构。按照网络中隐层（网络中除了输入层和输出层之外的中间层）数目的多少，人工神经网络可以分为浅层神经网络和深度神经网络。

3. 学习规则

一旦网络拓扑结构确定之后，就需要对参数进行有效调整，以使其满足性能目标要求。网络参数包括连接权值和阈值等。通常每个神经元的输入有多个连接通道，每个连接通道对应一个连接权值，反映了神经元之间相互作用的强弱。每个神经元有一个阈值，用于决定其是否进入兴奋状态。学习规则是指为了达成网络的性能目标，用于决定各神经元的初始连接权值和阈值以及在训练中调整权值和阈值的方法。学习规则是人工神经网络研究的核心问题。

9.1.3 人工神经元模型

人工神经元是对生物神经元的一种形式化描述，一方面对生物神经元的信息处理过程进行抽象，并用数学语言进行描述；另一方面，对生物神经元的结构和功能进行模拟，并用模型图进行表示。MP 模型是提出最早且影响最大的人工神经元模型。该模型经过不断发展后，形成了各种各样的神经元模型。

1. MP 模型

MP 模型归纳总结了生物神经元的基本特性，具有信息处理功能。该模型在神经元信息处理过程简化的基础上提出了如下 6 个约定。

(1) 每个神经元都是一个多输入单输出的信息处理单元；
(2) 突触分兴奋性和抑制性两种类型；
(3) 神经元具有空间整合特性和阈值特性；
(4) 神经元输入输出间有固定的时滞，主要取决于突触延迟；
(5) 忽略时间整合作用和不应期；
(6) 神经元本身是非时变的，其突触时延和突触强度均为常数。

图 9.3 给出了 MP 模型示意图。对于神经元 i，$u_1,\cdots,u_j,\cdots,u_n$ 为该神经元来自其他 n 个神经元的输入；$w_{1i},\cdots,w_{ji},\cdots,w_{ni}$ 为输入与该神经元连接的 n 个权值；θ_i 为神经元的阈值；x_i 为神经元的净输入；$f(x_i)$ 为非线性激活函数，也称为作用函数、功能函数或转移函数；y_i 为神经元的输出。

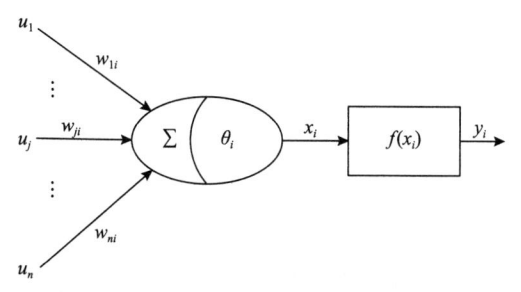

图 9.3 MP 模型示意图

MP 模型主要对信息进行两种操作：一种是线性求和操作，即

$$x_i = \sum_{j=1}^{n} w_{ji} u_j - \theta_i \tag{9.1}$$

另一种是非线性变换，即

$$y_i = f(x_i) = f\left(\sum_{j=1}^{n} w_{ji} u_j - \theta_i\right) \tag{9.2}$$

MP 模型的激活函数为单位阶跃函数，也称为硬限幅函数，公式为

$$f(x) = \begin{cases} 1, & x \geqslant 0 \\ 0, & x < 0 \end{cases} \tag{9.3}$$

当神经元的输入加权和大于等于阈值时，输出为 1，神经元进入兴奋状态；否则，输出为 0，神经元进入抑制状态。在 MP 模型中权值是固定的，而在后续提出的人工神经元模型中，一般可以在训练数据的基础上依据学习规则对权值进行调整。

例 9.1 给定两个神经元的输入和权值，如图 9.4 所示，假设阈值为 0，激活函数采用单位阶跃函数，对于不同的输入，分别计算神经元的净输入和输出。

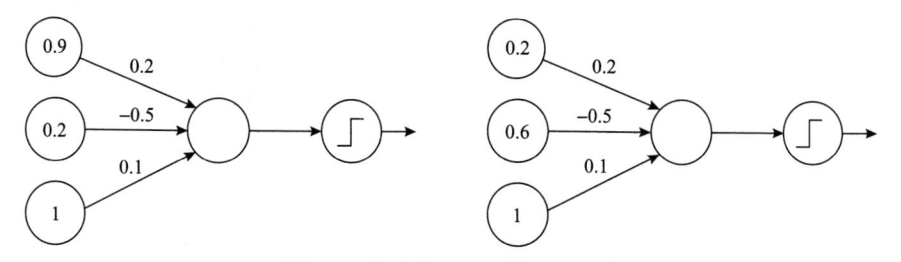

图 9.4 给定神经元的输入和权值

解 这两个神经元的输入经过线性加权求和后，得到的净输入分别为 0.18 和 -0.16，经过非线性激活函数后，对应输出为 1 和 0，如图 9.5 所示。

2. 神经元激活函数

激活函数的基本功能包括：控制输入对输出的激活作用；对输入进行函数变换；将

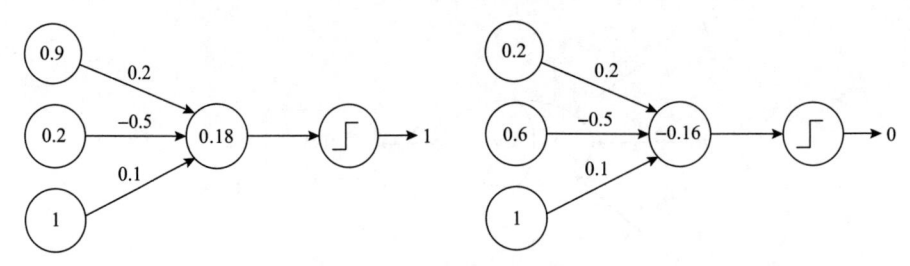

图 9.5 给定神经元的输出

可能来自无限域的输入变换成指定的有限范围内的输出。各种神经元模型的主要区别在于：它们采用了不同的激活函数，从而使神经元具有不同的信息处理特性。常用的神经元激活函数包括阈值型激活函数、连续非线性激活函数、分段线性激活函数和概率型激活函数等。

1) 阈值型激活函数

阈值型激活函数的特点是在输入大于等于一个特定的阈值时，输出为 1；否则，输出为 0 或–1。常见的阈值型激活函数包括单位阶跃函数和符号函数。

符号函数也称为双极性阈值函数，公式为

$$f(x) = \begin{cases} 1, & x \geqslant 0 \\ -1, & x < 0 \end{cases} \tag{9.4}$$

单位阶跃函数和符号函数分别如图 9.6(a) 和图 9.6(b) 所示。

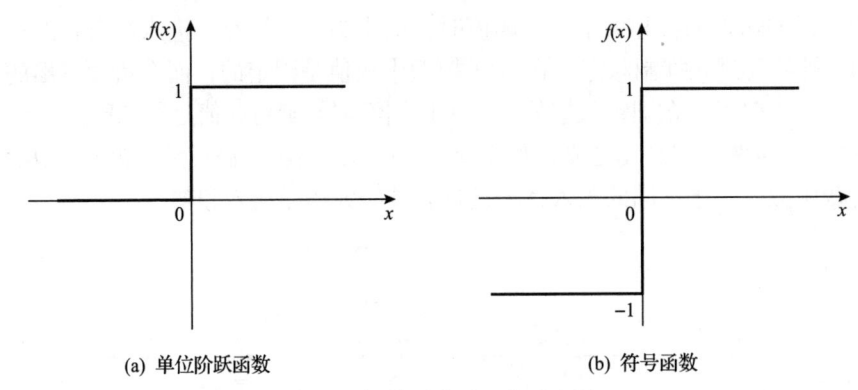

(a) 单位阶跃函数 (b) 符号函数

图 9.6 阈值型激活函数示意图

2) 连续非线性激活函数

连续非线性激活函数的输出在某个范围内连续取值，反映了神经元的饱和特性。常用的连续非线性激活函数包括单极性 sigmoid 函数、双极性 sigmoid 函数和 softmax 函数。

单极性 sigmoid 函数及其导数都是连续的，处理上十分方便。单极性 sigmoid 函数的输出变化范围是 (0,1)。单极性 sigmoid 函数的公式为

$$f(x) = \frac{1}{1 + e^{-x}} \tag{9.5}$$

双极性 sigmoid 函数的输出值的变化范围是$(-1,1)$，如图 9.7 所示。当 x 在 0 附近时，双极性 sigmoid 函数的输出 $f(x)$ 与 x 接近线性变化，该区域称为线性区；当 x 距离 0 较远时，$f(x)$ 随 x 值变化的幅度很小，该区域称为饱和区。

双极性 sigmoid 函数的公式为

$$f(x)=\frac{1-e^{-\beta x}}{1+e^{-\beta x}} \tag{9.6}$$

式中，$\beta > 0$。

当 $\beta = 2$ 时，双极性 sigmoid 函数就是双曲正切(tangent hyperbolic, tanh)函数，与 $\beta=1$ 的 sigmoid 函数相比，tanh 函数在坐标原点附近的梯度更大，在实际使用中基于该函数的神经网络更容易收敛。

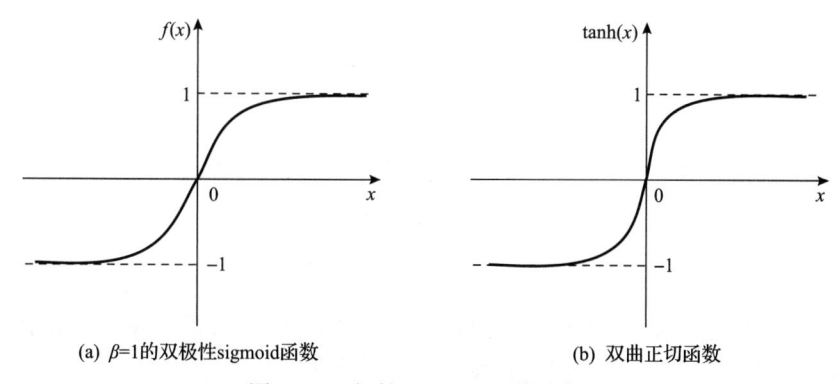

(a) $\beta=1$ 的双极性sigmoid函数　　　(b) 双曲正切函数

图 9.7　双极性 sigmoid 函数示意图

softmax 函数也称为归一化指数函数，值域为 $(0,1)$，公式为

$$y_i = \frac{e^{x_i}}{\sum_{j=1}^{n} e^{x_j}} \tag{9.7}$$

式中，x_i 和 y_i 分别为神经元的第 i 维输入和第 i 维输出；n 为输入和输出的维数。

softmax 函数将输入向量中较大的元素映射为输出向量中接近于 1 的值，将较小的元素映射为接近于 0 的值，而不像 max 函数将最大元素映射为 1，其他元素都映射为 0，这就是 softmax 函数名称中有 soft 的原因。

3) 分段线性激活函数

分段线性激活函数的输入输出在一定的取值范围内呈线性关系，而在不同线性区的转折处是不连续的。典型的分段线性激活函数有线性饱和型函数和线性整流(rectified linear unit, ReLU)函数。

线性饱和型函数的输出与输入在一定范围内满足线性关系，在输出值达到最大值 1 后，就不再增加。其函数形式为

$$f(x) = \begin{cases} 0, & x \leqslant 0 \\ cx, & 0 < x \leqslant x_c \\ 1, & x_c < x \end{cases} \tag{9.8}$$

ReLU 函数是一种广泛使用的分段线性激活函数，其公式为

$$\text{ReLU}(x) = \max(0, x) \tag{9.9}$$

ReLU 函数示意图如图 9.8 所示。

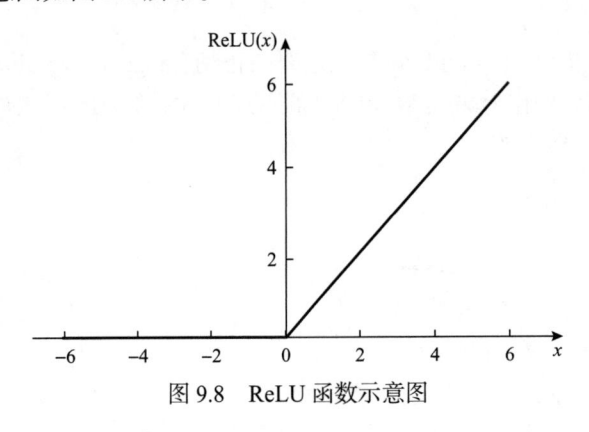

图 9.8　ReLU 函数示意图

4) 概率型激活函数

概率型激活函数的输入与输出之间的关系是不确定的，需要用一个随机函数来描述输出的概率。例如，当输入为 x 时，输出 y 为 1 的概率为

$$P(y=1|x) = \frac{1}{1+e^{-x/T}} \tag{9.10}$$

式中，T 为温度参数。玻尔兹曼机采用了这种概率型激活函数。

此外，还有很多其他类型的激活函数，这里不再一一介绍。其中，采用阈值型激活函数的人工神经元与生物神经元的特点最为相符，其输出能够直接反映神经元的兴奋状态与抑制状态。然而，由于阈值型激活函数不连续、不可微，实际上在浅层神经网络中使用更多的是与之相仿的 sigmoid 函数，而在深度神经网络中使用最多的是 ReLU 函数。

3. 人工神经元的通用模型

在选定了神经元的激活函数后，可以给出人工神经元的通用模型。

对于神经网络的第 i 个神经元，若令 $u_0 = -1$ 且 $w_{0i} = \theta_i$，有 $u_0 w_{0i} = -\theta_i$，则阈值 θ_i 可以看作一个固定输入为 –1 的哑节点 (dummy node) 所对应的连接权值。基于该表示方式，可以将连接权值和阈值合并为权值向量。

净输入可表示为

$$x_i = \sum_{j=0}^{n} w_{ji} u_j = W_i^{\mathrm{T}} U \tag{9.11}$$

式中，$U=(u_0,u_1,\cdots,u_n)^{\mathrm{T}}$；$W_i=(w_{0i},w_{1i},\cdots,w_{ni})^{\mathrm{T}}$。

人工神经元的数学模型可简化为

$$y_i = f(x_i) = f(W_i^{\mathrm{T}} U) \tag{9.12}$$

人工神经元模型是对生物神经元的简化模拟，其与生物神经元特性的对应关系如表 9.1 所示。

表 9.1 人工神经元特性与生物神经元特性的对应关系

生物神经元特性	人工神经元特性
多输入单输出	从 $(u_1,u_2,\cdots,u_n)^{\mathrm{T}}$ 到 y_i 的映射
输入信息分为激活和抑制	输入值的正负对应激活和抑制
连接强度决定信息传递强弱	w_{ji} 值为输入 u_j 提供权值
连接强度可变	W_i 值可以随训练改变
每个神经元有一个阈值	θ_i 体现阈值特性
信息累加效应决定神经元状态	净输入 x_i 为输入的加权和

9.1.4 人工神经网络的拓扑结构

人工神经网络可采取的拓扑结构是多种多样的。按照连接方式来分，人工神经网络可以分为层次型网络和互连型网络。层次型网络将神经元按功能分成若干层，包括输入层、隐层和输出层。在互连型网络中，任意两个神经元之间都可能存在连接。按照网络内部信息流向来分，人工神经网络可以分为前馈型网络和反馈型网络。前馈型网络也称为前向神经网络，前一层的输出是下一层的输入，信息的处理具有逐层传递的方向性，不存在反馈环路。在反馈型网络中，所有神经元都具有信息处理功能，而且每个神经元既可以从外界接收输入，也可以向外界输出。通过将层次型网络与前馈型网络、反馈型网络相组合，还可以形成前馈层次型网络和反馈层次型网络，互连型网络一般为反馈互连型网络。

1. 前馈层次型网络

多层前馈神经网络是一种典型的前馈层次型网络。每层神经元只接收前一层神经元的输入，层内神经元自身以及神经元之间不存在连接通路。信息的处理具有逐层传递的方向性，输出仅由当前输入和权值矩阵决定，网络可以看作一个函数，表达输入与输出之间的映射关系。网络中相邻层神经元之间可以是全连接的(如感知器、误差反向传播网络和径向基函数神经网络)，也可以是部分连接的(如卷积神经网络)。全连接多层前馈神经网络结构示意图如图 9.9 所示。

如果允许层内神经元之间有互连关系，那么可形成层内有互连的层次网络结构，其示意图如图 9.10 所示。通过同一层内神经元之间的侧向作用，使得能同时激活的神经元数目可控，实现各层神经元的自组织。自组织特征映射网络就采用了这种网络结构。

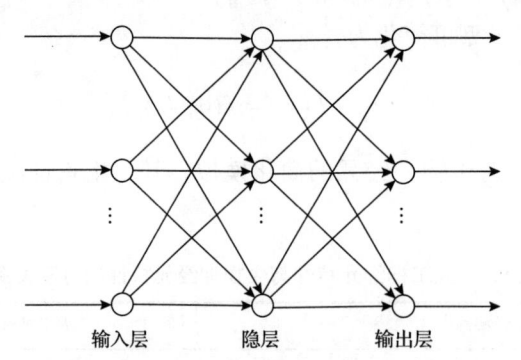

图 9.9　全连接多层前馈神经网络结构示意图

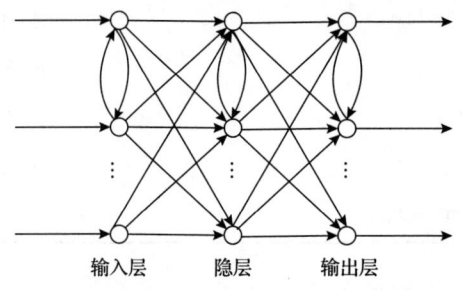

图 9.10　层内有互连的层次网络结构示意图

2. 反馈层次型网络

在反馈层次型网络中，输入神经元具有信息处理功能，每一个输入节点都可能接收来自外部的输入和来自输出神经元的反馈，反馈层次型网络结构示意图如图 9.11 所示。网络的输出由当前的输入和先前的输出共同决定，具有类似于人类短期记忆的性质。该结构可用于模式序列存储或时间序列建模。典型的反馈层次型网络是 Hopfield 网络。

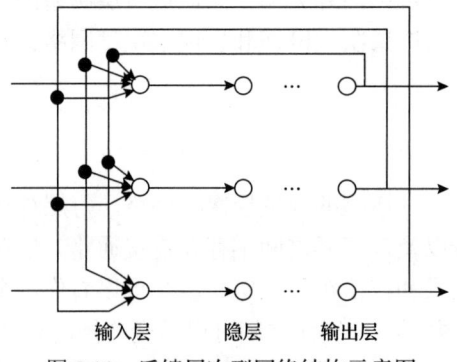

图 9.11　反馈层次型网络结构示意图

3. 反馈互连型网络

在互连型网络中，任意两个神经元之间都可能存在连接，有的连接是双向的，有的连接是单向的。按照网络中节点的互连程度，互连型网络可以分为全互连型网络和局部互连型网络，其示意图如图 9.12 所示。在全互连型网络中，任意两个神经元之间都有连接。在局部互连型网络中，只有部分神经元之间有连接。互连型网络中节点间的连接关系比较复杂，缺少信息逐层传递的方向性，因此一般为反馈型网络。

(a) 全互连型网络　　　　　　(b) 局部互连型网络

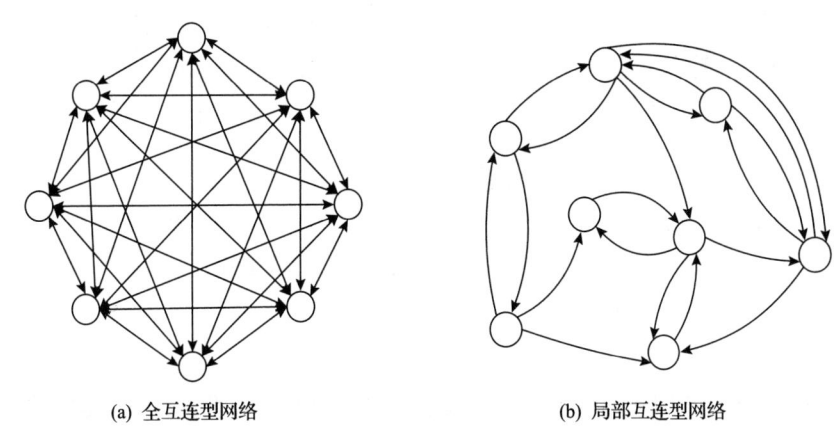

图 9.12　互连型网络结构示意图

反馈互连型网络中的神经元具有记忆功能，在不同时刻具有不同的状态，网络中的信息可以沿着单向和双向传递，分别适合用有向循环图和无向图来表示。由于考虑了输出与输入之间的延迟因素，所以需要用微分方程或者差分方程来描述网络的数学模型。在网络中，神经元的状态是动态变化的。从初始状态出发，经过若干次的变化，最终可能到达平衡状态，或者进入周期振荡、混沌等其他状态。典型的互连型网络模型有循环神经网络和玻尔兹曼机。

4. 不同网络结构的比较

在前馈层次型网络中，信息沿着网络逐层传递，神经元之间没有反馈，可实现信息从输入空间到输出空间的变换，其信息处理能力来自简单非线性函数的多次复合，网络结构简单，易于实现，适合解决函数逼近和预测问题。在反馈层次型网络和反馈互连型网络中，神经元之间有反馈，网络信息处理体现为状态的变换，可以用动力学系统进行描述，系统存在稳定性问题，适合解决时间序列分析或联想记忆问题。

9.1.5　人工神经网络的学习规则

人工神经网络的运行过程通常包括训练和应用两个阶段。在训练阶段，基于学习规则不断地调整权值，提取训练数据中隐含的知识或规律，使网络具有将输入空间映射到输出空间的能力。在应用阶段，各权值不再改变，用于解决实际问题。

人工神经网络的学习方式包括有监督学习、无监督学习和灌输式(死记式)学习。有监督学习如图 9.13(a) 所示，网络根据实际输出与期望输出的误差，按照一定的规则调整各神经元的权值。有监督学习通常需要大量训练样本，收敛速度较慢，对样本的输入顺序敏感。无监督学习如图 9.13(b) 所示，没有监督信息，网络仅根据输入调整权值，学习评估标准隐含于内部，主要用于聚类。在灌输式学习中，网络权值不是经过训练获得的，而是按照一定规则事先计算出来的，权值一旦设计好就不再修改，因此学习是一次性的。

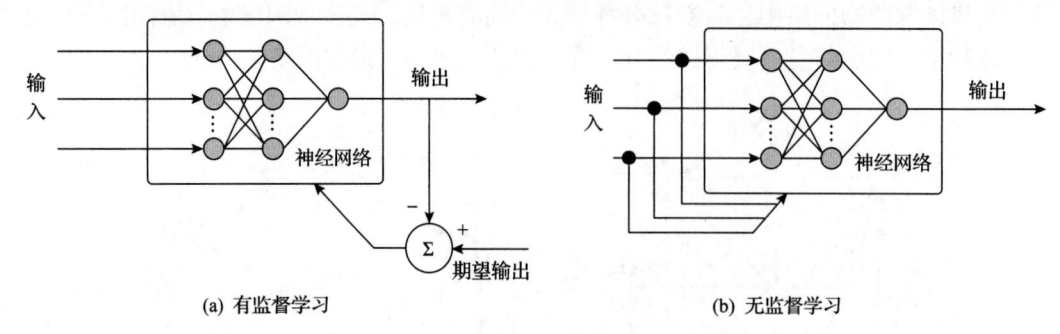

(a) 有监督学习　　(b) 无监督学习

图 9.13　有监督学习和无监督学习示意图

1. 学习规则分类

网络权值调整的通用学习规则示意图如图 9.14 所示。假设神经元 i 是网络中的某个节点，输入向量为 U；第 j 维输入 u_j 与神经元 i 的连接权值为 w_{ji}；连接到神经元 i 的全部权值构成了权值向量 W_i，其中 w_{0i} 为神经元的阈值，对应的输入分量 u_0 恒为 -1；$r = r(W_i, U, d_i)$ 为学习信号，是关于 W_i 和 U 的函数，如果采用有监督学习方式，r 还与期望输出 d_i 有关。

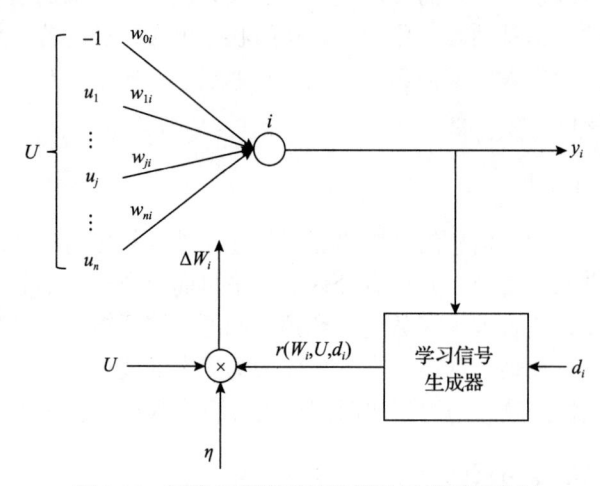

图 9.14　网络权值调整的通用学习规则示意图

权值向量 W_i 在 t 时刻的调整量 $\Delta W_i(t)$ 与输入向量 $U(t)$ 和学习信号 r 的乘积成正比，其公式为

$$\Delta W_i(t) = \eta r(W_i(t), U(t), d_i(t)) U(t) \tag{9.13}$$

式中，η 为学习率。

$t+1$ 时刻的权值向量为

$$W_i(t+1) = W_i(t) + \eta r(W_i(t), U(t), d_i(t))U(t) \tag{9.14}$$

在不同的学习规则中，$r(W_i, U, d_i)$ 具有不同的含义。

根据要完成的任务以及所采用的网络模型不同，人工神经网络可使用不同类型的学习规则，常见的学习规则包括如下几类。

1) 误差修正型学习规则

误差修正型学习规则采用有监督学习方式，根据实际输出和期望输出的误差进行权值向量的调整，使得最终输出误差达到预期范围，包括 Delta 学习规则、Widrow-Hoff 学习规则、感知器学习规则和误差反向传播学习规则等。

2) 竞争型学习规则

竞争型学习规则采用无监督学习方式，网络仅根据训练样本进行自组织学习，没有期望输出，通过神经元相互竞争对外界刺激做出响应并进行权值调整，如竞争网络所采用的"胜者为王"规则。

3) 联想型学习规则

联想型学习规则利用神经元是否同时激活来反映它们之间连接强度的变化，即根据互连神经元输出来调整其权值，典型的是 Hebb 学习规则。

4) 随机型学习规则

随机型学习规则在学习过程中结合了概率和能量函数的思想，根据目标函数值的变化调整网络参数，最终使目标函数值达到收敛。

下面介绍其中较为基础的 Hebb 学习规则和 Delta 学习规则，其他类型的学习规则，如感知器学习规则、误差反向传播学习规则和竞争型学习规则将在其相关网络模型中进行介绍。

2. Hebb 学习规则

Hebb(1949)根据生理学中的条件反射机理，提出了突触可塑性的基本原理：突触前神经元向突触后神经元的持续重复刺激，可以导致突触传递效能的增加。根据该原理定义的权值调整规则，称为 Hebb 学习规则。其基本思想是：如果相互连接的两个神经元同步激活，那么其连接权值增加；如果相互连接的两个神经元异步激活，那么其连接权值减小。

假设 t 时刻神经元 j 与神经元 i 之间的连接权值为 $w_{ji}(t)$；神经元 i 的第 j 维输入是神经元 j 的输出，即 $u_j(t) = y_j(t)$；神经元 i 的输出为 $y_i(t)$；$w_{ji}(t)$ 的调整量与神经元 i 的第 j 维输入和输出成正比，即

$$\Delta w_{ji}(t) = \eta y_j(t) y_i(t) = \eta u_j(t) y_i(t) \tag{9.15}$$

连接权值的调整规则为

$$w_{ji}(t+1) = w_{ji}(t) + \Delta w_{ji}(t) \tag{9.16}$$

例 9.2 设某神经元有三个输入、一个输出，采用双极性阈值型激活函数，即 $f(x) = \text{sgn}(x)$，学习率 $\eta = 1$，3 个输入样本为 $U_1 = (-1, -2, 1.5, 0)^T$、$U_2 = (-1, -0.5, -2, -1.5)^T$、$U_3 = (-1, 1, -1, 1.5)^T$，初始权值向量为 $W(0) = (0, -1, 0, 0.5)^T$，其中，U_1、U_2、U_3 的第一维为固定输入 -1，$W(0)$ 的第一维为神经元的阈值，试按 Hebb 学习规则对神经元权值进行调整。

解 学习过程如下。

第 1 步：输入样本 U_1，计算净输入 x_1 和权值向量 $W(1)$，即

$$x_1 = W(0)^T U_1 = 2$$

$$W(1) = W(0) + \eta \, \text{sgn}(x_1) U_1 = (-1, -3, 1.5, 0.5)^T$$

第 2 步：输入样本 U_2，计算净输入 x_2 和权值向量 $W(2)$，即

$$x_2 = W(1)^T U_2 = -1.25$$

$$W(2) = W(1) + \eta \, \text{sgn}(x_2) U_2 = (0, -2.5, 3.5, 2)^T$$

第 3 步：输入样本 U_3，计算净输入 x_3 和权值向量 $W(3)$，即

$$x_3 = W(2)^T U_3 = -3$$

$$W(3) = W(2) + \eta \, \text{sgn}(x_3) U_3 = (1, -3.5, 4.5, 0.5)^T$$

当神经元采用双极性阈值型激活函数且 $\eta = 1$ 时，Hebb 学习规则的权值调整将简化为权值向量加上或减去输入向量。如果将神经元的激活函数换成 sigmoid 函数，那么其与采用双极性阈值型激活函数的权值调整方向是一致的，但是权值的调整幅度会相对减小。

Hebb 学习规则是一种纯前馈、无监督的学习规则，是神经网络学习的基本规则，几乎所有神经网络的学习规则都可以看作 Hebb 学习规则的变形。

3. Delta 学习规则

Delta 学习规则利用期望输出与实际输出之间的误差进行学习，通过调整权值向量使误差不断减小。Delta 学习规则的特点是：仅适用于有监督学习；要求激活函数连续可导；可推广至多层前馈神经网络，权值可初始化为任意值。

假设某神经元的输入向量为 $U = \{(u_j)\}$，$j = 0, 1, \cdots, n$；t 时刻的权值向量为 $W(t)$；激活函数为 $f(\cdot)$；输出为 $y(t)$；期望输出为 d。Delta 学习规则以误差平方和为目标函数，利用梯度下降法进行参数寻优。

目标函数 J 为

$$J = \frac{1}{2}(d - y(t))^2 = \frac{1}{2}\left(d - f\left(W^T(t)U\right)\right)^2 \tag{9.17}$$

沿目标函数负梯度方向的权值调整量为

$$\Delta W(t) = -\eta \nabla J \tag{9.18}$$

目标函数的梯度为

$$\nabla J = -(d - y(t)) f'(W(t)^{\mathrm{T}} U) U \tag{9.19}$$

式中，$f'(\cdot)$ 为激活函数的导数。

将式(9.19)代入式(9.18)，得到权值调整公式为

$$\Delta W(t) = \eta (d - y(t)) f'(x(t)) U \tag{9.20}$$

式中，$x(t)$ 为净输入。

权值调整的分量形式为

$$\Delta w_j(t) = \eta (d - y(t)) f'(x(t)) u_j, \quad j = 0, 1, \cdots, n \tag{9.21}$$

因此，有

$$\begin{cases} \Delta w_j(t) = \eta \delta u_j \\ \delta = (d - y(t)) f'(x(t)) \end{cases} \tag{9.22}$$

式中，δ 为与误差 $d - y(t)$ 相关的量。

反复调整权值向量使目标函数达到最小或者使系统达到一个稳定状态（权值稳定不变）。

例 9.3 设某神经元有三个输入、一个输出，激活函数为双极性 sigmoid 函数，学习率 $\eta = 0.1$，输入样本为 $U_1 = (-1, 1, -2, 0)^{\mathrm{T}}$、$U_2 = (-1, 0, 1.5, -0.5)^{\mathrm{T}}$、$U_3 = (-1, -1, 1, 0.5)^{\mathrm{T}}$，初始权值向量为 $W(0) = (0.5, 1, -1, 0)^{\mathrm{T}}$，其中，$U_1$、$U_2$、$U_3$ 的第一维为固定输入 -1，$W(0)$ 的第一维为神经元的阈值，期望输出为 $d_1 = -1$、$d_2 = -1$、$d_3 = 1$，试按 Delta 学习规则进行神经元权值调整。

解 已知激活函数为 $f(x) = \dfrac{1 - \mathrm{e}^{-x}}{1 + \mathrm{e}^{-x}}$，其导数为

$$f'(x) = \frac{2\mathrm{e}^{-x}}{(1 + \mathrm{e}^{-x})^2} \text{ 或 } f'(x) = \frac{1}{2}(1 - f(x)^2)$$

第 1 步：输入样本 U_1，计算净输入 x_1 和权值向量 $W(1)$，即

$$x_1 = W(0)^{\mathrm{T}} U_1 = 2.5$$

$$y_1 = f(x_1) = \frac{1 - \mathrm{e}^{-x_1}}{1 + \mathrm{e}^{-x_1}} = 0.848$$

$$f'(x_1) = \frac{1}{2}(1-y_1^2) = \frac{1}{2}(1-0.848^2) \approx 0.14$$

$$W(1) = W(0) + \eta(d_1 - y_1)f'(x_1)U_1 = (0.526, 0.974, -0.948, 0)^T$$

第 2 步：输入样本 U_2，计算净输入 x_2 和权值向量 $W(2)$，即

$$x_2 = W(1)^T U_2 = -1.948$$

$$y_2 = f(x_2) = \frac{1-e^{-x_2}}{1+e^{-x_2}} = -0.751$$

$$f'(x_2) = \frac{1}{2}(1-y_2^2) = \frac{1}{2}(1-0.75^2) \approx 0.218$$

$$W(2) = W(1) + \eta(d_2 - y_2)f'(x_2)U_2 = (0.531, 0.974, -0.956, 0.003)^T$$

第 3 步：输入样本 U_3，计算净输入 x_3 和权值向量 $W(3)$，即

$$x_3 = W(2)^T U_3 = -2.46$$

$$y_3 = f(x_3) = \frac{1-e^{-x_3}}{1+e^{-x_3}} = -0.843$$

$$f'(x_3) = \frac{1}{2}(1-y_3^2) = \frac{1}{2}(1-0.843^2) \approx 0.145$$

$$W(3) = W(2) + \eta(d_3 - y_3)f'(x_3)U_3 = (0.505, 0.947, -0.929, 0.016)^T$$

因为在每步中都有 $d_j - y_j \neq 0$，所以每步中权值均得到调整。Delta 学习规则通常要采用较小的 η 值。这里仅给出了三步迭代过程，当实际输出与期望输出的误差大于给定阈值时，还需要继续迭代进行权值调整，直到满足结束条件。

9.2 浅层神经网络

浅层神经网络是指没有隐层或只有少数隐层的人工神经网络。本节介绍其中具有代表性的感知器、BP 网络、Hopfield 网络和自组织特征映射网络。感知器和 BP 网络属于多层前馈神经网络，Hopfield 网络属于反馈层次型网络，自组织特征映射网络属于层内有互连的层次网络。

9.2.1 感知器

感知器模拟人类视觉系统中接收环境信息并由神经冲动进行信息传递的过程，是最早的人工神经网络。不同于 MP 模型中权值是固定不变的，感知器中神经元之间的连接

权值是可变的,因此被赋予了学习的特性,可以通过权值调整来解决分类问题。按照感知器中有信息处理功能的神经元的层数多少,感知器可分为单层感知器和多层感知器。

1. 单层感知器

在单层感知器中,采用阈值型激活函数,采用全连接的前馈神经网络结构,如图9.15所示。单层感知器只有一层有信息处理功能的神经元,输入层负责信息输入,输出层负责信息处理。输出层神经元之间是完全独立的,对于任一神经元,其他神经元的内部运算与其无关。各个神经元的权值也是彼此独立的,它们之间唯一共享的就是输入,每个神经元都会接收网络的所有输入。单层感知器是一种线性分类模型,每个输出层神经元对应一个分类超平面。

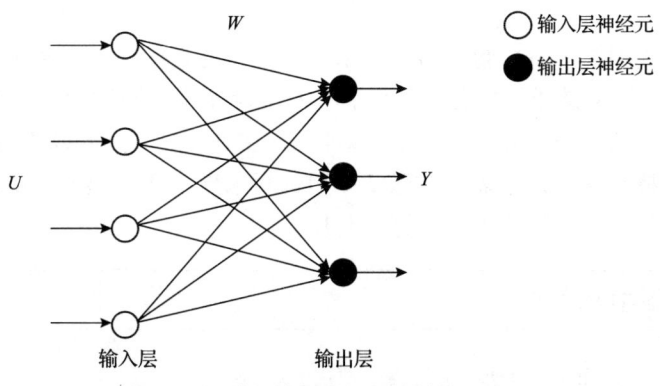

图 9.15 单层感知器的网络结构示意图

感知器采用感知器学习规则进行权值调整。假设问题是线性可分的,感知器学习的目标是求得一个能够将训练集中正反类样本完全分开的超平面。尽管目标函数的一个自然选择是误分类样本的个数,但是它不是权值向量 W 的连续可导函数,不易优化。为此,感知器所采用的目标函数是误分类样本到超平面的距离和。

给定 P 个训练样本,第 p 个样本记为 (U_p, d_p),$U_p = (u_{0p}, u_{1p}, \cdots, u_{np})^\mathrm{T}$,$d_p = \begin{cases} 1, & U_p \in 正类 \\ -1, & U_p \in 反类 \end{cases}$。单个误分类样本 U_p 到超平面的距离为

$$r_p = -\frac{1}{\|W\|} d_p \cdot (W^\mathrm{T} U_p) \tag{9.23}$$

不考虑 $\dfrac{1}{\|W\|}$,得到感知器学习的目标函数为

$$J(W) = -\sum_{U_p \in M} d_p \cdot (W^\mathrm{T} U_p) \tag{9.24}$$

式中,M 为误分类样本的集合。

若 U_p 为误分类样本，则 d_p 和 $W^T U_p$ 一定是异号的，有 $-d_p(W^T U_p) > 0$，$J(W) > 0$；当且仅当不存在误分类样本时，$J(W) = 0$。

感知器学习规则是一种错误驱动的在线学习算法（Rosenblatt, 1958），为了减小计算复杂度，使用随机梯度下降法进行参数优化。在每次迭代时只使用一个样本，计算该样本的损失函数值并更新梯度。当 U_p 为误分类样本时，得到权值调整公式为

$$w_j(t+1) = w_j(t) + \eta d_p u_{jp}, \quad j = 0, 1, \cdots, n \tag{9.25}$$

推广到 d_p 可能取值为 0 的情况，对于任意样本，将 $d_p - y_p(t)$ 作为学习信号，得到一般情况下的权值调整公式为

$$w_j(t+1) = w_j(t) + \eta(d_p - y_p(t))u_{jp}, \quad j = 0, 1, \cdots, n \tag{9.26}$$

感知器学习规则属于有监督学习，网络训练的目的是使得实际输出尽可能地接近期望输出。如果训练样本是线性可分的，且学习率设置合理，那么网络经过有限次迭代后，将收敛到稳定的权值，使得输出误差为零（Novikoff, 1963）。感知器学习规则可以看作 δ 学习规则的一种特殊情况，不需要对激活函数进行求导，学习速度较快，权值可以初始化为任意值。感知器学习算法流程见算法 9.1。

算法 9.1 感知器学习算法

输入：训练样本 $\{(U_p, d_p)\}$ $(p = 1, 2, \cdots, P)$，$U_p = (u_{0p}, u_{1p}, \cdots, u_{np})^T$，$d_p = \begin{cases} 1, & U_p \in 正类 \\ -1或0, & U_p \in 反类 \end{cases}$，学习率 η，最大迭代次数 T

第 1 步：设置初始权值 $w_j(0)(j = 0, 1, \cdots, n)$ 为较小的随机数（也可以为全零值），学习率 $\eta \in (0, 1]$，$t = 0$；

第 2 步：对训练样本进行随机排序，令 $p = 1, 2, \cdots, P$，依次进行如下计算。

  对于输入样本 U_p，计算感知器输出为

$$y_p(t) = f\left(\sum_{j=0}^{n} w_j(t)u_{jp}\right)$$

  如果 $y_p(t) \neq d_p$，那么权值调整为

$$w_j(t+1) = w_j(t) + \eta(d_p - y_p(t))u_{jp}$$

  $t \leftarrow t + 1$

第 3 步：如果对于所有的样本，都有 $y_p(t) - d_p = 0$，那么将当前权值作为输出，成功结束；如果 $t \geq T$，达到最大迭代次数，那么失败退出；否则，返回第 2 步。

输出：网络权值

学习率 η 控制着权值调整的幅度，感知器目标函数变化与学习率的关系如图 9.16 所示。如果 η 设为 1，那么每当出现一个误分类样本时，权值都会进行大幅度调整，可能导致学习过程不稳定；如果 η 设置得很小，那么在权值发生较大变化之前，需要进行多轮训练，将导致学习时间过长。因此，通常需要设置一个适中的学习率，一般取 $0.1 \leqslant \eta \leqslant 0.4$。

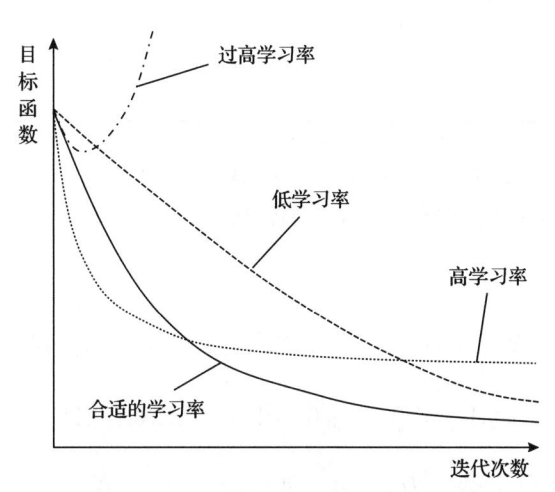

图 9.16 感知器目标函数变化与学习率的关系

感知器得到的解决方案是不唯一的，学习到的权值不仅与初始值有关，而且与训练样本的输入顺序有关，后输入的样本比先输入的样本对最终权值的影响更大。感知器的分类决策面可能靠近训练集中的样本，因此对于未知样本容易出现误分类。作为最古老的分类方法之一，感知器曾经为支持向量机和多层前馈神经网络的发展提供了重要基础，但是因其泛化能力不强，在实践中已经很少应用。

例 9.4 试基于单层感知器实现逻辑函数"与"门运算，利用感知器学习规则调整权值。

解 单层感知器结构示意图如图 9.17 所示，因为"与"门的输出是 0 或 1，所以这里的神经元激活函数选择为单位阶跃函数。

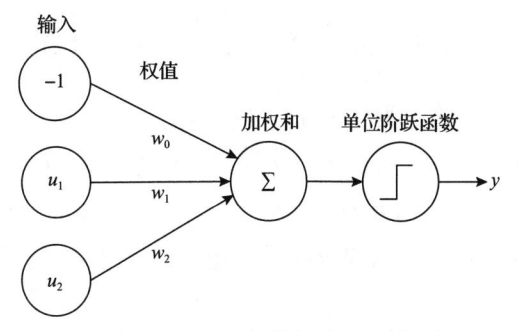

图 9.17 例 9.4 所采用的单层感知器结构示意图

将阈值 θ 作为第一维权值 w_0，令对应输入 $u_0 = -1$，"与"门输入输出样本对如表 9.2

所示，其中，1表示真，0表示假，输入向量为$U = (u_0, u_1, u_2)^T$。

表 9.2 "与"门输入输出样本对

u_0	u_1	u_2	d
−1	0	0	0
−1	1	0	0
−1	0	1	0
−1	1	1	1

设学习率$\eta = 0.1$，初始权值向量为$W(0) = (0.1, 0.1, 0.1)^T$。

依次输入样本，根据感知器学习规则调整权值，将所有训练样本使用一次，称为一轮迭代。

第一轮迭代过程如下。

第1步：输入第一个样本U_1，计算净输入x_1，调整权值向量为$W(1)$，即

$$W(1) = W(0) + \eta(0-0)U_1 = (0.1, 0.1, 0.1)^T$$

$x_1 = W(0)^T U_1 = -0.1$，输出为$y_1 = 0$，期望输出为$d_1 = 0$。

第2步：输入第二个样本U_2，计算净输入x_2，调整权值向量为$W(2)$，即

$$W(2) = W(1) + \eta(0-1)U_2 = (0.2, 0, 0.1)^T$$

$x_2 = W(1)^T U_2 = 0$，输出为$y_2 = 1$，期望输出为$d_2 = 0$。

第3步：输入第三个样本U_3，计算净输入x_3，调整权值向量为$W(3)$，即

$$W(3) = W(2) + \eta(0-0)U_3 = (0.2, 0, 0.1)^T$$

$x_3 = W(2)^T U_3 = -0.1$，输出为$y_3 = 0$，期望输出为$d_3 = 0$。

第4步：输入第四个样本U_4，计算净输入x_4，调整权值向量为$W(4)$，即

$$W(4) = W(3) + \eta(1-0)U_4 = (0.1, 0.1, 0.2)^T$$

$x_4 = W(3)^T U_4 = -0.1$，输出为$y_4 = 0$，期望输出为$d_4 = 1$。

以此类推，经四轮迭代后，将样本依次输入，权值向量都不再调整，迭代结束。

最终权值向量为$W = (0.3, 0.1, 0.2)^T$，"与"门对应的感知器分类线如图9.18所示，分类函数为$0.1u_1 + 0.2u_2 - 0.3 = 0$。当权值向量的初值和学习率设置不同时，可能得到不同的分类决策边界。

利用单层感知器能够实现逻辑函数"或"门和"非"门运算吗？答案是肯定的。将"或"门和"非"门的输入输出关系在二维坐标中表示出来，可以发现它们都是线性可分的，因此可以用单层感知器实现。

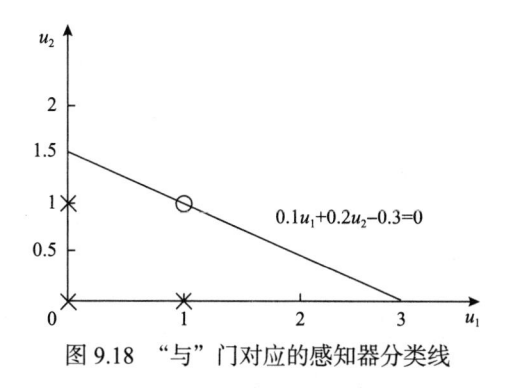

图 9.18 "与"门对应的感知器分类线

下面考虑"异或"问题,"异或"问题的输入输出对和样本分布示意图如图 9.19 所示。"异或"可以用数学符号 ⊕ 表示,若两个输入值相同,则输出为 0,否则,输出为 1。

u_1	u_2	d
0	0	0
0	1	1
1	0	1
1	1	0

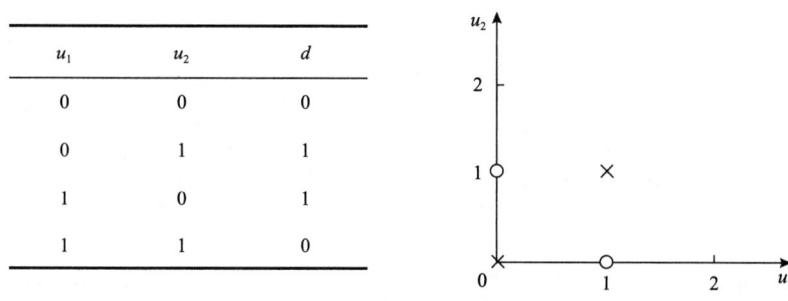

图 9.19 "异或"问题的输入输出对和样本分布示意图

单层感知器能否解决"异或"问题呢?由图 9.19 可以发现,"异或"问题中的样本是线性不可分的,即在二维平面中不存在一条直线,能够将训练样本没有错误地分为两类。因此,单层感知器不能解决"异或"问题。在线性不可分情况下,网络的学习过程将会发生振荡,不能求得合适的解,无法进行正确分类,这是单层感知器的局限性之一。

2. 多层感知器

多层感知器采用多层前馈神经网络结构,包含一个或多个隐层,采用阈值型激活函数。通过在输入层和输出层之间加入隐层,可以将原输入空间的线性不可分问题映射到新的隐层空间,使其在隐层空间内变得线性可分,从而在输出层进行有效分类。用双层感知器解决"异或"问题如图 9.20 所示,将两个单层感知器进行叠加构成双层感知器,可用于解决"异或"问题。这里的隐层包含两个神经元,输入 u_1 和 u_2 经过该层后的输出是 z_1 和 z_2,经过变换后,u_1 和 u_2 空间中的 $(0,0)$ 和 $(1,1)$ 都变成了 z_1 和 z_2 空间的 $(0,1)$,而 u_1 和 u_2 空间中的 $(0,1)$ 和 $(1,0)$ 变成了 z_1 和 z_2 空间的 $(1,1)$ 和 $(0,0)$。经变换后的样本在 z_1 和 z_2 空间是线性可分的,输出层只需要一个神经元就可以完成正确分类。

相比单层感知器,多层感知器的分类能力大大增强。当输入为二维向量时,隐层的每一个节点都确定了一条分类线,多条直线可构成各种形状的凸域,将线性不可分的两类样本分为域内和域外。输出层节点负责将域内外的两类样本进行分类。单层感知器的

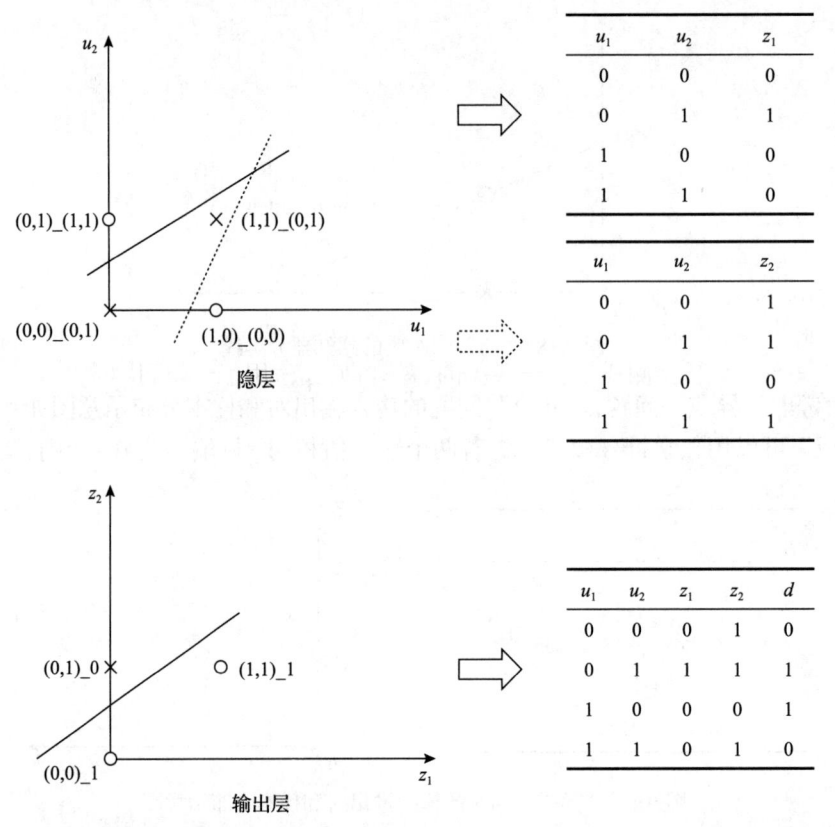

图 9.20 用双层感知器解决"异或"问题(隐层中实线对应的变换见实线箭头所指表格，虚线对应的变换见虚线箭头所指表格)

分类边界示例如图 9.21 所示，增加节点数可以增加多边形凸域的边数，从而构建出任意形状的凸域。如果再增加一个隐层，那么该层的每个节点能够确定一个凸域，各个凸域经输出层节点组合后可形成任意形状的域。理论上，双隐层感知器足以解决任何复杂的分类问题。如果神经元采用连续非线性激活函数，那么可使分类边界由直线变为曲线，进一步提高感知器的分类能力。

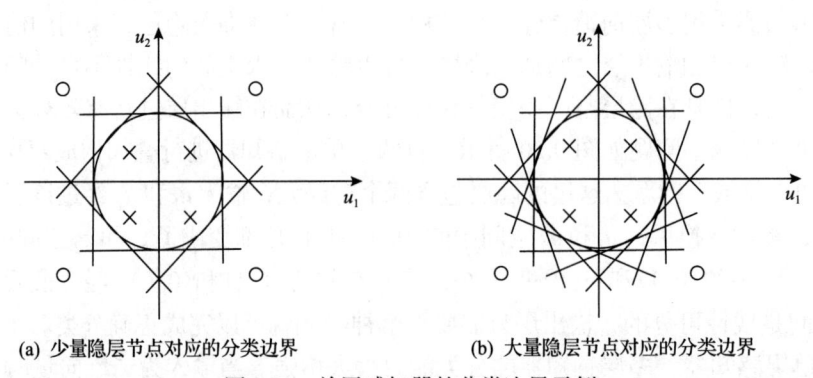

(a) 少量隐层节点对应的分类边界　　(b) 大量隐层节点对应的分类边界

图 9.21 单层感知器的分类边界示例

多层感知器待解决的主要问题是如何进行有效学习。与单层感知器相比，由于多层感知器存在隐层，无法判别隐层神经元对输出误差的直接影响，即无法知道隐层神经元的理想输出值。因此，不能采用感知器学习规则对多层感知器进行参数调整。

9.2.2 BP 网络

BP 算法通过对问题进行分解，采用误差逐层传递和迭代优化的方式，解决了多层前馈神经网络的学习问题。采用 BP 算法的多层前馈神经网络称为 BP 网络。在 BP 网络中，神经元采用连续可微的激活函数，网络结构为多输入多输出的多层全连接网络。本节应用 BP 网络解决回归问题，在回归问题的背景下，通过预测样本属于各类的概率可使其适用于分类问题。

1. BP 网络结构

设网络的层数为 L，BP 网络中隐层神经元变量的相关记号如图 9.22 所示。对于第 l 层，$l=0$ 表示其为输入层；$l=L$ 表示其为输出层；$0<l<L$ 表示其为隐层。第 l 层的权值矩阵记为 ^lW，$^lw_{ji}$ 为 $l-1$ 层中第 j 个神经元与 l 层中第 i 个神经元的连接权值。$^lo_i = f\left(^lx_i\right)$ 为 l 层第 i 个神经元的输出，其中 ^lx_i 为净输入，$f(\cdot)$ 为激活函数。$^0o = U$ 为输入；$^Lo = y$ 为输出。

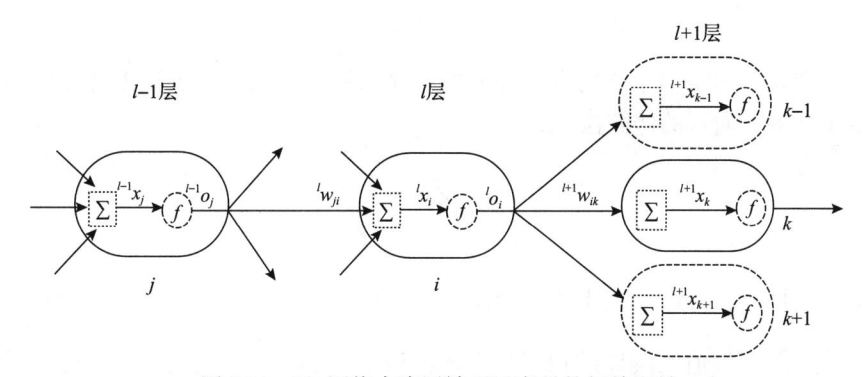

图 9.22 BP 网络中隐层神经元变量的相关记号

2. BP 网络训练方法

对于一个给定的 BP 网络，设输入 U 是 n 维向量，输出 y 是 m 维向量。给定 P 个训练样本，第 p 个样本记为 (U_p, d_p)，$d_p = (d_{1p}, d_{2p}, \cdots, d_{mp})^\mathrm{T}$ 为期望输出。BP 算法基于最小误差平方和准则用梯度下降法进行参数优化，以使网络的输出不断地接近期望的输出。

学习过程需要交替进行两个传播方向的计算：一是信息从输入向输出方向的正向传播（正向过程），输入信息进入网络，依次计算隐层输出，直至输出层；二是误差从输出向输入方向的反向传播（反向过程），利用输出层的误差来估计输出层的直接前导层的误差，再依次估计更前一层的误差，用于调整各神经元权值，直到第一个隐层。重复正向过程和反向过程，直到输出的误差满足一定条件或者迭代次数达到设定的最大值。

设网络权值的初值为较小的随机非零向量,将 U_p 作为输入,进行正向过程计算,对于 l 层的第 i 个神经元,其净输入为 x_{ip},输出为 $^{l}o_{ip}$,在输出层得到输出 y_p,$y_p = (y_{1p}, y_{2p}, \cdots, y_{mp})^{\mathrm{T}}$。$E_p$ 是第 p 个样本的预测误差,其公式为

$$E_p = \frac{1}{2}\sum_{i=1}^{m}(d_{ip} - y_{ip})^2 \tag{9.27}$$

沿误差负梯度方向调整 ^{l}W,权值调整公式为

$$^{l}w_{ji}(t+1) = {}^{l}w_{ji}(t) - \eta \frac{\partial E_p}{\partial {}^{l}w_{ji}(t)} \tag{9.28}$$

利用误差梯度来调整神经元之间的连接权值,需要进行求导运算。由于每个网络层可以视为一个拟合函数,多层前馈神经网络在数学上等价于一个从输入到输出的多层复合函数,复合函数的层数等于网络的深度。复合函数的导数可表示为构成复合函数各个函数的导数的乘积。复合函数求偏导的链式法则为

$$\frac{\partial y}{\partial x} = \frac{\partial y}{\partial z}\frac{\partial z}{\partial x} \tag{9.29}$$

同时,考虑到网络中单层所有神经元的净输入一般为向量,求误差梯度的过程中还需要利用如下关于向量的链式法则,即

$$\frac{\partial y}{\partial x} = \left(\frac{\partial Z}{\partial x}\right)^{\mathrm{T}} \left(\frac{\partial y}{\partial Z}\right) \tag{9.30}$$

为了方便计算,将误差关于各神经元权值的偏导转换为误差关于各神经元净输入的偏导和净输入关于权值的偏导的乘积。引入灵敏度 $^{l}\delta_{ip} = \dfrac{\partial E_p}{\partial {}^{l}x_{ip}}$,灵敏度也称为误差项,表征了节点对于误差的灵敏程度。灵敏度越高,该节点的权值随误差需要调整的量就越大。

根据 $^{l}x_{ip} = \sum_{j} {}^{l}w_{ji}\,{}^{l-1}o_{jp}$,有

$$\frac{\partial E_p}{\partial {}^{l}w_{ji}} = \frac{\partial E_p}{\partial {}^{l}x_{ip}}\frac{\partial {}^{l}x_{ip}}{\partial {}^{l}w_{ji}} = {}^{l}\delta_{ip}\,{}^{l-1}o_{jp} \tag{9.31}$$

对于输出层神经元,其灵敏度为

$$^{L}\delta_{ip} = \frac{\partial E_p}{\partial y_{ip}}\frac{\partial y_{ip}}{\partial {}^{L}x_{ip}} = -(d_{ip} - y_{ip})f'({}^{L}x_{ip}) \tag{9.32}$$

式(9.32)使用了激活函数 $f(\cdot)$ 的导数,因此要求激活函数是连续可微的,如常用的 sigmoid 函数。

对于隐层神经元,由于 l 层神经元与 $l+1$ 层神经元之间为全连接,所以 l 层第 i 个神经元的灵敏度受到 $l+1$ 层所有神经元误差反向传播的影响。利用向量求导的链式法则,有

$$^{l}\delta_{ip} = \frac{\partial E_p}{\partial ^{l}x_{ip}} = \left(\frac{\partial ^{l+1}X_p}{\partial ^{l}x_{ip}}\right)^{\mathrm{T}} \frac{\partial E_p}{\partial ^{l+1}X_p} \tag{9.33}$$

式中,$^{l+1}X_p$ 为 $l+1$ 层所有神经元的净输入向量。

$\dfrac{\partial ^{l+1}X_p}{\partial ^{l}x_{ip}}$ 的分量形式为

$$\frac{\partial ^{l+1}x_{kp}}{\partial ^{l}x_{ip}} = \frac{\partial \sum_{j} {}^{l+1}w_{jk}\,{}^{l}o_{jp}}{\partial ^{l}x_{ip}} = {}^{l+1}w_{ik}f'\left({}^{l}x_{ip}\right) \tag{9.34}$$

式中,$^{l+1}x_{kp}$ 为 $l+1$ 层第 k 个神经元的净输入,等于 l 层神经元输出 $^{l}o_{jp}$ 的加权和 $\sum_{j} {}^{l+1}w_{jk}\,{}^{l}o_{jp}$。当 j 不等于 i 时,$^{l}o_{jp}$ 与 $^{l}x_{ip}$ 不相关,$^{l}o_{jp}$ 关于 $^{l}x_{ip}$ 的偏导为 0;只有 $^{l}o_{ip}$ 与 $^{l}x_{ip}$ 相关,$^{l}o_{ip}$ 关于 $^{l}x_{ip}$ 的偏导为激活函数的导数,因此有 $\dfrac{\partial ^{l+1}x_{kp}}{\partial ^{l}x_{ip}} = {}^{l+1}w_{ik}f'({}^{l}x_{ip})$。

$\dfrac{\partial E_p}{\partial ^{l+1}x_p}$ 的分量形式为

$$\frac{\partial E_p}{\partial ^{l+1}x_{kp}} = {}^{l+1}\delta_{kp} \tag{9.35}$$

式中,$^{l+1}\delta_{kp}$ 为 $l+1$ 层第 k 个神经元的灵敏度。

将式(9.34)和式(9.35)代入式(9.33),可得

$$^{l}\delta_{ip} = \left(\sum_{k} {}^{l+1}\delta_{kp}\,{}^{l+1}w_{ik}\right) f'\left({}^{l}x_{ip}\right) \tag{9.36}$$

综合式(9.32)和式(9.36)可以发现,输出层神经元的灵敏度可以直接计算,而它的前导层节点的灵敏度需要通过递推计算得到。l 层的第 i 个神经元的灵敏度递推计算过程示意图如图 9.23 所示。由式(9.36)可知,在误差反向传播时,节点的灵敏度受后一层中所有节点的灵敏度以及该节点与后一层节点之间权值的共同影响。l 层节点的灵敏度计算需要利用 $l+1$ 层节点的灵敏度,而 $l+1$ 层节点的灵敏度值已经得到,因此通过迭代求解

可以大大节省计算成本。回归问题的 BP 算法流程见算法 9.2。对于分类问题，可以采用平方损失函数或交叉熵损失函数，但是使用交叉熵损失函数的误差反向传播公式与此稍有区别。

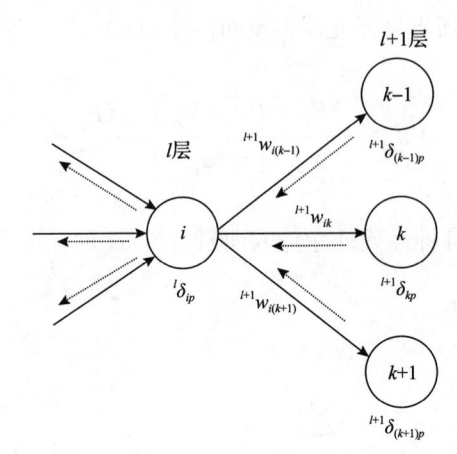

图 9.23　l 层的第 i 个神经元的灵敏度递推计算过程示意图

算法 9.2　BP 算法

输入：训练集 $\{(U_p, d_p)\}$ $(p=1,2,\cdots,P)$，学习率 η，误差阈值 ε，最大迭代次数 T

第 1 步：设置初始权值 $W(0)$ 为较小的非零随机向量，$t = 0$；

第 2 步：对于训练集中所有样本对 $p=1,2,\cdots,P$，依次进行如下计算：

在正向过程中，计算隐层和输出层中各个神经元的输出为

$$U_p,\cdots,{}^{l-1}o_p,{}^l x_p,\cdots,y_p$$

在反向过程中，计算输出层和隐层中各个神经元的灵敏度为

$$^L\delta_{ip} = -(d_{ip} - y_{ip})f'({}^L x_{ip})$$

$$^l\delta_{ip} = \left(\sum_k {}^{l+1}\delta_{kp}\, {}^{l+1}w_{ik}\right)f'({}^l x_{ip}),\quad 0 < l < L$$

更新权值为

$$^l w_{ji}(t+1) = {}^l w_{ji}(t) - \eta\, {}^l\delta_{ip}\, {}^{l-1}o_{jp},\quad 0 < l \leq L$$

$t \leftarrow t+1$

第 3 步：计算累积误差 $E = \dfrac{1}{P}\sum_{p=1}^{P} E_p$，其中，$E_p = \dfrac{1}{2}\sum_{i=1}^{m}(d_{ip} - y_{ip})^2$。若满足收敛条件 $E \leq \varepsilon$ 或达到最大迭代次数 T，则算法结束；否则，返回第 2 步。

输出：网络权值

算法 9.2 采用的训练方式是串行方式。网络每获得一个训练样本,就计算一次误差并更新权值。由于各个样本依次输入,需要的存储空间较少,适合于在线学习。同时,训练样本的选择是随机的,可以降低网络陷入局部最优的可能性。但是随着训练样本量的增加,权值调整将非常频繁,收敛速度较慢,且训练效果与样本输入次序有关。

另外一种训练方式是批量方式,即基于累积误差的批处理方式,BP 算法的批量方式流程图如图 9.24 所示。在所有样本输入一遍以后,根据所有样本的误差平方和,对各层神经元的权值进行一次调整。由于训练样本可以并行输入分别计算误差,批量方式比串行方式更容易实现并行化,收敛速度更快。同时,批量方式不存在样本输入次序问题,训练出来的模型更稳定。但是批量方式不适用于较大的训练集,否则权值调整频率较低,存储量和计算量都很大。

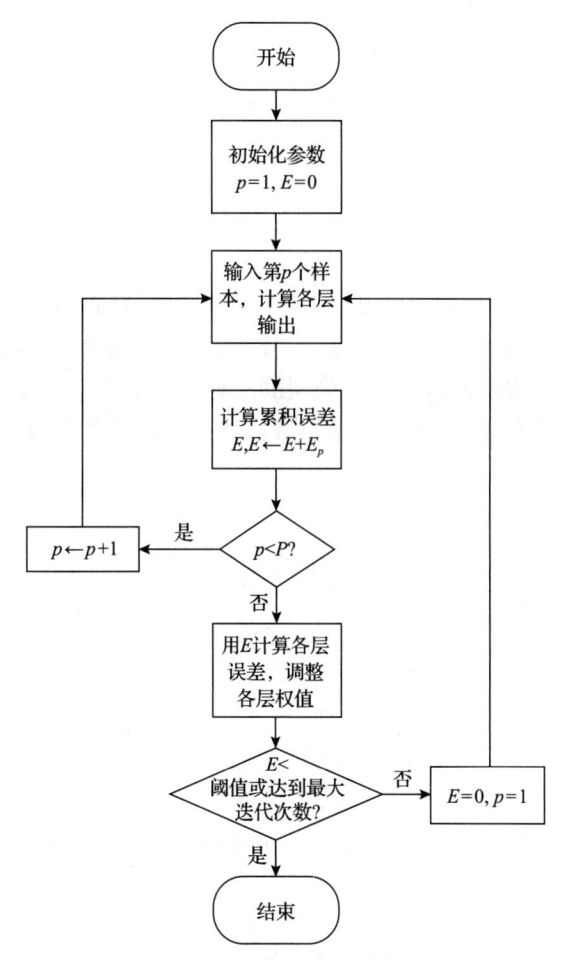

图 9.24 BP 算法的批量方式流程图

例 9.5 假设某雷达监测到的两类无人机数据如表 9.3 所示,试用带隐层的 BP 网络,根据无人机的速度和截面积对它们进行分类。

表 9.3 无人机的特征和类别数据

编号	速度/(km/h)	截面积/m^2	类别
1	89	0.57	1
2	98	0.59	1
3	93	0.60	1
4	100	0.63	1
5	100	0.64	1
6	98	0.65	1
7	86	0.62	2
8	87	0.68	2
9	82	0.69	2
10	91	0.69	2
11	95	0.69	2
12	85	0.70	2
13	91	0.74	2
14	91	0.77	2
15	104	0.78	2

解 （1）网络结构设计。

已知 15 个训练样本，$p=1,2,\cdots,15$，为了使特征间具有可比性，对数据进行 z 值标准化。选择网络中输入层、隐层和输出层的节点数。输入层的节点数可根据输入的特征维数来确定，如果加上阈值就多一维；隐层的节点数可以自行设定，一般不能太大，避免计算复杂，这里选择为 2；输出层的节点数由待分类的类别数决定，对于二分类问题，可以采用一个输出层节点。

对应的 BP 网络结构如图 9.25 所示。

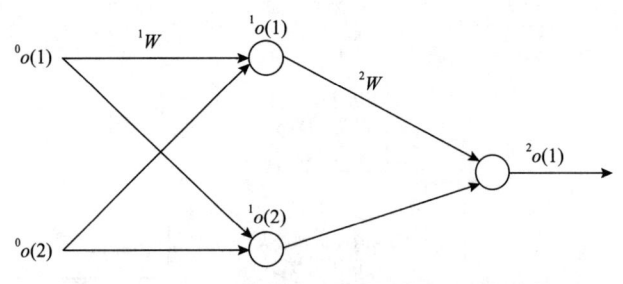

图 9.25 无人机分类问题所采用的 BP 网络结构

当训练样本 p 属于第一类时，标签 $d_p=1$，否则，$d_p=0$。输出 $^2o(1)$ 表示样本属于第一类的概率，当 $^2o(1) \geqslant 0.5$ 时，该样本属于第一类，否则，该样本属于第二类。

设两个权值矩阵为

$$^1W = \begin{bmatrix} ^1w(1,0) & ^1w(1,1) & ^1w(1,2) \\ ^1w(2,0) & ^1w(2,1) & ^1w(2,2) \end{bmatrix}$$

$$^2W = \begin{bmatrix} ^2w(1,0) & ^2w(1,1) & ^2w(1,2) \end{bmatrix}$$

式中，$^lw(j,0)$ 为 l 层的第 j 个神经元对应的阈值。

(2)优化求解过程。

第1步：令 $t=0$，随机给出权值矩阵 ^1W 和 ^2W 的初值，取学习率 $\eta = 0.1$，期望误差为 0.01，最大迭代次数为 10000，初始累积误差 $E = 0$。

第2步：对于所有的样本，每次选取训练集中的一个样本，按照如下步骤进行计算。

令 $^0o(0) = -1$，计算隐层神经元的净输入为

$$^1x(1) = {^1w(1,0)}{^0o(0)} + {^1w(1,1)}{^0o(1)} + {^1w(1,2)}{^0o(2)} = \sum_{j=0}^{2} {^1w(1,j)}{^0o(j)}$$

$$^1x(2) = {^1w(2,0)}{^0o(0)} + {^1w(2,1)}{^0o(1)} + {^1w(2,2)}{^0o(2)} = \sum_{j=0}^{2} {^1w(2,j)}{^0o(j)}$$

取激活函数为 $f(x) = \dfrac{1}{1+e^{-x}}$，得到隐层神经元的输出为

$$^1o(i) = f(^1x(i)) = \frac{1}{1+e^{-^1x(i)}}, \quad i = 1, 2$$

令 $^1o(0) = -1$，得到输出层神经元的净输入和输出分别为

$$^2x(1) = \sum_{j=0}^{2} {^2w(1,j)}{^1o(j)}$$

$$^2o(1) = \frac{1}{1+e^{-^2x(1)}}$$

根据 $f(x) = \dfrac{1}{1+e^{-x}}$，有 $f'(x) = \dfrac{e^{-x}}{\left(1+e^{-x}\right)^2}$，输出层神经元的灵敏度为

$$^2\delta(1) = -\left(d(1) - {^2o(1)}\right)f'(^2x(1))$$
$$= -\left(d(1) - {^2o(1)}\right)\frac{e^{-^2x(1)}}{\left(1+e^{-^2x(1)}\right)^2}$$

输出层神经元的权值更新公式为

$$^2w^{(t+1)}(1,j) = {^2w^{(t)}(1,j)} - \eta\, {^2\delta^{(t)}(1)}\, {^1o^{(t)}(j)}, \quad j = 0,1,2$$

隐层神经元的灵敏度和权值更新为

$$^1\delta^{(t)}(i) = {}^2\delta^{(t)}(1){}^2w^{(t)}(1,i)\frac{e^{-^1x(i)}}{\left(1+e^{-^1x(i)}\right)^2}$$

$$^1w^{(t+1)}(i,j) = {}^1w^{(t)}(i,j) - \eta\,^1\delta^{(t)}(i)\,^0o^{(t)}(j), \quad i=1,2; j=0,1,2$$

$t \leftarrow t+1$

第3步：计算所有样本上的累积误差 E，公式为

$$E = \frac{1}{15}\sum_{p=1}^{15}\left(d_p(1) - {}^2o_p(1)\right)^2$$

如果累积误差小于期望阈值或者训练达到最大迭代次数，那么停止迭代，否则，返回第2步。

(3) 训练结果及新样本类别预测。

标准化后的样本分布如图 9.26(a) 所示，通过训练得到误差平方和随迭代次数变化的曲线，如图 9.26(b) 所示。由于权值的初值是随机给出的，所以每次迭代得到的网络权值不完全相同。

(a) 标准化后的样本分布

(b) 误差平方和随迭代次数变化的曲线

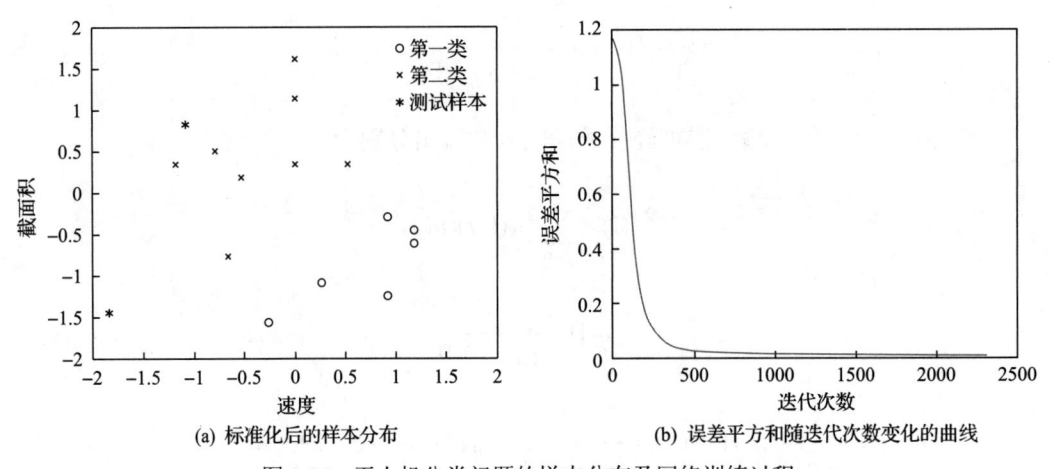

图 9.26 无人机分类问题的样本分布及网络训练过程

在此基础上，可以判断新的样本所属类别，例如，雷达检测到两架新的无人机，它们的速度和截面积分别为 $(77, 0.60)^T$ 和 $(80, 0.72)^T$，标准化后如图 9.26(a) 中星号所示。将它们的特征向量作为输入，经神经网络的输出均小于 0.5（由不同网络得到的输出值不完全相同），因此这两个样本应归为第二类。

3. BP 网络的设计

在应用 BP 网络解决实际问题时，首先要进行数据准备，然后针对具体问题设计合适的网络结构和超参数。网络设计主要包括确定网络层数、输入层节点数、隐层节点数、输出层节点数以及神经元的激活函数、训练方法和训练参数。

对训练集数据进行预处理，通过标准化使各维特征在训练中具有同等重要的作用。同时，对于采用 sigmoid 函数作为激活函数的神经元，变换可防止因净输入的绝对值过大而使输出饱和，从而使权值调整进入误差曲线/面的饱和区。

输入层节点数取决于输入向量的维数。假设输入是 n 维特征，输入向量取为 $n+1$ 维向量，其中 1 维对应阈值。对于图像、语音、文本等非结构化数据，通常需要经特征提取后，再将各维特征作为输入。

在网络层数上，BP 网络最多仅设置两个隐层，一般先考虑设置一个隐层，当一个隐层的节点数很多但是依然不能改善网络性能时，才考虑增加一个隐层。经验表明，当第一个隐层包含较多的节点数、第二个隐层包含较少的节点数时，通常可以获得较好的网络性能。

隐层节点数对 BP 网络性能的影响较大。如果隐层节点数太少，那么网络模型复杂度不够，将导致欠拟合；如果隐层节点数太多，那么不仅增加训练时间，还可能出现过拟合。一般原则是：在能够正确反映输入输出关系的基础上，选用较少的隐层节点数，以简化网络结构。

输出层节点数取决于要解决的实际问题。假设分类问题的类别数为 N，输出层可以采用 N 或 $\lceil \log_2 N \rceil$ 个神经元，其中 $\lceil x \rceil$ 表示不小于 x 的最小整数。例如，假设 N 等于 4，可以将输出层节点数设为 4，用 1000、0100、0010、0001 表示 4 个类别，也可以将输出层节点数设为 2，用 00、01、10 和 11 表示 4 个类别。

神经元的激活函数可选择为 sigmoid 函数、softmax 函数或线性函数。对于回归问题，隐层神经元一般采用 sigmoid 函数作为激活函数，输出层神经元采用线性函数作为激活函数，使得网络的输出可以取到任意值。对于二分类问题，隐层神经元和输出层神经元都可以采用 sigmoid 函数作为激活函数，将输出值限制在区间 $[0,1]$ 或者 $[-1,1]$。对于多分类问题，隐层神经元和输出层神经元分别采用 sigmoid 函数和 softmax 函数作为激活函数。

经典 BP 网络采用的优化算法是梯度下降法，沿着目标函数的负梯度方向调整权值。由于只考虑了当前时刻误差的梯度方向，训练过程容易发生振荡，收敛速度较慢。为了提高网络的训练速度，可以采用改进的优化算法，如动量梯度下降法和拟牛顿法等。同时，需要为优化算法设置合适的学习率。学习率设置得太大，可能导致学习不稳定；学习率设置得太小，可能导致学习时间过长，可以将学习率设为可变的，根据误差大小自适应地进行调整。

4. BP 网络的特点

以 BP 网络为代表的多层前馈神经网络为回归问题和分类问题求解，提供了一种能够逼近和替代一般函数形式的通用模型。根据通用近似定理(universal approximation theorem, UAT)(见定理 9.1)，任意连续非线性函数都可以用多层前馈神经网络来近似(Hornik et al., 1989)。"挤压"性质的函数是指可以将任意范围内的输入挤压到一定范围内的输出的函数，如 sigmoid 函数。通用近似定理对于 ReLU 函数等其他类型的激活函数也同样适用。

定理 9.1 通用近似定理。

对于由线性输出层和至少一个使用"挤压"性质的激活函数的隐层组成的前馈神经网络，只要其隐层神经元的数量足够多，就能够以任意的精度来近似任何一个定义在实数空间 $\mathbb{R}^n$（n 为特征维数）上的有界闭集函数。

BP 网络的优点在于：具有非线性映射能力，能以任意精度逼近任意连续非线性函数，解决高度非线性的复杂问题；信息是分布存储和并行处理的，具有较强的容错性和较快的处理速度；具有自学习和自适应能力，能通过训练从输入、输出数据中提取知识，记忆于网络的权值中，具有泛化能力；支持在线学习，具有数据融合能力，能够同时处理定量数据和定性信息，用于数值运算和符号处理。

BP 网络的局限性主要体现在：在训练过程中可能找不到解或者陷入局部最优；需要设置的超参数较多，缺少超参数选择的有效方法；网络的逼近和泛化能力与训练样本有很大关系，如果训练样本代表性差、样本间存在矛盾或冗余，那么很难达到预期的效果；由于初始权值是随机给定的，网络具有不可重现性，即多次重复训练网络可能得到不同的结果。

同时，BP 算法存在梯度消失问题（vanishing gradient problem, VGP），也称为梯度弥散问题。BP 算法的基础是复合函数求偏导的链式法则，隐层权值调整公式中包含激活函数多个导数的乘积。单极性 sigmoid 函数及其导数曲线如图 9.27 所示，sigmoid 函数的导数取值范围为 0~0.25，并且 sigmoid 函数具有饱和性，饱和区的导数值接近于 0。当网络层数加深时，误差梯度不断衰减，甚至消失，使得整个网络难以训练。这也是 BP 网络最多仅设置两个隐层的原因。

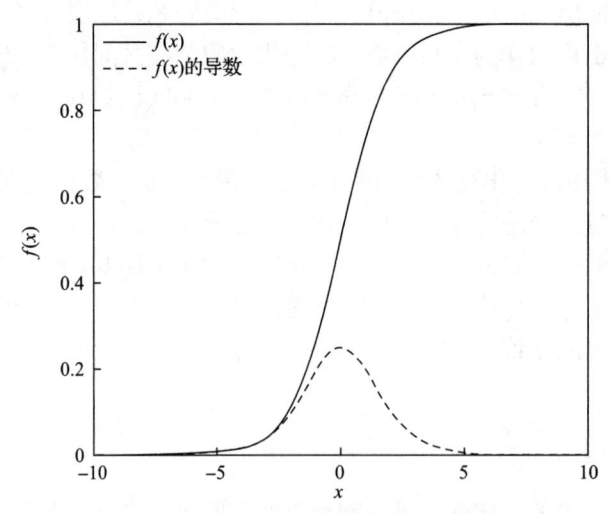

图 9.27 单极性 sigmoid 函数及其导数曲线

9.2.3 Hopfield 网络

Hopfield 网络是一种反馈层次型网络，采用灌输式学习方式。根据神经元所采用的激活函数的不同，可分为离散 Hopfield 网络和连续 Hopfield 网络。如果 Hopfield 网络中神经元所采用的激活函数是阈值型函数，那么称该网络为离散 Hopfield 网络；如果 Hopfield 网络中神经元所采用的激活函数是连续非线性函数，那么称该网络为连续 Hopfield 网络。

由于网络的输出又反馈到其输入，所以 Hopfield 网络在输入的刺激下，将产生不断的状态变化。根据最初的输入，可以求出 Hopfield 网络的输出，这个输出反馈到输入，从而产生新的输出，反馈过程一直反复进行。如果 Hopfield 网络是一个稳定网络，那么反馈与迭代计算过程所产生的状态变化将越来越小，当达到平衡状态时，Hopfield 网络就会输出一个稳定的值。对于 Hopfield 网络，设计的关键在于确定它在稳定条件下的权值。Hopfield 网络可用于联想记忆、模式识别和优化计算，在超大规模集成电路和光学设备的并行实现等方面有着广泛应用。

1. 离散 Hopfield 网络

离散 Hopfield 网络是最早提出的 Hopfield 网络，其典型结构示意图如图 9.28 所示。输入层没有计算功能，输出层神经元执行对输入和权值的乘积累加求和，并经非线性激活函数产生输出，$f(\cdot)$ 是一个阈值型函数，其输出只能取 1 或 0。

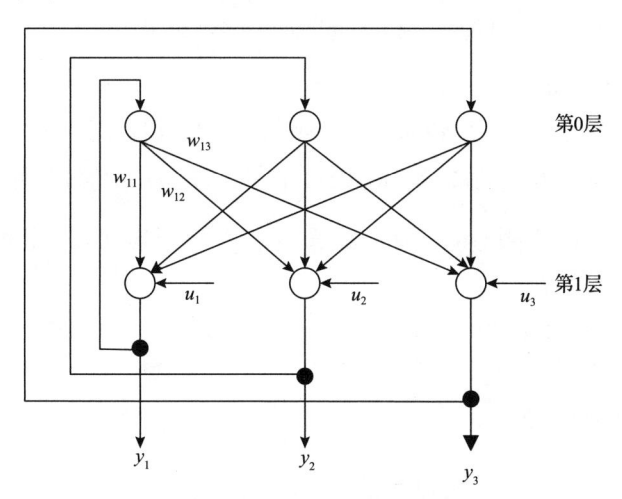

图 9.28 离散 Hopfield 网络典型结构示意图

令 $x_j(t)$ 为第 j 个神经元在 t 时刻的净输入，$y_j(t)$ 表示第 j 个神经元在 t 时刻的输出，则有

$$y_j(t) = f\left(x_j(t)\right) = \begin{cases} 1, & x_j(t) \geq 0 \\ 0, & x_j(t) < 0 \end{cases} \tag{9.37}$$

$x_j(t)$ 的计算公式为

$$x_j(t) = \sum_{i=1}^{n} w_{ij} y_j(t-1) + u_j - \theta_j \tag{9.38}$$

式中，u_j 为外部输入；θ_j 为阈值。

离散 Hopfield 网络的状态是神经元输出的集合。对于一个输出层包括 n 个神经元的网络，其 t 时刻的状态为一个 n 维向量，即 $Y(t)=\left(y_1(t),y_2(t),\cdots,y_n(t)\right)^{\mathrm{T}}$。因为 $y_i(t)$ $(i=1,2,\cdots,n)$ 可以取值为 1 或 0，所以网络有 2^n 种状态。例如，对于包含三个神经元的离散 Hopfield 网络，它的输出是三位二进制数，共有 $2^3=8$ 种网络状态。离散 Hopfield 网络状态示意图如图 9.29 所示，立方体的每一个顶点表示一种网络状态。

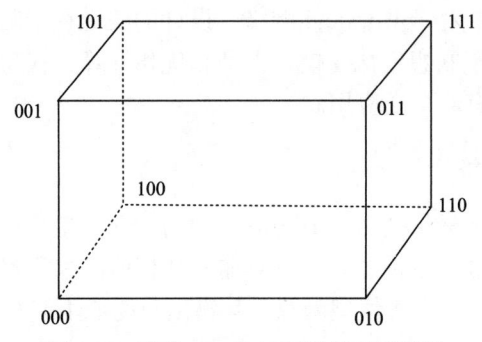

图 9.29　离散 Hopfield 网络状态示意图

如果该网络是稳定的，那么在网络的输入层加入一个输入向量，网络的状态就会产生变化，即从立方体的一个顶角转向另一个顶角，并最终稳定于一个特定的顶角。

对于由 n 个神经元组成的离散 Hopfield 网络，有 $n\times n$ 的权值矩阵 $W=\{w_{ij}\}(i=1,2,\cdots,n;j=1,2,\cdots,n)$ 和 n 维阈值向量 $\theta=(\theta_1,\theta_2,\cdots,\theta_n)^{\mathrm{T}}$。一般而言，通过 W 和 θ 可以确定唯一的离散 Hopfield 网络。

离散 Hopfield 网络有两种不同的工作方式，串行（异步）方式和并行（同步）方式。如果在任一时刻，只有某一个神经元的状态发生变化，而其他 $n-1$ 个神经元的状态不变，那么该工作方式称为串行方式，有

$$y_j(t)=\begin{cases}f\left(\sum_{i=1}^{n}w_{ij}y_i(t-1)+u_j-\theta_j\right), & j=c \\ y_j(t-1), & j\neq c\end{cases} \quad (9.39)$$

式中，c 为发生变化的神经元索引。

如果在任一时刻，所有神经元的状态都发生变化，那么该工作方式称为并行方式，有

$$y_j(t)=f\left(\sum_{i=1}^{n}w_{ij}y_i(t-1)+u_j-\theta_j\right), \quad j=1,2,\cdots,n \quad (9.40)$$

对于 Hopfield 网络，存在稳定性判断以及判断依据确定的问题。

假设某个离散 Hopfield 网络的初始状态为 $Y(0)$，如果对于任意 $\Delta t>0$，经过有限的时间 t 之后，有

$$Y(t+\Delta t) = Y(t) \tag{9.41}$$

则称该网络是稳定的。Hopfield 网络达到稳定时的状态称为稳定状态。可以将稳定状态理解为：系统对应的某种形式的能量函数在运行过程中不断减少，最后所处的极小值（图 9.30）。网络可能有若干个稳定状态，这些稳定状态也称为吸引子。吸引子有一定的吸引域，吸引域是能够收敛到该吸引子的所有初始状态的集合。

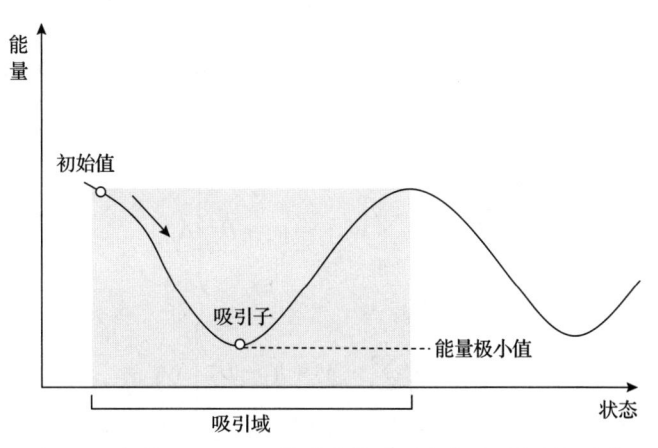

图 9.30 离散 Hopfield 网络稳定状态对应能量函数的极小值

为了表征能量变化，在 Hopfield 网络中引入李雅普诺夫（Lyapunov）函数，即能量函数为

$$E = -\frac{1}{2}\sum_{i=1}^{n}\sum_{j=1}^{n}w_{ij}y_iy_j - \sum_{j=1}^{n}u_jy_j + \sum_{j=1}^{n}\theta_jy_j \tag{9.42}$$

则有

$$\begin{aligned}E &= \sum_{j=1}^{n}\left(-\frac{1}{2}\sum_{i=1}^{n}w_{ij}y_iy_j\right) - \sum_{j=1}^{n}u_jy_j + \sum_{j=1}^{n}\theta_jy_j \\ &= \sum_{j=1}^{n}\left[\left(-\frac{1}{2}\sum_{i=1}^{n}w_{ij}y_iy_j\right) - u_jy_j + \theta_jy_j\right]\end{aligned} \tag{9.43}$$

对于神经元 j，其能量函数 E_j 可以表示为

$$E_j = -\frac{1}{2}\sum_{i=1}^{n}w_{ij}y_iy_j - u_jy_j + \theta_jy_j \tag{9.44}$$

有

$$E = \sum_{j=1}^{n}E_j \tag{9.45}$$

神经元 j 的能量变化量表示为 ΔE_j，其公式为

$$\begin{aligned}\Delta E_j &= \frac{\partial E_j}{\partial y_j}\Delta y_j \\ &= \left[-\frac{1}{2}\sum_{i=1}^{n}\left(w_{ij}y_i\frac{y_j}{\partial y_j}+w_{ij}\frac{y_i}{\partial y_j}y_j\right)-u_j\frac{y_j}{\partial y_j}+\theta_j\frac{y_j}{\partial y_j}\right]\Delta y_j\end{aligned} \quad (9.46)$$

如果存在条件 $w_{ii}=0\,(i=1,2,\cdots,n)$（无自反馈），且 $w_{ij}=w_{ji}\,(i=1,2,\cdots,n;j=1,2,\cdots,n)$，那么有

$$\begin{aligned}\Delta E_j &= \left(-\sum_{\substack{i=1\\i\ne j}}^{n}w_{ij}y_i - u_j + \theta_j\right)\Delta y_j \\ &= -\left(\sum_{\substack{i=1\\i\ne j}}^{n}w_{ij}y_i + u_j - \theta_j\right)\Delta y_j \\ &= -x_j\Delta y_j\end{aligned} \quad (9.47)$$

按照 x_j 取值的不同，可能出现如下两种情况。

一是 $x_j \geqslant 0$，由式(9.37)可知，y_j 值保持为 1，或者从 0 变为 1，Δy_j 只能是 0 或正值。此时，有 $\Delta E_j \leqslant 0$，神经元 j 的能量减少或不变。

二是 $x_j < 0$，由式(9.37)可知，y_j 值保持为 0，或者从 1 变为 0，Δy_j 只能是 0 或负值。此时，也有 $\Delta E_j \leqslant 0$，神经元 j 的能量减少或不变。

根据以上推导过程，可以得到如定理 9.2 所示的离散 Hopfield 网络的稳定性定理。需要注意的是，这只是离散 Hopfield 网络稳定的充分条件，实际上很多稳定网络的权值矩阵 W 并不是对称的。

定理 9.2 当离散 Hopfield 网络的权值矩阵 W 的对角线元素为 0，而且 W 是一个对称矩阵时，该网络是稳定的。

离散 Hopfield 网络的一个重要功能是作为联想存储器，用于联想记忆。联想记忆过程包括学习记忆和联想记忆两个阶段。在学习记忆阶段，通过设计网络的权值，使网络具有若干个稳定状态。例如，如果要存储 m 个记忆模式，那么就要设计网络的权值使得这 m 个记忆模式恰好是网络能量函数的 m 个极小值，常用的设计算法有外积法、投影学习法、伪逆法以及特征结构法等。在联想记忆阶段，给定输入模式，网络通过动力学演化过程达到稳定状态，回忆起已存储的模式。稳定状态的数量代表网络的存储容量，即在一定的联想出错概率容限下，网络中能够存储的相互独立的模式的最大数目。存储容量与联想记忆的允许误差、网络结构、权值设计方式等有关。在拓扑结构与权值矩阵给定的情况下，离散 Hopfield 网络通常能存储若干个预先设置的稳定状态，而网络最终达

到哪个稳定状态与初始状态有关。

2. 连续 Hopfield 网络

连续 Hopfield 网络与离散 Hopfield 网络的拓扑结构相同，这与生物神经系统中大量存在的神经反馈回路是一致的。它们的主要区别在于，连续 Hopfield 网络的神经元使用 sigmoid 函数等连续非线性激活函数。

在连续 Hopfield 网络中，各个神经元以同步方式工作。连续 Hopfield 网络可以等效为放大电路，其中每个神经元等效为一个电子元件，神经元的输入和输出分别等效为电子元件的输入电压和输出电压。电子元件(神经元)输出的电信号有正负值，正值代表兴奋，负值代表抑制。电子元件(神经元)的输入信号包括恒定的外部电流输入和来自其他电子元件的反馈。网络中第 i 个神经元的等效电路图如图 9.31 所示，其中，U_i 为输入电压；C_i 为输入电容；R_{ij} $(j=1,2,\cdots,n)$ 为传递电阻；V_i 为输出电压；I_i 为外部输入电流。图中电阻 R_{i0} 和电容 C_i 并联，模拟神经元的延时特性，电阻 R_{ij} 模拟神经元的突触特性，I_i 相当于阈值。

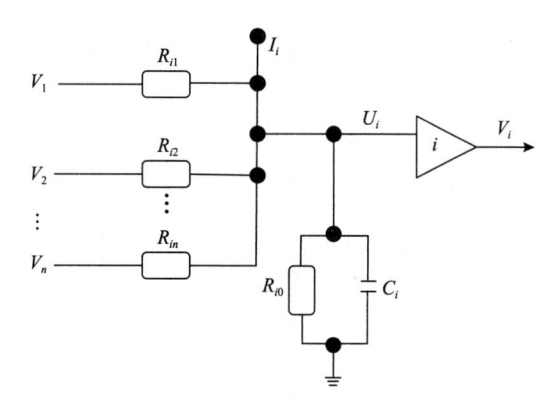

图 9.31 第 i 个神经元的等效电路图

第 i 个放大器的电路方程为

$$\begin{cases} C_i \dfrac{\mathrm{d}U_i}{\mathrm{d}t} = -\dfrac{U_i}{R_{i0}} + \sum_{j=1}^{n} w_{ij}(V_i - U_i) + I_i \\ w_{ij} = \dfrac{1}{R_{ij}} \end{cases} \tag{9.48}$$

连续 Hopfield 网络的等效电路图如图 9.32 所示。

设 $\dfrac{1}{R_i} = \dfrac{1}{R_{i0}} + \sum\limits_{j=1}^{n} w_{ij}$，则有

$$C_i \dfrac{\mathrm{d}U_i}{\mathrm{d}t} = -\dfrac{U_i}{R_i} + \sum_{j=1}^{n} w_{ij} V_i + I_i \tag{9.49}$$

对应到连续 Hopfield 网络，令 U_i 为净输入，V_i 为输出，$\dfrac{I_i}{C_i}$ 为阈值，得到网络状态随时间变化的方程为

$$\frac{\mathrm{d}U_i}{\mathrm{d}t} = -\frac{1}{R_iC_i}U_i + \frac{1}{C_i}\sum_{j=1}^{n}w_{ij}V_j + \frac{I_i}{C_i} \tag{9.50}$$

连续 Hopfield 网络的能量函数 $E(t)$ 为

$$E(t) = -\frac{1}{2}\sum_{i=1}^{n}\sum_{j=1}^{n}w_{ij}V_i(t)V_j(t) - \sum_{i=1}^{n}V_i(t)I_i + \sum_{i=1}^{n}\frac{1}{R_i}\int_{0}^{V_i(t)}f^{-1}(V)\mathrm{d}V \tag{9.51}$$

式中，$f^{-1}(\cdot)$ 为激活函数 $f(\cdot)$ 的反函数。

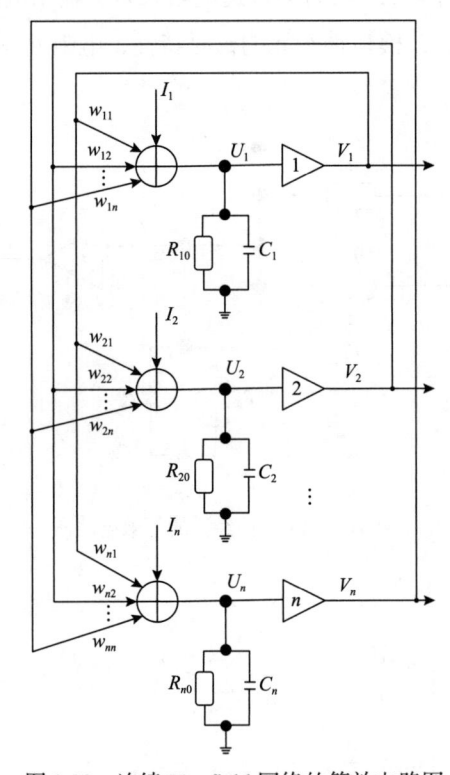

图 9.32　连续 Hopfield 网络的等效电路图

连续 Hopfield 网络的稳定性定理见定理 9.3。

定理 9.3　若连续 Hopfield 网络的神经元采用的激活函数 $f(\cdot)$ 是单调增长的连续有界函数，并且 $w_{ij}=w_{ji}$，则有 $\dfrac{\mathrm{d}E(t)}{\mathrm{d}t}\leqslant 0$。当且仅当 $\dfrac{\mathrm{d}V_j(t)}{\mathrm{d}t}=0$ 时，网络达到稳定状态，有 $\dfrac{\mathrm{d}E(t)}{\mathrm{d}t}=0$。

连续 Hopfield 网络可用于优化计算。网络的初始状态可视为问题的初始解，而网络

从初始状态向稳定状态的收敛过程就是优化计算过程，寻优搜索是在网络状态变化过程中自动完成的。在实际应用中，如果某优化问题可以用能量函数 $E(t)$ 作为目标函数，那么总可以用连续 Hopfield 网络对其进行求解。在网络状态按照一定规则变化时，能量函数将自动趋向于极小值，对应的网络状态就是问题的局部最优解。

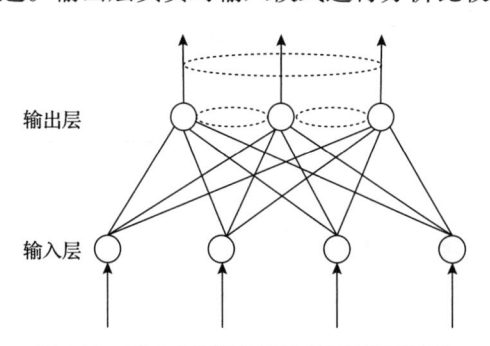

9.2.4 自组织特征映射网络

自组织特征映射网络是一种典型的竞争神经网络，其出发点是模拟大脑皮层中具有自组织特征的神经信息传递过程(Kohonen, 1982)。自组织特征映射网络的生物学基础有两个：一是侧抑制现象，即一个神经元兴奋后，对周围其他神经元产生抑制，使得神经元之间出现竞争；二是生物神经网络的自组织性，在接收到外界的特定时空信息后，网络的特定区域兴奋，而且相似的外界信息将在区域中连续映像。自组织特征映射网络采用竞争型学习规则，通过神经元之间互相竞争逐步优化网络参数，生成高维的输入数据在低维的输出空间的表示，因此可以用于数据降维。此外，自组织特征映射网络还可用于数据可视化和聚类，识别无标签样本的内在结构。

1. 自组织特征映射网络结构

自组织特征映射网络采用层内有互连的层次网络结构，其典型结构如图 9.33 所示，包括一个输入层和一个输出层，输出层又称为竞争层或核心层。输入层接收外界信息，将输入模式向输出层传递。输出层负责对输入模式进行分析比较，寻找规律并归类。

图 9.33 自组织特征映射网络的典型结构

输入层的节点数与样本特征维数相等。输出层神经元的排列有多种形式，如一维线阵、二维平面阵和三维栅格阵，其中前两种较为常见。最简单的自组织特征映射网络按照一维线阵组织输出层，如图 9.34(a) 所示，这里仅标出了输出层中相邻神经元间的侧向连接。典型的自组织特征映射网络结构是按照二维平面阵组织输出层，与大脑皮层的结构更加相似，输出层的每个神经元与它周围的其他神经元侧向连接，排列成棋盘状平面，如图 9.34(b) 所示。

2. 自组织特征映射网络的训练方法

在自组织特征映射网络中，神经元具有竞争性，采用无监督学习方式。通过自动寻找样本中的内在规律和本质属性，自组织、自适应地改变网络结构与参数。自组织特征

(a) 一维线阵 (b) 二维平面阵

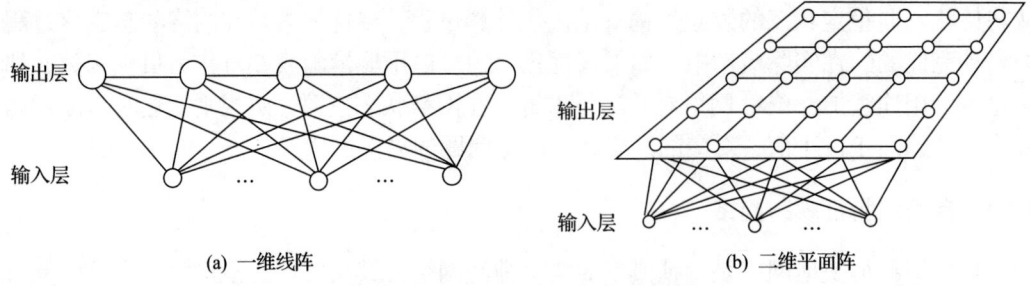

图 9.34　自组织特征映射网络结构

映射网络不仅能学习输入样本的分布，还能识别输入向量的拓扑结构，对特定的模式产生兴奋，其对于某一图形或某一频率的特定兴奋过程就是网络中神经元的竞争过程。

竞争网络一般采用"胜者为王"规则，只有竞争获胜的神经元才能调整权值向量，其他神经元无权调整权值向量。自组织特征映射网络学习规则在"胜者为王"规则的基础上进行了改进，主要体现在权值向量调整和侧抑制方式上。自组织特征映射网络的获胜神经元对其邻近神经元的影响是由近及远的，由兴奋逐渐转变为抑制，因此不仅获胜神经元要调整权值向量，周围的神经元在其影响下也要不同程度地调整权值向量。假设某个神经元与获胜神经元的距离为 r，则其权值调整幅度 $w(r)$ 用邻域函数表示。如图 9.35 所示，邻域函数包括墨西哥帽函数、大礼帽函数或厨师帽函数，其中，R 为邻域半径。

(a) 组成墨西哥帽函数的正态分布曲线　(b) 墨西哥帽函数

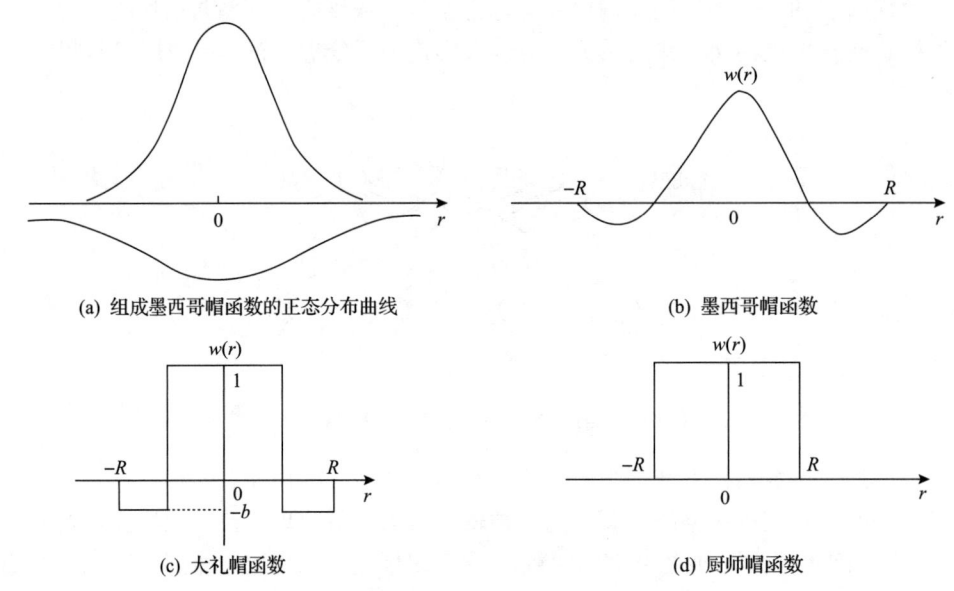

(c) 大礼帽函数　(d) 厨师帽函数

图 9.35　自组织特征映射网络常用的邻域函数

将图 9.35(b)～图 9.35(d) 中的三种函数沿中心轴旋转后，可形成类似帽子形状的曲面。墨西哥帽函数提出得最早，其由图 9.35(a) 中两个正态分布曲线组合而成。在使用该函数的网络中，获胜节点有最大的权值调整量，邻近节点有较小的权值调整量，与获胜节点距离越远，权值调整量越小；当达到一定距离时，权值调整量为 0；当距离再远一些时，权值调整量为小的负数，更远时，又回到零。采用墨西哥帽函数的自组织特征映射网络的特性与生物系统相似，但其计算复杂度较高。因此，在自组织特征映射网络的实际应用中常使用与其类似的简化函数，如大礼帽函数和进一步简化的厨师帽函数。

自组织特征映射网络的训练算法见算法 9.3，自组织特征映射网络的运行过程包括以下两个阶段。

算法 9.3　自组织特征映射网络的训练算法

输入：训练样本，网络结构，邻域函数，学习率变化函数，最大迭代次数

第 1 步：初始化，为输出层各权值向量赋以较小的随机数并进行归一化处理，得到 $W_j(0)$，$j=1,2,\cdots,n$，建立初始优胜邻域 $N_{j^*}(0)$，为学习率赋初始值；

第 2 步：接收输入，随机选取一个输入向量 X_p 并进行归一化处理；

第 3 步：寻找获胜节点，计算 X_p 与 $W_j(t)$ 的相似性，从中选择最相似的神经元 j^* 作为获胜节点；

第 4 步：计算优胜邻域 $N_{j^*}(t)$，以获胜节点 j^* 为中心确定 t 时刻需要调整权值的节点，一般初始优胜邻域 $N_{j^*}(0)$ 较大，训练过程中 $N_{j^*}(t)$ 随训练次数的增加逐渐收缩；

第 5 步：对优胜邻域 $N_{j^*}(t)$ 内所有节点调整权值，调整公式为

$W_j(t+1) = W_j(t) + \eta(t)h\left(t, N_{jj^*}\right)\left(X_p - W_j(t)\right), j \in N_{j^*}(t)$，其中，$N_{jj^*}$ 为邻域内第 j 个神经元与获胜神经元 j^* 之间的距离；$h\left(t, N_{jj^*}\right)$ 为邻域函数；$\eta(t)$ 为关于 t 的学习率函数。随着 t 的增大，$\eta(t)$ 逐渐减小；

第 6 步：检查学习率是否衰减到零或小于某个预设的较小正数，若满足，则成功退出；若达到最大迭代次数，则失败退出；否则，返回第 2 步。

输出：网络权值

第一个阶段是训练阶段。随机输入训练样本，根据输出寻找获胜神经元。以获胜神经元 j^* 为中心，调整优胜邻域内所有神经元的权值。初始优胜邻域 $N_{j^*}(t)$ 可以设置得较大，其大小随着训练次数 t 的增加不断收缩，最终收缩到半径为 0，邻域收缩过程示意图如图 9.36 所示。通过训练使输出层节点成为对特定模式敏感的神经元，对应的权值向量成为各输入模式类的中心向量。当输入模式特征接近时，对应的输出层节点在位置上也

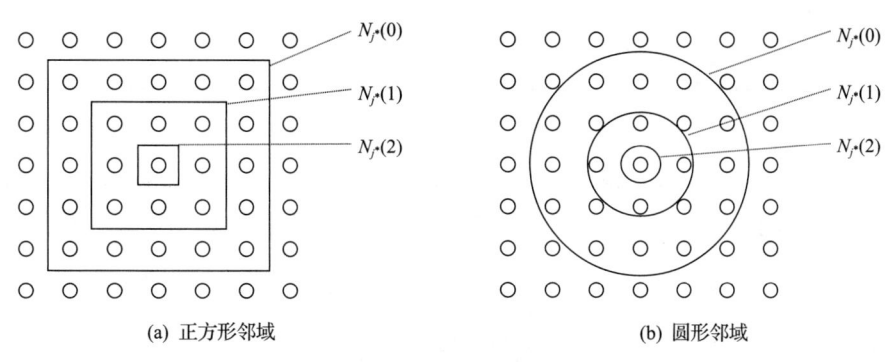

(a) 正方形邻域　　(b) 圆形邻域

图 9.36　邻域收缩过程示意图

接近，形成反映样本模式类分布的有序特征图。

第二个阶段是工作阶段。训练结束后，网络中输出层节点与输入模式类的关系已完全确定，可用作模式分类器。当输入某个模式的新样本时，网络输出层中代表该模式的特定神经元将产生最大响应，从而将样本自动分簇。

3. 自组织特征映射网络应用举例

目前，自组织特征映射网络已应用于模式识别、信号处理、数据挖掘以及知识发现等领域。自组织特征映射网络的一个重要功能特性是能够实现保序映射，即维持输入空间的拓扑结构，将输入空间中相邻的样本映射到相邻的输出神经元。

例 9.6 动物特征映射问题。1989 年，托伊沃·科霍宁给出了自组织特征映射网络的一个著名应用实例，将不同的动物按其特征映射到二维输出平面上，使特征相似的动物在网络输出平面上的位置也相近。表 9.4 所示的训练集包括 13 种动物(原数据集包含 16 种动物，这里去掉了部分特征完全相同的动物，剩余 13 种)，每种动物用一个 13 维特征向量来表示，描述动物的 13 种特征的有或无(用 1 或 0 表示)。

表 9.4　13 种动物的特征值

属性	鸽子	母鸡	鸭	鹅	猫头鹰	鹰	狐狸	狗	狼	猫	虎	马	牛
小	1	1	1	1	1	0	0	0	0	1	0	0	0
中	0	0	0	0	0	1	1	1	1	0	0	0	0
大	0	0	0	0	0	0	0	0	0	0	1	1	1
2 条腿	1	1	1	1	1	1	0	0	0	0	0	0	0
4 条腿	0	0	0	0	0	0	1	1	1	1	1	1	1
毛	0	0	0	0	0	0	1	1	1	1	1	1	1
蹄	0	0	0	0	0	0	0	0	0	0	0	1	1
鬃毛	0	0	0	0	0	0	0	0	0	0	0	1	0
羽毛	1	1	1	1	1	1	0	0	0	0	0	0	0
猎	0	0	0	0	1	1	1	0	1	1	1	0	0
跑	0	0	0	0	0	0	0	0	0	0	1	1	0
飞	1	0	0	1	1	1	0	0	0	0	0	0	0
泳	0	0	1	1	0	0	0	0	0	0	0	0	0

解　令自组织特征映射网络的输出平面包含 10×10 个神经元，相似性度量采用欧氏距离。根据邻域函数计算权值更新幅度，这里邻域函数选择为 e^{-d^2/σ^2}，其中 d 为当前神经元与获胜神经元之间的距离；σ 为邻域函数参数，用于控制更新幅度，这里 σ 的初始值选择为 2，随时间逐渐递减。学习率 $\eta = \dfrac{100}{200+t}$，其中 t 为迭代次数，设最大迭代次数为 100。

将 13 种动物的特征依次输入网络进行训练，迭代更新神经元的权值，最后输出平面呈现出 13 种动物的特征映射。通过判断各神经元的权值矩阵与样本的特征向量的接近程度，得到图 9.37，其中特征相似的动物在分布上更加接近。由于初始权值是随机给定的，每次运行的结果不完全相同，体现在单个动物的输出坐标可能发生变化，但是动物间的邻近关系不变。

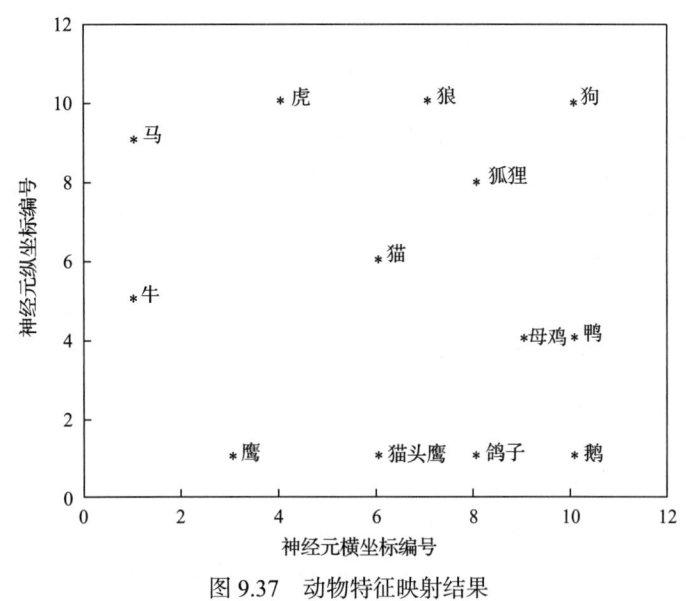

图 9.37　动物特征映射结果

4. 自组织特征映射网络的设计

自组织特征映射网络的设计是指针对具体要解决的问题，设计网络的结构和超参数，包括选择输出层排列结构、输入层与输出层的节点数、优胜邻域的形状和大小、初始权值和学习率等。

首先，自组织特征映射网络输出层结构和超参数的设计比 BP 网络要复杂得多，是网络设计的重点。输出层的设计包括节点数和节点排列的设计，节点数与训练集包含的模式有关。如果节点数少于模式数，那么不足以区分全部模式，相当于将输入样本进行粗分。如果节点数远多于模式数，那么训练的结果是将类别分得过细，甚至出现死节点（远离其他获胜节点且从未获胜的节点）。输出层的节点排列形式取决于具体任务，需要反映实际问题的物理意义。例如，对于模式分类问题，一个输出层节点代表一个模式，采用一维线阵较为合适；对于路径规划问题，采用二维平面结构较为直观；对于机器人手臂控制问题，采用三维栅格排列更能反映手臂运动轨迹的空间特征。

其次，需要对优胜邻域进行设计。优胜邻域设计应使邻域不断缩小，输出平面上相邻神经元对应的权值向量之间既有区别又有较强的相似性，从而保证当获胜节点对某一类模式产生最大响应时，其邻近节点也能产生较大响应。邻域的形状可以是正方形、六边形或圆形。

再次，是权值初始化问题。一般将权值初始化为较小的随机数，以使权值向量分散在整个样本空间中。如果样本主要集中在空间的某些局部区域，那么需要使权值的初始位置与输入样本集的分布区域重合,也可以从训练集中随机抽取输入样本作为初始权值,或者在全体样本的中心向量基础上叠加小随机数作为初始权值。

最后,是学习率设计。初始学习率可以取较大值;然后学习率以较快的速度变小,以便快速捕捉输入向量的大致结构;最后学习率在较小值上缓降至 0。

9.3 深度神经网络

深度神经网络是指含有多个隐层的人工神经网络。以深度神经网络为主要模型的机器学习算法通常称为深度学习。相比浅层神经网络,深度神经网络通过设置更多的隐层为模型提供更高的抽象层次,提高了网络的表达能力。本节首先讨论深度神经网络的基本思想和训练方法,然后介绍三种典型的深度神经网络模型,包括卷积神经网络(convolutional neural network, CNN)、循环神经网络(recurrent neural network, RNN)和生成对抗网络(generative adversarial network, GAN)。

9.3.1 深度神经网络概述

1. 深度学习的基本思想

在传统机器学习算法中,特征提取与分类预测是分开进行的,基于领域知识进行特征提取,需要人工干预,如决策树算法需要有预先提取好的特征集。对于包含大规模非结构化数据的图像识别、自然语言处理、天气预测、内容推荐等问题,人工提取特征变得非常困难,传统机器学习算法的性能往往不够好。因此,特征提取成为机器学习发展中的瓶颈。

解决此类问题的一个重要思路是将人工神经网络分为更多的层,将原始数据作为输入,通过网络自动地逐层提取特征,再进行分类预测。但是,多层前馈神经网络所采用的 BP 算法通常无法直接适用于深度神经网络,原因在于:在隐层较多的情况下,容易出现梯度消失现象;采用参数随机初始化,容易收敛到局部最优;当待训练的参数较多时,容易出现过拟合;无法使用无标签样本。因此,建立深度神经网络的关键是解决参数学习问题。

Hinton 等(2006a)在《科学》杂志上发表论文,提出了深度学习的基本思想。深度学习通过组合低层特征形成更加抽象的高层特征或类别表示属性,可以发现数据的分布式特征表示。深度学习解决参数学习问题的策略主要有两种:一种是采用无监督的逐层学习或预训练模型进行参数初始化;另一种是通过特殊的网络结构(如卷积或循环)减少待训练参数量,同时借助各种训练技巧来提高效率并防止过拟合。

深度学习概述

逐层加工处理是深度学习成功的关键因素之一。尽管通用近似定理表明前馈神经网络具有很强的拟合能力,单隐层神经网络就足以以任意函数建模,但是其学习过程始终在同一个特征空间中进行,缺乏特征变换,难以有效地学习和提取特征(伊恩·古德费洛等,2017)。深度神经网络能够更加有效地实现逐层特征提取。深度神经网络的隐层数较多而单隐层所含的神经元数相对较少(相比 BP 网络深度更深,宽度更窄),而单隐层神经网络想要达到类似的学习效果,往往需要指数级增长的神经元数量。在很多情况下,使用更深层的网络可以减少表示函数所需的总神经元数量,并降低泛化误差。

深度学习具有与传统机器学习不同的特点,其比较如图 9.38 所示。传统机器学习是带有一个隐层(如带核函数的支持向量机、含一个隐层的感知器)或没有隐层(如逻辑回归)的浅层学习模型。而深度学习强调模型结构的深度,通常包含 5 个以上的隐层,同时明确了特征学习的重要性。不同于传统机器学习将原问题分解为若干个子问题,分步进行求解。深度学习提供了一种端到端的学习范式(end-to-end learning),不进行分模块或分阶段训练,直接优化任务的总体目标。通过网络权值调整,学习从原始数据到期望输出的映射,实现特征和分类器联合优化,中间过程不需要人为干预,使得机器学习向全自动数据分析前进了一大步。

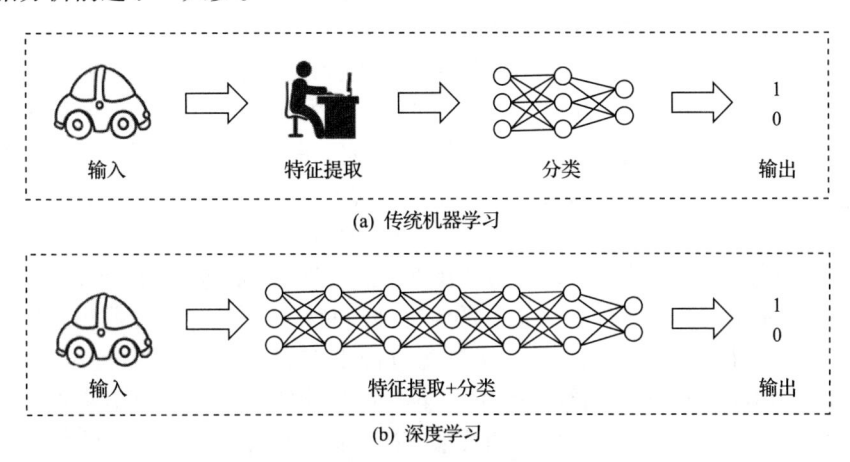

图 9.38　深度学习与传统机器学习的比较

2. 典型的深度神经网络模型

随着深度学习理论的发展,各种深度神经网络模型层出不穷,常见的有卷积神经网络、自编码器、稀疏编码器、深度信念网络(deep belief network, DBN)、循环神经网络、Transformer 等。按照学习方式的不同,深度神经网络模型可以分为有监督学习模型和无监督学习模型,见图 9.39。此外,还有一些混合模型,如 Transformer,使用无监督学习的结果辅助有监督学习,或者使用有监督准则对无监督学习模型的参数进行估计。

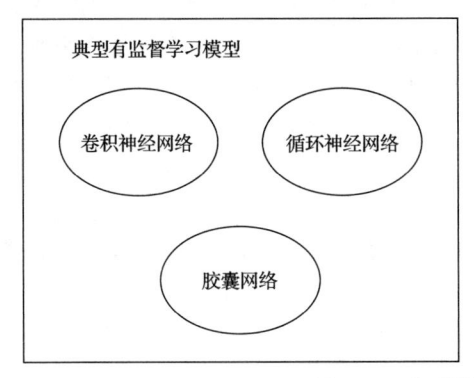

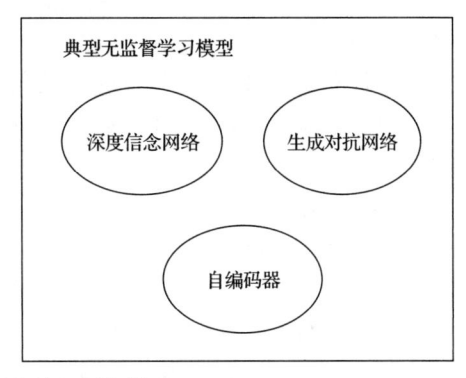

图 9.39　典型的深度神经网络模型

卷积神经网络是第一种被成功训练的深度神经网络。相比全连接网络，卷积神经网络通过局部连接和权值共享，降低了网络模型的复杂度，减少了权值的数量，使得图像可以直接作为卷积神经网络的输入，避免了传统的图像识别算法中复杂的特征提取和数据重建过程，并且识别结果对于图像的平移、缩放、旋转或者其他形式的变形具有一定的鲁棒性。

Sabour 等(2017)提出了胶囊网络(capsual network, CapsNet)。不同于一般人工神经网络的基本单元是神经元，输入、输出是标量，胶囊网络的基本单元是胶囊，输入、输出是有方向和大小的向量，因此能够识别特征的状态、方向、位置等信息。另外，在胶囊层中使用了协议路由机制，不再使用池化思想。胶囊网络在手写数字识别数据集 MNIST 的分类任务中表现出了比卷积神经网络更优的性能。

循环神经网络是一种具有短期记忆功能的深度神经网络，可以模拟数据间的依赖关系，适合处理与序列相关的问题。例如，对于与时间相关的股票走势预测问题，循环神经网络通常能够比其他类型的网络获得更好的预测效果。为了增强记忆能力，人们为循环神经网络开发出了各种各样的变形体，如长短期记忆(long short-term memory, LSTM)神经网络，可用于描述长期或远距离的数据依赖关系(Hochreiter et al., 1997)。虽然循环神经网络有较强的序列建模能力，但是存在训练速度慢、训练质量低等问题。

Transformer 是一种基于注意力机制的深度神经网络，不含卷积和循环结构，在长序列建模能力、并行计算能力和多任务表现方面都较循环神经网络有了大幅提高。Transformer 采用编码器-解码器结构，对序列中所有的单词或者符号进行并行处理，同时借助自注意力机制对句子中单词之间的关系直接建模，而无须考虑各自的位置。相比循环神经网络，Transformer 的训练速度更快，在机器翻译任务中的表现更好，还可以对网络关注的句子部分进行可视化，帮助理解信息在网络中的传播过程。Transformer 通常采用两阶段训练：第一阶段以有监督或无监督的方式，对大规模数据集进行预训练；第二阶段使用中小型数据集对预训练的权值进行调整，以适应下游任务。Transformer 的缺点是参数量过于庞大，训练难度较大。

由于获得有监督学习所需的标注数据往往代价很高，一些深度神经网络模型使用无监督学习进行特征提取或者辅助有监督学习。自编码器是一种典型的无监督学习模型，该模型尽可能地复现输入信号，以捕捉能够代表输入数据的最重要的因素。如果在自编码器的目标函数中加入 L_1 正则化项，那么可得到稀疏自编码器。选择使用具有稀疏性的分量来表示输入数据，是因为绝大多数的感知数据可以表示为少量基本元素的叠加，如自然图像的基本元素是点和线。稀疏编码算法通过寻找一组"超完备"基向量来表示输入数据，相比非稀疏编码算法能够更有效地找到隐含在输入数据内部的结构和模式。

限制玻尔兹曼机是另一种典型的无监督学习模型。假设有一个二部图，同层的节点之间没有连接，第一层是可视层(v)，即输入层，第二层是隐层(h)，如果所有的节点都是随机二值变量节点(只能取 0 或 1)，同时全概率分布 $p(v,h)$ 满足玻尔兹曼分布，那么该模型称为限制玻尔兹曼机。限制玻尔兹曼机很少单独使用，而是由多个限制玻尔兹曼机组成深度信念网络。深度信念网络模型主要包括两部分：堆叠的受限玻尔兹曼机和一个全连接层。它是一种概率生成模型，通过训练其神经元之间的权值，使得整个网络按照最大概率来生成训练数据。

针对不同的任务和应用场景,可以选择不同类型的深度神经网络模型。对于图像分类任务,一般使用卷积神经网络。对于语音和文本等序列数据处理,推荐使用循环神经网络、长短期记忆网络或 Transformer。自编码器主要用于降维和特征提取,而去噪编码器专门用于去除噪声,以还原数据。深度信念网络用于特征抽取与重建。在一些复杂任务,如自动驾驶中,可以将多种模型混合使用。

3. 深度神经网络的逐层训练方法

逐层训练(layer-wise training)方法是一种训练深度神经网络的有效方法,通过加入无监督的逐层训练,解决有监督学习难以联合训练多层权值的问题,可用于深度置信网络和深度全连接前馈神经网络等(Hinton et al., 2006b)。逐层训练方法示意图如图 9.40 所示,逐层训练方法包括两个步骤:第 1 步是自底向上的无监督学习过程,也称为逐层无监督预训练,利用无标签样本前向逐层调整参数;第 2 步是自顶向下的有监督学习过程,利用有标签样本得到训练误差,进行参数微调。

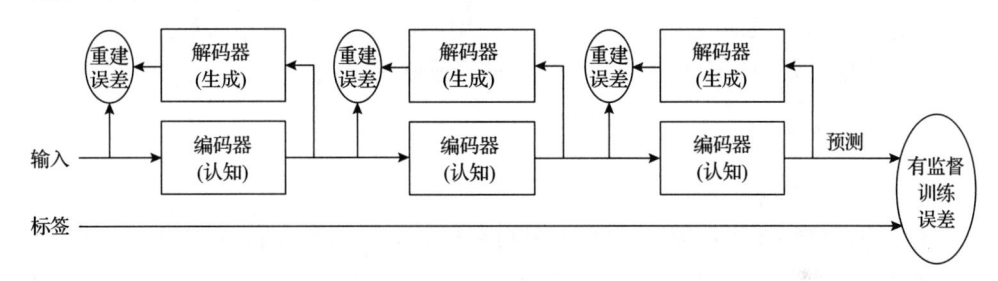

图 9.40 逐层训练方法示意图

在自底向上的无监督学习中,将编码器得到的抽象特征作为下一层神经元的输入,采用 W-S(wake-sleep)算法进行参数调整。W-S 算法分为两个阶段。一是 wake 阶段,也称为认知过程,编码器接收真实的样本作为输入,将其编码为抽象表示,然后通过解码器进行重建,目的是通过调整解码器的权值使得重建的样本与真实的样本尽可能相似。二是 sleep 阶段,也称为生成过程,解码器接收抽象表示作为输入,将其解码为重建信息,然后由编码器进行抽象,目的是通过调整编码器的权值,使得抽象后的信息和原抽象表示尽可能相似。

W-S 算法与人类学习方式相似。在人类学习过程中,大脑中有两个进程在交替运行,即抽象和想象。抽象是将来自现实世界中的感知信息编码为低维表示存储在大脑中的过程,如根据看到的各种汽车的影像建立汽车的抽象概念。想象是将低维表示具象化为可被感知的形象的过程,如根据汽车的抽象概念想象出一辆具体的汽车的影像。为了对编码器和解码器参数分别进行调整,需要将抽象和想象分离开来,就是 wake 和 sleep。在清醒时,以抽象为主,对想象过程的参数进行调整,即如果现实与想象的不一样,改变解码器权值使得想象的东西变得与现实一样;而在睡梦中,以想象为主,对抽象过程的参数进行调整,即如果梦中的抽象表示不是脑中的相应概念,改变编码器权值使得抽象表示看起来就是这个概念。

自顶向下的有监督学习在输出层添加一个分类器(如逻辑回归、支持向量机或 BP 神经网络等),在无监督学习获得的各层参数的基础上,利用有标签样本得到训练误差,通过梯度下降法微调整个网络的参数。

逐层训练方法曾经对于深度神经网络的兴起起到了关键的、历史性的作用,使研究者首次可以训练不含卷积或者循环等特殊结构的深度神经网络。逐层无监督预训练依赖单层表示学习模型,如受限玻尔兹曼机、单层自编码器、稀疏自编码器等,将前一层的输出作为本层的输入,得到数据的新的表示。它可以用于特征学习,也可以用于深度神经网络的权值初始化。在很多分类和回归任务中,逐层无监督预训练能够大幅提升网络泛化能力。

随着深度学习训练方法的发展,大部分模型已经不再使用逐层训练方法。目前,深度学习中常用的训练方法是预训练-微调,即首先在大数据集上训练得到一个具有强泛化能力的基础模型(预训练模型),然后在下游任务上进行参数微调。本质上,这是一种基于模型的迁移学习算法,旨在从源域和目标域中找到它们之间共享的参数信息以实现迁移(王晋东等,2022)。例如,基于在大规模图像数据集 ImageNet 上预训练的 AlexNet 网络,将参数迁移至小规模图像数据集进行有监督学习。预训练模型已经在计算机视觉、自然语言处理和语音识别等领域得到了广泛应用。近年来,自然语言处理技术的快速发展,在很大程度上要归功于基于预训练模型的迁移学习算法。

4. 深度学习的特点

1)深度学习的优势

深度学习的优势在于:通过深度神经网络能够学习到数据的分布式表示,相比浅层学习模型更容易实现复杂函数的逼近,如图 9.41 所示,浅层神经网络需要通过单隐层的一次变换来逼近复杂函数,而深度神经网络可以通过多隐层的逐层变换来逼近复杂函数;能够自动提取低层特征和高层特征,获得与输出联系更密切的特征表示,完成浅层学习模型难以处理的复杂任务;能够更充分地利用无标签样本,结合大规模数据集,不容易出现过拟合。

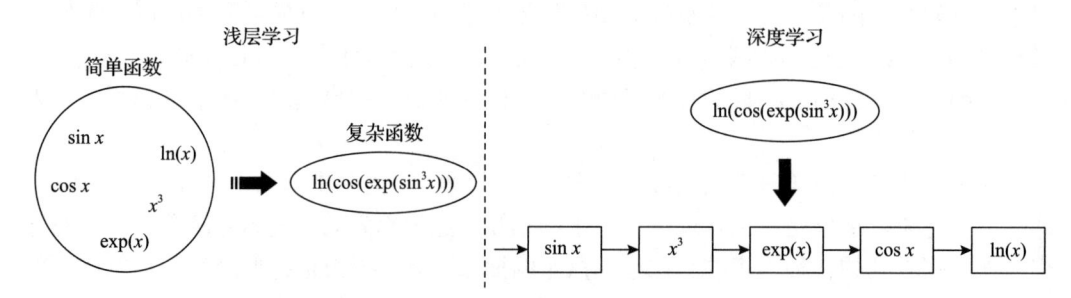

图 9.41 深度学习通过逐层变换实现对复杂函数的逼近

利用深度神经网络可以自动地从数据中提取特征,与人类的视觉信息处理过程相似。Hubel 等(1959)在猫视觉皮层实验中,首次观察到视觉初级皮层的神经元对移动的边缘刺激敏感,定义了简单细胞和复杂细胞,为视觉神经科学研究奠定了重要基础,并因此获得了 1981 年的诺贝尔生理学或医学奖。关于视觉通道的进一步研究发现,人类视觉神经系统包括 V1、V2、V4 等多个功能区，如图 9.42 所示，由视网膜获取的视觉信息经过外侧膝状体(lateral geniculate nucleus, LGN)、初级视觉皮层(primary visual cortex, V1)、次级视觉皮层(secondary visualcortex, V2)、四级视觉皮层(visual area 4, V4)、后下颞叶皮层(posterior inferotemporal cortex, PIT)和前下颞叶皮层(anterior inferotemporal cortex, AIT)形成关于对象描述的高层特征，然后由前额叶皮层(prefrontal cortex, PFC)对图像类别做出判断，最后经初级运动皮层(primary motor cortex, PMC)和运动皮层(motor cortex, MC)产生动作命令。人类的视觉信息处理是一个不断迭代和抽象的过程，从低层到高层，特征表示越抽象，越能表现语义或者意图，越有利于分类。而深度学习正是以深度神经网络为手段，达到了与此类似的特征学习的目的。

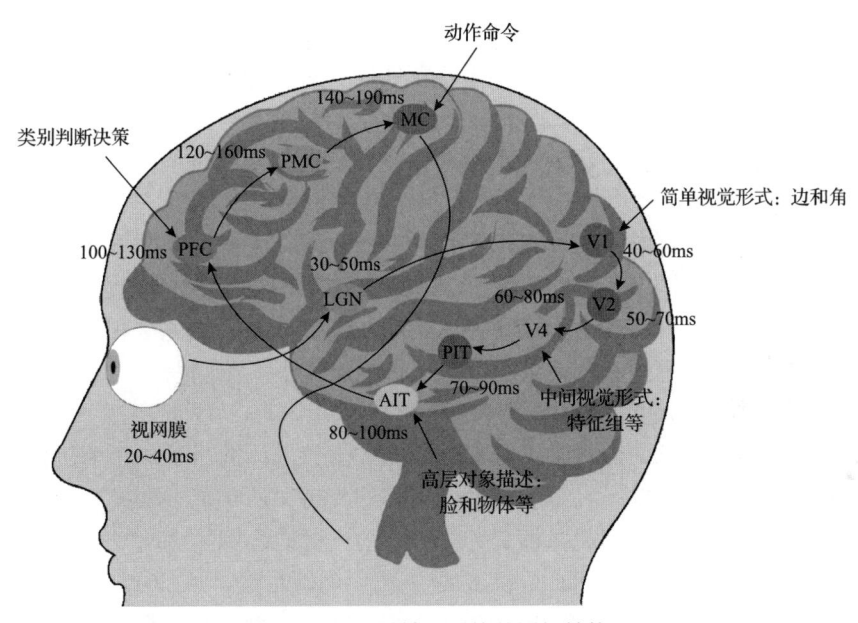

图 9.42 视觉神经系统的层级结构

深度学习算法的性能提升与其所采用的大规模数据集是密不可分的。比较深度学习算法与传统机器学习算法(如支持向量机、逻辑回归、决策树等)在不同规模的数据集中的表现，结果如图 9.43 所示。当数据规模较小时，深度学习算法与传统机器学习算法的

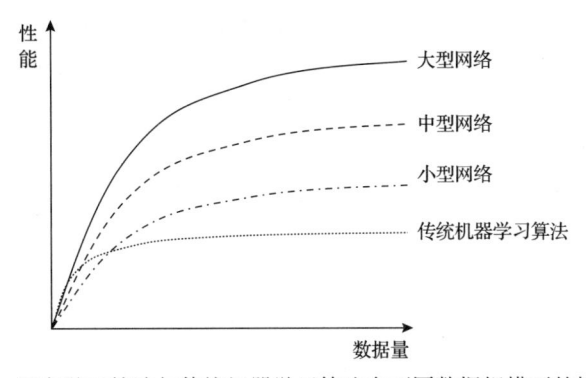

图 9.43 深度学习算法与传统机器学习算法在不同数据规模下的性能比较

性能差别不大，甚至比传统机器学习算法的性能更差；当数据规模较大时，深度学习算法的性能优于传统机器学习算法，而且随着数据规模的增大，其性能得到了显著提升；当数据规模非常大时，深度学习算法的性能远优于传统机器学习算法，传统机器学习算法的性能很难再有提升，由于其模型复杂度较低，无法充分利用大数据，而深度学习算法可以容易地通过加深网络层数来提升模型复杂度，有效地分析和处理大数据，建立性能卓越的学习模型。

2) 深度学习的局限性

深度学习的局限性主要体现在网络结构设计难度大、对于大数据和高性能计算的依赖性强、结果可解释性差、理论分析困难、具有易欺骗性和脆弱性等。

(1) 网络结构设计难度大。

网络结构需要在训练前预设，由于无法预知任务对应的模型复杂度，研究人员经常会使用超过必需复杂度的模型，而使用更高复杂度的模型将导致更多的计算开销和对训练样本量的更高需求。目前，仍缺少一种能够自适应地改变网络结构，从而在训练过程中增加模型复杂度的方法。

深度神经网络的训练难度较大且可重复性不好，研究人员通常需要耗费大量的精力进行参数调节，而参数调节经验很难共享，如针对图像识别任务的参数调节经验很难借鉴用于语音识别任务。文献报道的结果经常无法复现，即使采用完全相同的数据和训练方法，超参数设置稍有不同，网络训练结果也可能出现很大差别。

(2) 对于大数据和高性能计算的依赖性强。

为了避免过拟合问题，深度学习需要大数据的支持，因此只适用于解决数据较易获取的领域问题，通常需要并行计算和高性能硬件的支持，所需能耗较高。有数据显示，数据中心已然成为全球最大的能源消费者，占总用电量的比例从2017年的3%预计上升到2025年的4.5%。粗略统计ChatGPT的总生命周期碳足迹，从2022年11月30日到2023年1月30日，其制造设备的碳排放超过33.4吨，模型训练的碳排放超过552吨，运行的碳排放约为229.2吨。如果ChatGPT与人脑同时工作，那么人脑的能耗仅为机器的0.002%(陈根，2023)。在可持续发展以及硬件性能提高放缓的背景下，深度学习对计算能力的巨大需求限制了其性能提升的空间。

(3) 结果可解释性差。

深度神经网络的可解释性问题限制了其可应用的场景。深度神经网络的性能(如泛化能力)是其深度、宽度等结构参数的函数，想要定量描述或定性刻画这一函数关系非常困难。深度神经网络从深度"复合"的意义上进行函数逼近，不像经典数学中的泰勒级数展开和傅里叶级数展开是以"叠加"的方式进行函数逼近的，这使得深度学习的可解释性较差。动辄上亿个参数的复杂模型远远超出了人类可理解的范围，神经网络中的特征表示并不是与真实世界中的事物相对应的符号，而是一些分布的、相关的、连续的数值，往往由一组隐藏单元共同表示一个显著特征。深度神经网络无法给出人类能够完全理解的决策模型，导致其在一些高风险领域的应用受限，如运输、医疗、法律、金融等。

(4) 理论分析困难。

学习过程的收敛性是深度学习中一个亟待解决的问题。网络结构的复杂性使得深度神经网络训练是一个高度非线性、非凸的优化问题，而大规模数据集需要使用基于随机梯度的优化算法，这使得深度学习的收敛性证明变得非常困难。近年来，尽管出现了一些通过连续动力系统来证明深度学习收敛性的尝试，但是深度神经网络是离散动力系统，采用连续动力系统只能刻画学习率渐近于零时优化算法的收敛性，深度学习优化算法的收敛性问题还远远没有解决。

(5) 具有易欺骗性和脆弱性。

深度学习倾向于产生不连续的输入-输出映射，因此对输入的一个小幅度扰动可能导致输出的大幅度变化，学习性能极易受到对抗样本(adversarial example)的影响。对抗样本是在正常样本中引入细微特殊噪声，从而导致深度神经网络模型识别错误的样本。深度学习的对抗性实例如图 9.44 所示，将原图像与人为设计的噪声叠加后，尽管在人看来还是一幅熊猫图像，但是深度神经网络模型却以很高的置信度将其识别为长臂猿。随着深度神经网络在各种实际系统中的应用，以及针对系统恶意攻击的频率不断上升，深度神经网络模型存在较大的被欺骗和被攻击的风险。如果将数字世界的对抗样本引入物理世界中，那么有可能为实际部署的开放系统(如自动驾驶系统和人脸识别系统)带来巨大威胁。

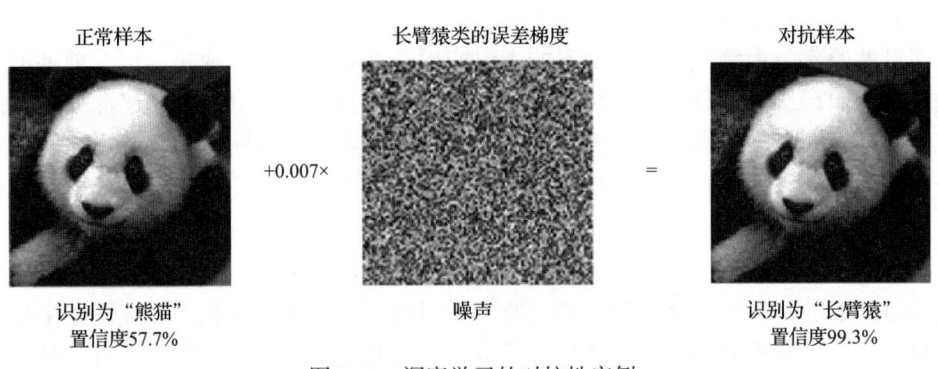

正常样本　　　　　长臂猿类的误差梯度　　　　　对抗样本

+0.007×

识别为"熊猫"　　　　　噪声　　　　　识别为"长臂猿"
置信度57.7%　　　　　　　　　　　　　置信度99.3%

图 9.44　深度学习的对抗性实例

作为一种数据驱动的机器学习算法，深度学习的性能严重依赖训练集的质量，当训练集出现噪声数据干扰、异常点入侵、类别不均衡等问题时，模型的有效性往往无法得到保证。若数据集中存在隐藏的偏见，则很难被发现，如某些深度学习系统对女性、少数族裔、非主流文化群体存在"歧视"。在图像识别中，女性常常与做家务、待在厨房等场景联系在一起；据相关报道，在人脸识别中，识别系统对白人男性的识别准确率远高于对黑人女性的识别准确率；在文本生成中，用于生成科学和技术主题文本的大语言模型 Galactica 仅在公布三天后就因为其容易生成虚假信息和引用不存在的信息来源而停止演示，而聊天机器人 BlenderBot 3 也曾因种族主义成见和阴谋论而饱受争议。

虽然深度学习取得了很大的进展，但是相比人脑的学习和推理能力还相差甚远。深度学习善于类比推理，但在需要逻辑推理时往往无能为力。深度学习需要依赖大数据、大模型和大算力，数据和能源的利用效率相比人脑低得多。深度学习通常只能针对具体任务进行学习和推理，而不像人脑一样拥有通用的学习能力和推理能力。

5. 深度学习的典型应用场景

深度学习将特征学习融入模型构建的过程中，减少了人为特征设计造成的主观性，适合于处理非结构化数据。目前，已成功应用于机器视觉、博弈、自然语言处理等多个领域。基于深度学习还可以实现很多有趣的应用，如智能插画、自动作诗、自动写作等。

在图像处理领域，深度学习的主要应用有：图像分类，对整幅图像进行分类或识别；物体检测，检测图像中物体的位置，进而识别物体；图像分割，对图像中的特定物体按边缘进行分割；图像回归，预测图像中物体组成部分的坐标。深度学习在图像识别中取得了巨大成功，在部分任务中的表现甚至已经超过人类。2022年，基于深度学习的人脸识别准确率达到99%以上。

在音频和视频处理领域，几乎所有的商用语音识别系统都是基于深度学习实现的。深度学习可用于：语音识别，将语音识别为文字；声纹识别，识别是哪个人的声音；语音合成，根据文字合成特定人的语音。2011年，微软率先使用深度神经网络模型，将语音识别错误率降低至30%。2015年，谷歌语音识别系统在融入深度学习技术之后，错误率迅速降低至8%。近年来，我国在语音识别方面也取得了较快发展，已经达到世界领先水平。科大讯飞的语音技术集中在语音合成、语音识别、口语评测等方面，2022年通用场景下的语音识别准确率达到98%以上。

在自然语言处理领域，深度学习的主要应用包括：语言模型构建，根据前面的单词预测下一个单词；情感分析，分析文本体现的情感；神经机器翻译，基于深度神经网络的多语种互译；自动文本摘要，根据文本自动生成摘要；机器阅读理解，通过阅读文本并理解其内容，完成选择题、填空题或问答题；自然语言推理，根据前提的语句推理出结论的语句。在此基础上可以进一步应用于搜索引擎、问答系统、推荐系统、客服系统等。

随着深度学习预训练大模型的发展，深度学习出现从单模态有监督学习向多模态自监督学习发展的趋势。自监督学习是无监督学习的一个分支，是从无标签样本中提取监督信息，通过掩码重建等方式设计学习任务，生成有用特征的学习算法。自监督学习为多模态预训练大模型构建提供了有效途径。通过自监督学习条件下"大数据+大模型"方式，多模态大模型初现多专多能，在小样本学习、自然语言问答、跨模态生成等方面进步显著。跨模态学习典型任务见表9.5，深度学习利用文本、图像、音频和视频等不同模态数据进行跨模态的统一表征和学习，已经在跨模态检索、视觉问答、图像语义描述等方面获得了非常好的性能。

表9.5 跨模态学习典型任务

源模态	目标模态		
	文本	图像	语音
文本	机器翻译	以文生图	语音合成
图像	图像语义描述	图像搜索	以图生音
语音	语音识别	以音生图	多语翻译

目前，深度学习主要用于完成与图像、视频、语音等相关的数值建模任务，而对于其他涉及符号建模、离散建模、混合建模的任务，深度学习算法的性能往往不够好。在 Kaggle 的一些数据分析竞赛中，深度学习算法的性能还不如随机森林、极限梯度提升（extreme gradient boosting, XGBoost）等传统机器学习算法（王贺等，2021）。根据没有免费午餐定理，没有任何一个算法在所有任务上都优于其他算法。不同算法有各自适用的任务范围，深度学习也不例外。

9.3.2 卷积神经网络

卷积神经网络是一种具有局部连接、权值共享等特性的多层前馈神经网络。卷积神经网络的结构受到 Hubel-Wiesel 生物视觉模型的启发，模拟了视觉皮层 V1 和 V2 层中简单细胞和复杂细胞的行为。本节在卷积神经网络结构的基础上，介绍卷积神经网络的训练和实现方法。

1. 卷积神经网络基本结构

卷积神经网络的基本组件包括卷积层(convolutional layer)、非线性激活(nonlinear activation)、池化层(pooling layer)、全连接层(fully connected layer)和输出层，分别用于执行卷积、非线性变换、池化、分类/回归和输出操作。

1) 卷积层

卷积层是卷积神经网络的核心组成部分。卷积运算利用卷积核在输入上进行循环乘积与加和运算，通过依次扫描输入的各个区域，提取散布在输入中不同位置的局部特征。一维卷积仅在一个维度上进行卷积运算，常用于序列数据分析和自然语言处理；二维卷积在两个维度上同时进行卷积运算，常用于图像处理；三维卷积在三个维度上同时进行卷积，常用于医学影像分析和视频处理。下面以图像分类为例，介绍二维卷积。

在卷积层中，每个节点只连接到图像某些局部的像素上，提取图像局部特征。输入图像采用矩阵形式。由输入的局部区域与输出之间的连接权值所组成的矩阵称为卷积核（convolution kernel）。输出由卷积核与图像局部区域通过卷积运算得到，一般采用矩阵内积的形式。例如，在图 9.45 中，输入的局部区域为 $(a,b;e,f)$，卷积核为 $(w_1,w_2;w_3,w_4)$，卷积层中节点 0 的输出为 $w_1a+w_2b+w_3e+w_4f+b_0$，其中 b_0 为偏置（偏置是神经元阈值的相反数）。注意，卷积运算只对输入的局部区域进行线性加权求和，不进行非线性变换。

用一个卷积核从输入图像的左上角向右下角滑动，每滑动一次，被选中的局部区域就会连接到卷积层的一个神经元，形成权值矩阵。虽然每次滑动选中的神经元不同，连接到下一层的神经元也不同，但是所用的权值矩阵是相同的，这就是权值共享(weight sharing)。卷积层的连接方式示意图如图 9.46 所示，隐层的 9 个节点分别与输入的 2×2 大小的区域相连，用于卷积运算的权值矩阵都是 $(w_1,w_2;w_3,w_4)$。为了保留平面结构信息，卷积运算得到的输出仍用矩阵形式来表示。特征图(feature map)也称为特征映射或激活图，是一幅图像经过卷积后得到的输出，表示图像的某一种特征。

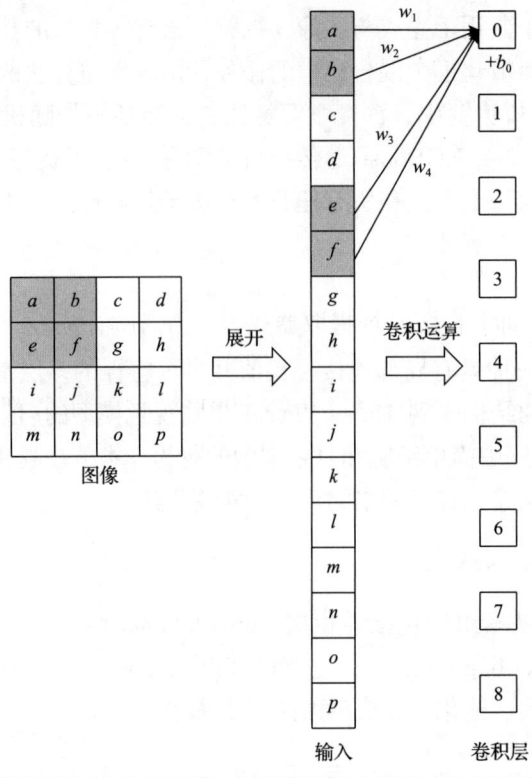

图 9.45 卷积运算示意图(在卷积运算中不需要把输入展开,这里只是为了显示更清楚)

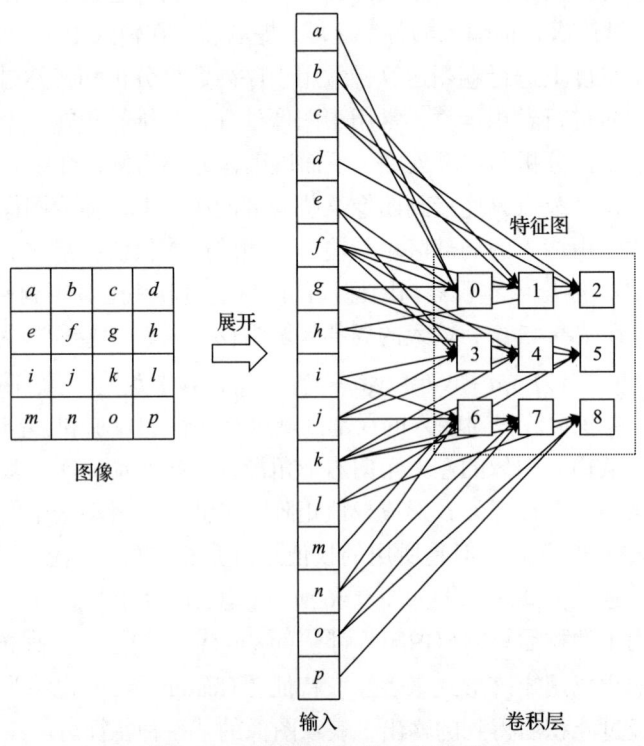

图 9.46 卷积层的连接方式示意图

在卷积层中，主要使用了两个概念。一是局部感受野(local receptive field, LRF)。卷积层中某个神经元的感受野是指影响该神经元取值的输入的局部区域，第一个卷积层神经元的感受野大小由该层的卷积核大小确定，后续卷积层神经元的感受野大小需要计算确定，通常后续卷积层神经元的感受野更大。利用感受野的概念可以大大降低参数量，例如，对于1000×1000的输入图像，使用10×10的感受野，每个神经元只需要100个权值和1个偏置，将输入图像扫描一遍(每次向右或向下移动一个像素)共需要991×991个神经元。二是权值共享。一个卷积核用于提取一种特征，各神经元与不同局部区域连接的权值矩阵是相同的，即相同的特征提取器在输入中的所有位置都适用。991×991个神经元的权值矩阵是共享的，因此只需要100个权值和1个偏置，共101个参数。如果使用全连接方式，那么1000×1000的输入与991×991个神经元之间都有一个权值，每个神经元还有一个偏置，共需要(1000×1000+1)×991×991个参数。

为了提取不同的特征，一个卷积层通常包含多个卷积核。经多个卷积核运算后形成特征图的多个通道，因此卷积核的数目等于输出特征图的通道数。特征图中不同通道之间是独立的，分别表示图像的一种特征。假设有100个卷积核，每个卷积核有101个参数，那么卷积层共有100×101个参数。卷积层将参数量压缩到100×101个，还能提取出100种特征，相当于利用算法的进步降低了计算成本。卷积核也称为滤波器，可以实现与边缘检测滤波器等相似的功能，提取图像的边缘、颜色、纹理等特征。

卷积核的权值和偏置需要通过学习确定，而卷积核的大小和数目是人为设定的超参数。此外，卷积层中还有两个超参数：一是步幅(stride)，即卷积运算每次滑过的像素数。步幅越大，卷积生成的特征图越小；二是补零(zero-padding)，也称为零填充，在输入图像矩阵的四周补上零元素(补零为P，就在图像的单侧补P个零)，以便对边缘像素进行卷积。补零的卷积称为宽卷积，不补零的卷积称为窄卷积。为什么需要补零？这是因为用卷积核($f \times f$)扫描一个图像矩阵($n \times n$)时，如果不进行补零，那么卷积后得到的特征图将比原始图像更小。假设步幅为s，补零为P，卷积后的特征图尺寸为$f' \times f'$，有

$$f' = (n - f + 2P)/s + 1 \tag{9.52}$$

通过补零不仅可以保留输入图像的边缘信息，而且可以控制特征图的尺寸。

单通道输入图像(如灰度图像)的卷积公式为

$$S(m,n) = (I \otimes K)(m,n) + b = \sum_{i=1}^{M} \sum_{j=1}^{N} I(m+i-1, n+j-1) K(i,j) + b \tag{9.53}$$

式中，$\otimes$表示二维卷积运算；I为补零后的输入图像；K为卷积核；S为卷积后得到的特征图；M和N分别为卷积核的长和宽；b为偏置。这里假设步幅为1，否则每次滑动增加的像素数等于卷积的步幅s。

图9.47给出了一个单通道图像卷积过程示例。假设图像大小为4×4，卷积核大小为3×3，偏置为0，补零为1，步幅为1。首先，在原始4×4图像的每一侧补1个零，将补零后6×6图像作为输入。然后，从输入图像中取出一个与卷积核大小相同的3×3区域进

行卷积运算，即将局部区域与卷积核对应位置的元素相乘后求和(偏置为 0)，一次卷积运算的结果就组成了特征图中的一个像素。在一次卷积运算完成后，向右或向下移动 1 个像素(步幅为 1)取下一个局部区域与卷积核执行相同的运算。当无法再移动取得新区域时，结束对特征图的计算，最终得到特征图的大小为 4×4，与原始图像大小相同。

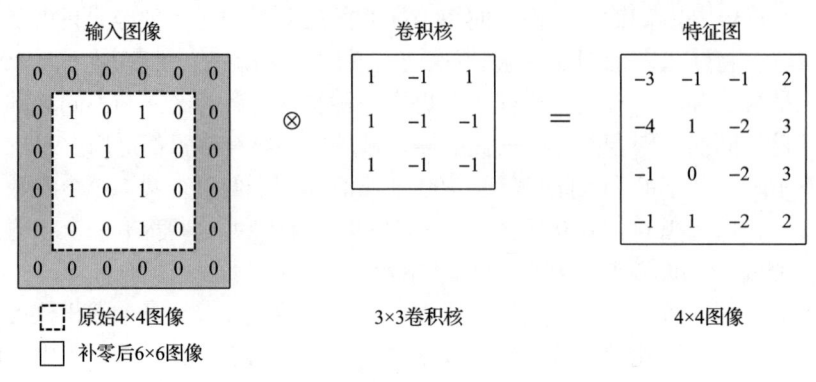

图 9.47 单通道图像卷积过程示例

如果输入图像是 RGB(red, green, blue)彩色图像，有三个通道，那么需要使用具有三个通道的卷积核，分别对输入图像的红、绿、蓝通道进行卷积运算再求和。一个三通道的卷积核与三通道的输入图像卷积的结果是一个特征图，它是三个通道分别卷积的结果之和。多通道输入图像的卷积公式为

$$S(m,n) = \sum_{l=1}^{L} (I_l \otimes K_l)(m,n) + b = \sum_{l=1}^{L} \sum_{i=1}^{M} \sum_{j=1}^{N} I_l(m+i-1, n+j-1) K_l(i,j) + b \quad (9.54)$$

式中，L 为输入图像和卷积核的通道数；I_l 为补零后输入图像的第 l 个通道；K_l 为卷积核的第 l 个通道。这里假设步幅为 1，否则每次滑动增加的像素数等于卷积的步幅 s。

图 9.48 给出了一个三通道图像卷积过程示例。假设图像大小为 5×5×3，卷积核大小为 3×3×3，补零为 1，步幅为 2。将每个卷积核的三个通道分别与输入图像的对应通道进行卷积运算再加和，由两个不同的卷积核产生了一个两通道的特征图。

卷积的目的是提取特征，每个卷积核对应的特征图分别提取输入图像的一种特征，特征图保持了图像提取特征后的空间结构。如果特征图作为后续卷积层的输入再次被卷积，那么将由此探测到更大范围内的特征，随着卷积层数的增加，提取的特征越来越抽象。

2) 非线性激活

非线性激活通常用在卷积层之后，是卷积神经网络中非线性的主要来源。最初设计的卷积神经网络，如 LeNet-5，采用 sigmoid 函数作为神经元的激活函数，存在梯度消失问题。Krizhevsky 等(2012)提出了 ReLU 函数，在很大程度上解决了 BP 算法在训练深度神经网络时的梯度消失问题。

ReLU 函数的优点是：当输入大于 0 时，梯度恒为 1，无梯度消失问题，收敛速度快；当输入小于 0 时，输出为 0，训练完成后输出值为 0 的神经元较多，增大了网络稀疏性，提取的特征具有代表性，泛化能力强；计算复杂度低，不需要进行指数运算。ReLU 函

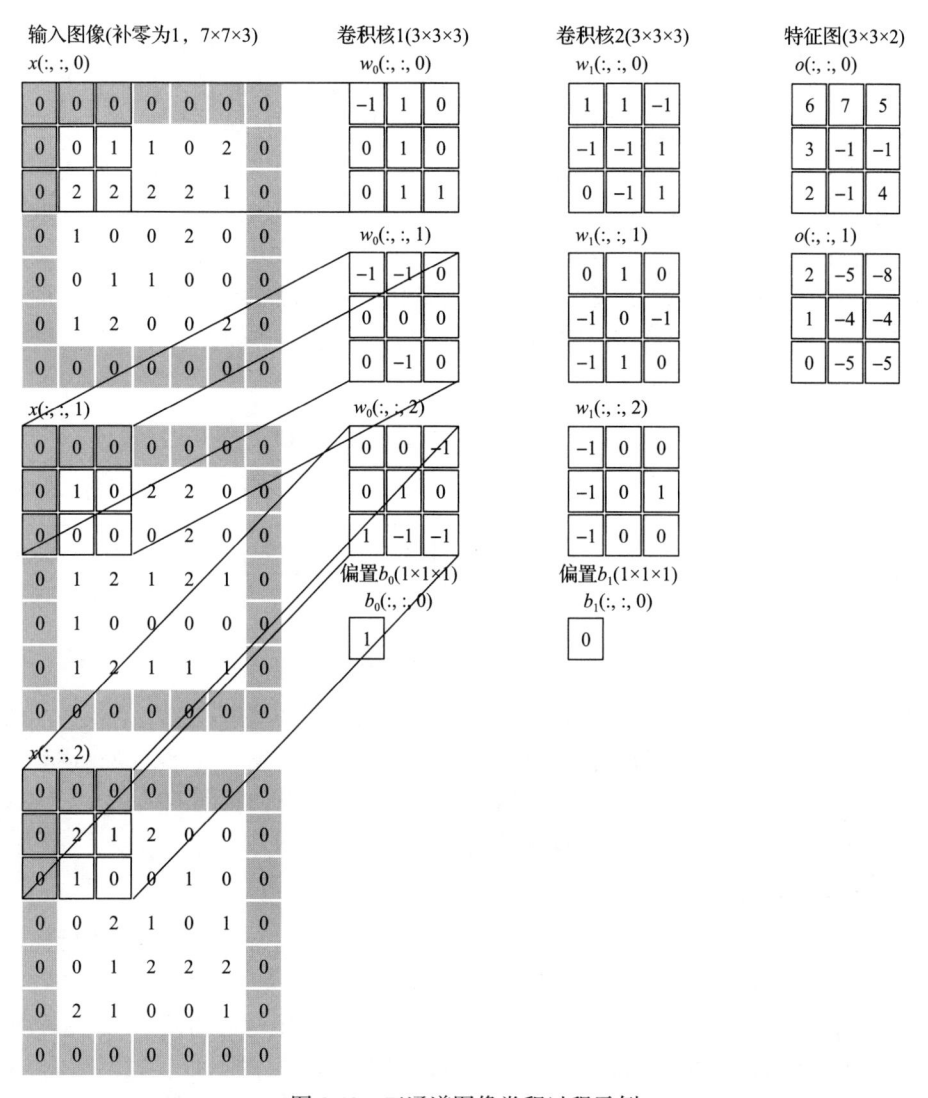

图9.48 三通道图像卷积过程示例

数的缺点是:容易导致神经元"坏死"。当神经元的输入为负时,ReLU 函数的输出为 0,且在误差反向传播过程中,这些神经元的灵敏度为 0(ReLU 函数在输入为负时,导数恒为 0),因此神经元再也不会被激活,这时称神经元"坏死"。为了解决上述问题,研究人员提出了多种改进函数形式,如带泄露的 ReLU(leaky-ReLU)函数、带参数的 ReLU(parametric ReLU)函数和随机 ReLU(randomized ReLU)函数等。

3) 池化层

池化层也称为下采样(subsampling)层或者汇聚层,一般在卷积层和非线性激活之后使用。池化的作用是:使特征图变小,降低计算复杂度;进行特征压缩,提取主要特征,避免过拟合。池化的思想源自生物视觉机制。当我们欣赏了美景后闭上眼睛,虽然无法完全回忆起看到的每一个细节,但是仍然记得看到了哪些事物,也就是说,适当地压缩图像并不影响最终的分类结果。

池化运算有多种形式，包括最大池化(max pooling)、平均池化(mean pooling)、随机池化(stochastic pooling)等。最大池化对特征图局部区域内的像素值取最大；平均池化对特征图局部区域内的像素值取平均；随机池化对特征图局部区域内的像素值按照概率随机选择，值大的像素被选中的概率更大。其中，最大池化和平均池化较为常用，最大池化的作用是突出重点，提取更显著的特征，而平均池化的作用是捕捉背景，提取更平滑的特征。池化过程示意图如图 9.49 所示，图中演示了池化大小为 2×2、步幅为 2 的最大池化和平均池化效果。需要注意的是，池化通常作用于图像中不重叠的区域，即池化过程中每次沿特征图滑过的步幅恰好等于池化宽度。如果设置的步幅小于池化宽度，那么就会产生有重叠的池化运算。

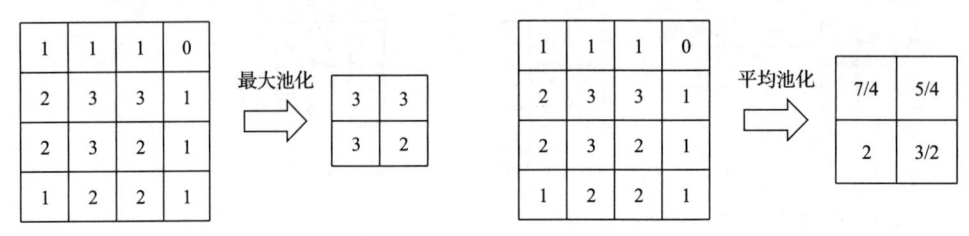

图 9.49　池化过程示意图

池化层有三个特性：没有需要学习的参数，仅从局部区域中取最大值或平均值等，以获得不因尺寸而改变的等效图像表征；特征图的通道数不发生变化，池化运算按照通道独立进行；当输入数据发生微小偏差时，最大池化仍会返回相同的结果，对输入中的变形、扭曲、平移等微小偏差具有鲁棒性。

4) 全连接层和输出层

卷积神经网络的末端一般是一个或多个全连接层，也称为稠密层。卷积层提取的特征是局部的，且是位置不敏感的，无法体现局部特征之间的关联关系(如空间位置上的相关性或语义信息上的相关性等)。而对于分类任务，不仅需要考虑图像中的局部特征，还要考虑它们之间的关联关系，即全局特征。例如，对于人脸识别，仅仅找出图像中的眼、鼻、口等特征是不够的，它们之间的相对位置关系也非常重要。为了提取不同特征之间的关联关系，需要一个全局的、位置敏感的特征提取器，而全连接层就是最方便的选择，其中每个神经元与上层所有神经元相连，并且连接权值是不同的。全连接层将经过多个卷积层和池化层得到的特征图中各通道的特征进行整合，获取图像的高层语义特征用于分类。特征图在全连接层中将失去平面结构信息，被展开为特征向量。最后一个全连接层将特征映射为一个具有固定维数的向量，向量维数为数据集中待分类的类别数。

最后一个全连接层的下游是输出层，其结构和工作原理与 BP 网络中的输出层相同。对于图像分类问题，输出层神经元使用单极性 sigmoid 函数或 softmax 函数作为激活函数，计算样本属于各类的概率。其中，单极性 sigmoid 函数用于二分类问题，softmax 函数用于多分类问题。softmax 函数的输入和输出维数是相同的，都等于待分类的类别数。该函数可以将输入转换为和为 1 的概率分布。同时，softmax 函数是连续可导的，方便基于梯度下降法进行参数学习。

softmax 函数应用示例如图 9.50 所示，对于某个测试样本，softmax 函数从全连接层接收的输入为 3、1、-3，各变量经指数变换后的值为 20、2.7、0.05，其 softmax 输出为 0.88、0.12、≈0，分别对应该样本属于三个类的概率，从而推断出该样本属于第一类。

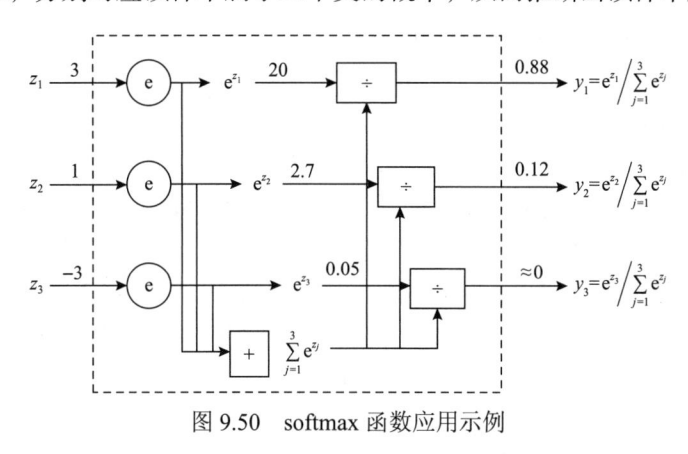

图 9.50 softmax 函数应用示例

2. 卷积神经网络的典型模型

将输入层、卷积层、ReLU、池化层、全连接层和输出层叠加起来，就可以构建一个完整的卷积神经网络。典型的卷积神经网络整体结构如图 9.51 所示，一个卷积块包括 M 个卷积层和 b 个池化层（M 通常设置为 2~5，b 为 0 或 1），一个卷积神经网络可以堆叠 N 个连续的卷积块，后面接着 K 个全连接层（N 的取值区间较大，如 1~100 或更大，K 一般为 0~2）。在实际应用中，往往将卷积层与非线性激活放在一起，其输出作为后续卷积层的输入，后面紧跟一个池化层，如此重复，直到特征图在空间上被缩小到一个足够小的尺寸，感受野逐渐变大，以提取到全局特征，最后经由全连接层得到输出，给出分类结果。

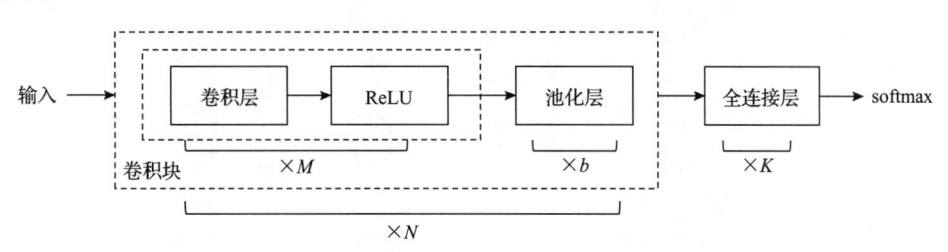

图 9.51 典型的卷积神经网络整体结构（邱锡鹏，2020）

除了需要选定网络的拓扑结构，还有很多超参数需要设置，如卷积核的大小、数目、步幅、补零以及池化大小。目前，最常用的卷积核是奇数大小的正方形卷积核（使得中心更容易确认），一般推荐使用尽可能小的卷积核，如 3×3、5×5，在达到相同感受野的情况下，卷积核越小，所需要的参数量和计算量越小，若要使用大的卷积核，则应该在原始图像上使用。卷积步幅默认取 1，也可以自行设置，步幅越大，扫描次数越少，得到的特征就越"粗糙"。通常需要对输入图像进行补零，使得输出特征图和输入图像大小保持一致，否则每次卷积都将使图像的尺寸略微减少，造成边缘信息的丢失。通常池化作用于大小为 2×2、步幅为 2 的不重叠区域，或者大小为 3×3、步幅为 2 的重叠区域，池化宽度一般不超过 3，否则将造成信息的严重丢失。

下面介绍几种典型的卷积神经网络模型。Lecun 等(1998)构建了卷积神经网络 LeNet-5，并在手写数字识别问题中获得成功。LeNet-5 是早期卷积神经网络中最有代表性的实验系统之一，曾用于美国大多数银行中支票的手写数字识别，错误率小于 3%。LeNet-5 网络结构示意图如图 9.52 所示，该网络共有 7 层。输入的二维图像，先经过两个卷积层(非线性激活放在卷积运算之后，作为卷积层的一部分)和两个池化层，再经过两个全连接层，最后使用高斯连接(实现径向基函数运算)作为输出层给出分类结果。因为该网络中卷积层没有补零，所以每次卷积后得到的特征图尺寸比其输入尺寸更小。图中，卷积层 1：特征图 28×28×6 表示第 1 个卷积层的特征图有 6 个通道，每个通道的特征图大小为 28×28；全连接层 5：120 表示第 5 层为全连接层，包含 120 个神经元；输出层 7：10 表示第 7 层为输出层，包含 10 个神经元。

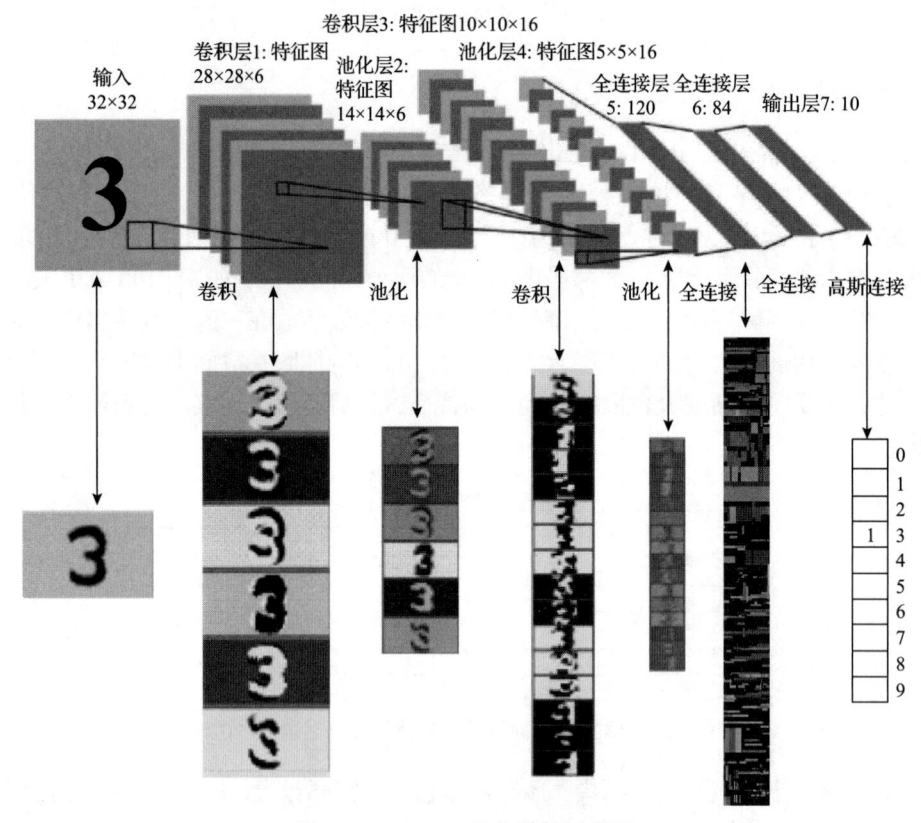

图 9.52 LeNet-5 网络结构示意图

受限于数据缺乏和硬件性能不高等因素，卷积神经网络在提出后 20 年内未能得到快速发展。直到 2012 年，Krizhevsky 等(2012)成功训练出了 AlexNet，才使得卷积神经网络成为图像分类的核心算法模型。AlexNet 是第一个真正具有深层结构的卷积神经网络模型，AlexNet 网络结构示意图如图 9.53 所示。该网络包含 5 个卷积块和 3 个全连接层，

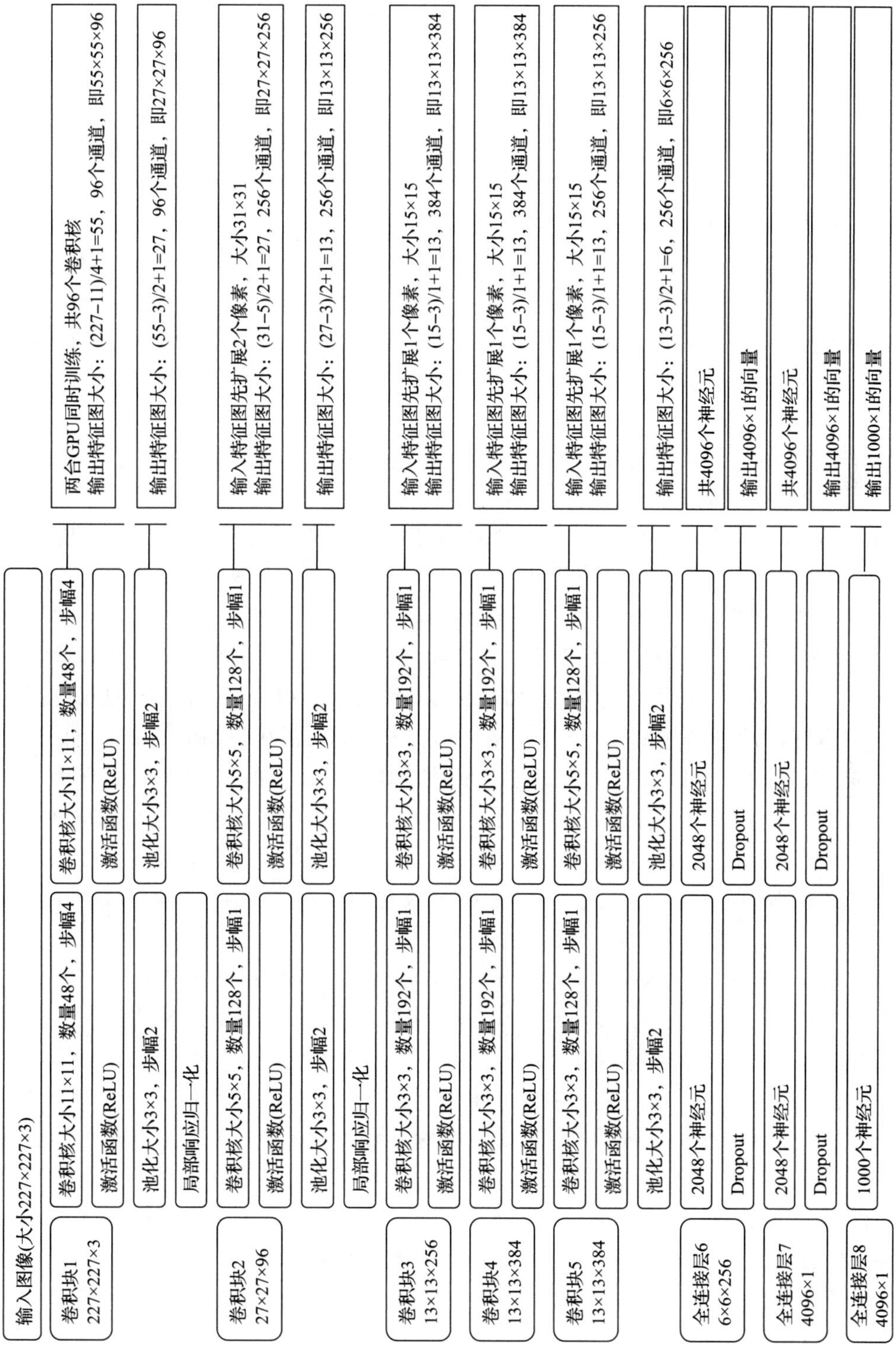

第9章 人工神经网络与深度学习

输入图像（大小227×227×3）
227×227×3

卷积块1
- 卷积核大小11×11，数量48个，步幅4 | 卷积核大小11×11，数量48个，步幅4
  - 两台GPU同时训练，共96个卷积核
  - 输出特征图大小：(227−11)/4+1=55，96个通道，即55×55×96
- 激活函数(ReLU) | 激活函数(ReLU)
- 池化大小3×3，步幅2
  - 输出特征图大小：(55−3)/2+1=27，96个通道，即27×27×96
- 局部响应归一化

卷积块2 27×27×96
- 卷积核大小5×5，数量128个，步幅1 | 卷积核大小5×5，数量128个，步幅1
  - 输入特征图先扩展2个像素，大小31×31
  - 输出特征图大小：(31−5)/2+1=27，256个通道，即27×27×256
- 激活函数(ReLU) | 激活函数(ReLU)
- 池化大小3×3，步幅2
  - 输出特征图大小：(27−3)/2+1=13，256个通道，即13×13×256
- 局部响应归一化

卷积块3 13×13×256
- 卷积核大小3×3，数量192个，步幅1 | 卷积核大小3×3，数量192个，步幅1
  - 输入特征图先扩展1个像素，大小15×15
  - 输出特征图大小：(15−3)/1+1=13，384个通道，即13×13×384
- 激活函数(ReLU) | 激活函数(ReLU)

卷积块4 13×13×384
- 卷积核大小3×3，数量192个，步幅1 | 卷积核大小3×3，数量192个，步幅1
  - 输入特征图先扩展1个像素，大小15×15
  - 输出特征图大小：(15−3)/1+1=13，384个通道，即13×13×384
- 激活函数(ReLU) | 激活函数(ReLU)

卷积块5 13×13×384
- 卷积核大小3×3，数量128个，步幅1 | 卷积核大小3×3，数量128个，步幅1
  - 输入特征图先扩展1个像素，大小15×15
  - 输出特征图大小：(15−3)/1+1=13，256个通道，即13×13×256
- 激活函数(ReLU) | 激活函数(ReLU)
- 池化大小3×3，步幅2
  - 输出特征图大小：(13−3)/2+1=6，256个通道，即6×6×256

全连接层6 6×6×256
- 2048个神经元 | 2048个神经元
  - 共4096个神经元
- Dropout | Dropout
  - 输出4096×1向量

全连接层7 4096×1
- 2048个神经元 | 2048个神经元
  - 共4096个神经元
- Dropout | Dropout
  - 输出4096×1向量

全连接层8 4096×1
- 1000个神经元
  - 输出1000×1的向量

图9.53 AlexNet网络结构示意图

卷积块内部包含了 ReLU 函数、局部响应归一化（一种标准化方法）和池化层，整个网络有 6200 万以上的可训练参数。由于网络规模超出了当时图形处理器（graphics processing unit, GPU）的内存限制，AlexNet 拥有两个分支，同时在两个 GPU 上运行，仅在某些层间（第 2 个卷积块和全连接层）进行通信。

在 AlexNet 的基础上，研究人员主要在以下 5 个方向开展研究，提出了多种网络模型：一是加深网络层数，代表性网络有 VGG（visual geometry group, 视觉几何组）16、VGG19、MSRANet 等；二是加强卷积功能，代表性网络有网络中的网络（network in network, NIN）、GoogLeNet、深度残差网络（deep residual network, ResNet）、DenseNet 等；三是从分类任务到检测任务的发展，代表性网络有 SPP-Net、R-CNN（region-CNN）、Fast R-CNN 等；四是新增功能模块，代表性网络有 Inception v2、全卷积神经网络（fully convolutional network, FCN）等；五是模型压缩与优化加速，代表性网络有 SqueezeNet、MobileNet、ShuffleNet 等。

下面介绍其中有代表性的几种网络。VGG16 是牛津大学计算机视觉组与 DeepMind 公司共同研发的深度神经网络模型，取得了 2014 年 ImageNet 图像分类和目标检测比赛（简称 ILSVRC）分类项目的第 2 名、定位项目的第 1 名。VGG16 包含 13 个卷积块和 3 个全连接层，采用的卷积核（3×3）和池化（2×2）尺寸较小，网络结构简洁，泛化能力强。VGG16 的参数量非常巨大，包含约 1.38 亿个参数，是 AlexNet 参数量的 3 倍多。尽管提升网络性能最直接的方法就是增加网络的深度和宽度，但是一味地增加网络的深度和宽度，会带来诸多问题：容易产生过拟合；计算复杂性高，难以应用；容易出现梯度消失问题，参数难以优化。为了减少参数量，谷歌研究人员提出了基于 Inception 模块结构的 GoogLeNet（Szegedy et al., 2015），GoogLeNet 在 2014 年 ILSVRC 分类项目中夺得了冠军。Inception 模块结构示意图如图 9.54 所示，同时包含多个不同类型的卷积和池化运算，增加了网络的宽度以及对输入图像尺度的适应性，在此基础上构建网络可在减少参数量的同时提高网络的表达能力。GoogLeNet 仅有 500 万个参数，约是 AlexNet 参数量的 1/12。

新加坡国立大学的 Lin 等（2014）提出了 NIN，以具有复杂结构的微神经网络代替传统卷积神经网络的卷积层，以全局池化层代替全连接层，能够显著减少模型的参数量，降低过拟合。Girshick 等（2014）提出了 R-CNN，使用区域来定位和分割目标，在实例分割、目标检测、人体关键点检测等任务中取得了良好效果。He 等（2016）提出了 ResNet，通过引入残差块克服了网络层数的加深导致的学习效率变低、准确率无法有效提升的问题。残差块结构示意图如图 9.55 所示，将前面较为"清晰"的数据和中间被"有损压缩"的数据共同作为后面隐层的输入，以提高信息的传输效率。ResNet 已经成为图像分类的首选模型，也广泛用于其他任务的特征提取。

这些模型为卷积神经网络结构设计提供了参考，但是对于一个具体任务，共需要多少个卷积层以及每个卷积层需要多少个卷积核，暂时还没有理论支撑，大多是凭经验设置几组候选值，然后通过实验挑选出其中的较优组合。

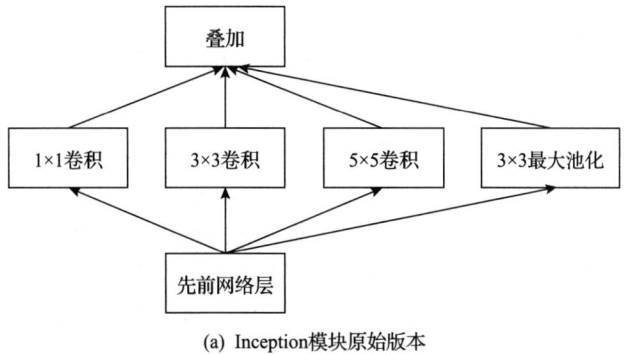

(a) Inception模块原始版本

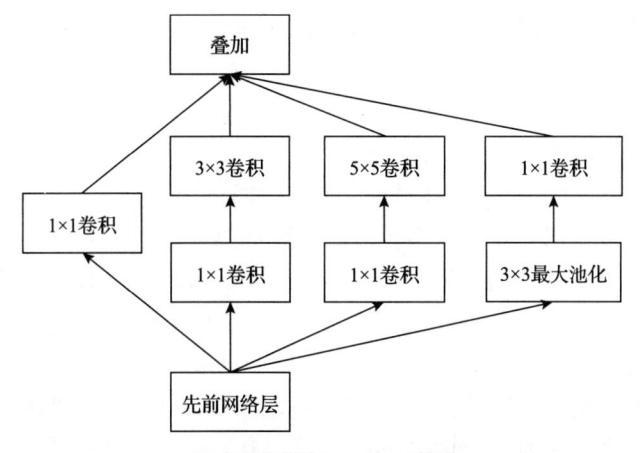

(b) 用于降维的Inception v1模块

图 9.54　Inception 模块结构示意图

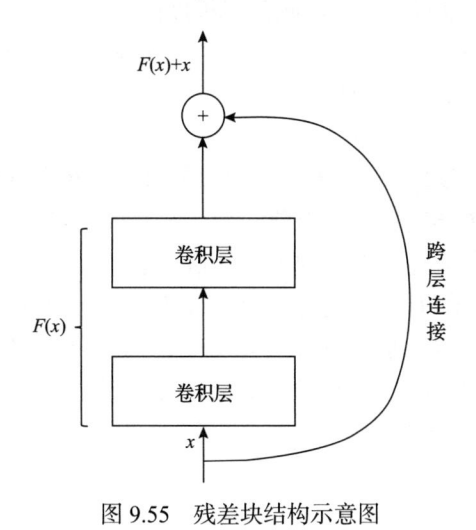

图 9.55　残差块结构示意图

3. 卷积神经网络的训练方法

为了衡量网络输出结果与期望值之间的误差，需要定义网络训练的目标函数。卷积神经网络中常用的目标函数是基于平方损失和交叉熵损失的经验风险或结构风险,分别适用于回归和分类问题。卷积神经网络的内部参数包括卷积层和全连接层中神经元的权值和偏置。训练的目的是通过调整参数,使得目标函数值达到极小。由于通过卷积和池化已经大大减少了待训练的参数量,通常不必采用逐层训练方法。

训练包括前向过程与反向过程。在前向过程中,输入在多个卷积层和池化层处理后,经过全连接层到达输出层。当网络输出的结果与期望值不相符时,计算输出结果与期望值的误差,进行反向传播。由于卷积层和池化层的存在,误差反向传播的具体过程与 BP 算法有所不同。在池化层中,不需要进行权值更新,只需要将所有的误差正确地传递到上一层即可。如果采用的是最大池化,那么将误差传递到上一层对应区域中最大值对应的神经元,其他神经元的误差项为 0。如果采用的是平均池化,那么将误差平均分配到上一层对应区域中的所有神经元。由于卷积层采用的是局部连接的方式,卷积层的误差需要依靠卷积核进行传播,找到卷积层与上一层的连接节点。其他部分与 BP 算法一致,利用梯度下降法对参数进行调整,直到权值收敛或达到预设的最大迭代次数。

通常卷积神经网络的训练集规模较大,如果在梯度下降时,每次迭代都要计算整个训练集上的误差梯度,那么需要占用较多的计算资源。同时,大规模训练集中往往存在较多冗余,没有必要在整个训练集上计算误差梯度。因此,在训练卷积神经网络时,通常使用小批量训练(mini-batch training)方法,每次挑选训练集的一个子集计算误差梯度,更新权值。每次用于训练的一小部分样本称为一个批量(batch)数据。使用一个批量数据对网络进行一次参数调整的过程,称为一次迭代(iteration)。使用训练集的全部数据对网络进行一次完整训练,称为一个轮次(epoch)或一代。一个轮次中通常要进行多次迭代,每轮次的迭代次数=训练样本的数量/批量大小。批量大小是一个批量数据所含样本数,是一个待设置的超参数。批量大小不影响随机梯度的期望,但是会影响随机梯度的方差。当批量大小较小时,随机梯度的方差较大,需要设置较小的学习率,否则,训练过程可能不收敛;当批量大小较大时,随机梯度的方差较小,需要设置较大的学习率,否则,收敛速度较慢。

随着卷积神经网络的发展,研究人员试图用更深层的网络模型来解决各种领域问题,网络层数越深,模型训练难度越大。因此,往往需要采用多种训练技巧,加快收敛速度并提高模型的泛化能力。避免欠拟合的方法包括:增加训练次数;增加网络的深度和隐层的神经元数量等;调整学习率。避免过拟合的方法主要有:数据增强(data augmentation)或从数据源头获取更多数据;减少网络的层数和隐层的神经元数量等;正则化;随机失活(Dropout);分批归一化(batch normalization),为局部神经元的活动创建竞争机制;限制训练时间或早停(early stopping)。

下面介绍几种常见的防止过拟合的方法。

1) 数据增强

减少过拟合的一种思路是增加训练集的样本数。鉴于增加新样本需要耗费大量资源去完成数据采集和标注工作,可以考虑基于现有样本来增加数据量。通过人为地扩充数据来生成更多种类或更符合实际情况的样本的技术就是数据增强。目前,数据增强主要用于图像,增加数据的多样性,丰富训练数据的分布,提高模型的泛化能力和鲁棒性。图像增强的方法有旋转、翻转、缩放、裁剪、平移、加噪声等。以图9.56为例,基于给定图像(最左侧为原始图像),通过数据增强可以生成多幅训练图像(其他图像为增强后效果)。

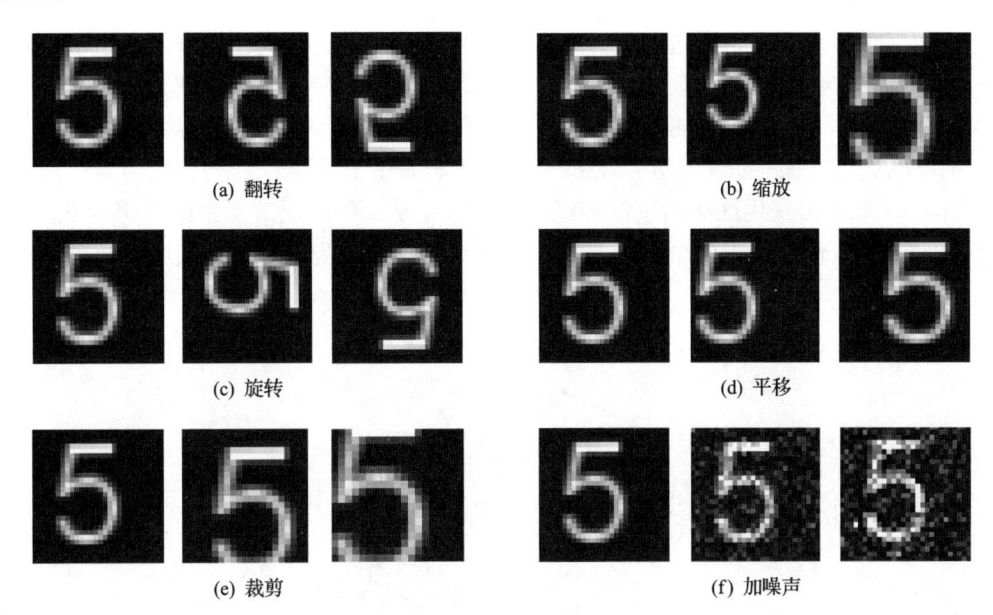

(a) 翻转　　　　　　　　　　　(b) 缩放

(c) 旋转　　　　　　　　　　　(d) 平移

(e) 裁剪　　　　　　　　　　　(f) 加噪声

图9.56　数据增强示意图

2) 正则化

在卷积神经网络中,应用较多的正则化方法是L_1正则化和L_2正则化,它们通过约束权值的L_1范数或者L_2范数,对模型的复杂度进行惩罚,以减小模型在训练集上的过拟合。L_2正则化在原目标函数J的基础上加入权值的L_2正则项,公式为

$$J_2 = J + \frac{\lambda}{2} \sum_l \sum_{i,j} {}^l w_{ij}^2 \tag{9.55}$$

在此情况下,误差梯度和权值更新公式分别为

$$\frac{\partial J_2}{\partial {}^l w_{ij}} = \frac{\partial J}{\partial {}^l w_{ij}} + \lambda {}^l w_{ij} \tag{9.56}$$

$$\Delta {}^l w_{ij} = -\eta \left(\frac{\partial J}{\partial {}^l w_{ij}} + \lambda {}^l w_{ij} \right) \tag{9.57}$$

L_1正则化在原目标函数的基础上加入权值的绝对值之和,公式为

$$J_1 = J + \lambda \sum_l \sum_{i,j} \left| {}^l w_{ij} \right| \tag{9.58}$$

L_1 正则化使得最终的权值成为稀疏向量，可以用于特征选择，并在一定程度上防止过拟合。但是，加入 L_1 范数的目标函数是不可导的，为后续的梯度计算带来了麻烦。L_2 正则化可使网络权值变小。一般选择 L_2 正则化或者同时使用 L_1 正则化和 L_2 正则化。

3) 随机失活

在网络学习过程中，通过随机丢弃一部分神经元和其对应的连接来避免过拟合的方法，称为随机失活或丢弃法。随机失活一般在网络的隐层中使用，实现方法是对于每个神经元都以概率 p 来决定是否保留该神经元。失活概率 p 作为一个超参数，可以人为设定，也可以通过交叉验证来确定。随机失活过程示意图如图 9.57 所示，失活概率 p 设为 0.5，本次训练不再使用虚线所示的神经元和连接，从而使隐层节点数由 6 降为 3。为了方便演示，本节仅给出了一个隐层，实际网络可能有多个隐层，各隐层中随机失活的比例相同。

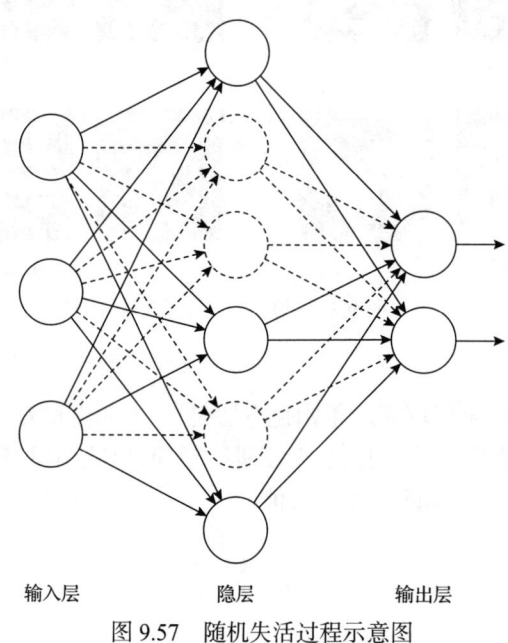

输入层　　　隐层　　　输出层

图 9.57　随机失活过程示意图

随机失活能够在减小过拟合的同时提高网络的预测性能，这可以从集成学习的角度来解释。在迭代过程中，每进行一次随机失活，就从原始网络中采样得到一个子网络。相当于在多个子网络上进行训练，最终的网络可以看作不同结构网络的集成模型。由于各神经元不是每次都在同一个随机失活网络中出现，权值的调整不再依赖有固定关系的隐层神经元的共同作用，可以促进神经元独立进行特征提取，降低对其他神经元的依赖，从而学习更加鲁棒的特征。从这个角度看，随机失活的作用类似于正则化，可以在减少参数量的同时提高网络对丢失特定连接的鲁棒性。

4) 分批归一化

数据标准化是浅层神经网络输入过程中常见的预处理步骤，但在深度神经网络的早期模型中，并没有对隐层输入进行归一化处理。输入数据经过矩阵乘法及非线性变换之后，其数据分布很可能发生改变，并且随着网络层数的加深，数据分布变化越来越大，产生协变漂移(covariate shift)现象。这为网络训练带来了诸多问题：网络隐层需要不断适应输入数据分布的变化，使得训练过程变得不稳定；前面隐层参数的调整，可能使得后面隐层的输入变得过大或者过小，从而落入非线性激活函数(假设神经元采用 sigmoid 激活函数)的饱和区，导致梯度消失；一般需要采用较小的学习率来避免参数更新过快，收敛速度较慢。

分批归一化对网络各层的输入数据进行归一化，主要作用是在参数发生变化时保证各层输入/输出数据的分布不会发生较大变化，从而避免发生协变漂移现象。在分批归一化过程中，设置了两个可学习的分批归一化参数。在隐层中首先将特征标准化，然后使用分批归一化参数将标准化的特征放大作为新的输入，并在学习过程中更新其分批归一化参数。特征图中同一个通道的图像共享一组分批归一化参数。分批归一化通常用在非线性激活之前，所起作用包括：可以有效地避免分批归一化破坏非线性特征的分布，使数据避免落入非线性激活函数的饱和区域，缓解梯度消失问题；使得训练过程更稳定，对初始值不敏感，降低对人为选择参数的依赖；降低对学习率的要求，可以使用较大的学习率来加速收敛；改变原始数据分布，在一定程度上缓解过拟合。

5) 早停

早停是在训练误差下降到一定程度之前，提前停止网络训练。在参数优化过程中，将一个独立于训练集的数据集作为验证集，经过一定次数的迭代后，将新学习到的模型在验证集上进行评估并计算分类错误率。通常，验证集上的错误率会先下降后上升，拐点处意味着网络过拟合的出现。早停过程示意图如图 9.58 所示，在训练初期，训练集和验证集上的错误率都在下降。经过多轮迭代后，当验证集上的错误率不再下降甚至升高时，停止迭代。

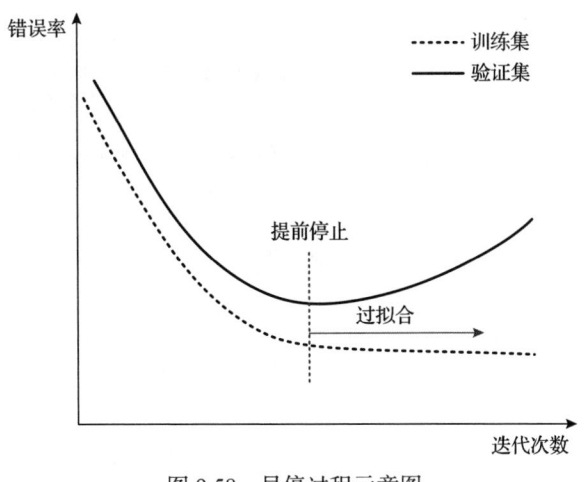

图 9.58 早停过程示意图

4. 卷积神经网络的实现方法

卷积神经网络是一种典型的并行计算结构，各个卷积核的卷积运算是独立的。当数据规模较大时，可以选择使用 GPU 或张量处理单元(tensor processing unit, TPU)作为硬件来加速网络训练过程。相比中央处理器(central processing unit, CPU)，GPU 在单位面积和单位功耗上拥有更强的计算能力和更大的吞吐带宽，可以为网络训练和并行计算提供显著的加速效果。TPU 是近年来谷歌定制开发的专用集成电路(Jouppi et al., 2017)，用于加速深度学习算法的训练过程，但是目前只能通过谷歌云服务器访问使用。

随着深度神经网络的模型结构变得越来越复杂，从头开始构建深度神经网络模型的难度越来越大。然而，深度神经网络模型通常可以分解为一些同构的简单网络模块，涉及相当数量的常用代码，因此可以基于深度学习框架来进行软件实现。深度学习框架是能够实现常用的张量(多维数组)运算和基本网络层运算的软件库，其中的组件是某个模型或算法实现代码的一部分。通过预先构建和优化代码组件集合，深度学习框架可以为深度学习模型的软件实现提供方便，简化网络的设置和训练过程。就像搭积木一样，用户可以在无须深入了解底层算法细节的情况下，设计和使用这些组件来快速搭建自己的深度神经网络模型。基于框架构建深度神经网络模型还可以有效地利用 GPU 以及相关加速库，加速模型的训练过程。目前，研究人员已经开发了大量的深度学习框架，常用的深度学习框架如表 9.6 所示，用户可以根据实际需求选择合适的框架。

表 9.6 常用的深度学习框架

框架名	开发机构	语言	特点
Caffe&Caffe 2	伯克利人工智能实验室、脸书	用 C++编写，支持 C、C++、Python 等接口以及命令行接口	清晰、高效、使用广泛的开源学习框架。较容易上手，以配置文件形式定义网络结构，不需要编写代码。训练速度快，组件模块化，可以方便地拓展到新的模型和学习任务上
TensorFlow	谷歌	用 C++编写，支持多种语言，包括 Python、Java 等	基于数据流进行数值计算的开源软件库，用计算图进行可视化。灵活的体系结构允许使用单个 API 将计算部署到服务器或移动设备中的多个 CPU 或 GPU。构建了活跃的社区和完善的文档体系，可大大降低学习成本
PyTorch	脸书	Python	学术界的主流深度学习框架，设计简单，基于梯度的计算，实现网络动态设计
Keras	谷歌工程师 Chollet 等	Python	可用几行代码搭建网络，具有操作简单、上手容易、文档资料丰富、环境配置容易等优点。包括全连接网络、卷积神经网络、RNN 和 LSTM 等组件。现已封装进 TensorFlow
飞桨 (Paddle Paddle)	百度	用 C++编写，提供 Python 接口	同时支持动态图和静态图，方便模型调试和部署，适合于大规模应用的落地实现。支持数百个节点的高效并行训练，在近两年发展较快
MXNet	亚马逊	用 C++编写，支持多语言开发	成名很早，但发展一直不快，缺少在大型应用场景的落地实现
CNTK	微软	用 C++编写，提供 Python 接口	用于商业级分布式深度学习的开源工具包。通过有向图将神经网络描述为一系列计算步骤，支持循环神经网络、卷积神经网络以及自由组合的模型

续表

框架名	开发机构	语言	特点
Theano	蒙特利尔大学研究组	Python	第一个 Python 深度学习框架，速度快，功能强大，可以高效地进行数值表达和计算，实现从 NumPy 矩阵表达向张量表达的跨越，为后来的深度学习框架提供了样板，现已停止开发
Deeplearning4j	Skymind	Java	可与 Java 虚拟机兼容，对 Spark 和 Hadoop 生态有很好的支持，在多 GPU 上有很好的性能。但其文档和社区体系不够完善，上手难度较大，应用示例有限

例 9.7 选取 MNIST 数据集中的 10000 幅图像，构建一个用于手写数字图像识别的卷积神经网络。MNIST 是一个经典的手写数字图像数据集，手写数字已经过尺寸标准化且位于图像中心，图像大小是固定的。在 MATLAB 的演示案例中可以找到本例相关代码和具体实现过程，也可以基于其他编程语言来实现。

解 第 1 步：加载和浏览图像数据。读入图像数据，记录图像的文件位置和对应的类别标签。该数据集存储了 0~9 中每个数字的 1000 幅图像，共计 10000 幅图像。图 9.59 显示了数据集中部分手写数字图像示例。

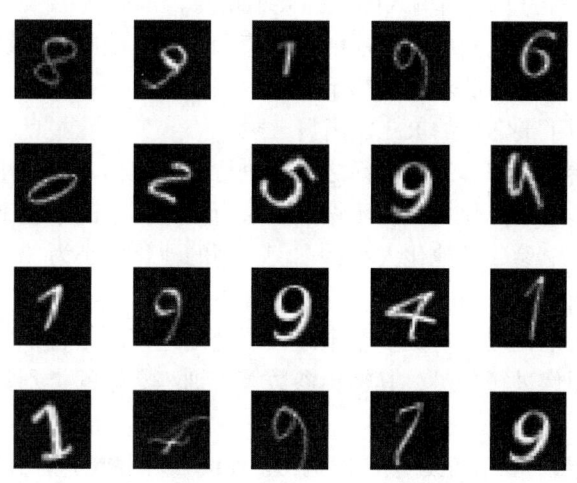

图 9.59 数据集中部分手写数字图像示例

第 2 步：指定训练集和验证集。按照 3:1 的比例将数据集随机划分为训练集和验证集，训练集的每个类别包含 750 幅图像，验证集包含每个类别的其余图像。

第 3 步：设计网络结构。该网络包括一个输入层、三个卷积层、三个分批归一化、三个 ReLU 函数、两个最大池化层、一个全连接层、一个 softmax 和一个分类输出层。

网络架构 = [

输入层（输入图像大小为 28×28×1）

卷积层（卷积核大小为 3×3，16 个卷积核，补零为 1，默认步幅为 1）

分批归一化

ReLU

最大池化层(池化大小为 2×2，步幅为 2)
卷积层(卷积核大小为 3×3，32 个卷积核，补零为 1，默认步幅为 1)
分批归一化
ReLU
最大池化层(池化大小为 2×2，步幅为 2)
卷积层(卷积核大小为 3×3，64 个卷积核，补零为 1，默认步幅为 1)
分批归一化
ReLU
全连接层(输出类别数为 10)
softmax
分类输出层]

在输入层中，指定图像大小为 28×28×1，它们分别对应于单幅图像的高度、宽度和通道数。本例采用的数字图像是灰度图像，因此通道数为 1。

在卷积层中，第一个参数是卷积核大小，它是沿图像扫描时使用的卷积核的高度和宽度。第二个参数是卷积核的数量。第三个参数是补零。这里选择卷积核大小为 3×3、补零为 1，输出特征图的大小与输入图像的大小相同。

分批归一化用于标准化网络中各层的输入值和梯度，使网络训练成一个更容易优化的问题，加快训练速度并降低对参数初始值的敏感性。

非线性激活采用了最常见的 ReLU 函数。

最大池化层在卷积层和非线性激活之后，进行池化操作，以减小特征图的大小并删除冗余的空间信息。通过池化可以在不增加各层所需计算量的情况下，增加后续卷积层的卷积核数量。第一个参数是池化大小，本例采用的池化大小为 2×2。第二个参数用于指定池化沿输入扫描时所采用的步幅，这里设置步幅为 2。

在卷积层和最大池化层之后是一个全连接层。全连接层结合了前几层在图像中学习到的所有特征，对图像进行分类，其输出参数等于训练数据的类别数。本例中，输出参数为 10，对应于 10 个类。

利用 softmax 函数标准化全连接层的输出。softmax 函数的输出由总和为 1 的正数组成，用作输出层的分类概率。

分类输出层将分类概率最大的类作为样本的分类结果。若分类层的输出为 $(0,1,0,0,0,0,0,0,0,0)^T$，则网络的识别结果为数字 1。采用交叉熵损失函数计算分类损失。

第 4 步：指定训练选项。将最大轮次数设置为 3，设置初始学习率为 0.01，指定验证集和验证频率，在训练期间定期计算验证集上的分类准确率并进行显示。验证集不用于更新网络权值。

第 5 步：利用训练集训练网络。网络训练过程示意图如图 9.60 所示，通过窗口实时显示网络在小批量训练数据和验证集上的分类损失和准确率。

第 6 步：网络性能评估。利用训练好的网络预测验证数据的类别，计算最终的验证准确率。结果显示，99.56%的图像预测值与真实值一致，识别效果较好。

5. 卷积神经网络的特点

卷积神经网络通过卷积、池化、非线性激活等操作，能够较好地学习空间上关联的特征。卷积神经网络主要用于图像和视频处理任务，如图像分类、人脸识别、物体识别和图像分割等，近年来也广泛应用于自然语言处理和推荐系统等。它成功的关键在于采用局部连接和权值共享的方式，减少了参数量，使得网络易于优化，同时降低了过拟合的风险。网络中越接近输入的隐层包含的参数越少，越接近输出的隐层包含的参数越多，能够很好地避免梯度消失问题。

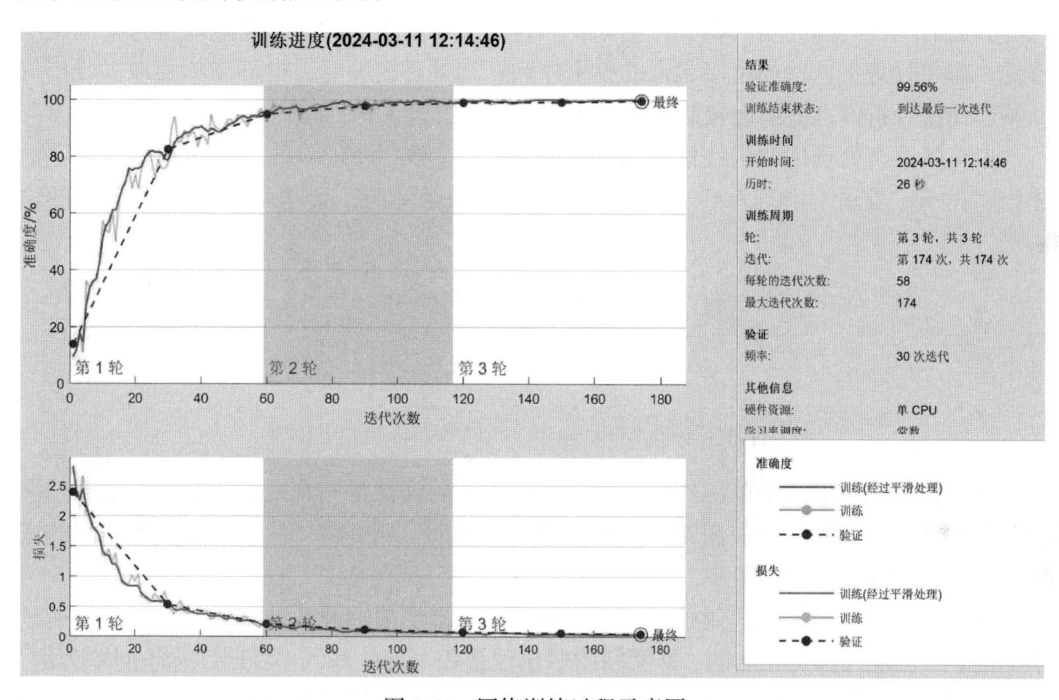

图 9.60 网络训练过程示意图

卷积神经网络的优点是：可以将图像或视频直接作为输入，无须特征提取和数据重建；具有良好的容错能力、并行处理能力和自学习能力，可以处理环境信息复杂、背景知识不清楚、推理规则不明确的问题。卷积神经网络的缺点是：设置的超参数较多，对超参数敏感，参数调节过程较复杂；计算复杂性较高，训练所需时间较长，对于大规模数据的训练需要使用 GPU 等计算设备；需要大量的训练数据，对数据质量要求较高。

9.3.3 循环神经网络

循环神经网络是一类具有短期记忆能力的神经网络，最早是在 20 世纪 80 年代提出的。在循环神经网络中，隐层神经元不仅接收来自前一层神经元的输入信息，还接收自身上一次迭代的输出信息，按照时序关系形成包含循环模块的网络结构。与多层前馈神经网络相比，循环神经网络与生物神经网络的结构更加相似。理论上，循环神经网络可以近似任意的非线性动力系统，学习序列的非线性特征。循环神经网络包括简单循环网络(simple recurrent network, SRN)、双向循环神经网络(biodirectional recurrent neural network, Bi-RNN)、深度循环神经网络(deep recurrent neural network, DRNN)和长短期记忆网络等。

1. 循环神经网络适合处理的问题

在深度学习任务中，很多数据是以序列形式存在的，如语音、文字、视频、DNA序列以及其他时序数据等。在序列数据分析中，网络的输出不仅与当前时刻的输入相关，还与其前后一段时间的输出相关，例如，当理解文本的语义时，孤立地理解每个词是不够的，需要处理由这些词连接起来的整个序列；当处理视频时，也不能单独地去分析每一帧，而要分析由这些帧连接起来的整个序列。

以自然语言处理中的词性标注问题为例，如将"我 发动 汽车"三个单词的词性标注为"我/prp 发动/v 汽车/nn"(prp 表示代词，v 表示动词，nn 表示名词)。该问题的输入是

我 发动 汽车(已经分词的句子)

输出是

我/prp 发动/v 汽车/nn(词性标注后的句子)

显然，句子中前一个单词的词性对于当前单词的词性预测有很大影响。在预测"汽车"的词性时，如果已知前面的"发动"是一个动词，那么将"汽车"预测为名词的概率将远大于预测为动词的概率。

多层前馈神经网络不适用于处理序列数据。在多层前馈神经网络中，信息的传递是单向的，每次输入都是独立的，即网络的输出仅依赖当前的输入。以词性标注问题为例，尽管可以将"我/prp"等"单词/词性"对作为输入输出数据提供给多层前馈神经网络用于训练，但是会丢失序列数据内部的关联信息。同时，多层前馈神经网络要求输入和输出的维数都是固定的，不能任意改变，而序列数据的长度一般是不固定的。

循环神经网络与多层前馈神经网络的最大区别在于多了一个时间维度，这就要求循环神经网络中的输入是有序的，顺序对预测结果有一定影响。以词性标注问题为例，循环神经网络第一次输入是"我"，经过第一次循环后给出的输出是"prp"；第二次输入是"发动"，同时接收第一次的输出"prp"，经过第二次循环后给出的输出是"v"；以此类推，直到所有序列输入完毕。循环神经网络的输入是有序的、长度不固定的数据，能够用隐层节点状态保存序列中有价值的历史信息，捕获长距离数据之间的关联信息，使得网络学习到整个序列的抽象特征。

2. 循环神经网络结构

1) 简单循环神经网络

简单循环神经网络只有一个隐层，其结构示意图如图 9.61 所示。隐层也称为循环层，

输出层是一个全连接层。对于词性标注问题,网络输入是文本训练语料库中的单词序列,输出是单词词性的概率分布。对于指代消解问题,网络输入是文本训练语料库中的单词序列,输出是单词所指代的先行词的概率分布。由于循环神经网络只能进行数值计算,所以文本中的单词以词向量的形式作为输入。

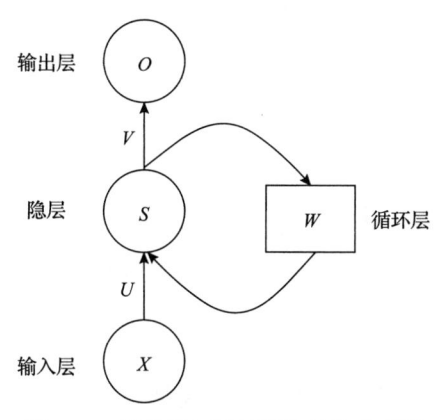

图 9.61 简单循环神经网络结构示意图

如果去掉图 9.61 中与 W 相连的两个箭头,那么该网络就变成了普通的全连接网络。其中,向量 X 为输入;向量 S 为隐层节点的输出,隐层可能包含多个节点,节点数与向量 S 的维数相同;U 为输入层到隐层的权值矩阵;向量 O 为网络的输出;V 为隐层到输出层的权值矩阵。在循环神经网络中,隐层节点的输出值 S 不仅取决于当前的输入 X,还取决于上一时刻隐层节点的输出值。权值矩阵 W 是将隐层上一时刻的输出值作为这一时刻输入时的权值。权值矩阵 U、W、V 在所有时间步中是共享的,这种特性大大减少了循环神经网络的参数量。将图 9.61 沿时间线展开,可以得到图 9.62,从中可以清楚地看到不同时刻隐层节点之间的关系。

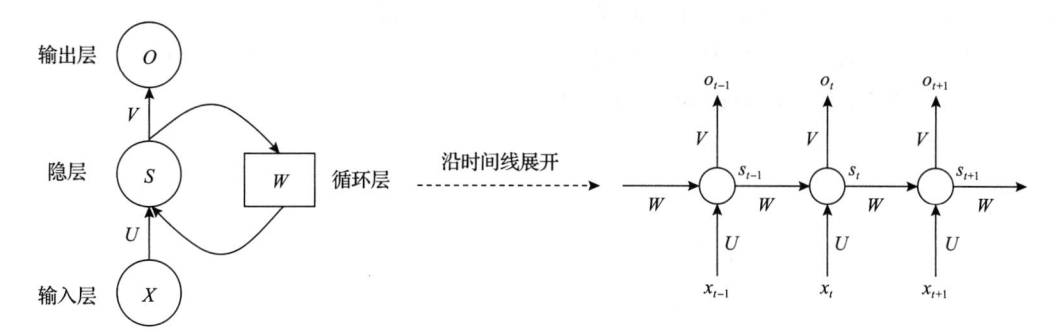

图 9.62 简单循环神经网络沿时间线展开图

该网络在 t 时刻接收到输入 x_t 之后,隐层节点的输出值为 s_t,输出层节点的输出值为 o_t。s_t 的值不仅取决于 x_t,还与 s_{t-1} 有关。网络中节点输出值的计算公式为

$$o_t = g(Vs_t) \tag{9.59}$$

$$s_t = f(Ux_t + Ws_{t-1}) \tag{9.60}$$

式中，$g(\cdot)$ 为输出层神经元的激活函数；$f(\cdot)$ 为隐层神经元的激活函数，通常为 sigmoid 函数。

反复将式(9.60)代入式(9.59)，可得

$$\begin{aligned}
o_t &= g(Vs_t) \\
&= Vf(Ux_t + Ws_{t-1}) \\
&= Vf(Ux_t + Wf(Ux_{t-1} + Ws_{t-2})) \\
&= Vf(Ux_t + Wf(Ux_{t-1} + Wf(Ux_{t-2} + Ws_{t-3}))) \\
&= Vf(Ux_t + Wf(Ux_{t-1} + Wf(Ux_{t-2} + Wf(Ux_{t-3} + \cdots))))
\end{aligned} \tag{9.61}$$

由式(9.61)可见，输出值 o_t 受前面历次输入值 $x_t, x_{t-1}, x_{t-2}, \cdots$ 的影响，承载了从初始时刻到 t 时刻的全部信息，具有记忆性，这就是循环神经网络可以往前看多个输入值的原因。

2) 双向循环神经网络

对于文本序列生成，很多时候只利用历史输入信息是不够的，例如：

我要去____汽车，我的车坏了

如果只看横线前面的词"我要去"，那么我是打算"维修"还是"发动"汽车呢？这是无法确定的。但是如果看到横线后面的词是"我的车坏了"，那么横线上的词填"维修"的概率就大得多了。

简单循环神经网络无法利用某一时刻之后的信息，不能对该问题进行建模。此时，需要使用双向循环神经网络。在双向循环神经网络中，隐层神经元在时间维度上的循环是双向的，即当前时刻神经元的输出同时受到前一时刻和后一时刻神经元输出的影响，双向循环神经网络结构示意图如图 9.63 所示。

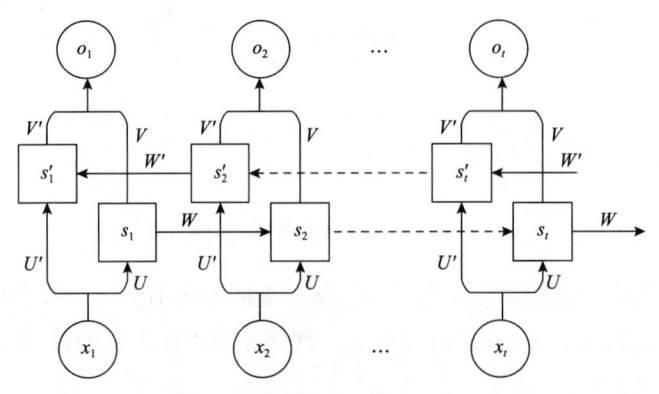

图 9.63 双向循环神经网络结构示意图

在双向循环神经网络中，t 时刻隐层节点有两个输出值，s_t 是沿时间线正向计算得到的输出值，s'_t 是反向计算得到的输出值。以图 9.63 中 o_t 的计算为例，输出层节点的输出值 o_t 受 s_t 和 s'_t 的共同影响，计算公式为

$$o_t = g(Vs_t + V's'_t) \tag{9.62}$$

式中，V 和 V' 分别为隐层到输出层的正向计算和反向计算的权值矩阵。

在一般情况下，正向计算时，隐层节点的输出值 s_t 与 s_{t-1} 有关；反向计算时，隐层节点的输出值 s'_t 与 s'_{t+1} 有关。隐层节点输出的计算公式为

$$\begin{cases} s_t = f(Ux_t + Ws_{t-1}) \\ s'_t = f(U'x_t + W's'_{t+1}) \end{cases} \tag{9.63}$$

式中，U 和 U' 分别为输入层到隐层的正向计算和反向计算的权值矩阵；W 和 W' 分别为隐层节点正向计算和反向计算的权值矩阵。由式(9.63)可以发现，正向计算和反向计算不共享权值，即 U 和 U'、W 和 W'、V 和 V' 都是不同的权值矩阵。

3) 深度循环神经网络

前面介绍的简单循环神经网络和双向循环神经网络都只有一个隐层，通过堆叠两个以上的隐层可以组成深度循环神经网络。由双向循环神经网络堆叠而成的双向深度循环神经网络结构如图 9.64 所示。

图 9.64 双向深度循环神经网络结构示意图

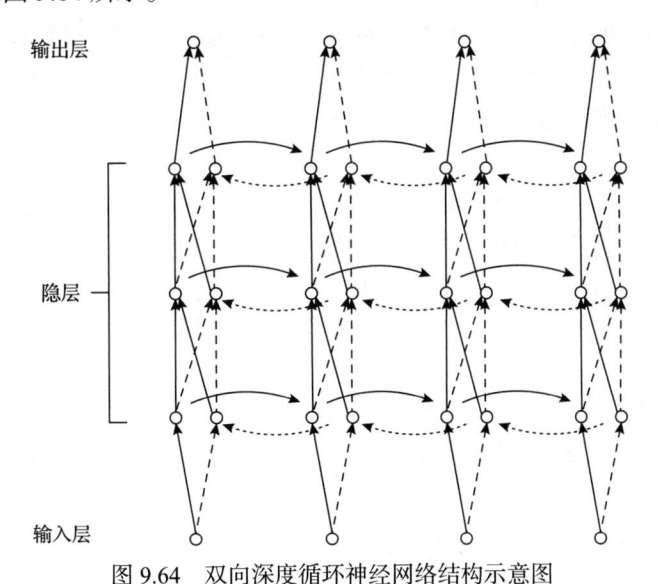

假设网络共有 L 层，第 l 层节点在 t 时刻的正向输出值和反向输出值分别为 $^l s_t$ 和 $^l s'_t$，双向深度循环神经网络的节点输出值计算公式为

$$o_t = g\left(V^{L-1}s_t + V'^{L-1}s'_t\right)$$
$$\vdots$$
$$^l s_t = f\left(^l U^{l-1}s_t + {}^l W^l s_{t-1}\right)$$
$$^l s'_t = f\left(^l U'^{l-1}s'_t + {}^l W'^l s'_{t+1}\right) \quad (9.64)$$
$$\vdots$$
$$^1 s_t = f\left(^1 U x_t + {}^1 W^1 s_{t-1}\right)$$
$$^1 s'_t = f\left(^1 U' x_t + {}^1 W'^1 s'_{t+1}\right)$$

式中，$^l U$ 和 $^l U'$ 分别为 $l-1$ 层到 l 层的正向计算和反向计算的权值矩阵；$^l W$ 和 $^l W'$ 分别为 l 层节点正向计算和反向计算的权值矩阵。

3. 循环神经网络的训练方法

循环神经网络采用的学习算法是时序反向传播(back propagation through time, BPTT)算法(Werbos, 1990)。BPTT算法针对循环层设计，其原理与BP算法基本相同，而误差梯度是随时间传播的。首先，在前向过程中计算每个神经元的输出值；然后，在反向过程中计算每个神经元的误差项 δ_j（灵敏度），它是误差函数 E 对神经元 j 的净输入 net_j 的偏导数；之后，计算每个权值的误差梯度，用随机梯度下降法更新权值，直到网络权值的变化幅度小于给定阈值。

首先，使用式(9.61)对循环神经网络的节点输出值进行前向过程计算。假设输入向量 x 的维数是 m，隐层输出向量 s 的维数是 n，则权值矩阵 U 的维数是 $n \times m$，权值矩阵 W 的维数是 $n \times n$。将式(9.60)展开成矩阵形式为

$$\begin{bmatrix} s_1^t \\ s_2^t \\ \vdots \\ s_n^t \end{bmatrix} = f\left(\begin{bmatrix} u_{11} & u_{12} & \cdots & u_{1m} \\ u_{21} & u_{22} & \cdots & u_{2m} \\ \vdots & \vdots & & \vdots \\ u_{n1} & u_{n2} & \cdots & u_{nm} \end{bmatrix} \begin{bmatrix} x_1 \\ x_2 \\ \vdots \\ x_m \end{bmatrix} + \begin{bmatrix} w_{11} & w_{12} & \cdots & w_{1n} \\ w_{21} & w_{22} & \cdots & w_{2n} \\ \vdots & \vdots & & \vdots \\ w_{n1} & w_{n2} & \cdots & w_{nn} \end{bmatrix} \begin{bmatrix} s_1^{t-1} \\ s_2^{t-1} \\ \vdots \\ s_n^{t-1} \end{bmatrix} \right) \quad (9.65)$$

式中，s_j^t 为向量 s 的第 j 个分量在 t 时刻的值；u_{ji} 为输入层第 i 个神经元到循环层第 j 个神经元的权值；w_{ji} 为循环层在 $t-1$ 时刻的第 i 个神经元到循环层在 t 时刻的第 j 个神经元的权值。

然后，计算误差项。BPTT算法将 l 层第 j 个神经元在 t 时刻的误差项 $^l\delta_j$ 沿两个方向传播，一个方向是将其沿网络层传递到上一层神经元，得到 $^{l-1}\delta_j$，这部分只与权值矩阵 U 有关；另一个方向是将其沿时间线传递到初始 t_1 时刻，得到 $^l\delta_1$，这部分只与权值矩阵 W 有关。

用向量 net_t 表示神经元在 t 时刻的净输入，根据

第 9 章 人工神经网络与深度学习

$$\text{net}_t = Ux_t + Ws_{t-1} \tag{9.66}$$

$$s_{t-1} = f(\text{net}_{t-1}) \tag{9.67}$$

可知

$$\frac{\partial \text{net}_t}{\partial \text{net}_{t-1}} = \frac{\partial \text{net}_t}{\partial s_{t-1}} \frac{\partial s_{t-1}}{\partial \text{net}_{t-1}} \tag{9.68}$$

式(9.68)的右侧第一项是一个向量函数对另一个向量的求导,其结果是如下的雅可比(Jacobian)矩阵:

$$\frac{\partial \text{net}_t}{\partial s_{t-1}} = \begin{bmatrix} \dfrac{\partial \text{net}_1^t}{\partial s_1^{t-1}} & \dfrac{\partial \text{net}_1^t}{\partial s_2^{t-1}} & \cdots & \dfrac{\partial \text{net}_1^t}{\partial s_n^{t-1}} \\ \dfrac{\partial \text{net}_2^t}{\partial s_1^{t-1}} & \dfrac{\partial \text{net}_2^t}{\partial s_2^{t-1}} & \cdots & \dfrac{\partial \text{net}_2^t}{\partial s_n^{t-1}} \\ \vdots & \vdots & & \vdots \\ \dfrac{\partial \text{net}_n^t}{\partial s_1^{t-1}} & \dfrac{\partial \text{net}_n^t}{\partial s_2^{t-1}} & \cdots & \dfrac{\partial \text{net}_n^t}{\partial s_n^{t-1}} \end{bmatrix}$$

$$= \begin{bmatrix} w_{11} & w_{12} & \cdots & w_{1n} \\ w_{21} & w_{22} & \cdots & w_{2n} \\ \vdots & \vdots & & \vdots \\ w_{n1} & w_{n2} & \cdots & w_{nn} \end{bmatrix} \tag{9.69}$$

$$= W$$

同理,式(9.68)的右侧第二项也是一个雅可比矩阵,其形式为

$$\frac{\partial s_{t-1}}{\partial \text{net}_{t-1}} = \begin{bmatrix} \dfrac{\partial s_1^{t-1}}{\partial \text{net}_1^{t-1}} & \dfrac{\partial s_1^{t-1}}{\partial \text{net}_2^{t-1}} & \cdots & \dfrac{\partial s_1^{t-1}}{\partial \text{net}_n^{t-1}} \\ \dfrac{\partial s_2^{t-1}}{\partial \text{net}_1^{t-1}} & \dfrac{\partial s_2^{t-1}}{\partial \text{net}_2^{t-1}} & \cdots & \dfrac{\partial s_2^{t-1}}{\partial \text{net}_n^{t-1}} \\ \vdots & \vdots & & \vdots \\ \dfrac{\partial s_n^{t-1}}{\partial \text{net}_1^{t-1}} & \dfrac{\partial s_n^{t-1}}{\partial \text{net}_2^{t-1}} & \cdots & \dfrac{\partial s_n^{t-1}}{\partial \text{net}_n^{t-1}} \end{bmatrix}$$

$$= \begin{bmatrix} f'\left(\text{net}_1^{t-1}\right) & 0 & \cdots & 0 \\ 0 & f'\left(\text{net}_2^{t-1}\right) & \cdots & 0 \\ \vdots & \vdots & & \vdots \\ 0 & 0 & \cdots & f'\left(\text{net}_n^{t-1}\right) \end{bmatrix} \tag{9.70}$$

$$= \text{diag}\left[f'(\text{net}_{t-1})\right]$$

式中，$\text{diag}[a]$ 表示根据向量 a 创建的对角矩阵。

将两项合在一起，可得

$$\frac{\partial \text{net}_t}{\partial \text{net}_{t-1}} = \frac{\partial \text{net}_t}{\partial s_{t-1}} \frac{\partial s_{t-1}}{\partial \text{net}_{t-1}} = W \text{diag}\left[f'(\text{net}_{t-1}) \right] \tag{9.71}$$

式(9.71)描述了将误差项沿时间线向前一时刻传递的规律，据此可以求得任意时刻 k 的误差项 δ_k 为

$$\begin{aligned}\delta_k^\text{T} &= \frac{\partial E}{\partial \text{net}_k} \\ &= \frac{\partial E}{\partial \text{net}_t} \frac{\partial \text{net}_t}{\partial \text{net}_k} \\ &= \frac{\partial E}{\partial \text{net}_t} \frac{\partial \text{net}_t}{\partial \text{net}_{t-1}} \frac{\partial \text{net}_{t-1}}{\partial \text{net}_{t-2}} \cdots \frac{\partial \text{net}_{k+1}}{\partial \text{net}_k} \\ &= W \text{diag}\left[f'(\text{net}_{t-1}) \right] W \text{diag}\left[f'(\text{net}_{t-2}) \right] \cdots W \text{diag}\left[f'(\text{net}_k) \right] \delta_t^\text{T} \\ &= \delta_t^\text{T} \prod_{i=k}^{t-1} W \text{diag}\left[f'(\text{net}_i) \right] \end{aligned} \tag{9.72}$$

式(9.72)是将误差项沿时间反向传播的计算公式。

同时，循环层将误差项反向传递到上一层神经元，与普通全连接层的传递方式相同。假设第 l 层是循环层，l 层神经元的净输入 $^l\text{net}_t$ 与 $l-1$ 层神经元的净输入 $^{l-1}\text{net}_t$ 的关系为

$$^l\text{net}_t = {}^lU\,{}^{l-1}s_t + {}^lW\,{}^ls_{t-1} \tag{9.73}$$

$$^{l-1}s_t = {}^{l-1}f\left({}^{l-1}\text{net}_t \right) \tag{9.74}$$

式中，$^{l-1}s_t$ 为 t 时刻 $l-1$ 层神经元的输出；$^{l-1}f(\cdot)$ 为 $l-1$ 层神经元的激活函数。

$$\frac{\partial\, ^l\text{net}_t}{\partial\, ^{l-1}\text{net}_t} = \frac{\partial\, ^l\text{net}_t}{\partial\, ^{l-1}s_t} \frac{\partial\, ^{l-1}s_t}{\partial\, ^{l-1}\text{net}_t} = {}^lU \text{diag}\left[{}^{l-1}f'\left({}^{l-1}\text{net}_t \right) \right] \tag{9.75}$$

因此，有

$$\begin{aligned}\left({}^{l-1}\delta_t \right)^\text{T} &= \frac{\partial E}{\partial\, ^{l-1}\text{net}_t} \\ &= \frac{\partial E}{\partial\, ^l\text{net}_t} \frac{\partial\, ^l\text{net}_t}{\partial\, ^{l-1}\text{net}_t} \\ &= \left({}^l\delta_t \right)^\text{T} {}^lU \text{diag}\left[{}^{l-1}f'\left({}^{l-1}\text{net}_t \right) \right]\end{aligned} \tag{9.76}$$

式(9.76)是将误差项传递到上一层神经元的计算公式。

最后,计算每个权值的误差梯度。类似于全连接网络中 BP 算法的权值误差梯度计算公式,已知 t 时刻的误差项 δ_t 和上一个时刻循环层的输出值 s_{t-1},可以按照如下公式求出权值矩阵 W 在 t 时刻的误差梯度,即

$$\nabla_{W_t} E = \begin{bmatrix} \delta_1^t s_1^{t-1} & \delta_1^t s_2^{t-1} & \cdots & \delta_1^t s_n^{t-1} \\ \delta_2^t s_1^{t-1} & \delta_2^t s_2^{t-1} & \cdots & \delta_2^t s_n^{t-1} \\ \vdots & \vdots & & \vdots \\ \delta_n^t s_1^{t-1} & \delta_n^t s_2^{t-1} & \cdots & \delta_n^t s_n^{t-1} \end{bmatrix} \tag{9.77}$$

式中,δ_i^t 为 t 时刻误差项的第 i 个分量;s_i^{t-1} 为 $t-1$ 时刻循环层第 i 个神经元的输出值。

W 的最终误差梯度 $\nabla_W E$ 是各个时刻的梯度之和,计算公式为

$$\begin{aligned}\nabla_W E &= \sum_{i=1}^{t} \nabla_{W_i} E \\ &= \begin{bmatrix} \delta_1^t s_1^{t-1} & \delta_1^t s_2^{t-1} & \cdots & \delta_1^t s_n^{t-1} \\ \delta_2^t s_1^{t-1} & \delta_2^t s_2^{t-1} & \cdots & \delta_2^t s_n^{t-1} \\ \vdots & \vdots & & \vdots \\ \delta_n^t s_1^{t-1} & \delta_n^t s_2^{t-1} & \cdots & \delta_n^t s_n^{t-1} \end{bmatrix} + \cdots + \begin{bmatrix} \delta_1^1 s_1^0 & \delta_1^1 s_2^0 & \cdots & \delta_1^1 s_n^0 \\ \delta_2^1 s_1^0 & \delta_2^1 s_2^0 & \cdots & \delta_2^1 s_n^0 \\ \vdots & \vdots & & \vdots \\ \delta_n^1 s_1^0 & \delta_n^1 s_2^0 & \cdots & \delta_n^1 s_n^0 \end{bmatrix}\end{aligned} \tag{9.78}$$

与此类似,可以得到权值矩阵 U 在 t 时刻的误差梯度计算公式为

$$\nabla_{U_t} E = \begin{bmatrix} \delta_1^t x_1^t & \delta_1^t x_2^t & \cdots & \delta_1^t x_m^t \\ \delta_2^t x_1^t & \delta_2^t x_2^t & \cdots & \delta_2^t x_m^t \\ \vdots & \vdots & & \vdots \\ \delta_n^t x_1^t & \delta_n^t x_2^t & \cdots & \delta_n^t x_m^t \end{bmatrix} \tag{9.79}$$

U 的最终误差梯度也是各个时刻的误差梯度之和,即

$$\nabla_U E = \sum_{i=1}^{t} \nabla_{U_i} E \tag{9.80}$$

4. 循环神经网络的梯度爆炸和梯度消失问题

在实际应用中,循环神经网络通常无法很好地处理较长的序列。这是因为循环神经网络通过时序反向传播算法来训练参数,按照时间的逆序将误差信息一步步地向前传递,当输入序列较长时,会存在梯度爆炸和梯度消失问题,也称为长程依赖问题。训练时误差梯度无法在较长序列中一直传递下去,因此网络无法捕捉到长距离的影响。

为什么循环神经网络会产生梯度爆炸和梯度消失问题呢?原因分析如下:由式(9.72)可得

$$\left\|\delta_k^T\right\| \leqslant \left\|\delta_t^T\right\| \prod_{i=k}^{t-1}\|W\|\left\|\mathrm{diag}\left[f'(\mathrm{net}_i)\right]\right\|$$
$$\leqslant \left\|\delta_t^T\right\|\left(\beta_W \beta_f\right)^{t-k} \tag{9.81}$$

式中，β_W 为矩阵 W 的模的上界；β_f 为函数 $f'(\cdot)$ 的模的上界。

式(9.81)是一个指数函数，如果 $t-k$ 很大(即向前看很多步)，那么对应误差项的值将会增大或减小得非常快，导致相应的梯度爆炸或梯度消失问题(取决于 $\beta_W \beta_f$ 大于 1 还是小于 1)。

为了解决这些问题，研究人员对循环神经网络进行了改进。梯度爆炸问题通常较容易处理，可以设置一个梯度阈值，当梯度超过该阈值时，直接截取。而梯度消失问题的检测和处理难度较大。常用的处理方法有以下三种：一是合理地初始化权值，使每个神经元的净输入尽可能不要取极大值或极小值，以避开梯度消失的区域；二是使用 ReLU 函数代替 sigmoid 函数作为神经元的激活函数；三是使用其他结构的循环神经网络，如长短期记忆网络(Gers et al., 2000)和门控循环单元，这是最常用的一种方法。

长短期记忆网络是为了克服一般循环神经网络可能遇到的梯度消失问题而设计的，适合于处理较长的时间序列数据。常见的长短期记忆网络单元包括输入门、遗忘门和输出门，这三个门控制着进出单元的信息流，能够实现遗忘部分先前存储的信息以及添加部分新信息的功能，结合近时间和远时间的神经元状态输出，从而减少因为时间序列过长而导致的梯度消失问题。门控循环神经网络是长短期记忆网络的变种，带有遗忘门，但没有输出门，参数比长短期记忆网络更少。门控循环神经网络在一些语音处理和自然语言处理任务中的性能与长短期记忆网络相当，但模型更简单。

5. 循环神经网络的特点和应用

循环神经网络是一类处理序列数据的神经网络，其神经元在数据特征维度进行连接，在时间维度进行循环，形成链式循环结构，具有识别数据的时间动态特性的能力。循环神经网络通过循环结构解决参数过多的问题，实现不同时刻的参数共享，相同的更新规则在序列数据的所有位置都适用。循环神经网络具有记忆性，能够有效学习时间序列中的非线性特征，适合于时间序列数据的分类和预测，在自然语言处理、语音识别、机器翻译等领域具有重要的应用价值。其缺点在于：存在长程依赖问题和记忆容量问题，不适合进行并行计算。近年来，得益于计算能力的大幅提升和网络结构设计上的进步(如引入长短期记忆网络、注意力机制等)，循环神经网络在序列数据处理任务中取得了突破性进展。引入了卷积结构的循环神经网络还可以处理包含序列输入的机器视觉问题。

循环神经网络的典型应用包括以下几个方面：

(1) 文本生成。根据给出的词语序列预测后续词语出现的可能性，由可能性最高的单词来生成文本。

(2) 机器翻译。将文本内容从一种语言翻译成其他语言，已在很多实用的机器翻译系统得到应用。

(3)语音识别。基于输入的声波或语音片段,确定对应的词语或句子。

(4)图像描述。与卷积神经网络相结合来理解图像内容,其中,卷积神经网络用于图像分割,循环神经网络用于分割后的图像描述。

(5)视频标注。为视频数据添加语义标签,以更好地理解和检索视频内容。

9.3.4 生成对抗网络

生成对抗网络的主要灵感来自零和博弈的思想,通过对抗训练的方式使得生成模型产生的样本服从真实数据分布(Goodfellow et al., 2014),是近年来对于复杂分布数据的无监督学习中最具前景的方法之一。

1. 生成对抗网络结构

生成对抗网络包含两个相互竞争的机器学习模型,即生成器(generator, G)和判别器(discriminator, D),通过生成器和判别器不断博弈,以使生成器学习到数据的分布,判别器对分类决策边界进行建模。在原始理论中,并不要求生成器和判别器都是神经网络,只要能拟合相应的生成函数和判别函数即可,但在实际应用中一般用深度神经网络作为生成器和判别器。生成对抗网络的基本框架结构如图 9.65 所示。生成器将具有先验分布的噪声作为输入并生成样本,尽可能生成逼真样本;判别器接收生成器生成的假样本和真实样本,训练得到能正确区分样本类型的分类器。

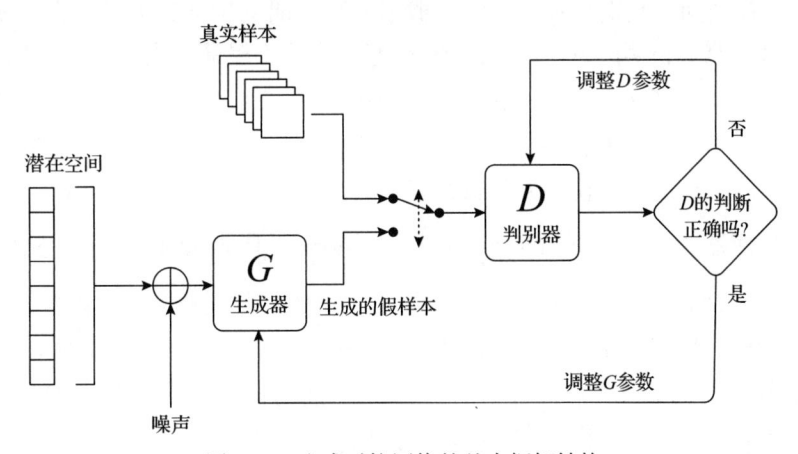

图 9.65 生成对抗网络的基本框架结构

2. 生成对抗网络的训练方法

生成对抗网络通过生成器和判别器互相对抗的方式来训练生成器和判别器模型。生成器 G 的目标是生成非常逼真的伪造样本来欺骗 D,做法是对训练数据潜在空间中的元素进行组合并加入随机噪声,获得假样本。在训练过程中,判别器 D 接收真实样本和 G 产生的假样本,判别给定样本的真假。根据输出的结果,同时对生成器和判别器的参数进行优化。如果 D 判别正确，那么调整 G 的参数使得生成的假样本更为逼真；如果 D 判别错误，那么调整 D 的参数，避免下次出现类似的错误。直到二者进入均衡稳定的状态。

以汽车图像识别为例，生成器 G 作为一个图像生成器，能够生成不同类型的汽车图像（如摩托车和轿车）。判别器 D 作为一个图像分类器，从一系列图像中区分生成的图像和真实的图像。对抗训练的结果是一个质量较高的生成器和一个判别能力较强的分类器。前者可以用于内容创作（如自动画出摩托车和轿车），而后者可以用于图像分类。这里的生成器和判别器可以采用自动编码器和卷积神经网络等来实现。

生成器 G 的输入 z 来自预定义的噪声分布 $p_{\text{noise}}(z)$，输出 $G(z)$ 是一个样本。判别器 D 的输入 x 包括生成样本和真实样本，输出 $D(x)$ 是一个表示 x 来自真实数据分布 $p_{\text{data}}(x)$ 的概率。在训练过程中，生成器 G 负责从隐变量 z 生成样本，判别器负责判别输入样本 x 是生成样本还是真实样本。生成对抗网络的训练过程就是通过调整判别器 D 和生成器 G 的参数来尝试最大化和最小化价值函数 $V(G,D)$，待优化的目标函数为

$$\min_G \max_D V(G,D) = \min_G \max_D E_{x \sim p_{\text{data}}(x)}\left[\ln D(x)\right] + E_{z \sim p_{\text{noise}}(z)}\left[\ln\left(1 - D(G(z))\right)\right] \quad (9.82)$$

该函数可以分为两个部分来理解。

首先，判别器的优化通过 $\max_D V(G,D)$ 实现，$V(G,D)$ 是判别器的目标函数，实际上 $-V(G,D)$ 等于判别器 D 的交叉熵损失，因此最大化 $V(G,D)$ 相当于最小化判别器 D 的交叉熵损失。$V(G,D)$ 的第一项 $E_{x \sim p_{\text{data}}(x)}\left[\ln D(x)\right]$ 表示对于从真实数据分布 $p_{\text{data}}(x)$ 中采样的样本 x，其被判别器判别为真实样本的概率的数学期望。对于从真实数据分布中采样的样本，它被预测为正例的概率越接近 1 越好，因此希望最大化这一项。$V(G,D)$ 的第二项 $E_{z \sim p_{\text{noise}}(z)}\left[\ln\left(1 - D(G(z))\right)\right]$ 表示对于从噪声分布 $p_{\text{noise}}(z)$ 中采样得到的样本 z 经过生成器之后得到的生成样本，输入判别器所得到的分类概率的负对数的期望，这个值也是越大越好，这个值越大，说明判别器性能越好。

其次，生成器的优化通过 $\min_G \left(\max_D V(G,D)\right)$ 实现，其训练的目的是使判别器无法正确判别生成样本和真实样本。注意，生成器最小化的是判别器的价值函数 $V(G,D)$ 的最大值，相当于最大化判别器的损失。由于 $V(G,D)$ 的第一项与 G 无关，所以对于生成器 G 的训练实际上就是要最小化 $E_{z \sim p_{\text{noise}}(z)}\left[\ln\left(1 - D(G(z))\right)\right]$，即尽量使得生成样本 $G(z)$ 被判别器判别为真实样本，使得 $D(G(z))$ 接近于 1。

在理想情况下，最终生成器 G 生的样本 $G(z)$ 的分布与真实数据分布 $p_{\text{data}}(x)$ 一致，判别器 D 将无法区分生成样本和真实样本，而对真实样本和生成样本的分类概率均为 0.5。研究人员证明，在计算资源充足的情况下，生成对抗网络将最终收敛于此理想情况（Goodfellow et al., 2014）。在实际训练过程中，算法不可能准确计算出 $E_{x \sim p_{\text{data}}(x)}\left[\ln D(x)\right]$ 的值，因此需要从真实样本和生成样本中同时抽取 m 个样本来近似计算该期望值。生成对抗网络的训练算法如算法 9.4 所示。

算法 9.4 生成对抗网络的训练算法

输入：判别器和生成器模型，真实样本，先验噪声分布，判别器更新次数 k，学习率

第 1 步：初始化判别器 D 和生成器 G 的参数；

第 2 步：从真实样本中采样 m 个样本 $\{x_1, x_2, \cdots, x_m\}$，从先验噪声分布中采样 m 个噪声样本 $\{z_1, z_2, \cdots, z_m\}$ 并通过生成器获取 m 个生成样本 $\{\tilde{x}_1, \tilde{x}_2, \cdots, \tilde{x}_m\}$，固定生成器 G，训练判别器 D 使其尽可能准确地判别真实样本和生成样本；

第 3 步：对判别器进行 k 次更新之后，使用较小的学习率来更新一次生成器的参数，训练生成器使其尽可能减小生成样本与真实样本之间的差异，尽量使得判别器出现判别错误；

第 4 步：如果判别器无法判别样本来自生成器的输出还是真实样本，即最终对两类样本的分类概率均为 0.5，则成功退出，否则，返回第 3 步。

输出：判别器和生成器模型参数

之所以要训练 k 次判别器后再训练生成器，是因为只有首先拥有一个性能良好的判别器，能够较准确地判别真实样本和生成样本，才能有效地对生成器参数进行更新。在训练时，需要使用一些技巧，使得每次迭代时判别器比生成器的能力稍强一些，但又不能强太多。

生成对抗网络训练过程示例如图 9.66 所示，其中点线表示真实样本的分布情况，虚线表示判别器给出的判别概率的分布情况，实线表示生成样本的分布。z 表示噪声，x 表示判别器的输入样本，从 z 到 x 表示由生成器得到从噪声到样本的映射。训练的目标是用生成样本分布去拟合真实样本分布，以生成以假乱真的样本。

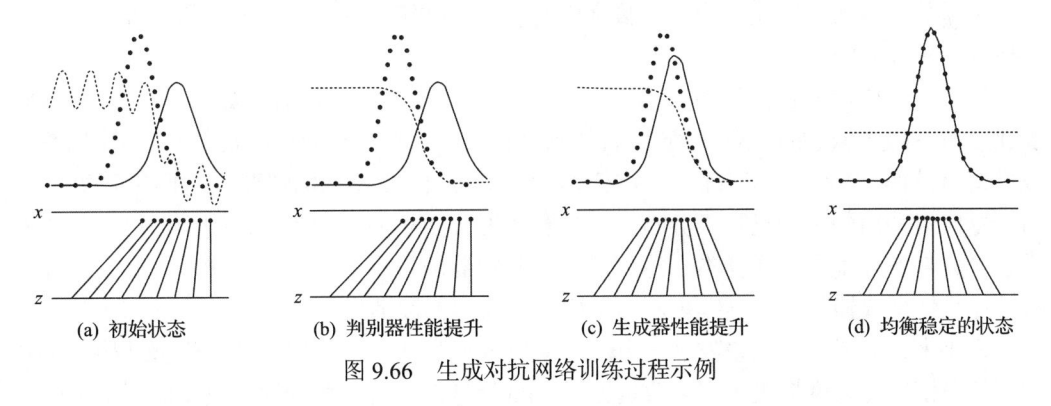

(a) 初始状态　　(b) 判别器性能提升　　(c) 生成器性能提升　　(d) 均衡稳定的状态

图 9.66　生成对抗网络训练过程示例

当网络处于初始状态（图 9.66(a)）时，生成器生成样本分布和真实样本分布差别较大，并且判别器判别出真实样本的概率不稳定，需要先训练判别器来更好地分辨样本。通过多次训练，判别器性能提升（图 9.66(b)），此时它对样本判别得很好。然后对生成器进行训练，生成器性能提升（图 9.66(c)），此时生成器生成样本分布相比之前更逼近真实样本分布。经过多次反复训练迭代后，最终达到均衡稳定的状态（图 9.66(d)），此时，生成样本分布能够拟合真实样本分布，并且判别器无法判别出样本是生成的还是真实的，达到了拟合目的。

3. 生成对抗网络的特点

生成对抗网络将神经网络作为概率分布的逼近器，通过生成器和判别器对抗来调整网络参数，突破了以往的概率模型必须通过最大似然估计来学习参数的限制，可以拟合非常复杂的数据分布。生成对抗网络的优点是：能很好地建模数据分布，生成的样本质量较高；理论上，能够训练拟合任意函数的生成器模型，不要求其具有某种特定的函数形式；无须利用马尔可夫过程反复采样，无须在学习过程中进行推断，避免了近似计算的概率难题。生成对抗网络的主要缺点是：训练比较困难，不够稳定。同时，作为一种无监督模型，缺乏有效的客观评价标准，难以衡量不同模型之间的优劣。

在生成对抗网络训练过程中，存在以下困难。

首先，很难使得 G 和 D 同时收敛。生成对抗网络要求双方在博弈的过程中达到均衡状态。某个模型在参数调整的过程中（如生成器）性能提升，可能造成另一个模型（如判别器）性能下降。有时，虽然博弈双方最终达到了均衡状态，但是它们在不断地抵消对方的进步，并没有使双方同时得到较优的参数。

其次，训练收敛性的判断也是一个难题。由于存在对抗，生成器与判别器的优化目标是相反的，无法根据目标函数值来判断停止训练的时机，也很难直接通过目标函数或者生成器的输出来判断生成样本的质量。例如，难以比较哪些样本更真实，哪些生成样本的多样性更好。

再次，生成器可能发生模式崩溃，即对于不同的输入生成相似的输出样本。最坏的情况是完全的模式崩溃，生成器仅生成一种类型的样本，而判别器则拒绝这些相似甚至相同的样本。在实际应用中，完全的模式崩溃很少出现，而局部的模式崩溃很常见。例如，手写数字生成器只能生成十个数字中的某几个数字，或者在不同风格图像生成中仅生成某几种风格的图像。

最后，生成器存在梯度消失问题。通常情况下，识别一幅图像（如认出齐白石的画）要比模仿一幅图像（如临摹一幅齐白石的画）更容易。类似地，训练判别模型要比训练生成模型容易得多。在实际训练中，很容易出现 D 收敛、G 发散的情况。在训练开始阶段，由于生成器采用的是随机噪声分布，与真实数据分布相差非常大，而判别器可能很快地学会区分真实样本和生成样本而达到最优，判别器的目标函数收敛到 0，因此无法提供有效途径使生成器的参数继续更新，造成生成器的梯度消失。

近年来，生成对抗网络发展十分迅速。研究人员从目标函数设计、模型结构优化和训练技巧使用等角度提出了多种改进方法（Gui et al., 2023），部分地解决了应用中可能出现的网络不稳定、生成样本不真实以及多样性缺乏等问题。

4. 生成对抗网络的应用

目前，生成对抗网络在图像、语音、文本生成等方面获得了成功应用。

生成对抗网络在计算机视觉领域应用最为广泛，可用于图像翻译、图像生成、图像超分辨率重建、目标检测、视频生成等。生成对抗网络能生成非常逼真的图像甚至视频，现已集成应用于多种图像处理软件中。例如，基于风格的高分辨率图像生成器 StyleGAN3

能够生成高质量的图像,并且做到高层特征可控,其对生成细节的把控令人惊叹,由 StyleGAN3 生成的虚拟人脸图像如图 9.67 所示。在图像处理方面生成对抗网络的应用包括:自动生成各种不同风格、类型的图像数据集,为有监督学习提供大量低成本的训练样本;对图像进行编辑,生成满足特定要求的图像,如更换图像中人物的头发颜色、面部表情或性别;提高图像分辨率或者进行图像修复;实现从图像到图像、文字到图像、草图到真实图像的转换。

图 9.67 由 StyleGAN3 生成的虚拟人脸图像

生成对抗网络也被应用于序列数据处理,如自然语言、音乐、语音、文本等,但是,此方面的应用相比其在图像领域的应用要少得多。主要原因有两个:一是优化生成对抗网络需要使用 BP 算法,对于文本、语音等离散数据,生成对抗网络无法将其直接映射到目标函数值,只能根据梯度一步步靠近;二是对于序列生成问题,如文本生成任务,每生成一个单词就需要判断这个序列是否合理,这是判别器难以实现的,除非生成对抗网络针对每一步都设置一个判别器。为解决上述问题,可以考虑引入强化学习中的策略梯度下降法,结合生成对抗网络和强化学习建立文本生成模型(Yu et al., 2017)。

9.4 深度学习大模型

近年来,深度学习大模型以语言大模型为突破口得到迅速发展,呈现出从判别模型到生成模型、从单模态到多模态、从单任务到多任务转变的趋势。模型规模不断扩大、性能持续提升,具备了多场景、多用途、跨学科的任务处理能力。大模型被认为很可能像个人计算机时代的操作系统一样,成为人工智能发展和应用的关键基础设施。本节介绍深度学习大模型的基本原理、典型架构、核心技术和应用。

9.4.1 大模型的基本原理

1. 大模型的基本概念

大模型是指具有大规模参数和复杂计算结构的神经网络模型。这些模型通常由深度神经网络构建而成,拥有亿级以上参数。大模型的设计目的是从海量训练数据中学习内在模式和世界知识,提高模型的表达能力和预测性能,从而处理各种复杂的任务。

按照支持的数据模态来分，大模型可以分为单模态大模型和多模态大模型。单模态大模型只能处理某一种类型的数据，而多模态大模型能够处理和理解多种不同类型的数据，如文本、图像、音频和视频等。按照研究领域来分，大模型可以分为语言大模型、视觉大模型和科学计算大模型等。按照应用场景来分，大模型可以分为通用大模型和行业大模型。通用大模型通常在大规模的多领域数据集上进行训练，具有强大的泛化能力，可在不进行微调或少量微调的情况下完成多场景任务，如 GPT 系列模型、华为的盘古大模型等。行业大模型则是针对特定领域任务进行训练或优化，通常利用行业数据对通用大模型进行微调，以满足能源、金融、制造、传媒等不同领域的需求，如金融领域的 BloombergGPT、法律领域的 LawGPT_zh，以及百度基于文心大模型推出的航天-百度文心、辞海-百度文心等。大模型技术在近年来得到了快速发展，已经初步形成包含多种参数规模、不同技术架构、支持多种模态以及适用于多个应用场景的大模型家族（如图 9.68 所示）。

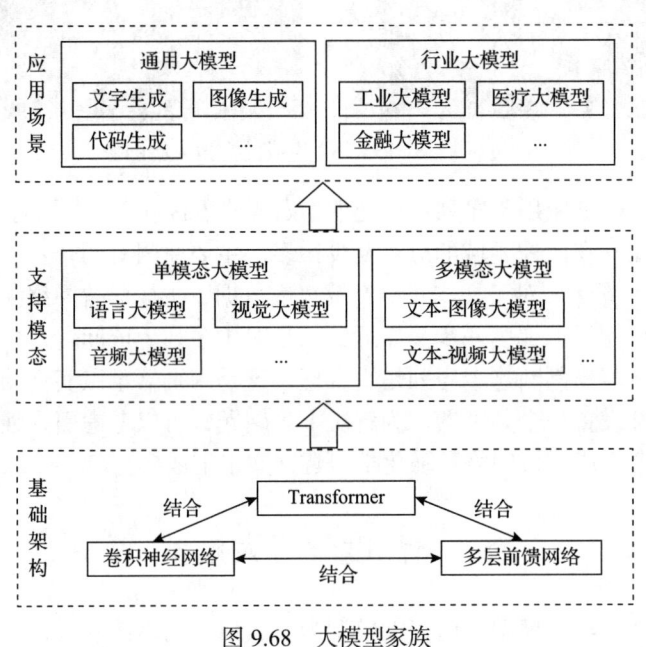

图 9.68 大模型家族

1）语言大模型

语言大模型，也称为大语言模型，是一种旨在理解和生成人类语言的自然语言处理模型，通常包含数百亿(或更多)参数。它们在海量的文本数据上通过自监督学习方法进行训练，从而获得对语言深层次的理解，主要应用于自然语言理解和生成等。语言大模型的文本数据来源不仅包括网页、对话文本、书籍等通用数据，还包括多种语言的语料库、科技论文、代码等专用数据。目前，国外的知名语言大模型有 GPT 系列、PaLM、Claude 和 LLaMA 等，国内的有文心一言、讯飞星火、通义千问、ChatGLM、百川等。用户可以使用自然语言与模型交互，实现问答、分类、摘要、翻译等从理解到生成的各种任务。

2) 视觉大模型

视觉大模型是一种专门处理图像或视频等视觉数据的深度学习模型，通过在大量的视觉数据上进行训练，能够自动提取特征并学习数据的内在规律和模式。相比语言大模型，视觉大模型要处理的数据类型更加多样、特征维度更高、语义理解难度更大，因此视觉大模型的泛化能力往往不如语言大模型，且训练和部署的成本更高。近年来，随着数据量和模型规模的快速增长，视觉大模型的性能获得了显著提升。通过引入注意力机制和扩散模型等，以 ViT(vision Transformer)、SegGPT 等为代表的视觉大模型能够有效捕捉或生成图像或视频中的关键信息，在各种计算机视觉任务中获得了优异的表现。

3) 科学计算大模型

科学计算大模型是一种用于处理科学计算任务的深度学习模型，通常涉及复杂的数学运算、数据分析和模拟。科学计算大模型在很多学科方向都有应用，包括物理学、化学、生物学、气象学、地质学等。例如，华为发布的盘古气象大模型，其天气预报速度比传统数值预报提高了一万倍以上，将全球天气预报时间缩短到数秒，预测结果也更准确(Bi et al., 2023)；DeepMind 推出的分子结构预测模型 AlphaFold 3，以前所未有的精度预测几乎所有生命分子的结构和相互作用，在生物学研究和药物研发领域得到了广泛应用(Abramson et al., 2024)；中国商飞上海飞机设计研究院联合华为发布了首个工业级流体仿真大模型"东方·御风"，解决了国产大飞机 C919 流体风动设计的安全效率问题。随着技术的发展，科学计算大模型的规模和精度不断提高，为科学研究和工程应用提供了强大的支持。

4) 多模态大模型

多模态大模型是一种能够理解和处理多种类型数据的大模型，包括文本、图像、音频、视频等。通过融合多模态信息，多模态大模型可实现多模态理解和生成等功能。多模态理解是指从不同模态的数据中提取信息，以便更深入地理解数据的含义，可用于视频分类、视觉问答、跨模态检索等，典型模型有 GPT-4o、腾讯混元大模型、Gemini-1.5-Pro 等。多模态生成是指根据输入的多模态数据生成新的内容，可用于图像描述生成、语音合成、视频生成等，典型模型有 DALL-E3、Sora 等。

相比单模态大模型，多模态大模型的优势在于：人机交互更自然，有助于更好地理解人类的情绪以及工作和生活习惯；能够利用多模态之间的互补信息提供更丰富的上下文，提升任务完成的准确性并扩展任务范围；可以执行跨模态的复杂任务，例如，自动驾驶大模型能够同时处理视觉、文本、雷达等多种类型的数据，对环境进行综合判断。目前已落地的多模态大模型主要为文本-图像大模型，已经有 CLIP(contrastive language-image pre-training)、GPT-4 等数十种基础模型推出，并且产生了诸如 Stable Diffusion、Midjourney 等已落地的应用。

2. 大模型的发展历程

大模型发展主要经历了三个阶段，分别是萌芽期、探索沉淀期和迅猛发展期(见

图 9.69)。大模型从早期的"标注数据监督学习"的任务特定模型，到"无标注数据预训练+标注数据微调"的预训练模型，再到如今的"大规模无标注数据预训练+指令微调+人类对齐"的大模型，经历了从小数据到大数据、从小模型到大模型、从专用到通用的发展历程(中国人工智能学会，2023)。模型的参数量实现了从亿级到万亿级的突破，目前千亿级参数规模的大模型已成为主流。

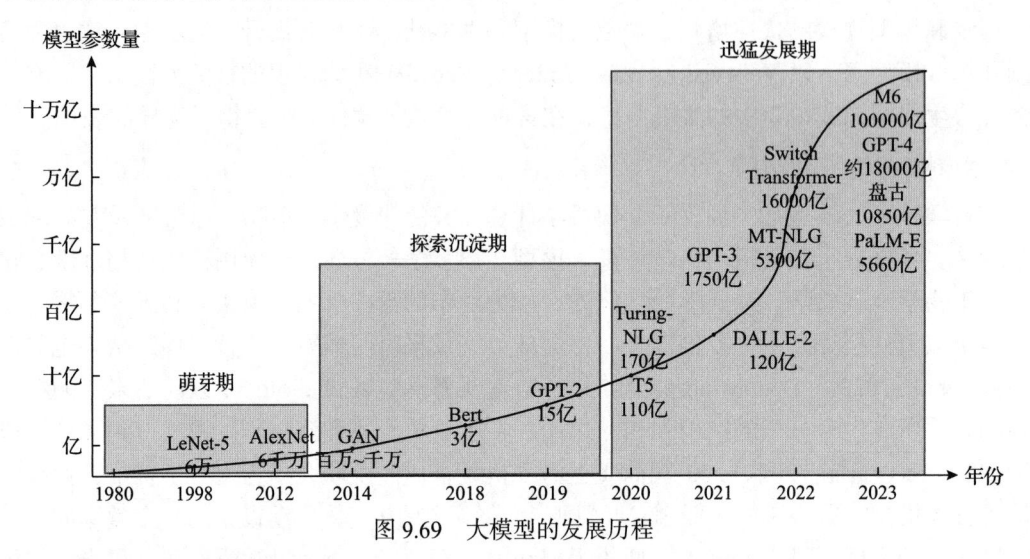

图 9.69 大模型的发展历程

1) 萌芽期(1980～2012 年)

该时期出现了以卷积神经网络和循环神经网络为代表的多种深度神经网络模型，网络结构和优化方法持续创新，推动了自然语言处理、计算机视觉等领域研究的深入，为后续深度学习框架的迭代及大模型的发展奠定了基础。

该时期的典型事件包括：

1980 年，日本科学家福岛邦彦(Kunihiko Fukushima)提出神经感知机(neocognitron)，建立了一个包含卷积层和池化的神经网络结构，这是当代卷积神经网络的雏形；

1986 年，Elman 等人提出用于处理序列数据的循环神经网络；

1997 年，Jurgen Schmidhuber 提出长短期记忆网络，该网络使用门控单元及记忆机制大大缓解了早期循环神经网络的训练问题；

1998 年，具有现代卷积神经网络基本结构的 LeNet-5 诞生，在手写数字识别中获得了很好的性能；

2012 年，AlexNet 获得 ImageNet 图像识别大赛冠军，该模型优化了卷积神经网络结构和训练方法，使得图像识别错误率大幅降低。

2) 探索沉淀期(2013～2019 年)

该时期出现了以 Transformer 为代表的神经网络架构，奠定了大模型的架构基础，使大模型的性能得到了显著提升。预训练大模型成为主流，其通过自监督学习任务从无标注数据中学习可迁移的模型参数，进而通过有监督微调适配下游任务。

该时期的典型事件包括：

2013年，Word2vec和GloVe等词向量预训练模型问世，它们通过大规模文本语料库学习文本的分布式表示，为后续的预训练大模型奠定了基础；

2014年，生成对抗网络诞生，标志着深度学习进入生成模型研究的新阶段；

2017年，谷歌提出基于注意力机制的Transformer架构，奠定了预训练大模型的架构基础；

2018年，OpenAI和谷歌分别发布GPT-1和BERT模型，预训练大模型成为自然语言处理领域的主流。

3) 迅猛发展期（2020年至今）

在该时期，各种训练策略相继出现，如指令微调（instruction tuning）(Wei et al., 2022)、基于人类反馈的强化学习（reinforcement learning from human feedback, RLHF）(Ouyang et al., 2022)等，预训练大模型的推理和泛化能力以及多模态、多场景应用能力进一步提高。大模型的发展呈现出快速迭代、应用拓展和竞争加剧的趋势。

典型事件包括：

2020年，OpenAI推出GPT-3，模型参数规模达到了1750亿，在零样本学习任务上实现了巨大性能提升；

2021年，谷歌发布Switch Transformer，参数量达到1.6万亿，这是首个万亿级参数的预训练大模型，该模型采用模块化设计，可以扩展到更大的规模；

2022年，谷歌推出PaLM(Chowdhery et al., 2024)，参数量达到5400亿，并在多项自然语言处理任务上取得了领先成绩，PaLM采用多路径架构和分层注意力机制，能够更高效地进行训练和推理；

2023年，多模态预训练大模型GPT-4发布，其具备多模态理解与多类型内容生成能力。同年，阿里巴巴达摩院开发的多模态大模型M6的参数量达到10万亿，成为当时全球最大的预训练大模型。

2024年，大模型领域的"千模大战"仍在继续。OpenAI发布针对复杂推理任务的大模型o1，通过"强化学习+内化思维链"的方式，o1不仅在量化的推理指标上有了显著提升，在定性的推理可解释性上也有了明显的改善。国内大模型正在快速追赶国际前沿水平。例如，百度、科大讯飞、清华智谱、商汤科技等国内企业推出的大模型在整体能力上已经逼近GPT-4，部分模型在中文理解能力上与GPT-4相差无几。

3. 大模型的特点

大模型获得成功的关键在于对模型规模扩展的充分探索与利用。2020年，Kaplan等提出了规模定律（scaling laws）(Kaplan et al., 2020)，指出模型的性能依赖于模型的规模，包括参数量、数据集大小和计算量，模型的效果会随着三者的指数增加而平稳提升（见图9.70）。同时，这种通过规模扩展所带来的性能提升通常显著高于通过改进架构、算法等方面所带来的收益。

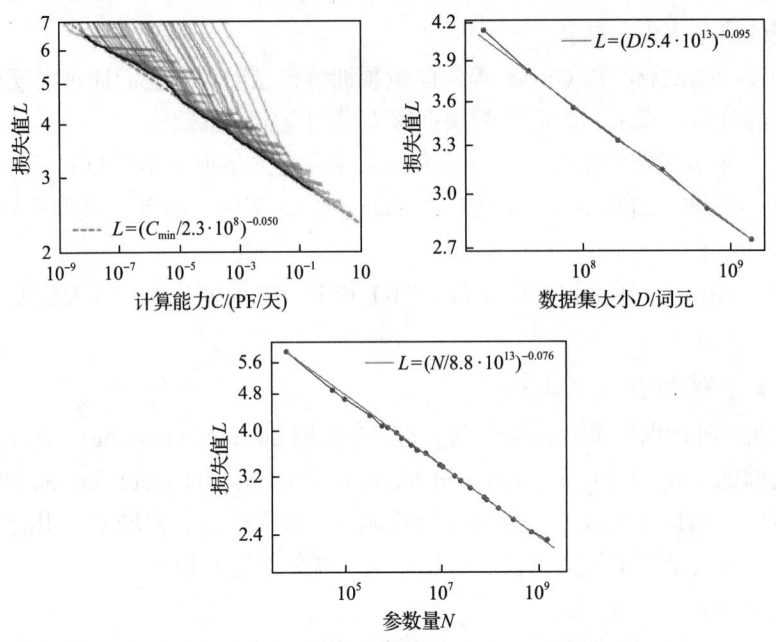

图 9.70 模型训练的损失值随计算能力、数据规模和参数量的
指数增长呈线性下降趋势(Kaplan et al., 2020)

当面对具体任务时,研究人员发现并非所有任务上的性能都是随着模型和数据的规模平滑地、可预测地增长,其中很多任务上的表现是当模型和数据规模到达某个阈值后突然提升的。这种较小规模模型不具备而大模型具备的完成某些任务的能力被称为涌现能力。为了探索性能的极限,很多研究人员开始训练越来越庞大的模型,例如拥有 1750 亿参数的 GPT-3 和 5400 亿参数的 PaLM。尽管这些大型语言模型与小型语言模型(例如拥有 3.3 亿参数的 BERT 和 15 亿参数的 GPT-2)使用相似的架构和预训练任务,但它们展现出截然不同的能力,尤其在解决复杂任务时表现出了惊人的潜力。

相比小规模的深度学习模型,大模型有以下优势。

(1)随着数据和参数量增加,模型性能持续提升。大模型的"大"主要有两层含义:一方面是指模型的参数量,大模型的参数量通常会达到数百亿甚至数万亿,这使得模型能够学习和表示非常复杂的模式;另一方面是指训练数据的规模,例如,语言大模型通常在大规模的文本数据上进行训练,这些数据来自互联网、书籍、新闻等各种来源。

(2)具有强大的上下文理解能力。大模型通过自身庞大的参数集和复杂的网络结构,能够捕捉数据中长距离的依赖关系,不仅能理解当前的文本或图像,还能将其与之前的内容联系起来,预测接下来的情节发展。这种能力使得大模型在生成连贯、有逻辑的长文本或视频以及在对话中保持上下文一致性方面表现出色。

(3)泛化能力强,单一模型可用于不同任务。通用大模型在训练时使用了来自各种领域的数据,使其在处理未见任务时具有很强的泛化能力。通过少量示例,甚至一个简单的指令,通用大模型就能快速理解并完成新任务。因此,通用大模型能够处理各种类型的任务,而不仅限于某一个特定的任务或领域。

(4)通过"预训练+微调"方式，能更好地完成特定任务。在预训练阶段，模型在大规模的数据上进行训练，学习数据的基本结构和各种常识；在微调阶段，模型在更小的特定任务或领域的数据集上做进一步训练，如医学影像、法律文件或特定的对话数据，使得模型能够更好地理解和生成特定领域的数据并完成特定任务。

9.4.2 预训练大模型的典型架构

预训练大模型是应用于不同数据模态的各种下游任务的基础，多采用 Transformer 架构，也可根据具体的任务和场景对模型进行调整或重新设计。目前，预训练语言大模型主要包括 BERT 和 GPT 系列模型；预训练视觉大模型包括预训练的卷积神经网络和基于 Transformer 的视觉模型，如 ViT 等；预训练多模态大模型包括 CLIP、Uni-Perceiver、OFA、Flamingo 和 BLIP2 等。本节首先介绍基础的 Transformer 架构，然后分别讨论适用于语言、视觉和多模态数据处理的典型模型架构。

1. Transformer 架构

传统序列模型通常基于卷积神经网络、循环神经网络及其变体来构建。其中，卷积神经网络具有优秀的并行计算能力，能够处理较长的输入序列，但其受限于感受野的大小，难以处理自然语言中广泛存在的长距离依赖问题；循环神经网络及其变体将历史序列信息选择性地压缩进隐状态，据此预测下一个词元(token)，这一结构设计非常契合自然语言序列的特点。然而，循环神经网络在训练过程中，对输入序列中每个单词的处理都依赖其前序计算结果，因而无法充分利用 GPU 的并行计算能力。

2017 年，Vaswani 等(2017)提出 Transformer 模型。该模型通过引入注意力机制对输入序列进行全局建模，有效解决了传统序列模型在处理长文本和长距离依赖关系时的局限性，能够充分利用 GPU 的并行计算能力，在机器翻译任务上取得了成功。随后，Radford 等(2018)和 Devlin 等(2018)使用 Transformer 作为语言模型训练的骨干模型，取得了突破性进展。Transformer 模型及其变体逐渐成为语言大模型的主流，并推广应用于视觉大模型和多模态大模型。

1)注意力机制

注意力机制是一种模仿人类视觉和认知系统的方法，它允许神经网络在处理输入数据时将注意力集中在与任务相关的部分。这种机制的引入，使得神经网络能够自动地学习并选择性地关注输入中的重要信息，从而提高模型的性能和泛化能力。

以图像识别为例，注意力机制试图解决以下问题。

一是使模型更加关注与任务相关的重要信息。在传统的神经网络中，所有的像素被视为等价的，无论是背景还是目标物体都被视为同等重要。而注意力机制通过动态地计算每个像素的权值来更好地利用图像信息。例如，通过给予关键区域(如目标物体)更大的权值，可以使模型更加关注重要的信息，忽略掉一些无关的背景像素。

二是挖掘更大范围的上下文的关联模式。传统的神经网络在处理每个像素时是独立的，缺乏对上下文的考虑。而注意力机制通过引入上下文信息来更好地处理图像数据。例如，图像中一个区域的内容可以由其周围像素来决定，通过引入上下文信息，注意力机制能够更好地捕获像素之间的语义关系，提高模型的表现。

三是提升模型可解释性。注意力机制将每个像素的权值与它在整个图像中的重要性相对应，通过可视化注意力权值不仅可以提高模型的可解释性，还可以发现一些错误或者异常的输出。如图 9.71 所示，在目标检测任务中，分析注意力权值可以帮助理解模型如何定位目标物体和背景以及忽略噪声。上图为原图，下图为对应的注意力热图，其中灰度越接近于白色的部分对于目标检测的影响越大。

图 9.71 图像注意力权值热图

注意力机制的基本思路是：根据输入数据的不同特征和上下文信息，动态地调整每个输入的权值，从而获得最有用的信息。在具体实现中，常见的做法是使用可训练的权值矩阵来计算每个输入的权值，并将这些权值与原始输入进行加权求和，加强了重要信息的输出。这个过程可以表示为

$$\text{Attention}(Q,K,V) = \sum_i a_i V_i \tag{9.83}$$

式中，Q 为查询矩阵，用于描述当前需要关注的信息；K 为键矩阵，用于描述所有可能的信息(上下文)；V 为值矩阵，是输入信息的具体表示；a_i 为第 i 个输入 V_i 的注意力权值，根据查询矩阵 Q 和键矩阵 K 的相似性计算得到。

注意力机制通常用于建立目标序列和源序列之间的信息关联，而自注意力机制则专注于分析输入序列内部的关联，能够有效捕捉序列内部的长距离依赖关系。在输入序列中的每个位置都可以获得一个查询向量、键向量和值向量，通过计算这些向量之间的相似性来动态地调整每个位置的权值。

自注意力机制示意图如图 9.72 所示。首先，将输入序列 $X = \{x_1, x_2, \cdots, x_T\}$ 表示为一个 $T \times d$ 的矩阵，其中 T 为序列长度，d 为特征维度。对于序列中的每个位置 i，计算一个查询向量 $q_i = x_i W_q$、一个键向量 $k_i = x_i W_k$ 和一个值向量 $v_i = x_i W_v$，其中 W_q、W_k、W_v 都是可训练的权值矩阵。

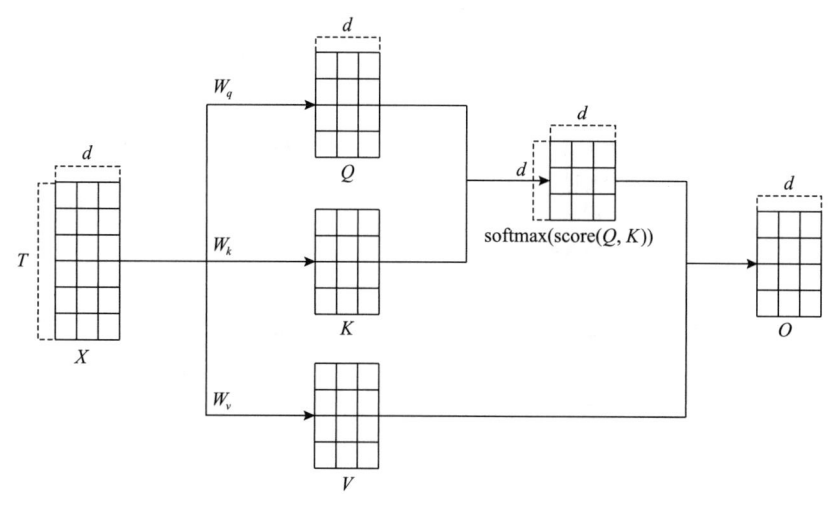

图 9.72 自注意力机制示意图

然后，通过缩放点积的方式计算序列中每个位置 i 的查询向量 q_i 与其他位置 j 的键向量 k_j 之间的相似性打分，即

$$\text{score}(q_i, k_j) = \frac{q_i k_j^{\text{T}}}{\sqrt{d}} \tag{9.84}$$

其次，使用 softmax 函数对位置间的相似性打分进行归一化，得到注意力权值 a_{ij} 为

$$a_{ij} = \text{soft max}(\text{score}(q_i, k_j)) = \frac{\exp(\text{score}(q_i, k_j))}{\sum_{l=1}^{T} \exp(\text{score}(q_i, k_l))} \tag{9.85}$$

最后，通过将位置 j 的值向量 v_j 与其对应的权值 a_{ij} 进行加权求和，得到序列中每个位置 i 的权值加强后的输出，即

$$o_i = \sum_{j=1}^{T} a_{ij} v_j \tag{9.86}$$

在自注意力机制中，给定一个输入序列，例如一个句子，每个词元都可以与序列中的其他词元发生交互，根据它与其他词元的关联程度来加权组合其他词元的信息，从而生成自身的表示。给定句子"The animal didn't cross the street because it was too tired."，为了简化问题，仅考虑词元"it"和句子中其他所有词元的关系。首先，将"it"的嵌入向量作为查询向量 q_i，将句子中每个词元的嵌入向量作为键向量 k_j，同时每个词元有一个与之对应的值向量 v_j；然后，使用缩放点积计算查询向量 q_i 和所有键向量 k_j 之间的相似性，并通过 softmax 函数将其转换为权值 a_{ij}；最后，使用这些权值 a_{ij} 对相应的值向量 v_j 进行加权求和，得到词元"it"的注意力输出。图 9.73 为"it"与其他词元之间的注意力

权值颜色编码，颜色越深表示权值越大，可以发现"it"与"the""animal"之间的关联较强。

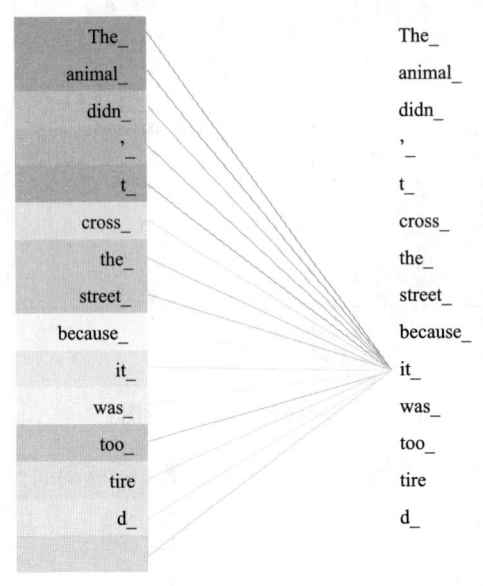

图 9.73 "it"与其他词元之间的注意力权值颜色编码

2) Transformer

Transformer 架构包含词嵌入、位置编码、自注意力层、残差连接和层归一化以及全连接前馈层等关键组件。

(1) 词嵌入。词嵌入层通常位于模型的最前端。词嵌入是指将输入转换为高维空间中的向量表示，从而捕捉其语义信息。例如，在语言大模型中，首先输入文本分词结果，然后用词嵌入将每个词元转换为对应的词向量。

(2) 位置编码。Transformer 本身不包含输入序列的位置信息，引入位置编码可以补充这一缺失。位置编码是预定义的(如正弦波编码)或包含可学习的参数，它们与词嵌入相结合，为模型提供词元在句子中的位置信息，有助于保持语句中词元的顺序。

(3) 自注意力层。自注意力层是 Transformer 的核心，它允许模型在处理某个词元时考虑句子中的其他所有词元，因此在处理长距离依赖时表现出色。自注意力层通过计算词元之间的相互作用并分配不同的注意力权值来工作。

(4) 全连接前馈层。在自注意力层之后，利用全连接前馈层对每个位置的输出进行变换。它相当于传统的全连接层，在每个位置上都是独立的，并且不依赖于序列的长度。

(5) 残差连接和层归一化。在每个注意力层和每个全连接前馈层之后应用残差连接和层归一化技术，有利于在模型非常深时保留信息并确保模型性能。

Transformer 架构示意图如图 9.74 所示，由多个编码器和解码器组成。编码器可以将输入序列转换为向量表示，而解码器则可以将该向量表示转换为输出序列。每个编码器包含两个以串联方式组织的子网络：一个自注意力模块和一个前馈神经网络。在每个解码器中，除了包含与解码器类似的自注意力模块和前馈神经网络外，还在两个子网络之间添加了另外一个注意力模块,即编码器-解码器注意力(encoder-decoder attention)。与编码器类似,解码器中的三个子网络也包含残差连接,并且在每个残差合成后进行层归一化操作。图 9.74 演示了 Transformer 中一个编码器和一个解码器的具体结构。

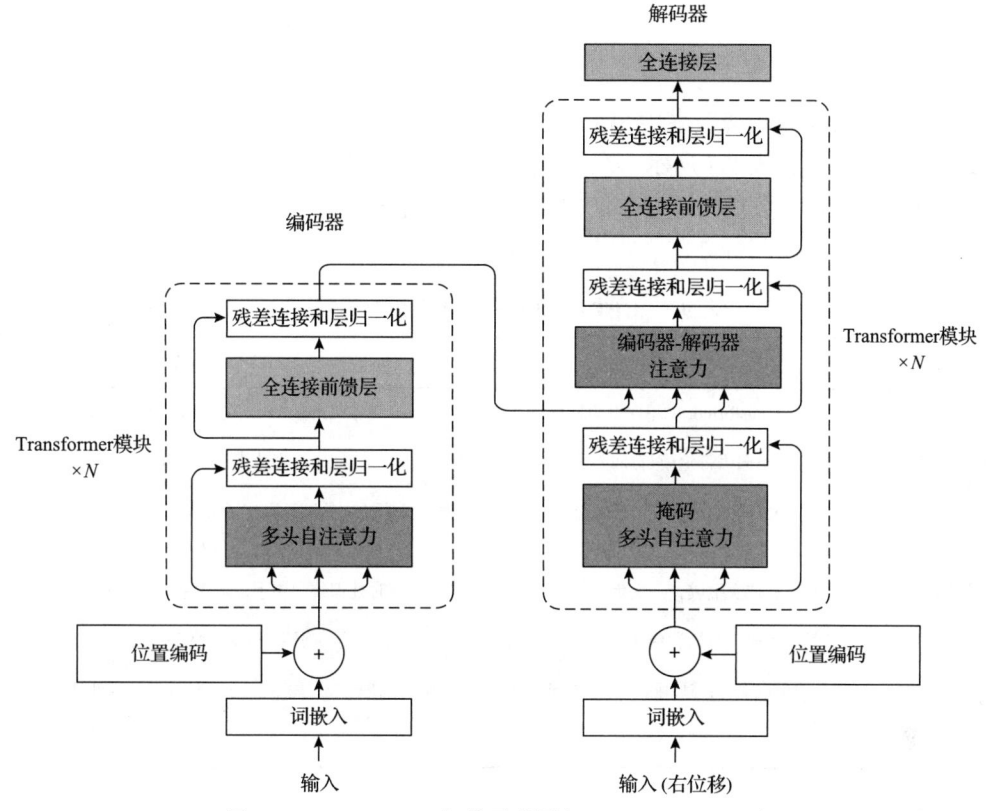

图 9.74 Transformer 架构示意图(Vaswani et al., 2017)

在编码器中,Transformer 使用多头自注意力(multi-head attention)来提取文本中的特征信息。首先,将输入序列通过一个线性变换映射到新的维度空间;然后,分别计算多个不同的自注意力向量,其中每个自注意力向量能够捕捉不同的语义相关性;之后,将所有头的输出向量拼接(concatenation)在一起,形成一个联合表征向量,拼接操作允许模型综合来自不同头的注意信息,从而捕捉更丰富且多维的数据特征;最终,这个拼接后的长向量通过一个线性层进行转换,生成最终的注意力输出。

多头自注意力的计算公式为

$$\text{MultiHead}(Q,K,V) = \text{Concat}(\text{head}_1,\cdots,\text{head}_h)W^O \tag{9.87}$$

其中,head_i 为第 i 个自注意力向量;h 为头数;W^O 为输出权值;Concat 为拼接操作。

在解码器部分,为了确保生成的序列能够有效地利用已生成序列的信息并保持语义连贯性,采用了两种注意力机制。首先,掩码多头自注意力(masked multi-head attention)用于防止解码器在处理当前词元时,看到该词元之后的任何词元。因此,模型只能根据之前已生成的序列信息来预测当前词元,以保证生成过程的顺序性和合理性。其次,编码器-解码器注意力允许解码器通过关注编码器的输出来访问输入序列的信息。这种机制使解码器能够根据对输入序列的整体理解来生成下一个词元,从而提高翻译或文本生成的准确性和上下文相关性。

2. 语言大模型典型架构

目前的语言大模型普遍采用 Transformer 作为基础架构,形成了 BERT 和 GPT 两条主要的技术路线,如表 9.7 所示。在 GPT-3 发布后,GPT 逐渐成为语言大模型的主流路线。当前几乎所有参数规模超过千亿的语言大模型都采取 GPT 模型架构,如百度的文心一言、阿里的通义千问等。

表 9.7 GPT 和 BERT 系列模型的特性比较

特性	GPT 系列模型	BERT 系列模型
模型架构	基于 Transformer 的单向解码器模型	基于 Transformer 的双向编码器模型
预训练任务	单向语言建模(自回归)	掩码语言建模和下一句预测
训练目标	给定前文序列的情况下,最大化下一个词元出现的概率	通过预测缺失的词元和句子关系,学习双向语境中的词元表示
序列处理	从左到右依次生成,一次生成一个词元	同时处理整个句子,考虑上下文双向关系
典型应用场景	文本生成、对话、翻译等生成任务	文本分类、问答、命名实体识别等理解任务
优点	强大的生成能力,适用于大规模生成任务	强大的理解能力,适用于多种自然语言处理任务
缺点	生成内容可能不可控	对长文本处理能力较弱

1) BERT 模型

BERT 是一种基于 Transformer 架构的预训练大模型,通过预训练生成语言表征,采用双向编码的方式来理解语言的上下文信息。BERT 模型结构如图 9.75 所示,主要由多层 Transformer 编码器组成,这意味着在编码过程中,每个位置都能获得所有位置的信息。

BERT 模型的主要贡献在于其预训练方法。它通过掩码语言建模(masked language model, MLM)和下一句预测(next sentence prediction, NSP)两个任务进行预训练。掩码语言建模是指随机遮蔽输入文本中的一些词元,如图 9.75 中[Mask]所示,然后通过模型预测这些词元;下一句预测则是预测两个句子是否为连续的句子,如图 9.75 中的句子 A 和 B。这些预训练任务使得 BERT 模型能够学习到语言中的复杂特征,从而在下游任务中表现出色。

BERT 模型经预训练之后,可以通过微调来适应各种自然语言处理任务,如文本分类、语义匹配、问答系统等。微调的方式通常是在 BERT 模型的输出之上添加一些特定的输出层,以适应不同的任务。例如,在文本分类任务中,可以在 BERT 模型的输出之上添加一个全连接层和 softmax,用于预测输入文本的类别。

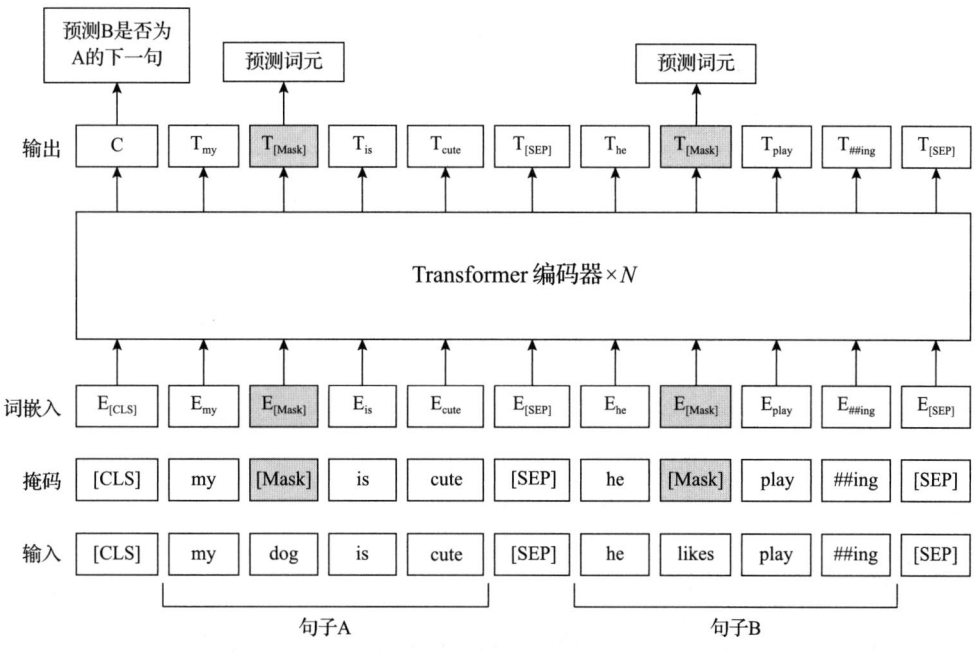

图 9.75　BERT 模型结构

2) GPT 系列模型

GPT 是由 OpenAI 提出的一系列功能强大的预训练语言模型，在很多复杂的自然语言处理任务中取得了惊艳的效果，例如文章生成、代码生成、机器翻译、知识问答等。GPT-4 的泛化能力很强，对于一个新的任务，通常仅需要很少的数据就可以理解任务的需求并获得较好的性能。

GPT 预训练的基本原理是训练模型学习恢复训练文本数据，将广泛的世界知识压缩到仅包含解码器的 Transformer 模型中，从而使模型获得通用的任务处理能力。与 BERT 不同，GPT 是一个单向语言模型，它只能根据上文生成文本。GPT 的预训练任务是自回归地预测句子中的下一个词元，相比 BERT 中掩码语言建模的难度更大。这使得 GPT 只有在模型较大、数据较多的情况下才能训练得到较好的结果。GPT 系列模型的基本结构如图 9.76 所示，其中的 Transformer 模块采用的是 Transformer 解码器结构，并对其进行了一些改动，去掉了编码器-解码器注意力，保留了掩码多头自注意力。

GPT 系列模型秉承了不断堆叠 Transformer 模块的思想，通过持续提升训练数据的规模和质量、增加网络的参数量以及引入新的训练技巧来实现迭代更新。GPT-1 探索了 Transformer 解码器结构在"预训练+微调"方式下的自然语言任务解决能力；GPT-2 初步验证了扩大模型参数规模的有效性，并且探索了基于自然语言提示的多任务解决能力；GPT-3 首次探索了千亿参数规模的语言模型效果，提出了基于上下文学习的任务解决方法；InstructGPT(Ouyang et al., 2022)基于人类反馈的强化学习技术，来强化模型对于人类指令的遵循能力和人类偏好的对齐能力；ChatGPT 进一步引入了对话数据进行学习，从而加强了多轮对话能力；GPT-4 能够处理更长的上下文窗口，具备多模态理解能力，在逻辑推理、复杂任务处理方面的能力得到显著改进，但其他相关技术细节尚未披露。

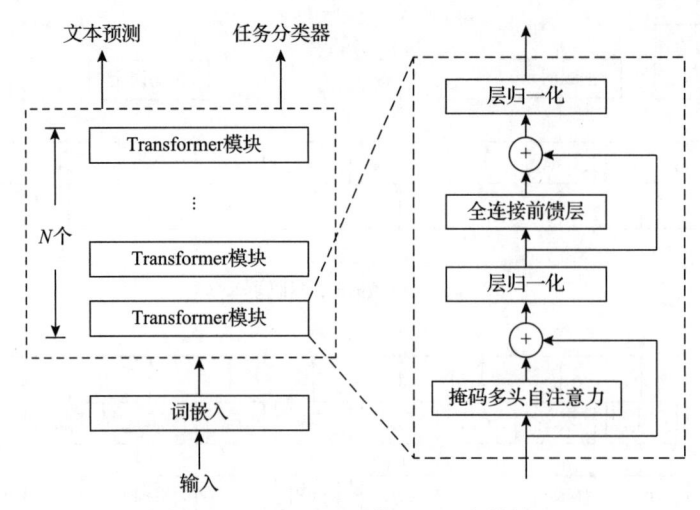

图 9.76　GPT 系列模型的基本结构

3. 视觉大模型典型架构

传统的计算机视觉模型主要使用卷积神经网络，而视觉大模型通过引入 Transformer 等架构提升了其解决计算机视觉任务的能力。视觉大模型的一个显著特点是它们具备从大量视觉数据中学习的能力，能够捕捉图像中的复杂模式和关系，从而更好地完成图像分类、目标检测、语义分割等任务。

在视觉版的 Transformer 模型中，最具代表性的是由 Google Brain 提出的 ViT（vision Transformer）模型（Dosovitskiy et al., 2021）。虽然传统的卷积神经网络在图像分类任务中表现出色，但它需要手动设计卷积层和池化，且在处理大尺寸的图像时需要进行额外的处理。相比之下，ViT 可以通过自注意力机制学习到图像中的关键特征，避免了手动设计卷积层和池化，并且可以很好地处理大尺寸的图像。ViT 结构见图 9.77，主要包括图像分块处理、图像块嵌入与位置编码、Transformer 编码器和多层前馈网络四个部分。

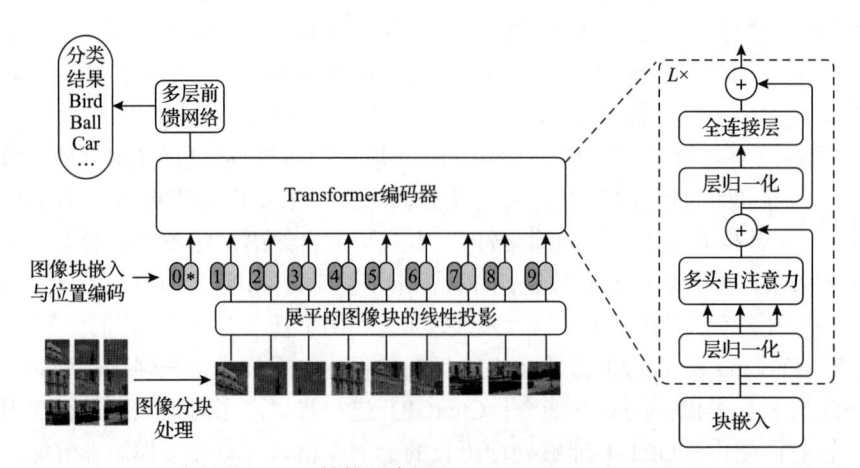

图 9.77　ViT 结构示意图（Dosovitskiy et al., 2021）

以图像分类问题为例，ViT 的数据处理流程如下。

首先，为了将图像输入到 Transformer 编码器，将其拆分成一系列不重叠的图像块（每个图像块类似于文本输入中的一个词元），再将每个块展平成一维向量，并通过线性投影生成每个图像块的嵌入向量。

其次，利用位置编码来体现空间信息。由于图像块在展平和线性投影过程中丢失了其原始的空间位置信息，因此需要通过位置编码为每个图像块添加空间信息，以便 Transformer 编码器更好地学习到图像块之间的关系。

然后，使用 Transformer 编码器来处理图像数据，提取特征表示。Transformer 基于注意力机制，能够捕捉数据中的关键信息和上下文，并且具有很好的并行计算能力。

最后，采用多层前馈网络作为分类器输出图像分类结果。多层前馈网络由两个全连接层、GeLU(Gaussian error linear unit)激活函数和随机失活组成，接收来自 Transformer 编码器的输出，并对其进一步处理以生成最终的预测结果。

训练 ViT 模型时，通常使用大规模的图像数据集进行预训练，然后在小数据集上进行微调。在预训练阶段，ViT 模型采用自监督学习方法，预训练任务包括：随机遮蔽图像中的部分区域并由模型进行遮蔽区域预测；在随机打乱图像块的情况下预测原始图像的类别。

ViT 将注意力机制、Transformer 编码器和多层前馈网络等多种技术手段相结合，在计算机视觉领域中取得了不俗的成绩，同时也证明了基于 Transformer 的架构在计算机视觉任务中的适用性和潜力。相信随着模型的优化，ViT 及其类似模型也会像 GPT 系列模型一样大放异彩。

4. 多模态大模型典型架构

现有的多模态大模型主要有面向理解任务的、面向生成任务的、兼顾理解和生成的、知识增强的多模态大模型。网络架构在多模态大模型预训练中扮演着重要角色，需要精心设计以适应和理解来自不同来源数据的复杂特征。

1) 面向理解任务的多模态大模型

面向理解任务的多模态大模型的核心组件是 Transformer 编码器。按照模型结构的不同，面向理解任务的多模态大模型又分为单流结构和多流结构。单流结构是指不同模态的特征在拼接后由一个共享的 Transformer 编码器进行处理；而多流结构中，不同模态则分别由 Transformer 编码器进行编码，再利用特征交互融合机制进行处理。

多流结构的一个典型代表是 CLIP(contrastive language-image pre-training)模型(Radford et al, 2021)。在图文检索中，由于文本和图像数据处于不同的特征空间，无法直接度量它们的相似性。为此，OpenAI 提出了多模态大模型 CLIP，开创了用文本-图像对进行对比学习的先河。对比学习(contrastive learning)通过比较不同模态样本之间的相似性和差异性来提高模型的性能。在 CLIP 模型中，对比学习被用来对齐文本和图像的特征表示，学习文本-图像的匹配关系。在预训练过程中，CLIP 使用了 4 亿组文本-图像对，每一幅图像都配有一句解释性的文字，涵盖了自然界中的大部分场景。在多个数据集上的测评结果表明，CLIP 在图像分类中的表现优于各种基于 ImageNet 数据库训练的卷积神经网络模型，且具有良好的零样本泛化能力。

CLIP 的网络结构主要包含文本编码器和图像编码器两个模块，分别用于提取文本和图像特征，如图 9.78(a)所示。其预训练过程如下：首先，构建文本和图像的编码器进行特征抽取，文本编码器一般使用 BERT 系列模型(如 RoBERTa 等)，图像编码器的骨干模型可采用经典的 ResNet 系列模型或基于 Transformer 的模型(如 ViT 等)；之后，分别对提取的特征向量进行标准化，以便进行内积相似性计算；然后，基于余弦距离计算文本特征和图像特征的相似性，使得同一文本-图像对的相似性结果趋近于 1，不同文本-图像对的相似性结果趋近于 0；最后，计算对比学习损失，对模型参数进行优化。预训练得到的模型可用于图文检索或图像分类。如图 9.78(b)、(c)所示，输入提示文本"A photo of a {object}."和一幅小狗的图像，由于文本"A photo of a dog."与当前图像最为匹配(余弦相似性最高)，因此当前图像中的物体是"dog"。

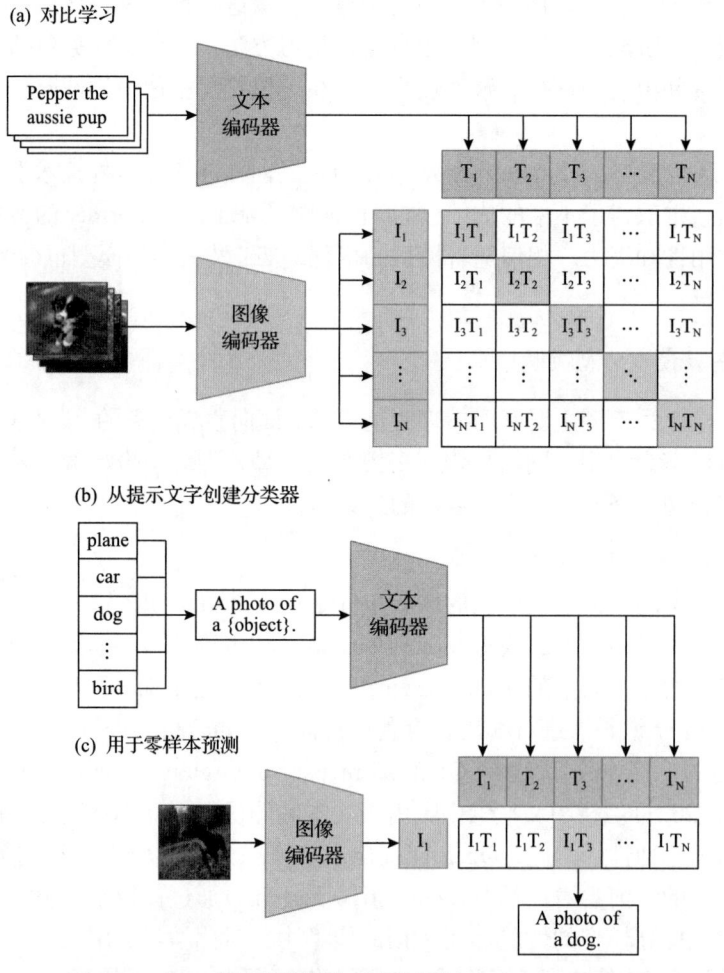

图 9.78 CLIP 模型预训练与应用过程(Radford et al, 2021)

单流结构的一个典型代表是 VL-BERT(Su et al., 2020)，它将图像的描述文本和关键物体的区域特征拼接后作为 BERT 模型的输入,通过遮蔽部分文本输入和图像输入并预测所缺失的信息来进行模型训练。另外一种代表性方法是 UNITER(Chen et al., 2020),它采用了一种多任务的多模态预训练方法,相对于其它方法,该模型增加了文本与图像区域的匹配模块,来进一步建立文本与图像的细粒度关联。

2) 面向生成任务的多模态大模型

面向生成任务的多模态大模型通过整合来自不同模态的信息,来执行复杂的生成任务,例如从文本描述生成图像(文生图)、从图像生成描述性文本(图生文)或者进行跨模态的翻译和转换。目前常用的模型是序列生成模型和扩散模型(diffusion model)。

在序列生成模型中,DALL-E(Ramesh et al., 2021)是一个典型代表。它是由 OpenAI 发布的一个基于 4 亿文本-图像对训练的图像生成模型,通过采用 VQVAE(Razavi et al., 2019)图像离散自编码器和 GPT 组合的结构,在文生图任务上取得了突破性的生成质量和泛化能力,被称为图像版 GPT。另一个典型的图像生成模型是北京智源研究院所开发的 CogView 模型(Ding et al., 2021),它具有与 DALL-E 类似的结构,可面向中文环境实现文本到图像生成,并进一步探索了多模态生成模型在下游任务上精调后的泛化能力。

扩散模型是一种通过逐步添加和去除噪声来学习数据分布的生成模型,近年来在图像生成等领域显示出了卓越的性能。如图 9.79 所示,扩散模型的训练主要包含两个步骤:前向扩散过程和反向去噪过程。在前向扩散过程中,图像逐渐被噪声污染,直到变成高斯噪声;而在反向去噪过程中,通过一系列马尔可夫链逐步去除预测噪声,从高斯噪声中恢复数据。反向过程中的每个去噪步骤需要估计评分函数,获得一个指向具有更高似然性和更少噪声的数据方向的梯度。

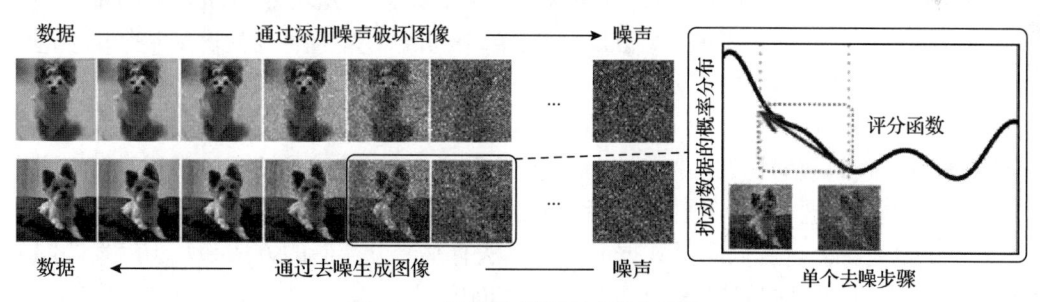

图 9.79 扩散模型训练过程示意图

扩散模型的核心组件是 U-Net 结构的噪声预测器。U-Net 是一种编码器-解码器结构,包含下采样路径(编码器)和上采样路径(解码器),解码器与对应编码器之间有跳跃连接。这种结构允许网络捕捉不同分辨率的特征,并在不同层级间传递信息。扩散模型的一个代表性模型是 LDM(Rombach et al., 2022),它先压缩图像的像素信息以获取图像对应的隐特征表达,再采用扩散模型来建模图像隐特征分布。另一个典型扩散模型是 Stable Diffusion,它拓展 LDM 至开放领域的文本到图像生成,是当前开源模型的代表方法。

相比生成对抗网络和变分自编码器等生成模型,扩散模型具有独特的优势,不仅保留了数据的语义结构,还解决了图像生成中的模式崩溃问题,具有潜在的扩展性和并行性。扩散模型能够生成高度逼真的图像，并为解决更广泛的多模态学习和生成问题开辟了新的可能性。

9.4.3 大模型的核心技术

大模型的核心技术涵盖了从训练数据准备到模型架构设计，再到优化算法选择和计算资源配置等多个方面。本节首先介绍训练数据的准备，然后讨论大模型的构建过程和测评方法。

1. 训练数据准备

大规模、多样化的训练数据集是大模型卓越的语义理解能力的关键。例如，GPT-1 的无监督训练使用了超过 7000 本不同题材的书籍，GPT-2 的训练集是一个 40GB 的私有数据 WebText，GPT-3 的训练集超过了 570GB，而 Meta 开源的 LLaMA 使用的训练集更是达到了 4.7TB。

面对如此庞大规模的数据量，即便是简单的遍历也将花费大量的时间，将其输入大模型并进行训练的时间开销则更大。同样一个模型在同样的计算环境下，随着其训练数据量的增长，其训练时间也将相应增加。为了加速训练，一个常用的方法是使用数据并行技术，对数据集进行切分，采用单机多卡或多机多卡的服务器集群，每个 GPU 设备上保留相同的模型参数，在训练时分别读取不同的数据进行训练，并采用集合通信同步参数更新。通常，单个 GPU 设备一次迭代仅能输入一批样本，同时使用多个 GPU 设备则可以同时训练多批样本，因此通过增加输入的数据量，可以减少模型训练的迭代次数，从而减少模型训练时间。然而，单独使用数据并行技术通常要求每个 GPU 设备都能保存模型的全部参数，由于大模型的参数量较大，单个 GPU 设备往往无法容纳整个模型的参数，因此，数据并行通常还需要与其他分布式训练技术结合使用来加速大模型的训练。

大模型所需的训练数据的种类非常广泛。以语言大模型为例，其所需要的数据包括多语言数据、代码数据、人工标注数据等多种类型。通过构建高质量的数据，可以大大降低训练所需的数据规模。以下是常用于提升数据质量的预处理方法。

(1) 质量过滤。过滤低质量数据的主要方法有基于分类器的方法和基于启发式的方法。基于分类器的方法是训练一个文本质量判断模型，用以识别并过滤低质量数据；而基于启发式的方法则是通过一组精心设计的规则来消除低质量文本，主要包括语言过滤、指标过滤、统计特征过滤和关键词过滤。

(2) 冗余去除。训练语料库中的重复数据会影响模型性能，还可能导致训练过程不稳定。因此需要对数据进行冗余去除。文本冗余发现(text duplicate detection)也称为文本重复检测，可以发现不同粒度上的文本重复，包括句子、段落以及文档等不同级别，从而有效改善语言大模型的训练效果。

(3) 隐私消除。预训练数据中可能包含敏感信息或涉及个人信息，增加隐私泄露的风险。对于此类问题，最直接的方法是采用基于规则的算法删除隐私数据。例如，可以使用基于命名实体识别的算法，检测数据中的姓名、地址和电话号码等个人信息，并进行删除或者替换。

目前，大模型训练不仅需要大量的无标注数据，而且需要高质量的人工标注数据，用于模型微调等任务。例如，语言大模型通常需要人类提供明确的指令用于生成有用的输出，这就需要标注者编写指令。为了进行有监督微调，还需要构建指令数据集，由标注者手动编写与指令对应的回答或利用工具进行自动指令构建。

多模态大模型需要有大规模的多模态训练数据，这类数据的收集与处理难度相比于单模态数据更大。因此，需要建立一种经济高效的方法来收集多模态数据并实现不同模态间的对齐，从而构建高质量的多模态数据。需要重点考虑的问题包括：如何构建大模型数据质量评价体系、如何科学地配比训练数据以及如何在训练不同阶段引入数据等。

2. 大模型的构建技术

大模型的构建是调整模型参数以拟合训练数据的优化过程。尽管所采用的训练方法与传统的机器学习模型可能存在不同，但是本质上都是进行模型参数的优化。大模型的优化目标更加宽泛，不仅是为了解决某一种或者某一类特定任务，而且希望大模型能够作为通用任务的求解器。因此，大模型的构建过程需要使用更为复杂、精细的训练方法。训练过程主要包括大规模预训练、指令微调与人类对齐等阶段。

1) 语言大模型的构建

目前语言大模型的开发主要有两种路径，一种是从头构建完整大模型；另一种是在开源的通用大模型之上调优。前者所需数据、算力、时间投入较大，但大模型的性能更为突出。后者模型的参数和能力受限于开源模型，但成本较低，可以快速形成所需的大模型。这里主要介绍第一种路径。

早期的预训练语言模型主要是基于"预训练+微调"的方式构建，首先通过自监督学习任务从无标注文本中学习可迁移的模型参数，进而通过有监督微调适配下游任务。虽然早期的语言大模型表现出一定的少样本学习能力，但是其学习目标主要是通过预测下一个词元实现的，仍不能很好地遵循人类指令，甚至会输出无用的、有害的信息，难以有效对齐人类的偏好。

针对这些问题，主要有两种大模型改进技术，即指令微调和基于人类反馈的强化学习。指令微调利用指令数据集，来帮助语言大模型实现人类语言指令遵循的能力，从而在零样本情况下泛化到未见任务上。基于人类反馈的强化学习(如图 9.80 所示)将人类标注者引入到大模型的学习过程中，训练与人类偏好对齐的奖励模型，进而有效指导语言大模型的训练，使得模型能够更好地遵循用户意图，生成符合用户偏好的内容。

根据已公开信息，语言大模型 GPT-3 的构建流程如图 9.81 所示，主要包括四个阶段：预训练、指令微调、奖励建模和强化学习。在预训练阶段，利用自注意力机制和海量文本数据，使模型掌握基本的语言知识；指令微调阶段，通过指令数据集调整模型参数，优化其完成特定任务的性能；在奖励建模阶段，评估生成文本的质量，引导模型产出更优结果，保证输出符合道德、伦理以及人类价值判断；在强化学习阶段，结合用户反馈和奖励模型，进一步优化模型行为。这四个阶段需要采用不同规模的数据集及不同类型的算法，会产生不同类型的模型，所需的计算资源也有很大的区别。

图 9.80　基于人类反馈的强化学习过程示意图

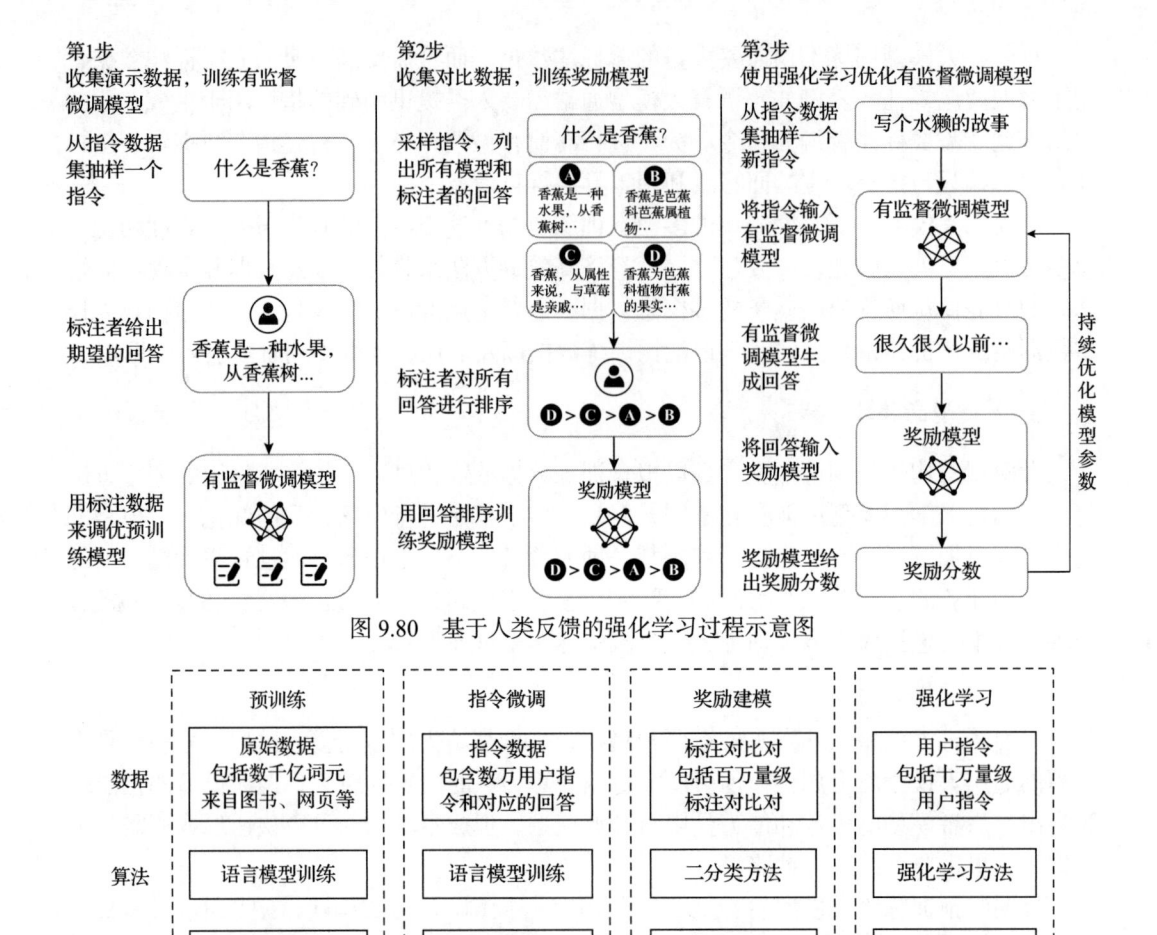

图 9.81　语言大模型 GPT-3 的构建流程（张奇等，2024）

（1）预训练。

在预训练阶段，需要使用海量训练数据来构建庞大的语言模型。训练数据包含数千亿甚至数万亿个词元，并且内容具有多样性，包括网页、维基百科、书籍、代码、论文等。为了完成这一训练过程，需要使用数千块高性能的 GPU 和高速网络，组成一个庞大的计算机集群，在数十天的时间内完成深度神经网络参数的训练，从而构建基础语言模型。

（2）指令微调。

指令微调的目的是通过少数高质量的数据来提高语言模型的性能，这些数据包括用户提供的指令和期望的回答。用户提供的指令可以是问题、要求或者示例等不同形式的输入。在指令微调过程中，使用与预训练阶段相同的训练算法在基础语言模型上进行训练，以创建一个有监督微调模型。这个有监督微调模型经过训练后，具备了初步的指令理解和上下文理解的能力,可用于完成开放领域问题求解、阅读理解、翻译、生成代码等任务,甚至对于未知任务也有一定的适应能力。指令微调阶段所需的训练数据相对较少,因此不需要大量计算资源。

(3)奖励建模。

奖励建模的主要任务是创建一个奖励模型,用于评估有监督微调模型针对相同的指令生成的不同输出的文本质量。该奖励模型是一个二分类模型,用来比较两个不同输出的优劣。奖励模型与基础语言模型和有监督微调模型不同,它本身不能单独提供给用户使用。奖励模型的训练方式与有监督微调模型类似,需要使用数十块GPU,并花费数天的时间来完成。

(4)强化学习。

在强化学习阶段,通过调整有监督微调模型的参数,来提升生成文本的质量以获得更高的奖励。此阶段利用前一阶段训练得到的奖励模型来评估有监督微调模型对用户指令的补全结果的质量。这个阶段需要的指令数量与有监督微调阶段类似,通常在十万数量级,并且无需为这些指令提供理想的回答。相对于预训练阶段,该阶段需要的计算资源较少,通常只需要数十块GPU,可在数天内完成训练。

在大模型使用过程中,可以使用各种提示技术,包括思维链(chain-of-thoughts, CoT) (Wei et al., 2022)、思维树(tree-of-thoughts, ToT) (Yao et al., 2022)等,更好地利用大模型的潜在能力,提升大模型解决实际问题的能力。进一步,语言大模型主要是基于文本数据进行训练与推理,存在一些特定能力的不足,例如数值计算等。针对这一问题,可以使用外部工具(如计算器、搜索引擎等)扩展大模型的能力边界。

2)多模态大模型的构建技术

多模态大模型融合了多种感知途径与表达形态,能够同时处理和理解来自不同感知通道(如视觉、听觉、语言和触觉等)的信息,并以多模态的方式表达输出。构建和训练多模态大模型要远比单模态大模型更复杂,主要需要解决以下问题:数据对齐,确保不同模态的数据在时间和内容上的一致性;数据融合,将多模态数据整合在一起,以充分利用各模态的信息;统一表达,构建统一的表示空间,使得不同模态的数据能够互相匹配和结合。同时,多模态大模型的训练和部署成本较高,需要强大的计算资源和技术支持。

多模态预训练大模型采用自监督学习方法进行训练,预训练数据通常是来自互联网的大规模多模态数据,例如网页、视频等,无需人工标注,这使得模型具有良好的拓展性和通用性。在不微调或仅使用少量数据微调的情况下,多模态预训练大模型可以直接用于解决不同类型的多模态数据处理问题,例如为视频自动配上字幕和声音,或者根据输入的声音和文本自动生成图像或视频片段。

以文本-图像大模型为例,其训练方式主要包括以下四类:对比学习、跨模态掩码建模、基于生成模型学习和基于骨干模型学习,如图9.82所示。需要说明的是,这些方式并不是互斥的,很多方法混合使用了对比、掩码和生成等方式。

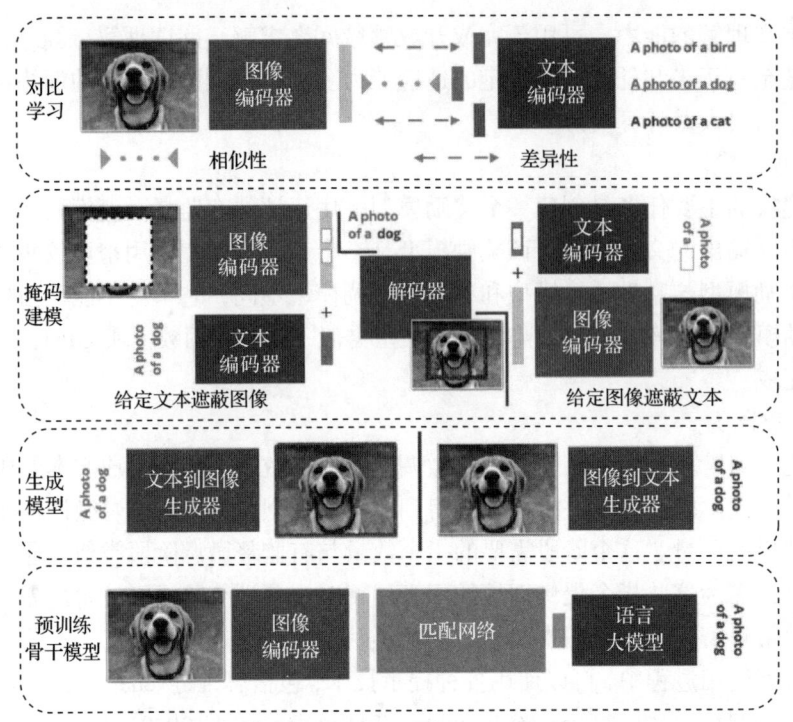

图 9.82　多模态大模型的四类训练方式示意图（Bordes et al., 2024）

(1) 对比学习。

对比学习通过文本-图像样本对来学习数据的表示，其核心思想是：相似的样本应该在表示空间中彼此靠近，而不相似的样本应该彼此远离。以 CLIP 为代表的对比学习模型，通过在共享的特征空间里对齐文本和图像数据，实现了跨模态的语义关联学习。这样的训练过程赋予了模型强大的跨模态理解能力，使其能够在文本提示的基础上检索出语义上相关的图像。

(2) 跨模态掩码建模。

跨模态掩码建模与语言模型（如 BERT）中的掩码方法类似，即通过遮蔽部分信息并利用未被遮蔽的信息来预测被遮蔽的内容。然而，为了确保多模态模型不仅仅依赖于单一模态的上下文来推断被掩蔽的信息，而是学会利用另一种模态的信息进行推断，需要对跨模态掩码建模的学习任务进行特别设计。这种任务设计有助于建立文本和图像之间的联系，确保上下文信息的相互依赖性，并促进不同模态之间的数据对齐。

(3) 基于生成模型学习。

基于扩散或自回归准则的生成模型在根据文本提示生成逼真图像方面展现了强大的能力。一些研究人员认为，能够根据文本生成图像是创建世界模型的重要一步，而另一些研究人员则认为这样的重建步骤不是必须的（Balestriero et al., 2024）。然而，从应用的角度来看，如果模型能够解码输入空间中的抽象表示，那么将有利于人们理解和评估模型学习到的内容。与对比学习模型不同，生成模型可以直接输出最可能的图像，而无需使用包含大规模文本-图像对的训练数据来展示最接近给定文本嵌入的图像。此外，生成模型还能够学习文本和图像之间的隐式联合分布,从而比预训练的单模态编码器获得更好的特征表示。但是,与基于对比学习的模型相比,生成模型的训练成本更高。

(4) 基于骨干模型学习。

当资源受限的情况下,采用预训练的文本或视觉编码器作为骨干模型是一个不错的选择,只需学习文本表示和视觉表示之间的映射即可。然而,这种方式存在两个主要问题:一是视觉大模型可能受到语言大模型潜在的幻觉影响;二是可能受到来自预训练大模型偏差的影响。因此,可能需要额外的开销来纠正视觉大模型或语言大模型的缺陷。解决方法主要有两种:第一种是利用独立的文本和图像编码器,将信息投影到较低维度的流形上再学习二者之间的映射关系,从而降低模型的复杂度并提高映射的准确性;第二种方法是学习文本和图像的联合分布,使得模型可以更好地理解二者之间的关系,进而提升生成效果。

为了整合更多的模态数据,可以将语言大模型的文本生成能力与各类模态编码器的多模态感知能力相结合,以兼顾多模态大模型的理解和生成能力。这类方法以语言大模型为主导来实现多模态的对齐、融合和交互。这是由于文本具有较高的表达效率、能够通过语义描述的方式与其它所有模态建立直接联系,另外,语言大模型在预训练过程中学习到了丰富的世界知识,具备潜在理解多模态信息的能力。

这类模型在结构方面常由单模态编码器、连接器与语言大模型三部分组成,其中单模态编码器和语言大模型的参数可以冻结以减少计算量并提高训练效率;常见的连接器包括简单的线性映射层或特殊设计的网络模块等。这类模型的训练通常分为两个阶段:在第一阶段,训练各个模态到语言大模型的语义对齐,通常利用大规模跨模态数据(如文本-图像、文本-视频、文本-音频数据等),基于条件文本生成任务进行训练;在第二阶段,进行多模态指令微调以提升模型的零样本多模态泛化能力,目前常见的多模态指令微调数据类型包括多模态对话、多模态详细描述与多模态推理问答等。

3. 大模型的测评技术

目前,国内外大模型数量激增,良莠不齐,如何对大模型的性能进行评估成为重要课题,业界还没有形成统一的权威第三方评测方法。大模型的现有评测手段主要有如下两类。

一类是基于深度学习常用的语言理解数据集、图像分类数据集等来评测大模型的性能,常用的测评指标有准确率、召回率等。例如,Meta、谷歌和华盛顿大学等合作推出的 SuperGLUE(超级通用语言理解评估)包含 7 个任务的集合,能够测试语言大模型在回答问题和常识推理等方面的能力。

另一类是面向大模型的文本生成、语言理解、知识问答等能力,设计专门的评估指标体系,然后通过提示的方式,根据生成的结果对模型进行评价。在具体操作上,又分为人工评测和裁判大模型评测两种方式。人工评测由语言学家和领域专家根据主观判断来评价模型各个指标的表现,如 OpenAI 等邀请研究人员评测 GPT 系列模型;科大讯飞牵头设计了通用认知大模型评测体系,从文本生成、语言理解、知识问答、逻辑推理、数学能力、代码能力和多模态能力这 7 个维度 481 个细分任务类型进行评估。裁判大模型评测是指用一个较强大的大模型来评测其他模型。例如，用 GPT-4 模型作为"老师"，通过"老师"出题及评判其他模型的答案来实现机器评测。北京大学和西湖大学开源的裁判大模型 pandaLM 也实现了自动化、保护隐私和低成本的评估方式(Wang et al, 2024)。

以上手段各有优缺点，常用数据集适用于初步评估大模型的基本性能，如翻译质量、语言表达能力；人工评测适用于评估大模型的语言表达能力、情感理解能力和交互能力等；机器裁判评测适用于对大模型进行快速评测，评估大模型的稳定性和一致性。

9.4.4 大模型的应用与挑战

大模型的应用场景广泛，涵盖了自然语言处理、计算机视觉、金融风险管理、医疗诊断、交通与城市规划等多个领域。如图 9.83 所示，多模态大模型能够实现文本、图像、视频、音频、三维模型、分子结构等多种模态内容的生成及应用。

文本
- 对话/问答
- 文档/文本/文案生成
- 内容/会议摘要等
- 语言翻译
- 文学/剧本创作等

代码
- 自然语言生成代码
- 代码补齐
- 生成SQL
- 生成软件测试用例
- 合成数据等

图像
- 图像分类/分割
- 工业设计
- 医学影像标注与解剖结果构建
- 艺术/商业作品创作
- 图像修复
- 天文观测、卫星遥感观测等

音视频
- 信息播报
- 语音编辑/翻译
- 影视内容分析编辑
- 视频增强/风格迁移
- 音乐/视频生成

三维模型
- 电影/游戏/动画制作
- 建筑/家居设计
- 工业制造
- 工业/艺术设计
- 医疗健康
- 虚拟现实等

分子结构
- 药物设计
- 材料科学
- 食品与农业
- 能源
- 个人护理等

图 9.83　大模型所加速的生成式人工智能已经渗透到多个场景(易观智慧院, 2024)

1. 大模型典型应用

随着大模型技术的迅猛发展，人工智能相关研究领域正发生着重要的技术变革，大模型的典型应用如下。

(1) 自然语言处理。在自然语言处理领域，语言大模型作为一种通用的语言任务解决技术，能够通过特定的提示方式解决不同类型的任务，并且取得较好的效果。进一步，很多传统语言任务的研究意义正在衰减，甚至有些任务被宣告终结(如摘要任务)。研究范式开始全面转向语言大模型技术，研究人员的关注重点由解决特定任务迁移到如何进一步提升语言大模型的综合能力。

(2) 计算机视觉。在计算机视觉领域，为了更好地解决多模态或跨模态任务，研究人员正着力研发视觉-语言联合对话模型，例如 GPT-4 已经能够支持图文等多模态信息的输入。随着开源大模型的出现，构建多模态大模型的难度大大降低。通过将图像、视频等模态的信息与文本语义空间相融合，并利用计算量相对较少的微调方法，可以高效地研发出多模态大模型。进一步，基于下一个词元预测的思路可能带来多模态领域的基础模型架构的转变，例如 Sora 模型就是基于图像块序列建模的思路构建的。

(3) 信息检索。在信息检索领域，传统搜索引擎正面临着人工智能助手这一新型信息获取方式的挑战。基于语言大模型的信息系统允许用户通过自然语言对话来获得复杂问题的答案。2023 年 3 月，微软推出了基于大模型增强的搜索引擎 New Bing，将语言大模型与传统搜索引擎进行融合。2024 年 10 月，OpenAI 宣布在 ChatGPT 中加入了搜索功能，使其能够通过链接到相关网络资源提供快速且及时的回答。然而，当前的语言大模型信息系统在精确性与实时性方面仍有待提升，因此还无法完全胜任搜索引擎的角色。鉴于语言大模型与搜索引擎的各自优势，信息检索领域的研究重点正在转向两个新兴方向：一是开发能够增强检索性能的语言大模型；二是探索如何利用语言大模型来改进现有的搜索系统。

(4) 大数据分析与辅助决策。大模型在大数据分析与辅助决策方面的应用，标志着人工智能从基本的数据预测和模式识别，向更加复杂的决策制定和执行迈进。此类大模型能够分析和处理大量数据，通过学习历史信息和环境反馈，形成有效的决策策略。这种能力使得大模型在多个领域展现出巨大的应用潜力，包括但不限于自动驾驶、医疗诊断、公共服务等。例如，在自动驾驶领域，大模型可以通过分析道路条件、交通规则和其他车辆的行为，来指导车辆做出安全驾驶的决策；在应对突发事件如自然灾害、公共卫生危机时，大模型能够迅速整合多源数据，为决策者提供及时、准确的信息支持，助力科学决策和快速响应。

(5) 人工智能赋能的科学研究(AI4Science)。近年来，AI4Science 受到了学术界的广泛关注，大模型技术已经广泛应用于数学、化学、物理、生物等多个领域，基于其强大的表征和分析能力赋能科学研究。例如，数学家陶哲轩曾多次在社交网络上表示，他在数学科研中广泛使用语言大模型，用于辅助提供解题灵感甚至帮助撰写论文。此外，大模型也多次被证明在新材料发现、生物制药等方面能够起到一定的促进作用。随着训练数据规模与范围的不断扩展，大模型在未来将会在人类科学研究中扮演更为重要的角色。

(6) 产业应用。大模型技术为产业应用带来了变革性的影响，将会催生基于大模型的应用生态系统。例如，微软 365 利用基于语言大模型的人工智能助手 Copilot 来加强办公软件的自动化；OpenAI 推出了 Assistants API 和 GPTs（个性化的人工智能助手），旨在促进大模型 Agent 的研发，实现面向特定任务的求解工具。未来，将出现更多的以大模型为基础技术架构的科技应用产品，简化原本繁复的功能处理流程，加快软件研发周期，极大地改善用户体验。

2. 大模型应用的风险与挑战

大模型能力的迅速增长也为其落地应用带来了很多风险与挑战。

一方面，大模型的可靠性无法得到有效保障。例如，基于海量数据训练的语言大模型，尽管其生成的内容符合语言规则、通顺流畅且与人类偏好对齐，但在事实性、时效性方面等仍存在较多问题，尚无法对所生成内容做出可靠评估。目前 GPT-4 等模型仍然存在较严重的幻觉问题，即经常生成包含事实性错误、似是而非的文本，这严重影响了其在部分专业领域应用的可靠性。尽管通过接入搜索引擎、使用基于人类反馈的强化学习等手段可以显著降低模型生成的幻觉，但由于模型的黑箱性，有效识别模型的内部知识和能力边界仍是极具挑战性的未解难题。

另一方面，大模型还存在伴生技术风险。大模型的训练数据大量来自互联网上未经标注的文本/图像等，因而不可避免地引入了有害、不实或歧视性内容。此外，蓄意攻击者可能利用提示注入等手段欺骗模型产生错误的输出，从而干扰系统运行、传播虚假信息或进行其他非法活动。大模型利用海量的互联网数据进行训练，个人、企业甚至国家的敏感数据可能被编码进大模型参数中，因而存在数据隐私泄露风险。尽管当前已经可以通过数据清洗、强化学习与社会价值观对齐等途径显著提升大模型应用的安全性，但实际使用时安全性隐患仍难以杜绝。

尽管大模型技术已经取得了显著进展，但是对于它的基本原理仍然缺乏深入的探索，很多方面还存在局限性或者提升空间。

首先，大模型中某些重要能力（如上下文学习能力）的涌现仍然缺乏形式化的理论解释，需要针对大模型基础能力的形成原因进行深入研究，从而揭示大模型内部的工作机理。例如，尽管语言大模型的基本思想比较容易理解，但要形式化解释为什么通过简单的语言建模目标（预测下一个词元）训练得到的大模型能够解决各种复杂任务，仍然具有很大的挑战。为此，深入剖析大模型能力的学习机理已经成为学术界的重要研究目标。

其次，大模型预训练需要大规模的计算资源支持，研究各种训练策略的效果并进行可重复性的消融实验（用于评估模型各个组件或特征的重要性及其对模型整体性能的影响）的成本非常高昂。学术界难以获得充足的算力来系统性研究大模型；虽然工业界或者大型研究机构不断推出性能优异的开源大模型，但是这些模型的训练过程的开源程度还不够充分，很多重要的训练细节仍缺乏公开的研究报道。特别地，现有的大模型非常依赖于工程优化方法（如数据清洗等），但是这些技术还缺乏理论支撑。

第三，Transformer 由于具有良好的可扩展性，已经成为构建大模型的基础网络架构，但是基于 Transformer 的大模型存在训练成本高、推理速度慢等问题。为了进一步提高该架构的模型性能，研究人员对 Transformer 的各个模块进行了相关改进。然而，改进架构的性能还需要进一步的验证与优化。同时，探索架构改进的工作需要结合系统级别以及硬件级别的优化。

第四，让大模型充分与人类价值观或偏好对齐也是一项重要的挑战。尽管大模型已经具有较好的泛化能力，但是在特定场景下或者蓄意诱导下，仍然可能生成虚构、有害或具有负面影响的内容。这一问题随着模型能力的提升而变得更加难于解决。为了应对模型能力未来可能超越人类监管能力的情况，需要设计更为有效的监管方法来消除大模型应用的潜在风险。

总之，大模型技术的飞速发展，从架构演进统一到训练方式转变，再到模型高效适配，引发了机器学习范式的一系列重要革新，为通用人工智能发展提供了一种新的途径。从单一模态的语言大模型到语言、视觉、听觉等多模态大模型，大模型技术正在融合多种模态信息，实现多模态感知与统一表示，也将与知识图谱、搜索引擎、博弈对抗、脑认知等技术相互融合、相互促进，朝着更高智能水平和更加通用的方向发展。

9.5 本章小结

人工神经网络是一种旨在模拟人脑结构和功能的信息处理系统，具有并行和分布式的信息处理网络结构，知识存储在处理单元相互间的连接上，网络的学习体现为各神经元连接权值的动态调整过程。人工神经网络适合于处理拥有大量原始数据而不能显式地用规则或公式描述的问题，如模式识别、故障诊断、自动控制、联想记忆和数据挖掘等。人工神经网络模拟了生物神经网络的主要特点，具有容错性和联想能力以及自学习、自组织、自适应能力。通过增加隐层节点数目，人工神经网络的参数量可以任意增加，多层前馈神经网络可以逼近任意复杂度的连续函数，具有很强的数据拟合能力。而人工神经网络的主要缺点是具有"黑箱"性质，无法为其预测结果解释推理过程和依据。同时，具有复杂结构的人工神经网络容易出现过拟合现象。

浅层神经网络通常包含 1~2 个隐层，而一些传统的机器学习算法在某种程度上可以看作浅层神经网络的特例，如支持向量机和逻辑回归可以由单隐层或无隐层的人工神经网络来实现。近年来，随着数据的大量积累、计算能力的大幅提升以及学习算法的进步，训练深度神经网络成为可能。深度学习以深度神经网络为主要模型，基于数据进行表征学习。通过逐层特征变换，可以将样本在原空间的特征表示变换到新的特征空间，从而使分类或预测变得更容易。利用大数据来学习特征，能够更好地刻画数据的丰富内在信息。深度神经网络模型的种类非常多样，研究人员可以根据任务场景和数据特点来灵活地调整模型结构，使模型与应用场景更好地契合。

当然，深度学习中还存在很多问题有待解决，如网络规模过大导致的训练成本高、调参技巧如同"炼丹术"、难以融入先验知识、可解释性差、容易过拟合等。针对这些问题，研究人员进行了多种尝试。一种尝试是通过一些训练技巧，如正则化、随机失活等，在训练过程中适当降低网络复杂度，以防止过拟合。另一种尝试是发展新的优化算法。例如，Hinton(2022)试图发展不依赖误差反向传播的学习算法，如前向-前向算法，希望更好地模拟大脑皮层的学习并降低训练能耗。深度神经网络的可解释性研究也取得了一定进展，一方面试图在训练结束后，从不同角度对网络进行解释，包括网络特征可视化、输入单元重要性归因、博弈交互解释等(杨强等，2022)；另一方面研究可解释的神经网络，旨在从端到端的训练中直接学习可解释的表征，构建胶囊网络等可解释性更强的网络模型。

本章思维导图

思 考 题

9.1 简述人工神经网络的知识表示形式和推理机制，并举例说明。

9.2 讨论人工神经元模型与生物神经元在信息处理过程中的异同。

9.3 请从人工神经网络模型基本要素的角度分析 BP 神经网络的特点。

9.4 分析 BP 算法中梯度消失的原因及解决办法。

9.5 Hopfield 网络分为哪两类，二者的区别是什么？

9.6 简述逐层训练方法与 BP 算法的异同。

9.7 请列举几种典型的深度神经网络模型，说明它们的优缺点和适用条件。

9.8 2012 年 6 月，《纽约时报》披露了谷歌大脑项目，吸引了公众的广泛关注（Wilson，2012）。该项目由斯坦福大学教授 Ng 和 Dean 共同主导，用 16000 个 CPU 的并行计算平台训练深度神经网络模型。在没有给机器提供任何关于猫的形态信息的前提下，研究人员从 YouTube 中随机选取了 1000 万个视频短片，从每个视频中随机获取一个 200×200 像素的截屏，采用逐层训练模型和自编码解码校验方法，对这 1000 万幅图像进行特征提取。将抽象层次最高的用于形成物体判断的特征可视化时，竟然有一个特征是"猫"的面部图像。是否可以认为人工神经网络能够自动从数据中提炼出语义，它们与语义网络中节点所表示的概念是否相同？

9.9 说明卷积层中局部连接和权值共享的基本原理。

9.10 卷积神经网络中不同卷积层的感受野如何计算？

9.11 避免卷积神经网络训练过拟合的方法有哪些？它们之间的关系是什么？

9.12 分析全连接前馈神经网络、卷积神经网络和循环神经网络的异同。

9.13 由对抗样本引发的脆弱性问题是深度学习需要克服的一大障碍。对抗样本的存在表明深度神经网络倾向于依赖不可靠的特征来最大化分类性能，如果特征受到干扰，那么将造成网络误分类，可能导致灾难性的后果。为了应对对抗性攻击，需要对深度神经网络进行哪些优化设计？

9.14 某人工智能系统使用深度学习技术对图像进行分类，判断图像中哪些是狼，哪些是哈士奇（杨强等，2022）。在下图(c)所示的图像中，系统错误地把哈士奇当作狼。这是因为在选择训练数据时，大部分哈士奇的图像背景是草地，如下图(a)所示，而大部分狼的图像背景是雪地，如下图(b)所示。算法检测到这一明显区别，将其作为判断是狼还是哈士奇的主要依据，而不是专注于狼和哈士奇面部的一些细微区别。如果事前不知道训练数据中的背景区别，仅基于算法提供的分类结果，将很难发现算法是如何犯错的。在很多分类任务中都会遇到类似的问题，那么是否可以相信这样的系统？对于此类问题，应如何解决？

(a) 草地里的哈士奇　　　　(b) 雪地里的狼　　　　(c) 雪地里的哈士奇

9.15 简述用循环神经网络进行序列分析的基本过程。

9.16 现有深度神经网络模型对于人脑的模拟还比较初步，如人脑的视觉信息处理是分两个通道进行的，分别是 What 通道和 Where 通道。What 通道负责识别物体的大小、形状、颜色，而 Where 通道负责识别物体的空间位置。而现有的基于深度学习的图像识别没有将二者的信息加以区分。类似地，人脑的语言信息处理在布洛卡区和韦尼克区同时进行，分别负责语法和词汇。人的语言理解和生成是在两个脑区并行的。而现有的语言处理模型没有将二者分开。试讨论通过更好地模拟人脑结构和功能，是否有可能提升深度学习的学习效率。

练 习 题

9.1 对于两输入单输出的神经元，采用双极性阈值型函数 $f(x) = \text{sgn}(x)$ 作为激活函数，学习率 $\eta = 1$，3 个输入样本向量为 $U_1 = (1, -2)^T$、$U_2 = (1, -0.5)^T$、$U_3 = (0, 1)^T$，初始权向量为 $W(0) = (1, -1)^T$，试按 Hebb 规则进行网络训练，给出训练过程及结果。

9.2 已知对某函数进行采样得到的输入变量 P 和输出变量 T 如下。

$P = (-1, -0.9, -0.8, -0.7, -0.6, -0.5, -0.4, -0.3, -0.2, -0.1, 0, 0.1, 0.2, 0.3, 0.4, 0.5, 0.6, 0.7, 0.8, 0.9, 1)^T$

$T = (-0.9602, -0.577, -0.0729, 0.3771, 0.6405, 0.6600, 0.4609, 0.1336, -0.2013, -0.4344, -0.5000, -0.3930, -0.1647, 0.0988, 0.3072, 0.3960, 0.3449, 0.1816, -0.0312, -0.2189, -0.3201)^T$

请设计一个单隐层的 BP 网络来解决函数拟合问题，并描述网络设计和分析的过程。

9.3 利用 BP 网络来拟合非线性函数 $y = 0.5(1 + \cos x)$，通过编程实现网络参数训练过程，考察不同隐层节点数对于拟合效果的影响。

9.4 构造 8 个城市的坐标位置，采用 Hopfield 网络实现 8 个城市的旅行商问题求解，并给出仿真实验过程。

9.5 利用自组织特征映射网络对鸢尾花卉(Iris)数据集进行聚类分析。Iris 是一个公开数据集，包含 3 类鸢尾花的 150 个样本，每个样本包含 4 个属性，分别为花萼长度、花萼宽度、花瓣长度和花瓣宽度。数据下载网址为 http://archive.ics.uci.edu/ml/datasets/iris/。

9.6 设有如下输入和卷积核，补零为 1，步幅为 2，偏置为 0，请计算卷积运算后得到的特征图。

输入为

2	1	2	3
3	2	1	3
2	2	3	1
2	2	1	2

卷积核为

0	1
−1	0

9.7 设有如下输入，给定池化大小为 2×2，步幅为 2，请分别用最大池化法和平均池化法求池化后得到的特征图。

3	5	2	4
2	4	6	3
6	3	5	7
5	8	6	4

9.8 对例 9.7 中构建的卷积神经网络进行可视化，绘制其中三个卷积层和全连接层的特征图。

9.9 下载一幅手写数字图像并添加噪声，基于例 9.7 的卷积神经网络对原图像和加载噪声后的图像进行分类，考察噪声对于分类结果的影响，分析深度神经网络的脆弱性问题。

9.10 基于 AlexNet 模型的迁移学习，建立用于交通灯图像识别的卷积神经网络，计算分类准确率，实现对给定输入图像的分类。

9.11 利用卷积神经网络对 CIFAR-10 数据集进行分类。CIFAR-10 是由辛顿的学生 Sutskever 整理的一个用于物体识别的小型数据集，共包含 10 个类别的 RGB 彩色图像：飞机、汽车、鸟类、猫、鹿、狗、蛙类、马、船和卡车。该数据集包括 50000 幅训练图像和 10000 幅测试图像，图像尺寸为 32×32，下载地址为 http://www.cs.toronto.edu/~kriz/cifar.html。尝试采用不同的网络结构和超参数，包括网络深度、卷积核大小和数量、正则化系数、随机失活概率等，给出 10 倍交叉验证的分类效果。

9.12 使用循环神经网络模型构建人名分类器。以一个人名为输入，使用模型判断它最有可能是来自哪一个国家的人名，这在某些国际化公司的业务中具有重要意义，在用户注册过程中，将根据用户填写的名字为其分配可能的国家或地区选项，以及限制手机号码位数等。数据下载地址为 https://download.pytorch.org/tutorial/data.zip。

9.13 基于生成对抗网络为 MNIST 手写数字图像数据集生成新的样本。

第 10 章 Agent

随着人工智能技术的快速发展，很多软件或硬件系统具有了一定的自主能力，能够自行决定采取哪些行动来实现预先设计的目标。在人工智能研究中通常将这些系统称为 Agent。Agent 是行为主义学派中最重要的概念之一，是区别于其他学派的一个重要依据。Agent 概念具有很强的包容性，它将所有能够对环境进行感知和施加影响的个体包容到一个统一的概念框架下进行研究。Agent 可以是生命体，也可以是人造物，包括具有高度智能的人和初级智能的微生物、运行在物理空间中的各种机器人和驻留在网络空间与计算机上的智能程序，大大拓展了人工智能的研究范畴。同时，Agent 概念和技术为研究分布式人工智能提供了合理的概念模型，为解决分布式应用问题提供了有效途径。本章首先介绍 Agent 的基本概念、任务环境和程序，重点关注具有智能的理性 Agent，然后讨论多 Agent 系统的概念、组织结构、通信与协作。

10.1 Agent 基本概念

英语的"Agent"源于拉丁语的"agere"，意为"去做"，Agent 的英文本意是能够行动的某种事物。在人工智能领域，国内学者将 Agent 翻译为主体、智能体、智能代理等，尚无公认的统一译法。Agent 概念本身并不限定它是否智能或者智能程度如何，而智能体的翻译方式容易让人误解 Agent 一定是智能的，因此很多学者采取了比较谨慎的态度，选择沿用英文原文，本书也沿用英文原文。

10.1.1 Agent 定义

Agent 的概念最初由 Minsky(1986)提出，Agent 被认为是在社会中通过协商来进行问题求解的个体。此后，Agent 的概念被引入人工智能领域，并迅速成为研究热点。目前，学者对如何定义 Agent 存在一定争议。除了普遍认为自主性是 Agent 概念的核心之外，尚且没有达成太多的共识。这在一定程度上是因为 Agent 在不同应用领域往往需要具备不同的能力。例如，在语音识别、图像识别等推理规则不明确的应用中，Agent 需要具备从经验中学习的能力，而且是至关重要的；但是在水温调节等推理规则非常明确的应用中，学习能力就变得不那么重要。

下面给出人工智能学者关于 Agent 的两个定义，它们对人工智能特别是 Agent 技术的发展具有重要的指导意义。

定义 10.1 Agent 是能够通过传感器感知环境，并且通过执行器对环境产生影响的任何事物(斯图尔特·罗素等，2013)。目前，这是人工智能领域普遍接受的定义。

定义 10.2 Agent 是部署于一定环境中的计算机系统，为实现所设计的目标在环境中能够执行一些自主行动(Wooldridge et al., 1995)。这是计算机领域对 Agent 的开创性的定义。

定义 10.1 中的事物主要是指计算实体,如软件或者硬件。例如,打扑克或下象棋的计算机程序可以看作软件 Agent,而扫地机器人可以看作硬件 Agent。根据这个定义,在有些研究中也把人看作 Agent,人的传感器包括眼睛、鼻子等,执行器包括手、脚等。在定义 10.1 的基础上,将 Agent 在任何给定时刻的感知输入称为感知信息,将 Agent 接收到的所有感知输入的完整历史称为感知序列;将 Agent 执行器在给定时刻的操作称为动作,将要执行的多个动作组合起来称为动作序列。

定义 10.2 增加了关于 Agent 的新的理解:一是解释了 Agent 与设计者/用户的关系;二是表明 Agent 具有(一定程度上)独立的行动;三是强调 Agent 行动具有目的性。

关于 Agent 定义有两点需要注意:首先,这里给出的是 Agent 的定义,而不是智能 Agent 的定义;其次,这里没有限定 Agent 所处的环境类型,实际上 Agent 可以运行于很多不同类型的环境之中。

10.1.2 Agent 函数和 Agent 程序

Agent 与其所处的环境如图 10.1 所示,Agent 中的"?"部分可以看作 Agent 函数或 Agent 程序。Agent 函数是一种抽象的数学描述,它是从感知序列集合 P^* 到动作集合 A 的映射,即 $f:P^* \to A$。而 Agent 程序是 Agent 函数的一个具体实现,它以感知器获得的当前感知信息为输入,以执行器的动作选择为输出。Agent 程序与 Agent 函数的输入略有不同,Agent 函数以整个感知历史为输入,而 Agent 程序只把当前感知信息作为输入,如果行动决策需要依赖更多历史感知信息,那么需要将其存储下来。一个 Agent 函数可能对应多个 Agent 程序。Agent 程序将 Agent 函数编程实现并在物理平台上运行,与运行平台相关联。因此,Agent 的体系结构可以看作"物理平台+Agent 程序"。

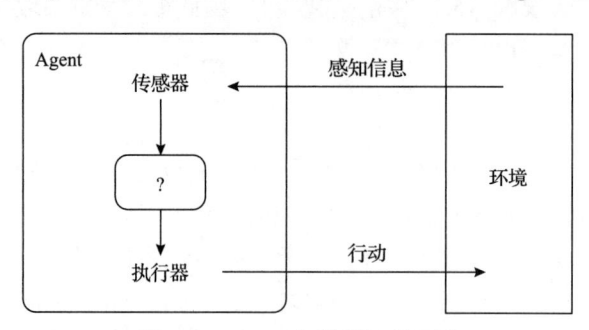

图 10.1 Agent 与其所处的环境

下面通过一个简单的吸尘器世界例子来说明 Agent 函数和 Agent 程序。如图 10.2(a)所示,一个吸尘器 Agent 所处的世界包括 A、B 两个房间。吸尘器 Agent 可以感知其处于哪个房间(A 或 B),以及该房间是否有灰尘(Clean 或 Dirty)。吸尘器 Agent 可以执行的动作包括:向左移动(Left)、向右移动(Right)、吸尘(Suck)、什么也不做(Noop)。因此,可以给出一个非常简单的吸尘器 Agent 函数:如果当前房间有灰尘,那么吸尘;否则,移动到另外一个房间。图 10.2(b)给出了该函数的部分映射关系。表格中可以定义每一种感知序列情况下 Agent 要执行的动作。图 10.2(c)给出了吸尘器 Agent 的表格型程序伪代码示例。该程序将当前获得的感知信息添加到存储的感知序列中，根据存储的表格查询感知序列下要执行的动作并返回。然后，将吸尘器 Agent 程序运行于搭建好的平台就可以让吸尘器在环境中执行任务。Agent 函数或者 Agent 程序可以运用人工智能技术（如搜索、推理、识别、博弈等领域技术或者多种技术的综合）具体进行设计。

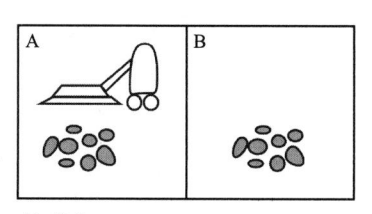

感知序列	行动
[A, Clean]	Right
[A, Dirty]	Suck
[B, Clean]	Left
[B, Dirty]	Suck
[A, Clean],[A, Clean]	Right
[A, Clean],[A, Dirty]	Suck
…	…

感知信息: location & contents, e.g., [A, Dirty]
行动: Left, Right, Suck, Noop

(a) 吸尘器Agent

(b) 吸尘器Agent函数

```
Function TABLE-DRIVEN-AGENT(percept) returns an action
    persistent: percepts, a sequence, initially empty
                table, a table of actions, indexed by percept sequences,
                    initially fully specified
    append percept to the end of percepts
    action ← LOOKUP(percepts, table)
    return action
```

(c) 吸尘器Agent的表格型程序伪代码

图 10.2　吸尘器 Agent 的概念、函数和程序

10.1.3　理性 Agent

本节通过理性 Agent 的概念来介绍如何评价 Agent 是否智能。在日常生活中，提到"理性"一词，首先可能想到的是"要理性做事，不要感情用事"。但是，在人工智能领域中，"理性"是从技术角度来使用的一个术语，可以看作对智能的一种具体化描述。一些人工智能学者用理性 Agent 来描述一类具体的智能 Agent，并将其作为在当前技术背景下研究的主要对象。

理性Agent

理性 Agent 是对于每个可能的感知序列，在给定感知信息和先验知识的基础上，选择能使其性能度量的期望最大化的行动的 Agent。性能度量用来衡量 Agent 行动令人满意的程度，需要根据设计者或者用户的需求来设定，如吸尘器 Agent 单位时间内清理的灰尘量或者某段时间内房间的平均清洁程度等。理性 Agent 会尽可能最大化地实现预先设定的性能度量，而不管这个性能度量是否合理。例如，可以设计一个理性 Agent，用来尽可能多地清洁灰尘；也可以设计另外一个理性 Agent，尽可能地把地面弄得更脏。

理性不等同于全知（能预知行动的实际结果），也不要求理性 Agent 拥有"上帝视角"。即使面对信息掌握不完全的情况，理性 Agent 也可以理性行动或者表现良好。理性也不等同于完美（实际性能度量最大化），理性 Agent 寻求性能度量的期望最大化，而单次行动的结果可能是不确定的。假设吸尘器 Agent 感知到"当前 A 房间很干净"并决定"去 B 房间看看"（看看是否干净以及是否需要清扫），而当吸尘器 Agent 刚移动到 B 房间时，房顶的吊灯掉下来把吸尘器砸扁了。尽管这样的结果不是我们希望的，但是并不能说 Agent 的这些行动就不理性。也就是说，理性 Agent 基于本身的经验和知识努力去做到最好，但是并不保证能够成功。在信息不完全的情况下做决定很难总是达到非常好的效果。因此，Agent 经常需要收集环境信息，在未知环境中进行探索和学习，然后再做决策。如果某 Agent 过度依赖设计者赋予的先验知识，那么该 Agent 被认为缺乏自主性。理性 Agent 应该是自主的，能够通过不断学习来弥补不完整的信息或不正确的先验知识，以适应环境。

10.1.4 研究 Agent 的意义

近年来，Agent 相关研究在人工智能领域逐渐成为主流。研究 Agent 的意义主要体现在以下几个方面。

(1) Agent 的原意是代理，行为主义采用 Agent 作为研究中智能个体的代名词，符合人类研究人工智能的初衷，就是要让机器能够替代或辅助人类的某些智力活动。例如，工业机器人广泛用于工业现场，极大地提高了生产效率和产品质量；服务机器人逐步走向各行各业，替代人们完成一些危险的、枯燥的、肮脏的工作；各种智能软件在网络空间辅助或者替代人类处理各种事务，包括股票交易代理、电话语音助手、网络数据爬虫等。

(2) Agent 强调智能的外在表现，只要 Agent 的行动决策能够实现某种性能度量期望最大化，就可以认为该 Agent 的行动是理性的，也就是具有智能。可以采用符号主义的知识表示和逻辑推理方法，也可以用连接主义的人工神经网络实现从输入（感知信息）到输出（行动）的映射，或者采用其他方法。因此，摆脱了实现人工智能必须采用仿人理性思维或者仿神经系统结构与信息处理机制的仿生学局限，为探索全新的人工智能实现途径奠定了思想基础。

(3) Agent 为人工智能的各个研究领域提供了统一的框架。基于 Agent 概念的人工智能统一研究框架如图 10.3 所示，Agent 就像一个概念的容器，可以将人工智能研究的各个分支包含进去。Agent 是一个单体，其智能涉及感知智能、认知智能、行动智能三个方面。感知智能涉及模式识别、机器视觉、语音识别、文本识别、机器翻译等；认知智能需要实现感知到行动的映射，涉及知识表示、专家系统、机器学习、智能规划、智能决策等；行动智能主要是实现 Agent 对复杂环境的适应性，体现在智能控制等方面。在多 Agent 环境中，Agent 之间存在合作、竞争或对抗的关系，对应于群体智能和对抗博弈等研究领域。Agent 与人之间存在共生与合作的关系，形成了人机交互、人机协同等混合智能研究领域。

(4) Agent 的概念关注整体，强调交互，蕴含学习与进化，体现了人工智能的发展方向。Agent 在运行过程中，不断地感知环境并对环境施加作用，这构成了 Agent 的亲身体验，而这种体验会不断地修正 Agent 的内建环境模型，从而改善 Agent 感知与行动之间的映射关系。人类不可能为 Agent 设计所有的行动模式，只有赋予 Agent 学习与进化能力，才能打破人类为其预设的能力界限，使其更加适应动态、不确定的开放环境。

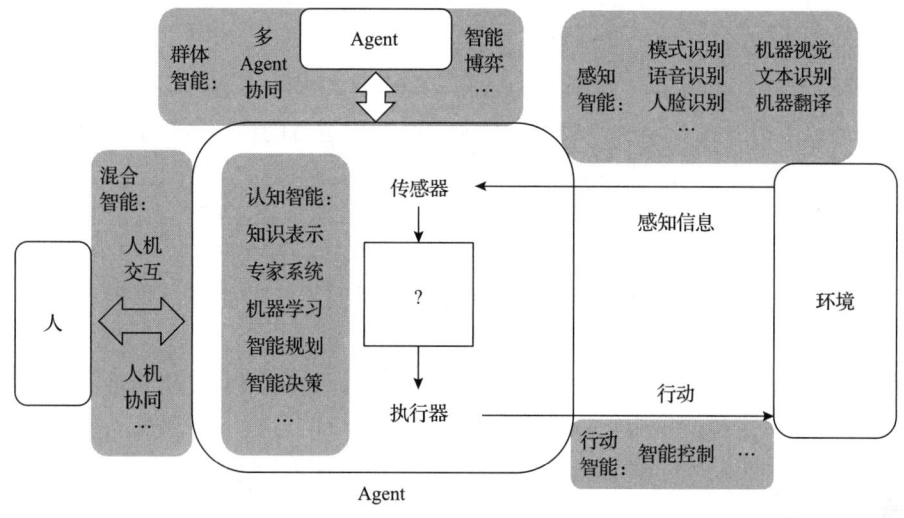

图 10.3 基于 Agent 概念的人工智能统一研究框架

10.2 Agent 任务环境

本节介绍 Agent 任务环境。针对 Agent 所要解决的问题，设计理性 Agent 的第 1 步是描述该问题的任务环境。描述任务环境可以明确待求解的"问题"，而设计理性 Agent 的过程是对该问题"求解"的过程。本节首先介绍任务环境的具体要素和描述方法，然后分析任务环境的属性。

10.2.1 任务环境描述方法

任务环境可以通过四个方面的要素进行描述：性能、环境、执行器、传感器，归纳起来为 PEAS（performance, environment, actuator, sensor）。其中，传感器和执行器分别对应图 10.1 中 Agent 感知信息和行动两个部分；环境对应图 10.1 中的环境部分；性能对应 10.1.3 节中介绍的理性 Agent 的性能度量。

以吸尘器 Agent 为例，可以通过如下 PEAS 对其进行描述。
P：能够自动地执行吸尘任务以保持房间的干净，同时满足省电的要求。
E：布局确定的房间，以及可能随机出现的垃圾。
A：能够使其在房间中移动的行走机构以及吸除垃圾的吸尘机构。
S：能够感知自身位置的定位传感器以及采集图像的摄像头。

根据该描述，可以设计一款具有基本功能的吸尘器 Agent。进一步，如果希望通过升级使其具备更强大的功能、行为更加友好、环境适应能力更强，那么可以在 PEAS 中增加一些要素。例如，在 P 中增加避免打扰主人，在 E 中考虑房间中可能存在随意摆放的物品以及自由活动的人或宠物，在 A 中增加能够自动充电的装置，在 S 中赋予它访问室内其他房间中摄像头的能力,从而有可能设计出一款更加智能的吸尘器 Agent。它只在没有人的房间或主人不在家时工作,工作时可以避开障碍物,电量快耗尽时能够自动充电,制定比较高效的工作流程,从来不会向干净的房间空跑。

如果要设计一款出租车自动驾驶 Agent,那么可以利用 PEAS 对其进行如下描述。

P:在道路上行驶的安全性、快速性,能否准确到达目的地,运行的盈利额,驾驶行为的合法性,乘客乘坐的舒适性等。

E:行驶的城市街道或高速公路、道路上的交通状况、路上的行人、出租车的乘客、天气等。

A:驾驶汽车所需的方向盘、油门、刹车,向道路上行驶的其他车辆和行人示警的喇叭、车灯,与车上乘客进行交互的扬声器与显示器等。

S:感知道路状况的摄像头、雷达,感知自身状态的加速度计、里程计、GPS 信号接收器和各种内部状态检测仪表,以及接收乘客发送指令的触摸屏、麦克风和键盘等。

类似地,如果要设计一款能够帮助客户完成网络购物的 Agent,那么可以利用 PEAS 对其进行如下描述。

P:客户的满意度,包括交互的友好性、推荐商品的准确性(符合客户要求)、响应的及时性、隐私与支付的安全性等。

E:网络空间中的各个网购平台、支付平台、物流平台,以及它所服务的顾客。

A:能够执行网络平台相应操作的手段,以及向客户发送信息的扬声器与显示器等。

S:能够访问网络平台相应操作的手段,以及接收客户信息的触摸屏、麦克风、键盘等。

实际上,采用 PEAS 描述 Agent 任务环境并没有一个标准的答案,取决于具体的任务和需求。尽管 PEAS 没有给出 Agent 的具体设计方案,但是给出了期望设计的 Agent 的需求说明和总体性的描述。不同任务环境所对应的 Agent 设计通常有很大的区别,例如,在城市道路上行驶的出租车自动驾驶 Agent 和在高速公路上行驶的货车自动驾驶 Agent 就差别很大。PEAS 中的每一个要素都将影响到 Agent 的设计,涉及不同的人工智能技术,决定了 Agent 的不同行动模式。

10.2.2 任务环境属性

在真实世界中,Agent 所面临的任务环境是多种多样的,可以根据不同属性从多个维度对这些任务环境进行分类。对于具有相同任务环境属性的一类问题,可以考虑使用相似的人工智能技术进行求解。下面列出一些具体的属性维度。

Agent的任务环境类型

1. 完全可观测与部分可观测

如果 Agent 的传感器在每个时刻均可获得环境的完整状态,那么该任务环境是完全可观测的;否则是部分可观测的(一般不会出现完全不可观测的情况)。例如,下象棋或下围棋时,Agent 可以随时看到当前游戏的完整局面,该任务环境是完全可观测的;在吸尘器世界中,如果 Agent 只能看到所处房间的清洁程度而看不到其他房间的情况,那么该任务环境是部分可观测的。

2. 确定的与随机的

如果环境输出的下一个状态完全由当前状态和 Agent 执行的动作所决定，那么该环境是确定的；否则，是随机的。对于吸尘器 Agent，环境中可能随机出现垃圾，且执行一次清扫动作后不能完全确定会清扫干净，因此其所处的环境是随机的。

3. 片段式与延续式

如果 Agent 执行任务的过程可以被分为若干个片段，每个片段中动作序列的选择仅依赖片段本身，而与其他片段无关，那么该任务为片段式任务。如果 Agent 执行的某个动作不仅对当前片段有影响，而且对后续片段也会产生影响，需要将各个片段整体考虑，那么该任务为延续式任务。使用机器学习 Agent 进行图像分类是典型的片段式任务，这是因为对每幅图像进行分类都可以看作一个片段，而不同片段之间是独立的；使用搜索 Agent 进行路径规划是典型的延续式任务，这是因为到达目标状态的动作序列往往由若干个不同片段的动作组合而成，当前动作会对后续动作的选择产生影响。

4. 静态的与动态的

如果在 Agent 计算的同时环境会发生变化，那么该任务环境是动态的；否则是静态的，例如，下围棋的任务环境是静态的，因为游戏规则允许有一定时间进行思考，此时棋局维持不变的状态；而网络购物的任务环境是动态的，这是因为在 Agent 计算如何选择商品时，网络平台上的某个商品可能已经被其他顾客买走。

5. 离散的与连续的

如果系统对状态、时间、感知信息和 Agent 的动作都做了离散化处理，那么该任务环境是离散的；否则，是连续的。例如，围棋 Agent 的状态和动作均可以用离散值表示，因此下围棋的任务环境是离散的；出租车自动驾驶 Agent 的速度、位置等传感器数据和转动方向盘的角度等动作数据是连续值，因此出租车自动驾驶的任务环境是连续的。

6. 单 Agent 与多 Agent

如果 Agent 进行动作选择时需要考虑环境中的其他 Agent，那么该任务环境是多 Agent 环境；否则，是单 Agent 环境。将环境中存在的某个实体是处理成 Agent 还是看作环境的一部分，主要取决于该实体的行动是否需要寻求性能度量最大化，而其性能度量依赖其他 Agent 的行动，如果是，则需要将该实体处理成 Agent；否则，将其看作环境的一部分。例如，主动避让出租车自动驾驶 Agent 的其他车辆需要处理为 Agent，而建筑和树木可以看作出租车自动驾驶 Agent 所处环境的一部分。

7. 已知的与未知的

如果 Agent 已知环境运行的"物理法则"或环境的变化规律，或者 Agent 拥有对于任务环境足够多的知识,那么该任务环境是已知的;否则,是未知的。在已知环境下,Agent 所有动作的结果(对于随机环境,是指结果的概率)是给定的。例如,魔方游戏中执行每个动作后将会出现的情况都是已知的,其任务环境是已知的;当出租车自动驾驶 Agent 到达一个新的城市且不掌握该城市道路地图时,其任务环境是未知的。

需要注意的是,这里给出的任务环境属性维度只是一种便于研究而进行的划分,在其他书籍或文献中可能有不同的描述方式。表 10.1 给出了 4 种典型 Agent 的任务环境属性。这里的吸尘器 Agent 如 10.1.2 节所描述,系统对其所处位置和动作进行了离散化处理,因此其任务环境是离散的。

表 10.1　4 种典型 Agent 的任务环境属性

任务环境	魔方 Agent	吸尘器 Agent	出租车自动驾驶 Agent	网络购物 Agent
完全可观测或部分可观测	完全可观测	部分可观测	部分可观测	部分可观测
确定的或随机的	确定的	随机的	随机的	随机的
片段式或延续式	延续式	延续式	延续式	片段式
静态的或动态的	静态的	动态的	动态的	动态的
离散的或连续的	离散的	离散的	连续的	连续的
单 Agent 或多 Agent	单 Agent	单 Agent	多 Agent	单 Agent /多 Agent
已知的或未知的	已知的	已知的/未知的	已知的/未知的	未知的

10.3　Agent 程序类型

在任务环境描述的基础上,可以设计理性 Agent,其核心工作是通过 Agent 程序实现从感知信息到行动的映射。Agent 程序可以分为由简单到复杂的如下几种类型:简单反射 Agent、基于模型的反射 Agent、基于目标的 Agent、基于效用的 Agent 和学习 Agent。

Agent 的基本类型

10.3.1　简单反射 Agent

简单反射 Agent 仅基于当前感知信息进行动作选择,不考虑其感知历史。Agent 内部保存了一个根据任务环境创建的条件-动作规则表。条件-动作规则以当前感知信息为规则的条件,以将要采取的动作为规则的结论。简单反射 Agent 程序结构如图 10.4 所示,Agent 根据当前状态进行条件匹配,然后按照相应的规则行动。简单反射 Agent 通常要求环境是完全可观测的,其在部分可观测环境中运行时经常不可避免地陷入无限循环中。简单反射 Agent 无法处理部分可观测的、动态的、随机的、延续式的任务环境。

简单反射 Agent 程序伪代码如图 10.5(a)所示,按照此伪代码设计的吸尘器 Agent 的程序如图 10.5(b)所示。该程序并没有维护历史感知信息,而是仅根据当前感知信息来选择要执行的动作。若当前状态下房间有灰尘(status=Dirty),则执行吸尘动作(Suck);否则,判断 Agent 所处位置,若当前 Agent 位于 A 房间(location=A),则执行向右移动的动

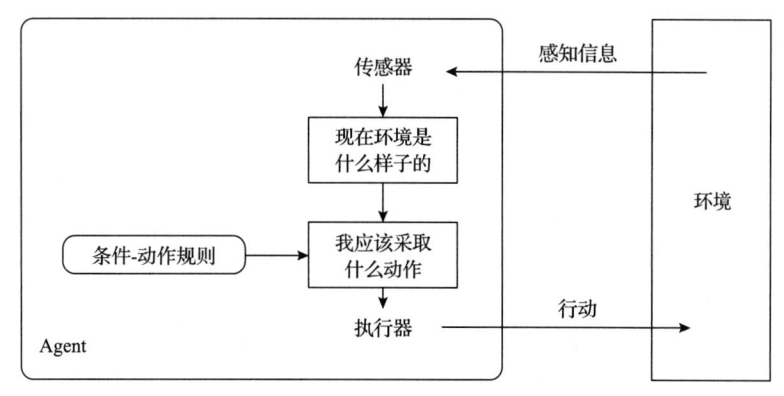

图 10.4　简单反射 Agent 程序结构

```
Function SIMPLE-REFLEX-AGENT(percept) returns an action
    persistent: rules, a set of condition–action rules

    state ← INTERPRET-INPUT(percept)
    rule ← RULE-MATCH(state, rules)
    action ← rule.ACTION
    return action
```

(a) 简单反射Agent程序伪代码

```
Function VACUUM-AGENT(location, status) returns an action
    If status= Dirty then return Suck
    else if location= A then return Right
    else if location= B then return Left
```

(b) 简单反射吸尘器Agent程序

图 10.5　简单反射 Agent 程序伪代码及实现

作(Right),若当前 Agent 位于 B 房间(location=B),则执行向左移动的动作(Left)。通过运行该程序,Agent 在不同房间之间来回移动,看到地面脏了就清洁。又如,设计出租车自动驾驶 Agent 时,建立"IF 前面有障碍物 THEN 转方向盘"等条件-动作规则,当遇到障碍物时,Agent 可能反复地转方向盘。简单反射 Agent 不需要对环境模型的完整描述,其程序简洁,执行速度快,但是无法应对随机性的和动态性的任务环境,智能水平往往很有限。

10.3.2　基于模型的反射 Agent

处理部分可观测环境的有效途径是让 Agent 跟踪记录现在看不到的那部分环境,即 Agent 应该根据感知历史维持内部状态,从而部分反映出当前状态未包含的信息(形成关于不可观测环境状态的某种预期或信念)。这要求 Agent 在程序中加入两种类型的知识:一是环境是如何独立于 Agent 而发展的知识;二是 Agent 的行动如何影响环境的知识。

与简单反射 Agent 相比,基于模型的反射 Agent 在程序内部存储了一个描述环境如何演化、执行动作会有什么效果的模型,利用关于环境的知识和模型来决定动作选择。基于模型的反射 Agent 将历史感知信息存储下来,基于历史和当前的感知信息获得更新的环境状态,因此能够应对部分可观测的任务环境。基于模型的反射 Agent 程序结构如图 10.6 所示,在部分可观测的环境中,Agent 无法完全确定当前状态,但是它可以根据内部模型跟踪环境的当前状态,然后按照与简单反射 Agent 相同的方式选择动作。基于模型的反射 Agent 适用于部分可观测的、动态的、片段式的任务。

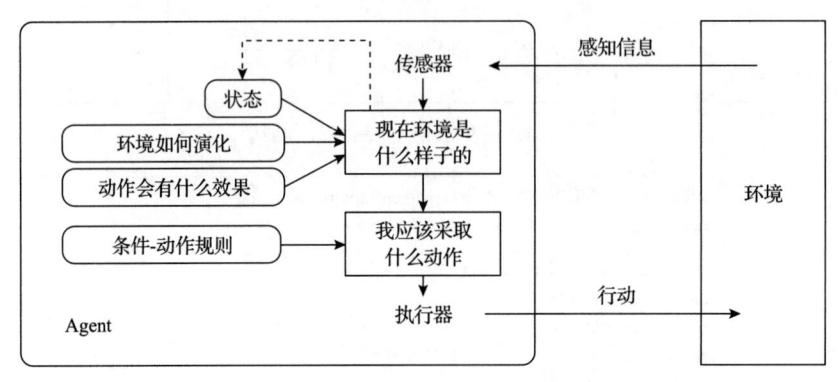

图 10.6 基于模型的反射 Agent 程序结构

基于模型的反射 Agent 程序伪代码如图 10.7 所示。在吸尘器世界中,简单反射 Agent 在不同房间之间来回移动,看到地面脏了就清洁,一直运行而不休息;而基于模型的反射 Agent 隐含着存储有一个房间清洁程度如何随时间变化的模型,可以基于该模型在一定程度上预测不同房间的当前清洁程度,然后据此进行动作选择。类似地,设计出租车自动驾驶的基于模型的反射 Agent,可以将如下知识作为模型的一部分。

(1) IF 前方正在施工 THEN 车道数量减少。
(2) IF 车道数量减少 THEN 堵车。
(3) IF 堵车 THEN 追尾频发。
(4) IF 追尾频发 THEN 危险。
(5) IF 危险 THEN 松油门。

```
Function MODEL-BASED-REFLEX-AGENT(percept) returns an action
    persistent: state, the agent's current conception of the world state
                model, a description of how the next state depends on
                       current state and action
                rules, a set of condition–action rules
                action, the most recent action, initially none
    state ← UPDATE-STATE(state, action, percept, model)
    rule ← RULE-MATCH(state, rules)
    action ← rule.ACTION
    return action
```

图 10.7 基于模型的反射 Agent 程序伪代码

如果某个出租车自动驾驶 Agent 在所处环境中识别出"前方正在施工",那么通过与模型中的知识进行多次匹配与推理,可以得到"松油门"的动作。

10.3.3 基于目标的 Agent

在 Agent 进行决策时，有时只知道当前环境状态是不够的，例如，作为出租车自动驾驶 Agent，不仅需要知道当前路况和交通规则，还需要基于目的地的位置进行动作选择。基于目标的 Agent 进一步扩展了基于模型的反射 Agent 的功能，利用目标信息进行动作选择。基于目标的 Agent 程序结构如图 10.8 所示，Agent 既跟踪记录环境的状态，又记录它要执行的任务的目标，并选择能够达成目标的动作。状态空间搜索 Agent 就是一种基于目标的 Agent，可以根据设定的目标和搜索策略，找到能够达成目标的动作序列。基于目标的 Agent 适用于部分可观测的、动态的、连续式任务。

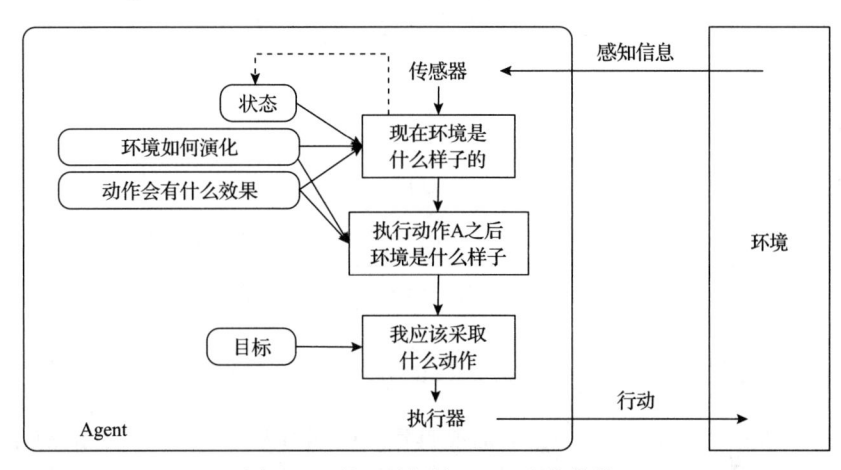

图 10.8 基于目标的 Agent 程序结构

基于目标的 Agent 做出的决策与基于条件-动作规则所做出的决策有所不同，它需要考虑执行动作之后可能出现的状况以及对于目标的达成度。基于目标的 Agent 需要进行规划或搜索，效率较低，但是更加灵活，支持其规划和决策的知识被显式表示且可修改，还可以通过修改目标来自动地生成新的动作序列，而反射 Agent 在改变目标时通常需要修改大部分的条件-动作规则。

10.3.4 基于效用的 Agent

在很多任务中，仅考虑目标往往不足以决策出高品质的行动。例如，虽然存在多条路线可以让出租车到达目的地，但是有些路线更快、更安全或者更便宜。此时，需要引入效用函数来评估不同动作的好坏，这比直接基于目标的方法更加通用和灵活。能否到达目标是动作令人满意或不满意的二值函数，而效用函数是有具体量化能力的性能度量函数，例如，在状态空间搜索任务中，可以使用待扩展节点的代价评估函数作为相应操作算子的效用函数。

基于效用的 Agent 程序结构如图 10.9 所示，其使用关于环境的模型以及对于各环境状态偏好程度的效用函数，选择导致最大(期望)效用的动作。最大期望效用是指当 Agent 处于随机环境中时，其执行某动作后可能出现的所有结果状态的加权平均效用值，权值由结果状态出现的概率确定。与基于目标的 Agent 相比，基于效用的 Agent 可以更好地表达除了目标之外的具体性能度量，以应对部分可观测和随机的任务环境，做出理性决策。同时，当任务有多个目标需要达成，而各目标的重要性不同或目标间有冲突时，效用函数可以在多目标之间进行适当的折中。

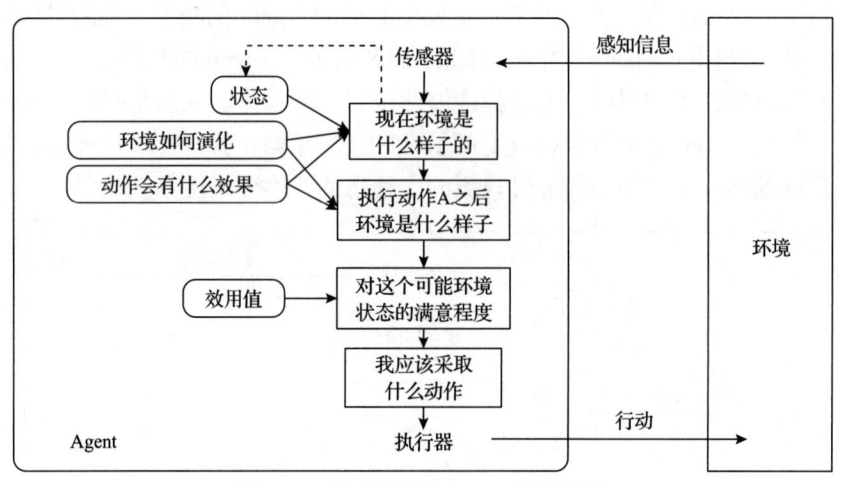

图 10.9　基于效用的 Agent 程序结构

10.3.5　学习 Agent

在一些未知的任务环境中，Agent 需要具备一些学习能力。与只具有最初知识相比，学习 Agent 能够通过学习来获取和更新知识，更好地胜任要执行的任务。图 10.10 给出了学习 Agent 程序结构。其中，评估部件对 Agent 动作进行评估反馈；学习部件根据评估反馈决定应该如何修改性能部件，以便做得更好；性能部件可以采用前面介绍的其他几种类型的 Agent 程序来实现，如基于目标的 Agent 或基于效用的 Agent，基于感知信息决定采取什么动作；问题产生器生成一系列探索性的动作供 Agent 学习使用。

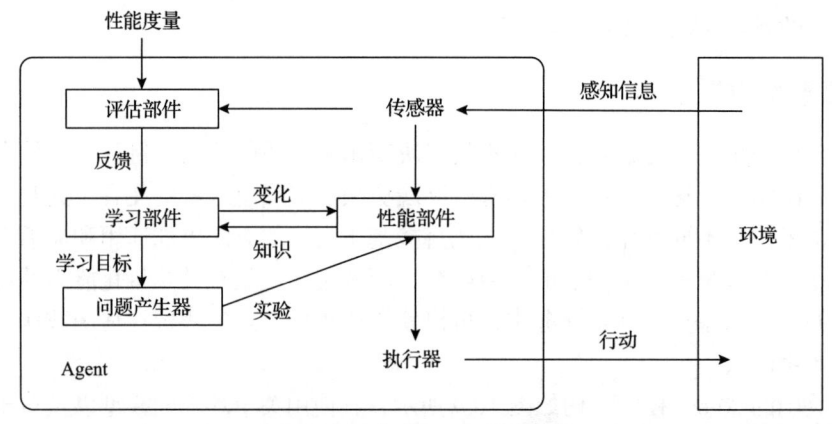

图 10.10　学习 Agent 程序结构

以出租车自动驾驶 Agent 为例，其性能部件决定什么时候采取什么动作，如遇到障碍物时转向、拐弯或变道等。评估部件得到关于这些动作效果的评估，并反馈给学习部件。学习部件改进出租车自动驾驶 Agent 的性能部件。问题产生器将为了提高驾驶性能提议一些探索性实验，如在对新车的驾驶性能不甚了解的情况下，可以通过如下方式进行学习：设置刹车实验，学习在某种速度下用某种力度踩刹车，刹车距离是多少，从而更新内部模型参数或者条件-动作规则。强化学习 Agent 就是一种基于学习的 Agent，在环境中以试错的方式进行学习，通过与环境交互获得奖励指导行动，从而使 Agent 获得最大的累积奖励。

从另外一个角度看，学习 Agent 包括了感知-行动回路和学习回路。感知-行动回路，可以用前面介绍的任何一类 Agent(简单反射 Agent、基于模型的反射 Agent、基于目标的 Agent 或基于效用的 Agent)的方式来工作。学习回路根据性能度量对感知-行动回路效果进行评估，如果效果好，那么继续工作；如果效果不好，那么需要对性能部件进行参数调节；如果参数调节后效果仍不好，那么通过问题产生器对性能部件进行结构性的调整。学习 Agent 能够在初始未知的环境中运行，并通过探索做出更好的决策。

10.4 多 Agent 系统

尽管理性 Agent 具有自主性、交互性、反应性等智能特性，但是单个 Agent 解决问题的能力有限，很难完成分布式和异构情况下的复杂问题求解。就如同一个人通常无法离开集体和社会而单独存在一样，在很多实际应用中需要部署多个 Agent。这些 Agent 通过交互和共同行动来实现某个目标，组成了多 Agent 系统(multi-agent system, MAS)。

10.4.1 多 Agent 系统的概念

MAS 是由多个交互的理性 Agent 组成的系统，包含了在环境中同时进行感知和行动的一组 Agent。个体 Agent 在 MAS 中变得更有效，因为它可以集中精力完成自己能力范围内的任务，将其他任务委托给其他 Agent，利用沟通能力和协调能力来实现目标。例如，在物流系统中，可以协调和综合使用不同的运输方式，实现属于不同所有者的货物的运输和存储。又如，在交通系统中，可以将每个信息收集设备(如摄像头)看作一个 Agent，协调它们的监控行为，以实现最大范围的监控覆盖。

MAS 通常并不能简单看作其所有 Agent 的总和，因为这些 Agent 的行动常常会互相影响。设想行驶在道路上的很多出租车自动驾驶 Agent，如果每个 Agent 都只追求自己的性能度量最大化(尽快由初始位置到达目标位置)而忽略其他 Agent 的行动，那么很快就会发生交通事故或者出现交通堵塞。由此可见，有必要以某种方式来组织这些 Agent。尽管有些组织结构可以从 Agent 之间的交互中自然产生，但是在大多数情况下需要建立专门的组织结构来管理系统中 Agent 的行动，以更好地发挥各 Agent 的性能。

MAS 中 Agent 之间的交互可以是合作的，也可以是自私的。换而言之，Agent 之间可以共享一个共同的目标(如蚁群的行动目标)，也可以分别追求自己的利益(就像在自由市场经济中一样)。在合作的情况下，所有 Agent 协作以实现一个共同目标且所有 Agent 共享这个目标。自私 Agent 之间的交互通常使用基于拍卖或其他资源共享机制的协调技术。本节主要考虑合作的情况，Agent 之间的通信和协作是合作情况下 MAS 的基本要素。通信是 Agent 之间交互和协作的基础。协作是 Agent 之间保持行动协调的过程，是保证 MAS 有效运行的关键。

10.4.2 多 Agent 系统的组织结构

MAS 组织结构指定了系统中各 Agent 之间的信息共享关系和控制关系，即各 Agent 以什么样的形式组织起来，每个 Agent 具有什么样的结构来共同完成系统任务。MAS 组织结构刻画系统中 Agent 之间的相互依赖关系，反映系统中信息的存储和共享方式、问题求解能力的分布模式等。图 10.11 是标准 MAS 组织结构图，其中，不同的 Agent 有不同的作用范围，有些作用范围可能重叠。各 Agent 影响范围的重叠表示 Agent 的活动之间存在依赖关系，需要建立合适的交互框架进行协调。

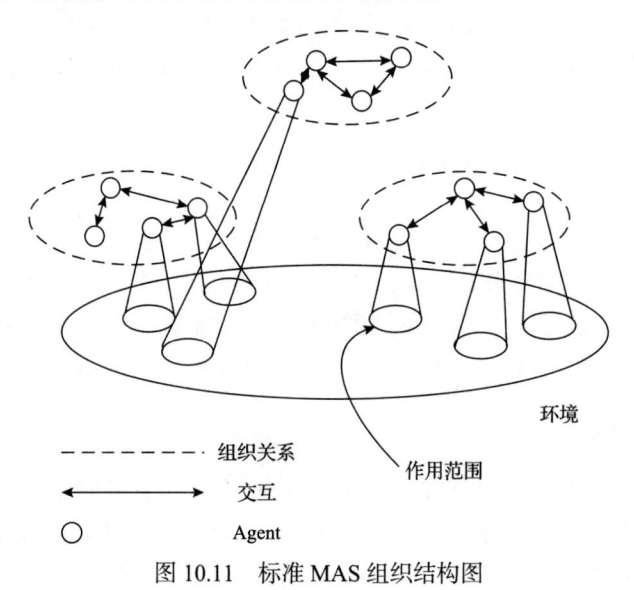

图 10.11 标准 MAS 组织结构图

典型的 MAS 组织结构包括完全集中式结构、完全分布式结构、分层结构、合弄结构、联盟结构等。这些组织结构之间不是完全独立的，在实际系统中可以综合使用。

1. 完全集中式结构

完全集中式的 MAS 组织结构如图 10.12 所示，MAS 中有一个全局控制 Agent，具有全局的决策能力和权威，与其他 Agent 之间存在一种主从关系。完全集中式的 MAS 组织结构的优点是全局控制 Agent 可以快速有效地将命令发送给所有 Agent，减少了 Agent 之间由协商产生的通信开销，降低了系统的复杂性。完全集中式的 MAS 组织结构的缺点是：对全局控制 Agent 要求较高，如果系统中 Agent 数目过多，那么得到一个全局一致的行动规划是极为困难的；系统高度依赖全局控制 Agent，全局控制 Agent 的故障将导致整个任务的失败，鲁棒性不足。因此，完全集中式结构不适合动态的、未知的环境，适用于系统规模较小、静态的、已知的任务环境。

第 10 章 Agent

图 10.12 完全集中式的 MAS 组织结构

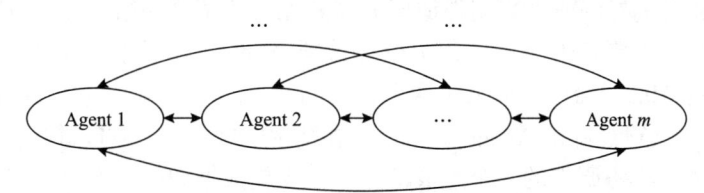

2. 完全分布式结构

完全分布式的 MAS 组织结构如图 10.13 所示，MAS 中所有 Agent 是彼此间完全平等、独立自治的关系，需要合作时 Agent 之间直接进行点对点通信。完全分布式的 MAS 组织结构的优点是：可以充分发挥各 Agent 的自治能力，可扩展性强；每个 Agent 的行动只依赖自己和与其有通信关系的邻居 Agent 的局部信息，降低了任务难度；部分 Agent 的失效不会影响整个系统的性能，对于恶劣环境的容错性更强。完全分布式的 MAS 组织结构的缺点是：系统依赖复杂的控制策略来协调和优化任务的执行，要求 Agent 有较强的通信能力或自适应能力，适用于规模大、基础通信技术容易实现的系统。

图 10.13 完全分布式的 MAS 组织结构

3. 分层结构

分层结构是最早提出的 MAS 组织结构之一，已经应用于大量的分布式问题求解。在分层结构中，Agent 以典型的树状结构排列。在树状结构的不同层次上 Agent 具有不同的自主等级。来自较低层 Agent 的局部信息通常向上传递至较高层的 Agent，而控制信息或监督信息从较高层 Agent 传递至较低层 Agent。图 10.14 显示了一个典型的三层 MAS 组织结构示例，其中 A1 至 A10 表示 10 个 Agent，第一层为最高层，第三层为最低层。

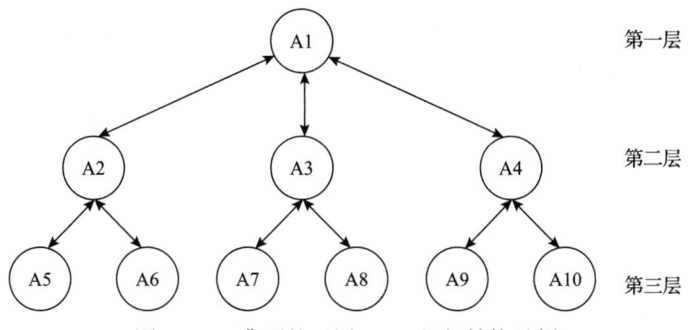

图 10.14 典型的三层 MAS 组织结构示例

4. 合弄结构

合弄(holon)，即子整体，既是独立自主的个体，又是相互协作的整体。就像人体细胞和器官一样，细胞既是独立自主的个体，又通过相互协作构成器官。合弄概念最早用来解释生物的社会行为，之后，合弄的层次结构及其交互模式被用于大型制造业和商业领域的行为建模。在 MAS 中，合弄是包含若干个子结构合弄的稳定结构，每个合弄保留一定的自治权，同时本身也是更大框架的一部分，从而把管理职责分散到不同的角色之中。

在合弄结构的 MAS 中，一个表现为单一实体的 Agent 可能是由很多子 Agent 通过承诺约束在一起共同构成的。子 Agent 不受硬性约束或预定义规则约束，而是通过承诺约束。承诺约束是指所有参与的 Agent 在合弄之内所同意的约束关系。虽然合弄结构看起来与分层组织结构较为相似，但是在合弄结构中允许交叉和重叠的存在，而且允许某些 Agent 属于不同的合弄。

每个合弄需要指定或选择一个能与环境和其他 Agent 通信的首领 Agent。首领 Agent 的选择通常基于资源可用性、通信能力和 Agent 的内部结构。在同构组织结构中，首领 Agent 可以是随机选择的或者采用类似于分布式无线传感器网络的旋转策略选择的。在异构组织结构中，需要基于 Agent 能力选择首领 Agent。若干个合弄可以一起构成更大的超级合弄。图 10.15 给出了嵌入了两个合弄的一个超级合弄示例。A1 和 A4 是首领 Agent，负责与 A7(超级首领 Agent)通信。合弄结构的优点是：可以进行自我调节，作为一个独立的整体能够协调它的各个组成部分，作为更大框架的一部分又能够与上级进行通信，还能够结合所处的环境进行自我进化。合弄结构的主要缺点是：缺少关于合弄内部结构的模型或者知识，从而很难预测其他 Agent 的行动及产生的结果。

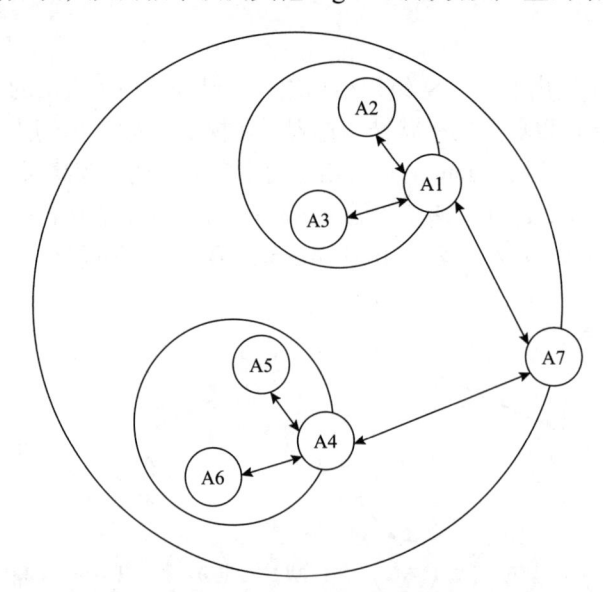

图 10.15 嵌入了两个合弄的一个超级合弄示例

5. 联盟结构

在联盟结构中，一组 Agent 暂时聚集在一起，以提高组内各 Agent 的效用或性能。当性能目标实现时，联盟将不复存在。图 10.16 给出了存在重叠关系的联盟 MAS 组织结构，其中联盟 3 和联盟 4 存在重叠关系。组成联盟的 Agent 可以采用分布式结构，也可以采用分层结构。即使在使用分布式结构时，也可以设置某个主要 Agent 作为联盟组的代表。联盟组之间的 Agent 可以存在重叠，以增加联盟组内的共同知识。在动态环境中，联盟可以重新组合 Agent 来应对系统性能需求的变化。

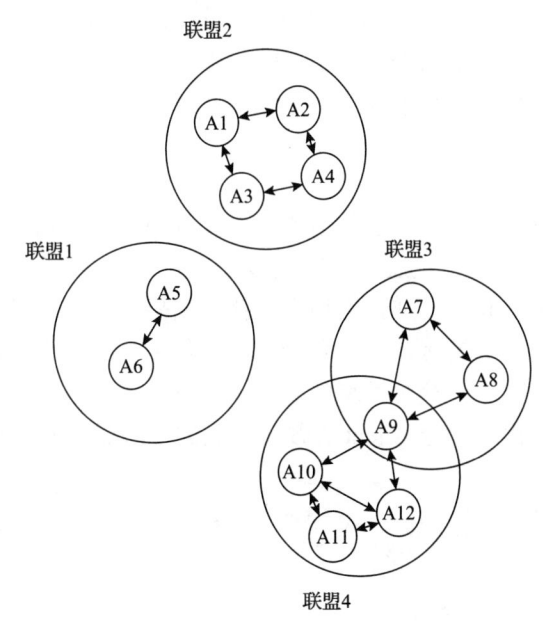

图 10.16 存在重叠关系的联盟 MAS 组织结构

理论上，如果将环境中所有的 Agent 组成一个联盟组，那么每个 Agent 都可以使用所有的信息和资源来计算最优行动，从而发挥最大系统效能。但是，受到实际通信能力和资源的限制，组建这样的联盟是不现实的。因此，必须尽量减少联盟组的数量，以降低创建和解散联盟组所需的成本。联盟组的构成可以在性能度量的基础上预先设置，或者在使用中不断演化。

联盟结构相比其他组织结构更具灵活性，能够在较短时间内发挥作用。例如，新加坡国立大学的研究人员提出了一种用于城市交通信号控制的 MAS 联盟结构，将每个路口建模为一个 Agent，来控制该路口所需的绿灯时长(Srinivasan et al., 2010)。采用分布式神经模糊推理方法计算 Agent 之间需要的合作程度和 Agent 分组方案，并根据不断变化的交通流量进行联盟模式动态重组。

6. 涌现式结构

以上组织结构大多基于政府、机构和大型工业组织的行为模式设计，认为组织结构是一种机制，可以用来支持 Agent 之间的协作。此外，还有一些观点认为：MAS 的组织结构来自自然涌现，MAS 最初不需要特定的组织结构且无法预测 Agent 之间相互作用的结果。涌现的基本思想是：MAS 由一组简单 Agent 构成，在局部与邻居 Agent 和环境进行交互；系统并不是设计出来的，而是 Agent 集体行动的一种外部可见的结果；Agent 都与环境交互并通过局部通信来应对环境变化；不存在集中控制，Agent 之间的局部交互导致了集体行动的出现。涌现式的 MAS 结构主要应用于社会模拟、自适应规划、物流和人工生命等领域。

10.4.3 多 Agent 系统的通信

通信是 MAS 中需要精心设计的重要环节，这是因为不必要或冗余的内部通信会增加成本并导致系统不稳定。根据 MAS 的组织结构和交互信息类型，MAS 中的通信方式主要包括局部通信(消息传递)和黑板通信(网络通信)。

1. 局部通信

局部通信中不存在存储全局信息的地方，也没有中间设备辅助通信。术语"消息传递"用来强调 Agent 之间的直接通信。在局部通信中，Agent 按照一组事先约定的格式和规则，通过消息的形式相互传递计算请求和执行结果。由于消息内容格式可以自由定义，所以这种通信方式非常灵活，不受系统组织结构的限制。在图 10.17 中，Agent 之间通过消息传递的方式通信。在这种类型的通信中，信息流是双向的，它创建了一个分布式系统结构，并降低了由于部分 Agent 失效所造成的无法通信的风险。

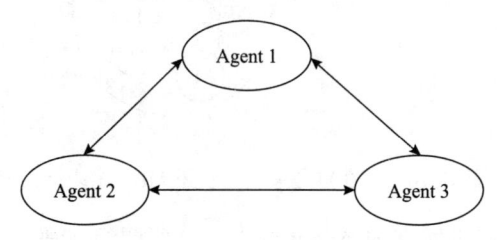

图 10.17 Agent 之间采用消息传递的方式通信

2. 黑板通信

Agent 之间交换信息的另一种方式是通过黑板进行通信并使用分组来管理 Agent 之间的交互，如图 10.18 所示。黑板提供了一个公共工作区，参与的 Agent 可以"看到"黑板上的问题、数据、求解记录等信息，并将自己对问题的求解结果"写到"黑板上，以供其他 Agent 进行参考和求解。Agent 不需要在物理上位于黑板附近，只需要通过远程接口建立通信即可。在这一方式中，Agent 之间不进行直接通信，信息交换是通过黑板这一共享媒介完成的，每个 Agent 独立完成各自问题的求解。与局部通信相比，黑板通信在分布式结构下提供公共工作区，可以利用黑板充分交换信息来完成各自的任务，还可以通过黑板进行 Agent 之间的协调，使得多个 Agent 能够在通信的同时协作来解决问题。

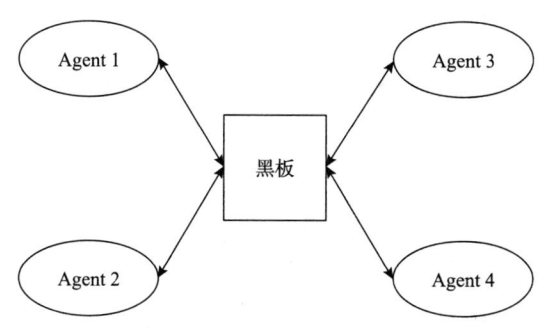

图 10.18 Agent 之间采用黑板的方式通信

黑板结构本身也是一种重要的专家系统结构，把问题看成一个首先生成部分解，然后由可靠的部分解组合出一个满意解的过程。黑板结构是一种高效的多源知识处理方法，由黑板、知识源和控制机制三部分组成(图 10.19)。黑板是共享的问题求解工作空间，主要存放知识源所需要的信息和求解过程的中间信息，在系统运行过程中，多个知识源都能"看到"黑板，知识源不断修改和读取黑板上的数据供自己使用。每个知识源独立地完成特定领域的任务或者一种特定的任务，当黑板上的信息变化符合知识源动作前提时，知识源被触发并执行相应的动作，然后对黑板进行操作，将自己的求解结果写到黑板上。控制机制用于监视黑板上的信息变化状态，根据某种控制策略，动态地激活和选择相应知识源运行，控制机制总是选择最有利于问题解决的知识源优先执行。

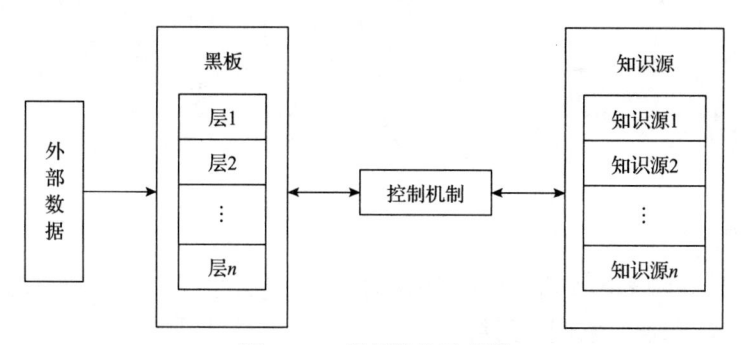

图 10.19 黑板结构示意图

10.4.4 多 Agent 系统的协作

本节讨论合作情况下 MAS 协作实现共同目标的问题。这个目标是 Agent 之间共享的，也可以看作 MAS 设计者的目标。协作不仅能提高单 Agent 以及 MAS 的行动效能，增强系统解决问题的能力，还能使系统具有更好的灵活性，适用于各种应用场景。MAS 协作在数学上可以规约为约束满足问题，并利用约束满足问题的求解算法获得使 Agent 有效协作的方式。

以信息收集网络的 MAS 为例，网络由多个处理单元组成，每个处理单元仅具有局部感知能力、有限的处理能力、有限的电源供应和有限的通信带宽，而整个网络的目标是通过多个处理单元的协作来提供全局的感知服务。图 10.20 展示了一个用于监测室内环境的传感器网络，图中分布的黑色圆点表示部署的信息收集设备，设备外围的两个圆圈表示其监测范围。每个设备只能监测它的局部区域，而且只能与其邻近的设备通信。需解决的问题是，各个信息收集设备应该如何协作，才能整合出可靠的全局感知信息。

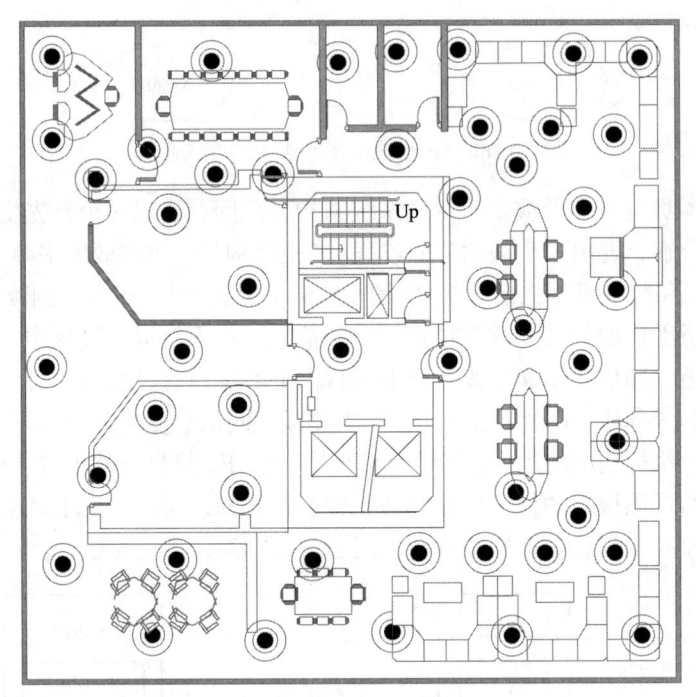

图 10.20 用于监测室内环境的传感器网络

1. 约束满足问题描述

在 MAS 中，处于同一环境中相互协作的 Agent 之间通常存在某种约束。因此，为各个 Agent 寻找一组满足它们之间约束的动作组合的应用问题，可以看作约束满足问题（constraint satisfaction problem, CSP）。约束满足问题由一组变量、每个变量的值域以及这些变量可能同时取值的约束来定义。约束满足问题可以形式化地描述为三元组 (X, D, C)。X 是一个有限变量的集合 $\{X_1, X_2, \cdots, X_n\}$；$D$ 是所有变量的值域 $\{D_1, D_2, \cdots, D_n\}$，其中 D_i 是变量 X_i 的所有可能取值的有限域；C 是一组约束的集合 $\{C_1, C_2, \cdots, C_m\}$，其中每个约束包含一个 X 的子集 $\{X_i, \cdots, X_j\}$ 和一个约束关系 $R \subseteq D_i \times \cdots \times D_j$。此处，仅讨论二元约束，即每个约束只限制两个变量。

从 n 皇后、图染色等经典问题到时序安排、计划编制、资源分配等大型应用问题，都可以形式化为约束满足问题。以信息收集网络为例，图 10.21(a) 描述了来自图 10.20 所示场景中的三个信息收集设备组成的网络。基于感知半径和环境中障碍物分布，每个设备形成了一个特定的感知覆盖区域，这些覆盖区域在图 10.21(a) 中显示为椭圆。可以发现，这些覆盖区域存在一定的重叠。假设每个信息收集设备可使用的无线电频率有三种，但是覆盖区域存在重叠情况的两个信息收集设备不可以使用相同频率。这个问题可以等价为一个图染色问题，如图 10.21(b) 所示。与上述信息收集网络约束满足问题相对应，节点表示单个信息收集设备，颜色表示不同频率，当且仅当两个设备的覆盖区域重叠时，两个节点间通过无向边连接。图染色的目标是为每个节点选择一种颜色，使得相邻的两个节点具有不同的颜色。将图染色问题形式化为约束满足问题，其存在三个变量，它们拥有相同的值域{红，绿，蓝}，相邻节点间满足"不相等"约束。

(a) 由三个信息收集设备组成的网络　　　　(b) 等价的图染色问题

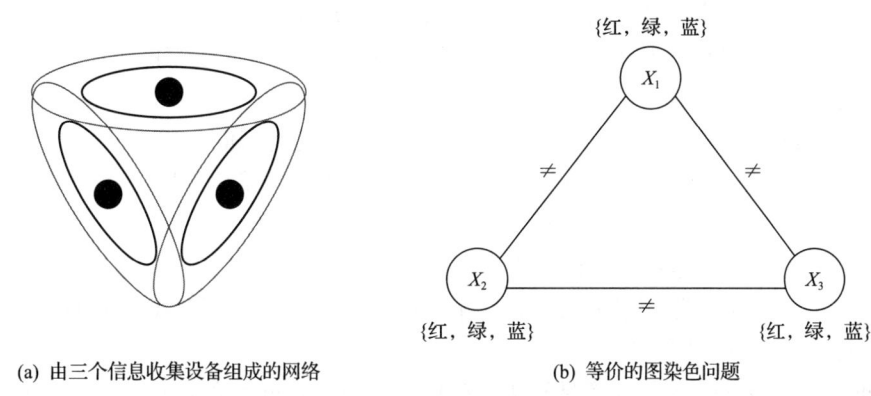

图 10.21　约束满足问题举例

随着硬件和网络技术的发展，分布式计算环境在各个领域中得到广泛应用，很多人工智能问题也越来越多地处于分布式计算环境下，使得分布式人工智能成为一个十分重要的研究领域，特别是关系到 Agent 间需要相互协作的分布式问题。分布式约束满足问题是变量以及变量间的约束分布在不同 Agent 中的约束满足问题，每个 Agent 控制一个或多个变量，并试图决定这些变量的取值，一般在 Agent 内和 Agent 间都存在约束关系，对变量的赋值要满足所有这些约束(王秦辉等，2006)。在分布式约束满足问题中，变量和约束等相关信息在问题给定时就既定地分布于各个 Agent 中，所以研究的出发点是如何在这种固有的情形下有效地获得问题的解。例如，在分布式的 n 皇后问题中，每个 Agent 拥有 1 个或多个皇后，通过自我决策和 Agent 间的通信协作来共同得到问题的解。

2. 约束满足问题的求解算法

约束满足问题的求解目标是找到与所有约束一致的变量赋值方式。满足所有约束的一组变量的赋值称为约束满足问题的一个解。在信息收集网络问题中，问题的解是为每个信息收集设备分配一个无线电频率，并使其满足约束条件。有限变量的约束满足问题通常利用搜索来求解，常用的算法有回溯算法、约束传递以及局部搜索算法等。

在分布式约束满足问题中，不同的 Agent 控制不同的变量集合。问题的求解目标仍然是找到一个全局的变量赋值方式来满足所有的约束要求，但是需要每个 Agent 以一种相对自主的方式来决定自己变量的赋值。虽然每个 Agent 都没有全局信息，但是可以与邻居 Agent 进行通信来共享局部信息。求解约束满足问题的分布式算法让每个 Agent 按照某种协议进行本地计算，并与邻居 Agent 进行通信交互。一个好的求解算法能够快速找到解或者得出不存在解的结论。

异步回溯(asynchronous backtracking)算法由求解约束满足问题的回溯算法发展而来，是最早提出的求解分布式约束满足问题的算法。异步回溯算法有两种基本消息需要通信，分别是ok?和nogood。ok?是Agent将当前的赋值信息传递给邻居Agent的消息。nogood用来返回说明存在冲突的消息。在异步回溯算法中，每个Agent都有一个预先定义的优先级顺序，一般由Agent标识的字母顺序来决定。每个Agent不仅要发送和接收ok?和nogood消息，还要用agent_view记录其他Agent的当前赋值。当某个Agent接收到ok?消息时，检查其赋值与优先级更高Agent的当前赋值是否满足约束关系，如果不满足约束关系，就改变自己的赋值；如果该Agent的变量值域中没有能与高优先级Agent的赋值满足约束的值，就产生一个存在冲突的消息(即nogood)，并且将nogood传递给高优先级Agent，这样，高优先级Agent就可以改变自己的赋值。

值得注意的是，如果Agent不断地改变它们的赋值而不能达到一个稳定状态，那么它们就处于一种无限循环中。当一个Agent的赋值导致其他Agent改变赋值而最终影响到自己时，就可能产生这种无限循环。为了避免这种情况的发生，在算法中，ok?只能从高优先级Agent发送给低优先级Agent。当产生nogood时，则不满足约束的优先级最低的Agent接收到nogood消息。

另外，每个Agent的行动都是异步发生的，而且Agent间的通信是通过消息传递来进行的，所以agent_view中可能包含已经无用的信息。因此，每个Agent都需要产生新的nogood进行通信，新的nogood接收方也必须在自己的agent_view基础上检查与此nogood是否有冲突。

下面通过分布式的n皇后问题(取$n=4$)来展示异步回溯算法是如何执行的，异步回溯算法在四皇后问题中的运行过程示例见图10.22。设置4个Agent分别对应每一行的皇后，目标是在一个4×4的棋盘上找到各皇后的位置，使所有皇后相互不构成威胁(即没有两个皇后在同一行、列或对角线)。需要说明是：根据消息的不同发送时间和延迟情况，算法的运行过程可能有所不同，这里只展示了一种可能的运行过程。

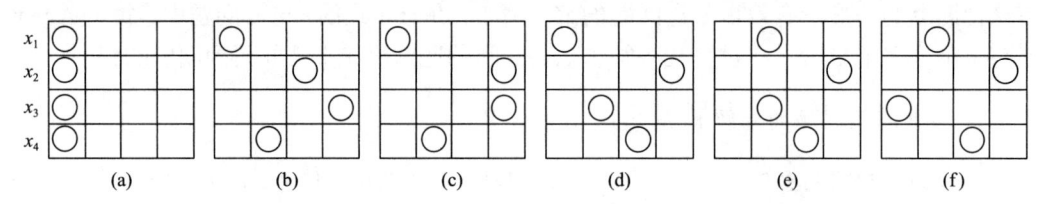

图10.22 异步回溯算法在四皇后问题中的运行过程示例

这4个Agent的初始值如图10.22(a)所示。Agent之间通过通信相互告知这些值。Agent优先级从高到低为x_1、x_2、x_3、x_4。

第一轮信息传递，除了x_1以外的Agent都改变了自己的值，这样新的值就与其agent_view相一致(图10.22(b))。具体来看，x_2将其值改为3，使得与x_1的值不矛盾。x_3将其值改为4，使得与x_1、x_2的值不矛盾(实际上由于x_2的值已经改变，x_3与x_2的新值已不再满足约束)。x_4没有满足约束的值可取，因此发送一条nogood消息给x_3，并改变自己的值使得与其agent_view中除了x_3的值之外均满足约束。需要注意的是，x_3将忽略这条

nogood 消息，因为它在收到这条消息之前已经改变了自己的值。此时，所有 Agent 给其他 Agent 发送 ok?消息。

x_3 发现其不满足与 x_1 和 x_2 的约束且不存在能够满足所有约束的值，而其他 Agent 的值与各自 agent_view 对照均能满足约束。因此，x_3 向 x_2 发送了一条 nogood 消息。在接收到 nogood 消息后，x_2 将其值改为 4(图 10.22(c))。

然后，x_3 将其值改为 2。x_4 没有满足约束的值，它发送一条 nogood 消息给 x_3，然后改变它的值，使得与其 agent_view 中除了 x_3 的值之外均满足约束(图 10.22(d))。同样，这条 nogood 消息被忽略了。

x_4 没有能够满足约束的值，因此向 x_3 发送一条 nogood 消息。在收到这个消息后，x_3 没有其他能够满足约束的值，因此向 x_2 发送了一条 nogood 消息。在接收到这个消息后，x_2 也没有其他能够满足约束的值，因此向 x_1 发送一条 nogood 消息。于是，x_1 将其值改为 2(图 10.22(e))。

最后，x_3 将其值改为 1。x_4 没有能够满足约束的值，发送 nogood 消息给 x_3。这条 nogood 信息再次被忽略，并找到了解决方案(图 10.22(f))。

基于回溯搜索和约束一致性检查两种基本思想并引入各种启发式算法，可以构成多种约束满足问题求解算法。其他算法还有异步分布式约束最优(asynchronous distributed constraint optimization, ADOPT)算法、最优异步部分交叉(optimal asynchronous partial overlay, OptAPO)算法、分布式伪代码树优化算法(distributed pseudo tree optimization procedure, DPOP)等。

10.4.5 多 Agent 系统的特点

MAS 是目前人工智能中非常重要且活跃的研究内容之一，近年来引起了学术界和工业界的高度关注。MAS 将大而复杂的系统拆分成小的、彼此互相通信和协调的、易于管理的系统，通过分布式约束满足问题的框架和相应算法来表示和求解规模大、难度高的组合问题。目前，已经在飞行器编队、传感器网络、数据融合、多机械臂协同、并行计算、多机器人合作控制、交通车辆控制、网络资源分配等领域得到了广泛应用。

MAS 具有如下特征：每个 Agent 都不拥有完整信息或不具备解决整个问题的能力；系统不具备全局控制能力；信息是分散的；计算是异步的。也就是说，MAS 可以看作分布式问题求解器,能够解决单个 Agent 或部分系统难以解决或不可能解决的问题。在 MAS 应用场景中，要么不存在中央全局控制器，要么希望充分利用现有的分布式资源。

MAS 用于解决实际问题的优势，主要体现在如下方面。

(1) MAS 中的每个 Agent 具有独立性和自主性，能够解决给定的子问题，自主地推理和决策，并以特定的方式影响环境。

(2) 各 Agent 之间互相通信，彼此协作，并行地计算求解，能有效地提高问题求解的能力。

(3) 支持分布式应用，具有良好的模块性、可扩展性，设计灵活简单，克服了建立一个庞大的系统所导致的管理和扩展的困难，能有效降低系统的总成本。

(4) 在 MAS 实现过程中，通过构造多层次、多元化的 Agent 系统，可降低系统的复杂性以及单个 Agent 问题求解的难度。

MAS 组成越复杂，将多个 Agent 集成起来越具有挑战性。尽管过去几十年已经有很多关于多 Agent 通信、协作以及处理对抗性或策略性环境的研究成果，但是当前 MAS 技术尚未成熟，还难以应对复杂情况下的挑战。其主要原因是大型 MAS 中各 Agent 之间的通信方式复杂，协作困难，难以对其进行有效控制。同时，分布式约束满足问题求解算法在实际应用中还有一系列的问题需要解决，例如，如何设计更好的算法来适应分布式应用问题，从而减少通信需求和开销；当评估约束的代价较高时，如何最小化约束的数量；如何根据实际要求动态增减计算实体和约束；如何平衡隐私安全和算法效率，在二者间取得最佳折中等。

10.5 本章小结

本章主要介绍了 Agent 的基本概念、任务环境、程序类型，以及如何由多个 Agent 组成复杂的系统。性能度量评估 Agent 在环境中的行动表现。给定 Agent 的感知序列，理性 Agent 行动追求性能度量的预期值最大化。理性 Agent 能够在未知环境中进行探索和学习，具有自主性，其执行动作的结果不是完美的，但是当前环境下最优的。

Agent 为支持特定任务的体系架构设计提供了框架。在设计 Agent 时，第一步总是把任务环境描述得尽可能完整。任务环境从不同维度看有很多变化，如完全可观测或部分可观测、单 Agent 或多 Agent、确定的或随机的等，从而决定了任务实现的难度以及适用的程序类型。本章主要讨论了 5 种类型的 Agent 程序：简单反射 Agent 直接对感知信息做出反应；基于模型的反射 Agent 根据感知历史维持内部状态，追踪记录当前感知信息中无法直接反映的环境状态；基于目标的 Agent 为了达到目标而行动；基于效用的 Agent 试图最大化期望效用；通常 Agent 可以通过学习来改进它们的性能，执行无法通过预编程来解决的复杂任务。可以粗略地认为，简单反射 Agent 是头脑简单的 Agent，基于模型的反射 Agent 是瞻前顾后的 Agent，基于目标的 Agent 是目标明确的 Agent，基于效用的 Agent 是权衡利弊的 Agent，学习 Agent 是"三省吾身"的 Agent。

MAS 是由多个智能 Agent 组成的系统，它们通过交互来解决超出个体能力或知识范围的问题。针对一组相互作用和与环境进行交互的自主 Agent 构成的集合，MAS 研究主要考虑系统的组织、通信和协作问题。与单个 Agent 的研究相比，MAS 更关注系统层面的研究，并且考虑了具有交互和合作关系的问题求解。当多 Agent 协作时，这些 Agent 的可能行动间通常存在着约束关系。分布式约束满足适合于描述 Agent 间需要协作的问题，用约束来表示 Agent 间的行动依赖性，在求解算法中明确 Agent 间进行局部通信和协作的方式。求解分布式约束满足问题就是要找到满足多个 Agent 间约束的一致行动组合。

本章思维导图

思 考 题

10.1 什么是 Agent？Agent 有哪些特性？

10.2 Agent 函数与 Agent 程序的关系是什么？

10.3 用理性来描述 Agent 的智能有没有局限性？为什么？

10.4 Agent 在哪些应用场景中可以认为是全知的？全知和任务环境属性中的完全可观测之间的区别和联系是什么？

10.5 用自己的话描述下列术语：Agent、Agent 函数、Agent 程序、理性、自主、简单反射 Agent、基于模型的反射 Agent、基于目标的 Agent、基于效用的 Agent、MAS。

10.6 任务环境四要素(PEAS)与环境(E)之间的关系是什么？

10.7 Agent 系统与传统的智能系统，特别是专家系统有什么区别和联系？

10.8 Agent 与面向对象技术中的对象有什么区别和联系？

10.9 Agent 与智能机器人有什么区别和联系？

10.10 不同的机器学习算法如何在学习 Agent 中落地实现？

10.11 分析运行强化学习算法的 Agent 是否是学习 Agent，与学习 Agent 具体结构之间的关系是什么？

10.12 比较几种 MAS 组织结构，分析实际中有哪些对应的应用场景。

10.13 比较局部通信和黑板通信这两种 MAS 通信方式，并分析各自的优缺点。

10.14 MAS 的研究对群体智能系统的研究开发有何意义？

练 习 题

10.1 对于下列问题，分别给出任务环境的 PEAS 描述，并说明环境是否是可观测的、确定的、静态的、已知的。

(1) 机器人足球比赛。

(2) 无人机对边境进行巡逻。

(3) 医疗诊断系统为患者提供服务。

10.2 假设性能度量只关注环境的前 T 个时间步，忽略其他所有时间步，请说明理性 Agent 的行动不仅依赖环境状态，而且取决于它到达的时间点。

10.3 考虑如下两种随机版本的吸尘器世界 Agent 程序。

(1) 如果灰尘传感器有 10% 的错误率，那么 Agent 程序将会受到何种影响？

(2) 如果在每个时间步，干净的方格有 10% 的可能性被弄脏，那么在这种情况下能设计出理性 Agent 吗？

10.4 给出异步回溯算法流程图，利用该算法编写程序实现四皇后问题求解。

10.5 地图着色问题是一个著名的难题。请设计一个程序用最少的颜色数目对中国行政区域地图进行着色。注意，相邻的省级区域颜色不能相同。

10.6 在 2022 年北京冬奥会开幕式之夜，由 2022 架无人机组成的集群以极富创意的

3D 动态表演，在夜空中勾勒出漫天飞舞的雪花、冬奥会会徽以及"冰墩墩"和"雪容融"，给很多观众留下了深刻印象。查阅资料论述如何通过 MAS 实现无人机飞行表演，调研无人机编队常用的组织结构、通信和协作方式。

10.7 近年来，无人机集群在快递物流、精准农业、城市交通、作战仿真等领域大显身手，在世界范围内渐趋流行。试探讨以无人机集群为代表的 MAS 未来可能有哪些应用场景，主要面临的挑战是什么？

第 11 章 人工智能发展展望

近年来，人工智能迎来第三次发展浪潮，广泛应用于国民经济、社会生活、国防军事等领域，正在成为推动新的科技革命、产业革命和军事革命的重要引擎。人工智能的迅猛发展受到了越来越多人的关注。一方面，人工智能促进了社会生产力的发展，为全社会带来了诸多积极影响，在整体上提高了人类生活水平和社会运行效率；另一方面，人工智能发展的不确定性也带来了新的风险与挑战，引发改变就业结构、冲击法律与社会伦理、侵犯个人隐私、挑战国际关系准则等诸多问题。为了兼顾未来人工智能的创新发展与安全可控，需要从技术和制度等多方面来提供保障。本章分析人工智能发展的特点、趋势和方向，探讨人工智能发展可能面临的风险与挑战以及应对举措。

11.1 人工智能发展的趋势

11.1.1 人工智能发展特点

近年来，人工智能技术得到了长足发展。几年前还存在于科幻小说和电影中的人工智能技术，如今已普遍走进人类生活，通过车牌识别、人脸识别、语音识别、自动驾驶和机器人等应用，为人类生活提供了极大的便利。人工智能成为各大公司竞逐的新战场。在中国，百度的百度大脑、自动驾驶汽车初具规模；腾讯发挥微信、QQ 的强大优势，在语音识别、图像识别、人脸支付领域发力；阿里巴巴以阿里云为基础，将人工智能的基础——数据生态系统做大。国外的谷歌、微软、脸书、IBM、OpenAI 等，也在人工智能领域全力推进，从 AlphaGo 到 ChatGPT，都只是人工智能技术进步成果的冰山一角。人工智能在科学研究、医疗健康、教育、智慧城市等领域得到了广泛应用，正以各种方式重塑人们的生活。

人工智能发展呈现出以下特点。

1. 人工智能创新的步伐正在加速

机器学习、计算机视觉、机器人等热点技术在加快更新换代，自然语言处理、因果推理、内容生成等领域也出现了明显进步。例如，在计算机视觉领域，谷歌大脑模型在 2013 年对于图像识别的准确度普遍在 60%～70%，2020 年已经达到 90%以上，模型训练的速度提高了 8 倍。在智能翻译领域，2017 年商业领域带训练模型的独立机器翻译云平台仅有 8 家，2020 年增至 28 家，其中 LibriSpeech 数据库对于单词识别的错误率从 2017 年的 5%下降至 1%。在自然语言处理领域，泛化能力更强、效果更优的大语言模型在过去两年内取得了长足发展。以 OpenAI、谷歌、微软、Facebook、NVIDIA、百度、华为、阿里等为代表，布局大规模深度神经网络模型已成为全球引领性趋势，并形成了 GPT-4、

Switch Transformer、文心一言、盘古、通义千问等大参数量的基础模型。

2. 人工智能基础设施建设扩容趋势明显

人工智能基础设施包括人工智能芯片、5G、感知网络、数据中心等。随着人工智能终端数量增长和边缘计算需求提升，全球人工智能芯片需求量快速增长。5G与人工智能技术融合发展，全球数据中心建设加快，加速了全球人工智能应用突破和落地。人工智能的应用程序和开发工具逐步公开，出现了大量开源免费平台，领域任务的训练成本大幅降低。云计算和数据共享使得人工智能创新不再是少数人的专属，而是能够拓展到全球范围内实施。

3. 人工智能与产业结合愈发紧密

如同推动前三次工业革命的蒸汽机技术、电力技术和信息技术，人工智能作为推动第四次工业革命的通用技术，具有全面影响经济各个产业的基础性和通用性特征。人工智能一方面促使传统产业智能化升级，形成智能制造、智能农业、智能物流、智能金融、智能商务、智能家居等"智能+"产业，使传统产业的生产、管理和运营模式发生变革。另一方面催生了多种人工智能新兴产业，如智能软硬件、智能机器人、智能运载工具、虚拟现实与增强现实、智能终端、物联网基础器件等，为经济发展注入了新的活力。

4. 人工智能正在改变人机关系

在智能化时代，人工智能就像空气一样须臾不可离，人类新的社会形态构建在无数渗透到各个角落的人工智能提供的优质服务之上，从物质世界到精神世界。人类对于机器自动化的需求程度不断加深。智能手机通过提供语音助手、照片标记、人脸识别、搜索和推荐等应用软件，增强了人类对其的依赖程度；智能电器、智慧家居、智慧交通等通过提供便捷、精准、高效的服务，正在改变人们的生活习惯；预训练大模型在机器翻译、文本生成、图片生成、代码生成等方面显示出强大功能，将全面提升人们的工作效率。

11.1.2 人工智能发展预期

在人工智能发展过程中，对未知探索的道路非常曲折，历经两次低谷，三次浪潮。随着深度学习和自然语言处理技术的突破，目前人工智能正处于第三次浪潮之上。在推理期和知识期发展的顶峰，都曾经有人预言"人类要被机器毁灭了！"每一次人工智能浪潮都释放了人类关于未来的瑰丽想象力，让很多人热血沸腾。但不幸的是，两次浪潮在分别经历了数年的喧嚣后，无一例外地跌入低谷，并在漫长的寒冬中蛰伏。如今这次人工智能浪潮会如何发展？此次人工智能浪潮与前两次浪潮有何本质上的不同？

前两次人工智能浪潮有两个特点：一是从参与者来看，以研究人员对于高度抽象模型的探索性研究为主，企业参与度低，落地应用极为有限；二是在技术上，均以符号主义方法占据主导地位，主要研究确定性推理，难以处理现实中遇到的大量不确定性问题，人工神经网络的发展受限，其所需的数据量和算力条件也不成熟。不同于前两次浪潮，经过互联网30年的快速发展，社交网络、物联网和云计算所产生的海量数据为本次人工智能浪潮提供了"燃料"。基于大数据和强大计算能力的机器学习算法在机器视觉、语音识别、自然语言处理等众多领域取得了一系列突破性进展。很多与业务紧密结合的人工智能应用场景已经落地或正在落地，企业成为本次浪潮的主要参与者和推动者。数据密集型研究已经彻底改变了很多学科的研究方法，甚至渗透到了人文社科领域的方方面面。技术上，深度学习作为一种连接主义方法，采用了端到端的范式，能够从大数据中自动提取特征，使其应用场景大幅度拓展。符号主义则以知识图谱的形式延续下来，成为新一代搜索引擎的核心技术。

实际上，几乎每一项新兴且成功的技术，在真正成熟之前，都要经历扬抑的过程，并在波折起伏中通过积累和迭代，最终走向真正的繁荣、稳定和有序发展，技术成熟度曲线如图 11.1 所示。之前人工智能遭遇寒冬，是因为当时的技术还不能创造较大的经济价值。而本次人工智能浪潮顺应了数字化的普及所产生的智能化需求，其真正价值在于与各行业相结合，重新激活社会生产力，实现行业的提质增效。只要智能化的需求旺盛，学术界不像前两次那样盲目乐观，人工智能将保持其繁荣、稳定发展的趋势，而不会马上进入寒冬。

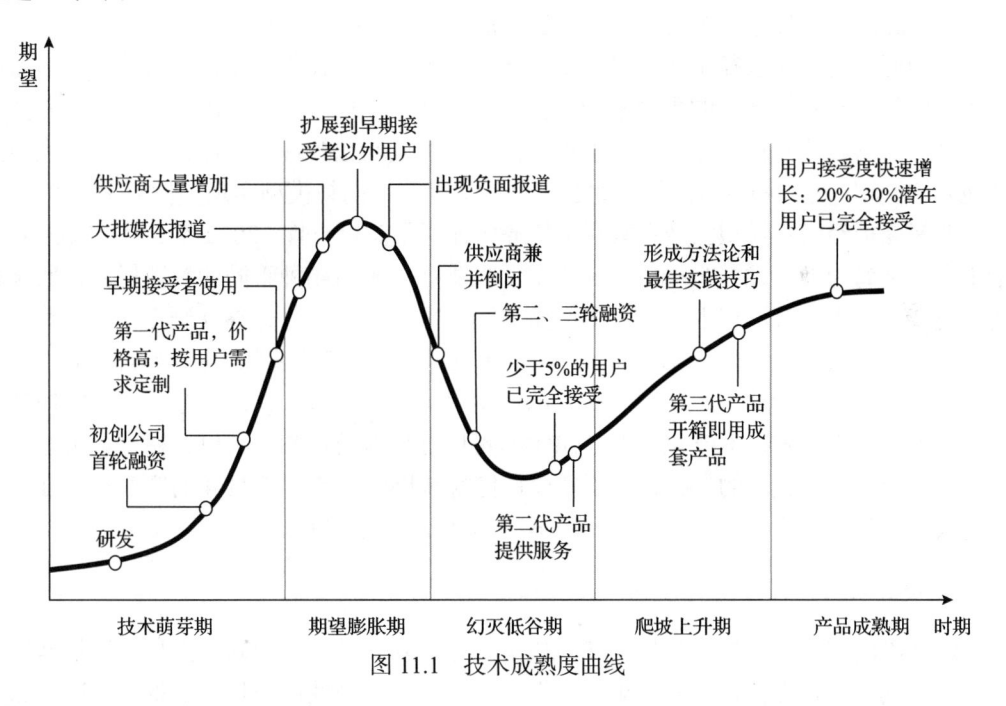

图 11.1 技术成熟度曲线

同时，繁荣之下的局限也是显而易见的。首先，深度学习技术上缺乏理论的支撑，目前模型的结构设计和训练以经验为主导，需要发展新的深度学习理论，以减少算法对数据和算力的依赖；其次，无监督学习、小样本学习、模型可解释性和通用人工智能的发展仍有待算法思想上的突破创新。

11.1.3 人工智能发展方向

近年来，人工智能在以机器视觉、语音识别等为代表的应用领域取得了重要突破，主要是通过建立专用人工智能系统来实现"大数据、小任务",具有领域局限性。人工智能未来的发展方向是建立通用人工智能,减少对特定领域知识的依赖性,提高处理任务的普适性。然而,集成多种感知及认知能力、面向不同类型任务的通用人工智能的发展仍面临诸多难题,如多模态信息融合、小样本学习、直觉决策与逻辑决策等。需要克服现有方法只适用于封闭静态环境和固定任务、鲁棒性不好、解释性不强等缺陷,着力发展对开放动态环境可用、鲁棒、可解释、自学习、自适应的人工智能技术。

1. 发展能够应对开放动态任务环境的鲁棒方法

鲁棒性是指人工智能系统在受到内外环境中多种不确定因素干扰时,依旧可以保持功能稳定的能力。封闭静态任务环境需要假定数据分布不变、样本类别不变、样本属性不变、优化目标不变等,但是在开放动态的现实世界中,一切都可能发生变化,如类别增加、属性变动、分布变化、目标多样等。一旦某些重要因素改变了,原有模型就可能表现得很差,而且没有理论保证会差到什么程度。因此,为了应对开放任务环境,就需要发展能够在多任务领域、环境不确定、信息不完全和规则动态可变情况下可靠工作的人工智能算法,在理论分析的基础上保证算法具有足够的鲁棒性。

一种可能的解决途径是通过符号学习从数据中学习形式化的知识。从数据中学习得到的一般是针对具体任务的预测模型,很难找到其一般规律。如果用符号学习的方法学习到其中的形式化知识,那么将会增进人们对于领域问题的理解,并将相关知识推广到其他领域使用。另一种可能的解决途径是利用深度神经网络模型实现多任务学习。目前,多任务深度神经网络模型已经在数百个任务中证明了其可行性。2022年5月,DeepMind推出了一款名为Gato的Transformer模型,它能够完成604种不同的领域任务,如玩雅达利游戏、用机器臂堆积木、生成图像描述等。2022年12月,谷歌研究人员将类似的能力引入机器人领域。Robotics Transformer 1(RT-1)利用已收集的13万个回合的机器人动作和图像数据进行学习,能够以97%的成功率执行700多个训练指令,在新的任务环境中表现出较强的零样本泛化能力。GPT-4可以处理涉及数学、编码、视觉、医学、法律、心理学等多个领域的任务,且不需要任何特殊提示。鉴于GPT-4的广度和深度,有研究人员将其视为通用人工智能系统的早期(但仍不完整)版本。

2. 提升人工智能方法的可解释性

随着深度神经网络模型的规模和参数量增加,其表示能力大幅度提高,但是越复杂的模型,其可解释性往往越差。至今,人工智能的可解释性依旧是一个难题。通过深度学习算法训练出的模型被看作黑盒子,无法确切地知道它背后的决策依据以及它做出的决策是否可靠,严重阻碍了人工智能在特定领域的应用,如医学、金融等。只有提高复杂模型的决策过程的透明度和结果的可解释性,才能使得人工智能系统的行为对人类更透明、更易懂、更可信。如果一个模型的判断或决策是可解释的,就更容易分析其优点与缺点,了解其可信程度、应用场合以及改进方向,从而减少其使用中可能出现的风险。

目前,人工智能的可解释性研究已经取得了一定的进展,可解释性方法按进行的过程分为如下三类:①建模之前的可解释性方法,如数据可视化等;②本身具备可解释性的方法，如基于规则的方法、基于实例的方法、基于稀疏性的方法等；③建模后用于模型解释的方法，如隐层分析方法、模拟/代理模型、敏感性分析方法等。以可解释性为切入点，通过将注意力机制、记忆网络、迁移学习、强化学习等手段与人类知识进行有机结合，有望实现从浅层计算到深度神经推理、从领域任务驱动智能到通用人工智能的跨越式发展(吴飞等，2019)。

3. 加强人工智能系统的自主学习和持续学习能力

有学者提出，下一代人工智能将以适应环境为特征，具备持续自主学习能力和抽象能力(徐宗本，2021)。要实现适应环境的自主人工智能，一个较为现实的中间阶段目标是实现机器学习的自动化，摆脱数据/样本层面对人工标注和训练样本人工挑选的强依赖、模型/算法层面对模型结构和训练算法的预设定、任务/环境层面对于任务专属性和环境封闭性的要求。在数据/样本层面，做到数据自生成、特征自选择；在模型/算法层面，做到模型自构建、算法自设计；在任务/环境层面，做到任务自切换、环境自适应。

自动机器学习(automated machine learning, AutoML)是将机器学习应用于实际问题的端到端流程自动化的过程。近年来，AutoML已经成为人工智能中十分活跃的研究方向之一。自2022年以来，大量关于AutoML的论文出现在机器学习会议与期刊中，同时也有很多开创性的开源项目受到人们关注。在传统机器学习中，数据预处理与模型优化部分通常需要具备专业知识的技术人员来完成。而AutoML可以从特征工程、模型构建、超参数优化等方面实现自动化，有望代替大部分技术人员繁琐重复的工作，实现人工智能系统更为高效的自动化训练开发和规模化应用。在机器学习的典型流程中人类专家和AutoML所起的作用如图11.2所示，AutoML已经接管了以往需要人类专家参与的大部分工作。

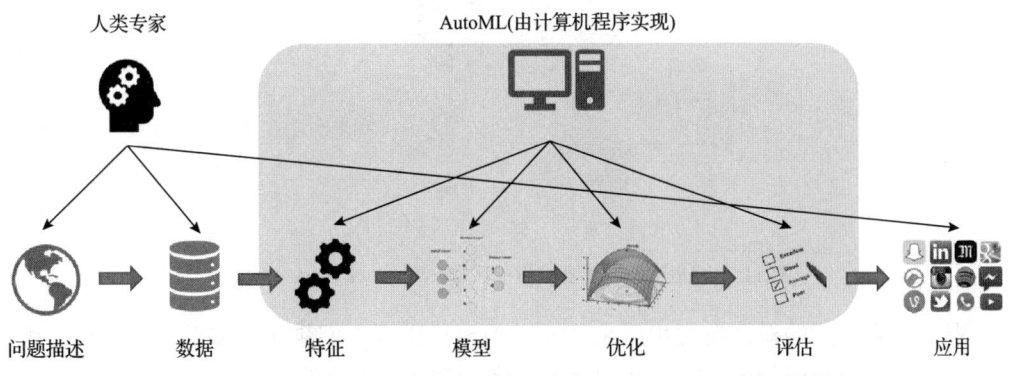

图11.2 在机器学习的典型流程中人类专家和AutoML所起的作用

同时，人工智能系统的持续学习能力有待提升。持续学习也称为增量学习或终身学习，是指在训练模型适应新任务时，使其不忘记从前一个任务中获得的知识，并连续地学习以胜任更多的任务。现有人工智能系统通常从固定的训练数据中学习，当系统从非平稳数据分布中不断获取增量可用数据时，容易出现灾难性遗忘。灾难性遗忘是指系统在挑战新任务或适应新环境时，遗忘或丧失了之前训练得到的一些知识或能力，从而造成系统在原有任务或环境中的性能大幅下降。为了克服灾难性遗忘，系统不仅需要连续获取新知识和完善现有知识，而且需要防止新数据输入对于现有知识的干扰。现有持续学习算法主要包括基于正则化的方法、基于回放的方法、基于参数隔离的方法、基于生成数据的方法等(de Lange et al., 2022)。后续可以考虑借鉴神经生理学研究成果，模拟海马体和新皮层在记忆和学习方面的互补作用，实现人工神经网络在稳定性与可塑性间的平衡。

4. 发展类脑智能与混合增强智能

类脑智能是以计算建模为手段，受脑神经机制和认知行为机制启发，并通过软硬件协同实现的人工智能。脑启发计算作为类脑智能的重要方向之一，可以从信息、数据、模型等角度为深度学习理论研究提供支持。脑启发计算以现在的深度学习等机器学习算法为主体，在其基础上(主要在功能层面)借鉴人脑的计算机制，构建全新的智能计算范式(李航，2022)。借助人脑启发式的非线性、因果关系和稀疏性的计算，有望解决现有方法中样本利用效率和能源使用效率低下、逻辑推理能力缺乏等关键性问题，为领域应用带来更大的突破。脑启发计算要模拟的人脑特性如图 11.3 所示，其中灰色圆圈表示目前研究较多的特性，而白色圆圈表示研究尚不充分的特性。

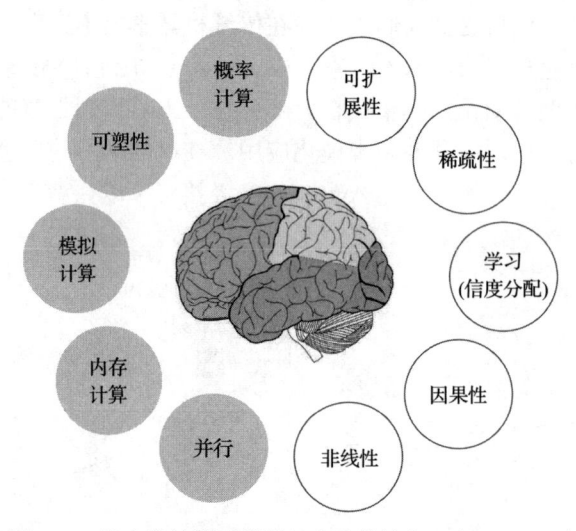

图 11.3　脑启发计算要模拟的人脑特性(Jack et al., 2020)

混合增强智能的概念自提出以来(Pan, 2016)，得到人们越来越多的关注。混合增强智能技术为人工智能的未来发展提供了另一条思路：承认机器无法完全取代人类，将人的作用或认知模型引入人工智能系统，形成混合增强智能形态。目前，混合增强智能还是一个相对较新、研究不够充分、产业应用呈点状开展的技术领域，相关研究主要集中在人在回路、脑机协作、脑机接口、机器直觉推理、联想记忆模型、复杂数据、云机器人、情境理解及人机群组协同等方面，应用方向主要包括脑机协作和脑机接口、人机共驾等。即使未来人工智能技术有了更大的进步，人机协同也将是必要的工作模式。通过人机交互的连接通道，有望建立兼具生物 Agent 的环境感知、记忆、推理、学习能力，以及机器 Agent 的信息整合、搜索、计算能力的性能更高的智能形态。

5. 促进知识驱动与数据驱动相结合

有学者提出，发展新一代人工智能的基本思路是充分发挥知识、数据、算法、算力四个要素的作用(张钹等，2020)。从大量的数据中自动或者半自动地学习知识，发挥知识驱动和数据驱动的优势。例如，知识图谱是一种高质量的结构化数据，可以直接提供给智能系统作为一种"生来具有"的资源使用。知识驱动与数据驱动有一定的互补性。知识驱动是在离散的符号空间中进行语义处理，而数据驱动是在连续的向量空间中进行数据处理；知识驱动利用人类已有知识，可解释性好，而数据驱动能够从数据中提取规律，可解释性较差；知识驱动过于依赖专家知识，而数据驱动过于依赖数据，算法本身存在脆弱性。如果能把两种方法结合起来，那么有可能极大地推动人工智能技术的发展与应用。

一种可能的解决途径是建立三空间融合模型(图 11.4)，在半语义(亚符号)向量空间对数据和知识进行统一处理。在离散语义符号空间中，知识通常以自然语言的离散符号形式表示，可以采用词嵌入技术将符号表示的词、短语、句子和篇章等转换为向量，或者将知识图谱转换为向量表示。在连续特征向量空间中，图像、语音等非结构化数据包含的特征语义信息较少，需要提取含有更多表征语义的特征。在连续半语义特征空间中，将知识引入机器学习，如采用贝叶斯深度学习算法将贝叶斯学习的基本原理与深度神经网络的表示学习有机融合。

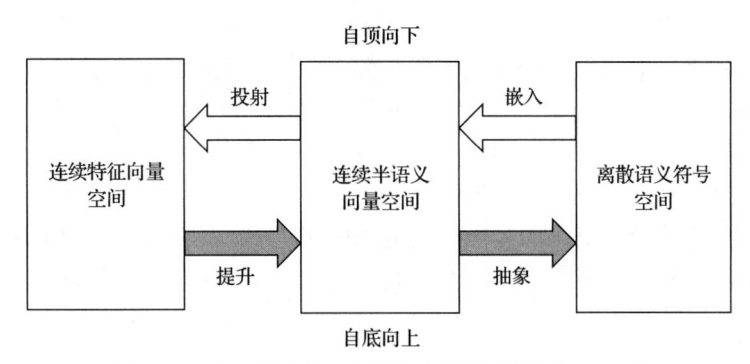

图 11.4 人工智能的三空间融合模型(张钹等，2020)

11.2 人工智能发展的风险与挑战

11.2.1 人工智能发展的潜在风险

当前，人工智能已深度应用于社会生活的各个领域，推动了生产效率的整体提升。然而，作为一种开放性、颠覆性但又远未成熟的技术，人工智能存在诸多技术安全风险。同时，人工智能对现有伦理关系与社会结构造成了冲击，可能引发各种社会伦理问题。受历史条件和发展阶段限制，人类对人工智能产品的道德风险，存在认知滞后性。尽管人工智能产品被赋予了更多的自主决策权，但是尚缺少完善的伦理控制。

1. 安全风险挑战

现阶段，人工智能的安全风险主要体现在以下四个方面。

1）设计风险

设计是人工智能系统的逻辑起点，设计者的主体价值通过设计被嵌入人工智能系统的底层逻辑之中。如果设计者秉持错误的价值观，将与主流意识冲突的道德准则嵌入人工智能系统之中，那么可能给使用者的生命、财产安全等带来威胁。例如，近年来受到关注的价值对齐问题，就是要确保人工智能追求与人类价值观相匹配的目标，但是因其研究难度较大尚未有成熟的解决方案。同时，系统设计缺陷或技术限制可能导致人工智能的失控风险，如系统故障、意外停机、断网、误判及产生错误行为等。

2）算法风险

算法是人工智能的核心要素，以深度学习为代表的人工智能技术本身存在可解释性差、鲁棒性不足等局限性，算法能够在运行过程中自主调整操作参数和规则，形成"黑箱"，使决策过程不透明或难以解释，从而影响公众的知情权及监督权，造成传统监管的失效。对抗攻击就是一种利用算法缺陷实施攻击的技术，自动驾驶汽车的很多安全事故也可以归结为算法不成熟。人工智能系统可能在不易察觉的情况下，利用算法侵害消费者的正当权益，进而扰乱市场经济秩序和造成不公平竞争，如大数据杀熟等。

3）数据安全风险

人工智能的应用效果很大程度上依赖于数据质量，也由此带来了隐私泄露和数据确权等问题。随着人工智能模型日益庞大，开发过程日益复杂，数据泄露风险点更多、隐蔽性更强。人工智能利用服务过程中的用户数据进行优化训练的情况较为普遍，但可能涉及在用户不知情的情况下收集个人信息、个人隐私、商业秘密等。近年来，隐私泄露事件的频发，加深了公众对人工智能广泛应用的担忧。如何确定个人数据利用的合法性边界，促进隐私保护与人工智能的协调发展，已成为当前亟待解决的问题。

4）技术滥用风险

深度学习等技术的脆弱性使得人工智能系统容易被攻击、被欺骗，为技术滥用提供了可乘之机。具有不良企图的人可能利用人工智能技术实施诈骗、窃取个人隐私、开发黑客工具、实施暴恐袭击、劫持公共管理系统控制权等。基于大语言模型的文本和图片生成，有可能被用于批量制作模仿新闻和社交媒体风格的虚假信息，因其真假难辨性而逃脱现有平台筛查机制的监管。人脸识别在安全、隐私等方面的风险凸显，基于深度伪造的假视频泛滥，换脸技术使用门槛较低。

2. 社会伦理挑战

伦理是人与人相处的各种道德准则，是人类社会长期发展过程中所形成的一套人类所共同遵守的基本规则。人工智能伦理关注由人工智能技术引发的人机共融的社会形态所需要遵守的道德准则(莫宏伟, 2020)。伴随数字化的飞速发展, 人工智能对现有社会结构及价值观念的冲击愈发明显, 给法律规范和社会治理等带来了严峻挑战。

1) 人工智能发展对法律规范提出了挑战

一般认为, 人工智能只是一种智能工具, 不具有法律主体的性质。例如, 用于内容生成的人工智能工具无法承担对其所发表作品的责任, 人们无法判断内容的可信度, 因此《自然》等杂志不接受任何人工智能工具作为研究论文的署名作者。但是, 随着技术的不断发展与进步, 人工智能将会更多地以"类人主体"的形式活跃在现实世界中, 这必然要求从法律上界定人工智能的地位, 如自动化决策算法可能应用于贷款额度确定、招聘筛选、政策制定等多种场景, 如果因其算法歧视造成偏见和不公, 那么应该由谁负责？如果人工智能程序漏洞或自动驾驶汽车造成了人身伤害和精神损害以及公私财产损失, 那么应该由谁来承担责任？由于系统自主性越来越强, 有些问题甚至连开发者都难以预测。人工智能的广泛使用必然导致责任认定问题, 并对现有法律规范提出了挑战, 已日益成为一种现实风险。

2) 人工智能发展对社会治理提出了挑战

人工智能的发展可能加剧社会的贫富差距。由于年龄、所在地区、从事行业、教育水平等的差异, 人们接触人工智能的机会并不均等, 实际使用人工智能的能力也不相同, 这就造成了"数字鸿沟"现象。"数字鸿沟"与既有的城乡差别、工农差别、脑体差别等叠加在一起, 进一步扩大了贫富差距, 影响了社会发展的公平性。人工智能的发展还可能引发结构性失业大潮, 不仅绝大部分的标准化、程序化劳动可以通过机器人完成, 甚至连非标准化劳动也将受到冲击。预计约 80% 的工作将不同程度地受到人工智能的影响。虽然人工智能的发展会创造新的工作岗位, 但是"数字鸿沟"的存在可能导致结构性失业激增, 这对社会公平正义、稳定与和谐构成挑战(张平, 2022)。

11.2.2 超人工智能出现的潜在威胁

人工智能是科幻和影视作品中备受青睐的题材, 从机器猫哆啦 A 梦和机器人瓦力, 到人与机器一体的终结者, 再到黑客帝国中能够控制人类的超级计算机 Matrix, 人类对于人工智能有着异常丰富的想象。在这些影片中, 人工智能很聪明, 能思考, 有自己的情感, 能互相交流, 就像人一样。这体现了大众对于人工智能的普遍期待和大胆设想。与大众对于人工智能的期望不同, 现有人工智能只是能够完成特定任务的智能机器, 而可能超出人类的控制范围, 甚至给人类带来威胁的, 则是未来可能出现的强人工智能或超人工智能。

人工智能的不断发展, 不可避免地引发了人工智能是否能够达到或超越人类智能, 是否会对人类构成威胁等具有哲学性质的问题。曾有人就这些问题对学者和企业家展开调查, 对于超人工智能是否会出现及其影响的预测结果如图 11.5 所示。其中, 有一小部分人是技术怀疑主义者, 他们认为没有必要杞人忧天, 超人工智能在几百年的时间内是无法实现的。而大多数人认为超人工智能将在几十年之后出现。以雷·库兹韦尔(2011)为代表的部分学者预测, 强人工智能将在 2030 年前实现, 超人工智能将在 2045 年左右实现，超人工智能与人类的认知方式、思考方式、对生命意义和目的的理解，都将有巨大的不同。

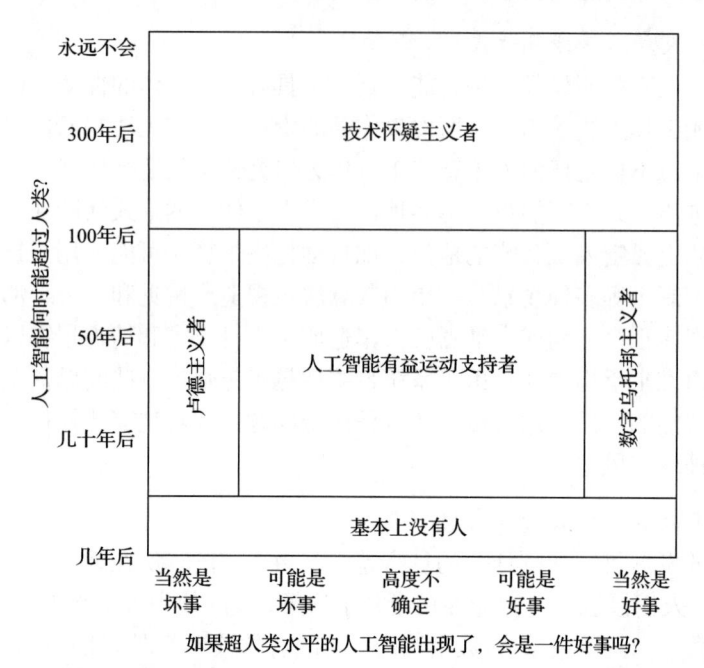

图 11.5　对于超人工智能是否会出现及其影响的预测结果（迈克斯·泰格马克，2018）

根据超人工智能的出现对人类是好事还是坏事，人们进一步形成了三派意见。第一派是卢德主义者，他们认为，超人工智能的出现对于人类而言一定是坏事，坚决反对通用人工智能的研究和开发，他们虚拟了卢德这个精神领袖，说是他带头砸毁了两台纺织机，掀起了19世纪遍布英格兰的抵抗自动纺织机取代工人的卢德运动。第二派称为数字乌托邦主义者，包括谷歌的创始人 Page 和 Kurzweil 等。他们认为，数字生命是自然进化的必然结果，人类不应该阻止或者奴役它们，让它们自然发展，结果一定是好的。第三派是人工智能有益运动支持者，包括 Musk、Gates、Hawking 等。他们认为，超人工智能带给人类的结果是好还是坏，取决于人类的自主选择。

今天对于没有意识的人工智能统治人类的担心如同杞人忧天。但是从长远和乐观来看，人工智能走向成熟，与人共生共融，构建新的社会形态将是必然趋势。大量的行业正在数字化转型的进程中，现实物理世界被逐渐映射到虚拟的数字空间之中，算法在虚拟世界中的决策作用在现实生活中不断显现。人工智能正在成为人类新的潜意识，帮助人类做出各项决定。人工智能技术取得了巨大发展，接下来就不可避免地应用于一些高风险领域，如自动驾驶汽车、无人战机、远程自动外科手术等。由于人工智能系统具有自主学习能力、决策能力和行动能力，所以其在自我进化的过程中存在脱离人类控制、进而危及人类安全的风险。

分析人工智能技术发展可能带来的不良后果以及超人工智能出现对人类生命的潜在威胁，是人工智能发展进程中必须要面对的问题。目前，人工智能对人类的威胁可以分为短期威胁和长期威胁。短期威胁包括自动驾驶安全性、致命性自主武器以及隐私泄露问题；长期威胁主要是人工智能系统失控带来的风险，具有自主意识、能力全面超越人类的人工智能将不再是人类控制的工具，无法保证它的利益与人类一致。

11.2.3 应对风险挑战的防范举措

为了应对人工智能发展过程中的风险与挑战，全球已经形成了大量的人工智能治理与发展原则。开展人工智能治理，发展负责任和可信的人工智能，助力可持续发展愿景实现，正在成为共识。

1. 各国应对风险挑战的政策举措

目前，全球至少已有 60 个国家制定和实施了人工智能治理政策，世界范围内人工智能领域的规则秩序正处于形成期，伦理治理发展趋于同频。

2021 年 11 月，联合国教科文组织发布首份人工智能伦理问题全球性协议《人工智能伦理问题建议书》，定义了关于人工智能技术和应用的共同价值观与原则，用以指导建立必需的法律框架，确保人工智能的良性发展，促进该项技术为人类、社会、环境及生态系统服务，并预防潜在风险。2023 年 11 月，在首届全球人工智能安全峰会上，欧盟和全球 28 个国家代表联合签署关于人工智能国际治理的《布莱奇利宣言》，这是全球第一份针对人工智能技术的国际性声明。《布莱奇利宣言》鼓励相关各方采取适当措施，如安全测试、评估等，以衡量、监测和减轻人工智能潜在风险及其可能产生的影响，并提供透明度和问责制。

2021 年 4 月，欧盟委员会提交《人工智能法案》，在对人工智能系统进行分类监管的基础上，针对可能对个人基本权利和安全产生重大影响的人工智能系统建立了全面的风险预防体系。并在 2023 年 5 月发布的新版本中，补充了针对"通用目的人工智能"和 GPT 等基础模型的管理制度。作为全球首部全面监管人工智能的法规，欧盟的《人工智能法案》已于 2024 年 8 月 1 日正式生效。相较于欧盟，美国监管要求少，主要强调安全原则。美国先后发布《人工智能应用的监管指南》《人工智能道德原则》《人工智能权利法案》等文件，提出风险评估与风险管理方面的原则，指导政府部门与私营企业合作探索人工智能监管规则。通过产品安全设计，统一将美国的法律法规要求、安全监管原则、主流价值观等置入产品。

2019 年 6 月，中国发布《新一代人工智能治理原则——发展负责任的人工智能》，提出了人工智能治理的框架和行动指南。倡导人工智能发展相关各方应遵循以下八项原则，分别是：和谐友好、公平公正、包容共享、尊重隐私、安全可控、共担责任、开放协作、敏捷治理。2021 年 9 月，中国国家新一代人工智能治理专业委员会发布《新一代人工智能伦理规范》，提出了增进人类福祉、促进公平公正、保护隐私安全、确保可控可信、强化责任担当、提升伦理素养等 6 项基本伦理要求。2023 年 4 月，为促进生成式人工智能技术健康发展和规范应用，中国国家互联网信息办公室起草了《生成式人工智能服务管理办法(征求意见稿)》，并向社会公开征求意见，提出了一系列要求：生成式人工智能产品提供服务前需要申报安全评估；需要对生成的图片、视频进行标识；内容应当真实准确；不利用生成内容损害他人形象、名誉以及其他合法权益，不进行商业炒作、不正当营销等。2023年8月15日,《生成式人工智能服务管理暂行办法》开始实施。

2. 从多方面确保人工智能的安全和有序发展

首先,确立人工智能发展的基本价值原则。面对风险挑战,将伦理、道德等价值要素纳入人工智能发展的内在考量之中,尽快构建具有广泛共识的人工智能伦理体系。应确立如下基本价值原则。一是人本原则。人工智能是为增进人类的福祉和利益而创造出来的,人本原则是人工智能研发、应用的最高价值原则。二是公正原则。人工智能的发展要以绝大多数人的根本利益为宗旨,不能片面地遵循"资本逻辑"与"技术逻辑",而应当让每一个人都拥有平等接触、使用人工智能的机会,从而使绝大多数人都能从人工智能的发展与应用中受益。三是责任原则。明晰道德责任,对于防范和治理人工智能伦理风险具有重要意义。要加强人工智能设计、研发、应用和维护等各个环节的责任伦理建设,明确各方主体的权利、义务和责任,建立健全完备、有效的人工智能事故追究问责机制。

其次,建立人工智能发展的具体伦理规范。在确立人工智能伦理基本原则的同时,制定人工智能产品设计者、开发者及使用者的具体伦理规范与行为守则,从源头到下游进行规范与引导。针对人工智能的重点领域,研究具体细化的伦理准则,形成具有可操作性的规范和建议。加强教育宣传,推动人工智能伦理规范共识的形成。进一步,将取得广泛共识的伦理规范嵌入算法之中,避免人工智能运行过程中的"算法歧视"与"算法欺诈"问题。此外,要充分发挥伦理审查委员会及其相关组织的作用,持续修订完善《新一代人工智能伦理规范》,定期针对新业态、新应用评估伦理风险,促进人工智能伦理规范的与时俱进。

再次,研究保证人工智能安全的技术措施。加强基于生物特征的个人隐私加密技术、面向大数据的数据加密技术、可信计算技术等网络安全防护技术,通过技术手段进行隐私保护。在人工智能产品优化设计的过程中引入伦理设计,使其具备与人类相似的行为判断能力,保证其行为与人们预先设定的道德标准相符,防止对其进行不当使用或滥用的情况发生。在人工智能产品设计研发的过程中,引入安全评估技术,使技术人员在研发时充分认识到产品潜在的安全隐患,进而采取相应的处理措施,确保设计出来的产品达到安全性的使用要求。提升深度学习等关键技术的可信性、可解释性,加强深度学习软硬件的脆弱性分析和防护,确保数据中心等关键基础设施的安全性。

最后,健全人工智能发展的制度保障体系。人工智能系统的设计、制造和使用等环节必须在法律法规、国家政策、伦理道德、标准规范的约束下进行,并具备常态化的安全评测手段和应急的防范控制措施。对人工智能的监管需要与时俱进,及时完善交通、金融、医药等相关行业法律法规,明确发展人工智能的伦理规则,让新业态有规可循、有法可依,促进应用落地。在法律层面,积极推动《个人信息保护法》和《数据安全法》的有效实施,建立对人工智能技术滥用与欺诈的处罚细则,逐步加快人工智能相关的立法进程。在行业层面,加强人工智能行业自律体系建设。建立并充分发挥伦理委员会的审议、监督作用,加强国际合作,推动人工智能行业朝着安全、可靠、可控的方向健康发展。

11.3 本章小结

本章在人工智能发展特点分析的基础上，讨论了人工智能未来发展趋势以及面对的风险挑战。人工智能是人类创造的智能工具，能够代替或辅助人类完成重复性工作所需的脑力劳动，让人类有更多的时间和精力从事创造性工作。为了使人工智能能够更好地应对真实场景下的复杂任务，就需要发展开放动态环境可用、鲁棒的、可解释的、自适应的人工智能技术。在可预见的时间内，以通用人工智能研究为导向，以人类知识为指导提升数据驱动算法的性能，实现机器自主学习、模型自主进化、任务自动切换将是人工智能发展的重要方向。

从互联网、云计算、大数据等新技术的发展历程可以看到，任何一项新技术的发展和应用都存在相互促进又相互制约两个方面：一方面，技术的发展能带来社会的进步与变革；另一方面，技术的应用要以安全为前提，受到安全保障机制的制约。然而，安全往往会在新技术的发展之后才被关注到，因为人们首先会去享用新技术带来的红利，之后才会注意到新技术伴随的各种安全问题(方滨兴，2020)。人工智能作为一项新技术，既能赋能安全，又会伴生安全问题。在人工智能发展进入第三次浪潮之后，已经开始面临各种伴生安全问题的困扰，如数据隐私问题、技术滥用问题、系统脆弱性问题等。

随着人工智能技术的发展以及产业化的不断推进，人工智能技术应用的安全伦理和风险防控成为各界关注的焦点。为了确保人工智能的安全、可靠、可控和可持续发展，一方面需要提高系统可解释性并发展安全性测试等技术手段，对技术漏洞和恶意攻击进行防范；另一方面需要健全法律法规，为防止技术滥用提供制度保障。对人工智能在技术、伦理和法律层面进行约束，是促进人工智能健康发展的基础。人工智能让我们对未来充满了美好的憧憬和期待，但也可能打开"潘多拉魔盒"。面对未知，我们应该心怀敬畏，审慎地对待人工智能的技术进步和应用推广，评估可能产生的颠覆性影响，预防和管控潜在的风险，让人工智能造福人类。

本章思维导图

思 考 题

11.1 为何人工智能历史上的重大突破会带来人们的热议和恐慌，如何理性地看待人工智能的快速发展？

11.2 试分析目前人工智能发展的主要瓶颈是什么。

11.3 预期人工智能未来可能在哪些方面取得突破性进展？

11.4 预计未来将有哪些岗位被人工智能所代替，又将催生哪些新的岗位呢？

11.5 你认为目前人工智能和人类的关系是什么样的？未来会不会发生变化？

11.6 霍金担忧"妖怪已从瓶子里出来，我们需要在人工智能方面向前发展，但也不得不警惕其中的真正危险，我担心人工智能会全面接管人类"。对此，你有何看法？

11.7 超人工智能可能出现吗？如果出现，那么会以何种形式出现？

11.8 2022年5月30日，Musk发了一条推文，称：2029年是关键的一年，如果那时候我们还没有实现通用人工智能，我会觉得很奇怪。火星上的人们也一样（觉得奇怪）。之后不久，Marcus教授写了一篇博文，从多方面提出了自己认为2029年不可能实现通用人工智能的原因。Marcus还提出要跟Musk赌一把，并制定了具体的打赌规则。他写下了以下五个预言。

(1) 到2029年，人工智能仍无法在观看电影的同时准确地告诉你发生了什么，也不能解答出这些角色是谁，他们的冲突和动机是什么等问题。

(2) 到2029年，人工智能仍无法阅读小说并准确回答有关情节、角色、冲突、动机等问题。

(3) 到2029年，人工智能仍无法在任意厨房里做一个称职的厨师。

(4) 到2029年，人工智能仍无法根据自然语言规范或通过与非专业用户的交互，可靠地编写超过1万行无错误的代码(不包括将现有库中的代码黏合在一起)。

(5) 到2029年，人工智能仍无法从用自然语言编写的数学文献中任意提取证明，并将其转换为适合于符号验证的符号形式。

如果Musk或其他人在2029年成功打破至少三个预言，那么Musk就赢了；如果只打破了一两个，则不能说通用人工智能已实现，赢家就是Marcus。对于这个赌约，你认为谁会赢？为什么？

参 考 文 献

阿斯顿·张, 李沐, 扎卡里·C·立顿, 等. 2019. 动手学深度学习[M]. 北京: 人民邮电出版社.
包子阳, 余继周, 杨杉. 2018. 智能优化算法及其MATLAB实例[M]. 2版. 北京: 电子工业出版社.
鲍军鹏, 张选平. 2020. 人工智能导论[M]. 2版. 北京: 机械工业出版社.
贲可荣, 张彦铎. 2018. 人工智能[M]. 3版. 北京: 清华大学出版社.
车万翔, 郭江, 崔一鸣. 2021. 自然语言处理: 基于预训练模型的方法[M]. 北京: 电子工业出版社.
陈根. 2023. ChatGPT: 读懂人工智能新纪元[M]. 北京: 电子工业出版社.
大卫·福赛斯. 2020. 机器学习: 应用视角[M]. 常虹, 等译. 北京: 机械工业出版社.
大卫·普尔, 阿兰·麦克沃斯. 2021. 人工智能: 计算Agent基础[M]. 2版. 黄智濒, 白鹏译. 北京: 机械工业出版社.
范波, 张雷. 2015. 多智能体机器人系统信息融合与协调[M]. 北京: 科学出版社.
方滨兴. 2020. 人工智能安全[M]. 北京: 电子工业出版社.
戈帕尔. 2020. 机器学习及其应用[M]. 黄智濒, 杨武兵译. 北京: 机械工业出版社.
关岸城. 2016. 神经网络与深度学习[M]. 北京: 电子工业出版社.
国家工业信息安全发展研究中心. 2021. 2020-2021人工智能发展报告[M]. 北京: 电子工业出版社.
惠军华. 2021. 知识表示与处理[M]. 北京: 电子工业出版社.
杰弗瑞·希顿. 2020. 人工智能算法(卷2): 受大自然启发的算法[M]. 王海鹏译. 北京: 人民邮电出版社.
雷·库兹韦尔. 2011. 奇点临近[M]. 李庆诚, 董振华, 田源译. 北京: 机械工业出版社.
雷明. 2021. 机器学习的数学[M]. 北京: 人民邮电出版社.
冷雨泉, 张会文, 张伟, 等. 2019. 机器学习入门到实战: MATLAB实践应用[M]. 北京: 清华大学出版社.
李德毅, 杜鹢. 2014. 不确定性人工智能[M]. 2版. 北京: 国防工业出版社.
李德毅. 2018. 人工智能导论[M]. 北京: 中国科学技术出版社.
李航. 2019. 统计学习方法[M]. 2版. 北京: 清华大学出版社.
李航. 2022. 人工智能需要新的计算范式和理论[R]. 北京: 北京大学智能科学前沿论坛第3期.
理查德·萨顿, 安德鲁·巴托. 2019. 强化学习[M]. 2版. 俞凯, 等译. 北京: 电子工业出版社.
廉师友. 2020. 人工智能导论[M]. 北京: 清华大学出版社.
刘韩. 2018. 人工智能简史[M]. 北京: 人民邮电出版社.
陆建峰, 王琼, 张志安, 等. 2020. 人工智能与智能机器人[M]. 北京: 电子工业出版社.
迈克斯·泰格马克. 2018. 生命3.0[M]. 汪婕舒译. 杭州: 浙江教育出版社.
梅尔亚·莫里, 阿夫欣·罗斯塔米扎达尔, 阿米特·塔尔沃卡尔. 2019. 机器学习基础[M]. 张文生, 等译. 北京: 机械工业出版社.
莫宏伟. 2020. 人工智能导论[M]. 北京: 人民邮电出版社.
尼尔斯·尼尔森. 2007. 人工智能[M]. 郑扣根, 庄越挺译. 北京: 机械工业出版社.
尼克. 2021. 人工智能简史[M]. 2版. 北京: 人民邮电出版社.
尼克·波斯特洛姆. 2015. 超级智能: 路线图、危险性与应对策略[M]. 张体伟, 张玉青译. 北京: 中信出版社.

佩德罗·多明戈斯. 2016. 终极算法: 机器学习和人工智能如何重塑世界[M]. 黄芳萍译. 北京: 中信出版社.

邱锡鹏. 2020. 神经网络与深度学习[M]. 北京: 机械工业出版社.

秋庭伸也, 杉山阿圣, 寺田学. 2021. 图解机器学习算法[M]. 郑明智译. 北京: 人民邮电出版社.

邵浩, 张凯, 李方圆, 等. 2021. 从零构建知识图谱: 技术、方法与案例[M]. 北京: 机械工业出版社.

史蒂芬·卢奇, 丹尼·科佩克. 2018. 人工智能[M]. 2版. 林赐译. 北京: 人民邮电出版社.

史蒂芬·马斯兰. 2019. 机器学习: 算法视角[M]. 2版. 高阳, 等译. 北京: 机械工业出版社.

史蒂文·泰迪里斯. 2015. 博弈论导论[M]. 李井奎译. 北京: 中国人民大学出版社.

斯图尔特·罗素, 皮特·诺威格. 2013. 人工智能: 一种现代的方法[M]. 3版. 殷建平, 祝恩, 刘越, 等译. 北京: 清华大学出版社.

斯图尔特·罗素, 皮特·诺维格. 2022. 人工智能现代方法[M]. 4版. 张博雅, 陈坤, 田超, 等译. 北京: 人民邮电出版社.

王昊奋, 漆桂林, 陈华钧. 2019. 知识图谱: 方法、实践与应用[M]. 北京: 电子工业出版社.

王贺, 刘鹏, 钱乾. 2021. 机器学习算法竞赛实战[M]. 北京: 人民邮电出版社.

王建, 徐国艳, 陈竞凯, 等. 2019. 自动驾驶技术概论[M]. 北京: 清华大学出版社.

王晋东, 陈益强. 2022. 迁移学习导论[M]. 2版. 北京: 电子工业出版社.

王琦, 杨毅远, 江季. 2022. Easy RL 强化学习教程[M]. 北京: 人民邮电出版社.

王秦辉, 陈恩红, 王煦法. 2006. 分布式约束满足问题研究及其进展[J]. 软件学报, 17(10): 2029-2039.

王万良. 2017. 人工智能导论[M]. 4版. 北京: 高等教育出版社.

王万良. 2020. 人工智能及其应用[M]. 4版. 北京: 高等教育出版社.

王文敏. 2019. 人工智能原理[M]. 北京: 高等教育出版社.

王喜文. 2019. 智能+:《新一代人工智能发展规划》解读[M]. 北京: 机械工业出版社.

温正, 孙华克. 2017. MATLAB 智能算法[M]. 北京: 清华大学出版社.

吴岸城. 2016. 神经网络与深度学习[M]. 北京: 电子工业出版社.

吴飞, 廖彬兵, 韩亚洪. 2019. 深度学习的可解释性[J]. 航空兵器, 26(1): 39-46.

吴飞, 阳春华, 兰旭光, 等. 2018. 人工智能的回顾与展望[J]. 中国科学基金, 32(3): 243-250.

吴飞. 2020. 人工智能导论: 模型与算法[M]. 北京: 高等教育出版社.

吴高超. 2016. 基于粒子群算法的路径规划问题研究[D]. 秦皇岛: 燕山大学.

肖仰华, 徐波, 林欣, 等. 2020. 知识图谱: 概念与技术[M]. 北京: 电子工业出版社.

徐宗本. 2021. 人工智能的10个重大数理基础问题[J]. 中国科学(信息科学), 51(12): 1967-1978.

杨强, 范力欣, 朱军, 等. 2022. 可解释人工智能导论[M]. 北京: 电子工业出版社.

伊恩·古德费洛, 约书亚·本吉奥, 亚伦·库维尔. 2017. 深度学习[M]. 赵申建, 等译. 北京: 人民邮电出版社.

易观智慧院. 2024. 中国人工智能产业应用发展图谱 2023[EB/OL].https://www.analysys.cn/article/detail/20021148[2024-02-29].

于江生. 2022. 人工智能伦理[M]. 北京: 清华大学出版社.

余贵珍, 周彬, 王阳, 等. 2019. 自动驾驶系统设计及应用[M]. 北京: 清华大学出版社.

张钹, 朱军, 苏航. 2020. 迈向第三代人工智能[J]. 中国科学: 信息科学, 50(9): 1281-1302.

张平. 2022. 人工智能伦理反思: 风险与应对[N]. 中国社会科学网－中国社会科学报, 05-31(5).

张奇, 桂韬, 郑锐, 黄萱菁. 2024. 大规模语言模型: 从理论到实践[M]. 北京: 电子工业出版社.

章军辉, 陈大鹏, 李庆. 2020. 自动驾驶技术研究现状及发展趋势[J]. 科学技术与工程, 20(9): 3394-3403.

赵小川. 2021. 深度学习经典案例解析: 基于MATLAB[M]. 北京: 机械工业出版社.

甄先通, 黄坚, 王亮, 等. 2020. 自动驾驶汽车环境感知[M]. 北京: 清华大学出版社.

中国人工智能学会. 2023. 中国人工智能系列白皮书——大模型技术(2023版)[R].南昌：2023第十二届中国智能产业高峰论坛.

周志华. 2016. 机器学习[M]. 北京: 清华大学出版社.

周志华. 2017. 机器学习: 发展与未来[J]. 中国计算机学会通讯, 13(1): 44-51.

朱福喜. 2017. 人工智能[M]. 3版. 北京: 清华大学出版社.

左飞. 2020. 机器学习中的数学修炼[M]. 北京: 清华大学出版社.

Abeyruwan S, Graesser L, D'Ambrosio D B, et al. 2023. I-Sim2Real: Reinforcement learning of robotic policies in tight human-robot interaction loops[C]. Proceedings of Machine Learning Research, Honolulu.

Abramson J, Adler J, Dunger J, et al. 2024. Accurate structure prediction of biomolecular interactions with AlphaFold 3[J]. Nature, 630(8016): 493-500.

Alpaydin E. 2004. Introduction to Machine Learning(Adaptive Computation and Machine Learning Series)[M]. Boston: The MIT Press.

Auer P, Cesa-Bianchi N, Fischer P. 2002. Finite-time analysis of the multiarmed bandit problem[J]. Machine Learning, 47(2-3): 235-256.

Auer P. 2003. Using confidence bounds for exploitation-exploration trade-offs[J]. The Journal of Machine Learning Research, 3(3): 397-422.

Balestriero R, LeCun Y. 2024. Learning by reconstruction produces uninformative features for perception[J]. arXiv preprint arXiv: 2402.11337.

Bengio Y, Louradour J, Collobert R, et al. 2009. Curriculum learning[C]. Proceedings of the 26th Annual International Conference on Machine Learning, Cambridge.

Bi K F, Xie L X, Zhang H H, et al. 2023. Accurate medium-range global weather forecasting with 3D neural networks[J]. Nature, 619(7970): 533-538.

Bickel P J, Hammel E A, O'Connell J W. 1975. Sex bias in graduate admissions: Data from Berkeley[J]. Science, 187(4175): 398-404.

Bordes F, Pang R, Ajay A, et al. 2024. An introduction to vision-language modeling[J]. arXiv preprint arXiv: 2405.17247.

Breiman L, Friedman J, Stone C J, et al. 1984. Classification and Regression Trees[M]. Boca Raton: CRC Press.

Brohan A, Brown N, Carbajal J, et al. 2022. RT-1: Robotics transformer for real-world control at scale[C]. Robotics: Science and Systems, Daegu.

Brown N, Sandholm T. 2018. Superhuman AI for heads-up no-limit poker: Libratus beats top professionals[J].

Science, 359(6374): 418-424.

Brown T B, Mann B, Ryder N, et al. 2020. Language models are few-shot learners[C]. Proceedings of the 34th International Conference on Neural Information Processing Systems, New York.

Brown N, Sandholm T. 2019. Superhuman AI for multiplayer poker[J]. Science, 365(6456): 885-890.

Chen M M, Beutel A, Covington P, et al. 2019. Top-K off-policy correction for a REINFORCE recommender system[C]. Proceedings of the 12th ACM International Conference on Web Search and Data Mining, Melbourne.

Chen Y C, Li L, Yu L, et al. 2020. Uniter: Universal image-text representation learning[C]. European Conference on Computer Vision, Glasgow.

Chowdhery A, Narang S, Devlin J, et al. 2024. Palm: Scaling language modeling with pathways[J]. Journal of Machine Learning Research, 24(1): 11324 - 11436.

Colorni A, Dorigo M, Maniezzo V, et al. 1991. Distributed optimization by ant colonies[C]. Proceedings of European Conference on Artificial Life, Paris.

Cortes C, Vapnik V. 1995. Support-vector networks[J]. Machine Learning, 20(3): 273-297.

de Lange M, Aljundi R, Masana M, et al. 2022. A continual learning survey: Defying forgetting in classification tasks[J]. IEEE Transactions on Pattern Analysis and Machine Intelligence, 44(7): 3366-3385.

Dempster A P. 1967. Upper and lower probabilities induced by a multivalued mapping[J]. Annals of Mathematical Statistics, 38(2): 325-339.

Deng J L. 1982. Control problems of grey systems[J]. Systems & Control Letters, 1(5): 288-294.

Devlin J, Chang M W, Lee K, et al. 2018. BERT: Pre-training of deep bidirectional transformers for language understanding[C]. Proceedings of the 2019 Conference of the North American Cuapter of the Association for Computational Lingnisti: Human Language Technologies, Portland.

Ding M, Yang Z Y, Hong W Y, et al. 2021. CogView: Mastering text-to-image generation via transformers[C]. Advances in Neural Information Processing Systems, Online.

Dorigo M, Di Caro G. 1999. Ant colony optimization: A new meta-heuristic[C]. Proceedings of the 1999 Congress on Evolutionary Computation, Washington D.C..

Dorigo M, Grambardella L M. 1997. Ant colony system: A cooperative learning approach to the traveling salesman problem[J]. IEEE Trans actions on Evolutionary Computation, 1(1): 53-66.

Dorigo M, Maniezzo V, Colorni A. 1996. Ant system: Optimization by a colony of cooperating agents[J]. IEEE Transaction on Systems, Man, and Cybernetics-Part B, 26(1): 29-41.

Dosovitskiy A, Beyer L, Kolesnikov A, et al. 2021. An image is worth 16x16 words: Transformers for image recognition at scale[C]. International Conference on Learning Representations, Online.

Duda R O, Hart P E, Nilsson N J. 1976. Subjective Bayesian methods for rule-based inference systems[C]. National Computer Conference, New York.

Eloundou T, Manning S, Mishkin P, et al. 2023. GPTs are GPTs: An early look at the labor market impact potential of large language models[EB/OL]. https://openai.com/index/gpts-are-gpts/[2023-03-17].

Ferguson D, Stentz A. 2007. Field D*: An Interpolation-based Path Planner and Replanner. Robotics

Research[M]. Berlin: Springer.

Fisher R A. 1936. The use of multiple measurements in taxonomic problems[J]. Annals of Eugenics, 7(2): 179-188.

Fortnow L. 2009. The status of the P versus NP problem[J]. Communications of the ACM, 52(9): 78-86.

Garey M, Johnson D. 1979. Computers and Intractability. A Guide to the Theory of NP-Completeness[M]. New York: W.H. Freeman and Company.

Gers F A, Schmidhuber J, Cummins F. 2000. Learning to forget: Continual prediction with LSTM[J]. Neural Computation, 12(10): 2451-2471.

Girshick R, Donahue J, Darrell T, et al. 2014. Rich feature hierarchies for accurate object detection and semantic segmentation[C]. IEEE Conference on Computer Vision and Pattern Recognition, Columbus.

Goodfellow I, Pouget-Abadie J, Mirza M, et al. 2014. Generative adversarial nets[C]. Proceedings of the 27th International Conference on Neural Information Processing Systems, Montreal.

Grambardella L M, Dorigo M. 1995. Ant-Q: A reinforcement learning approach to the traveling salesman problem[C]. Proceedings of the International Conference on Machine Learning, Palo Alto.

Gui J, Sun Z N, Wen Y G, et al. 2023. A review on generative adversarial networks: Algorithms, Theory, and Applications[J]. IEEE Transactions on Knowledge and Data Engineering, 35(4): 3313-3332.

Hart P E, Nilsson N J, Raphael B. 1986. A formal basis for the heuristic determination of minimum cost paths[J]. IEEE Transactions on Systems Science and Cybernetics, 4(2): 100-107.

Hart S, Mas-Colell A. 2000. A simple adaptive procedure leading to correlated equilibrium[J]. Econometrice, 68(5): 1127-1150.

He K M, Zhang X Y, Ren S Q, et al. 2016. Deep residual learning for image recognition[C]. IEEE Conference on Computer Vision and Pattern Recognition, Las Vegas.

Hebb D O. 1949. The Organization of Behavior[M]. New York: Wiley & Sons.

Hernandez C, Sun X, Koenig S, et al. 2011. Tree adaptive A[C]. Proceedings of the 10th International Conference on Autonomous Agents and Multiagent Systems-Volume 1, Taibei.

Hinton G E, Osindero S, Teh Y W. 2006a. A fast learning algorithm for deep belief nets[J]. Neural Computation, 18(7): 1527-1554.

Hinton G E, Salakhutdinov R R. 2006b. Reducing the dimensionality of data with neural networks[J]. Science, 313(5786): 504-507.

Hinton G. 2022. The forward-forward algorithm for training deep neural networks[EB/OL]. https://www.cs.toronto.edu/~hinton/FFA13.pdf [2024-08-24].

Hochreiter S, Schmidhuber J. 1997. Long short-term memory[J]. Neural Computation, 9(8): 1735-1780.

Holland J. 1975. Adaptation in Natural and Artificial Systems[M]. Ann Arbor: The University of Michigan Press.

Hopfield J. 1982. Neural networks and physical systems with emergent collective computational abilities[J]. Proceedings of the National Academy of Sciences, 79(8): 2554-2558.

Hornik K, Stinchcombe M, White H. 1989. Multilayer feedforward networks are universal approximators[J]. Neural Networks, 2(5): 359-366.

Hubel D H, Wiesel T N. 1959. Receptive fields of single neurones in the cat's striate cortex[J]. The Journal of Physiology, 148(3): 574-591.

Jack D K, Kumar S. 2020. The building blocks of a brain-inspired computer[J]. Applied Physics Reviews, 7(1): 011305.

Joachims T. 1999. Transductive inference for text classification using support vector machines[C]. Proceedings of the 16th International Conference on Machine Learning, Bled.

Jordan M I, Mitchell T M. 2015. Machine learning: Trends, perspectives, and prospects[J]. Science, 349(6245): 255-260.

Jouppi N P, Young C, Patil N, et al. 2017. In-datacenter performance analysis of a tensor processing unit[C]. ACM/IEEE the 44th Annual International Symposium on Computer Architecture, Toronto.

Kaplan J, McCandlish S, Henighan T, et al. 2020. Scaling laws for neural language models[EB/OL]. https://arxiv.org/abs/2001.08361 [2020-1-23].

Kennedy J, Eberhart R. 1995. Particle swarm optimization[C]. IEEE International Conference on Neural Networks, Perth.

Kirkpatrick S, Gelatt C D, Vecchi M P. 1983. Optimization by simulated annealing[J]. Science, 220(4598): 671-680.

Kocsis L, Szepesvari C. 2006. Bandit based monte-carlo planning[C]. Proceedings of the 17th European Conference on Machine Learning, Berlin.

Kohonen T. 1982. Self-organized formation of topologically correct feature maps[J]. Biological Cybernetics, 43(1): 59-69.

Krizhevsky A, Sutskever I, Hinton G E. 2012. ImageNet classification with deep convolutional neural networks[C]. Proceedings of the 25th International Conference on Neural Information Processing Systems, Lake Tahoe.

LeCun Y, Bengio Y, Hinton G. 2015. Deep learning[J]. Nature, 521(7553): 436-444.

LeCun Y, Bottou L, Bengio Y, et al. 1998. Gradient-based learning applied to document recognition[J]. Proceedings of the IEEE, 86(11): 2278-2324.

Likhachev M, Ferguson D I, Gordon G J, et al. 2005. Anytime dynamic A*: An anytime, replanning algorithm[C]. Proceedings of the 15th International Conference on International Conference on Automated Planning and Scheduling, Monterey.

Likhachev M, Gordon G J, Thrun S. 2004. ARA*: Anytime A* with provable bounds on sub-optimality[C]. Proceedings of the 16th International Conference on Neural Information Processing Systems, Cambridge.

Lin M, Chen Q, Yan S C. 2014. Network in network[C]. International Conference on Learning Representations, Banff.

Littman M L. 2015. Reinforcement learning improves behaviour from evaluative feedback[J]. Nature, 521(7553): 445-451.

Marr D. 1982. Vision: A Computational Investigation into the Human Representation and Processing of Visual Information[M]. New York: W.H. Freeman and Company.

McCarthy J. 1958. Recursive functions of symbolic expressions and their computation by machine[C]. ACM

National Meeting, Hanover.

McCulloch W S, Pitts W. 1943. A logical calculus of the ideas immanent in nervous activity[J]. Bulletin of Mathematical Biophysics, 5(4): 115-133.

Metropolis N, Rosenbluth A W, Rosenbluth M N, et al. 1953. Equation of state calculations by fast computing machines[J]. The Journal of Chemical Physics, 21(6): 1087-1092.

Minsky M, Papert S. 1969. Perceptrons: An Introduction to Computational Geometry[M]. Cambridge: MIT Press.

Minsky M. 1974. A framework for representing knowledge[J]. Winston(ed) Psychology of Computer Vision, 211-277.

Minsky M. 1986. The Society of Mind[M]. New York: Simon and Schuster.

Mitchell T. 1997. Machine Learning[M]. Boston: McGraw-Hill.

Mnih V, Kavukcuoglu K, Silver D, et al. 2015. Human-level control through deep reinforcement learning[J]. Nature, 518(7540): 529-533.

Mohri M, Rostamizadeh A, Talwalkar A. 2012. Foundations of Machine Learning[M]. Boston: The MIT Press.

Nash J F. 1950. Equilibrium points in n-person games[J]. Proceedings of the National Academy of Sciences of the United States of America, 36(1): 48-49.

Newell A, Simon H A. 1963. GPS, a Program That Simulates Human Thought[M]. New York: McGraw-Hill.

Newell A, Simon H A. 1972. Human Problem Solving[M]. Upper Saddly River: Prentice-Hall.

Newell A, Simon H A. 1976. Computer science as empirical inquiry symbols and search[J]. Communications of the Association for Computing Machinery, 19(3): 113-126.

Ng A Y, Harada D, Russell S J. 1999. Policy invariance under reward transformations: Theory and application to reward shaping[C]. Proceedings of the 16th International Conference on Machine Learning, Morgan.

Novikoff A B. 1963. On convergence proofs for perceptrons[C]. Proceedings of the Symposium on the Mathematical Theory of Automata, New York.

Ouyang L, Wu J, Jiang X, et al. 2022. Training language models to follow instructions with human feedback[C]. Advances in Neural Information Processing Systems, New Orleans.

Pan Y H. 2016. Heading toward artificial intelligence 2.0[J]. Engineering, 2(4): 409-413.

Pawlak Z. 1982. Rough sets[J]. International Journal of Computer and Information Sciences, 11(5): 341-356.

Pearl J. 2009. Causality: Models, Reasoning, and Inference[M]. 2nd ed. Cambridge: Cambridge University Press.

Peng X B, Abbeel P, Levine S, et al. 2018. DeepMimic: Example-guided deep reinforcement learning of physics-based character skills[J]. ACM Transactions on Graphics, 37(4): 143.

Platt J. 1998. Sequential minimal optimization: A fast algorithm for training support vector machines[J]. Microsoft Research: 1-21.

Putnam H. 1981. Reason,Truth and History[M]. Cambridge: Cambridge University Press.

Quillian M R. 1968. Semantic Memory[M]. Cambridge: MIT Press.

Quinlan J R. 1986. Induction of decision trees[J]. Machine Learning, 1(1): 81-106.

Quinlan J R. 1993. C4.5: Programs for Machine Learning[M]. San Mateo: Morgan Kaufmann Publishers.

Radford A, Kim J W, Hallacy C, et al. 2021. Learning transferable visual models from natural language supervision[C]. International Conference on Machine Learning, Online.

Radford A, Narasimhan K, Salimans T, et al. 2018. Improving language understanding by generative pre-training[EB/OL]. https://openai.com/index/language-unsupervised/[2018-06-11].

Ramesh A, Pavlov M, Goh G, et al. 2021. Zero-shot text-to-image generation[C]. International Conference on Machine Learning, Online.

Razavi A, Oord A, Vinyals O. 2019. Generating diverse high-fidelity images with VQ-VAE-2[C]. Advances in Neural Information Processing Systems, Vancouver.

Reynolds C W. 1987. Flocks, herds, and schools: A distributed behavioral model, in computer graphics[J]. ACM SIGGRAPH Computer Graphics, 21(4): 25-34.

Robinson J A. 1965. Amachine-oriented logic based on the resolution principle[J]. Journal of the ACM, 12: 24-41.

Rombach R, Blattmann A, Lorenz D, et al. 2022. High-resolution image synthesis with latent diffusion models[C]. Proceedings of the IEEE/CVF Conference on Computer Vision and Pattern Recognition, New Orleans.

Rosenblatt F. 1957. The perceptron: A perceiving and recognizing automaton[R]. Buffalo: Project PARA, Cornell Aeronautical Laboratory.

Rosenblatt F. 1958. The perceptron: A probabilistic model for information storage and organization in the brain[J]. Psychological Review, 65(6): 386-408.

Rousseeuw P J. 1987. Silhouettes: A graphical aid to the interpretation and validation of cluster analysis[J]. Journal of Computational & Applied Mathematics, 20(1): 53-65.

Rumelhart D E, McClelland J L. 1986. Parallel distributed processing: Explorations in the microstructures of cognition[J]. Language, 63(4): 871.

Sabour S, Frosst N, Hinton G E. 2017. Dynamic routing between capsules[C]. Proceedings of the 31st International Conference on Neural Information Processing Systems, New York.

Samuel A L. 1959. Some studies in machine learning using the game of checkers[J]. IBM Journal of Research and Development, 3(3): 210-229.

Searle J R. 1980. Minds, Brains, and Programs[M]. Cambridge: Cambridge University Press.

Shafer G. 1976. A Mathematical Theory of Evidence[M]. Princeton: Princeton University Press.

Shoham Y, Leyton-Brown K. 2008. Multiagent Systems: Algorithmic, Game-Theoretic, and Logical Foundations[M]. Cambridge: Cambridge University Press.

Shortliffe E H, Buchanan B G. 1975. A model of inexact reasoning in medicine[J]. Mathematical Biosciences, 23(3-4): 351-379.

Silver D, Huang A, Maddison C J, et al. 2016. Mastering the game of Go with deep neural networks and tree search[J]. Nature, 529(7587): 484-489.

Silver D, Hubert T, Schrittwieser J, et al. 2018. A general reinforcement learning algorithm that masters chess, shogi, and Go through self-play[J]. Science, 362(6419): 1140-1144.

Silver D, Schrittwieser J, Simonyan K, et al. 2017. Mastering the game of Go without human knowledge[J].

Nature, 550(7676): 354-359.

Simon H A. 1983. Reason in Human Affairs[M]. Stanford: Stanford University Press.

Socha K, Dorigo M. 2006. Ant colony optimization for continuous domains[J]. European Journal of Operational Research, 185: 1155-1173.

Srinivasan D, Jain L C. 2010. Innovations in Multi-agent Systems and Applications[M]. Berlin: Springer.

Stentz A. 1994. Optimal and efficient path planning for partially-known environments[C]. IEEE International Conference on Robotics and Automation, San Diego.

Stutzle T, Holger H. 2000. MAX-MIN Ant System for the quadratic assignment problem[J]. Future Generation Computer System, 16(8): 889-914.

Su W J, Zhu X Z, Cao Y, et al. 2020. VL-BERT: Pre-training of generic visual-linguistic representations[C]. International Conference on Learning Representations, Online.

Szegedy C, Liu W, Jia Y Q, et al. 2015. Going deeper with convolutions[C]. Proceedings of the IEEE Conference on Computer Vision and Pattern Recognition, Boston.

Tesauro G. 1995. Temporal difference learning and TD-Gammon[J]. Communications of the ACM, 38(3): 58-68.

Turing A M. 1950. Computing machinery and intelligence[J]. Mind, 59: 433-460.

Valiant L G. 1984. A theory of the learnable[J]. Communications of the ACM, 27(11): 1134-1142.

Vapnik V N, Chervonenkis A Y. 1971. On the uniform convergence of relative frequencies of events to their probabilities[J]. Theory of Probability and its Applications, 16(2): 264-280.

Vaswani A, Shazeer N, Parmar N, et al. 2017. Attention is all you need[C]. Advances in Neural Information Processing Systems, Red Hook.

Wang Q, Xiong J C, Han L, et al. 2018. Exponentially weighted imitation learning for batched historical data[C]. Advances in Neural Information Processing Systems, Red Hook.

Wang Y D, Yu Z H, Yao W J, et al. 2024. PandaLM: An automatic evaluation benchmark for LLM instruction tuning optimization[C]. International Conference on Learning Representations, Vienna.

Wei J, Bosma M, Zhao V Y, et al. 2022. Finetuned language models are zero-shot learners[C]. International Conference on Learning Representations, Online.

Weiss. 2016. Multiagent Systems[M]. Cambridge: MIT Press.

Werbos P J. 1990. Backpropagation through time: What it does and how to do it[J]. Proceedings of the IEEE, 78(10): 1550-1560.

Weston J, Leslie C, Zhou D, et al. 2003. Cluster Kernels for Semi-Supervised Protein Classification[M]. Cambridge: MIT Press.

Wilson J. 2012. How Many Computers to Identify a Cat? 16,000[N]. The New York Times, 06-25(B1).

Wooldridge M, Jennings N. 1995. Intelligent agents: theory and practice[J]. The Knowledge Engineering Review, 10(2): 115-152.

Yao S Y, Yu D, Zhao J, et al. 2023. Tree of thoughts: Deliberate problem solving with large language models[C]. Conference on Neural Information Processing Systems, New Orleans.

Yokoo M, Durfee E H, Ishida T, et al. 1992. Distributed constraint satisfaction for formalizing distributed problem solving[C]. The 12th International Conference on Distributed Computing Systems, Yokohama.

Yu L T, Zhang W N, Wang J, et al. 2017. SeqGAN: Sequence generative adversarial nets with policy gradient[C]. Proceedings of the AAAI Conference on Artificial Intelligence, San Francisco.

Zadeh L A. 1965. Fuzzy sets[J]. Information and Control, 8(3): 338-353.

Zelikovitz S, Hirsh H. 2000. Improving short-text classification using unlabeled background knowledge to assess document similarity[C]. Proceedings of the Seventeenth International Conference on Machine Learning, Stanford.

Zhao E M, Yan R Y, Li J Q, et al. 2022. Albha Holdem: High-performance artificial intelligence for heads-up no-limit poker via end-to-end reinforcement learning[C]. Proceedings of the AAAI Conference on Artificial Intelligence, Washington D.C..

Zinkevich M A, Johanson M, Bowling M H, et al. 2007. Regret minimization in games with incomplete information[C]. Advances in Neural Information Processing Systems, British.